U0284018

300m 级高心墙堆石坝施工关键技术
——长河坝水电站大坝工程

吴高见 等 著

内容提要

本书总结了长河坝水电站大坝工程施工的先进经验，结合300m级高心墙堆石坝施工技术研究与应用的主要创新成果，着重介绍了心墙土料改性新工艺、精细化施工新装备、信息化质量检测新方法等，主要内容包括：施工总体规划、施工期水流控制、坝基开挖和处理、坝基防渗施工、心墙土料改性和制备、堆石料爆破开采、反滤料和过渡料制备、坝料运输与堆存、坝体填筑施工、数字化与智能化施工、施工质量检测与控制、大坝安全监测等。

本书可作为水利水电工程施工领域的工程技术人员、工程管理人员和高级技术工人的工具书，也可供从事水利水电工程科研、设计、建设及运行管理和相关企事业单位的工程技术人员、工程管理人员使用，并可作为大专院校水利水电工程专业师生教学参考书。

图书在版编目（CIP）数据

300m级高心墙堆石坝施工关键技术 ： 长河坝水电站大坝工程 / 吴高见等著. -- 北京 ： 中国水利水电出版社，2019.12
ISBN 978-7-5170-8324-5

Ⅰ. ①3… Ⅱ. ①吴… Ⅲ. ①水力发电站－心墙堆石坝－工程施工－康定县 Ⅳ. ①TV752.714

中国版本图书馆CIP数据核字(2019)第297389号

书　　名	300m级高心墙堆石坝施工关键技术——长河坝水电站大坝工程 300m JI GAOXINQIANG DUISHIBA SHIGONG GUANJIAN JISHU——CHANGHEBA SHUIDIANZHAN DABA GONGCHENG
作　　者	吴高见 等 著
出版发行	中国水利水电出版社 （北京市海淀区玉渊潭南路1号D座　100038） 网址：www.waterpub.com.cn E-mail：sales@waterpub.com.cn 电话：（010）68367658（营销中心）
经　　售	北京科水图书销售中心（零售） 电话：（010）88383994、63202643、68545874 全国各地新华书店和相关出版物销售网点
排　　版	北京雅盈中佳图文设计制作有限公司
印　　刷	清淞永业（天津）印刷有限公司
规　　格	184mm×260mm　16开本　24.5印张　581千字
版　　次	2019年12月第1版　2019年12月第1次印刷
定　　价	168.00元

凡购买我社图书，如有缺页、倒页、脱页的，本社营销中心负责调换

版权所有·侵权必究

编委会

《300m级高心墙堆石坝施工关键技术——长河坝水电站大坝工程》撰写人员名单

主　　任： 吴高见

审　　稿： 吴高见　李洪涛

撰写人员： 吴高见　樊　鹏　李洪涛　贺鹏程　李法海　姚　强　薛　凯　周家文　江万红　孙林智　韩　兴　田中涛　杨兴国　熊　亮　孙国兴　梁　涛　裴　伟　袁幸朝　陈　曦　张　鹏

序一

青山巍巍，绿水汤汤。及至康定，放眼远眺，伟岸磅礴的长河坝水电站犹若一颗璀璨的明珠，镶嵌在祖国的秀美山河之间，拦水蓄势转能为电，造福万千人民。建设期间，我曾多次到工地进行现场考察、咨询指导、调研检查，对其有着十分深厚的感情。

长河坝水电站砾石土心墙堆石坝，坝高240m，坝基覆盖层深60m，是深厚覆盖层上世界第一座特高砾石土心墙堆石坝，坝基与坝体叠加变形高度达300m，地震设防烈度9度，大坝变形、防渗和抗震安全面临极大挑战，坝料符合性、坝体密实度和质量均一性控制，无可借鉴的成熟经验。中国水电五局项目团队通过施工理论研究、科学试验、新技术研发和新装备研制，创建了深厚覆盖层特高心墙堆石坝智能化施工技术体系，实现了特高心墙堆石坝施工技术的重大突破，引领土石坝建设迈入智能化施工时代。

1. 创建了心墙土料勘察、检测、掺配智能化制备技术。提出了复杂天然砾石土料空间分布料场勘察和土料级配图像检测方法，研制了砾石土剔、掺、混成套智能化装备，形成了基于来料特性的检测、反馈、掺配制备技术体系，突破了复杂料源下土料精准控制的技术瓶颈。

2. 首创了铺筑、碾压、监控的无人驾驶智能化筑坝关键技术。提出了筑坝机械作业姿态的蛇形趋近控制原理和全液压控制方法，研发了坝料摊铺控制系统和无人驾驶振动碾，首创振动碾机群作业系统，形成了坝面施工精细化成套装备，破解了坝体高质量控制难题。

3. 开发了土石坝实时精准检测和控制技术。提出了高土石坝施工指标波动控制和过程能力评价方法，发明了超大型击实仪，研发了移动试验车和光波微波烘干机等检

测装备，建立了最大干密度判据图谱及压实度激光检测方法，全面提升了土石坝质量控制能力和水平。

4. 研发了成套高效环保施工装备和技术。开发了基于BIM的生产决策和土石方优化调配系统，提高坝料利用率，取消第二土料场；发明装配式跨心墙运输栈桥，创新运用混装炸药、LNG汽车及污水零排放系统等，创造了绿色建造的典范。

研究成果成功地应用于长河坝水电站大坝工程，并在两河口、双江口等大型水电工程和铁路、公路、机场等基础设施工程推广，经济社会效益显著，推广应用前景广阔。

发展之道，在于创新。中国水电之所以成为一张亮丽的“国家名片”，是一代代水电人矢志不渝探索、创新的结果。作为中国水电施工劲旅的中国水电五局，有着土石坝施工显著的科技优势和雄厚的技术积累，这集中体现在长河坝水电站大坝建设中，也是中国水电施工技术的缩影。《300m级高心墙堆石坝施工关键技术——长河坝水电站大坝工程》一书是吴高见总工程师带领科研、建设团队精心撰写的施工专著，系统总结了长河坝水电站大坝工程建设的探索与突破，有很强的系统性、先进性，定能为广大工程技术人员呈现一个完整的超高土石坝施工理论体系和工程案例。

是为序。

中国工程院院士 马洪琪

2019年12月13日

序二

十年一功成，筑坝树丰碑。

长河坝水电站为大渡河干流水电梯级开发3库22级第10级水电站，上接猴子岩水电站，下接黄金坪水电站，是高效开发大渡河水力资源和“川电东送”的骨干电源工程。水电站拦河大坝工程为砾石土心墙堆石坝，坝高240m，坝基覆盖层深60m，坝基与坝体叠加变形高度达300m，是建在深厚覆盖层上世界第一座特高心墙堆石坝，集高心墙堆石坝、深厚覆盖层、高地震烈度、陡窄河谷四大难度于一体，其中坝体和基础的变形叠加、防渗处理、抗震安全等，均无成熟经验可借鉴，给设计、施工和运行带来极大的挑战。

是挑战、是困难，更是机会！中国水电五局这支土石坝老牌劲旅，作为长河坝水电站大坝工程的“操盘手”、建设者，因地因时深耕土石坝工程建设的科技创新工作，针对传统高坝施工导致的沉降大、渗漏多等变形控制关键技术难题，历经10余年科技攻关，坚持“产学研用”深度融合创新，突破了诸多制约土石坝质量提升的技术瓶颈与世界性难题，研发形成了一套涵盖300m级高土石坝质量控制理论、方法与装备的关键技术体系，不仅创建了天然砾石土复杂成因条件下勘察、检测、掺配智能化机械化制备新方法，而且首创了铺筑、碾压、监控的无人驾驶智能筑坝关键技术，并通过一系列成套检测、控制技术，保证了高压缩模量坝料高标准筑坝质量。在这些技术攻关中，我能清晰地看到当代水电人的初心与使命，那就是建造绝对安全可靠的高土石坝。

随着长河坝水电站大坝工程的蓄水发电、完工验收，长河坝水电站大坝工程如同一颗闪耀的明珠镶嵌在祖国的版图上，凝结着工程建设者辛勤付出的汗水、心血，项

目成果将引领高土石坝建造的工业化、标准化、智能化技术发展，并有力支撑我国西部地区水利水电工程建设和基础设施建设，服务于国家“一带一路”倡议和“走出去”战略。

长河坝水电站大坝工程项目从开工伊始就是有目标的，不论是科技专项的选项立项，还是质量创优的策划规划，都是奔着一个宏伟目标，那就是“创精品、扬品牌”，期间我观之其匠心运筹，观之其技术突破，不止一次建议一定要将这建设过程付诸于书，编撰以传，为其他同类型工程建设提供借鉴。

如今，当真成书、不胜感慨，付梓之际、欣为此序。

中国工程院院士

2019 年 12 月 13 日

前　言

心墙堆石坝以其就地取材、体型简明、地基适应性强、适合机械化快速作业、工期短、碳足迹少、成本经济、运行维护方便等优势，成为当今最富有生命力的坝型之一。21世纪我国西部地区规划的数十座坝高300m级的龙头水库，多数为心墙堆石坝，但西部地区地质条件复杂、河床覆盖层深厚、地震频发且强度大，广泛分布的砾石土成因多样，给高心墙堆石坝的建设带来挑战。

中国水利水电第五工程局有限公司长期致力于土石坝施工技术的研发和应用。自公司成立以来先后承建了岳城水库、碧口水电站、水牛家水电站、毛尔盖水电站、长河坝水电站和两河口水电站等心墙坝工程，创新了许多土石坝工程施工技术工艺和装备，积累了丰富的土石方工程的施工经验和技术能力。长河坝水电站砾石土心墙堆石坝工程，坝高240m，建在约60m深的覆盖层上，大坝复合高度达到300m级，是目前世界上建在覆盖层上最高的堆石坝，集特高坝、高设防烈度、深厚覆盖层、陡窄河谷四大难题于一体，且心墙砾石土料场冰渍洪积形成，薄层坡积于高差500m的山坡上，最大粒径、级配、含水率、空间离散性分布，质量均一性控制难度极大。通过依托该工程，结合毛尔盖水电站、水牛家水电站等典型工程实践，系统开展了300m级高心墙堆石坝施工关键技术研究与应用，形成了高心墙堆石坝施工成套新技术、新方法和新装备，尤其是在心墙土料改性施工新工艺、精细化与智能化施工新装备、信息化质量检测控制新方法和节能环保施工技术等方面，实现了土石坝智能化、机械化施工的重大突破。本书是在这些研究成果的基础上撰写而成。

本书在全面介绍长河坝水电站大坝工程施工先进经验的基础上，较全面地反映了当前高心墙堆石坝施工的主要创新成果和进展。全书共分13章：概述主要分析了300m级高心墙堆石坝施工的主要技术难点，对大坝工程施工主要技术创新进行了简

要总结；施工总体规划主要介绍了施工总布置、坝体填筑分期及总进度规划、料场规划及开采优化等；施工期水流控制主要介绍了施工导流规划、陡窄河谷双戗立堵截流、复合土工膜心墙高围堰施工、深基坑抽排水和下闸蓄水等；坝基开挖和处理主要介绍了高陡边坡开挖及支护、坝基开挖及处理等；坝基防渗施工主要介绍了防渗墙施工、帷幕灌浆施工、坝基廊道与刺墙施工、盖板混凝土施工等；心墙土料改性和制备主要介绍了超径石剔除、不均匀土料掺配、含水率调整等；堆石料爆破开采主要介绍了开采规划、爆破试验、堆石料开采和料场边坡治理等；反滤料和过渡料制备主要介绍了反滤料制备、过渡料制备等；坝料运输与堆存主要介绍了坝料运输、坝料堆存和弃碴场等；坝体填筑施工主要介绍了填筑规划、碾压试验、施工方法、雨季施工和质量控制等；数字化与智能化施工主要介绍了数字大坝、无人驾驶智能碾压、施工作业可视化、基于 BIM 的施工辅助管理、施工信息管理等；施工质量检测与控制主要介绍了填筑检测与评价标准、心墙土料含水率检测、心墙土料级配检测、坝料压实检测、附加质量法检测、试验检测新设备和施工质量检测与评价等；大坝安全监测主要介绍了监测布置、堆石区变形特性、心墙区变形特性和渗流监测成果分析等。

本书主要由吴高见等人员编写，李小虎、栗浩洋、涂思豪、陈思迪、胡德茂、杨林、胥杰、关富傈、罗登泽、纪杰杰、李程、肖雨莲等也为本书付出了辛勤的劳动。本书编写中得到一些领导、专家、技术人员的支持和帮助，在此表示衷心的感谢。

限于作者水平，书中难免有疏漏和不足之处，恳请读者批评指正。

作　者

2019 年 12 月 2 日于成都

目 录

1 概　述

砾石土心墙堆石坝是利用坝址附近的当地材料，以砾石土作为防渗心墙、堆石料作为上下游支撑体，广泛应用于水利水电工程的古老坝型，以其特有的散粒体结构、体型简明、就地取材、地基适应能力强、适合机械化快速作业、工期短、成本低、碳足迹少、运行维护方便等优势，成为当今最富有生命力的坝型之一。土石坝建设数量在我国以及世界已建大坝中分别占93%、85%，国内已建100m以上部分心墙堆石坝工程概况见表1-1。土石坝广泛适应于土基、岩基和砂砾石覆盖层地基。浅层覆盖可挖除后在岩基上建坝，深厚覆盖可经防渗处理后直接建坝。低心墙坝可采用黏土填筑，中高坝多采用变形模量更高、沉降量较小的天然砾石土制备料或黏土掺配级配碎石制备料填筑。目前，世界上已建成的200m以上特高坝都采用以岩基做基础、黏土掺配碎石做心墙料修筑而成。

我国西部水力资源的富集区，是国家清洁能源战略、西部大开发战略的重要实施高地。由"中华水塔"发育形成的西部横断山脉河流水系上游区段，规划有数10座300m级具有年调节能力的龙头水库，国内在建、待建和规划部分心墙堆石坝概况见表1-2。西部地区山高谷峻、覆盖层深厚、交通条件差、经济发展水平低，使土石坝尤其是砾石土心墙堆石坝成为设计首选的坝型。然而，21世纪以来，国内已建部分心墙堆石坝出现了变形、渗漏等问题，在一定程度上影响了工程正常安全运行。世界上几座堆石坝事故，如美国尼山坝（坝高130m）失事、加拿大波太基山坝（坝高183m）失事，均因为防渗心墙出现渗透破坏。随着高堆石坝向300m级跨越，变形体沉降与其高度指数成正比，与其压缩模量成反比的关系，使得提高坝体的抗变形能力成为必然选择，坝料的复合性、坝体的密实度、质量均一性的高标准控制成为成功建坝的关键，土石坝防渗体系的可靠性与坝体变形的协调性成为高坝、特高坝建设不可回避的难题。

中国水利水电第五工程局有限公司长期致力于土石坝施工技术的研发与应用，自公司成立以来，先后承建了岳城水库、碧口水电站、水牛家水电站、毛尔盖水电站、长河坝水电站和两河口水电站等心墙堆石坝工程。近年来，依托长河坝水电站砾石土心墙堆石坝工程，结合毛尔盖水电站、水牛家水电站等典型工程实践，系统开展了300m级高心墙堆石坝施工关键技术研究与应用。

长河坝水电站砾石土心墙堆石坝坝高240m、覆盖层60m、地震设防烈度9度、河谷系数2.4，大坝采用保留覆盖层基础、底部双防渗墙与坝体防渗心墙连接的设计形式，复合高度达 300m，是世界上覆盖层上最高的堆石坝。具有特高坝、高设防烈度、深厚覆盖层、填筑量大与河谷陡窄等“两高、一深、一大、一窄”的特点。覆盖层与坝体变形叠加、基础防渗与坝体防渗连接、堆石体及河谷岸坡对心墙的双拱效应等，给大坝变形协调及防渗体系安全可靠带来极大挑战。工程采用了较为严格的设计指标，施工质量要求高，且大坝工程砾石土料场颗粒级配、含水率等土料特性空间分布离散性大；高塑性黏土料料场距离远，中转后需长时间保水堆存；堆石料场岩性坚硬、强度高、炸药单耗大，过渡料爆破直采困难，反滤料加工工艺复杂。各种不利条件的聚集，使长河坝水电站大坝工程成为开展高心墙堆石坝施工关键技术研究的理想试验基地。通过一系列研究，系统建立了 300m 级高心墙堆石坝施工技术方法和标准体系，实现了土石坝精细化施工的重大创新，有力地推动了行业科技进步，为未来超高心墙堆石坝建设奠定了基础。

表 1-1　　国内已建 100m 以上部分心墙堆石坝工程概况表

工程名称	所在河流	最大坝高 /m	坝顶高程 /m	总填筑方量 / 万 m^3	装机容量 /MW
长河坝	大渡河	240.0	1697.00	3300.00	2600
毛尔盖	黑水河	147.0	2138.00	905.54	420
糯扎渡	澜沧江	261.5	821.50	3700.00	5850
苗尾	澜沧江	131.3	1414.80	1200.00	1400
小浪底	黄河	154.0	281.00	5184.70	1800
水牛家	火溪河	108.0	2270.00	492.67	70
狮子坪	杂谷脑	136.0	2544.00	600.00	195
瀑布沟	大渡河	186.0	856.00	2400.00	3300

表 1-2　　国内在建、待建和规划部分心墙堆石坝概况表

工程名称	所在河流	最大坝高 /m	坝顶高程 /m	总填筑方量 / 万 m^3	装机容量 /MW	建设情况
两河口	雅砻江	295	2875.00	4233	3000	在建
双江口	大渡河	314	2510.00	4200	2000	在建
如美	澜沧江	315	2902.00	4170	2100	待建
古水	澜沧江	305	2355.00	4224	2600	待建
松塔	怒江	313	1928.00	3945	3600	规划
日冕	金沙江	346	2386.00	5390	3200	规划
其宗	金沙江	358	2158.00	8900	4500	规划
同加 *	通天河	302				规划
侧仿 *	通天河	273				规划

* 南水北调西线工程。

1.1 大坝工程概述

1.1.1 工程简介

长河坝水电站位于四川省甘孜藏族自治州康定县境内，为大渡河干流水电梯级开发的第 10 级水电站，工程区地处大渡河上游金汤河口以下 4 ~ 7km 河段上，坝址上游距丹巴县城 82km，下游距泸定县城 49km。大渡河为不通航河流，工程区距铁路线较远，公路有省道 S211 线从工程区通过，并在瓦斯河口与国道 G318 线相接，可较方便地连接周边成都、眉山、雅安以及乐山等城市。

长河坝水电站是以单一发电为主的水电站，无航运、漂木、防洪、灌溉等综合利用要求。工程为Ⅰ等大（1）型工程，挡水、泄洪、引水及发电等永久性主要建筑物为 1 级建筑物，永久性次要建筑物为 3 级建筑物，临时建筑物为 3 级建筑物。水电站采用水库大坝、首部式地下引水发电系统开发。水电站总装机容量 2600MW，水库正常蓄水位 1690.00m，具有季调节能力。长河坝水电站大坝全貌见图 1-1。

图 1-1　长河坝水电站大坝全貌

枢纽建筑物由拦河大坝、泄水系统、引水发电系统组成。

拦河大坝为砾石土心墙堆石坝，坝顶高程 1697.00m，最大坝高 240.0m，建于 60m 深的深厚覆盖层上，复合高度达 300m 级，是当今世界上建在覆盖层上最高的堆石坝。坝顶长度 502.85m，坝顶宽度 16.0m，上游坝坡 1 : 2，在高程 1645.00m 处设宽 5.0m 的马道；下游坝坡 1 : 2，从高程 1545.00m 至坝顶设坝后“之”字路作为上坝永久道路，路面宽度 13.50m。大坝心墙底高程 1457.00m，底宽 125.70m，坝顶高程 1696.40m，顶宽 6.0m，心墙上、下游坡比均为 1：0.25，与两岸接触部位采用水平厚度 3.0m 的高塑性黏土。心墙上、下游分别设反滤层，上游反滤层 3 水平厚度 8.0m，下游反滤层共两层，为反滤层 1 和反滤层 2，水平厚度各 6.0m，总计厚度 12.0m，上、下游反滤料与坝体堆石之间均设过渡层，上、下游过渡层水平厚度均为 20.0m。

大坝基础采用保留覆盖层设计，清除表层松散体和部分透镜状砂层，心墙下部河床覆盖层设置 2 道间隔 14.0m 的混凝土防渗墙防渗，上游防渗墙厚度 1.2m，下游防渗墙厚度 1.4m，嵌入弱风化岩石不小于 1.0m，上游防渗墙最大深度约 57m，下游防渗墙最大深度约 55m。上游防渗墙与心墙采用插入式连接，防渗墙插入心墙深度 9.0m，防渗墙下接帷幕灌浆最低高程 1390.00m，最大深度约 10.0m。下游防渗墙与心墙间采用廊道式连接，下游防渗墙下接帷幕灌浆，墙下帷幕灌浆最低高程 1290.00m，最大深度约 112.00m；基础灌浆廊道及混凝土刺墙周围采用高塑性黏土连接。心墙范围内覆盖层基础采用固结灌浆，灌浆深度 5.0m，梅花形布孔，间排距 2.5m×2.5m，心墙范围外覆盖层基础采用振动压实。长河坝水电站剖面分区见图 1–2。

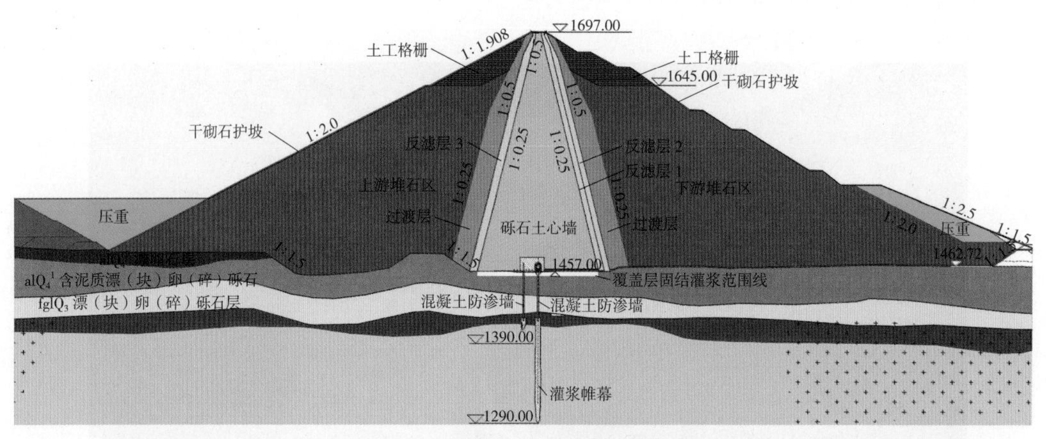

图 1–2　长河坝水电站大坝剖面分区图

1.1.2　水文气象

1.1.2.1　流域概况

大渡河是岷江的最大支流，发源于青海省境内的果洛山南麓，分东、西两源，东源为足木足河，西源为绰斯甲河，东源为主流，两源在双江口汇合后始称大渡河。干流大致由北向南流经金川、丹巴、泸定等县至石棉折向东流，再经汉源、峨边、福禄、沙湾等地，在草鞋渡接纳青衣江后于乐山市城南注入岷江。干流河道全长 1062km，流域集水面积为 77400km^2（不含青衣江）。

长河坝水电站为大渡河干流水电规划的第 10 级水电站，水电站坝址位于丹巴～泸定段的大渡河上游，上距丹巴县城距离约 85km，下距泸定县城约 50km，水电站控制集水面积为 56648km^2，占全流域面积的 73.2%。

1.1.2.2　气候特性

大渡河流域南北跨五个纬度，东西跨四个经度，地形变化十分复杂，致使流域内气候差异很大。按气候区划，上游属川西高原气候区，中、下游属四川盆地亚热带湿润气候区。同一气候区，气候垂直变化明显，有“一山四季”的特点。但流域气温和降水总的变化趋势是由北向东南增高和增加。

流域降水量主要集中在5—10月，其中又以6—9月最多。5—10月降水量占年降水量的比例：中、上游为80%~90%，下游为75%~80%。

大渡河上游地区很少出现暴雨，最大日降水量一般在30~70mm之间，中、下游的所有地区均发生过暴雨，最大日降水量在100mm以上，尤其是下游的沙湾雨量站和初殿雨量站，最大日降水量分别为439.6mm和300mm。

大渡河流域降水日数除中、下游的部分地区可达180d以上外，一般为100~170d，石棉雨量站、甘洛雨量站最少，分别为109d和80d。初殿雨量站最多，达200d以上。

长河坝水电站坝址区无气象站，距水电站上、下游距离约85km及50km处分别设立有丹巴气象站和泸定气象站。

据丹巴县气象站资料统计，该站多年平均气温14.3℃，极端最高气温39.0℃，极端最低气温-10.6℃，多年平均年蒸发量2553mm，多年平均相对湿度52%，多年平均年降水量593.8mm，历年最大日降水量43.4mm。

据泸定县气象站资料统计，该站多年平均气温15.4℃，极端最高气温36.4℃，极端最低气温-5.0℃，多年平均年蒸发量1526.9mm，多年平均相对湿度66%，最大风速15.0m/s，多年平均年降水量642.9mm，历年最大日降水量72.3mm。

1.1.2.3　径流

大渡河流域径流主要来自降水，其次是地下水和冰雪融水补给。由于流域面积大，植被较好，地表岩层大多较破碎，裂隙发育，有利于降水下渗，故流域调蓄能力较大，流域径流具有丰沛稳定和年际变化小的特点。

大渡河的径流在地区上分布不均匀，从大渡河干流各水文站资料看，径流深有从上游向下游逐渐增加的趋势。大金水文站、丹巴水文站、泸定水文站、农场水文站多年平均径流深分别为406.6mm、459.8mm、477.8mm、535.8mm，至铜街子水文站增为607mm，上游除支流瓦斯河康定水文站为1000mm左右，梭磨河、革什扎河及小金川在600mm以上外，一般都在400mm左右。径流最丰沛的地区是南桠河，多年平均径流深为1400mm左右。其次为瓦斯河、松林河、田湾河、尼日河、官料河等，多年平均径流深为1000~1200mm。

根据泸定水文站1952年5月至2004年4月实测径流资料统计，多年平均流量为893m^3/s，年径流深为477.8mm，年径流模数为15.2L/（s·km^2）。径流变化与降水变化相一致，年内变化大，而年际变化小。径流集中在丰水期，5—10月约占全年径流的81.3%，枯水期为11月至翌年4月占年径流的18.7%，最枯期1—3月占年径流的不到7%。最丰年、最枯年平均流量分别为 1180m³/s 和 566m³/s，为多年平均流量的 1.32 倍和 0.63 倍，两者之比为 2.08。

1.1.3 工程地质

1.1.3.1 地形地貌

长河坝水电站地处青藏高原东南部川西北丘状高原东南缘向四川盆地过渡地带，北为巴颜喀拉山脉南东段，东靠邛崃山脉北段，西依大雪山山脉，为横断山系北段的高山曲流深切峡谷地貌，山势展布与主要构造线走向基本一致。

工程区地处鲜水河断裂带、龙门山断裂带和安宁河～小江断裂带所切割的川滇菱形块体、巴颜喀拉块体和四川地块交接部位，处于川滇菱形块体东缘外侧，区域地质构造背景复杂。工程区外围区域断裂带规模宏大，发育历史悠久，北西向鲜水河断裂带和北东向龙门山断裂带南西段具有发生 7.5~8.0 级潜在地震的危险性。根据中国地震局批复的地震安全性评价成果，工程区场地 50 年超越概率 10% 的基岩水平峰值加速度为 172.0gal，100 年超越概率 2% 基岩水平峰值加速度为 359.0gal，相应的地震基本烈度为Ⅷ度，工程区域构造稳定性较差。大坝地震设防烈度为Ⅸ度，设计地震基岩水平峰值加速度 359.0gal。

大渡河在坝址处流向由南东转为南西形成一个 90° 的河湾。坝轴线附近河谷相对开阔，呈较宽的 V 形，两岸自然边坡陡峻，临河坡高 700m 左右，左岸高程 1590.00m 以下坡角一般 60°~65°，高程 1590.00m 以上坡角一般 40°~45°；右岸高程 1660.00m 以下坡角一般 60°~65°，高程 1660.00m 以上坡角一般 35°~40°；枯水期河水面宽 110~120m，水深 3~5m。正常蓄水位 1690.00m 对应谷宽 459m（坝轴线处），坝顶长度 502.85m，宽高比为 2.1，河谷系数 2.4、河谷陡窄。岸坡中冲沟较发育，从上游到下游，左岸有大奔牛沟、倒石沟、双叉沟、梆梆沟、大湾沟、叮铛沟、孟子坝沟，右岸有象鼻沟、笔架沟、铁塔沟、花瓶沟、沙场沟，沟谷走向基本垂直岸坡，规模较小，切割较浅，除左坝肩梆梆沟和右岸下游沙场沟有常年流水外，其余冲沟均为季节性沟谷。

1.1.3.2 地层岩性

（1）基岩。坝区出露岩体为一套晋宁期—澄江期的侵入岩，其岩性以花岗岩 [$\gamma_2^{(4)}$]、石英闪长岩 [$\delta_{02}^{(3)}$] 为主。坝区右岸大致以高程 1680.00m 为界，以下为浅灰色、灰白色块状中粒黑云母花岗岩，以上为灰色石英闪长岩；左岸以浅灰色、灰白色块状花岗岩为主，夹少量灰色石英闪长岩和深灰色辉长岩团块。

花岗岩 [$\gamma_2^{(4)}$] 是坝区的主体岩体，呈浅灰、浅灰白色，偶见肉红色，中细粒、中粗粒花岗结构，块状构造。其矿物成分主要有斜长石、钾长石、石英、黑云母及少量副矿物（如细粒铁矿、榍石、磷灰石等）组成，其中斜长石 35%~50%，石英 20%~30%，钾长石 20%~30%，黑云母 2%~4%，主要分布于坝区左岸及右岸高程 1680.00m 以下边坡。

石英闪长岩 [$\delta_{02}^{(3)}$] 呈灰、绿灰、灰绿色，中～细粒结构，块状构造。其组成主要由斜长石（50%~70%）、石英（10%~25%）、角闪石（7%~30%）、黑云母（10%~15%），并含有少量磁铁矿、榍石和磷灰石等副矿物，主要分布于坝区右岸高程 1680.00m 以上边坡及坝区上游导流洞进水口一带，在左岸边坡局部呈透镜状产出。

此外，坝区局部还发育辉长岩脉、石英脉、辉绿岩脉等，其中辉长岩主要分布于坝址以南大湾沟口两侧，分布范围不大，呈灰绿、浅灰色，为细粒不等粒结构、辉绿结构、辉长结构和块状结构。其组成主要由角闪石（20%~50%）、辉长石（35%~70%）、黑云母（5%~15%）和石英（＜10%），并有少量磷灰石、磁铁矿、黄铁矿和榍石等副矿物。

石英脉、辉绿岩脉规模较小，为晚期产物。辉绿岩脉主要分布于坝址Ⅳ线以下至孟子坝一带，岩脉宽度一般 0.5~1.5m，长度数十米至百余米，其形成晚于石英脉。

（2）覆盖层。坝区河床覆盖层厚度 60~70m，局部达 79.3m。根据河床覆盖层成层结构特征和工程地质特性，自下而上（由老至新）可分为 3 层：第①层为漂（块）卵（碎）砾石层（$fglQ^3$），第②层为含泥漂（块）卵（碎）砂砾石层（alQ_4^1），第③层为漂（块）卵砾石层（alQ_4^2），第②层中有砂层分布（见图 1–3）。分述如下：

第①层漂（块）卵（碎）砾石层（$fglQ_3$）：分布于河床底部，厚度和埋深变化较大，钻孔揭示厚度 3.32~28.50m，顶面埋深 32.5~65.95m。漂（块）卵（碎）砾石成分以花岗岩、闪长岩为主，少量砂岩、灰岩。漂（块）卵（碎）呈次圆 ~ 次棱角状，砾石呈次圆状、浑圆状。漂石约占 10%~20%，粒径一般为 20~35cm，部分为 40~80cm，可见少量大于 80cm（最大大于 11m）的孤石；卵石粒径约占 20%~30%，一般 6~15cm；砾石约占 30%~40%，粒径一般 2~5cm，部分为 0.2~1cm，充填灰 ~ 灰黄色中细砂或中粗砂，占 10%~15%。粗颗粒基本构成骨架，局部具架空结构。

第②层含泥漂（块）卵（碎）砂砾石层（alQ_4^1）：钻孔揭示厚度 5.84~54.49m，顶面埋深 0~45.0m。漂（块）卵（碎）石成分主要为花岗岩、闪长岩，呈次棱角状 ~ 次圆状，

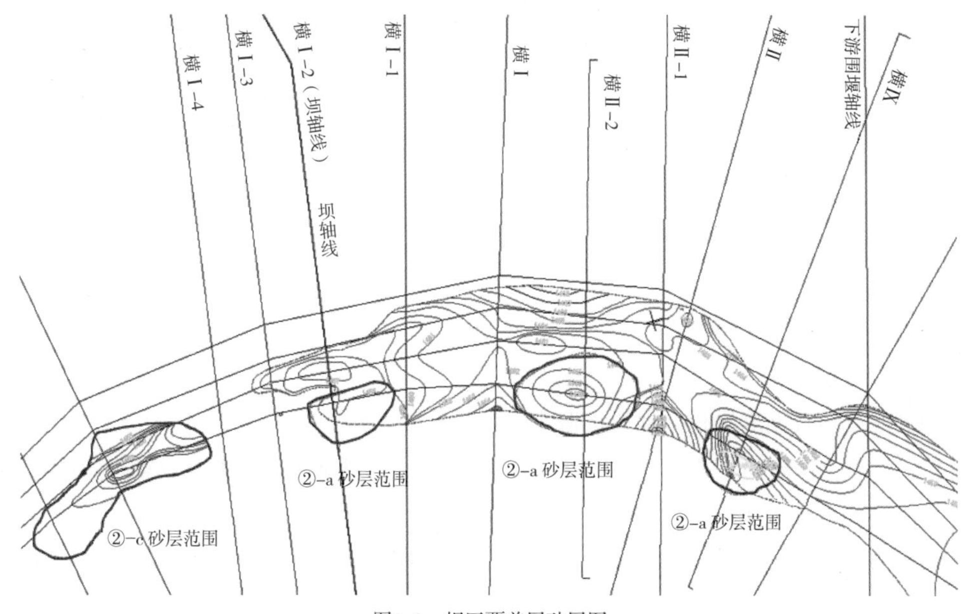

图1–3　坝区覆盖层砂层图

少量棱角状、圆状。漂石约占5%~10%，粒径一般为20~30cm，部分粒径为30~60cm，可见少量大于80cm，最大大于4.5m的孤石，局部块石集中，达30%~40%；卵石约占20%~30%，粒径一般6~8cm及12~18cm；砾石约占40%~50%，粒径一般为2~5cm，部分粒径为0.2~1cm；充填含泥灰~灰黄色中~细砂。钻孔揭示，在该层有② –c砂层、② –a砂层、② –b砂层分布。

② –c砂层分布在②层中上部，钻孔揭示砂层厚度0.75~12.5m，顶板埋深3.30~25.7m，高程1472.53~1459.2m，底板埋深12.00~31.98m，高程1466.08~1453.25m，为含泥（砾）中~粉细砂。② –c砂层在平面上主要分布在河床的右岸横Ⅰ–3线下游侧，向左岸厚度逐渐变薄至尖灭，呈长条状分布，顺河长度大于650m，宽度一般80~120m。在坝轴线上游的横Ⅴ线~横Ⅰ–4线间② –c砂层呈透镜状分布，厚度3.56~8.58m，顶板埋深18.00~27.84m，高程1457.66~1467.05m，底板埋深21.59~31.40m，高程1453.25~1463.46m，顺河长约200m，横河宽一般40~60m。

坝基②层上部局部分布有② –a透镜状砂层，主要在坝轴线、横Ⅱ–2、横Ⅸ勘探线间靠右岸分布，勘探揭示为三个小透镜状砂层，在坝轴线附近顺河长约85m，宽约30~50m，在横Ⅱ–2附近顺河长约120m，宽约50~80m，在横Ⅸ附近顺河长约80m，宽约40~50m。钻孔揭示砂层厚度3.5~9.2m，顶板埋深2.80~15.0m，高程1473.49~1482.94m，底板埋深8.84~18.50m，高程1473.74~1477.53m，为含泥（卵、砾）中~粉细砂。

横Ⅸ线XZK93孔揭示除② –c砂层、② –a砂层外，还在中部17.4~22.5m分布有灰色中② –b粗砂层，分布高程1463.75~1468.85m，厚约5.1m，推测顺河长约42m，宽约18m。

第③层为漂（块）卵（碎）砾石层（alQ_4^2）：钻孔揭示厚度4.0~25.8m，漂（块）卵（碎）石成分主要为花岗岩、闪长岩，少量砂岩、灰岩。漂（块）卵（碎）石呈次圆~次棱角状，砾石呈次圆状、浑圆状。漂石一般占15%~25%，粒径一般为20~35cm，部分粒径为60~80cm，可见少量大于80cm（最大大于2m）的孤石，局部漂块石较集中，达25%~35%；卵石一般占25%~35%，局部达40%~50%，粒径一般为6~12cm，部分粒径为16~18cm；砾石约占30%~40%，粒径一般为2~5cm，部分粒径为0.2~1.5cm。第③层粗颗粒基本构成骨架，充填灰~灰黄色中细砂或中粗砂占10%~20%，局部具架空结构。

除河床覆盖层外，第四系堆积在坝址亦较为发育，成分以坡崩积为主，少量为人工堆积及泥石流堆积，多坝区各冲沟沟口及沟床内成分由近源的花岗岩、辉长岩、石英闪长岩等构成，无分选，多呈棱角状。

1.1.3.3 地质构造

坝区无区域性断裂通过，地质构造以次级小断层、挤压破碎带、节理裂隙（或裂隙密集带）、岩脉（辉绿岩、石英岩）为特征。坝区断层测年成果表明其主要活动期在中更新世，晚更新世以来不具活动性。

坝区小断层及层间挤压带较发育，其中规模较大的断层主要分布于坝址右岸坝肩及坝顶、泄洪洞和尾水洞出口部位、左岸大湾沟右岸花瓶沟一带，计有F0、F9、F10、F1、

F2、F3、F4、F5、F6 等 9 条，其产出方向以 NE、NW 向为主。此外，坝区还发育有其他小断层，其优势展布方位为① NNE 向、② NNW 向和③近 EW 向等。

坝区内主要发育 9 组裂隙，以 J1、J2、J3、J4、J5、J6 组裂隙较为发育，J7、J8、J9 组裂隙局部发育。此外还在左坝肩梆梆沟一带及大湾沟下游局部可见 N15°~50°W/SW∠30°~50° 中缓倾角裂隙，其性状为平直，较粗糙，延伸 50m 左右，间距 5~30m 不等。岩体结构主要受裂隙控制，多呈块状 ~ 次块状结构，局部为镶嵌结构。

1.1.4 料源特性

1.1.4.1 料源分布

长河坝水电站大坝总填筑量 3417 万 m^3，其中砾石土心墙料填筑量 428.3 万 m^3。工程共规划有 5 个主要的料场，包括砾石土料场（汤坝砾石土料场、新莲砾石土料场）、石料场（响水沟石料场、江咀石料场及备用的金汤河口石料场），以及海子坪黏土料场。长河坝水电站大坝料源分布简图见图 1–4，长河坝水电站大坝料源情况见表 1–3。

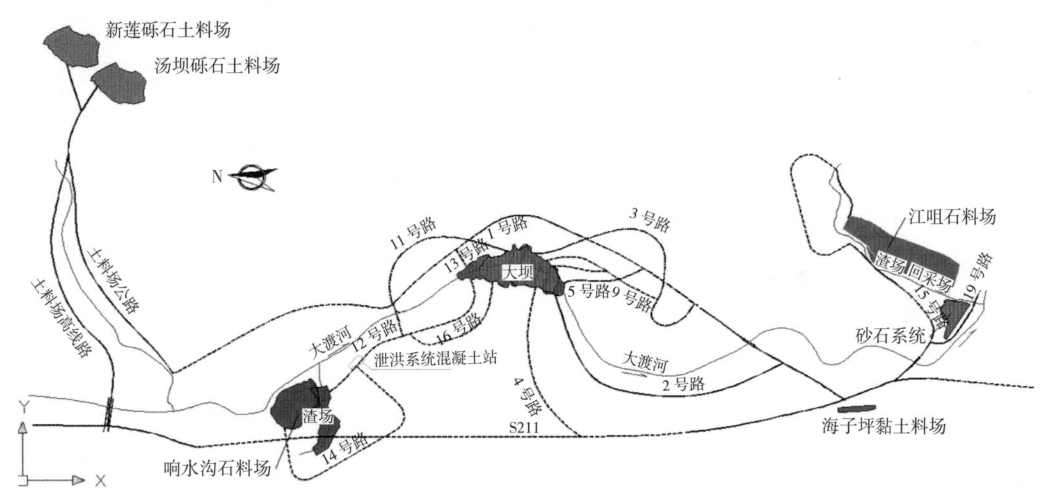

图 1–4　长河坝水电站大坝料源分布简图

表 1–3　长河坝水电站大坝料源情况表

序号	料场	位置	储量 / 万 m^3	距离坝址 /km	备注
1	汤坝砾石土料场	坝区上游金汤河左岸与汤巴沟之间	496.8	22	供应大坝 1585.00m 高程以下心墙土料
2	新莲砾石土料场	坝区上游金汤河谷金汤镇新莲村	497	23	供应大坝 1585.00m 高程以上的心墙土料
3	响水沟石料场	坝址区上游右岸响水沟沟口	2675	3.5	提供大坝 1679.00m 高程（初期蓄水前）以下上游堆石料和上游过渡料和全部的上游块石护坡石料

续表

序号	料场	位置	储量/万 m^3	距离坝址/km	备注
4	江咀石料场	坝址区下游左岸磨子沟沟口左侧	3337	6	提供大坝全部的下游堆石料、下游过渡料、下游块石护坡石料和1679.00m高程（初期蓄水）后上游堆石料、上游过渡料及反滤料加工料源
5	金汤河口石料场	大渡河上游左岸与金汤河交汇处	1730	6	大坝上游填筑料的备用料场
6	海子坪黏土料场	泸定县城对岸海子村，处于泸定水电站水库淹没水位以下	300	55	大坝高塑性黏土料场

1.1.4.2 心墙砾石土料场

长河坝水电站大坝工程设计规划有汤坝、新莲两个砾石土料场，都位于大坝上游左岸金汤河河谷内。汤坝砾石土料场供应大坝1585.00m高程以下心墙填筑料，新莲砾石土料场供应大坝1585.00m高程以上的心墙填筑料。2个砾石土料场由17km重丘4级公路与沿大渡河省道S211公路连接，开采条件较好，但运距相对较远。

（1）汤坝砾石土料场。汤坝砾石土料场位于金汤河左岸坡地上，距坝址22km，总储量约496.8万 m^3。土料主要属冰积、坡洪积堆积形成的含碎砾石土，后边坡总体呈一斗状地形。地形坡度一般20°~30°，局部10°~15°及35°~40°，分布高程2050.00~2260.00m；2260.00~2450.00m高程，地形坡度为27°~35°；2450.00m高程以上坡度较陡，为40°~45°，局部形成平台地形；料场占地面积共为109万 m^2。后边坡范围区域中间有两个小山脊，将其分隔为3个区域，自下游至上游分别为Ⅰ区、Ⅱ区、Ⅲ区。Ⅰ区宽约450m中部发育宽缓平台，坡度5°~20°，为退耕还林耕地，其后缘边坡较陡，35°~40°，前缘35°左右。Ⅱ区宽约280m，相对较狭长，坡度28°~35°，后缘坡度35°~45°，总体为一凹槽地形。2405.00~2530.00m高程一般35°~40°，2530.00~2630.00m高程40°~42°。Ⅲ区宽约450m，坡度一般30°~35°，局部35°~35°，后缘多为陡壁，坡度45°~60°。

钻孔和井探揭露，汤坝砾石土料场在深度上自上而下以及顺金汤河自上游向下游颗粒有逐渐变粗趋势，土料成分较单一，为含碎砾石土层。碎砾石成分以灰岩、大理岩、片岩以及石英为主，多呈棱角状～次棱角状。料场地下水位埋深一般大于15m，局部13.5m。表面耕植土（剥离层）厚0.2~2.2m，平均厚0.9m，底板0.3m，表土30.2万 m^3。有用层厚一般7~16m，最小2.6m，最大20.2m，平均厚10.7m。总储量为502.7万 m^3，剔除大于200mm颗粒（含量1.05%）后，储量496.8万 m^3。

土料天然密度2.06g/cm^3，干密度1.86g/cm^3，天然含水量平均值为10.7%，剔除明显偏离实际的大于 15% 和小于 5% 的试验值，其天然含水量统计平均值为 10.2%，孔隙比 0.45，塑性指数 14.3，黏粒含量 4.0%~18.0%，平均值 9.86%，小于 5mm 颗粒含量 35.0%~74.0%，平均值 53.17%，小于 0.075mm 颗粒含量 19.0%~45.0%，平均值 28.6%，不均匀系数 1800，曲率系数 0.2。

对土料采用 $2000kJ/m^3$ 击实功能进行试验，击实后最大干密度 $2.194g/cm^3$，最优含水量 7.6%，最优含水量略低于天然含水量。土料破坏坡降 $if>10.59$，破坏类型为流土，其渗透系数 $K=8.67\times10^{-7}\sim1.05\times10^{-6}cm/s$，属极微透水，在 0.8~1.6MPa 压强下，压缩系数 $a_v=0.016MPa$，压缩模量 $E_s=76.6MPa$。其内摩擦角 $\phi=28.3°\sim28.5°$，$c=0.030\sim0.050MPa$。

汤坝砾石土料场的碎砾石土具有较好的防渗及抗渗性能，具有较高的力学强度，质量满足规范要求。

（2）新莲砾石土料场。新莲砾石土料场位于金汤河河谷金汤镇新莲村左岸平缓坡地上，距坝址 23km，料场总储量 497 万 m^3。地形坡度上部约 25°~30°，下部地形一般 15°~20°，分布高程 2000.00~2205.00m，面积约 51 万 m^2，料场范围均为耕地和农舍。土料物质组成具 2 层结构，下部含卵砾石砂层为无用层，上部深灰色（少量为黄灰色）砾石土（局部为含块砾砾石土）为有用层，成分较稳定，砾石成分主要为千枚岩、灰岩，为近源堆积，磨圆度多呈棱角状 ~ 次棱角状。地表调查显示，新莲砾石土料场为一古滑坡堆积，后缘母岩由千枚岩及灰岩组成，地形上为一冰斗平台，平台边缘为古滑坡边界，可见滑坡台阶及滑坡陡坎，前缘地形较陡处可见零星极少量拉裂缝。水文地质条件较复杂，后缘有地表水补给，料场中少量低洼处已成湿地，有 2 条人工形成的小溪穿过。料场中局部有上层滞水存在，部分土体处于饱和状态。料场表面耕植土（剥离层）厚 0.1~2.1m，平均厚 0.7m，体积 55 万 m^3，未见夹层；有用层厚一般 7~17m，最小为 1.7m，最大达 20.0m，平均厚 9.9m，总储量为 504 万 m^3，剔除大于 200mm 颗粒（含量占 1.35%）后，有用料实际储量为 497 万 m^3。

新莲砾石土料场含碎砾石土防渗及抗渗性能、力学强度等质量满足规范要求。料场开采应控制坡比与坡高，避免诱发古滑坡体局部复活。

1.1.4.3 石料场

大坝石料场规划有响水沟石料场、江咀石料场和金汤河口石料场（备用）等 3 个石料料源。

（1）响水沟石料场。响水沟石料场位于坝址区上游右岸响水沟沟口，距坝址约 3.5km，料场储量 2675 万 m^3。地形形态为一山包，三面临空，紧邻大渡河，分布高程 1545.00~1885.00m，地形坡度 40°~50°。料源岩性为花岗岩，岩石弱 ~ 微风化，岩质致密坚硬，浅表有约 0.5~1.5m 的根植残积土层。据平洞勘探资料，岩体卸荷较强烈，强卸荷水平深度为 46m，弱风化弱卸荷水平深度 90m，以里为微新岩体。地质测绘未发现有大的断裂通过，岩体中主要发育的构造裂隙有 4 组：① N65°~75°E/NW∠55°~70°；② EW/N∠55°~60°；③ N20°~40°W/SW∠40°~45°（少量 10°~15°）；④ N10°~15°E/SE∠45°~60°。岩体受裂隙切割，块径多呈 80~150cm。此外随机短小裂隙亦发育。响水沟石料场主要质量技术指标满足规范要求。

（2）江咀石料场：位于坝址区下游左岸磨子沟沟口左侧，距坝址约 6km，料场储量 3337 万 m^3。分布高程 1500.00~1930.00m，地形坡度一般 40°~60°，少量为 30°~35°。料源岩性为石英闪长岩，岩质致密坚硬，岩体多呈次块状 ~ 块状结构。料场内覆盖层有一定范围的分布，成因主要有崩坡积堆积、坡残积堆积、冰积堆积及人工堆积等，钻探揭示其最大铅直厚度超过 60m。另外，部分料场浅表部还有 0.5~1.5m 的耕植土层分布。勘探揭示，料场表部岩体卸荷较强烈，临近沟床下部强卸荷水平深度约 35~40m，弱卸荷水平深度约 80m，卸荷深度随高程增加而增加。岩体风化作用相对微弱，表部岩体多以弱风化为主，其深度大致和强卸荷一致。地质测绘未发现有大的断裂通过，在料场下游发育一小断层，产状 N60°W/SW∠40°~50°，延伸大于 100m，带宽 30~50cm，由砾裂岩及砾粉岩组成，上下盘影响带各 3m。主要发育的构造裂隙有 5 组：① N50°~55°W/NE∠50°~60°；② N10°~25°E/NW∠70°~75°；③近 EW/N∠45°~50°；④ N10°~20°E/SE∠15°~25°；⑤ N60°W/SW∠40°~50°，此外随机短小裂隙亦发育。受裂隙切割，岩石块径多为 80~150cm。江咀石料场主要质量技术指标满足规范要求。

1.1.4.4 海子坪黏土料场

大坝高塑性黏土料规划来自海子坪黏土料场。海子坪黏土料场位于泸定县城对岸海子村，为昔格达组冰湖相沉积的非分散性黏土，距坝址约 55km，勘探储量约 300 万 m^3。有乡村公路相通，开采运输条件较好，运距较远；该料场位于泸定水电站库区水位淹没线以下。料源以细粒土为主，质地较纯，偶含碎砾石，土体属中压缩性土，具有中等偏下抗剪强度，极微透水性物性；试验成果表明：小于 5mm 颗粒含量为 98.05%，小于 0.075mm 颗粒含量为 86.68%，黏粒（小于 0.005mm）含量为 32.4%，塑性指数 I_p=16.1，其质量指标基本满足坝体接触土料的要求。

1.1.5 对外交通

省道 S211 线从长河坝水电站工程区右岸通过，并在下游瓦斯河口与国道 G318 线相接，水电站交通较为方便。对外公路交通运输线路主要有国道 G317（G213）线、G108 线、G318 线，东西省道 S303 线、S306 线、S305 线，南北省道 S211 线，与成昆铁路一起构成交通运输网，全线道路均为三级及以上公路。

1.2 大坝工程施工主要技术创新

长河坝水电站大坝工程采用砾石土心墙堆石坝，坝高 240m，建在约 60m 深的覆盖层上，大坝复合高度达到 300m 级，是目前世界上建在覆盖层上最高的堆石坝，集特高坝、高设防烈度、深厚覆盖层、陡窄河谷四大难题于一体，复杂条件聚合而产生的覆盖层与坝体变形叠加、基础防渗与坝体防渗柔性连接、堆石体及河谷岸坡对心墙的双拱效应等，使得大坝变形协调及防渗体系可靠技术问题突破已有的工程实践，没有成熟的经验可以借鉴。仅仅依靠已有工程的施工经验，如周密的进度计划控制、通畅的现场道路布置、配套现代化的大型施工设备、合理的流水作业工序，信息化的数字大坝监控系统等，不足以完全解决现有的工程技术难题。而且长河坝水电站大坝心墙砾石土料场为天然冰积坡积形成，薄层分布于高差500m的坡地上，超径石、颗粒级配、黏粒含量、天然含水率等呈空间离散性分布，均一性差，制备难度大，给施工质量的一致性和"好料低用"的建设理念带来挑战。

高度超高和深厚覆盖层等复杂条件叠加，使300m级的高心墙堆石坝防渗安全问题极为严峻，主要涉及防渗体系的可靠和坝体变形的协调。由此带来三大施工难题：①天然砾石土料成因复杂、均匀性差与高坝心墙防渗性能要求相矛盾；②心墙传统的施工设备、工艺与高坝的高设计要求、施工质量均一性相矛盾；③传统试验检测方法与检测的代表性和效率及保证率要求相矛盾。为此，中国水利水电第五工程局有限公司依托长河坝水电站大坝工程，开展300m级高心墙堆石坝关键施工技术研究，并获中国电力建设集团有限公司重大科技专项和财政部重大技术创新及产业化资金项目资助，形成了高心墙堆石坝施工成套新技术、新方法和新装备，尤其是在心墙土料改性施工新工艺、土石坝精细化施工新设备、基于信息技术的质量检测控制新方法和节能环保施工技术等方面，实现了土石坝智能化、机械化施工的重大突破。

（1）心墙土料改性施工新工艺。

1）针对天然砾石土料场成因复杂、均一性差的工程难题，提出了复杂成因天然砾石土料多元指标数值描述的料场勘察方法，实现了对土料场在空间上的精细化分区分级，为料场合理开采利用提供了充分的依据。

2）首创直线式变频振动筛剔除超径石技术，实现了土料工业化超径筛分，研发了粗、细料机械搅拌掺混系统，通过定量给料、计量输送和强制搅拌掺混，实现掺配土料的自动配料、均匀掺混。

3）研发了均匀布坑、回畦灌水、渗透扩散、计时闷存的砾石土料含水量调整及移动式自动加水工艺，实现了土料连续定量均匀加水，研制了快速翻晒设备，实现土料含水率均匀、快速调整，满足最优含水率要求。

（2）土石坝精细化施工新设备。

1）研发了高陡边坡混凝土浇筑反轨液压爬模及自动控制系统，利用反轨系统克服混凝土浮托力，提高了岸坡盖板混凝土施工质量，仓面平整度控制在 ±5mm 以内；研发了盖板混凝土基面泥浆喷涂专用设备，保证了泥浆涂层的厚度和黏结强度，机械喷涂厚度离散系数仅为0.01。

2）研制了界面双料机械化摊铺器，实现了大坝心墙料与反滤料、不同反滤料分界面摊铺一次精确成型，避免了传统工艺带来的分界区物料侵占、混染和分离问题，提高了界面接合质量。

3）首创精准控制的智能化无人驾驶振动碾机群作业系统，提高了碾压施工质量，保护了操作人员的身体健康。利用卫星定位导航技术实现机身位置、方向定位和路径控制，根据指定施工区域建仓规划，进行碾压路径自动设定及差异化调整，研究采用超声波环境感知系统，实现自动障碍避让，开发了低频段无线遥控应急装置，进一步提高了振动碾应急制动的可靠性。

4）研发了坝料智能化加水系统，通过检测车载无线射频卡（RFID）自动识别地泵系统测得的车载坝料重量，精确计算出加水量，并利用液体流量传感器及电磁阀控制水流开关，实现了坝料加水量的精确控制。

5）研发了计算机自动控制的反滤料皮带机掺配成型系统，通过原材料供料口自动化流量控制，进行皮带机反滤料精确顺序布料，结合附着式振捣器和缓降器等综合工艺措施，实现了反滤料精确、连续、高效生产，提高了质量。

（3）基于信息技术的质量检测控制新方法。

1）提出了砾石饱和面干含水率测定替代法，通过对细料含水率的测定与加权计算，快速获得砾石土心墙料的含水率，检测时间比传统方法缩短了6~8h，效率提高了4倍。

2）集成数字图像处理和数据挖掘技术，研发了数字图像筛级配快速检测方法，实现了砾石土和反滤料级配的快速检测；提出了基于三维扫描的堆石坝填筑压实度检测技术和基于地基反力测试的车载压实质量检测方法，实现了全料全过程检测及反馈。

3）研制了用于砾石土快速烘干的大型红外微波设备，在不破坏土体本身结构的情况下，实现了土样快速加热烘干，大幅度缩短了含水率检测时间。研发了集大型微波红外烘干设备、自动计量系统和测试计算设备的车载移动试验室，可在20min内完成土料含水率的快速测定，不仅使干密度的检测时间缩短了近7h，而且提高了试验检测的准确性。

（4）节能环保施工技术。

1）开发了基于BIM的生产决策和土石方优化调配系统，现料利用率提高30%，综合利用69.5万m^3的料场偏粗、偏细料及31.6万m^3高含水土料，料场开采与坝面填筑数量比为1.41，远小于规范推荐的料场规划与坝料填筑的数量比例（2.00~2.50），土料开采利用率大幅提高，取消了第二土料场，节约耕地765亩，减少了移民搬迁。

2）采用振动碾无人驾驶技术，避免了强烈振动环境对操作人员的伤害；研究采用反轨液压爬模、泥浆喷涂专用设备、反滤料皮带机掺配成型等一系列机械化成套设备和高效施工技术，节能减排效果明显。

3）研发了可拆装式箱型承压板跨心墙运输技术，均化了车辆荷载，有效控制了对心墙土体的影响；在60t载重汽车通行条件下，实测减压板方案的表层最大附加压力为69.2kPa，为轮压值的9.5%。跨心墙技术的应用，极大程度上促进了料源平衡优化，避免长距离绕坝运输，取得了良好的节能减排效果。

4）创新运用混装炸药、LNG汽车及反滤料加工污水零排放系统等，形成了系列的环境保护绿色施工技术。

创新成果在长河坝水电站工程中成功应用，保证了深厚覆盖层最高堆石坝的工程质量和防渗安全，监测表明，大坝变形、渗漏状况良好。截至 2018 年 7 月底，大坝心墙区最大累积沉降 2301mm，蓄水期沉降量 229mm；堆石区最大累积沉降 2784mm，扣除覆盖层沉降 691mm 后，沉降量占坝体总填筑高度的 0.87%；蓄水后坝后量水堰无存水，坝体廊道总渗漏量 32.91L/s，仅为设计要求指标的约 1/6。长河坝水电站提前 7 个月发电，工程减少第二土料场，节约耕地 765 亩，经济、社会效益显著。

创新成果推广应用于两河口水电站、阿尔塔什水电站和苏丹上阿特巴拉水电站工程以及铁路、公路、机场、军事等领域，为双江口、如美、日冕、其宗等超高心墙堆石坝工程的设计和施工提供了技术支撑和实践经验。项目在中国水力发电工程学会组织的专家评审中被评价为“国际领先水平”。技术成果获发明专利 21 项、软件著作权 10 项、实用新型专利 45 项，获国家级工法 3 项、省部级工法 44 项，中国施工企业管理协会科学技术奖、中国电力科学技术奖、水力发电科学技术奖等省部级科学技术进步奖 10 余项；有力地推动了行业科技进步，标志着土石坝建设迈入无人驾驶智能化施工新时代，将为国家基础设施建设和“一带一路”倡议提供重要技术支撑。

2 施工总体规划

长河坝水电站工程坝体填筑具有工程规模大、施工强度高、质量要求高、工期长、施工布置困难等施工特点。因此，统筹规划大坝填筑的施工布局，合理调控大坝填筑的施工节奏，并有序安排大坝填筑、基础处理等的施工步骤，是确保工程整体协调推进、安全快速施工的关键。

2.1 施工总布置

2.1.1 场内施工道路

2.1.1.1 对外交通条件

长河坝工程施工主要利用现有公路交通。为保证经过工程区的S211公路畅通，S211永久改线公路已于2006年3月开始施工，2010年年底完工。在S211永久改线公路未形成前，利用场内1号公路作为S211临时改线公路。S211永久公路改建期间，除加强改建段公路的施工管理，采取必要的保通和安全措施，确保施工期间S211公路畅通外，还应充分考虑到改造施工对交通运输的影响。

2.1.1.2 新修场内交通

根据已有的对外交通和场内交通情况、现场地形条件和工程施工需要，以满足最高峰上坝强度、保持交通顺畅为原则，结合坝料性质、运输设备及料场中转料场、渣场等位置进行规划。新修的场内施工交通主要有：大坝施工道路、响水沟石料场开采运输施工道路、江咀石料场开采运输施工道路、汤坝砾石土料场开采运输施工道路、新莲砾石土料场开采运输施工道路、初期导流洞封堵施工道路，新修道路总长22.19km。道路以混凝土路面为主，满足重载条件下高峰期车辆密度的通行要求。高峰期汤坝与新莲砾石土料场车流量2500车次/昼夜，江咀石料场车流量5000车次/昼夜，响水沟石料场3000车次/昼夜。对于重车长下坡路段应设置必要的避险车道并加强限重、限速等交通安全管理，对于立体布置、错综复杂的交通长隧道，必须重视通风排烟，保证运输车辆通行要求。

2.1.2 料场及存弃场

2.1.2.1 料场

长河坝水电站大坝工程共有 6 个料场，2 个砾石土料场、3 个石料场和 1 个高塑性黏土料场，分别是：汤坝砾石土料场、新莲砾石土料场、响水沟石料场、江咀石料场、金汤河口石料场和泸定海子坪黏土料场。

汤坝、新莲砾石土料场是规划的大坝心墙填筑料第一、第二料源，都位于坝区上游左岸金汤河谷，分别供应大坝 1585.00m 高程以下和 1585.00m 高程以上的心墙土料，汤坝砾石土料场是大坝心墙料的主要料源。

响水沟石料场位于坝址区上游，为大坝初期蓄水前（大坝填筑约 1679.00m 高程）上游堆石料、上游过渡料和全部的上游块石护坡石料等的主要来源。岩性为花岗岩，岩质致密坚硬。

江咀石料场位于坝址区下游，为大坝全部的下游堆石料、下游过渡料、下游块石护坡石料和 1679.00m 高程（初期蓄水）后上游堆石料、上游过渡料及反滤料加工料源。岩性为石英闪长岩，岩质致密坚硬。

金汤河口石料场位于大坝上游，是上游填筑坝料的备用料场。

海子坪黏土料场位于泸定县城对岸后山，处于泸定水电站水库淹没水位以下，需在水库蓄水前提前一次性全部开挖完成并加以储存。

2.1.2.2 中转料场

坝料的开采、加工、运输和填筑是大坝施工的重要环节。料场开采具有前期剥离量大、作业面窄、场内道路差、开采能力低、有用料与无用料混杂等与填筑需求不相匹配的特点；反滤料加工系统也具有生产与填筑作业制度不一致、生产与填筑高峰产量差异等特点；有时长距离的运输道路、超长的运输隧道、多交叉的平交路口都会影响坝料的运输能力，会制约大坝填筑最大高峰强度的需求。中转料场就是为了调节坝料开采与填筑在时间、空间维度上的供需矛盾，进行近坝储备，具有调节上坝强度和进行二次加工的功能。

长河坝水电站大坝心墙部位坝料填筑是制约大坝整体进度的关键环节。考虑到心墙高塑性黏土料、砾石土料、反滤料的开采加工时间、开采加工能力、道路运输能力等与填筑时间、填筑强度匹配的差异及影响，靠近坝区主要设置了高塑性黏土料、砾石土料与反滤料的中转料场，以调节长河坝水电站大坝工程由于高塑性黏土料场受淹没影响、砾石土料受运输能力影响、反滤料受系统加工产能影响而产生的供需矛盾。

长河坝水电站地处高山峡谷区域，坡高谷深，场地狭窄，近坝区的中转料场场地很难找到，多采用短期堆存、动态调整，或利用回填形成的场地（如大坝上、下游压重体等）作为中转堆存场地加以解决。

（1）高塑性黏土料中转场。大坝心墙的高塑性黏土料共 22.1 万 m^3，考虑到压实方换算及备存、调整等损耗需备存 33.0 万 m^3。全部开采自泸定水电站库区淹没水位下的海子坪黏土料场。受泸定水电站蓄水影响，需要在大坝填筑前全部从海子坪黏土料场开采转运至大坝下游野坝中转堆存场堆存。由于野坝中转堆存场高程低于下游黄金坪水电站下闸蓄水高程，大坝填筑期间还须在黄金坪水电站下闸蓄水前，将野坝中转堆存场剩余的高塑性黏土转运至上游压重体中转堆存场再进行中转堆存，堆存量 6.3 万 m^3。

1）野坝中转堆存场。野坝中转堆存场高程 1471.00m，面积 2.8 万 m^2，堆存高度 14.5m，堆存量 33 万 m^3。

2）压重体中转堆存场。工程后期，由于下游黄金坪水电站蓄水影响，野坝中转堆存场不能继续使用，利用大坝上游压重体平台转存剩余高塑性黏土料。压重体高程 1530.50m，使用面积 1.0 万 m^2，堆存高度 7.0m，堆存量 6.3 万 m^3。

堆存前应进行场地整治。利用场内弃渣将野坝中转堆存场回填至原 S211 路面高程，平整碾压后方可进行堆存。场地整治要求如下：①堆存场道路应与主干道平顺连接；②堆存场地面应高出周围地面 50cm 以上，并做成单向 2% 的坡度，坡度呈上游向下游方向放坡以利排水；③沿堆存场周边依地形设置浆砌石排水沟；④沿堆存场四周设置浆砌石（M7.5）挡墙，挡墙高 1.0m、宽 0.5m。中转堆存场应进行分区，分为合格料堆存区和不合格料调整区。中转堆存施工中，开采的高塑性黏土料应满足其最优含水率要求，运输堆存料应有防止黏土被污染及含水率降低等措施。对于不能满足最优含水率要求的土料设置含水率调整区进行调整。

合格的高塑性黏土料堆存按后退法卸料、分层堆料，分层高度控制在 3m 左右。采用推土机进行每层层面平整，并形成下一层卸料道路。考虑到黏土场地内不便于重车行驶和防止黏土压结，在黏土层上堆料时由装载机或推土机随时进行辅助，并尽量避免大面积的重车碾压。堆存中，应对进场的黏土料进行定期抽样检查，控制高塑性黏土料的质量满足设计指标要求。由于高塑性黏土料要经历 3 年多的堆存，对堆存的高塑性黏土料应进行土工布广泛密封覆盖，做好防雨、防晒等的防止含水变化的措施。

当含水量不满足要求时，应运输至黏土料含水量调整区进行加水、减水调整，合格后储备至堆存区堆存。加水调整方法。当高塑性黏土料含水量小于最优含水量时，采用堆土牛分层摊铺、定量洒水补水的方法提高黏土料的含水量。运输来的偏干黏土料，以后退法卸料，推土机进行分层摊铺，层厚 60cm 控制。按含水量差值计算需洒水量，水泵抽水专用喷头后退法喷水补水。依此类推再铺料、补水，最后铺成长条形土堆（土牛），彩条布覆盖保湿堆置，使补水水量自然扩散并尽量不蒸发流失。堆置期间定期查看含水量均匀状况。均匀后立采装车至堆存区或直接上坝。减水调整方法。当高塑性黏土料含水量大于最优含水量时，采用分层摊铺、推土机松土器不断翻晒，以降低黏土料的含水量。翻晒主要依靠阳光和风力作用，应时刻注意天气状况，做好防雨及防止含水量散失的措施。待含水量符合最优含水率要求时，集中装运至堆存区或直接上坝。

回采时也应测定含水率，并根据最优含水率要求进行调整。高塑性黏土料于 2011 年开采堆存于野坝中转堆存场，虽在堆存时对高塑性黏土做了覆盖土工布等防雨、防晒、防含水变化等措施，但近 3 年的堆存势必还是会有土料水分流失现象。质量检测表明，高塑性黏土中转堆存场表层 3~4m 黏土料含水率偏低（平均含水率为 24.6%），应有上坝前对该部分土料进行含水调整的场地分区。调整方法采用在高塑性黏土中转堆存场堆区表层偏干范围内，采用“快速成孔装置造孔、洛阳铲配合取土扩孔、人工接水管补水”的工艺进行土料的调水，成孔间排距 1.5m × 1.5m，按现场取样试验含水量差值进行适当补水，经堆置至含水率均匀后回采上坝。

（2）砾石土料中转料场。大坝心墙砾石土料共 428.3 万 m^3，因汤坝砾石土料冰渍洪积形成，料场为坡积薄层分布于 500.00m 高的坡地上，砾石土料级配 [超径及 P_5（P_5 为砾石土料中大于 5mm 的颗粒含量，%）]、含水率、成因等平面、立面分布极不均匀。料场复勘表明，料场范围内 P_5=30%~50% 的合格料约 290 万 m^3，仅占心墙砾石土总量的 68%，偏细料（$P_5 < 30\%$）约 50 万 m^3，偏粗料（$P_5 > 50\%$）约 110 万 m^3，偏粗料及偏细料占总储量的 35%。由于料场成因复杂，砾石土料（粗料或细料）含水率差异较大。超径剔除、偏粗与偏细料掺配、含水率调整等均需要场地进行，且因料场过远（28km）、运输通行能力低，难以满足高峰期填筑强度需求及施工连续性要求。经综合考虑，采取设置中转堆存料场，并作为偏粗偏细料掺配和含水率调整场地。经填筑强度平衡计算，需中转储备砾石土料 246 万 m^3。汤坝砾石土料场下部平台、响水沟石料场沟口平台及大坝上、下游压重体平台在不同时期作为砾石土料中转堆存周转场地进行砾石土料堆存或掺配、调水等。大坝填筑初期，汤坝砾石土料场下部平台作为掺配、调水堆存场地，合格料上坝；此一时期距大坝较近的响水沟石料场可作为中转堆存料场使用。大坝上、下游压重体平台形成后，以其作为砾石土主要中转堆存场和级配掺配、含水率调整场地。

1）料场下部中转堆存场。堆场面积 0.5 万 m^2，因距离坝址较远，主要作为就地掺配与翻晒场地，共掺配 23.7 万 m^3、翻晒 25.4 万 m^3。

2）响水沟中转堆存场面积 0.5 万 m^2，中转储备料 31.7 万 m^3（包括偏粗料 15.1 万 m^3），翻晒 36.6 万 m^3。

3）上游压重体中转堆存场面积 3.5 万 m^2，周转储备料 42.1 万 m^3，掺配 45.8 万 m^3，翻晒 11.2 万 m^3。

4）下游压重体中转堆存场面积 1.2 万 m^2，周转储备料 66.1 万 m^3。

各料场前后共周转储备砾石土心墙料 139.9 万 m^3。中转堆存场地应进行平整整治，要求：①堆存场应与主干道平顺连接；②堆存前场地地基应平整碾压密实；③在下游压重体外侧浇筑 1m 高混凝土挡墙；④在挡墙上布置水管（$\phi 50$）与给水系统相接，以方便给成品土料加水补水。

中转堆存场应进行合格料堆存区和不合格料调整（掺配、调水）区等分区规划。合格的砾石土料堆存采用进占法卸料，按分层 5m、边坡 1∶1.5 分层堆料，砾石土堆存料顶部向外侧按 1% 找坡，料堆坡面及顶面采用彩条布覆盖，并用脚手架压固彩条布。对于 P_5 指标合格的砾石土料经过筛剔除超径或含水率调整后直接上坝填筑，对 P_5 指标不合格的偏粗、偏细料可按比例进行分层掺配平铺立采，或采用掺拌机械精准称重、比例掺配。掺配主要是对 $P_5 > 50\%$ 偏粗料和 $P_5 < 30\%$ 偏细料进行掺配，掺配最佳比例按 P_5=45% 进行控制，以增加砾石土料的抗变形能力。粗、细料开采区域以地质探坑数据分析为依据进行划分。砾石土料在料场开挖后，先运至筛分系统剔除超径石，自卸汽车运输至中转掺配场，运输中采取彩条布对车箱顶部进行覆盖保护，防止含水率变化过大或产生扬尘。平铺立采法掺配按偏粗料、偏细料比例分类分层、先粗后细进行摊铺，铺料厚度以偏粗料固定为 50cm、偏细料厚度根据现场检测情况计算确定，自卸汽车后退法卸料，推土机平料，挖装机械现场掺配施工。土料掺配采用正铲或反铲进行，掺配遍数按试验确定翻倒 6 遍，P_5 及含水率检测合格后运至储备场备存或直接上坝填筑。为方便降雨时表面积水排出，各铺料层面略向外倾斜，坡度为 1%~2%。掺配现场每平铺粗、细料一层均采用试坑法进行 P_5、含水率及干密度检测，以复核掺配比，并计算下一层掺配比例（细料厚度）。考虑回采掺配设备的有效工作高度，掺配料铺筑高度控制在 5~7m，即总铺筑层数不超过 14 层。

偏干的砾石土采用在现场掺配料铺筑过程中根据料源含水率检测情况对各掺配层数进行调整。调水采用人工补水的方式进行。根据偏粗、偏细砾石土含水率检测结果，计算掺配合格后的含水率和调水量；考虑铺筑过程中需经过掺配、倒运、备存及运输上坝等工序，调水量计算时应按最优含水率增大 2%~3% 确定；现场调水量采用流量计进行控制。偏湿砾石土应进行翻晒处理。采用后退法卸料，推土机平料并用松土器不断进行翻晒，结合施工实际情况及土料减水调整周期，平料高度控制在 1.5m 左右。期间试验检测人员应实时对含水率调整的砾石土料进行含水检测，动态确定含水调整周期。调整完成后的砾石土料堆应进行覆盖保护。

储备料回采填筑时，采用反铲配合自卸汽车装车后直接上坝填筑。

（3）反滤料中转料场。大坝反滤料共 168.19 万 m^3，考虑到反滤料生产系统采用砂石骨料系统细料部分成品进行掺配而成，受岩石强度高、破碎加工产能低，以及系统工作制度等影响，设置反滤料中转堆存场，地点有江咀中转堆存场、野坝中转堆存场、上游压重体中转堆存场等。

1）反滤料江咀中转堆存场是反滤料生产系统的堆存场，堆存面积 0.2 万 m^2。

2）野坝中转堆存场主要利用使用部分高塑性黏土后空出的场地进行反滤料储备，堆存面积最大时 1.2 万 m^2。

3）上游压重体中转堆存场最大堆存面积 0.3 万 m^2，共储备反滤料 17.7 万 m^3。

反滤料中转堆存场地应进行平整压实，储备区域地基铺设 30cm 砂石料，以便排水；储备料场采用挡墙分割封闭不同种类的反滤料，反滤料隔墙为 M7.5 浆砌石挡墙。储备反滤料时，应有防止分离、混杂和污染的措施。

反滤料回采填筑时，采用反铲配合自卸汽车装车后上坝填筑。

2.1.2.3 弃渣场

长河坝水电站大坝工程施工区内的主要弃渣场有：响水沟弃渣场、磨子沟弃渣场及舍联三组弃渣场，其具体特征如下：

（1）响水沟弃渣场。位于坝址上游右岸的响水沟内，由于响水沟左侧就是响水沟石料场，为了使渣场尽可能少压占料场的开采工作面，并结合开采道路规划，将弃渣场布置成两个平台，即高程1620.00m平台、高程1680.00m平台。渣场堆渣容量为730万m^3。

（2）磨子沟弃渣场。位于坝址下游左岸的磨子沟内，磨子沟沟口左岸为江咀石料场，同样为了使渣场尽可能少压占料场的开采工作面，将渣场布置在距磨子沟沟口约700m处。渣场容量550万m^3。磨子沟渣场分区堆放江咀石料场开采弃渣料170万m^3（松方）、石方明挖回采料159万m^3（松方）、石方洞挖回采料179万m^3（松方）。

（3）舍联三组弃渣场。位于坝址下游右岸的舍联三组。渣场容量100万m^3。主要堆存厂房附属洞室标的部分弃渣料、泄洪放空系统及中期导流洞工程标的开挖弃渣料、引水发电系统标的开关站石方明挖弃渣料。

2.1.3 生产系统及设施

2.1.3.1 反滤料及骨料加工系统

磨子沟人工骨料加工系统承担着长河坝水电站工程混凝土骨料和大坝反滤料生产等任务，系统建于坝址下游约6km的磨子沟沟口上游侧，占地面积约80000m^2，系统设备及装置采用全自动化控制和环保型污水处理技术，属大型人工骨料生产系统。系统于2012年5月正式投产，主要供应水电站大坝、泄洪、厂房等标段混凝土砂石骨料及大坝标段反滤料的需求，其中混凝土总量约205万m^3，浇筑高峰期月平均强度约8.7万m^3，大坝反滤料总量约159万m^3，最大填筑强度为7.8万m^3/月。

（1）系统规模。磨子沟人工骨料加工系统处理规模为1000t/h，成品生产能力为800t/h，成品砂产量为300t/h，大石产量为55.6t/h，中石产量为171.9t/h，小石产量为272.6t/h，成品骨料产量为28万t/月，成品骨料最大粒径为80mm。骨料毛料料源为枢纽工程开挖洞渣料和江咀石料场开挖料。系统主要建筑物包括粗碎车间、第一筛分车间、中细碎车间、第二筛分车间、超细碎车间、第三筛分车间、新增暂存料堆、新增超细碎车间、第四筛分车间、成品料堆、反滤料掺配系统等。

为响应业主提前1年发电要求，以提高成品骨料产量、满足工程供料需求为目的，系统于2013年11月至2014年6月，历时7个月时间完成系统扩容增能改造，使改造后的毛料处理能力提高到1400t/h，成品骨料生产能力1120t/h，反滤料掺配生产能力420t/h。磨子沟人工骨料加工系统现场实景见图2-1。

（2）改造前工艺流程。扩容增能改造前磨子沟人工骨料加工系统主要工艺流程如下。

1）粗碎车间－半成品料堆：通过粗碎受料平台卸料至粗碎车间进行破碎，破碎后的料（≤150mm）进入半成品料堆进行堆存。

2）第一筛分车间－中细碎车间：半成品料堆通过地弄廊道内的胶带运输机将毛料（≤150mm）运至预筛分车间进行筛分，毛料（>80mm）通过胶带运输机进入中碎车间

图 2–1　磨子沟人工骨料加工系统现场实景

进行破碎，毛料（≤ 80mm）进入细碎车间进行破碎。

3）中细碎车间 – 第二筛分车间：中细碎车间与第二筛分车间构成破碎筛分循环，主要产大石和中石和部分砂，部分中石和小石进入超细碎车间进行破碎。

4）超细碎车间 – 第三筛分车间：超细碎车间与第三筛分车间构成破碎筛分循环，主要产小石、豆石和砂（≤ 3mm），部分小石和砂（3~5mm）进入棒磨机车间进行处理，是主要的制砂车间。

（3）扩容增能改造。扩容增能改造的目的，一是响应提前 1 年发电要求，以满足抢工高强度混凝土骨料及大坝反滤料的供应；二是解决超细碎车间因进料含水率过高导致的设备处理能力低、运行时间少和产砂比小的问题，改善立轴破碎设备运行工况，提高砂产能；三是从现场运行角度对工艺进行适当调整，使反滤料用砂和混凝土用砂分路生产，以便于针对性控制质量，满足实际生产需要。

扩容增能改造方案是在充分分析长河坝水电站工程各主体标段提前 1 年发电目标的砂石骨料月需求强度与磨子沟人工骨料加工系统工艺流程、平面布置的现状后制定的，主要以解决系统中石、小石和砂的生产能力不能满足需求强度需要为主。扩容增能改造内容包括：①在粗碎受料平台附近增加粗碎设备，增大毛料处理能力；②在第一筛分车间和中细碎车间附近的适当位置增设中细碎设备，补充系统中小石的生产能力；③对原棒磨机车间调节料仓进行改造，增设制砂设备和筛分设备，以作为新增制砂车间来补充系统砂生产能力的不足，同时可使反滤料用砂和混凝土用砂分路生产，便于调节砂的细度模数，保证其生产质量的稳定性；④在棒磨机调节料仓附近适当位置增加暂存料堆作为第二筛分车间碎石料的脱水料堆，以改善立轴破碎设备和新增制砂设备的运行工况，提高砂产能。

（4）改造后工艺流程。扩容增能改造后系统工艺流程相对于原设计工艺运行更为灵活，并在粗碎、超细碎等破碎段形成了开路，更加便于运行，主要工艺流程如下。

1）扩容后粗碎车间分原粗碎车间和新增粗碎车间两个破碎车间，粗碎车间破碎后的物料（≤ 150mm）分别进入半成品料堆进行堆存和预筛分车间进行筛分。

2）半成品料堆和新增粗碎车间通过胶带运输机将破碎料运至第一筛分车间进行筛分，破碎料（＞ 80mm）进入中碎车间进行破碎；破碎料（≤ 80mm）进入第二筛分车间进行筛分。

3）中碎车间产出的破碎料和胶带运输机上的破碎料通过胶带运输机进入第二筛分车间进行筛分，产出大石（40~80mm）、中石（20~40mm）、砂（≤ 5mm）进入成品料堆，超径石（＞ 80mm）和部分大石（40~80mm）返回中碎车间进入破碎筛分循环。中石（20~40mm）和小石（5~20mm）根据需要既可进入成品料堆，亦可进入新增脱水料仓。

4）新增脱水料仓碎石料通过新增胶带机进入超细碎车间进行破碎。

5）超细碎车间破碎的石料进入第三筛分车间进行筛分，中石（20~40mm）返回进行破碎循环；小石（10~20mm）和豆石（5~10mm）部分进入成品料堆，部分进入棒磨机车间进行制砂；粗砂（3~5mm）部分进入成品料堆（混凝土砂料堆），部分根据砂细度模数调整需要进入棒磨机车间。粗砂（≤ 3mm）进入砂处理单元处理后进入成品料堆（混凝土砂料堆）。

6）新增超细碎车间 2 台 B9100SE 立轴破碎机，破碎后的石料通过胶带运输机进入第四筛分车间进行筛分，中小石（≥ 5mm）通过胶带运输机返回新增制砂车间进行堆存，砂（≤ 5mm）即可通过胶带运输机进入新增反滤料砂料堆。

磨子沟人工骨料加工系统扩容增能改造后工艺流程见图 2-2。

（5）反滤料生产工艺流程。长河坝大坝在心墙上、下游侧均设反滤层，心墙上游为反滤层 3，宽度 8.0m，下游设 2 层反滤层，分别为反滤层 1 和反滤层 2，宽度均为 6.0m。心墙底部在坝基防渗墙下游亦设厚度各 1m 的 2 层水平反滤层，与心墙下游反滤层相接。心墙下游过渡层及堆石与河床覆盖层之间设置反滤层 4，厚度为 1m。

对不同的反滤料一般都采用砂石骨料系统生产的成品料通过不同比例掺配而成。常规工艺多采用传统的以掺比定层厚、平铺立采工艺进行掺配。由于平铺立采掺拌工艺所需场地面积大，掺配均匀性差，生产的反滤料质量不稳定。经创新研究，反滤料生产系统采用了胶带称重、精细掺配技术进行反滤料生产，其主要原理是以反滤料设计级配为依据计算砂、小石、中石、大石等原料掺配量并确定下料流量，通过调整电动弧门开口大小控制下料流量范围，再由中控室远程控制变频器振动给料机精确控制，由给料机下的胶带秤在线反馈流量数据，使各种原料在胶带运输机上依次下料平铺。胶带机运输骨料平铺示意图见图 2-3。

通过工艺性试验，现场采集参数进行自动化数据编程，从而实现反滤料的自动化掺配。

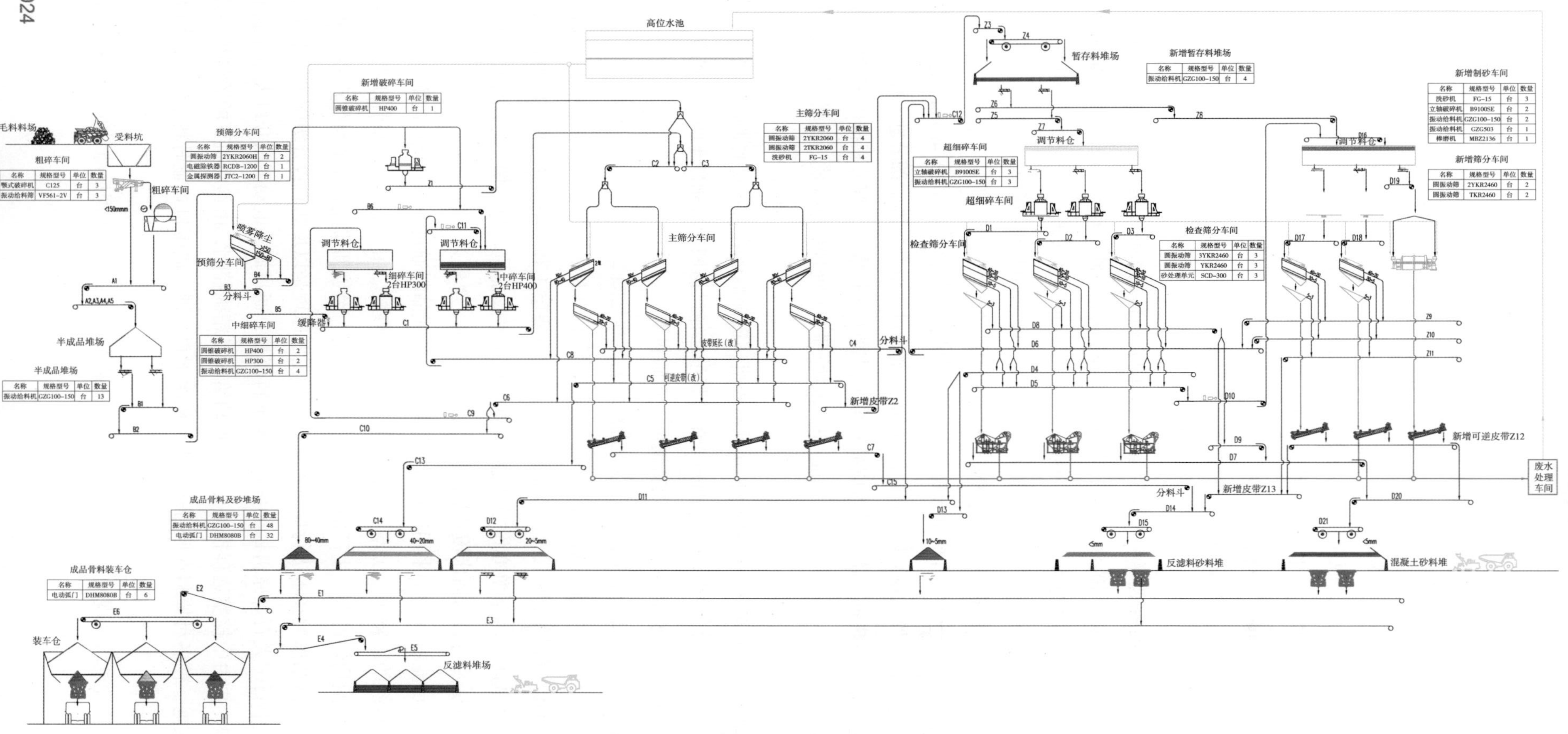

图 2-2　磨子沟人工骨料加工系统扩容增能改造后工艺流程图

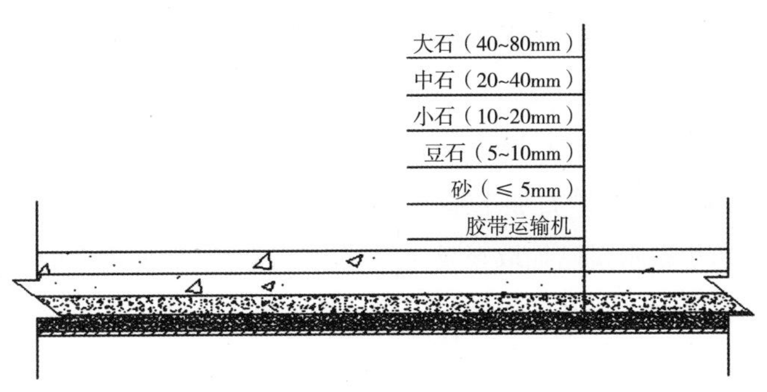

图 2–3　胶带机运输骨料平铺示意图

1）反滤料 1 号掺配工艺流程。反滤料 1 号掺配工艺根据卸料口的不同共计 2 种工况，具体工艺流程见图 2–4。

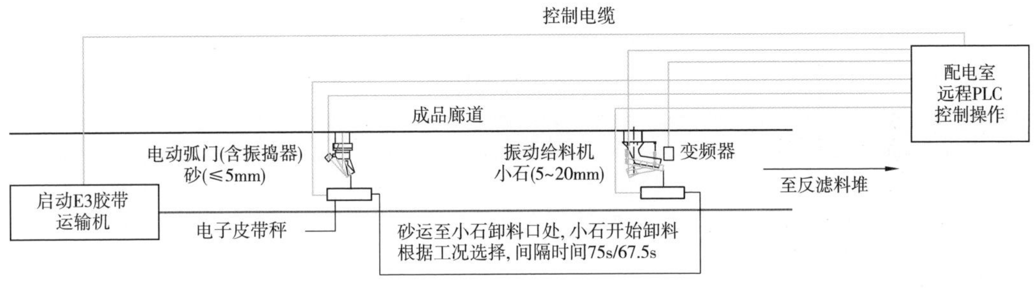

图 2–4　反滤料 1 号掺配工艺流程图

2）反滤料 2 号、反滤料 3 号掺配工艺流程。反滤料 2 号掺配工艺根据卸料口的不同共计 4 种工况，反滤料 3 号掺配工艺根据卸料口的不同共计 4 种工况，具体工艺流程见图 2–5。

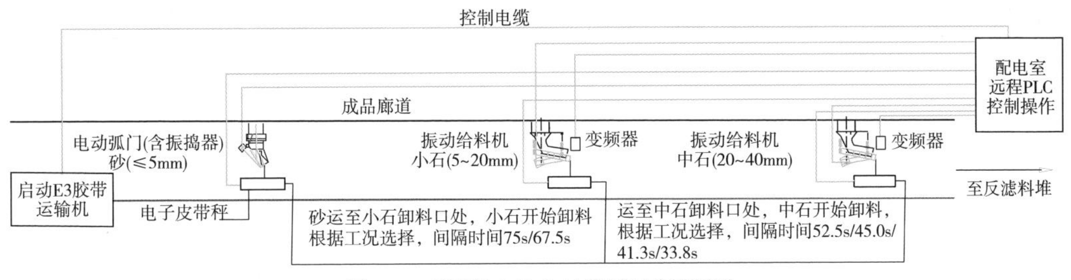

图 2–5　反滤料 2 号 /3 号掺配工艺流程图

3）反滤料 4 号搭配工艺流程。反滤料 4 号掺配工艺共计 1 种工况，具体工艺流程见图 2–6。

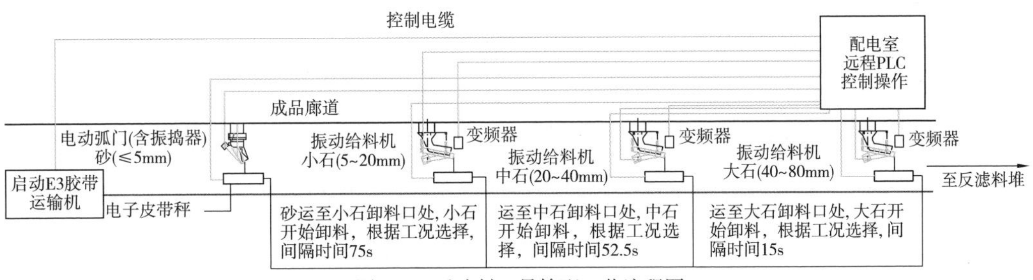

图 2–6　反滤料 4 号掺配工艺流程图

4 种反滤料按照不同的工况在成品料堆廊道胶带运输机卸料平铺，然后通过后续串接皮带机运至反滤料堆库存，其中皮带运输终端的卸料小车在下料过程中的跌落起到二次掺配作用，最后装载机在成品反滤料堆装车上坝。

（6）供水及废水处理。砂石加工系统总用水量 1500m^3/h。从附近江咀水电站尾水渠中引水入集水坑，再由取水泵站抽取至反应斜管沉淀池处理，处理后的水进入清水池。清水池的清水由加压泵站加压至高位水池中，再由管道引入骨料加工系统各用水部位。废水处理规模为 1350m^3，处理后返回高位水池 900m^3。

（7）系统运行情况。骨料加工系统及混凝土生产系统于 2012 年 5 月正式投产，运行 6 年多，共向各主体标段供应骨料及反滤料总计：1001.52 万 t，供料质量满足规范和设计要求，供料强度保证了施工高峰和抢工的需求，保障了长河坝水电站工程的建设。骨料生产量统计见表 2-1。

表 2-1　　骨料生产量统计表

序号	骨料名称	累计完成总量 / 万 t	合同工程量 / 万 t	占合同工程量 /%
1	砂	257.67	160	161.04
2	豆石	8.77	22	39.86
3	小石	172.41	134	128.66
4	中石	146.17	134	109.08
5	大石	14.50	54	26.85
6	反滤料 1	120.73	112	107.79
7	反滤料 2	116.57	106	109.97
8	反滤料 3	149.00	147	101.36
9	反滤料 4	15.71	21	74.81

2.1.3.2　混凝土生产系统

磨子沟混凝土生产系统是专为长河坝水电站大坝工程配置的大型临建设施，系统与磨子沟人工骨料加工系统共同布置在磨子沟口上游侧同一块场地内。混凝土生产系统供应范围为大坝工程混凝土 94504.63m^3，包括主副防渗墙混凝 18734m^3、大坝廊道混凝土 9371.7m^3、大坝刺墙混凝土 1442.13m^3、大坝左右岸盖板混凝土 43076.93m^3 及大坝灌浆平洞混凝土 21879.87m^3 等。

（1）系统规模。系统采用 1 台 HZS120 的拌和站，主要由拌和主站、控制室、300t 水泥罐、500t 粉煤灰罐、骨料储仓、配料仓、上料系统及附属设备构成，采用自动化集中控制，在控制室内即可监视整个系统生产运行。

系统可生产二级配混凝土，理论小时生产能力 120m^3。拌和系统主要生产 C45、C40、C35、C25、C20、C15 等强度的混凝土，混凝土技术指标见表 2-2。

系统于 2012 年 2 月 24 日完建，2012 年 3 月 14 日计量检定合格后投入使用。

表 2-2 混凝土技术指标统计表

混凝土标号	级配	坍落度 /mm	含气量 /%	抗冻指标	抗渗指标	强度
大坝主防渗墙 C45	二	180~220	4.0	W12	F50	45
大坝副防渗墙 C45	二	180~220	4.0	W12	F50	45
大坝廊道 C40	二	140~180	4.0	W12	F50	40
大坝刺墙 C35	二	140~180	4.0	W12	F50	35
大坝左岸盖板 C20	二	—	—	W6	F50	20
大坝左岸盖板 C25	二	140~180	4.0	W6	F50	25
大坝右岸盖板 C20	二	—	—	W6	F50	20
大坝右岸盖板 C25	二	140~180	4.0	W6	F50	25
大坝灌浆平洞底板 C15	—	—	—	—	—	15
大坝灌浆平洞边顶拱 C25	—	140~180	—	—	—	25

（2）生产工艺流程包括：骨料输送、水泥及粉煤灰输送、外加剂输送、水输送及搅拌机拌制等流程。

1）骨料输送流程。装载机从系统成品骨料仓中取料，送至拌和站配料仓，经配料系统计量，通过胶带运输机输送至拌和站预加料仓，然后进入搅拌机拌制流程。

2）水泥及粉煤灰输送流程。水泥采用散装水泥车运输，通过车载汽动输送系统输送至拌和站水泥罐，再通过拌和站螺旋输送机至拌和站水泥称量系统，进入搅拌机拌制流程。散装粉煤灰通过运输车自带的汽动输送系统至拌和站粉煤灰罐，再通过拌和站自带的螺旋输送机至拌和站粉料称量系统，进入搅拌机拌制流程。系统布置有空压机系统，可在散装水泥、粉煤灰车载输送系统故障时，替代输送。

3）外加剂输送流程。引气剂、减水剂等外加剂，采用粉态外加剂，粉态外加剂兑水调至设计比重后，通过耐酸泵抽至拌和站外加剂存料斗，经计量后进入搅拌机拌制流程。

4）水输送流程。泵房水泵抽水到拌和系统 50t 水池内，再抽至拌和站水箱，经计量后进行搅拌机拌制流程。

5）搅拌机拌制流程。计量后的水泥、骨料、外加剂、水进入搅拌机，搅拌合格后，通过出料斗进入水平运输、垂直运输环节至浇筑仓面。

（3）环保措施。系统设置有废水处理和噪声、粉尘治理设施。

1）废水处理。混凝土拌和废水处理系统由预沉池（兼做调节池）、加药间、二沉池、回收水池、泵站等组成。拌和废水经场地内排水沟（涵）汇入预沉池沉淀后，经加药间加药反应进入二沉池混合沉淀及化学药剂处理后，上清液进入回收水池，全部用于场地和道路洒水除尘。预沉淀池和沉淀池定期用人工配合反铲清理，废渣用汽车运至指定的弃渣场。废水处理系统与混凝土拌和系统同时建设，同时投入运行。

2）噪声、粉尘治理。混凝土拌和系统产生的噪声主要来自于骨料上料及搅拌机工作噪声。主要采取及时上料，避免骨料与钢仓直接碰撞接触；拌和楼内设减震器和加装隔离板，及时检查维护搅拌机调速器、叶片等，减少工作噪声。混凝土拌和系统的粉尘主要来自于水泥、骨料上料时产生的扬尘。主要采取用密闭输送水泥、加装袋式收尘器、降低骨料上料扬尘和定期洒水除尘等措施。

（4）系统运行情况。混凝土拌和系统所生产的混凝土质量稳定，强度及耐久性指标等均满足设计要求，可施工性良好。

2.1.3.3 施工供电

根据工程施工总布置、施工总进度、施工机械选择及用电负荷分布情况，施工供电采用分期分区布置。另外应配备足够容量的无功功率补偿装置，同时应按国家（或有关部门）的现行标准、规程、规范做好防雷接地，保证用电安全。

供电系统变压器及柴油发电机分配情况见表 2-3。

表 2-3　　供电系统变压器及柴油发电机分配情况表

序号	名称	型号	数量	布置位置
1	1 号变电器	S9-1250/10	1	响水沟石料场空压站旁
2	2 号变电器	S9-125/10	1	响水沟石料场取水泵站
3	3 号变电器	S9-1000/10	1	上游围堰右堰头
4	4 号变电器	S9-2000/10	1	江咀石料场空压站
5	5 号变电器	S9-125/10	1	江咀石料场取水泵站
6	6 号变电器	S9-1000/10	1	施工场地 B
7	7 号变电器	S9-400/10	1	施工场地 A
8	8 号变电器	S9-400/10	1	下游围堰左堰头
9	9 号变电器	S9-2000/10	1	左坝肩
10	10 号变电器	S9-400/10	1	33 号公路隧道出口
11	11 号变电器	S9-2000/10	1	左岸基坑
12	12 号变电器	S9-2000/10	1	左岸基坑
13	13 号变电器	S9-1250/10	1	左岸基坑
14	14 号变电器	S9-1600/10	1	右岸基坑
15	15 号变电器	S9-2000/10	1	右岸基坑
16	16 号变电器	S9-1000/10	1	右坝肩
17	17 号变电器	S9-1000/10	1	402 号公路隧道出口
18	18 号变电器	S9-125/10	1	施工场地 E
19	19 号变电器	S9-800/10	1	左岸灌浆平洞
20	20 号变电器	S9-800/10	1	左岸灌浆平洞
21	21 号变电器	S9-1250/10	1	1 号公路 2 号洞口
22	22 号变电器	S9-1600/10	1	枫林沟大桥左岸隧洞
23	23 号变电器	S9-400/10	1	枫林沟大桥右岸隧洞
24	24 号变电器	S9-630/10	1	12 号路交叉口和 14 号路交叉口
25	25 号变电器	S9-400/10	1	1405 号隧洞口和 1406 号隧洞口

续表

序号	名称	型号	数量	布置位置
26	26 号变电器	S9–1000/10	1	401 号公路隧洞口
27	27 号变电器	S9–800/10	1	401 号公路与 402 号公路交口
28	28 号变电器	S9–800/10	1	9 号公路与 901 号公路交口
29	29 号变电器	S9–400/10	1	3 号公路 3 号 – 2 隧洞口
30	30 号变电器	S9–400/10	1	右岸下游一级加压 / 取水泵站
31	31 号变电器	S9–400/10	1	1 号初期导流洞洞内
32	32 号变电器	S9–400/10	1	2 号初期导流洞洞内
33	33 号变电器	S9–400/10	1	江咀石料场
34	柴油发电机组	625kW	1	7 号公路边
35	柴油发电机组	625kW	1	402 号公路隧道出口
36	柴油发电机组	60kW	1	土料场
37	柴油发电机组	100kW	1	土料场取水泵站
38	柴油发电机组	20kW	1	江咀石料场

2.1.3.4 施工供水

根据工程区的水源情况，施工用水优先考虑引用沟水，水量不足和无条件引接沟水时抽取河水或在河边打井取水，施工供水采用多点分片供给。根据水质分析试验资料成果，坝区河水、沟水对混凝土无腐蚀性。

2.1.3.5 施工供风

长河坝水电站工程施工用风项目主要有：大坝石方开挖及支护、灌浆平洞和交通洞开挖及支护、钻孔灌浆、石料场开采及边坡支护、施工道路修建等。工程施工用风项目多，各工作面分散，拟采用分片设置空压站和配置移动空压机联合供风方式。施工供风系统布置情况见表 2–4。

表 2–4　　施工供风系统布置情况表

序号	部位	容量 / （m^3/min）	设备型号及数量	布置位置	供风范围
1	响水沟石料场	140	4 台 VW–30/8 1 台 VW–20/8	响水沟石料场 14 号公路出口	响水沟石料场 开采及边坡支护
2		21.2	1 台 EPQ750HH	移动空压机	响水沟石料场锚索施工
3	江咀石料场	260	6 台 VW–30/8 4 台 VW–20/8	江咀石料场 15 号 –2 公路终点附近	江咀石料场 开采及边坡支护
4		63.6	3 台 EPQ750HH	移动空压机	江咀石料场锚索施工
5	大坝工区	339.2	16 台 EPQ750HH	各施工现场	道路修建、大坝开挖、灌浆平洞和交通洞开挖、钻孔灌浆

2.1.3.6 施工通信

长河坝水电站工程施工工作面多、战线长、范围广，施工通信采用有线和无线、固定和移动相结合的方式。

2.1.3.7 施工排水

长河坝水电站工程主要为地面工程，施工排水分基坑初期排水和经常性排水，初期排水主要排除截流后留存在基坑内的河水和渗水，经常性排水主要排除降水、渗水和施工废水，需根据各时段的排水强度制定相应的具体施工排水方案。生活营地和其他附属厂区周边设置排水沟等排水系统，并保证排水沟的水力坡降（约 1%）和自身边坡的稳定，保证强降雨时排水系统的通畅，以免产生积水。

2.2 坝体填筑分期及总进度规划

2.2.1 坝体填筑分期

根据大坝填筑总进度要求及度汛目标，坝体填筑分期如下：

2012 年 5 月底开始大坝下游先期断面堆石填筑，2012 年 10 月底开始上游先期断面堆石填筑；2012 年 10 月完成坝基混凝土防渗墙，2013 年 2 月底完成心墙廊道、刺墙混凝土浇筑，2 月底具备心墙土料填筑条件，自此开始坝体全断面填筑；2014 年 4 月填筑到高程 1545.00m，坝体具备拦挡 200 年一遇洪水条件；2015 年 10 月底坝体填筑到高程 1645.00m（初期导流洞下闸）；2016 年 4 月底坝体填筑到高程 1692.00m（中期导流洞下闸）；2016 年 5 月坝体填筑到顶。坝体填筑控制进度见表 2-5。

表 2-5　坝体填筑控制进度表

项目	时间	备注
下游先期断面开始填筑	2012 年 5 月底	
上游先期断面具备填筑条件	2012 年 10 月底	
心墙具备土料填筑条件	2013 年 2 月底	
大坝填筑到高程 1545.00m	2014 年 4 月	实现度汛目标
坝体填筑到高程 1645.00m	2015 年 10 月底	具备初期下闸条件
坝体填筑到顶	2016 年 5 月	

注　表中节点目标是按推测提前一年发电拟定的。

2.2.2 总体施工程序

工程关键施工项目是坝体填筑，根据坝体填筑施工程序的安排，将工程划分为四个施工阶段。

第一施工阶段，即施工准备阶段。2011年1月5日开工至2012年2月29日，工期13个月。在此阶段内，围绕响水沟和江咀石料场开采备料这个中心抓紧进行施工准备工作，重点做好临时设施的修建、响水沟和江咀石料场临时道路修建、料场覆盖层剥离并开采备料。

第二施工阶段，即基础处理施工阶段，2012年3月1日至2013年2月28日，工期12个月，主要完成大坝填筑前的坝基防渗处理及加固工作。在此时段内，各工作面均已展开，特别是基坑内，施工项目较多，应加强施工现场组织协调，特别要加强施工通道规划和各工序之间的衔接，尽量避免施工干扰。

2012年2月29日左、右岸坝肩标段施工完成，并移交工作面后，重点抓好坝基心墙部位的土石方开挖以及坝基混凝土防渗墙的施工，为尽早开始大坝填筑赢取时间。在坝基基础处理的同时，提前安排上、下游坝体临时断面填筑，尽量降低后期坝体填筑强度。在此时段内，大坝心墙基础盖板混凝土左岸浇筑至高程约1500.00m，右岸混凝土盖板浇筑至高程约1500.00m，盖板固结灌浆（及帷幕灌浆）至高程1486.00m。待坝基基础灌浆廊道混凝土浇筑完工后，立即安排大坝全断面填筑施工。

在该阶段，汤坝砾石土料场安排完成道路修建、覆盖层剥离施工，具备开采条件。

第三施工阶段，即大坝填筑施工阶段。具体时段为2013年3月1日至2016年5月31日，工期40个月。2013年3月1日至2014年5月31日，利用围堰挡水，坝体填筑至高程1545.00m，满足坝体拦挡200年一遇洪水条件；2014年6月1日至2015年10月31日利用坝体挡水（全年200年一遇洪水），大坝坝体填筑上升至高程1645.00m，初期导流洞封堵，中期导流洞过流，初期导流洞开始封堵混凝土施工。2015年11月1日至2016年5月31日，大坝坝体填筑至高程1697.00m，至此，填筑施工完成。

此时段是重点施工时段，施工强度高，道路车辆流量大，施工穿插较多，特别要组织好各料场的开采施工，确保料源的供应和上坝道路的畅通。

第四施工阶段，即尾工阶段。具体时段为2016年6月1日至2017年4月30日，工期11个月。此时段内主要安排初期导流洞封堵混凝土剩余部分施工、坝体沉降、大坝坝顶结构施工以及其他收尾工作等。

2.2.3 施工关键线路

由于长河坝工程施工工程量大、施工强度高、工期长，是长河坝水电站整个工程的关键性施工项目，直接关系着电站机组的投产运行。关键施工项目是大坝填筑，因此将以大坝填筑施工为中心，兼顾其他部位工程施工。

施工关键线路为：施工队伍进场→施工准备（响水沟、江咀石料场道路修建、覆盖层剥离及开采备料）→坝基开挖及大坝防渗墙施工→防渗墙占压部位覆盖层固结灌浆施工→坝基灌浆廊道混凝土浇筑→大坝填筑至高程1545.00m，满足坝体200年一遇度汛高程→大坝填筑至高程1645.00m，初期导流洞下闸，中期导流洞过流→大坝填筑至高程1697.00m→坝体沉降期→坝顶防浪墙及坝顶公路→工程完工。

长河坝工程于2011年1月5日施工进点，2017年4月30日工程完工。合同总工期76个月。主要施工项目工期安排统计见表2–6。

表2–6 主要施工项目工期安排统计表

序号	工程部位	开始时间/（年.月.日）	完成时间/（年.月.日）	工期
1	响水沟石料场道路修建、覆盖层揭顶	2011.8.16	2012.3.31	7.5个月
2	响水沟石料场堆石爆破、碾压试验	2012.4.1	2012.5.31	2个月
3	江咀石料场道路修建、覆盖层揭顶	2011.4.1	2012.9.30	18个月
4	江咀石料场堆石爆破、碾压试验	2012.10.1	2012.11.30	2个月
5	坝基土石方开挖	2012.3.1	2012.10.31	8个月
6	防渗墙施工	2012.6.1	2012.11.15	5.5个月
7	坝基覆盖层固结灌浆	2012.7.1	2013.1.31	7个月
8	灌浆平洞施工（开挖及衬砌）	2012.6.1	2013.11.30	6个月
9	平洞内帷幕灌浆	2013.4.16	2015.10.31	6.5个月
10	左、右岸盖板混凝土	2012.7.16	2016.1.31	42.5个月
11	左、右岸盖板固结及帷幕灌浆	2013.1.1	2016.3.31	39个月
12	上、下游临时断面坝体填筑	2012.6.1	2013.2.28	9个月
13	大坝坝体全断面填筑	2013.3.1	2015.5.31	27个月
14	初期导流洞封堵	2015.11.1	2016.5.31	7个月
15	坝体沉降期	2016.6.1	2017.1.31	7个月
16	坝顶结构施工	2017.2.1	2017.4.30	3个月

2.3 料源规划及开采优化

长河坝水电站大坝工程为砾石土心墙堆石坝，坝体填筑料主要为心墙砾石土和坝体堆石料，料源是大坝施工的“粮仓”。为践行土石坝“凡料皆有用”和“施工机械化”理念，确保坝体按时、按量、按质填筑完成，料源规划及开采优化非常重要。

2.3.1 坝体结构及坝料设计指标

2.3.1.1 坝体结构分区

砾石土心墙堆石坝坝轴线走向为N82°W，坝顶高程1697.00m，最大坝高240m，坝顶长502.85m，上下游坝坡均为1∶2，坝顶宽度16m。心墙顶高程1696.40m，顶宽6m，心墙上、下游坡度均为1∶0.25，底高程1457.00m，底宽125.70m，约为水头的1/2。为减少坝肩绕渗，在最大横剖面的基础上，心墙左右坝肩从1457.00~1696.40m高程顺河流向上下游各加宽 0~10m，各高程在垂直河流向以 1：5 的坡度向河床中心方向收缩。心墙坝肩部位，开挖面形成后，浇筑 50cm 厚的垫层混凝土，并进行固结灌浆，避免心墙与基岩接触面上产生接触冲蚀。

心墙上、下游侧均设反滤层，上游为反滤层 3，厚度 8.0m，下游设 2 层反滤层，分别为反滤层 1 和反滤层 2，厚度均为 6.0m。心墙底部在坝基防渗墙下游亦设厚度各 1m 的 2 层水平反滤层，与心墙下游反滤层相接。心墙下游过渡层及堆石与河床覆盖层之间设置反滤层 4，厚度为 1m。上、下游反滤层与坝壳堆石间均设置过渡层，水平厚度均为 20m。堆石与两岸岩坡之间设置 3m 厚的水平过渡层。

坝基覆盖层防渗采用2道全封闭混凝土防渗墙，形成1主1副布置格局，墙厚分别为1.4m 和 1.2m，两墙之间净距 14m，最大墙深约 50m。主防渗墙布置于坝轴线平面内，通过顶部设置的灌浆廊道与防渗心墙连接，防渗墙与廊道之间采用刚性连接，防渗墙底以下及两岸基岩防渗均采用灌浆帷幕，防渗要求按透水率 $q \leqslant$ 3Lu 控制；副防渗墙布置于坝轴线上游，与心墙间采用插入式连接，插入心墙内高度 9m。

为了防止坝体开裂，在心墙与两岸基岩接触面上铺设高塑性黏土，左岸 1597.00m、右岸 1610.00m 高程以上水平厚度为 3m，以下水平厚度为 4m；在防渗墙和廊道周围铺设厚度不少于 3m 的高塑性黏土。为延长渗径，在副防渗墙上游侧心墙底面 30m 范围内铺设聚乙烯（PE）复合土工膜，副防渗墙与混凝土廊道上游侧心墙底部铺设一层聚乙烯（PE）复合土工膜。

上下游坝坡均采用干砌石护坡，垂直坝坡厚度为 0.8m。上游围堰包含在上游压重之中，上游压重顶高程为 1530.50m。在下游坝脚处填筑压重，顶高程为 1545.00m，顶宽 30m。

由于本工程拦河坝按 9 度地震设防，为防止大坝上部坝坡的地震破坏，在坝体上部高程 1645.00m 以上，坝坡表面最大 50m 深度范围内设置了土工格栅。

2.3.1.2 坝料设计指标

长河坝水电站大坝工程填筑料设计指标见表 2-7。施工最初阶段大坝填筑料设计指标限定砾石土最大粒径为 200mm，考虑到坝高与覆盖层厚度叠加变形体高度达 300m，而且大坝处于陡窄河谷和高地震烈度区，大坝变形稳定挑战极大，最终决定最大粒径限定为 150mm。

2.3.2 料源复查

料源复查是土石坝工程施工阶段非常重要的一项工作，其目的就是对设计阶段的料源详查成果进行复查，进一步详细了解料源的储量、质量、分布状况和开采难易程度，以避免因地质重大缺陷出现料源开采经济性差、有效储量不足甚至变更料场的现象，也为做好料源规划奠定基础。长河坝水电站大坝工程重点对汤坝砾石土料场、响水沟石料场、江咀石料场和地下工程建筑物开挖料进行了复查。

表 2-7　　长河坝水电站大坝工程填筑料设计指标表

设计指标	填筑料								
	砾石土	高塑性黏土	反滤料 1	反滤料 2	反滤料 3	反滤料 4	过渡料	岸边过渡料	堆石料
水溶盐含量 /%	≤ 3	≤ 1.5							
有机质含量 /%	≤ 2	≤ 1							
最大粒径（m_{max}）/mm	≤ 150	< 5	≤ 20	≤ 80	≤ 40	≤ 100	≤ 300	≤ 400	≤ 900
大于 5mm 含量（P_5）/%	$30 \leqslant P_5 \leqslant 50$								
小于 5mm 含量 /%							≤ 30，≥ 10	≤ 30，≥ 8	≤ 20
小于 0.075mm 含量 /%	≥ 15		< 5		< 5		≤ 5	≤ 5	≤ 3
小于 0.005mm 含量 /%	≥ 8	> 25							
渗透系数（k）/（cm/s）	$\leqslant 1 \times 10^{-5}$	$< 1 \times 10^{-6}$	$\geqslant 1 \times 10^{-3}$	$\geqslant 1 \times 10^{-2}$	$\geqslant 1 \times 10^{-3}$	$\geqslant 1 \times 10^{-2}$	$\geqslant 1 \times 10^{-2}$		$\geqslant 1 \times 10^{-1}$
塑性指数（I_P）	$10 < I_P < 20$	> 15							
渗透坡降（J）	> 5	> 12							
全料压实度（击实功 2688kJ/m³）/%	≥ 97								
细料压实度（击实功 592kJ/m³）/%	≥ 100	92~95							
压实干密度（ρ_d）/（g/cm）	2.07（P_5=30%），2.10（P_5=40%），2.14（P_5=50%）	1.6（592kJ/m³）	≥ 2.08	≥ 2.14	≥ 2.20	≥ 2.25	≥ 2.33	≥ 2.25	≥ 2.22
填筑含水率（ω）/%	$\omega_0-1\% \leqslant \omega \leqslant \omega_0+2\%$	$\omega_0+1\% \leqslant \omega \leqslant \omega_0+4\%$							
含量小于 15% 时粒径（D_{15}）/mm			0.15~0.5	1.4~5	0.25~0.75	2~5	< 8	< 10	< 29
含量小于 85% 时粒径（D_{85}）/mm			2.8~7.8	15~46	8~19	34~52			
相对密度（D_r）			≥ 0.85	≥ 0.85	≥ 0.85	≥ 0.85	≥ 0.90	≥ 0.85	
孔隙率（n）/%							≤ 20	≤ 20	≤ 21

注　ω_0 为土料最优含水率。

2.3.2.1 汤坝砾石土料场复查

（1）料场复查方案。汤坝砾石土料场依据《水电水利工程天然建筑材料勘察规程》（DL/T 5388）规定属Ⅱ类土，复查方案如下：

1）地形测量。按 1∶500 比例实测地形，Cass 测绘软件成图。

2）取样检测。取样探坑按 50~100m 网格状布置，探坑尺寸 1.5m×2.0m，最大深度 15m（局部有用料未揭穿时加深 3~5m）；探坑采用人工挖掘，手摇绞车出渣；现场试验检测，每挖掘 1m 取样品 1 组进行颗粒分析及含水率检测，其余指标选择有代表性样本进行检测；汤坝砾石土料场共布置探坑 32 个，探坑延米数 452m。

3）剥离层、有用料计算。剥离层计算采用耕植土层、大于 300mm 厚度上底板、大于 400mm 厚度夹层的计入原则；有用料计算采用小于特征粒径（5mm、0.075mm、0.005mm）颗粒含量指标合格料、级配不良但可与附近料掺配后特征粒径（5mm、0.075mm、0.005mm）颗粒含量指标合格的料、夹层小于 400mm 厚度且附近探坑不再有夹层、探坑附近表面陡坎等计入原则。

4）作图。P_5 含量采用等值线法进行作图。耕植土界限采用地形等高线结合探坑耕植土、上底板偏移形成；有用料直接连接并同耕植土界限共同形成；大夹层采用向两向延伸湮灭形成；小夹层界限直接连接形成；横剖法计算。

（2）汤坝砾石土料场复查勘成果。汤坝砾石土料场试验项目组数统计见表 2-8，储量计算成果见表 2-9。汤坝砾石土料场仅需开采 275.75 万 m^3 心墙填筑料，汤坝砾石土料场储量为 464.20 万 m^3，满足心墙填筑规划需求。汤坝砾石土料场典型剖面见图 2-7，汤坝砾石土料场 0~6m、6m 以下无用层、合格料、偏粗料、偏细料分布平面图见图 2-8。

表 2-8　　汤坝砾石土料场试验项目组数统计表

颗粒分析	含水率	干密度	易溶盐	有机质	液塑限	渗透	击实	固结	直剪
601	601	71	4	4	46	2	12	3	1

表 2-9　　汤坝砾石土料场储量计算成果表

项目	横剖法 / 万 m^3	纵剖法 / 万 m^3	相对误差 /%
有用料	464.20	485.65	4.62
夹层	4.58	3.94	13.97
剥离层	73.19	67.45	7.79

汤坝砾石土料天然密度 2.07g/cm^3，干密度 1.87g/cm^3，天然含水率平均值 9.8%；塑性指数 9~15，黏粒含量 1.6%~26.3%，平均值 10.3%；小于 5mm 颗粒含量 9.9%~92.8%，平均值 50.9%；小于 0.075mm 颗粒含量 7.9%~69.4%，平均值 30.4%。汤坝砾石土料场复查指标对比见表 2-10。复查显示汤坝砾石土料场土料具有较好的防渗抗渗性能，具有较高的力学强度，质量满足设计指标及规范要求，但离散性更大，均一性更差，需要更加精细施工。

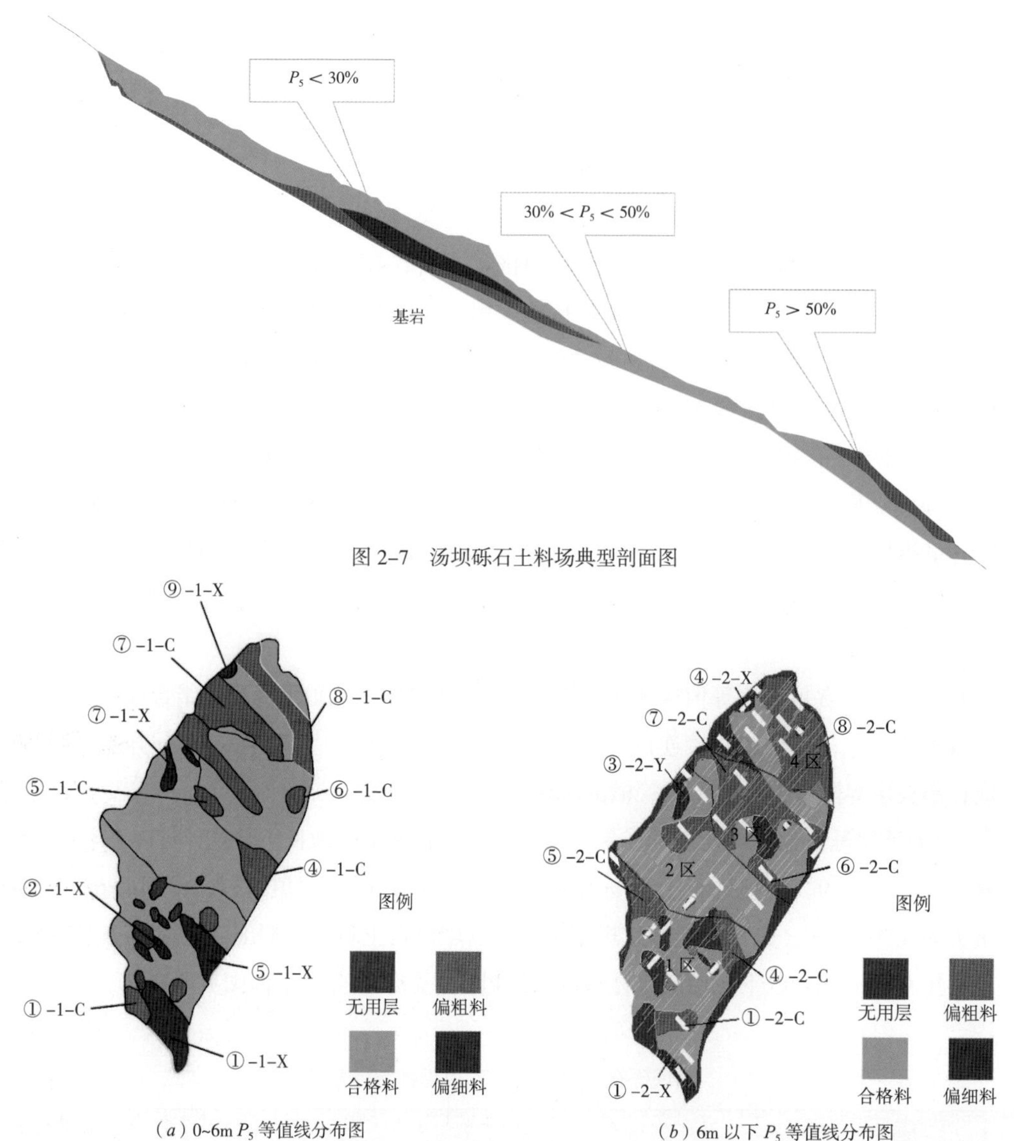

图 2-7 汤坝砾石土料场典型剖面图

（a）0~6m P_5 等值线分布图　　（b）6m 以下 P_5 等值线分布图

图 2-8 汤坝砾石土料场无用层、合格料、偏粗料、偏细料分布平面图

表 2-10 汤坝砾石土料场复查指标对比表

项目	耕植土厚 /m	地下水埋深 /m	夹层 /m	有用层厚 /m	>150mm 超径含量 /%	天然密度 /（g/cm³）	干密度 /（g/cm³）
设计勘察成果	0.2~2.2 平均 0.8	15，局部 13.5	局部存在	7~16 平均 10.7	1.05	2.06	1.86
料场复查成果	0.3~3.0 平均 1.2	一般大于 6	局部存在	1.1~18.78 平均 10.82	3.3	2.07	1.87
项目	天然含水率均值 /%	塑性指数	黏粒含量 /%	小于 5mm 颗粒含量 /%	小于 0.075mm 颗粒含量 /%	易溶盐含量 /%	有机质含量 /%
设计勘察成果	10.7	14.3	4.0~18.0 平均 9.8	35.0~74.0 平均 53.17	19.0~45.0 平均 28.6	0.2	≤ 2
料场复查成果	9.8	9~15	1.6~26.3 平均 10.3	9.9~92.8 平均 50.9	7.9~69.4 平均 30.4	0.04	0.24

2.3.2.2 新莲砾石土料场复查

（1）料场复查方案。新莲砾石土料场依据《水电水利工程天然建筑材料勘察规程》（DL/T 5388）规定属Ⅱ类土，复查方案如下：

1）地形测量。按 1∶500 比例实测地形，Cass 测绘软件成图。

2）取样检测。取样探坑按 50~100m 网格状布置，探坑尺寸 1.5m × 2.0m，最大深度 15m（局部有用料未揭穿时加深 3~5m）；探坑采用人工挖掘，手摇绞车出渣；现场试验检测，每 1m 取样品 1 组进行颗粒分析及含水率检测，其余指标选择有代表性样本进行检测；汤坝砾石土料场共布置探坑 51 个，探坑延米数 650m。

3）剥离层、有用料计算。剥离层计算采用耕植土层、大于 300mm 厚度上底板、大于 400mm 厚度夹层的计入原则；有用料计算采用小于特征粒径（5mm、0.075mm、0.005mm）颗粒含量指标合格料、级配不良但可与附近料掺配后特征粒径（5mm、0.075mm、0.005mm）颗粒含量指标合格的料、夹层小于 400mm 厚度且附近探坑不再有夹层、探坑附近表面陡坎等计入原则。

4）作图。P_5 采用等值线法进行作图。耕植土界限采用地形等高线结合探坑耕植土、上底板偏移形成；有用料直接连接并同耕植土界限共同形成；大夹层采用向两向延伸湮灭形成；小夹层界限直接连接形成；横剖法计算。

（2）新莲砾石土料场复查成果。新莲砾石土料场试验项目组数统计见表 2-11。

表 2-11　　新莲砾石土料场试验项目组数统计表

颗粒分析	含水率	干密度	易溶盐	有机质	液塑限	渗透	击实	固结	直剪
452	452	91	2	2	32	2	8	2	1

根据设计规划，新莲砾石土料场仅需开采 173.01 万 m^3 心墙填筑料，复查成果表明，新莲砾石土料场可开采储量 319 万 m^3，满足开采使用要求。

新莲砾石土料天然密度 2.07g/cm^3，干密度 1.87g/cm^3，天然含水率平均值 9.8%；塑性指数 9~15，黏粒含量 1.6%~26.3%，平均值 10.3%；小于 5mm 颗粒含量 9.9%~92.8%，平均值 50.9%；小于 0.075mm 颗粒含量 7.9%~69.4%，平均值 30.4%。新莲砾石土料场复查指标对比见表 2-12。复查显示新莲砾石土料场土料具有较好的防渗抗渗性能，力学强度相对较低，质量满足设计指标及规范要求。

料源复查调查到，新莲砾石土料场所处位置是在金汤镇新莲村后山坡上，料场开采运输道路不仅距离远，且需要通过金汤镇穿街而过，新莲村也大部分需要搬迁；对土料场大规模开采运输制约因素较大。土料场处于古滑坡体上，开采坡比需要限制；土料场含水率较高，需要规划翻晒场地。

2.3.2.3 响水沟石料场复查

（1）料场复查方案。采用钻探、槽探结合的探查方法。

表 2-12　　　　　　　　　　新莲砾石土料场复查指标对比表

项目	耕植土厚 /m	地下水埋深 /m	夹层 /m	有用层厚 /m	>150mm 超径含量 /%	天然密度 /（g/cm^3）	干密度 /（g/cm^3）
设计勘察成果	0.1~2.1 平均 0.7	6~13.5	无	7~17 平均 9.9	1.35	2.12	1.91
料场复查成果	0.6~1.2 平均 1.02	局部 5，其他均大于 13	无	4.7~13.9 平均 12.8	2.78	2.04	1.84

项目	天然含水率均值 /%	塑性指数	黏粒含量 /%	<5mm 颗粒含量 /%	<0.075mm 颗粒含量 /%	易溶盐含量 /%	有机质含量 /%
设计勘察成果	10.8	21.6	5.68~25.0 平均 11.6	39.8~75.0 平均 56.5	20.5~51.0 平均 34.16	≤ 3	≤ 2
料场复查成果	11.1	22.7	6.4~18.6 平均 12.8	32.3~78.8 平均 62.7	18.7~52.5 平均 36.8	0.28	0.46

（2）响水沟石料场复查成果。响水沟石料场计划开采高程 1885.00~1545.00m，平面开采面积 10297~87824m^2；后坡面积约 82000m^2，总储量 2102 万 m^3，有用料储量 2002 万 m^3，无用料储量 100 万 m^3；可开采至 1530.00m 高程，储量可增加至 2200 万 m^3。平均上坝运距 6.3km。响水沟料场紧临大渡河，平面开采面积大，剥离量少，边坡支护量少，剥采比及坡采比大，平均运距小。周边没有民居区，也没有地方交通从料场影响区通过，S211 永久改线道路从料场后缘山体内通过，不受料场开采影响。沟口段作为弃渣场，主干道为隧道，料场开采对弃渣影响小。

2.3.2.4　江咀石料场复查

（1）料场复查方案。采用钻探、洞探结合的探查方法。

（2）江咀石料场复查成果。江咀石料场开采范围可划分为 A、B、C 3 个采区，A 为沟内采区，B 为沟口采区，C 为中间采区。料场总体开采高程 1916.00~1550.00m，后坡面积约 297300m^2，总储量 2299 万 m^3，有用料储量 1901 万 m^3，无用料储量 398 万 m^3。总体来说，江咀石料场开采高程高，开采区域狭长分散，后边坡支护量大且平行断层，场内道路布置困难，平均上坝运距远（10.4km）。

2.3.2.5　开挖利用料复查

开挖利用料主要是地下工程的开挖料。由于地下洞室围岩为花岗岩，质地坚硬，爆破开挖出来的石料块径较大，设计规划是作为砂石骨料加工系统毛料进行储备。

由于块径较大、级配不良，不适合作为大坝填筑过渡料，只能作为大坝堆石料进行调节性利用，以弥补高峰强度不足之需。利用料储量 50 万 m^3。

2.3.3　料源规划

2.3.3.1　心墙砾石土料

（1）设计原规划。长河坝水电站大坝心墙砾石土填筑料 448.76 万 m^3，原设计规划心墙砾石土料采用汤坝、新莲 2 个砾石土料场料源，汤坝砾石土料场供应大坝 1585.00m 高程以下心墙料，规划量 275.75 万 m^3；新莲砾石土料场供应大坝 1585.00m 高程以上心墙料，规划量 173.01 万 m^3。料源复查表明 2 个土料场储量、质量满足规划方案要求。

（2）优化调整规划。料源复查表明，新莲砾石土料场开采运输条件差，征地拆迁困难，古滑坡体限制开采坡比，且砾石土料抗变形能力低、含水率高需翻晒等因素，使得扩大汤坝砾石土料场范围成为优化比选方案。

汤坝砾石土料场位于坝区上游金汤河左岸与汤坝沟之间的边坡上，距坝址 22km，料场范围征地面积 109 万 m^2，征地范围内总储量约 464.20 万 m^3。有 17km 的 4 级公路与沿大渡河的 S211 省道连接，业主提供的道路至汤坝砾石土料场直线距离约 500m，开采条件较好。汤坝砾石土料场土料主要属冰积、堆积含碎砾石土，后边坡总体呈斗状。坡度一般在 20°~30°，局部为 10°~15° 及 35°~40°，分布高程 2050.00~2260.00m；2260.00~2450.00m 高程地形坡度为 27°~35°；2450.00m 高程以上坡度较陡，为 40°~45°，局部呈平台地形。后边坡范围区域中间有两个小山脊，将其分隔为 3 个区域，自下游至上游分别为Ⅰ区、Ⅱ区、Ⅲ区。Ⅰ区宽约 450m，中部发育有宽缓平台，坡度 5°~20°，为退耕还林地，其后缘边坡较陡，坡度 35°~40°，前缘 35° 左右。Ⅱ区宽约 280m，相对较狭长，坡度 28°~35°，后缘坡度 35°~45°，总体为一凹槽地形。2405.00~2530.00m 高程坡度一般 35°~40°，2530.00~2630.00m 高程坡度 40°~42°。Ⅲ区宽约 450m，坡度一般为 30°~35°，局部 35°~35°，后缘多为陡壁，坡度 45°~60°。如果采用加大汤坝砾石土料场偏粗料与偏细料掺配、偏干料与偏湿料调水和超径精细化剔除等力度，再通过扩大汤坝砾石土料场Ⅰ区、Ⅱ区的开采范围，储量可增加到 867 万 m^3。料源质量整体无大的变化，其力学指标高于新莲砾石土料场土料，满足大坝设计指标要求，从而可避免新莲砾石土料场的场镇、村庄和料场的征地拆迁。汤坝砾石土料场料源调整优化实景见图 2–9。汤坝砾石土料场与新莲砾石土料场土料指标对比情况见表 2–13，汤坝砾石土料场与新莲砾石料场土料固结试验结果对比见表 2–14。

图 2–9　汤坝砾石土料场料源调整优化实景图

表 2-13　　汤坝砾石土料场与新莲砾石土料场土料指标对比情况表

名称	干密度 /（g/cm³）	黏粒含量 /%	塑性指数	有机质 /%	易溶盐 /%
汤坝砾石土料场	1.87	10.3	9~15	0.58	0.24
新莲砾石土料场	1.84	12.8	22.7	0.46	0.28

表 2-14　　汤坝砾石土料场与新莲砾石土料场土料固结试验结果对比表

土样	压力 /MPa	压缩系数 /（m²/N）	压缩模量 /MPa
汤坝砾石土料场代表性土样	0.1~0.2	0.053~0.099	12.5~23.1
	0.8~1.6	0.016~0.017	70.6~77.4
新莲砾石土料场代表性土样	0~0.1	0.173	10.5
	0.1~0.2	0.117	15.6
	0.2~0.4	0.073	24.7
	0.4~0.8	0.057	31.7
	0.8~1.6	0.03	60
	1.6~3.2	0.021	88.4

2.3.3.2　堆石料

（1）设计原规划。大坝填筑所用的堆石料、过渡料、反滤料、护坡块石等都需要在石料场开采、分选，或在石料场开采毛料再加工形成满足设计指标的坝体填筑料。石料场开采料是大坝填筑料最大的来源。长河坝水电站大坝设计总填筑量约 3417 万 m^3，其中堆石料 2273.9 万 m^3，过渡料 290.97 万 m^3，心墙反滤料 168.19 万 m^3，护坡块石 29.38 万 m^3，压重料 206.55 万 m^3。石料场开采及加工石料约占坝体填筑总量的 81%。大坝工程分别在上、下游各规划有上游响水沟石料场和下游江咀石料场，由响水沟石料场供应大坝上游 1679.00m 高程以下的堆石料、过渡料、护坡块石料。江咀石料场供应大坝下游的所有堆石料、过渡料、块石料以及大坝上游 1679.00m 高程以上的填筑料。反滤料由砂石系统生产，原料利用建筑物开挖料，不足部分从江咀石料场供应。

（2）优化调整规划。料源复查表明，江咀石料场相对于响水沟石料场具有开采高程高，开采区域狭长分散，后边坡支护量大且平行断层，场内道路布置困难，平均上坝运距远（10.4km）等不利因素。如何提高响水沟石料场开采量、减少江咀石料场开采量即为优化调整比选方案。长河坝水电站大坝坝体填筑石料需求量见表 2-15。

从表 2-15 中可以看出，大坝填筑需要开采 2075.08 万 m^3（自然方）堆石料、过渡料及护坡块石料直接上坝，另需开采 239 万 m^3（自然方）的毛料供应砂石系统作为大坝反滤料及混凝土生产原料。总共需要从石料场开采 2314.08 万 m^3（自然方）有用石料。

1）响水沟石料场。响水沟石料场位于坝址区上游右岸响水沟沟口，距坝址约 3.5km，料场勘探储量 2675 万 m^3。地形形态为一山包，三面临空，分布高程 1545.00~1885.00m，坡度 40°~50°。料源岩性为花岗岩，岩石呈弱风化 ~ 微风化状态，岩质致密坚硬，主要质

表 2–15　　长河坝水电站大坝坝体填筑石料需求量表

项目	设计量（压实方）/ 万 m^3	松实系数（实方 / 自然方）/ 万 m^3	自然方 / 万 m^3	施工损耗系数 /%	需要量（自然方）/ 万 m^3	备注
上游过渡层	125.40	0.79	99.07	2.4	101.48	
下游过渡层	121.04	0.79	95.62	2.4	97.91	
两岸过渡层	44.53	0.79	35.18	2.4	36.02	
上游堆石	1080.18	0.78	842.54	2.4	862.76	
下游堆石	1193.72	0.78	931.10	2.4	953.45	
上游护坡	13.03	0.78	10.16	2.4	10.40	块石考虑在堆石中选取
下游护坡	16.35	0.78	12.75	2.4	13.06	
反滤层 1	48.64				239.00	向砂石系统供应，包括混凝土骨料、反滤料毛料
反滤层 2	46.58					
反滤层 3	63.23					
反滤层 4	9.74					
合计	2762.44				2314.08	

量技术指标满足规范要求。响水沟石料场增加开采供应量不仅仅在料场开采面积、边坡支护面积等条件上优越，而且在运距、避免干扰方面有优势，响水沟石料场与江咀石料场开采条件对比分析见表 2–16。

表 2–16　　响水沟石料场与江咀石料场开采条件对比分析表

开采指标	开采区				
	响水沟石料场	江咀石料场			
		招标设计总范围	A1 区	A2 区	B1 区
总储量 / 万 m^3	2102	2299	707	194	344.41
有用料储量 / 万 m^3	2002	1901	607	184	301.68
无用料 / 万 m^3	100	398	100	10	42.73
后坡面积 /m^2	82000	297300	90837	34862	50594
剥采比①	0.05	0.21	0.16	0.05	0.14
坡面系数② /（m^2/ 万 m^3）	40.96	156.39	149.65	189.47	167.71
平均上坝运距 /km	6.3	10.4	10.4	10.4	8.7
干扰因素	无	居民、地方交通	居民、地方交通	居民、地方交通	居民、地方交通

① 剥采比指料场无用料与有用料体积之比，为无量纲数。

② 坡面系数指料场开挖形成的边坡面积与料场有用料体积之比。

分析表明，响水沟石料场的各项指标均明显优于江咀石料场。响水沟石料场的剥采比为江咀石料场的24%，坡面系数为江咀石料场的26%，平均上坝运距为江咀石料场的61%。另外，江咀石料场周边分布有居民区，爆破振动影响大，单次爆破药量受到严格控制，严重制约开采强度，难以满足填筑进度要求，且料场底部有乡村公路通过，交通干扰大。在江咀石料场的几个采区中，A1区的综合指标优于其他采区。因此，最终确定的石料场开采规划方案为：以响水沟石料场为主料场，江咀石料场A1区作为辅助采区、B1区作为应急备用采区、其他采区不作为开采区。

从填筑总量上来说，响水沟石料场有用料（2002万m^3）与江咀料场A1区、B1区的有用料总量（607万m^3、301万m^3）合计为2910万m^3，可开采储量大于需求总量，储量富裕系数1.26，满足规范值1.20~1.50的要求。只需要高峰期响水沟石料场开采强度、运输能力满足上坝强度需求，并尽可能解决重车跨心墙运输问题，使响水沟石料场避免绕坝运输能短运距向大坝下游供应部分堆石料即可。

根据响水沟石料场不同高程的开采面积、开采设备选型（高风压钻机、2.0~4.5m^3挖掘机、40t级自卸车）及开采工艺参数（梯段高度12~15m）等核算料场不同高程的可开采供料强度。响水沟石料场供料强度与大坝填筑石料需求强度对比分析见表2-17。

表2-17　响水沟石料场供料强度与大坝填筑石料需求强度对比分析表

年度	大坝填筑高程/m	大坝石料填筑强度/（万m^3/月）	料场开采高程/m	料场可开采强度/（万m^3/月）	保证系数（可采强度/填筑强度）
2012	临时断面	15.3~46.9	1810.00~1750.00	30.9~77.3	1.3~2.0
2013	1465.00~1517.00	38.0~47.2	1750.00~1680.00	77.3~123.6	2.0~2.6
2014	1517.00~1579.00	42.0~67.4	1680.00~1620.00	23.6~139.1	2.1~3.0
2015	1579.00~1638.00	38.0~62.7	1610.00~1560.00	139.1~123.6	2.2~3.7
2016	1638.00~1697.00	3.7~42.8	1560.00~1530.00	123.6	2.9~17.0

由表2-17可以看出，响水沟石料场可持续开采到1530.00m高程，其总量与开采强度完全满足大坝填筑需要。

从响水沟石料场上坝道路来看，12号公路为响水沟石料场主要上坝道路，14号公路可以辅助通行。12号公路为全程混凝土路面，路面为双向4车道，宽度12m，规划3000车次/昼夜通行能力，可以满足最高峰上坝强度要求。重车跨心墙主要担心已填筑的心墙坝面土体剪切破坏，可考虑平压板移动栈桥加以解决。因此，响水沟石料场作为主料场，江咀石料场A1区仅作为辅助补充供料及下闸后的供料是可行的。调整优化后，响水沟石料用于大坝上游及下游堆石料、过渡料和护坡块石；江咀 A1 区石料用于初期下闸蓄水前补充供应大坝下游堆石、过渡料、块石，初期下闸后供应大坝顶部剩余堆石、过渡料、块石料，补充供应砂石生产系统加工原料（优先利用建筑物开挖料，不足部分由江咀石料场开采供应）。

根据调整后的大坝进度计划，初期下闸时大坝计划填筑到 1645.00m 高程，此时响水沟料场对应开采高程 1550.00m，向大坝供应石料 1900 万 m^3。大坝剩余石料由江咀石料场 A1 区供应，即考虑砂石系统用料，江咀石料场 A1 区计划开采供料 414 万 m^3。

2）江咀石料场。江咀石料场位于坝址区下游左岸磨子沟沟口左侧，距坝址约 6km，料场勘探储量 3337 万 m^3。分布高程 1500.00~1930.00m，地形坡度一般为 40°~60°，少量为 30°~35°。料源岩性为石英闪长岩，岩质致密坚硬，主要质量技术指标满足规范要求。

优化开采规划后，江咀石料场 A1 区开采高程 1916.00~1610.00m，后坡面积约 90837m^2，总储量 707 万 m^3，有用料储量 607 万 m^3，无用料储量 100 万 m^3。A2 区开采高程 1715.00~1910.00m，后坡面积约 34862m^2，总储量 194 万 m^3，有用料储量 184 万 m^3，无用料储量 10 万 m^3。磨子沟口左侧 B 区外缘两面临空的小山脊（称为 B1 区）部分坡面岩石裸露，采区距砂石生产系统较近（约 300m），方便直接向砂石系统供料，可采性相对较好，开采高程 1640.00~1480.00m，后坡面积约 50594m^2，总储量 344.41 万 m^3，有用料储量 301.68 万 m^3，无用料储量 42.73 万 m^3。

2.3.4 土石方平衡

长河坝水电站大坝工程为砾石土心墙堆石坝，填筑坝料包括高塑性黏土料、砾石土心墙料、反滤料、过渡料、堆石料、压重体及上下游护坡干砌石等，填筑总量为 3351.5 万 m^3，其中心墙砾石土料 448.76 万 m^3、反滤料 168.19 万 m^3、过渡料 290.97 万 m^3、堆石料 2273.9 万 m^3。

高塑性黏土料采用海子坪黏土料场土料。招标阶段规划开采后运输堆存至金汤河口中转堆存料场回采上坝。砾石土心墙料来自汤坝砾石土料场和新莲砾石土料场。相对于新莲砾石土料，汤坝砾石土料具有更高的强度，因此招标阶段规划首先开采汤坝砾石土料场土料进行大坝填筑，不足部分（心墙上部）采用新莲砾石土料场土料。反滤料包括反滤料 1、反滤料 2、反滤料 3、反滤料 4，全部采用磨子沟人工骨料加工系统自动掺配生产，系统原料采用洞渣回采料和江咀石料场开挖料。过渡料、岸坡过渡料、堆石料及上下游护坡干砌石料等全部来自坝址上游响水沟石料场和下游江咀石料场。上、下游压重体料优先采用工程明挖料直接上坝。

各料场质量、数量在合理的开采和必要的加工后满足大坝填筑要求。

2.3.4.1 土石方平衡规划原则

大坝填筑土石方平衡规划是工程经济成本控制的关键，其规划原则如下。

（1）以大坝填筑总进度里程碑节点目标，尤其是度汛目标为控制主线，各作业面施工强度应满足高峰期填筑强度要求。

（2）开挖料尽量直接上坝，尽量减少中转堆存料场二次转运，应充分利用其他建筑物开挖料，分析其开挖进度与大坝填筑施工进度匹配关系及影响因素等。

（3）中转堆存料场设置应与级配掺配调整、含水率调整等相结合，可分期动态调整中转堆存场位置，优先近坝设置。

（4）过渡料优先利用厂房地下洞室开挖料，主要部分从响水沟石料场开采获得。

（5）反滤料由布置在左岸下游磨子沟人工骨料加工系统生产，加工毛料尽量利用前期储存在库区中转料场的可利用料，尽可能减少运距和二次倒运的费用。

（6）心墙砾石土料尽量多的采用掺配、调水等工艺，适当增大 P_5 均值含量，在增强心墙土料抵抗变形能力的同时，增加汤坝料场的土料利用率。

（7）大坝堆石料尽最大可能地使用距离近、场面宽、开采和边坡支护相对容易的响水沟石料场石料，创新重车跨心墙运输工装，减少运距，同时减少超长交通隧道运输通风排烟的压力。

2.3.4.2 土石方平衡规划

（1）大坝填筑主要工程量。由大坝设计剖面计算可得，长河坝水电站大坝工程填筑主要工程量见表 2-18。

表 2-18　　长河坝水电站大坝工程填筑主要工程量表　　单位：万 m^3

部位	心墙		反滤层			过渡区			堆石区		干砌石护坡		压重区		合计
	高塑性黏土	砾石土	上游侧	下游侧	水平	上游	下游	两岸岸坡	上游	下游	上游	下游	上游	下游	
工程量	20.46	428.3	63.23	95.22	9.74	125.4	121.04	44.53	1080.18	1193.72	13.03	16.35	137.53	69.02	3417.75
合计	448.76		168.19			290.97			2273.9		29.38		206.55		

（2）坝料利用料折算系数。根据工程地质特性，建筑物开挖及料场开挖施工方法，结合以往堆石坝施工经验，确定长河坝水电站大坝坝料综合折算系数见表 2-19。

表 2-19　　坝料综合折算系数表

序号	料场名称		综合折算系数		备注
			直接上坝料	转存上坝料	
1	高塑性黏土料场			0.67	
2	砾石土料场		0.78	0.77	剔超、掺配、翻晒后降低
3	响水沟石料场	堆石料	1.252		
		过渡料	1.235	0.96	过渡料爆破后掺细粒

续表

序号	料场名称		综合折算系数		备注
			直接上坝料	转存上坝料	
4	江咀石料场	堆石料	1.252		
		过渡料	1.235	0.96	过渡料爆破后掺细粒
5	地下工程开挖利用料		1.20	0.78	粒径太大，仅作为堆石料
6	（1）反滤料 1、3		1.19		填筑损耗 5%（压实方）
	（2）反滤料 2、4		1.06		填筑损耗 5%（压实方）
7	压重料		1.00	1.00	

（3）大坝填筑可利用料计算。长河坝水电站隧洞及地下厂房开挖洞渣料，大部分作为人工骨料加工系统混凝土骨料、反泥料的加工毛料储存待用，少量部分作为过渡料使用。通过计算，可用于大坝过滤料填筑的方量为 50 万 m^3。

（4）土石方供求平衡成果。考虑到大坝工程量及工程填筑进度，土石方供求平衡见表 2-20。

表 2-20　　土石方供求平衡表

用料名称	工程量 / 万 m^3		料源供应方式	施工时间 /（年 . 月）
	压实方量	自然方量		
高塑性黏土	20.46	33.00	野坝中转堆存场—大坝	2013.5—2016.12
砾石土	428.30	556.20	汤坝砾石土料场—大坝	2013.5—2016.9
堆石	2273.90	1816.20	响水沟石料场、江咀石料场—大坝	2012.8—2016.9
过渡料	290.97	235.60	响水沟石料场、江咀石料场—大坝	2013.5—2016.9
干砌石护坡	29.38	23.50	响水沟石料场、江咀石料场—大坝	2015.10—2016.10
反滤料	168.19	141.30	磨子沟人工骨料加工系统—大坝	2012.8—2016.9
压重料	206.55	206.55	其他标段利用料—大坝	2012.12—2016.8
			磨子沟回采场—大坝	
总计	3417.75	3021.35	（大坝填筑总量）	

（5）大坝填筑分期。长河坝水电站大坝工程填筑分为Ⅳ期，大坝填筑分期规划见表 2-21，长河坝水电站坝体施工分期见图 2-10。

2016 年 11 月初期导流洞下闸之前的大坝上游堆石料、上游过渡料由响水沟石料场供应，此时坝体填筑至约 1679.00m 高程；2016 年 11 月初期导流洞下闸之后，上游道路中断，上游堆石料、上游过渡料由江咀石料场供应；全部的下游堆石料、下游过渡料由江咀石料场供应。金汤河口石料场作为大坝上游填筑料的备用料场。实际填筑过程中通过优化，上游填筑道路未中断，坝料由响水沟石料场和江咀石料场同时提供。

表 2-21　　　　　大坝填筑分期规划表（不含压重体、坝坡）

分期	起迄高程 /m	施工时间 /（年 . 月）	工期 / 月	工程量 / 万 m^3
I	上游堆石 1520.00 下游堆石 1510.00	2012.10—2013.4	7	432
II	全断面到 1545.00	2013.5—2014.5	13	947
III	全断面到 1658.00	2014.6—2016.8	27	1646
IV	全断面到 1697.00	2016.9—2016.12	7	157

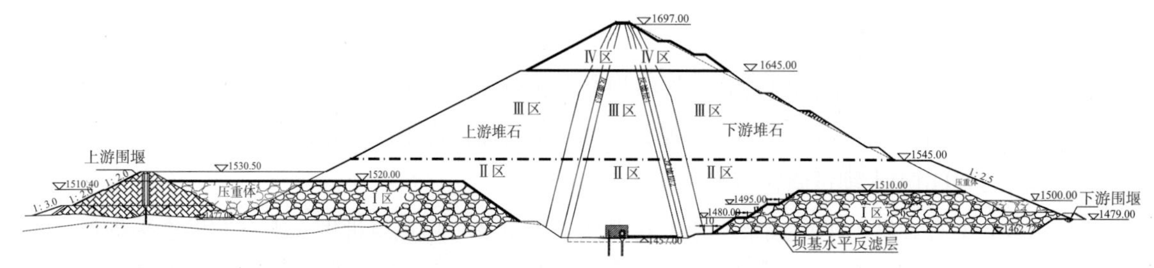

图 2-10　长河坝水电站坝体施工分期示意图

大坝上游干砌块石护坡石料由响水沟石料场供应，大坝下游的干砌块石护坡石料由江咀石料场供应。2016 年 11 月初期导流洞下闸之后，上游道路中断，此时坝体填筑至约 1679.00m 高程，1679.00m 高程以上的上游干砌块石护坡石料需要从大坝下游的江咀石料场开采。实际填筑过程中通过优化，上游填筑道路未中断，坝料由响水沟石料场和江咀石料场同时提供。

根据响水沟地形地质条件及施工道路布置，响水沟石料场开采拟分四期进行，第一期为自上而下进行料场揭顶及覆盖层剥离，并在大坝填筑前将 1840.00m 以上的有用料开采并储备至响水沟弃渣场 1620.00m 高程平台上；第二期自 1840.00m 开采至 1740.00m 高程，开采石料经由 1404 号洞及 14 号公路运输上坝；第三期自 1740.00m 高程开采至 1670.00m 高程，石料经由 1405 号、1406 号隧洞进入 14 号公路运输上坝；第四期为 1670.00m 高程以下石料开采，开采料主要从 12 号公路运输上坝。

与开采分期相匹配，拟在石料场内布置第一期和第二期共同使用的 14 号 -1 道路，主要承担 1840.00~1740.00m 高程范围内石料运输；第三期使用的 14 号 -2 道路，承担 1740.00~1670.00m 高程范围内石料运输；第四期使用的 12 号 -2 道路、14 号 -3 道路、从渣场进入料场的 14 号 -3 道路，承担 1670.00m 高程以下石料运输。在每层开挖时，场内支线路从各施工道路同高程上连通接入开采工作面。

为能在 2012 年 8 月大坝上游堆石区填筑前料场达到大面积开采条件，拟提前进入料场进行场内公路修建及料场覆盖层剥离，考虑到当 14 号公路通车后再进行料场施工道路修建，无法在大坝填筑前使料场形成规模生产，因此进场后从料场上游的原有机械道路修建机械道路至料场开口线附近，拟修建两条机械道路至 1840.00m 高程，分别为从原机械道路至 1750.00m 高程的响水沟 1 号机械道路和从 1750.00m 高程至 1840.00m 高程的响水沟 2 号机械道路。响水沟石料场开采分期运输线路及对应开采量见表 2–22。

表 2–22　　响水沟石料场开采分期运输线路及对应开采量表

料场分期	开采控制高程 /m	运输路线	运距 /km
第一期	1840.00 以上	料场内道路→ 14 号公路→ 12 号公路→弃渣场 1620.00m 平台	4.5
第二期	1840.00~1740.00	料场内道路→ 14 号公路→ 12 号公路→上坝	5.8
第三期	1740.00~1670.00	场内道路→ 14 号公路→ 12 号公路→ 16 号公路→上坝	5.5
第四期	1670.00 以下	料场内道路→ 12 号公路→ 11 号公路→上坝	3.4
		料场内道路→ S211 永久改线→ 402 号隧洞→上坝	7.2

根据江咀石料场地形地质条件及施工道路布置，结合坝体填筑时段，江咀石料场开采拟分三期进行开挖，一期为 1910.00~1780.00m 高程范围内的揭覆盖施工、开挖及边坡支护，开采方量 96.4 万 m^3（备料 53.8 万 m^3）；二期为 1780.00~1670.00m 高程范围开采施工，开采方量 614.8 万 m^3；三期为 1670.00~1590.00m 高程范围开采（终采高程），开采方量 1042.4 万 m^3。与开采规划分期相匹配，一期布置的施工道路有 15 号 –2 路、R1 号路、R1 号 –1 路和下游机械道路；二期布置施工道路为 15 号 –2 路、R2 号 –1 路和 R2 号 –2 路；三期布置施工道路为 R3 号路、R3 号 –1 路。江咀石料场开采分期运输线路及对应开采量见表 2–23。

表 2–23　　江咀石料场开采分期运输线路及对应开采量表

料场分期	控制开采高程 /m	运输线路	平均运距 /km
一期	1910.00~1830.00		推运
	1830.00~1780.00	R1 号路→ 15 号 –2 路→ 15 号 –1 路→备料场	1.5
二期	1780.00~1760.00	R2 号 –1 路→ 15 号 –2 路→ 15 号 –1 路→ 2 号桥→ 2 号路→上坝	12.0
	1760.00~1670.00	R2 号 –2 路→ 15 号 –2 路→ 15 号 –1 路→ 2 号桥→ 2 号路→上坝	12.3
三期	1670.00~1590.00	R3 号 –1 路→ R2 号 –2 路→ 15 号路→ 2 号桥→ 2 号路→ 1 号桥→ 1 号路→ 3 号路→ 7 号路→上坝	8.9

过渡料、岸坡过渡料、堆石料及上下游护坡干砌石料等石料来自坝址上游的响水沟石料场和下游的江咀石料场。

上、下游压重体填筑优先采用工程覆盖层剥离明挖料直接上坝（利用料），不足部分从磨子沟回采场回采，利用料 30.2 万 m^3，其余从磨子沟弃渣场回采，综合运距约 9.2km。

（6）土石方总调配图。长河坝水电站大坝土石方总调配见图 2–11。

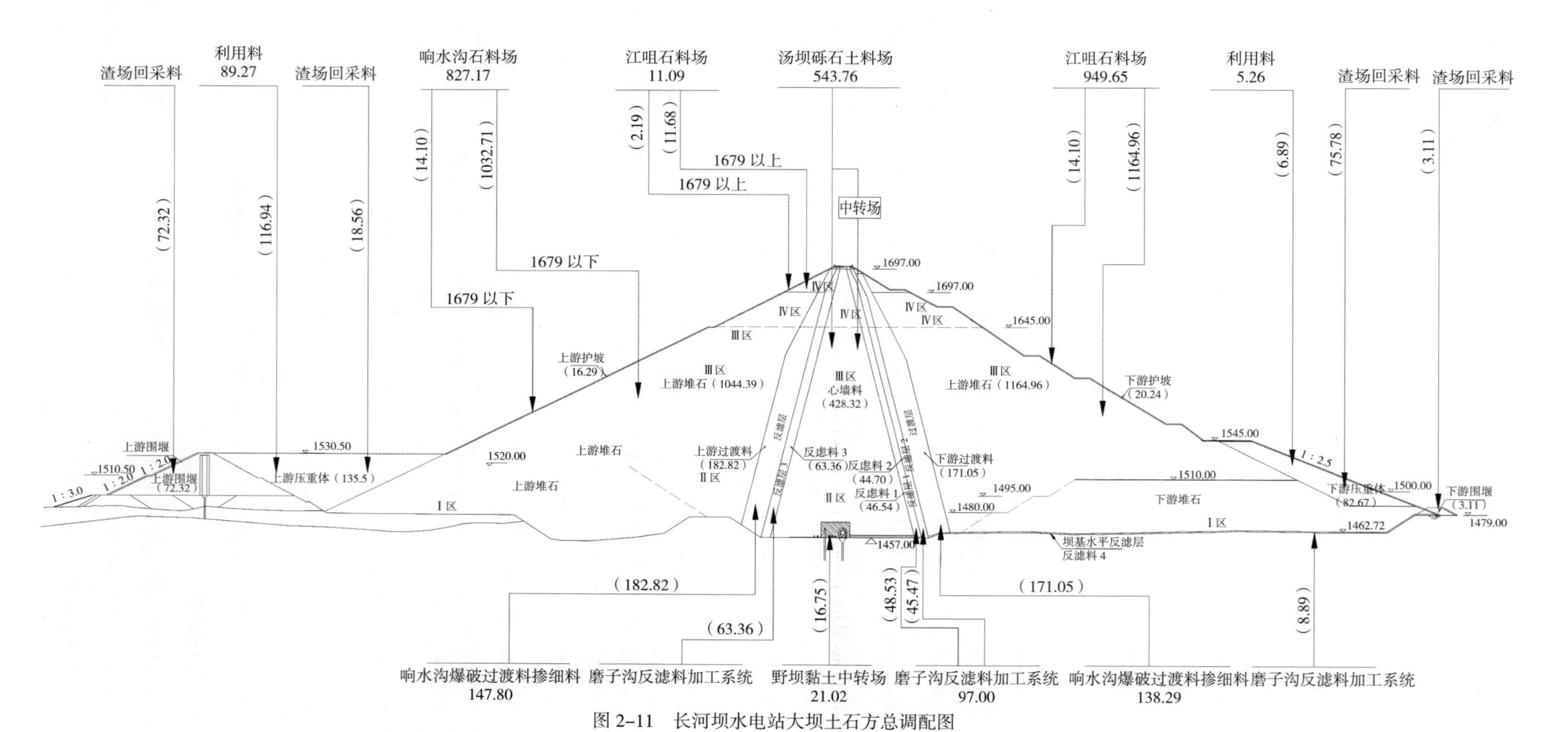

图 2-11　长河坝水电站大坝土石方总调配图

注：1. 图中工程量单位为万 m^3；2. 各料源点的工程量为自然方；3. 调配线上括号内数字为填筑料的调配量，坝体内括号内的数字为填筑量，均为压实方。

2.3.5 动态调整优化

2.3.5.1 建筑开挖料时空交换利用

长河坝水电站工程左岸引水发电系统和右岸泄洪放空系统均为地下工程，岩性以花岗岩、石英闪长岩为主，对各部位开挖料进行级配检测，均满足大坝堆石料设计级配指标。

根据总体规划，建筑开挖料均用于砂石系统生产原料。通过进一步对长河坝整体进度细化分析，在地下工程开挖期间，混凝土施工项目相对较少，骨料用量小，砂石系统的主要任务以生产大坝前期填筑所需少量反滤料为主，即砂石系统还未进入生产高峰期，且前期开挖利用料已堆满原料回采场，完全满足一段时间的取料要求。大坝开始填筑后，调整地下工程开挖料直接上坝用于堆石料填筑，有利于提高大坝填筑强度，缓解石料场开采与运输压力。由于 2014 年 5 月是大坝实现度汛目标的高峰期，地下工程开挖料就近上坝作为补充供料，无疑提高了实现度汛目标的保证率。调配上坝的开挖料后期就近从江咀石料场向砂石系统补充供应。砂石系统位于大坝下游约 8km 处的磨子沟口，至江咀石料场运距约 2km，通过对建筑开挖料进行时空交换后，大幅减小了原料运距。另外，由于砂石系统原料堆存场容量有限，开挖料直接上坝，有效缓解了堆存压力，避免了原料多次堆存和转运。大坝度汛填筑期（2014 年 5 月前）实际利用建筑开挖料 191 万 m^3（压实方），利用量约占度汛期填筑石料总量的 18%，补充了度汛期石料填筑高峰平均强度的 15%，对料场开采与运输压力缓解效果明显。

2.3.5.2 石料场开采动态优化

响水沟石料场随着开采高程不断下降，岩石越趋新鲜、完整，采区内未出现软弱夹层、透镜体等不良地质条件。通过中上部的开采揭示判断，影响有用料储量的地质因素基本排除。施工过程中结合实际情况反复核算料场剩余储量及大坝填筑需要量，分析结果显示响水沟石料场富余量较大，为降低开采难度和节省工程费用，当料场开采到 1670.00m 高程时，对开采体型再次优化：将后坡由原设计 1∶0.3 调整到 1∶0.5，开采到 1640.00m 高程时再次调整为 1∶0.75，边坡不再采取支护措施。另外，由于料场周边岩石裂隙较发育，钻孔爆破与级配控制难度相对较大，调整为掏芯开挖。

石料场在开采过程中，地质工程师根据揭露出的地质情况动态调整开挖坡比及平台高程与宽度。长河坝水电站大坝比合同工期提前近 4 个月填筑到顶，石料场开采规划通过动态优化后，最终不仅实现了在满足质量要求的前提下保证了大坝填筑供料强度的目标，而且与设计规划方案相比，减少覆盖层剥离 170 万 m^3 以上，减少边坡面积 12 万 m^2 以上，进度、经济、环境等综合效益显著。

2.3.6 料源规划实践经验

料场号称土石坝之“粮仓”，石料在土石坝施工中具有坝体总量大、填筑强度高的特点，因此，解决好石料场开采规划方案是大坝填筑施工取得成功的关键一步。

（1）优选石料的主料场应遵循“质量好、出料快、运距短、干扰小、效益好”的基本原则，在保证质量的前提下，首先应考虑供料强度满足大坝填筑进度要求。如能有效降低无用料剥离量、边坡支护量则更能体现经济效益与环境效益。

（2）料场的开采规划方案不是一蹴而就的，动态优化工作很重要。应结合料场前期开采过程中全面揭露出的地质条件、开采与运输边界条件、设计变更等因素及时调整，包括开采范围、开采坡比、支护措施等，以实现综合效益最大化为原则。

（3）料场开采规划方案中，剥采比和坡面系数是2个重要评判指标。2个指标评判的侧重点不同，剥采比侧重于料场规划的经济性、可行性评价，而坡面系数更侧重于施工可行程度的评价，也是经济性评价指标。因为石料场通常都是高边坡，边坡的稳定关系着料场安全，边坡支护是确保稳定的关键措施，一般上层支护须确保下层开挖的稳定。因此，边坡支护是制约料场开采下降速度的关键工序，如果坡面系数小，则支护量小，支护进度更容易保证，且支护费用也小，更经济。

（4）料场规划方案论证过程中，建筑开挖料的利用问题应高度重视。最大限度利用质量满足要求的建筑开挖料上坝是当地材料坝的基本理念，不仅有利于降低工程费用，更能有效补充高峰期供料强度。高山峡谷地区土石坝受度汛目标限制，填筑强度前高后低，工期上呈现出前紧后松。而石料场往往高料低用，供料强度呈现出前低后高。因此度汛填筑期坝料供需规律相反，矛盾突出，一般情况都通过料场提前准备，并提前开采备料或有条件时先填临时断面等方式解决。建筑开挖料的合理利用则刚好可缓解这一矛盾。

（5）避免出现低料无用的现象，即前期大坝用料量大时，在料场高处艰难地取料，当料场下降到开采面积足够大、运输条件相对好时，坝已填筑到顶。类似工程现象较多，长河坝水电站大坝响水沟石料场也有类似现象。造成这一现象的原因是：在料场开采规划时，为确保料源的保证率，考虑到地质条件的不确定性，料场储量计算和规划开采范围有一定的富裕系数。高土石坝填筑量巨大，料场应满足规范要求的富裕系数，如地质条件没有出现大的波动，通常会在下部开采条件很好时却遗留大量的有用料无处可去。如果料场规划时依实际情况考虑富裕系数不要过大，则可有效降低料场开采高度，从而改善料场道路布置条件，降低因高开口而带来的开采难度。料场规划考虑富裕系数十分必要，否则料源风险太大，但可通过单独规划备用料场或独立备用采区来解决这一矛盾。首先确保主料场开采效益最大化，如果主料场在开采过程中出现影响有用料储量的地质条件，则可根据进展情况适时启动备用料场或备用采区，从而保证料源可靠性。

3 施工期水流控制

水利水电工程整个施工过程中的水流控制（简称施工期水流控制，又称施工导流），广义上可以概括为：采取“导、截、拦、蓄、泄”等工程措施，来解决施工和水流蓄泄之间的矛盾，避免水流对水工建筑物施工的不利影响，把水流全部或部分导向下游或拦蓄起来，以保证水工建筑物的干地施工，在施工期内不影响或尽可能少影响水资源的综合利用。高心墙堆石坝的施工期水流控制对施工进度和总体规划有直接影响，同时由于面临复杂的地形地质和工期因素等边界条件，使得峡谷地区高心墙坝工程建设在河道截流、围堰施工、基坑排水等方面存在诸多难题。

3.1 施工导流规划

根据坝址区地形地貌特征、地质条件、河道水文特性、枢纽布置特点、施工总进度安排等因素，长河坝工程采用全段围堰、隧洞过流、大坝基坑全年施工的导流方式。

两条初期导流隧洞均布置在右岸，断面尺寸按等断面设计，均为12m×14.5m，其进口高程1482.00m，出口高程1475.00m，其中1号导流洞长1061.076m，2号导流洞长1235.409m。导流设计标准为50年一遇洪水标准，上游土石围堰顶高程1530.50m，最大堰高53.5m，堰顶宽13.0m。下游土石围堰部分与大坝结合，堰顶高程1486.00m，最大堰高13.5m，堰顶宽13.0m。

右岸还布设有1条中期导流洞，断面尺寸：有压段7m×9.5m；无压段7m×12m。进口高程1545.00m，出口高程1490.00m，隧洞长1421.56m。

导流时段：2010年11月至2017年8月，其中2010年11月至2014年2月为初期导流时段；2014年3月至2017年4月为中期导流时段，2017年5—8月为后期导流时段。

初期导流时段：2010年11月至2014年2月。2010年11月上旬截流，截流标准为10年重现期旬平均洪水，流量838m^3/s，对应上游水位1490.01m，上游堰戗堤高程1492.00m。2010年11月上旬截流后至2014年2月，围堰挡水，初期导流洞过流，导流标准为50年洪水重现期，相应设计流量5790m^3/s，围堰上游水位1528.30m，围堰顶高程1530.50m。

中期导流时段：2014年3月至2017年4月。其中2014年3月至2016年10月，大坝挡水，初期导流洞过流，大坝度汛标准为200年洪水重现期，相应设计流量6670m^3/s，上游水位 1542.40m。2016 年 11 月上旬，两条初期导流洞下闸，下闸设计标准为 10 年重现期旬平均洪水流量 838m^3/s，对应下闸前水位 1490.01m。2016 年 11 月至 2017 年 4 月两条初期导流洞封堵施工，由中期导流洞过流。两条初期导流洞闸门挡水标准为 20 年洪水重现期，对应设计流量 1080m^3/s，初期导流洞封堵闸门前水位 1580.72m，闸门挡水水头 98.72m。初期导流洞封堵期间，大坝挡水，中期导流洞和放空洞过流，大坝度汛标准为 200 年洪水重现期，对应设计流量 1370m^3/s，上游水位 1594.50m。

后期导流时段：2017 年 5—8 月。2017 年 4 月底，中期导流洞下闸，下闸设计标准为 10 年重现期月平均流量 484m^3/s，根据初期蓄水计划要求，此时闸前水位 1585.00m。2017 年 5—8 月，中期导流洞封堵施工，由放空洞和 1 号泄洪洞联合泄流。闸门挡水标准为 20 年洪水重现期，对应设计流量 5180m^3/s，中期导流洞封堵期间，大坝度汛标准为 500 年洪水重现期，对应设计流量 7230m^3/s，由 1 号深孔泄洪洞及 2 号、3 号两条开敞式泄洪洞联合泄流，上游水位为正常蓄水位 1690.00m，大坝坝顶高程 1697.00m。2017 年 5 月下闸蓄水，2017 年 8 月第一批机组发电。

长河坝水电站工程大坝施工导流进度见表 3-1。长河坝水电站截流时段旬平均流量见表 3-2，分期设计洪水流量见表 3-3。

表 3-1　　长河坝水电站工程大坝施工导流进度表

时间		标准		建筑物		上游水位 /m	挡水建筑物高程 /m	备注
		频率 /%	流量 /（m^3/s）	挡水建筑物	泄水建筑物			
截流	2010 年 11 月上旬	10（旬平均）	838	围堰	初期导流隧洞	1490.01	1492.50	
初期导流	2010 年 11 月至 2014 年 2 月	2	5790	围堰	初期导流隧洞	1528.30	1530.50	
中期导流	2014 年 3—5 月	0.5	4150	大坝	初期导流隧洞	1570.34	1530.50	大坝达到围堰高程
	2014 年 6 月至 2016 年 10 月	0.5	6670	大坝	初期导流隧洞	1542.40	1545.00	
	2016 年 11 月上旬	10（旬平均）	838	大坝	初期导流隧洞	1490.01	1658.00	2 条初期导流隧洞下闸前水位
	2016 年 11 月至 2017 年 4 月	5	1080	大坝	中期导流隧洞	1580.72	1658.00	2 条初期导流隧洞封堵
	2016 年 11 月至 2017 年 4 月	0.5	1370	大坝	中期导流隧洞 放空洞	1594.50	1658.00	坝前度汛设计水位
后期导流	2017 年 4 月底	10（旬平均）	484	大坝	中期导流隧洞	1585.00	1691.00	中期导流隧洞下闸前水位
	2017 年 5—8 月	5	5180	大坝	放空洞深、孔泄洪洞	1680.00	1691.00	中期导流隧洞封堵，闸门挡水标准
	2017 年 5—8 月	0.2	7230	大坝	放空洞、深孔泄洪洞 两条开敞泄洪洞	1690.00	1697.00	坝前度汛设计水位（5 月底大坝至水位 1697.00m）

续表

时间		标准		建筑物		上游水位 /m	挡水建筑物高程 /m	备注
		频率 /%	流量 /（m³/s）	挡水建筑物	泄水建筑物			
下闸蓄水	2017 年 5—8 月	月平均 85	561（5 月） 1210（6 月） 1240（7 月） 941（8 月）	大坝	放空洞、深孔泄洪洞 两条开敞泄洪洞	1680.00	1697.00	6 月蓄水水位至 1650.00m 7 月初第一批机组调试 8 月上旬第一批机组发电 8 月下旬蓄水水位至 1680.00m

表 3-2　长河坝水电站截流时段旬平均流量表　单位：m³/s

时间	11 月上旬	11 月中旬	11 月下旬	12 月上旬	12 月中旬	12 月下旬
流量	838	652	544	457	385	344

注　在频率为 10% 时的流量成果表。

表 3-3　长河坝水电站分期设计洪水流量表　单位：m³/s

时间 / 月	统计参数			频率						
	均值	C_V	C_S/C_V	0.5%	1%	2%	5%	10%	20%	50%
1	265	0.18	6.0	435	412	388	355	329	301	257
2	216	0.15	6.0	326	312	297	276	259	241	211
3	290	0.40	8.0	880	769	659	521	423	334	243
4	550	0.34	2.0	115	1080	998	889	799	698	529
5	1440	0.44	4.5	4150	3720	3280	2700	2270	1830	1250
6—9	3550	0.24	5.0	6670	6230	5790	5180	4690	4170	3380
10	1550	0.30	2.5	3070	2880	2680	2400	2170	1920	1490
11	750	0.23	6.0	1370	1290	1200	1080	981	877	718
12	410	0.18	6.0	673	637	600	550	509	465	397

3.2　陡窄河谷双戗立堵截流

截流在施工导流中占有重要的地位，只有截断原河床水流，才能把河水引向导流建筑物下泄，从而在河床中全面开展主体建筑物的施工。截流是影响工程总体施工进度的一个控制性项目，如果截流不能按时完成或者截流失败，则可能造成工期拖延等重要影响。高山峡谷河道截流施工一般具有高流速、大落差、河床覆盖层深厚及地形条件复杂等特点，需因地制宜地采取科学有效的技术方案和措施。

3.2.1 截流方案

3.2.1.1 总体方案

长河坝水电站工程地处高山峡谷地区，河道比降和流速大，原计划 2008 年截流，实际在 2010 年截流时，由于河床在两年来的自然变迁加上人工影响，落差增加近 2m，增加了截流的难度，地形上一岸陡岩直立，只具有单向进占的条件。上围堰堰顶高程 1530.50m，最大堰高 57m，堰顶全长 168m，堰基河床覆盖层最大厚度约 75m，覆盖层自下而上（由老至新）可分为 3 层：第①层为漂（块）卵（碎）砾石层，分布河床底部，厚度和顶面埋深变化较大，厚度 18~25m；第②层为含泥漂（块）卵（碎）砂砾石层（alQ_4^1），厚度 35~42m；第③层为漂（块）卵砾石层（alQ_4^2）厚度 7~20m。枯期河床水面宽 80~106m。长河坝水电站工程在 2010 年 10 月上旬预进占，计划 10 月下旬至 11 月上旬实施截流。

截流方案的选择是根据实际截流施工时段下对应的河道流量，确定截流方案。截流施工计划在 10 月下旬和 11 月上旬进行，对应河道流量 Q=843m^3/s，采用岸边堆渣、双戗单向进占。

上游戗堤左岸岸壁陡峭，水流流速较大，在左岸修筑进占道路难度极大。下游戗堤左岸为 2 号支洞口平台处，该场地计划作为左岸唯一的备料场及观礼台，因此排除了左岸进占施工。工程截流实际流量为 Q=670m^3/s。

按照模型试验结果在 650m^3/s 流量时，可实施单戗堤、单向、立堵进占截流，但由于上游戗堤距离导流洞进口较远（125m），截流过程中发现龙口堤头冲刷严重，下游戗堤基本无法分担水头，截流进占困难，实施过程中，增加了导流洞进口处戗堤（第三戗堤），截流过程中第三戗堤、上游戗堤共同起作用，最后靠第三戗堤合龙，形成了双戗堤截流施工技术。

3.2.1.2 戗堤布置

截流设计上游戗堤顶高程 1492.00m，顶宽 20m，上、下游坡度为 1∶1.5，下游戗堤顶高程 1488.00m，顶宽 20m，上、下游坡度为 1∶1.5。截流戗堤布置如下：

（1）上戗堤采用宽戗堤。上游戗堤为 80m，下游堤为 25m。

（2）根据实施情况，如果仍有难度，采取上、下游戗堤全面进占形成沿河床长约 200m 的水道分担落差。

（3）戗堤由右向左、由上游向下游按照 1% 坡度倾斜。

（4）在上游设置宽度 20m 的第三戗堤，位于上戗堤上游 125m 处，增加前期分流系数，以降低施工难度。

截流戗堤选在上游围堰上、下趾处，上游戗堤轴线位于上游围堰轴线上游 68.3m，下游戗堤轴线位于上游围堰下游 56.7m。截流前，利用导流洞围堰拆除料在上戗上游右岸形成一堆渣平台。上、下游戗堤进占分区见图 3–1。

龙口位置由地形、地质及水力条件决定，龙口周围应有广阔的场地，距离料场较近，

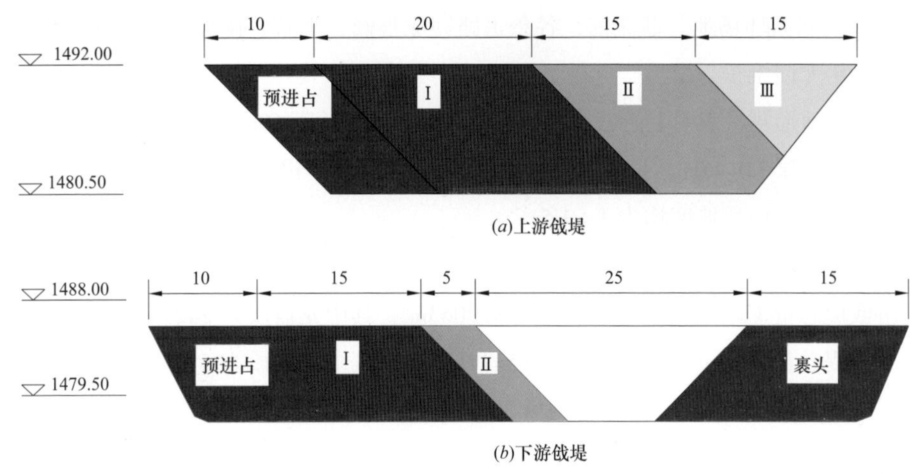

图 3-1　上、下游戗堤进占分区示意图（单位：m）

力求放在覆盖层浅或基岩裸露的地段，尽量避开有顺流向的陡坡和深坑。根据本工程的地形位置及现场条件，河道右岸有施工道路通过，且经过上游围堰处公路路面，与截流戗堤高程相当，具备较好的截流施工交通运输条件，因此确定截流由右岸向左岸进占，截流龙口布置在河道左岸。同时，为了使上、下龙口错开，以有利于分担落差，在下游戗堤左岸进占 15m，并做长 10m 的大石料裹头。

为降低截流难度，根据地形与模型试验条件分析，在上游需要设计第三戗堤分流预案，在设计方案阶段规划如下。

1）第三戗堤位于 1 号导流洞下游，距围堰轴线约 180m。

2）戗堤长 35m，前 25m 为石渣堆筑，后 10m 采用钢筋石笼，高度约 4m。

3）戗堤长度有限，分流量有限，只能在一定程度上增大导流洞分流比，工程截流难度由落差和流量决定。

4）戗堤高度有限（设计 4m，如果要高过截流最终水位要 78m，再高工程量就更大了），当截流到一定的阶段水位高过第三戗堤时其分流作用有限。

3.2.1.3　施工布置

由于场地狭窄、车辆多、干扰大等不利因素的影响，截流施工时，秉持设备运行、运输方便、因地制宜、经济实用的原则，进行截流施工总体规划与布置。截流平面布置仍按照双戗单向截流方案进行布置。

结合现场施工条件，截流施工道路分别在左右岸各布置一条。右岸截流施工道路较窄，不满足截流高强度运输要求，在截流施工前把备料场和戗堤之间的省道进行了拓宽，设置截流专线，满足截流施工的要求。施工时按照 15~20m 进行加宽，同时在上、下游戗堤之间形成一个较大的回车平台，以便于进占车辆在上下游戗堤上的行车、倒车，方便指挥管理，提高抛投强度。左岸利用场内交通洞从 2 号支洞口穿出，该道路作为左岸部分截流材料的备料道路及观礼通道。备料场各取料点道路保证双车道和施工设备能自由出入，装料面有足够的设备装卸循环场地。截流前，各条道路完成整修、平整，确保路面畅通无阻，并有道路维护小组专门维护。

现场实际地形测量表明上游戗堤部位水深3.5~4.5m，长度60m，设计顶高程1492.50m。下游戗堤部位水深3.0~4.0m，长度70m（其中合龙段45m），设计顶高程1488.00m；设计上、下游戗堤顶宽度20m，坡度均为1：1.5。

3.2.1.4 截流材料

上游戗堤总量 $V=(a+b)\times h\times L\times 0.5=29063\text{m}^3$，其中龙口段为$24219\text{m}^3$；

下游戗堤总量 $V=(a+b)\times h\times L\times 0.5=11520\text{m}^3$，其中龙口段为$5120\text{m}^3$。

戗堤工程量按照流失量30%，备用量20%来设计，则需要总量=1.3×1.2（29063+11520）=63309m^3。

工程区规划备料总量为106660m^3，为计算抛投量总量的168%，为计算戗堤总体积40583m^3的263%，为设计用量42790m^3的249%。大石及特殊材料按照197%备料，总量为26660m^3。截流各种材料与设计方案比较见表3-4，截流备料场占地面积及存料数量情况汇总见表3-5，截流大石、特殊材料备料及需求量见表3-6。

表3-4　截流各种材料与设计方案比较表

材料名称	设计用量/m^3	料场储备/m^3	备料系数
大石（含特殊材料）	13500	26660	1.97
中石	14300	30000	2.10
小石	14990	50000	3.33

表3-5　截流备料场占地面积及存料数量情况汇总表

序号	截流场地	占地面积/m^3	存料数量/m^3	主要材料
1	1号场地	4000	3300	串石
2	2号场地	1500	800	钢筋石笼
3	4号场地	现有料源	10000	小石
4	5号场地	500	20块	四面体
5	6号场地	6000	15000	大块石
6	7号场地	5000	中石15000、小石30000	中小石
7	8号场地	4000	10000	中石
8	9号场地	2000	2940	串石
9	10号场地	20000	120000	河床砂砾料
10	13号场地	5000	80000	闭气土料
11	14号场地	1500	300	钢筋石笼
12	15号场地	1500	4200	大块石（防汛备料）
13	16号场地	4000	中石5000、小石10000	中小石（防汛备料）

表 3-6　　　　　　　　截流大石、特殊材料备料及需求量表　　　　　　　　单位：m^3

部位		分区	材料需求	大石		串石		钢筋石笼	
				需求量	备料场	需求量	备料场	需求量	备料场
上游戗堤	右岸	Ⅰ区	1000	700	6号	200	1号	100	2号
		Ⅱ区	7500	4700	6号、8号	2500	1号	300	2号
		Ⅲ区	2000	1300	6号、8号	600	1号	100	2号
		流失	1000	1000					
		小计	11500	7700		3300		500	
下游戗堤	右岸	Ⅰ区	1000	800	8号	100	9号	100	2号
		Ⅱ区	3000	2200	8号	600	9号	200	2号
		Ⅲ区	5000	5000	8号				
	左岸	10m 裹头	4500	4200	15号			300	14号
	小计		13500	12200		700		600	

3.2.1.5　截流施工强度

（1）堤头抛投强度。通过对戗堤进占强度的统计及分析，戗堤最大抛投强度为 $935.7m^3/h$，按综合系数为 1.2 进行计算，即戗堤抛投强度以满足 $1122.84m^3/h$ 为计算依据。戗堤设计顶宽 20m，设计 3 车道，中间车道设计为空车回车道，两边车道为进占抛投车道。因此，单堤头可同时存在 2 个抛投施工面，堤头进占抛投为循环作业，单车卸车时间控制为 2min，即堤头抛投强度可达 2 车 /min，满足上、下游戗堤头抛投强度要求。

上游戗堤各分区不同级配投料强度见图 3–2，下游戗堤各分区不同级配投料强度见图 3–3，上、下游戗堤各分区不同级配投料强度见图 3–4。

（2）道路运输强度分析。截流进占时，各抛投材料均从备料场转运至堤头，运距均小于 1km。截流专用道路设计为 4 车道、宽 25m，在宽 25m 的 4 车道内可容纳 100 辆汽车的运输强度。重车速度按 15km/h 考虑，空车速度按 30km/h 考虑。

（3）备料场装车强度分析。截流主要的抛投材料为大石、串石，中石及小石的装车强度对截流影响不大，因此重点分析大石、串石的装车强度。根据施工时装一车大石需用

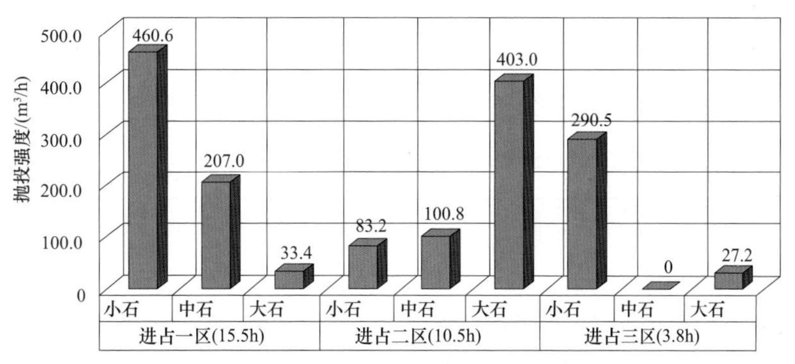

图 3–2　上游戗堤各分区不同级配投料强度图

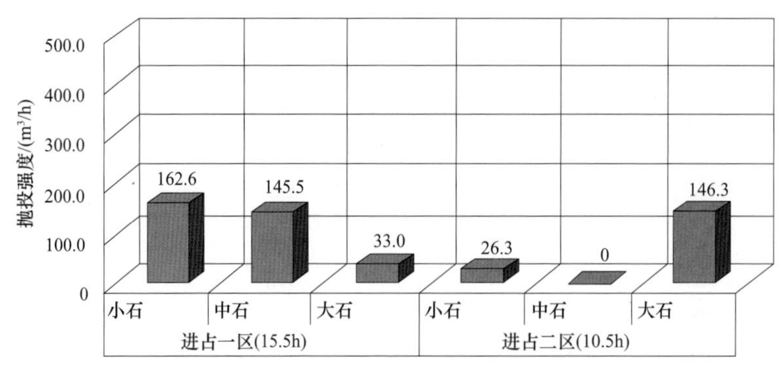

图 3-3 下游戗堤各分区不同级配投料强度图

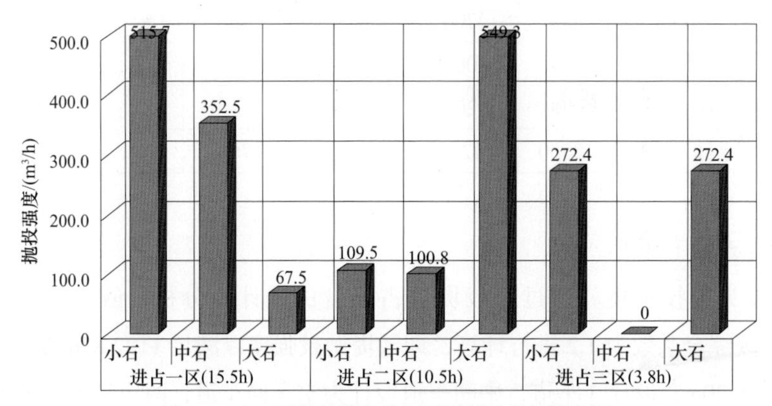

图 3-4 上、下游戗堤各分区不同级配投料强度图

约 5min，堤头按照 2 车 /min 的抛投强度，装车强度也需达到 2 车 /min，装车设备要求 10 台满足单戗装车强度要求。上、下游戗堤各取料点及设备配置见表 3-7。

表 3-7 上、下游戗堤各取料点及设备配置表

戗堤	抛投材料	抛投量/（万 m^3）	取料点	最大抛投强度/（m^3/h）	设备配置
上游	小石	0.641	4 号备料场	460.6	2 台 $1.6m^3$ 反铲、12 辆 20t 自卸车
	中石	0.386	7 号备料场	207	2 台 $1.6m^3$ 反铲、10 辆 20t 自卸车
	大石	0.524	1 号、6 号、9 号备料场	403	1 台 CAT5080 正铲及 2 台 $1.8m^3$ 反铲、10 辆 32t 和 5 辆 20t 自卸车
下游	小石	0.233	7 号、16 号备料场	162.6	1 台 $1.6m^3$ 反铲、6 辆 20t 自卸车
	中石	0.329	7 号、8 号备料场	145.5	1 台 $1.6m^3$ 反铲、6 辆 20t 自卸车
	大石	0.172	6 号、15 号备料场	146.3	2 台 $1.8m^3$ 反铲、10 辆 32t 和 6 辆 20t 自卸车

3.2.1.6 施工设备

施工设备的配置和布置主要满足截流施工强度的需要，同时考虑现有设备状况、道路情况、转移的机动性等。截流施工的抛投强度按每个戗堤 $600m^3/h$ 控制，龙口段截流进占

连续施工，对施工机械设备效率要求较高。为满足截流高强度施工的要求，在设备选型上优先选用大容量、高效率、机动性好的设备。截流施工设备与开挖和填筑设备统一配置，开挖、填筑设备可以满足截流要求。

挖装设备。中小石抛投材料主要选用 1.4~1.8m^3 的挖掘设备，大石选用 5m^3 正铲及 1.6m^3 反铲负责装车。

运输设备。中小石主要选用 20t 的自卸汽车负责运输，大石、串石选用 32t 及部分 20t 车负责运输。

推运设备。主要选用大马力（ > 200kW）的推土机，选用 SD32 推土机。

挖装设备。中小石抛投材料选用 4 台 1.4~1.8m^3 的反铲，大石选用 1 台 5m^3 正铲及 4 台 1.6m^3 反铲负责装车。

运输设备。中小石主要选用 20 辆 20t 的自卸汽车负责运输，大石、串石选用 10 辆 32t 及 20 辆 20t 车负责运输。

推运设备。主要选用大马力（ > 200kW）的推土机。

截流施工机械设备配置见表 3-8。

表 3-8　　截流施工机械设备配置表

序号		设备名称	规格型号	单位	数量	分布位置
一、挖装机械	1	液压挖掘机	CAT5080	台	1	大石备料场
	2	液压挖掘机	PC400	台	4	中小石备料场
	3	液压挖掘机	EX400	台	4	
二、吊车	1	汽车吊	16t	辆	1	四面体及串石备料场
	2	汽车吊	25t	辆	1	
三、推土机	1	推土机	TY320	台	4	上、下龙口各布置 2 台
	2	推土机	TY220	台	2	中小石备料场
四、自卸汽车	1	自卸汽车	32t	辆	10	截流现场
	2	自卸汽车	20t	辆	60	截流现场
五、其他设备	1	对讲机		对	30	
	2	电焊机		台	10	
设备合计					127	

3.2.2　截流施工

3.2.2.1　施工方法

（1）上游戗堤堆渣预进占。考虑实际截流过程中的难度，预进占时在上戗堤轴线上 60m、下 20m 范围堆渣填筑宽戗堤。

（2）戗堤非龙口段进占。戗堤非龙口段进占施工于 2010 年 9 月 25 日至 2010 年 10 月 14 日进行。右岸小石预进占材料以下游围堰 5 号钢桥上游侧回填石渣料为主，中石料取至

3号备料场。左岸小石预进占材料以2号支洞口洞渣为主，中石料由倒石沟下部选取。

上游戗堤左岸不设裹头，右岸采用小石料预进占10m，预留龙口宽36m。

下游戗堤左岸裹头前5m采用石渣料进占，后10m高程在1486.00m以下采用大石料进占以形成裹头，高程1486.00m以上用石渣料填铺。右岸采用石渣料抛投预进占10m，预留龙口宽36m。

填筑料中石、小石料采用20t自卸汽车运输，大石、串石用32t自卸车运输，全断面端进法抛填，TY320推土机配合施工。深水区域采取堤头集料、推土机推料抛投。在进占过程中，发现堤头抛投料有流失现象，则在堤头进占前沿的上游角先抛投一部分大石、中石，在其保护下，再将石渣抛填在戗堤下游侧。必要时采取抛填特大石、大石。特大石、大石运输至堤头卸料，再用大型推土机推至堤头前沿抛投，派专用设备和人员养护截流道路路面、平整场地，确保大型车辆畅通无阻。

（3）戗堤龙口段进占。

1）戗堤堤头车辆行驶线路布置。龙口截流戗堤按3车道设置，宽20m，第一道和第三道为抛投材料卸料车道，第二道为空车道，在戗堤上布置TY320推土机4台。截流时，从备料场出来的重车经岸边施工道路运到龙口处抛投，空车从空车道返回。为确保堤头车辆安全，汽车轮缘距戗堤边缘不少于2.5m，并安排专人布置标识、堤头警戒和观察堤头冲刷情况。不同材料车队分别配以不同颜色、数码标志，堤头指挥人员以相应颜色的旗帜分区段按要求指挥编队和卸料。

2）上游戗堤龙口段。左岸不设裹头，右岸采用小石料预进占10m，预留龙口宽50m。

进占一区。高程1486.00m以下采用中石料上挑角进占，中后部石渣料跟进，高程1486.00m以上采用石渣料进占，右戗堤进占至30m。高程1488.00m以下用中石料上挑角进占，中后部石渣料跟进，高程1488.00m以上用石渣料跟进，右戗堤进占至35m。高程1488.00m以下用大石料上挑角进占，中石料中后部跟进，高程1488.00m以上用石渣料填铺，右戗堤进占至40m，此时对应龙口宽30m。

进占二区。高程1488.00m起用大石料上挑角进占，中后部中石料跟进，高程1488.00m以上用石渣料进占，右戗堤进占至45m；高程1489.00m以下用大石料全断面进占，高程1489.00m以上用石渣料填铺，右戗堤进占至55m，此时对应龙口宽15m。

进占三区。高程1489.00m以下采用大石料全断面抛投进占合龙，高程1489.00m以上用石渣料填铺，戗堤进占至65m，对应龙口宽5m；此时基本合龙，龙口各项水力学指标均较小，故采用石渣料将龙口填至高程1492.00m。

3）下游戗堤。左岸裹头前5m采用石渣料进占，后10m高程在1486.00m以下采用大石料进占以形成裹头，高程1486.00m以上用石渣料填铺。右岸采用石渣料抛投预进占10m，预留龙口宽45m。

进占一区。高程1486.00m以下采用中石料上挑角进占，中后部石渣料跟进，高程1486.00m以上用石渣料填铺，右戗堤进占至20m；高程1486.00m以下采用大石料上挑角进占，中后部中石料跟进，高程 1486.00m 以上用石渣料填铺，右戗堤进占至 25m，对应龙口宽 30m。

进占二区。高程 1486.00m 以下采用大石料全断面进占，高程 1486.00m 以上采用石渣料填铺，右戗堤进占至 30m，对应龙口宽 25m。此时下游戗堤龙口水力学指标相对较高，进占困难，且已经达到了壅高上戗堤下游水位、减小上戗截流难度的目的。

（4）裹头防护措施。龙口位于砂卵石覆盖层上，在截流设计流量 838m^3/s 情况下，根据导流隧洞分流流量，参考招标文件提供的水力参数计算指标，截流时龙口最大平均流速为 5.34m/s。参考国内已有成功截流施工经验的瀑布沟水电站的截流施工水力参数，结合对大渡河往年水力特性的调查了解，大渡河河床能经受 5~6m/s 流速的冲刷且长河坝水电站工程龙口位于大坝左岸，在截流前左岸不具备交通条件。因此，长河坝水电站工程截流时不考虑护底。截流过程中仅对下游戗堤左岸预进占戗堤裹头利用大块石及钢筋石笼进行裹头保护，左岸裹头前 5m 采用石渣料进占，后 10m 在高程 1486.00m 以下采用大石料进占以形成裹头。左岸裹头保护需用大块石 0.342 万 m^3，左岸进占前，在左岸坝肩开挖区上游侧滩地储备 4200m^3 大块石。龙口水力特性指标见表 3-9。

表 3-9　　龙口水力特性指标表（截流设计流量 Q=838m^3/s）

龙口宽度 /m	最大流速 /（m/s）	平均流速 /（m/s）	平均落差 /m	单宽流量 /（m^3/s）	单宽功率 /[t·m/（s·m）]
40	5.41	4.73	0.97	16.75	16.18
30	6.89	5.34	1.89	21.48	40.60
20	8.09	5.23	2.83	22.85	64.64
15	6.82	3.42	3.71	16.86	62.50
0	0	0	6.50	0	0
45	6.19	5.20		14.12	
40	7.50	5.62	1.73	14.26	24.43
35	6.14	4.40	2.40	13.77	34.23
25	6.21	2.27	2.84	11.78	39.11
0	0	0	3.11	0	36.63

3.2.2.2　截流施工实际情况

截流施工从 2010 年 10 月 21 日 8：00 正式开始，2010 年 10 月 22 日 8：00 结束，总计历时 24h，小于设计抛投时间 30h。截流施工高峰时段最大抛投强度为 800m^3/h，小于设计的最大抛投强度 935.7m^3/h。截流设计抛投总量为 4.186 万 m^3，实际抛投 3.907 万 m^3。截流施工实际各种材料消耗与设计用量对比见表 3-10。从表 3-10 中可以看出，施工实际材料的流失量比设计的流失量少 7%。

合龙关键时期施工材料使用量见表 3-11。

表 3-10 截流施工实际各种材料消耗与设计用量对比表

材料名称	设计用量 /m^3	施工使用 /m^3	剩余工程量 /m^3
特殊材料	7310	7550	2130
大石	6190	3851	14469
中石	14300	7342	17658
小石	14990	6170	33830

表 3-11 合龙关键时期施工材料使用量表

材料名称	截至 10 月 21 日使用量 /m^3	截至 10 月 22 日使用量 /m^3	10 月 21—22 日期间使用量 /m^3
特殊	3750	7550	3800
大石	1251	3851	2600
中石	3796	7342	3546
小石	820	4252	3432
合计	9617	22995	13378

填筑期间按照断面计算填筑体积 12250m^3，其中上游戗堤 5880m^3，第三戗堤 6370m^3，期间实际消耗材料总量 13365m^3，实际消耗为体型构建的 109.10%，说明在截流合龙阶段材料的综合流失 10% 左右。

上游戗堤体型 5880m^3，填筑量 6619m^3，流失 12.59%；第三戗堤 6370m^3，填筑量 6746m^3，流失 5.9%。说明截流过程中上游戗堤流失量是第三戗堤的 2 倍左右。

在截流实施过程中，上游戗堤最后 6m 采取第三戗堤进占，加大分流，最后第三戗堤龙口小于 5m 且与上游戗堤互动才保证上游戗堤顺利合龙，实际上第三戗堤是截流的保证，且第三戗堤合龙难度远小于上游戗堤。

3.2.3 截流监测分析

在截流进占过程中，开展了截流水力学观测，以便于根据龙口落差、龙口宽度等数据调整抛投料的粒径。观测项目主要为：①上、下游水位变化情况；②流量在龙口和导流洞之间的分配变化情况；③龙口水深、流速、水面宽度、龙口宽度。

截流设计流量 838m^3/s，实际截流流量 670m^3/s。设计上、下游戗堤落差 7.65m，实际上游戗堤上、下游水位 5.50m，下游戗堤上、下游水位 0.25m，第三戗堤落差 1.83m，实际截流总落差 9.58m。设计龙口最大流速 7.76m/s，实际上、下游戗堤龙口最大流速 7.6m/s，下戗堤龙口最大流速 5.9~6.5m/s。

3.2.3.1 监测布置

（1）监测水尺。根据长河坝工程的特点分别在第三戗堤、第三戗堤与上游戗堤间、上游戗堤下游、下游戗堤下游设置 4 处水尺，自 2010 年 10 月 12 日开始进行日常监测，

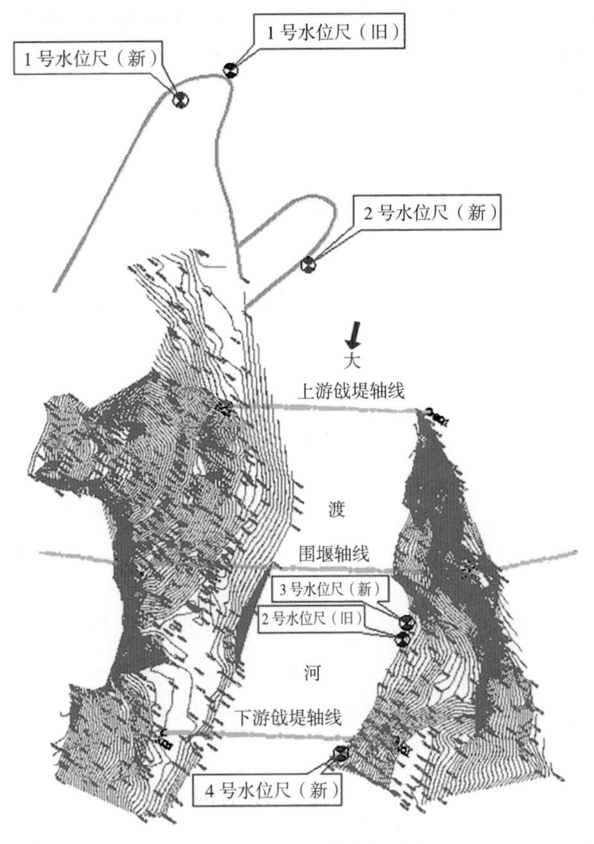

图 3-5　监测水尺平面布置图

前期观测 3 次 /d，截流期间每 2h 观测 1 次，合龙期间派专人值守，进行 24h 监测。监测水尺平面布置见图 3-5。

（2）导流洞进出口水位日常观测。为确定截流施工过程中水在龙口与导流洞间的分配情况，自 2010 年 10 月 12 日开始进行日常监测，前期每天观测 3 次，截流期间 2h 观测 1 次，合龙期间 24h 专人值守监测。

（3）龙口水深、流速、水面宽度、龙口宽度观测。龙口水面宽度、龙口宽度、水深采用测量仪器监测、流速采用浮漂法测量。

3.2.3.2　截流数据分析

（1）截流过程中龙口宽度 - 时间关系。根据截流过程采集的数据，下游戗堤在合龙前期进行进占，但效果不佳。实际施工中采取第三戗堤与上戗堤互动进占。第三戗堤进占效果好于上游戗堤，最终采取第三戗堤合龙。2010 年 10 月 21 日 19：00 到 10 月 22 日 0：00，5h 第三戗堤没有进占，然而上戗堤只进占 1.1m，在上戗堤龙口宽度为 7.5m 时达到了截流合龙的最大难度阶段，采取上游第三戗堤进占。龙口宽度 - 时间关系曲线见图 3-6。

（2）截流过程导流洞分流比 - 时间关系。导流洞分流比 - 时间关系曲线见图 3-7，从图 3-7 中可以看出，在截流历时 12~17h，导流洞分流比在 77% 左右时，达到了截流最困难的时间点。截流最困难时间段上戗堤进占仅为平均 0.15m/h（7h 内平均），第三戗堤为

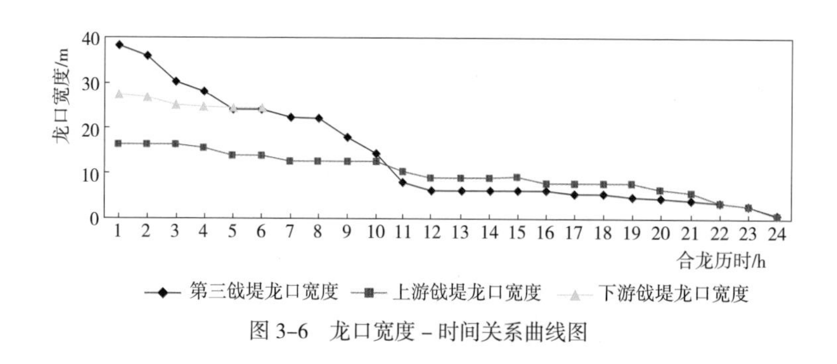

图 3–6 龙口宽度 – 时间关系曲线图

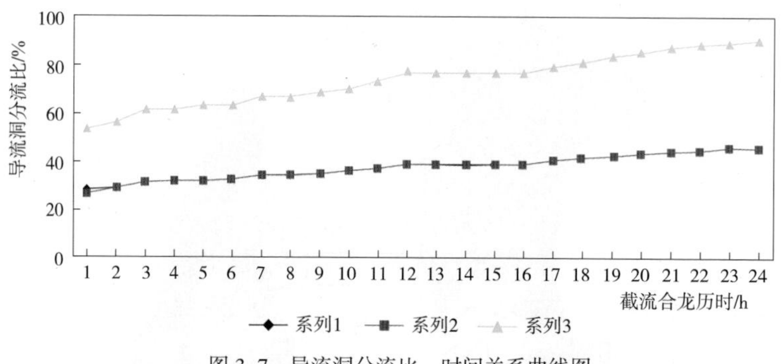

图 3–7 导流洞分流比 – 时间关系曲线图

平均 0.30m/h（5h 内平均）。最终导流洞分流比为 90.61%。在流量 670m³/s 条件下，戗堤最终渗漏量为 62.91m³/s。与理论计算戗堤渗漏量为 45~75m³/s 比较接近。施工中在上游戗堤部位实际观测水位为 1489.00m，与截流计算水位 1489.45m。主要原因是渗漏量引起，根据理论计算渗漏量大约引起上游水位比预计低 0.5m。

（3）导流洞分流比 – 龙口宽度关系。导流洞分流比 – 龙口宽度关系曲线见图 3–8，从图 3–8 中可以看出以下几点。

1）截流上游戗堤龙口在 36~15m 之间出现了龙口冲刷情况，期间龙口束窄，但分流比基本不变，理论分析龙口部位水流速度应该明显增加。

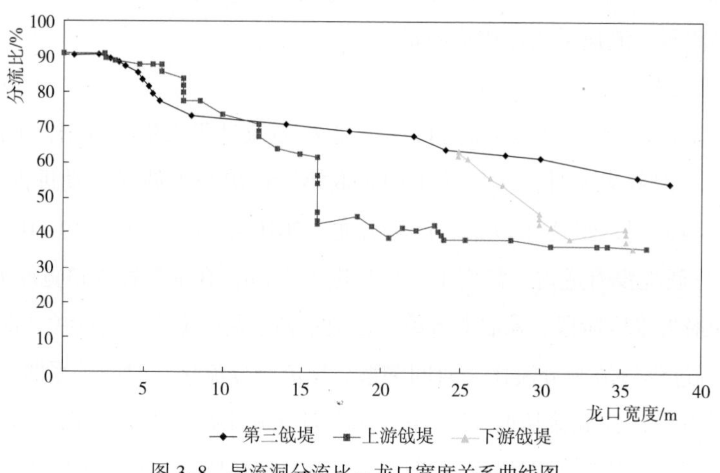

图 3–8 导流洞分流比 – 龙口宽度关系曲线图

2）截流上戗堤龙口在 16m、12m、7.5m、6m 分别出现了截流过程中可能出现的困难，即出现进占冲刷剧烈、龙口进占无效的情况。

（4）水位落差 – 龙口宽度关系。水位落差 – 龙口宽度关系曲线见图 3–9，从图 3–9 中可以看出以下几点。

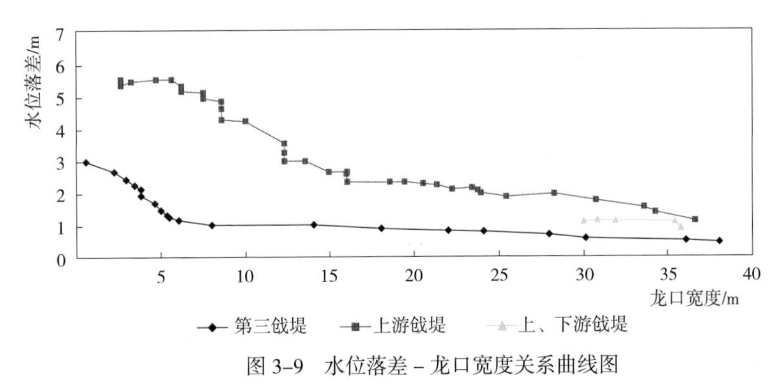

图 3–9　水位落差 – 龙口宽度关系曲线图

1）上戗堤落差最大。龙口从 37m 变到 12m，落差增加 1.2m；龙口从 12m 变到 2m，落差增加 3.4m。

2）第三戗堤从 37m 变到 6m，落差增加 0.6m；龙口从 6m 变到 0，落差增加 2.2m。

（5）上游戗堤流速 – 龙口宽度关系。上游戗堤流速 – 龙口宽度曲线见图 3–10，从图 3–10 中可以看出，龙口宽度小于 5m 后，流速急剧下降，在 36~5m 之间流速变化不大，最大流速发生在 9~3m 之间。根据分析，现场浮漂法测的流速不够准确。

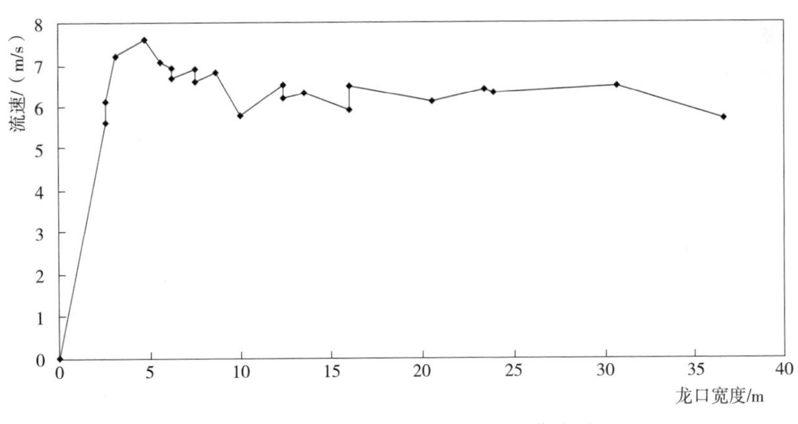

图 3–10　上游戗堤流速 – 龙口宽度曲线图

（6）各戗堤上游戗堤水位落差 – 龙口宽度关系。各戗堤上游戗堤水位落差 – 龙口宽度关系曲线见图 3–11，从图 3–11 中可以看出，第三戗堤龙口在 21~6m 之间，基本没有增加上游戗堤水位落差；上游戗堤龙口在 37~16m 范围内基本没有增加水位落差；共同的龙口宽度是上戗堤、第三戗堤在 22~16m、12~6m 范围内基本上没有增加上戗堤落差。第三戗堤龙口在 21~6m 及上游戗堤龙口在 37~16m 的时段是截流难度大的时段。

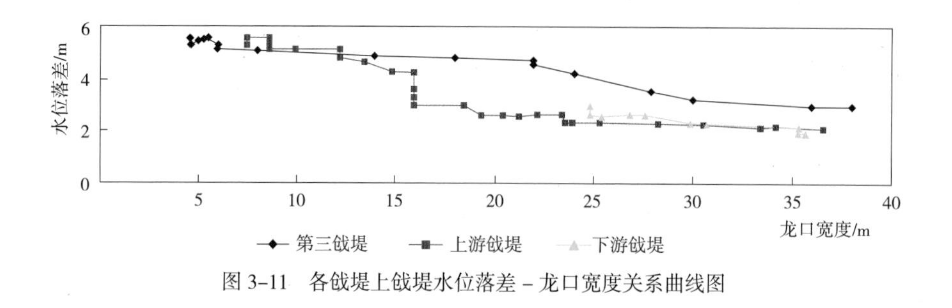

图 3-11 各戗堤上戗堤水位落差－龙口宽度关系曲线图

（7）水位落差－时间关系。水位落差－时间关系见图 3-12，从图 3-12 中可以看出，上游戗堤上、下游落差与总落差基本一致，上游戗堤落差决定总落差。

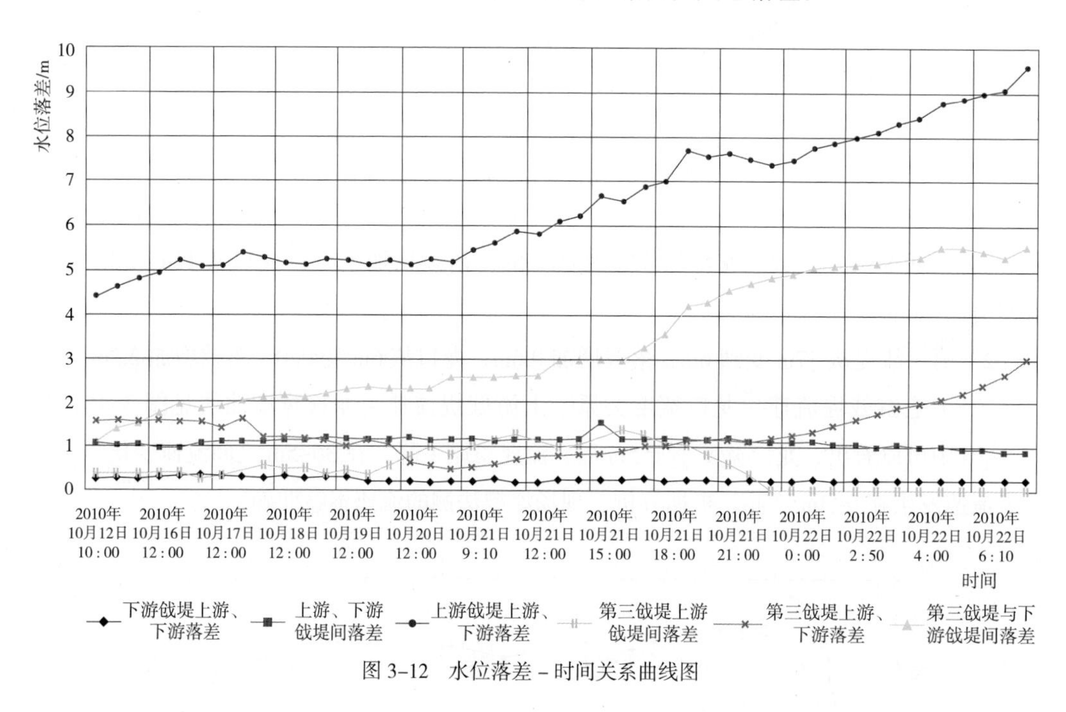

图 3-12 水位落差－时间关系曲线图

（8）导流洞水位－时间关系。前期 1 号导流洞水位高于 2 号导流洞，在截流到三角堰上戗堤龙口宽度在 8m 处，第三戗堤宽在 8m 时，两个导流洞水位均为 1486.60m，合龙水位为 1488.40m。导流洞水位－时间关系曲线见图 3-13。

（9）导流洞水位－戗堤龙口宽度关系。导流洞水位－戗堤龙口宽度关系曲线见图 3-14，从图 3-14 可以看出，第三戗堤在抬高导流洞水位方面的有效性，特别是在截流后期第三戗堤进占对增加分流非常有效。

国内相关工程截流特征指标对照见表 3-12，从表 3-12 中可以看出，长河坝工程是国内落差较大、且同时采用双戗、宽戗单向立堵进占截流的工程，工程充分利用现场材料使用全串石截流。长河坝工程截流中，由于上游戗堤距离导流洞进口较远，河道比降大，且模型试验时间较早，至截流前河道由于束窄冲刷使得河道截流落差进一步加大，从而给截流带来了很大的困难，最后采取向导流洞进口增设第三戗堤，与上游戗堤共同起作用，采取双戗堤截流方案，保证了截流成功。上述经验可为类似峡谷地带河道截流提供借鉴。

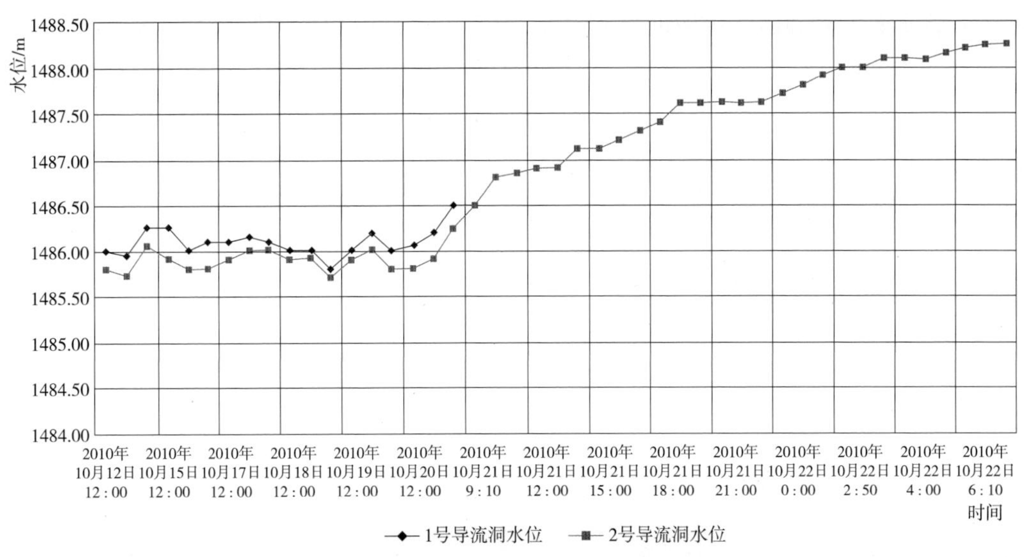

图 3-13　导流洞水位 - 时间关系曲线图

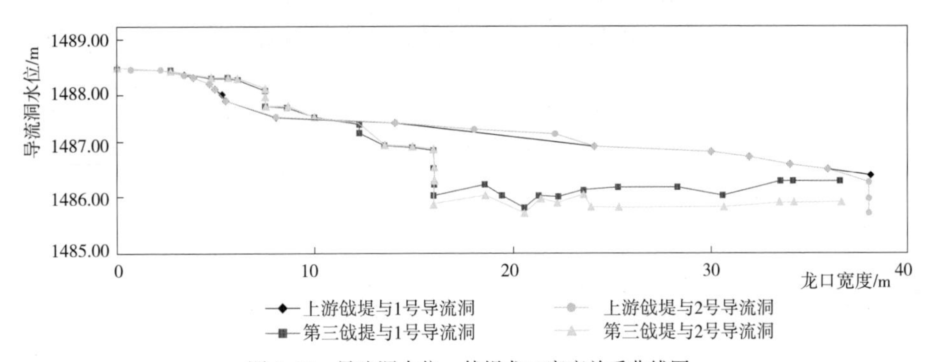

图 3-14　导流洞水位 - 戗堤龙口宽度关系曲线图

表 3-12　　国内相关工程截流特征指标对照表

工程项目	截流方式	主要技术指标
长河坝	双戗、单向立堵进占	Q=670m³/s，H_{max}=9.58m，V_{max}=7.6m/s
锦屏一级	单戗、单向立堵进占	Q=1230m³/s，H_{max}=5.73m，V_{max}=8.83m/s
金安桥	宽戗、单向立堵进占	Q=889m³/s，H_{max}=6.61m，V_{max}=6.25m/s
糯扎渡	单戗、双向立堵进占	Q=2890m³/s，H_{max}=7.16m，V_{max}=9.02m/s
思林	单戗、双向立堵进占	H_{max}=7.25m，V_{max}=6.82m/s
鲁地拉	单戗、双向立堵进占	H_{max}=7.65m，V_{max}=5.09m/s

3.3　复合土工膜心墙高围堰施工

长河坝水电站上游围堰为复合土工膜心墙堆石结构，挡水标准为 50 年一遇，相应的设计流量 5790m³/s。围堰堰顶高程 1530.50m，最大堰高 54m，堰顶轴线长 185.76m，围堰堰顶宽 13.5m。上游迎水面高程 1492.50m 以上堰坡为 1 : 2，高程 1492.50m 以下堰坡为

1∶3；背水面 1487.00m 以上堰坡为 1∶1.8，高程 1487.00m 以下堰坡为 1∶1.5。上、下游过渡料设计宽度均为 4m，上、下游垫层料设计宽度均为 2m。上游迎水面高程 1492.50m 以上采用干砌石护坡，法线方向厚 1m。总填筑方量为 59.6 万 m^3。围堰工程量大，为满足围堰工程 2011 年度汛要求，围堰心墙在不到两个月时间内需要上升 38m，施工强度要求极高，对快速施工提出了要求。

3.3.1 堰体填筑分期

根据挡水围堰设计度汛标准进行了上游围堰堰体填筑规划，堰体填筑分为Ⅰ期、Ⅱ期、Ⅲ期三期，围堰堰体填筑分期规划见图 3–15，围堰堰体各期填筑体特性见表 3–13。

表 3–13　　围堰堰体各期填筑体特性表

序号	填筑分期	顶高程顶宽 /m	填筑工程量 / 万 m^3	心墙上升高度 /m	心墙月上升高度 /（m/ 月）	施工时段（2011 年）
1	Ⅰ	25.10				
1.1	Ⅰ-1	1504.50/8.48	8.2			3 月 1 日至 4 月 9 日
1.2	Ⅰ-2	1505.50/8.60	8.4			3 月 1 日至 4 月 9 日
1.3	Ⅰ-3	1500.00	8.5	9.5	25.9	4 月 20 日至 4 月 30 日
2	Ⅱ	1521.50	29.5	21.5	21.5	5 月 1 日至 5 月 31 日
3	Ⅲ	1530.50/13.50	5.0	7.0	21.0	6 月 1 日至 6 月 10 日

3.3.2 施工布置

围堰填筑新建施工道路特性见表 3–14。新建施工道路根据堰体填筑分期规划、建设单位已提供的现有交通公路、规划料源分布及现场实际情况进行布置（见图 3–16），其中 3 号施工道路利用围堰下游高程 1487.00m 宽 3m 马道以及围堰下游边坡设计坡比与道路回填渣料自然稳定坡比差形成。围堰填筑新建施工道路特性见表 3–14。3 号、4 号、6 号施工道路主要承担左右坝肩开挖利用料、垫层料的运输。5 号、5–1 号、5–2 号施工道路主要承担左右坝肩开挖利用料、垫层料、孟子坝及野坝大桥下游洞渣回采料、磨子沟原河床砂卵石开采料的运输。

表 3–14　　围堰填筑新建施工道路特性表

道路 \ 特性	路面宽 /m	纵向坡度 /%	用途
原 S211 省道 76	7	6.0	Ⅰ-1 期、Ⅰ-2 期填筑料运输
1 号	7	12.0	Ⅰ-1 期填筑料运输
2 号	9	11.0	Ⅰ-2 期填筑料运输

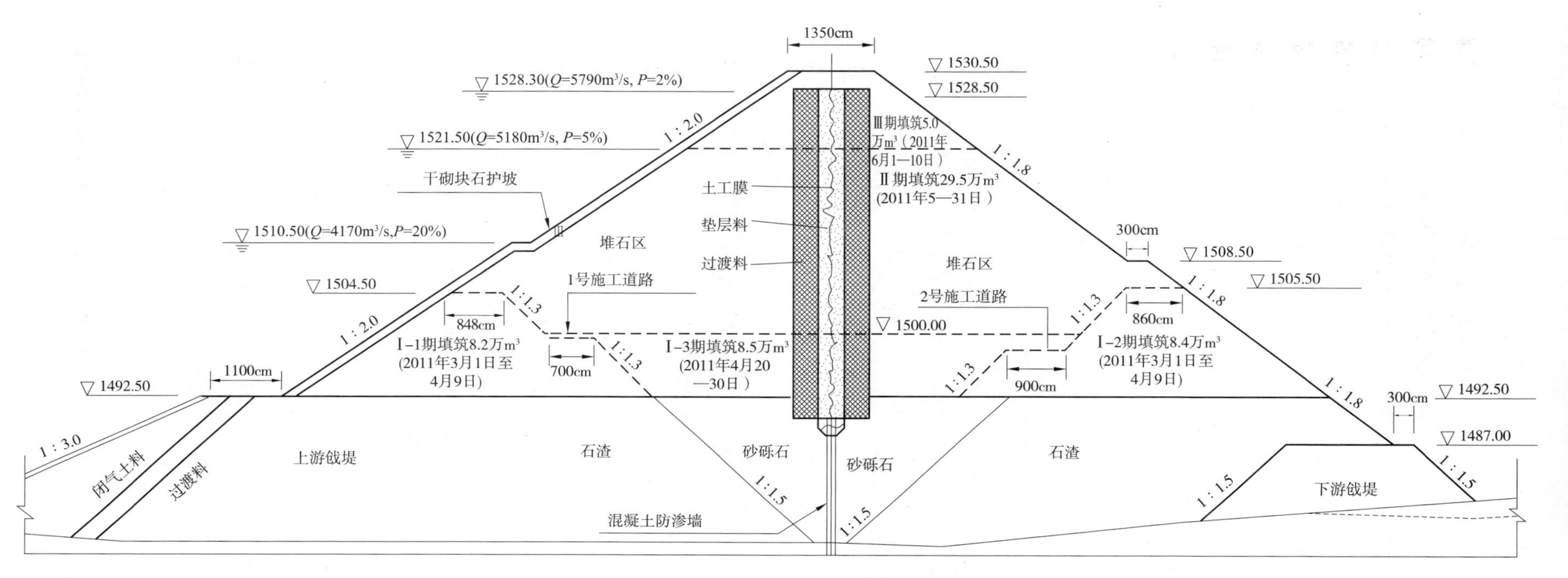

图 3-15　围堰堰体填筑分期规划图

续表

道路 \ 特性	路面宽 /m	纵向坡度 /%	用途
3 号	5~8	5.0	Ⅰ-3 期、Ⅱ期填筑料运输
4 号	9	1.5	Ⅰ期、Ⅱ期填筑料运输
5 号	8	5.0	Ⅱ期、Ⅲ期填筑料运输
5-1 号	8	5.0	Ⅱ期、Ⅲ期填筑料运输
5-2 号	8	8.0	Ⅱ期、Ⅲ期填筑料运输
6 号	9	8.0	Ⅰ期、Ⅱ期、Ⅲ期填筑料运输

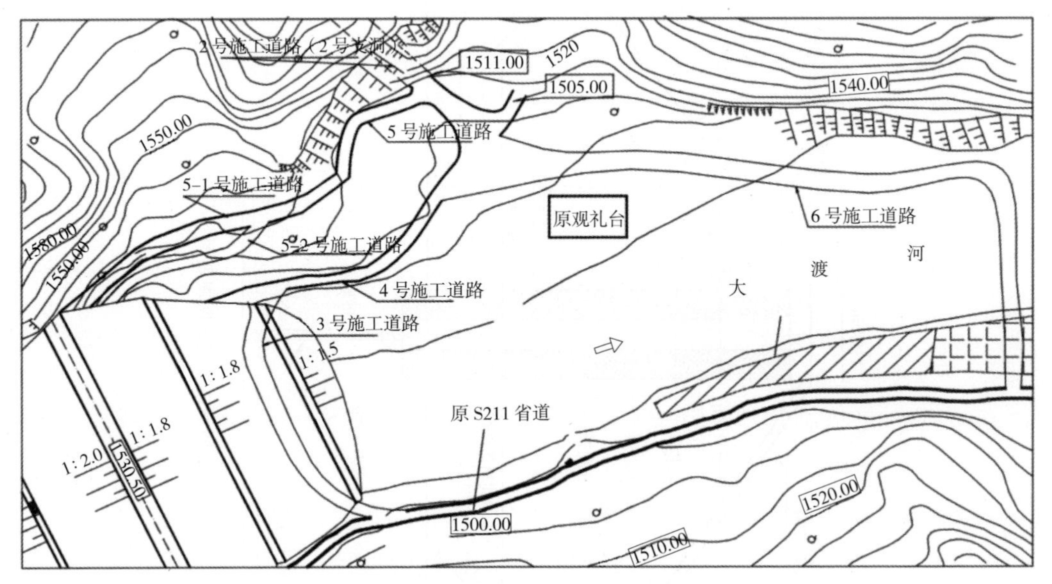

图 3-16　围堰填筑新建施工道路布置图

3.3.3 围堰快速施工

为满足围堰工程 2011 年度汛要求，土工膜心墙月平均上升高度 22.8m/ 月，月最大上升高度 25.9m/ 月。为满足土工膜心墙堰体高强度上升要求，主要应解决的施工关键技术项目为堰体填筑料料源保障、环形施工道路布置、防渗墙墙头凿除、堰体填筑施工程序、过渡料及垫层料摊铺措施、复合土工膜锚固施工、复合土工膜焊接及雨天施工措施、跨土工膜心墙措施及设备保障。

（1）堰体填筑料料源保障。堰体填筑料未设置专门的石料场，料源比较分散。堆石料利用洞渣料、左右岸坝肩高边坡开挖渣料，过渡料利用洞渣料及磨子沟原河床砂卵石料，垫层料利用河床天然砂砾石料经筛分系统加工生产。堰体填筑料料源规划情况见表 3-15。堰体堆石料、过渡料规划料源总量为 73.43 万 m^3，规划开采系数为 1.29。垫层料规划生产总量 4.5 万 m^3，规划开采系数 1.8。堰体各填筑料料源规划开采系数均满足《碾压式土石

表 3-15　　　　　　　　　堰体填筑料料源规划情况表

<table>
<tr><th>序号</th><th colspan="2">料源名称</th><th>工程量 / 万 m³</th><th>折算系数</th><th>折算工程量（压实体）/ 万 m³</th><th>用途</th></tr>
<tr><td>1</td><td colspan="2">2 号支洞口洞渣料（松方）</td><td>26.66</td><td>0.833</td><td>21.66</td><td>堆石料、过渡料</td></tr>
<tr><td rowspan="2">2</td><td rowspan="2">左右岸高边坡开挖料</td><td>已堆积（松方）</td><td>12.00</td><td>0.833</td><td>10.00</td><td>堆石料</td></tr>
<tr><td>计划开采（自然方）</td><td>8.00</td><td>1.280</td><td>10.24</td><td>堆石料</td></tr>
<tr><td>3</td><td colspan="2">磨子沟原河床砂砾料（天然堆积体）</td><td>10.50</td><td>0.940</td><td>9.87</td><td>堆石料、过渡料</td></tr>
<tr><td>4</td><td colspan="2">19 号公路野坝大桥游侧洞渣回填料（松方）</td><td>16.00</td><td>0.833</td><td>13.33</td><td>堆石料、过渡料</td></tr>
<tr><td>5</td><td colspan="2">孟子坝洞渣料</td><td>10.00</td><td>0.833</td><td>8.33</td><td>堆石料、过渡料</td></tr>
<tr><td>6</td><td colspan="2">坝基河床砂砾料（天然堆积体）</td><td>8.20</td><td>0.550</td><td>4.50</td><td>垫层料</td></tr>
<tr><td colspan="3" rowspan="2">汇总</td><td rowspan="2">91.36</td><td rowspan="2"></td><td>73.43</td><td>堆石料、过渡料</td></tr>
<tr><td>4.50</td><td>垫层料</td></tr>
</table>

坝施工规范》（DL/T 5129—2001）的要求。各规划料源经颗分试验、生产性碾压试验等试验检验工作，其质量均满足设计指标要求。

（2）环形施工道路布置。堰体填筑料料源均位于上游围堰的下游，由于 2 号支洞为单车道，不能满足围堰高强度填筑施工要求，需另行规划一条通行车道。由于场地限制，另行规划的通行车道只能从大坝河床基坑通过，运输车辆通行过程中将与左右岸坝肩开挖相互干扰。为减少围堰填筑与左右岸坝肩高边坡开挖的相互干扰，规划 3 号、4 号、6 号施工道路与原 S211 省道连接成环形施工道路。环形施工道路的形成，使堰体填筑料运输车辆可以分别在左右岸坝肩高边坡开挖堆渣的间隙通行，从而提高了上坝强度。

（3）防渗墙墙头凿除。围堰防渗墙墙头凿除采用液压破碎锤替代原爆破拆除方案，防渗墙墙头设计拆除深度为 1.3m，分三层拆除至设计深度。拆除混凝土渣料，用防渗墙导向槽清淤，小型挖掘机清除，拆除施工强度约为 25m/d。混凝土防渗墙锚固土工膜施工于 2011 年 4 月 10 日完成，较原计划 2011 年 4 月 20 日提前 10d。液压破碎锤防渗墙墙头拆除施工见图 3-17。

（4）堰体填筑施工程序。堰体为土工膜心墙堆石坝，堰体填筑施工过程中，复合土工膜保护、垫层料碾压质量、保证垫层料及过渡料设计宽度应为确定堰体填筑施工程序的主要因素。堰体填筑施工程序见图 3-18。

图 3-17　液压破碎锤防渗墙墙头拆除施工

（5）过渡料及垫层料摊铺措施。堰体过渡料设计宽 4m，垫层料设计宽 2m，

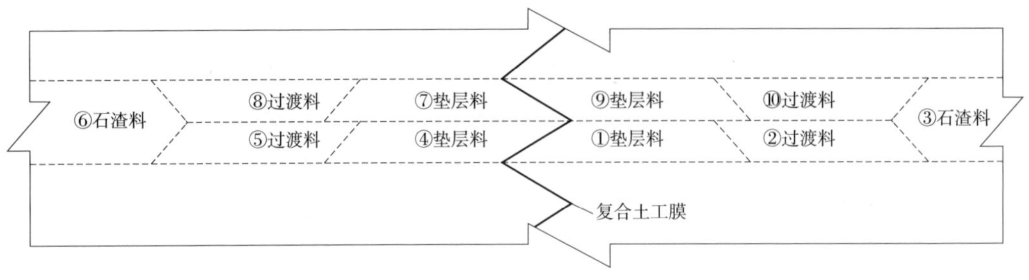

图 3-18 堰体填筑施工程序图

过渡料设计宽度基本满足自卸汽车卸料及推土机摊铺作业宽度要求。过渡料采用后退法施工，用 SD32 推土机摊铺。由于垫层料设计宽度不能满足自卸汽车通行及推土机摊铺作业宽度要求，遂采用小型挖掘机摊铺并辅助人工修整、整平。熟练挖掘机操作手可使每台挖掘机的垫层料摊铺强度约 50m/h，高峰期施工使用 2 台反铲铺料。

（6）复合土工膜锚固施工。复合土工膜的锚固分为基础混凝土防渗墙锚固与左、右岸压板混凝土锚固。

1）基础混凝土防渗墙锚固。混凝土防渗墙锚固复合土工膜施工主要应解决好土工膜的铺设、限位、固定等问题。长河坝水电站工程采用简易钢管架，钢管架高 1m、宽 50cm。简易钢管架上部伸出一排悬臂杆，宽 50cm，外露钢管端头采用软垫包裹，用于铺设、保护土工膜。挑架前沿设置一根纵向钢管，其平面位置与设计土工膜位置一致，用于限位土工膜。土工膜铺设完毕，采用纵向钢管固定放置于挑架上的土工膜（见图 3-19）。

2）左、右岸压板混凝土锚固。岸坡锚固采取随填筑面上升、分期分层浇筑的方式。采用干硬性混凝土并添加早强剂，以保证堰体填筑时已经浇筑的混凝土具有一定强度。

（7）复合土工膜焊接及雨天施工措施。长河坝水电站工程选用的复合土工膜（两布一膜）为新材料，可直接采用 2PH-213 型热合爬行机进行焊接，无需先进行膜的焊接，再进行缝布。复合土工膜经检测质量满足设计要求。经过综合计算，选择幅宽 6m 的土工膜较为经济、合理。雨天主要影响土工膜焊接施工，采取的主要措施有如下几个方面。

图 3-19 土工膜铺设、限位、固定钢管架

1）采用彩条布覆盖待焊接的土工膜，并采用 10cm × 10cm 方木垫高彩条布及土工膜，以防止雨水淋湿及雨水浸泡。

2）对于受淋雨影响的部位，采用大功率吹风机吹干。

3）加强天气预报资料的收集，土工膜焊接施工时间根据天气预报进行调整，避开雨天焊接。

（8）跨土工膜心墙措施及设备保障。堰体全部填料均来自围堰下游，堰体上游填筑料运输需跨越复合土工膜心墙。对土工膜心墙采用跨越钢栈桥的保护措施，防止土工膜被压坏。跨越堰体复合土工膜心墙简易钢桥宽 4m，长 4m，共加工 3 座，2 座使用，1 座备用。单座简易钢桥由两榀组成，每榀宽 2m，长 4m。堰体填筑施工过程中，心墙部位架设 2 座，即重车与空车分别设置，以满足堰体填筑料运输的通车要求以及土工膜焊接施工时的交叉使用。简易钢桥采用摊铺垫层料的小型挖掘机吊装，简易钢桥结构见图 3–20。跨心墙简易钢桥吊装频次要求主要考虑土工膜焊接施工及心墙施工因素，一般按照每填筑 2 层（单层厚 50cm）吊装一次简易钢桥较为合理。

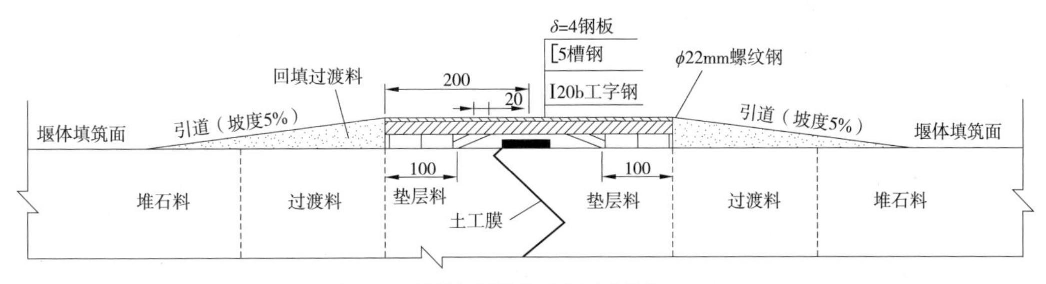

图 3–20　简易钢桥结构示意图（单位：cm）

在长河坝水电站工程施工中，通过对复合土工膜心墙堆石坝围堰快速施工技术的研究与应用，大幅度提高了心墙上升强度，心墙月最大上升高度达到 28.9m/ 月。尽管在围堰工程施工期间，降雨时间占施工时间的 40%，但由于快速施工技术措施得力、有效，施工组织严密、紧凑，长河坝水电站围堰仅用了 43d 即填筑到顶，比原计划提前 13d，确保了 2011 年度围堰工程的安全度汛。

3.4　深基坑抽排水

3.4.1　修正计算排水流量

基坑初期排水需排出围堰封闭后基坑积水、地基渗水、降雨汇水。投标时规划初期排水时间为 2012 年 8 月，排水历时按 7d 考虑，水位降速小于 1.5m/d，估算基坑内积水约 180000m^3，上、下游围堰渗水约 800m^3/h，再考虑降雨因素，初期排水强度为 2245m^3/h。经常性排水包括围堰与地基渗水、降雨汇水、施工废水，计算时降雨与施工废水不叠加。在方案设计阶段，围堰与地基渗水量采用单宽渗流量法进行理论计算，并结合类似工程中的经验修正，计算基坑最深时在汛期的最大渗水量约 1000m^3/h；根据气象资料中日最大降雨量，基坑汇水面积内 1d 降雨汇水量（扣减两岸截水导排的汇水量）当天排干的强度约 2000m^3/h。按渗水与汇水叠加出基坑经常性最大排水强度为 3000m^3/h。实际从 2011 年 8 月至 2012 年 5 月期间基坑实测最大排量 7776m^3/h，远大于理论计算量，需根据试抽成果进行修正。修正方法如下：

以某月的排水实测值及上、下游水位差为基准，根据达西定律建立对应变化关系，从而推算围堰外不同水位对应的基坑排水强度。

某月实测上游排水强度（2 号泵站）$Q_{c上}$，下游排水强度（1 号泵站）$Q_{c下}$，对应基坑内控制水位 $H_{排}$，上、下游围堰外水位分别为 $H_{c上}$、$H_{c下}$，$\Delta H_{c上}=H_{c上}-H_{排}$，$\Delta H_{c下}=H_{c下}-H_{排}$。假定上游排水量 $Q_{c上}$与上游围堰外水位 $H_{c上}$、下游排水量 $Q_{c下}$与下游围外水位 $H_{c下}$分别具有对应关系。

（1）取得试抽相关水头差、流量资料。

（2）根据水文资料查取某月在选定洪水频率下对应河道流量，并依据导流洞的泄流曲线查知上游围堰水位 $H_{上}$和下游围堰水位 $H_{下}$。

（3）计算水头差：$\Delta H_{上}=H_{上}-H_{排}$，$\Delta H_{下}=H_{下}-H_{排}$。

（4）计算上游排水强度：$Q_{c上}/\Delta H_{c上}=Q_{上}/\Delta H_{上}$，则 $Q_{上}=Q_{c上}/\Delta H_{c上}\ \Delta H_{上}$。

（5）同理，计算下游排水强度：$Q_{下}=Q_{c下}/\Delta H_{c下}\ \Delta H_{下}$。

（6）基坑排水强度：$Q=Q_{上}+Q_{下}$。

根据试抽结果修正计算 2012 年 6—12 月的排水强度，并与实测排水强度对比（见图 3-21）。

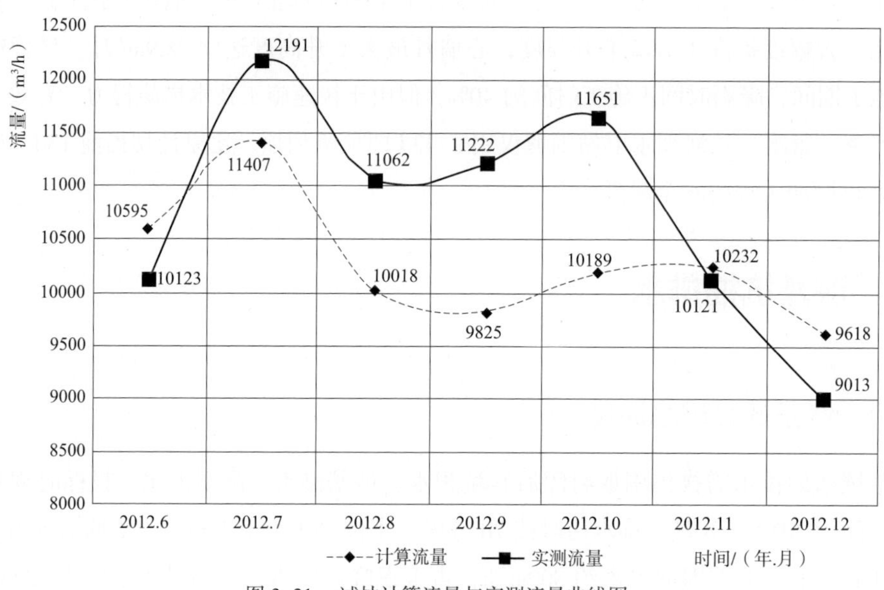

图 3-21　试抽计算流量与实测流量曲线图

根据试抽结果修正计算排水流量的方法精度高，具有实践指导作用。基坑经常性排水量的理论计算相当复杂，而且计算结果与实际情况相差甚远，难以指导排水系统的建设。长河坝水电站工程通过基坑开挖期间的排水情况，根据达西定律计算出后期心墙基础处理及心墙填筑期间的排水量，通过一期、二期实测排水量及相应的水位高程，计算出后期心墙区域基础处理及填筑期间的排水量，合理地安排集水坑位置、管线布置、水泵配置，有效地降低了排水对其他施工的影响。实践证明通过试抽计算出的排水量与实测排水量较接近，具有相关性，最小误差 1%，最大误差 14.3%。排水时段与排水流量见表 3-16。

表 3-16　　排水时段与排水流量表

排水时段		计算最大排量/（m^3/h）	实际最大排量/（m^3/h）	备注
一期排水，二期排水	2011 年 8 月至 2012 年 5 月	3000（初期 2245）	7776	理论、经验计算
三期排水	2012 年 6 月至 2013 年 6 月	11407	12191	试抽修正计算
四期排水	2013 年 6—12 月	12587	12162	试抽修正计算

3.4.2 泵站设计与布置

基坑排水总体方案为设集中泵站抽排，结合大坝施工的不同阶段，分期形成泵站，并根据不同施工阶段分步设置。

（1）前期泵站。布置在下游基坑（靠近下游围堰）中部，主要承担初期排水和基坑开挖期排水。在下游围堰上设集水井作为前期泵站的配套布置，从泵站抽排到集水井后自流排向大渡河。

（2）1 号泵站。布置在下游围堰右岸角，与 2 号泵站共同承担下游堆石先期填筑及防渗墙施工的前期排水，经堰顶直接抽排至大渡河。当下游堆石填筑到高程 1476.00m 时，1 号泵站撤除并回填。

（3）2 号泵站。布置在心墙下游靠近右岸的过渡区内，先与 1 号泵站共同承担下游先期填筑及防渗墙施工期的排水，1 号泵站撤除后，与 3 号泵站共同承担廊道浇筑、心墙填筑期的排水。当 3 号泵站投入运行前（防渗墙封闭前），心墙上游渗水通过两岸深排水明沟引向 2 号泵站抽排。

（4）3 号泵站。布置在心墙上游右岸边，防渗墙封闭后承担上游基坑排水。

各泵站设集水坑，钢筋石笼砌筑，石笼外侧及坑底铺土工布作反滤层。泵站采用了固定泵台与浮船两种方案。泵站撤除后，集水坑采用水泥拌级配料水下抛填，填出水面后用细堆石料分层碾压填筑。

泵站根据工程实际条件和施工进度及需要控制的水位高程，逐步建设排水系统，排水与施工有序进行，排水能力满足阶段要求，且需要统筹考虑，后期排水管路可利用前期排水管路，避免排水系统重复建设，以节约成本。

3.4.3 排水管路设计与布置

排水管路布置原则是避开干扰、降低扬程、缩短管路。由于上游基坑上、下施工干扰大，管路通过困难，因此基坑排水管路全部布向下游，由于下游围堰顶高程比上游围堰顶高程低 44.50m，有效降低排水扬程，从而减小排水难度，节约能耗。另外，导流洞支洞布置在大坝右岸心墙下游侧高程 1492.00m，经分析，将排水管经支洞穿过堵头直接排向导流洞内的方案具有可行性，这样布置管路的最大优点是线路短，并能避开岸坡危岩体的影响，降低管路运行的安全风险。因此，基坑排水管路总体分为两条路线，一条经下游围堰顶排向大渡河，另一条经支洞排向导流洞内，排水管路分布见表3–17，排水管路平面布置见图3–22。

表3–17　　排水管路分布表

编号	线路	主要管道	使用期
1	前期泵站→下游围堰集水井→大渡河	*DN*350mm 钢管	初期、基坑开挖期
2	1号泵站→下游围堰顶→大渡河	*DN*350mm 钢管	下游先期填筑、防渗墙施工
3	2号泵站→明沟→1号泵站→下游围堰顶→大渡河		下游先期填筑、防渗墙施工
4	2号泵站→下游堆石体高程1462.00m→下游围堰顶→大渡河	*DN*630mm 钢管	防渗墙施工、廊道浇筑、坝体填筑
5	2号泵站→导流洞支洞→导流洞内	*DN*350mm、*DN*630mm 钢管	防渗墙施工、廊道浇筑、坝体填筑
6	3号泵站→心墙压板高程1485.00m→下游堆石体高程1486.00m→下游围堰顶→大渡河	*DN*630mm 钢管	廊道浇筑、坝体填筑

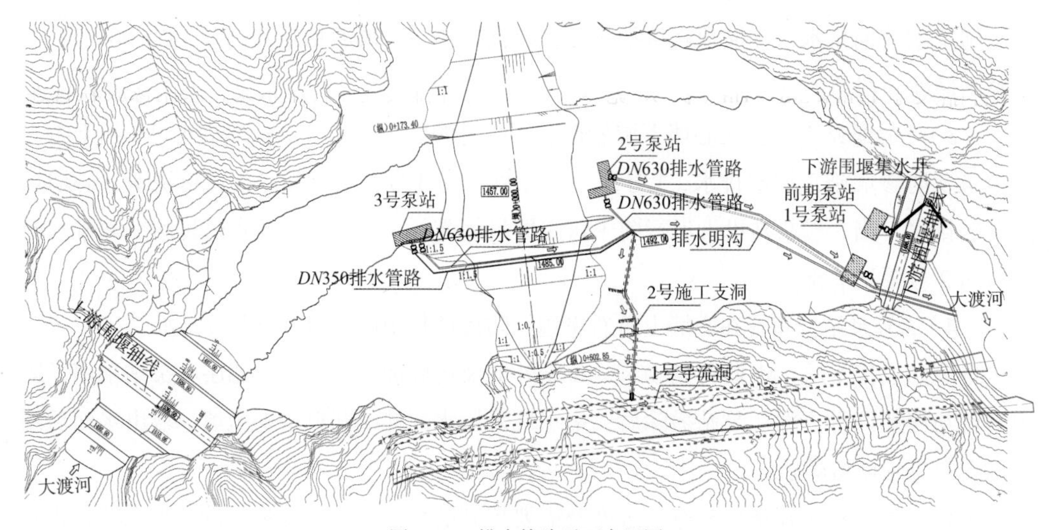

图3–22　排水管路平面布置图

2号泵站和3号泵站排向下游围堰外的*DN*630mm钢管分别布置在坝内高程1462.00m和高程1485.00m，埋设于下游堆石区内，管周铺设厚0.5m反滤料。3号泵站排水管跨越心墙区，为降低管路对压板混凝土浇筑、压板灌浆、基础处理及坝体填筑的干扰，顺右岸坡高程1485.00m设钢架支撑管道，压板段采用型钢支架埋设在混凝土中，钢管高于混凝土表面，坝壳段采用脚手架管满堂支撑。当坝体填筑到高程1485.00m前，拆除3号泵站排水管路。所有管路在空间转折点均设钢筋混凝土镇墩。为防止突然停泵时的回水压力造成排水系统破坏，每道排水管路上均分级布置逆止阀。

盖板浇筑之前、之后岸坡排水管路分别见图 3-23、图 3-24。

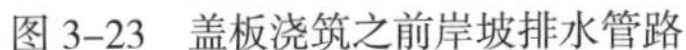

图 3-23　盖板浇筑之前岸坡排水管路

图 3-24　盖板浇筑之后岸坡排水管路

管路采用钢栈桥支架、通过导流洞施工支洞排出坝体填筑区外、埋入堆石料内等措施，有效降低了排水扬程，从而减小排水难度，避开岸坡危岩体的影响，节约了排水管路，降低了排水能耗，从而极大地节约了成本。尤其是节约了支洞内部管向导流洞排水成本，线路短、干扰小、投入运行快且施工方便，同时也有效地节约了基坑排水的成本。

3.4.4　浮船设计与应用

浮船尺寸 13m × 3m × 1m（长 × 宽 × 高），可并排安装 4 台排水泵，采用橡胶软管连接排水钢管与水泵，可避免因硬连接而随着集水坑内水位的升高与降低导致的浮船倾斜。浮船的利用，有效地避免了因长时间停电或管路故障引起的泵坑内水位上升而导致的水泵被淹等情况，减少了水泵坑对填筑的影响。长河坝水电站工程在 1 号、3 号集水坑成功地利用浮船进行排水，相比较 2 号集水坑利用传统的泵台方案，浮船方案具有吸程稳定、效率高、布置方便、避免反复吊装水泵等明显优势，且浮船方案保证率高、经济、施工方便。

3.4.5　地表水截排措施

上、下游围堰由初设阶段悬挂式防渗墙改为封闭式防渗墙，围堰运行 3 年多，渗流监测资料表明上、下游围堰防渗效果良好。根据基坑开挖期间及心墙基础处理期间不同渗水点渗流现象，基坑内的水主要通过左右岸山体及围堰防渗墙与岸坡接头处进入基坑。

左岸梆梆沟常年有水，沟口位于基坑内，汛期流量 450~480m^3/h，暴雨时流量更大。沟水流向基坑不仅增大排水负荷，同时在暴雨时增加了沟内发生泥石流的概率，也增大了对基坑的安全威胁。如将沟水引出基坑以外自流排泄，既有利于降低基坑排水压力，也有利于保障施工安全。结合实际地形条件，在沟内设置多级拦洪网和拦洪墙防泥石流，并布置断面尺寸为 1.5m × 2.0m 的斜井（47.75°，长 97.28m）将沟水引向交通洞内自流排向坝外。同时在左右岸坝肩之字路上设置截水沟，将坡面雨水汇集引至坝外，有效地减少了降雨过程中进入基坑的水量。

大坝基坑经过了防渗墙施工、廊道浇筑、心墙填筑基坑最低控制水位等关键时段排水期考验，总结大型深基坑、高扬程排水特点，可得出以下结论。

（1）注重排水分期规划。排水分期要与施工进度相协调，根据各阶段施工任务逐步建设排水系统，做到排水与施工有序进行、排水能力满足阶段需要、排水系统避免重复建设。

（2）考虑工程实际条件，选择向下游排水方案合理。上游泵站的管路排向下游虽跨越心墙区增加了管道布置的难度和安装工作量，但合理避开了上游两岸开挖向基坑内掀渣的干扰，确保排水系统近期运行。另外，排向下游比排向上游可降低扬程 44.5m，不仅减小排水难度，又节约排水用电。

（3）支洞内部地管向导流洞排水节约成本。从导流洞施工支洞内布置排水管路，并穿过堵头直接排向导流洞内的最大优点是线路短、干扰小、投入运行快，虽从理论上分析可行，但没有先例，尤其担心导流洞满洞过流工况下排水系统的安全问题。通过实践证明，方案合理可行，值得推荐。

（4）试抽修正计算排水流量方法精度高，具有实践指导作用。基坑经常性排水量的理论计算相当复杂，而且计算结果与实际情况相差甚远，难以指导排水系统的建设。试抽修正计算法操作简单，实测一组或几组排水量及对应实测的水位，根据达西定律建立两者的简单线性关系，从而推求不同时期的排水量，其结果与实测值误差小，指导作用明显。

（5）大型深基坑排水应推广使用浮船技术。对比使用固定泵台与浮船两种方案，浮船方案具有吸程稳定、效率高、布置方便、避免反复吊装水泵等明显优势。虽然开始使用时存在随水位上升浮船偏斜的问题，但对水泵进、出水管的构造稍做改进就得到解决，运行正常。浮船排水方案具有保证率高、经济、施工方便的特点，具有在类似工程中推广应用的价值。

（6）大型深基坑排水保证 100% 备用电源。长河坝水电站基坑排水过程中备用电源功率为 4600kW，汛期最大抽排负荷时水泵铭牌功率 2860kW。在配置备用电源时，充分考虑启动功率高于运行功率的特点，配置备用电源总容量要大于水泵正常运行时的用电负荷，以提高保证率，确保水泵启动及运行正常。

3.5 下闸蓄水

3.5.1 导流洞下闸

长河坝水电站初期导流洞设于大坝右岸，分 1 号、2 号两条导流洞，每条导流洞通过中墩分别设有 2 孔封堵闸门。封堵闸门的孔口尺寸为 6m × 14.5m，导流洞进口底坎高程 1482.00m。封堵闸门选择用平面滑动闸门，下游止水，在水位 1490.01m 以下 4 孔动水闭门，如果闭门后底水封不能封水，在水位低于或等于 1496.50m 的情况下，可启动对门槽底坎进行清理后重新闭门。闸门由 2 × 2000kN 固定卷扬式启闭机操作，扬程 40m。由于导流洞过水时间长，为使闸门槽不致被冲蚀损坏，门槽前后二期混凝土范围内的流道用钢板衬砌。同时，为确保下闸的可靠性，门槽内部使用填框加以保护。两条导流洞 8 个门槽各设置了 1 节保护填框。

（1）下闸形象要求。在初期导流洞下闸时，坝体具备拦挡 200 年一遇洪水（Q=6670m^3/s）的条件，并超出初期导流洞封堵洪水位（1594.50m）5m 以上；同时高程 1595.00m 以下坝基防渗处理工程全部完成并通过验收，包括勘探平洞 XPD01、XPD02、XPD03、XPD04、XPD05、XPD10、XPD11、XPD13 和 XPD13-1 封堵，左岸高程 1460.00m、1520.00m、1580.00m 及右岸高程 1460.00m、1520.00m、1580.00m 灌浆平洞靠岸坡一侧的堵头封堵。各类灌浆施工完成并验收合格，且封堵灌浆施工完成后的待强时间已达 14d 以上，混凝土达到设计强度要求。

综上所述，考虑大坝填筑及帷幕灌浆形象进度以及初期导流洞下闸施工要求，在 2016 年 10 月初期导流洞下闸时，大坝填筑已填至高程 1697.00m，填筑完成；坝基防渗处理除 1 号施工支洞影响区域外，均已全部完成，并通过检查、验收；各层灌浆平洞、探洞封堵完成，并灌浆检查。大坝填筑、灌浆工程、封堵工程均能满足初期导流洞下闸要求。

（2）导流洞下闸施工方案。

1）导流洞下闸工作程序。导流洞下闸工作主要有下闸前施工布置；闸门及启闭系统的检查；单孔预下闸；下闸演练；导流洞下闸；下闸后安排人员撤离、高压断电。导流洞下闸工作程序见图 3-25。

2）施工布置。

A. 施工道路。导流洞下闸时，场内存在两条道路可至导流洞启闭机平台，导流洞下闸前，对上述道路进行检查，确保上述道路保持畅通，保障物资、设备、人员能够快速准确地进入现场，并完成人员撤离。

初期导流洞下闸后，水位快速上升，为防止人员进入导流洞启闭机平台后，原计划施工撤离道路出现其他意外情况，可在导流洞启闭机平台搭设简易爬梯，爬梯自初期导流洞启闭机平台连接至泄洪、放空洞平台。爬梯采用钢架管搭设、满足人员通行即可。

B. 施工供电。1 号导流洞在过流运行期间已布置 1 台 400kVA 变压器，变压器设置在 1 号导流洞启闭机平台上，在 1 号、2 号导流洞下闸前对变压器以及布置在 1 号、2 号导流洞的用电线路进行检查，并同时运行 4 台启闭机，确认已布置变压器是否能够满足启闭机的正常运行。

根据现场实际情况，从 400kVA 变压器到 2 号导流洞启闭机的施工电源考虑到下闸过程中水位上升过快，电源线需要从 1 号、2 号导流洞通道内重新布置接线。

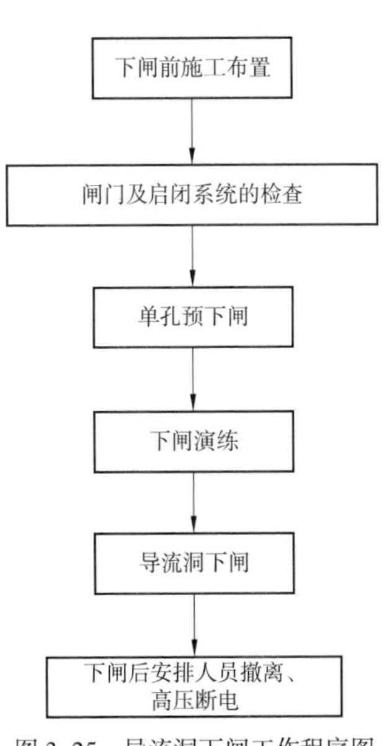

图 3-25　导流洞下闸工作程序图

备用电源：为了在大坝区出现意外停电的紧急情况下，能够第一时间利用备用电源，特配置两台 300kW 柴油发电机，发电机提前放置在 8t 运输车辆上，机动运行，并提前做好发电机外部接线及配电设备，以确保施工期的用电安全及时。

3）闸门及启闭系统的检查和调试。2015—2016 年枯水期，根据设计通知要求，对 1 号、2 号导流洞分别进行下闸，在出口设置围堰，进入洞内进行搭接帷幕施工，检查、修复导流洞长期运行造成的损坏，对导流洞进口闸门、填框检查维修，损毁绳索进行了更换。为 2016—2017 年的枯水期下闸提供了有力的保障。根据施工计划，2016 年 11 月初，初期导流洞下闸蓄水，此时导流洞又经历了一次汛期运行，因此在下闸前需要再次对闸门及启闭系统进行维护、检查和调试。其主要内容有：钢丝绳黄油涂刷，检查启闭系统的电源、钢丝绳、滑轮组及卷扬机的离合器、制动器、保险轮、动滑轮、监测系统等部件的完好性，并做调试，确保各部件运行正常。闸门及启闭设备的检查、维护有如下几个方面。

A. 闸门的检查。根据长河坝初期导流洞闸门的结构型式，为了保证闸门结构的完整性，并且为了能够迅速对闸门存在的问题采取处理措施，需要对闸门进行专业的检查，其主要的检查内容包括以下部分。

a. 检查闸门上是否附着着杂草或污物等淤积物，闸门钢结构是否腐蚀（特别要注意容易腐蚀结构部位）。

b. 检查门叶是否有变形、杆件是否弯曲、断裂，门槽是否被卡住等现象。

c. 检查门槽是否存在局部变形或者腐蚀现象。

d. 检查水封上面是否有杂物、是否有松动锈蚀的螺栓、止水表面是否光滑平整、橡胶止水是否老化、水封安装对角线是否满足设计要求、表面是否存在损坏不能正常止水现象。

e. 检查各种轮轨道的摩擦面是否锈蚀。

B. 闸门的维护。针对闸门检查可能出现的情况，分别采取以下维护措施。

a. 清理闸门上附着的杂草和污物等淤积物，避免钢结构腐蚀（特别要注意容易腐蚀结构部位的清理），保持闸门清洁美观，运用灵活。当闸门钢结构出现腐蚀时，及时在专职机械工程师的指导下，采用锉刀将锈蚀表面进行刮除，刮除完后采用砂布进行磨平，然后涂上防锈漆，以防止该部位再次出现生锈现象。

b. 门叶是闸门的主体，要求门叶不锈不漏。防止门叶变形、杆件弯曲、断裂、焊缝开裂及气蚀等现象发生。在调度运用中要做好闸门的防振、抗振工作，避免产生谐振，使之避免结构体产生疲劳。为防止闸门的气蚀要注意观察边界形状，保持结构表面的平整度，注意闸门底缘变化，保持水流流线平稳，避免出现分离现象和出现负压，如已出现气蚀的部位，要及时用耐蚀材料进行修复和补强。防止门槽卡阻，门槽处极易被阻是闸门开度不足或关闭不严。因此，要利用人工或借助水力进行及时处理，还应对水下的门槽部位进行潜水检查和清理。

c. 门槽是否变形将影响闸门的正常起升，确保门槽跨距和门槽的垂直度不影响门叶的正常起升。

d. 保证门叶和门槽之间的止水（水封）装置不漏水。要及时清理各种杂物，对松动锈蚀的螺栓及时处理、更换，使止水表面光滑平整，对于橡胶止水老化及时更换，做好木止水防腐和金属止水防锈的处理。

e. 对各种轮轨道的摩擦面采用涂油保护，预埋件涂防锈漆，及时清理门槽的淤积堵塞，发现预埋件有松动、脱落、变形、锈蚀、气蚀等现象要及时进行处理。

C. 启闭设备的检查。

a. 检查启闭机盘（柜）是否完好，盘（柜）内自动化元件是否齐全，检查盘、柜内电气、电器设备及电线的绝缘性是否良好，各电器接头是否松动、接触不良和发热现象。

b. 检查卷扬机所有的紧固螺栓是否有松动现象，卷扬机外表、内部和周围环境是否有脏污、卷扬机的各相对运动的零部件之间是否有磨损、一些工作参数是否发生变化等。

c. 检查启闭机滑轮组是否有损坏（裂纹及与钢丝绳接触部位是否光滑，定滑轮固定是否牢固，起吊钢丝绳是否有断根、断股或生锈现象）。

d. 检查启闭机上携带的荷载传感器和限位传感器是否精准，如果存在设备缺陷或者监测不精准需及时校核。

D. 启闭设备的维护。针对启闭设备的检查可能出现的情况，分别采取以下措施进行维护。

a. 对现场启闭机盘（柜）进行清理，包括盘（柜）内环境卫生和设备元件的清理，启闭设备的电气、电器设备及电线出现漏电或各电器衔头有松动、接触不良和发热现象，应及时进行拧紧或更换。

b. 卷扬机出现问题时主要采取以下措施进行维护。

①清洁：卷扬机在运行过程中，由于油料、灰尘等影响，必然会引起设备表面及关键部位的脏污。严重时，可使设备不能正常运转，甚至会引起事故。因此，必须进行清洁工作。清洁是针对启闭机的外表、内部和周围环境的脏、乱、差所采取的最简单、最基本却很重要的是维护措施。

②紧固：启闭机的紧固连接，虽然在设计、安装时已采取了相应的防松动措施，但在工作过程中由于受力振动等原因，可能还会松动，因此应专门检查各个紧固部位，对发现有松动现象的部件及时进行紧固。

③调整：启闭设备在运行过程中由于松动、磨损等原因，引起零部件相互关系和工作参数的改变，如不及时调整，轻则会引起振动和噪声，导致零件磨损加快。通常调整的内容有以下几方面：一是各种间隙调整。如轴瓦与轴颈、滚动轴承的配合间隙；齿轮啮合的顶、侧间隙；制动器闸瓦与制动轮之间的松闸间隙等。二是行程调整，如制动器的松闸行程，离合器的离合行程，安全限位开关的限位行程和闸门启闭位置指示行程等。三是松紧调整，如弹簧弹力的大小要调整等。四是工作参数调整，如电流、电压、制动力矩等。

④润滑：检查启闭机上各个减速箱的油位是否满足正常运行，油箱是否存在漏油现象，在启闭设备中，凡是有相对运动的零部件，均需要保持良好的润滑，以减少磨损，因此派

专人采用涂刷润滑油的形式保证各零部件之间良好的润滑，尤其是制动轮、制动器的铰轴、齿轮减速箱及齿轮联轴器、滑动轴承、滚动轴承等关键部位的润滑情况。

⑤更换：当制动轮的磨损在 1.5~2mm 之间时、当滑轮槽壁厚磨损减小 10%，或径向槽面的磨损超过钢丝绳直径的 25% 时、当卷筒壁厚较原厚度减小 1/10~1/15 时等情况出现后应及时进行更换。

c. 起吊装置检查出问题时主要采取以下维护措施：

①当发现钢丝绳有断根、断股的现象应及时进行更换，如若钢丝绳出现生锈的现象，应用砂布进行除锈，之后涂抹黄油。

②如果发现荷载仪不能正确显示闸门的真实重量或者限位传感器不能正确限制启闭机的起升机构，及时对设备元件进行检查，需要更换处理的及时处理，需要重新调试的及时调试。

4）单孔预下闸。结合 2015—2016 年枯水期导流洞洞内修复施工情况，为确保导流洞顺利下闸，安排在 2016 年 9 月对 2 条导流洞 4 个闸门分别轮流进行单孔预下闸（根据水流流量选择适当预下闸时间）。预下闸主要施工内容为，填框提升拆除、单孔下闸、闸门下设、测试及提升锁定，有效试探 2016 年汛期导流洞进口处的推移质情况、清理填框内石渣、石块、查看门槽及底坎情况（门后安装视频监控设备检测底坎漏水情况），对下闸过程进行实际操作演练、总结经验进行改进优化，更有利确保正式下闸顺利。

导流洞单孔预下闸过程中采用标杆标记出闸门落底顶面位置，正式下闸后通过自制的建议标杆第一时间测定闸门是否落到底。

导流洞单孔预下闸前，水下作业人员携带专业设备进场，在预下闸过程中对可能发生的吊点、门槽卡塞等进行应急清理处理。对于填框提升过程可能存在的拉杆连接及其他可能存在的问题，执行水下作业施工方案。

闸门后安装的视频监控设备提前安放至闸门的配重区块内，配置满足要求的充电电瓶，并提前做好视频及视野调试工作。为确保视频监控效果，视频监控线需提前布设完成，应尽量保证线路通畅、完整的不会被闸门水封破坏或破坏水封影响水封效果。

为测试启闭机设备运行状态，闸门下设过程中，启闭机不关闭上下活动维持 30min 以上。

预下闸过程中拆除填框后，为确保下闸前的可能出现的填框提升意外情况，填框不再下设。正式下闸期间闸门应不间断的进行下闸测试，利用水流冲击减少门槽可能存在的推移质。

其中填框拆除过程为：考虑正式下闸的时间，在下闸前，及时起吊，提前拆除闸门填框。为避免填框提升后下闸前门槽处产生的推移质淤积，考虑填框提升施工时间，填框拆除在正式下闸前 3d 开始施工。结合现场实际情况，2 号导流洞进口推移质相对偏多，应优先拆装 1 号导流洞填框，之后拆除 2 号导流洞填框。

结合各闸孔预下闸情况安排专业人员从上至下对门槽进行检查是否变形、有障碍物等，针对门槽出现的情况及时进行处理。

导流洞的每个门槽内各有一个填框，门槽填框单节重量为4149kg，宽2040mm，厚1370mm，高5250mm。各填框设有两个吊点，分别通过2节拉杆及直径32mm钢丝绳与闸门连接。2节拉杆高度分别为5250mm、4650mm，通过连接轴连接。

填框拆除的具体方法：①根据现场情况，首先将闸门单独起升锁定在高程1530.50m平台上，再通过10t手动葫芦与门槽两侧填框拉杆连接，人工操作起升手动葫芦，将填框起升起来10cm，然后缓缓将填框落下，确保填框轨道不受卡阻，拆除手动葫芦，将闸门与填框直接通过钢丝绳连接，再通过启闭机起升闸门，待第二节拉杆顶部露出检修平台（高程1511.00m）后将第二节拉杆锁定在检修平台上，闸门用临时锁定梁锁定在导流洞高程1530.50m平台上，将第一节拉杆拆除；②将闸门落至第二节拉杆正上方用钢丝绳与之连接，再继续起升闸门，当填框锁定梁处露出检修平台后用锁定梁锁定填框，在高程1530.50m锁定闸门，将第二节拉杆拆除；③将闸门降落并与填框连接，起升闸门等到填框底部漏出检修平台后再将填框拆除放置在检修平台上，然后将闸门落在检修平台上用锁定梁锁好。

5）下闸演练。根据枯期的水量情况，选择适当时间进行下闸演练，下闸演练的主要目的是：检查启闭机的操作是否灵敏（主要检查卷扬机的钢丝绳、离合器、制动器、保险轮、体动滑轮等部件）；检测下闸通信是否畅通（包括与领导小组成员及导流洞出口将进洞检测人员的通信情况）、各级指令传达是否准确无误；各操作程序是否正确、操作是否熟练，下闸现场安全措施是否到位，在非正常情况下是否准备充分；闸门下设、提升是否顺畅。

在每次下闸前要对闸门门槽用水冲洗（主要是水封处），确保在闸门起升过程中水封不被损坏。

各项准备工作全部完成，下闸小组各岗位人员就位，演练开始，演练现场接到“下闸”指令，卷扬机控制闸门稍微晃动一下并模拟正式下闸要求进行下闸演练。此时检查启闭系统的运行状况和门槽的运行情况。对现场情况逐级反映至演练总指挥部。接到上级“提闸”指令，闸门提升至原位置。整个过程闸门、启闭系统运行正常，至此下闸演练结束。

演练过程中出现的其他情况，应及时进行反馈，并由参建各方讨论解决办法。

6）导流洞下闸施工。在上述各项条件具备后，根据导流洞下闸时间要求进行导流洞下闸，为确保下闸安全，导流洞进口水面以上下闸采取1号、2号导流洞单孔同时下闸“先内后外”的下闸顺序，当4个闸门全部下至临近水面位置时，采用两两同步下闸的施工方案（主要是考虑到4台启闭机同时启动时启动电流过大），为确保导流洞顺利下闸，下闸时应做好以下工作。

A. 下闸前准备。导流洞正式下闸前做好下闸前的准备工作。包括下闸施工所需的人员及设备的进场及技术、安全专项交底工作。

现场检查所装盘（柜、箱）及相关设备元件有无损坏和缺失，将闸门启闭机相关附属设备进行检查及完善，确保主要设备及附属设备能正常工作。

现场在高程1530.50m平台闸门孔上、下游两侧制作好所需地锚，以便后期固定保护罩起吊钢丝绳；在高程 1511.00m 平台门槽上、下游两侧制作若干地锚，以便后期固定门槽填框起吊钢丝绳。闸室下游及两侧洞壁上制作若干锚点，以便后期为保护罩和填框提升作业提供工作面时，移动及固定门槽填框和悬挂安全带之用。

经现场检查 2 号导流洞启闭机电源线存在缺项，不能满足两孔同时下闸负荷要求，且其敷设高程约 1500.00m，下闸过程不能满足应急处理要求。为确保下闸顺利，采用 $185mm^2$ 四芯电缆进行更换。电缆沿连接交通洞敷设，线路总长约 550m。

B. 下闸。当导流洞 8 套门槽填框（每孔两套）全部取出后，根据大坝下闸时间要求进行导流洞的下闸工作。导流洞进口水面以上下闸采取 1 号、2 号导流洞单孔同时下闸 “先内后外”的下闸顺序，当 4 个闸门全部下至临近水面位置时，采用两两同步下闸的施工方案。现场进行安全技术交底，每孔泄洪闸有两孔闸门配套启闭机装置，由指挥人员统一指挥，2 号导流洞闸门先落，1 号导流洞闸门后落，间隔为 30s，两两同步先后落入门槽内直至落到闸门底坎上。闸门下设通过现场布置的 QPG × 2000kN 卷扬机下放。按照以往经验，下设闸门过程中可能存在风险有：门槽内有石块、导流洞底板有杂物、闸门起吊不平衡三种原因，导致下设闸门不顺利的情形。现场针对该三种情形，分别采取如下措施：提前完成闸门安装平衡的检查，闸门安装平衡，减少吊歪、卡槽的风险；门槽设保护填框，门槽填框后及时下闸，不会聚集大的石块，部分门槽填框内的石块，可以通过调整闸门开度，改变水流流速的方式将门槽内杂物冲走；导流洞底板有杂物可以通过反复升降闸门、调整闸门开度，改变水流流速的方式将门槽内杂物冲走。

在闸门一次下闸不成功时，及时提起闸门，避免水位上升后水压力过大导致起吊困难，并对闸门及门槽检修后重新下闸。

C. 下闸后进口闭气堵漏。为便于观察下闸后的渗漏情况，指导下闸，在闸门靠洞内一侧，安装监控摄像头，每个闸门布置一部监控摄像头，采用焊接角钢在闸门上焊制摄像头安放位置，无线连接至相应设备上，设置显示屏，对下闸情况进行监控指导。

为解决下闸后因闸门安装、门槽变形等缺陷造成的渗漏量大的问题，在进口准备足量的堵漏材料，可采用棉被、黏土袋或备用一定数量的满载袋装水泥的运输汽车等。根据现场情况紧急采用进口处抛填袋装水泥的方式进行导流洞进口闭气。进口堵漏施工时间紧张，应保证到导流洞进口间道路的畅通。

D. 设备及人员撤离。导流洞下闸完成后，根据下闸指挥部下达的指令，立即组织相关人员及设备撤离，将导流洞下闸拆除的部分设备及相关下闸的施工设备，利用场内施工道路进行有序的撤离。当遇到特殊情况，如水位突涨等情况时，利用预先修建好的钢筋爬梯进行人员的紧急撤离。待人员撤离完全后通知相关部门将现场施工用电 10kV 电源从 10kV 主线开关处切断。

3.5.2 导流洞封堵

初期导流洞封堵施工工序安排如下：挡水坎施工→永久堵头底板拆除→临时堵头封堵

→永久堵头封堵→回填灌浆、接缝灌浆、固结灌浆、搭接帷幕灌浆→预留廊道封堵。

在完成导流洞道路及临建布置后，先采用砾石土装编织袋码放的方式做高 1m 的临时挡水坎，再在下游附近设置永久挡水坎，采用梯形混凝土结构，底宽 1.5m，顶宽 0.5m。具体尺寸根据渗水情况进行调整。

考虑永久堵头底板拆除影响，挡水坎形成后暂不布设排水钢管，利用高杆泵将封堵段上游渗水引至下游，以保证封堵段正常施工。待永久堵头底板拆除完成后，使用外径 630mm、壁厚 9mm 的螺旋焊管布置 2 趟排水钢管（数量及管径可根据下闸后渗漏水情况调整）。

排水钢管布置在导流洞底板轴线处，距离原底板 1m，采用工字钢支架进行固定，支架布置间距 3~5m。排水钢管终端需延伸至永久封堵段下游侧，伸出 3m，并在设计位置布设球阀和排气兼回浆管，以满足后期灌浆封堵。为防止气爆发生，按要求安装直径 60mm 的排气钢管。

导流洞封堵段挡水坎、排水钢管布置见图 3-26。

3.5.3 临时堵头施工

1 号、2 号导流洞设计临时堵头封堵长度均为 25m，主要施工项目有底板、边墙混凝土凿毛、止水铜片安装、混凝土浇筑等。

（1）底板、边墙混凝土凿毛。根据设计要求，临时堵头不进行顶拱混凝土凿毛，仅对底板、边墙进行凿毛处理。施工中采用凿毛机配合人工的方式进行凿毛，凿毛平均厚度约 5cm。

为满足凿毛及止水安装要求，临时堵头内搭设满堂脚手架，并作为后期混凝土浇筑施工操作平台。

（2）止水铜片安装。临时堵头浇筑前需在上游侧布置一道环向止水铜片。根据官地水电站施工经验，采用将止水做成 L 形状，采用环氧砂浆黏结，并用膨胀螺丝加钢板压紧固定的方法进行施工，止水铜片见图 3-27。

根据导流洞封堵混凝土温控技术要求及堵头结构布置图技术交底，L 形止水安装方式的相关参数采用膨胀螺栓及橡胶垫片的形式进行安装，相关安装试验效果在 10 月 9 日在 5 号公路出口进行。

（3）混凝土浇筑。

1）在临时堵头两侧采用钢架管设置 3~5 排固定支架，上游侧模板可一次完成安装，下游侧模板安装一定高度后，随着浇筑上升，向上布置，直至浇筑完成。临时堵头浇筑中不分仓、不分层，整仓采用车载混凝土泵泵送浇筑。浇筑过程中，每层厚度不超过 40cm，逐层上升，人工用 ϕ90mm 振捣器振捣密实。

2）临时堵头长 25m，在浇筑至顶拱部位时，受浇筑仓位长度影响，顶拱容易形成空腔。为确保临时堵头浇筑密实，在浇筑至顶拱剩余高约 1.5~2m 时，采用在中间部位设置模板

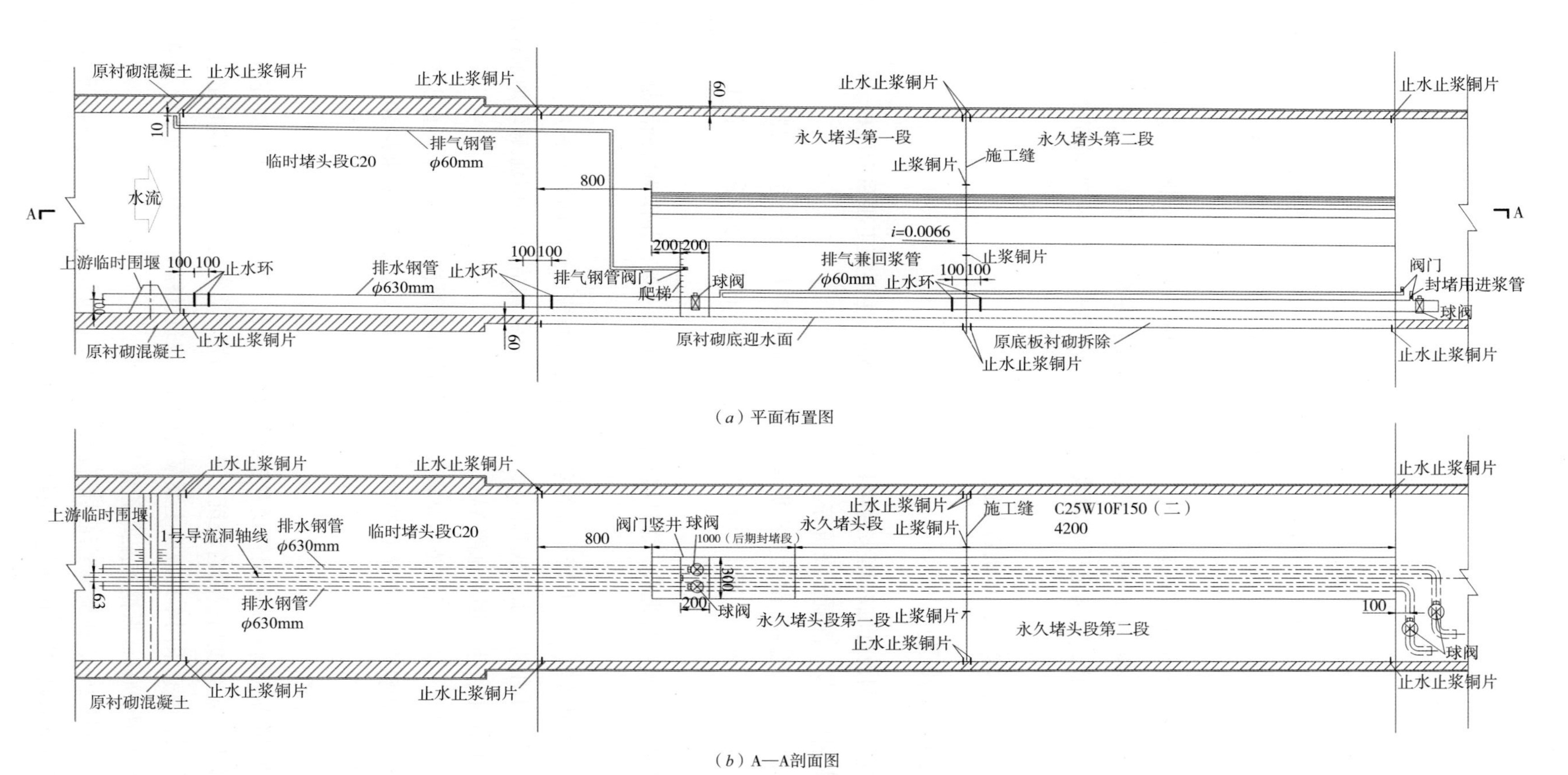

（*a*）平面布置图

（*b*）A—A剖面图

图 3-26　导流洞封堵段挡水坎、排水钢管布置示意图（单位：cm）

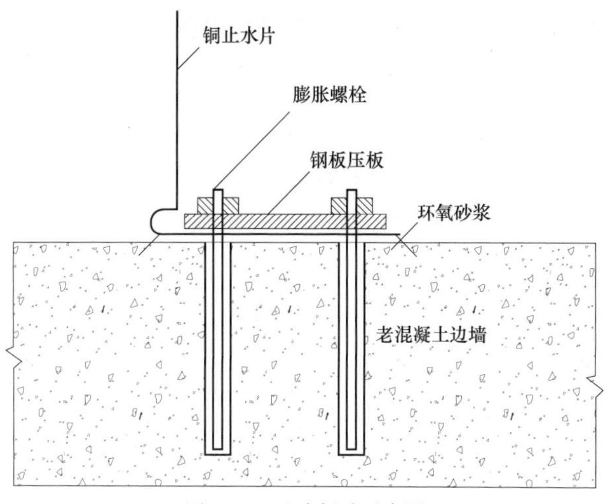

图 3-27　止水铜片示意图

隔挡，并埋设泵管，利用混凝土泵送压力将临时堵头顶拱部位分段浇筑密实。

导流洞临时堵头混凝土施工方法见图 3-28。

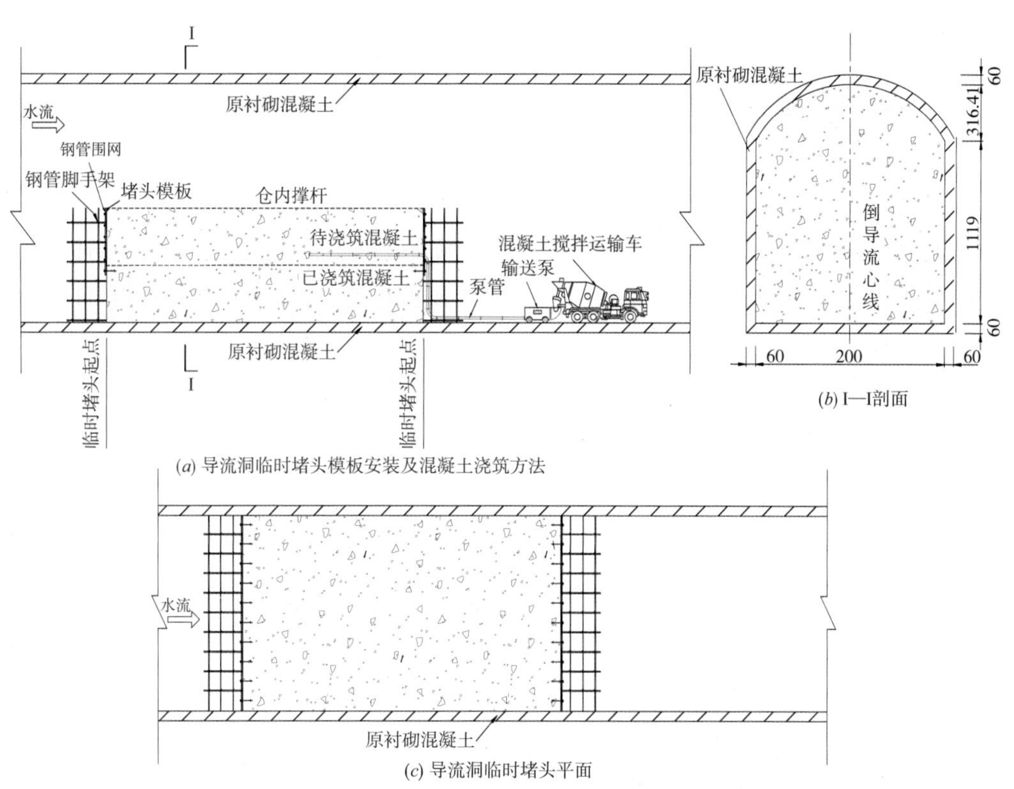

图 3-28　导流洞临时堵头混凝土施工方法示意图（单位：cm）

3.5.3.1　永久堵头施工

1 号、2 号导流洞永久堵头封堵长度均为 60m，分两段，第一段长度为 30m，第二段长度也为 30m。主要施工内容为混凝土凿毛、插筋施工、冷却水管及止水安装、混凝土封堵、回填灌浆、接缝灌浆等。

永久堵头施工安排为：底板拆除→插筋布设、边墙凿毛（临时堵头封堵时同步）→永久堵头封堵（灌浆廊道布设）→回填、接缝灌浆→灌浆廊道封堵。

永久堵头内止水安装、结合面凿毛、灌浆管路埋设、插筋制安等工作内容多，施工工期紧，为确保快速施工，永久堵头内插筋布设、混凝土凿毛、铜止水的刻槽安装等施工内容主要分两期进行，一期选择在临时堵头混凝土浇筑施工同步进行，二期选择在永久堵头下部2层浇筑完成后与廊道模板制安等工作同步进行，若两期仍不能完成的施工内容利用混凝土浇筑间歇时间继续进行施工。

（1）底板拆除。按设计要求，永久堵头范围内原导流洞底板混凝土均需拆除。施工过程中利用YT-28手风钻进行造孔，将底板划分成若干小块，装药爆破后，采用破碎锤配合人工的方式进行钢筋切割和底板拆除。爆破相关参数见表3-18。

表3-18 爆破相关参数表

爆破参数	炮孔深度/m	孔径/mm	炮孔间排距/（m×m）	堵塞长度/m	单耗/（kg/m³）	备注
数值	0.5	50	0.7×0.6	0.3	1.9~2.0	

（2）止水（止浆）铜片安装。按设计要求，永久堵头内共设置4道环向止水止浆铜片和3道纵向止浆铜片。

环向止水止浆铜片安装采用掏槽并回填细石混凝土的方式进行；为提高刻槽施工效率，刻槽采取液压混凝土切割机先切割轮廓后辅助风镐凿除混凝土，液压混凝土切割机见图3-29。同时，为确保凿除刻槽工艺可靠，安排在下闸前在1号导流洞出口处利用出口边墙混凝土进行混凝土刻槽工艺试验。

纵向止浆铜片安装借鉴官地水电站施工经验，将止水做成L形，利用橡胶垫片，膨胀螺丝加钢板压紧固定的方法进行施工。

（3）混凝土凿毛、插筋布设。混凝土浇筑前对原衬砌结构表面进行凿毛，凿毛以露出粗骨料为原则。凿毛由下至上进行，下部1.5m直接人工凿毛，1.5m以上人工无法够及的部位搭设脚手架施工平台凿毛，凿毛采用凿毛机、电钻、风镐配合进行，去掉缝面松动混凝土块和乳皮，清除杂物和积水，并用高压水将毛面冲洗干净。

图3-29 液压混凝土切割机

凿毛的同时，在隧洞边顶拱设置插筋，插筋采用ϕ25mm，$L=6$m，间排距3.0m，梅花形布置，锚杆外露长度1m；插筋造孔采用水磨钻机磨穿钢筋后YT-28手风钻造孔，1.5m以上人工不便于直接施工的部位需搭设脚手架施工平台，插筋在钢筋加工厂下料后运至工作面人工安设。

（4）永久堵头封堵。永久堵头混凝土封堵共分 6 层进行，相应层厚分别为 3m、3m、2.5m、2.5m、2.25m、2m（从下至上）。层间间歇期最小为 5d，且封堵过程中两段间及各层间的施工缝均按照规范要求进行凿毛处理。永久堵头混凝土浇筑分仓见图 3-30。

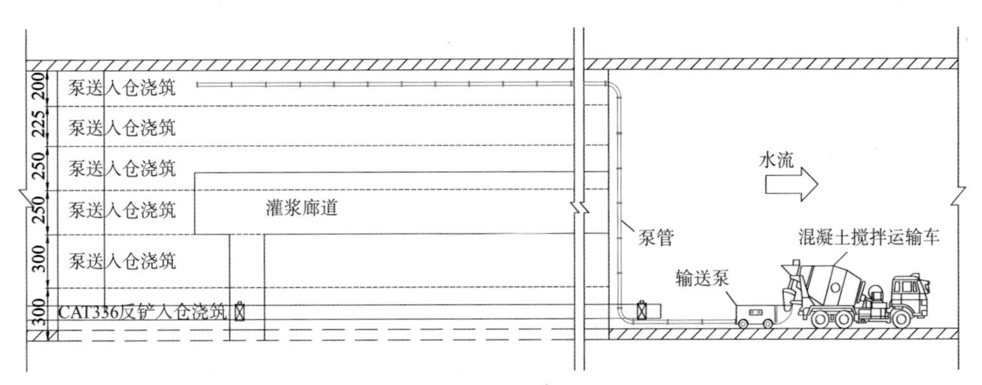

(a) 永久堵混凝土浇筑头分仓纵剖面图

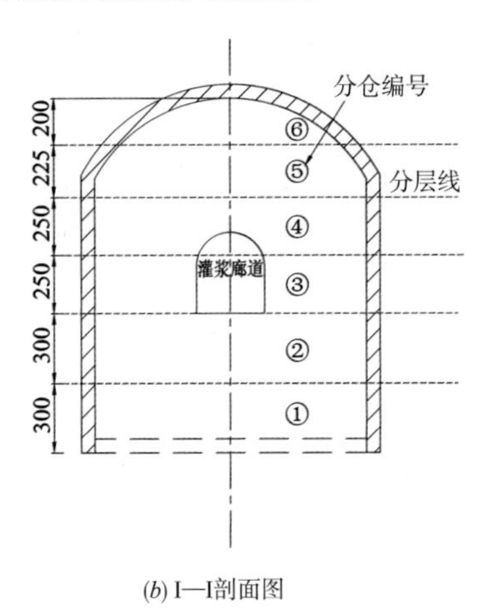

(b) I—I剖面图

图 3-30　永久堵头混凝土浇筑分仓示意图（单位：cm）

浇筑混凝土由 120 拌和站及 120 拌和楼拌制，$8m^3$ 罐车运输至洞内。永久堵头各段首仓层厚为 3m，采用 CAT336、CAT60 型反铲浇筑，其余仓面均采用车载混凝土泵泵送浇筑。按设计要求，除顶层 2m 范围内浇筑 C25 一级配自密实混凝土外，其余部分均浇筑 C25 二级配混凝土。为尽量避免顶拱形成空腔，顶层浇筑时，在中间部位设置模板隔挡分两段浇筑，确保顶拱部位浇筑密实。

永久堵头封堵采用分段通仓浇筑，第一段和第二段交错上升。先浇筑上游段第一层，而后进行下游段第一层及上游段第二层浇筑。堵头混凝土分层浇筑，最小间歇期按 5d 考虑，浇筑过程中，每层厚度不超过 30cm，人工用 ϕ90mm 振捣器振捣密实。

（5）灌浆廊道布设。根据设计要求，需在永久堵头内设置灌浆廊道，以方便后期进行回填、接缝灌浆。廊道位于导流洞轴线部位，采用城门洞型，宽 × 高 =3.0m × 3.5m，廊道底板距离原设计底板约 5.4m，廊道长 52m，距离永久堵头与临时堵头施工缝 8m。廊道内模板采用钢模板支立，边墙段采用 ϕ50mm 钢管架支撑模板，顶拱段采用定制弧形排架支撑加固模板。堵头模板采用钢模板，封拱处辅助木模板，人工安装就位，辅以拉筋和脚手架管加固模板。

永久堵头钢筋保护层厚度10cm，锚固长度为1m。钢筋接头采用气压焊接连接或机械连接方式，采用机械连接接头的钢筋接头的性能指标达到A级标准，所有接头满足《水工混凝土钢筋施工规范》（DL/T 5169—2013）、《钢筋机械连接技术规程》（JGJ 107—2010）、《滚轧直螺纹钢筋连接接头》（JG 163—2004）。钢筋在排水钢管及闸门竖井处断开，灌浆廊道内钢筋根据实际情况截断和微调。

施工过程中，防止损坏引入廊道内的冷却水管及回填、接缝灌浆管等。待回填、接缝灌浆等施工完成后，根据设计要求对灌浆廊道及阀门井进行封堵，封堵长度为10m。封堵前，清除廊道内杂物，并进行凿毛处理。封堵混凝土标号与永久堵头封堵混凝土相同。

（6）排水管及排气管关阀及封堵。灌浆廊道内设置阀门井，在临时堵头封堵完成7d后，通过阀门井关闭排水钢管，以保证排水钢管封堵效果。同时，排水钢管阀门关闭后，密切观察阀门井内排气管情况，排气管出水后立即关闭排气管阀门，并对阀门井及时进行封堵浇筑。

（7）通水冷却。根据永久堵头混凝土温控要求，永久堵头须按照要求进行冷却水管的预埋及通水冷却，通水速度及水温根据混凝土温控要求进行控制。

1）冷却水管布设。

A. 冷却水管采用HDPE塑料管，主管规格为内径32.60mm、壁厚3.70mm、外径40.00mm，支管规格内径为28.00mm、壁厚2.00mm、外径32.00mm。HDPE塑料冷却水管为专用管材，除满足给水用高密度度聚乙烯（HDPE）管材相关国家标准要求外，还具有较高的导热性能，其导热系数不小于1.6 kJ/（m·h·℃）。

B. 冷却水管垂直间距为1.5m，水平间距为1.5m。

C. 冷却水管距堵头上、下游面的距离一般要求为0.8~1.5m，局部不小于0.5~1.0m；冷却水管距施工缝面的距离一般要求为0.8m。

2）通水冷却。

A. 一期冷却水温10~12℃，通水14~20d，冷却水流量前7d不低于2.0m^3/h，后期不低于1.5m^3/h。同时要求降温阶段最大日降温速率不大于0.5~1℃ /d。

B. 一期冷却控温目标：一期冷却消减混凝土温度高峰，混凝土最高温度应满足要求，一期冷却结束时混凝土温度不高于28~30℃。

C. 在接缝灌浆前，进行后期通水，使混凝土温度降低至接缝灌浆温度，以满足接缝灌浆要求。后期冷却降温开始时，混凝土的龄期不小于28d。

D. 二期冷却要求冷却水水温8~10℃，参考通水时间40d左右，参考通水流量不低于1.5m^3/h。

3）温度测量。

A. 混凝土浇筑温度每一浇筑层不少于3个测点。测点均匀分布在浇筑坯层面上，测点深度为 10cm。

B. 温度测量仪器采用铜电阻温度计。每一浇筑层内部温度计埋设密度不小于 1 支 / $100m^2$（含永久监测温度计）。测点布置考虑浇筑块温度分布状况，特别是水平方向温度梯度的测量，温度计位于冷却水管中间，并考虑避开灌浆孔。

C. 在混凝土浇筑过程中，至少每 4h 测量 1 次混凝土的原材料温度、出机口温度、浇筑温度、冷却水进出口温度、压力、流量、外界气温和仓内气温，并做好记录。在施工过程中，每天观测表面最高温度和最低温度，气温骤降和寒潮期间，增加温度观测次数。混凝土浇筑时即开始内部温度测量，温度测量间隔要求：内部温度测量间隔时间一般应不大于 12h；新浇混凝土在一期冷却阶段，温度测量间隔时间应不大于 8h。

D. 闷水测温。在二期通水冷却之前进行一次闷水测温，根据测温结果估算后期通水冷却时间。二期通水冷却到估算时间后，进行闷水测温，以检验是否达到灌浆温度，如混凝土温度高于灌浆温度，需继续通水冷却。

同一区域，冷却参数相同的浇筑层，至少有 3~4 个浇筑层同时进行闷水测温。闷水测温必须用压缩空气将管内积水缓慢吹出，不能用江水或制冷水赶水。用水桶盛水测温，选定层的每根水管单独测量，每根水管的水温取多桶水温的平均值作为测量结果。

E. 对所有温度计测量结果做好记录，形成关于最低温度、最高温度、平均温度的历时记录，其中平均温度成果用于评价施工是否满足温度控制相关要求。

3.5.3.2 导流洞灌浆施工

堵头灌浆主要进行剩余底板的搭接帷幕、回填灌浆、接缝灌浆、固结灌浆。永久堵头设置灌浆廊道，除搭接帷幕及部分固结灌浆（廊道上游侧 8m 范围）外在右岸高程 1520.00m 灌浆平洞及其延长段施工外，回填灌浆、固结灌浆和接缝灌浆均在廊道内进行。回填灌浆及接缝灌浆均预埋了灌浆管路。其中临时堵头回填灌浆施工在临时堵头混凝土强度达到 70% 后立即进行灌浆可能与永久堵头混凝土浇筑存在一定的干扰。

上述灌浆施工期间，大坝库区已开始蓄水存有一定的水压力，特别是进行接缝、搭接及固结灌浆施工时库区水位已超过 1650.00m，造成的施工难度大。

（1）灌浆要求。

1）导流洞灌浆施工首先进行搭接帷幕灌浆，因导流洞工期及条件限制，2015—2016 年枯水期，1 号导流洞剩余 112m，2 号导流洞剩余 448m 帷幕灌浆未施工。因此，搭接帷幕考虑在高程 1520.00m 灌浆平洞及其延长段施工，为避免钻孔预埋管路的影响，安排在接缝灌浆完成后施工。

2）回填灌浆在混凝土浇筑后 7d 进行施工。灌浆顺序为先回填灌浆，后接缝灌浆。

3）灌浆结束后，对往外流浆或往上返浆的灌浆孔进行闭浆待凝，待凝时间不少于 24h 或按监理人指示的时间控制。

4）灌浆时密切监视衬砌混凝土的变形，监理人认为有必要时，安设变形监测装置，定时进行监测并做好记录。

（2）搭接帷幕灌浆。

1）搭接帷幕在堵头施工完成后，从上部高程 1520.00m 灌浆平洞内进行施工。

2）灌浆采用“孔口封闭，孔内循环灌浆法”。

3）灌浆采用自下而上、段顶卡塞施灌方式，灌浆塞阻塞在各灌浆段段顶以上 0.5m 处，防止漏灌。

4）灌浆采用单孔灌浆的方法，在注入量较小地段，同一排灌浆孔并联灌浆，并联灌浆的孔数不多于 3 个。

5）灌浆压力、浆液比、结束标准等根据设计要求执行。

（3）回填灌浆。

1）回填灌浆在衬砌混凝土达到 70% 设计强度后进行。

2）导流洞封堵回填灌浆利用预埋灌浆管进行循环灌浆施工，从进浆管进浆，回浆管回浆兼排气。

3）灌浆管路采用 PVC 管，出口外露段采用镀锌铁管。

4）灌浆管路预埋后，注意管口保护，严防管路堵塞。

5）导流洞封堵回填灌浆在灌浆廊道内进行，灌浆分两序由底端向顶端推进，最底端孔作为进浆孔，临近的孔作为排气、排水用，待其排除最稠一级浆液后立即将其堵塞，再改换进浆孔，直至全序孔施灌结束。回填灌浆分Ⅰ序孔、Ⅱ序孔分别进行，Ⅰ序孔施灌完毕待凝 3d 后，进行Ⅱ序孔施工，自下游端开始向上游端推进。

6）堵头回填灌浆浆液水灰比为 1∶0.6 或 1∶0.5，空隙大的部位灌注水泥基混凝土浆液，使用水泥砂浆时，掺砂量不大于水泥质量的 200%，灌浆压力一般为 0.3~0.5MPa，后续根据设计要求执行。

7）灌浆材料、水灰比及结束标准同灌浆平洞衬砌混凝土顶拱回填灌浆。

8）灌浆连续进行，位于廊道范围内的回填灌浆，因故中止灌浆的灌浆孔，扫孔后再进行复灌，直到达到结束条件。

（4）接缝灌浆。导流洞封堵接缝灌浆是针对临时堵头与永久堵头分段间灌浆，接缝灌浆压力一般为 0.5~0.8MPa，临时堵头与永久堵头间的接缝灌浆在中期导流洞控泄蓄水前完成，永久堵头分段间的接缝灌浆在混凝土堵头全部浇筑完成，并且混凝土温度降到稳定温度后进行；在堵头混凝土温度降到稳定温度后进行接缝灌浆，灌浆范围为拱顶及侧墙。其他详细要求如下。

1）导流洞封堵设置有灌浆廊道，在混凝土浇筑期间，预埋灌浆管，接缝灌浆在廊道内进行施工。

2）接缝灌浆需在混凝土的温度与达到 18℃的条件下，进行施灌。

3）除非另有指示，灌浆一次连续完成，以免扰动已初凝的浆液。

4）灌浆从低孔向高孔进行。低位孔无回浆说明已灌到高位孔底或吸浆率证明低位孔已灌好时方可进行高位孔的灌浆。

5）有浆液从排气孔溢出时将其盖住，在溢出的浆液凝固后立即进行压力灌浆。

6）接缝灌浆的压力和浆液水灰比按施工图纸的要求或监理人的指示确定。

7）浆液水灰比采用 2∶1、1∶1、0.5∶1（重量比）三个比级，必要时加入减水剂，接缝灌浆间距 2m，排距 3m。

8）灌浆结束条件：当排气管排浆达到或接近最浓比级浆液，且管口压力或缝面增开度达到设计规定值，注入率不大于 0.4L/min 时，持续 20min，灌浆即可结束。

9）当排气管出浆不畅或被堵塞时，在缝面张开度限值内提高进浆压力，力争达到灌浆结束条件。若无效，则在灌浆结束后立即从两个排气管中进行倒灌。倒灌应使用最浓比级浆液，在设计规定压力下，缝面停止吸浆，持续 10min，灌浆即可结束。

10）当灌浆结束时，先关闭各管口阀门后停机，闭浆时间不少于 8h。

11）接缝（触）灌浆完成后对冷却水管进行回填灌浆。

（5）固结灌浆。

1）固结灌浆孔根据工程的地质条件选用适宜的钻机和钻头钻进，需穿过预留廊道、原导流洞衬砌混凝土 3 层钢筋，其中预留廊道钢筋布置为 ϕ16mm、ϕ20mm 钢筋间距 20cm 单层布置，原衬砌混凝土为 ϕ20mm、ϕ25mm 钢筋间距 20cm，双层布置。钻孔难度巨大，施工降效明显。

2）灌浆孔位与设计位置的偏差不大于 10cm，钻孔方向、孔深满足设计要求。

3）灌浆孔或灌浆段在灌浆前采用压力水进行裂隙冲洗。冲洗压力采用灌浆压力的 80%，并不大于 1MPa；冲洗时间至回水清净时止，或不大于 20min。

4）灌浆孔单孔进行灌注。对相互串浆的灌浆孔，并联灌注，并联孔数不多于 3 个；但软弱地质结构面和结构敏感部位，不进行多孔并联灌浆。

5）固结灌浆的压力根据地质条件、工程要求和施工条件确定。采取全孔一次灌浆，压力建议值 0.5~1.5MPa，灌浆压力经现场试验确定。

6）各灌浆段灌浆的结束条件根据地质条件和工程要求确定。一般情况下，当灌浆段在最大设计压力下，注入率不大于 1L/min 后，持续 30min 即可结束灌浆。

4 坝基开挖和处理

4.1 高陡边坡开挖及支护

由于土石坝对地基承载要求相对较低，高山峡谷地区的高土石坝坝肩边坡具有高、陡、薄等特点，保留边坡岩体卸荷深度深，开挖和支护难度较大。长河坝水电站左右岸边坡最大开挖高度323m，最大开挖厚度33m左右，上、下游方向最大长度233m。边坡坡角一般为60°~65°，高程1660.00m以上坡角一般为35°~40°。弱风化上段（强卸荷）水平深度24.5~30.5m，弱风化下段（弱卸荷）水平深度52~71.6m。高程1585.00~1605.00m弱风化上段（强卸荷）水平深度14~37.7m。高程1681.00m，弱风化上段（强卸荷）水平深度最大64.5m，弱风化下段（弱卸荷）水平深度最大96m。左右岸均具有集中卸荷和夹层式风化的特点，开挖过程中成型边坡安全隐患大，要求采取控制性开挖，且支护加固及时有效。

4.1.1 施工通道布置

解决施工设备进出场和施工材料运输通道是高边坡施工布置的核心问题。

（1）右岸坝肩通道设计。

1）设备通道。上部开挖（高程1640.00m以上）设备利用上游1号机械路进场，高程1640.00m以下从利用下游进出场道路。

2）材料通道。上部前期（跨河缆索未建成前）利用上游1号机械路运输炸药、油料等开挖施工材料，当跨河缆索建成后利用跨河缆索运输材料，在高程1560.00m以下，利用出渣道路运输材料（见图4–1）。

（2）左岸坝肩通道设计。

1）设备通道。开挖设备利用已有金康道路接机械便道进场，开挖至高程1620.00m以下时，利用积渣修建机械便道进出场。

2）材料通道。前期（跨河缆索未建成前）利用金康道路运输开挖施工炸药、油料等材料，后期利用跨河缆索运输材料。在高程1560.00m以下，利用出渣道路运输材料（见图4–2）。

（3）左右坝肩灌浆平洞通道设计。两岸灌浆平洞开挖期没有对外水平通道，与坝肩、坝基开挖平行作业，小型机具施工材料利用跨河缆索，出渣利用水平栈道。

图 4–1　右坝肩道路设计（下游 2 号）

图 4–2　左岸坝肩通道设计

根据左坝肩地形条件及设计图纸，开挖区内的通道在灌浆平洞高程设置。在开挖后形成的边坡自上向下布置（主要结合边坡监测及灌浆平洞的开挖），然后搭设工字钢或槽钢形成通道，主要由水平栈道及竖向通道构成，其中水平栈道分为承重结构和非承重结构，水平栈道分布高程分别为 1697.00m、1640.00m、1580.00m、1520.00m，共四条水平栈道。其中以坝轴线为界，上游侧为非承重结构水平栈道，下游侧为承重结构水平栈道。竖向爬梯布置在心墙范围内，采用“之”字形布置，爬坡角度为 45°。

根据右坝肩地形条件，开挖区内通道在灌浆平洞高程设置，自上向下在开挖后形成的边坡上布置（主要结合边坡监测及灌浆平洞的开挖），通道结构的钻锚施工主要在开挖边坡上进行，然后搭设工字钢或槽钢形成通道，主要由水平栈道及竖向通道构成，其中水平栈道分为承重结构和非承重结构。由于右岸原高程 1697.00m 灌浆平洞改为 8 号施工洞支洞，因此该高程水平栈道取消。水平栈道分布高程分别为 1640.00m、1580.00m、1520.00m，共三条水平栈道。其中以坝轴线为界，上游侧为承重结构水平栈道，下游侧为非承重结构水平栈道。竖向爬梯布置在心墙范围内，采用“之”字形布置，爬坡角度为 45°。

边坡开挖的过程中，施工作业面与上方支护及下方开挖施工干扰大，在施工过程中存在极大的安全隐患，严重影响施工作业人员的生命安全，搭设安全防护平台来保证顺利施工。

1）右坝肩前期开挖施工时，在洞口位置搭设装载机的回转平台，平台结构与栈桥主体结构相同，高 6~7m，平台宽 6m、长 10m。

2）左岸 4 号灌浆平洞出渣栈桥上、下方搭设安全防护平台，安全防护平台主体结构采用 ϕ48mm 的钢管组成，高 4.0~5.0m，宽 3.0m 左右（由地形条件确定），纵横跨立杆间距均为 1.5m。安全防护平台外侧防护栏高 1.2m，其底部用竹夹板铺满，所有平台外侧防护栏均挂满安全网。4 号灌浆平洞出渣栈桥安全防护平台结构见图 4–3。

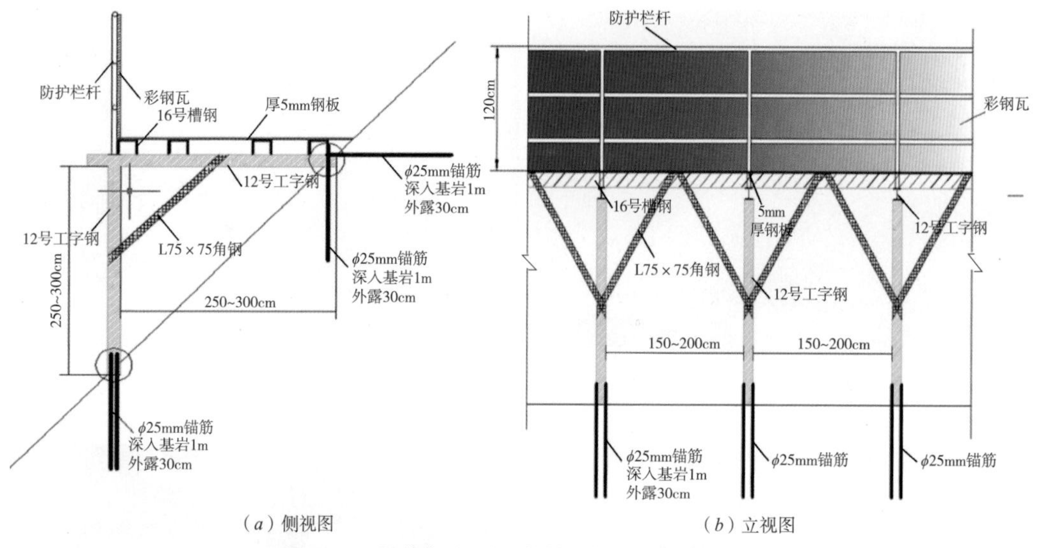

（*a*）侧视图　　（*b*）立视图

图 4–3　4 号灌浆平洞出渣栈桥安全防护平台结构图

（4）开关站道路设计。

1）设备通道。高程 1745.00m 以上利用金康道路及施工便道完成设备进出场，高程 1745.00m 以下开挖设备随开挖面下卧，至高程 1685.00m 平台后利用开关站交通洞接 3–3 号隧道进出场。

2）材料通道。开关站施工材料主要利用金康道路运输至高程 1745.00m 平台，高程 1745.00m 以上利用滑道、小缆索运输至施工现场，高程 1745.00m 以下的采用人工方式运输（见图 4–4）。

图 4–4　开关站道路设计

（5）进水口道路设计。

1）设备通道。从金康道路接线修建施工便道完成上部开挖，下部道路从倒石堆修建进场道路，主要用于设备退场和应急条件下的设备补充。

2）材料通道。进水口材料主要利用金康道路和缆索运输，利用人工或其他辅助手段运送至工作面。

4.1.2 施工组织设计和方法

施工组织设计主要包括施工分区、施工方案以及施工程序；施工方法主要包括开挖与支护。

（1）施工组织设计。

1）施工分区。根据施工工期要求、施工条件等，将基坑高程 1485.00m 以下开挖分为 3 个区，分别为上游坝基土石方开挖区、心墙部位土石方开挖区、下游坝基土石方开挖区；高程 1485.00m 以上岸坡开挖分为 4 个区，分别为上游左岸岸坡开挖区、上游右岸岸坡开挖区、下游左岸岸坡开挖区、下游右岸岸坡开挖区。

其中高程 1485.00m 以下河床覆盖层土方开挖厚度 2~8m，开挖方量约 8.5 万 m^3；心墙部位高程 1485.00m 以下土石方开挖区开挖深度 28m，其中石方开挖 7.3 万 m^3，覆盖层开挖 68.94 万 m^3；下游坝基高程 1485.00m 以下开挖区河床覆盖层开挖厚度 25~27m，开挖方量约 114.64 万 m^3。

2）施工方案。左、右坝肩开挖交面后，在 2012 年 3 月 1 日同时进行高程 1485.00m 以下上游覆盖层、心墙部位土石方及下游覆盖层开挖。根据工期要求，1.5 个月内完成上游河床覆盖层开挖，3 个月内完成心墙部位土石方开挖，7 个月内完成下游坝基开挖，心墙部位施工处于关键线路上，因此 2012 年 3—5 月主要集中力量进行心墙部位土石方开挖，以尽早提供混凝土防渗墙工作面。上游需旋喷处理透镜体砂层，上部在开挖时形成台阶状，以便为高压旋喷施工提供较好的工作场面；心墙覆盖层固结灌浆部位预留厚 3m 压重，待固结灌浆施工完成后挖除。

石方开挖用 KSZ–100Y 预裂钻机钻预裂孔、ROC–D7 钻机钻设主爆孔，采用深孔梯段爆破开挖，心墙部位底部预留 2.5m 保护层。挖装设备主要采用 CAT5080 正铲、PC1250–7 正铲、PC750–7 反铲，运输设备主要采用 32t、20t 自卸汽车。

河床覆盖层土方按 3~4m 一层分层开挖，采用 SD32 推土机集料，PC1250–7 正铲、PC750–7 反铲挖装，32t、20t 自卸汽车运输。岸坡覆盖层开挖随大坝填筑作业面的上升逐层进行，开挖用 PC400 反铲挖装，利用坝体填筑道路运至弃渣场。

3）施工程序。大坝土石方明挖施工程序见图 4–5。

（2）开挖。

1）岸坡覆盖层开挖。岸坡覆盖层开挖总量约 17.3 万 m^3。覆盖层开挖随大坝填筑作业面的上升而逐层进行，一般分层高度约 5m，大孤石、危岩体采用手风钻钻孔爆破，采用 PC400 反铲直接挖装，20t 自卸汽车运至响水沟渣场及牛棚子施工场地。

2）石方开挖。坝基石方开挖总量约 45.4 万 m^3。岩石开挖采取分层、分块、分序进行。根据招标文件要求，心墙建基面边坡开挖时，心墙建基面部位预留厚 2.5m 水平保护层，采用预裂或光面爆破挖除，上部岩体采用深孔梯段爆破挖除，边坡采用预裂爆破。

A. 深孔梯段松动爆破。梯段爆破以 ROC–D7 液压钻机造孔为主，采取人工装药，

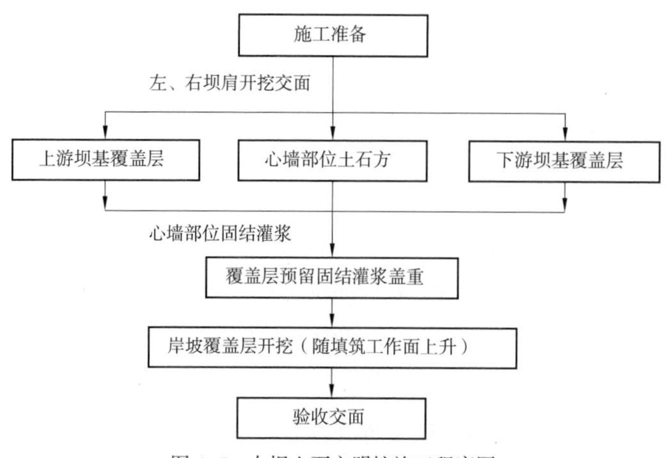

图 4-5　大坝土石方明挖施工程序图

主爆破孔以 2 号岩石铵梯炸药为主，采取不耦合柱状连续装药。岩石爆破单位耗药量按 0.5~0.55kg/m^3 考虑，最终单耗根据爆破试验确定。采用孔间毫秒微差起爆网路，非电毫秒雷管联网，即发电雷管起爆。分段起爆药量、最大单响药量按试验结果并报经监理审批实施。

B. 预裂爆破。预裂爆破采用 KSZ-100Y 预裂钻机造孔，选用 ϕ32mm 药卷，采用不耦合空气间隔装药结构。初拟线装药密度为 380~450g/m，最终根据爆破试验确定。为保证永久边坡不受爆破破坏，预裂孔的前排爆破孔采用拉裂孔缓冲的松动爆破方式。在开挖前，根据地质情况及钻机情况，进行爆破设计并提交监理工程师进行审批后实施。

爆破施工程序为：测量放样→技术交底→下达作业指导书→钻机就位→钻孔→清孔验孔→装药、联网爆破→平台清理→进入下一道工序。

按照设计高程进行放样，并将每个钻孔的位置用油漆标明。钻机就位钻设预裂孔时，对钻孔角度定位校准，钻孔过程中随时对深度和角度校核，及时调整钻孔偏差。

C. 建基面保护层一次爆除。大坝心墙基础开挖时，初拟预留厚 2.5m 的保护层。保护层采用手风钻钻设炮孔，孔底设柔性垫层，一次爆破挖除。

现场实施的钻爆方案，必须报监理工程师，经试验批准后进行施工。根据爆破试验的成果及时进行各参数调整，以达到最佳的爆破效果。建基面保护层起爆网络采用非电导爆系统、导爆索传爆、电力起爆方式。

D. 出渣。爆破后，首先由人工配合反铲对坡面松动块石进行清理，然后进行出渣作业。大坝基坑开挖时利用 2 号、12 号公路及上下游围堰之间布置的施工道路出渣，采用 SD32 推土机集料，PC1250-7 正铲、PC750-7 反铲挖装，32t 和 20t 自卸汽车运输。

（3）支护。边坡支护包括锚杆、锚筋束（锚杆束）、喷混凝土、排水孔及锚索等。在长河坝水电站大坝中边坡支护主要采用了锚筋束支护方式。

1）锚筋束施工工艺流程见图 4-6。

A. 锚筋束施工宜采用先插杆后注浆的施工工艺。

B. 以锚筋束外接圆的直径作为锚杆直径来选择钻孔直径。

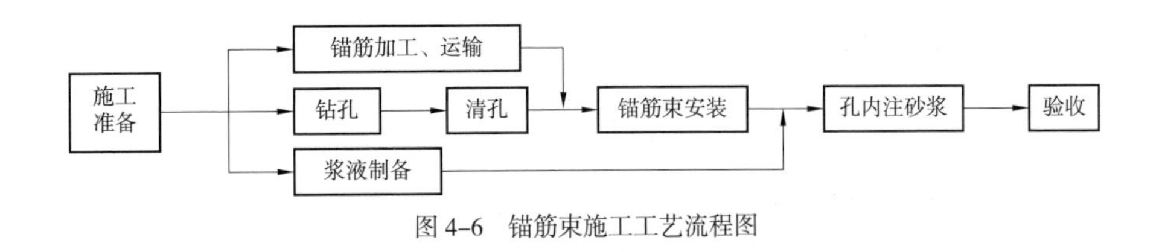

图 4-6　锚筋束施工工艺流程图

C. 锚筋束焊接牢固，并焊接对中环，对中环的外径可比孔径小 10mm 左右，一束锚筋束在孔内至少有两个对中环。

2）施工准备。

A. 边坡清理。锚筋束造孔前，先对边坡进行安全处理，及时清除松动石块和碎石，避免在施工过程中坠落伤人。

B. 锚孔测量定位。按照图纸要求间、排距布置锚筋束孔位（据现场情况适当调整，以控制危岩体为原则），使用红油漆标定孔位。同时，准备施工材料和钻孔、注浆机具设备，敷设通风和供水管路。

C. 排架搭设。根据现场情况搭设简易脚手架工作平台。钢管排架紧贴开挖边坡搭设，立杆基础要平整、结实，立于坡面上时采用插筋固定，不得出现架空现象，插筋要求在施工中质量可靠。脚手架平台经自查、自检，并请监理工程师检查验收合格，并出具合格证明后才能予以使用。

D. 材料准备。

钢筋：选用 ϕ28mm Ⅱ级高强度的螺纹钢筋作为锚筋束的材料，质量符合技术规范要求，采用两根 L=9m 加一根 L=2m 钢筋对焊连接。

水泥砂浆：浆液强度等级必须满足要求，注浆锚筋水泥砂浆的强度等级不低于 20MPa，根据前期进水口混凝土和砂浆配合比试验确定以下配合比：水泥：砂为 1：1.988（重量比）；水泥：水为 1：0.45。

注浆锚筋水泥浆采用强度等级为 P.O42.5R 的普通硅酸盐水泥（P.O42.5R）。

E. 生产工艺性试验。结合施工生产要求，进行生产工艺性试验，确定施工工艺与方法。

3）施工方法。

A. 锚筋束钻孔。钻孔方法：采用 QZJ-100B 型钻机，接系统供风风管，进行气动潜孔冲击钻孔。

钻孔孔径：3ϕ28mm 的锚筋束按技术要求，孔径应大于锚筋束筋体直径 25mm，选择 ϕ110mm 孔径钻孔。

钻孔质量控制：按设计要求孔向、孔位、孔深进行钻孔，孔位偏差不大于 100mm，孔深偏差不大于 50mm。施工时由测量人员按设计通知要求在坡面上放点定位，对于特殊部位由技术人员根据监理工程师指示现场确定。

钻孔开孔前，对钻机的稳固和钻机动力臂进行仔细检查，钻进过程中，发现钻机机座松动，立即停止钻进，进行处理。钻孔过程中，进行孔斜检测，对达不到孔斜设计要求的钻孔及时纠正或重新钻孔。

B. 锚筋束安装与注浆。钻孔完成后，用压缩风冲洗钻孔，直至孔口返风，手感无尘屑，延续 5~10min，孔内沉渣不大于 20cm。钻孔检测：钻孔清孔完毕，进行钻孔检测，合格后进行下锚工作。锚筋束组装：锚筋束类型为 ϕ28mm（L=20m），由 3 根螺纹钢筋组成，钢筋原材料长度 9m，由 2 根（9m+9m=18m）、1 根（2m）组成，采用 UN1–75 对焊机焊接。

锚筋束安装：按设计孔深，采用点焊的方式将三根钢筋牢固组合，点焊间距 2m，注浆管采用 ϕ25mm PVC 管与锚筋束同时安装。锚筋束的注浆：锚筋束施工采取先插杆后注浆的方法进行施工，锚筋束制浆站与大坝基础处理共用，采用 ϕ25mm 镀锌钢管输送至注浆工作面，再连接注浆管进行注浆。对于下倾孔，注浆管随锚筋束插至孔底，然后回抽 3~5cm，送浆后拔浆管必须借浆压，缓缓退出，直至孔口溢出（管亦刚好自动退出）。注浆完成后，在水泥浆凝固前不得敲击、碰撞和拉拔锚筋束。

检查注浆泵及其配件是否齐备和正常，水泥砂浆的水灰比或粒径、湿度等是否符合设计要求。用水或空气检查锚孔是否畅通，调节水流量，使砂浆水灰比至设计值为止，从泵出口出来的砂浆，必须要均匀，无断续不均现象。

迅速将锚筋和注浆管及泵用快速接头连接好，开动泵注浆，整个过程连续灌注，不停顿，必须一次完成，观察浆液从孔口流出，即可停泵。若注浆过程中，出现堵管现象，及时清理锚筋、注浆软管和泵，此时若泵的压力表显示有压，反转电机 1~2s 卸压，方才卸下各接头，电机反转时间必须短暂。

当完成一根锚筋的注浆后，迅速卸下注浆软管与锚筋的接头，清洗并安装至另一根锚筋，然后注浆，若停泵时间较长，在对下根锚筋注浆前放掉前段不均匀的灰浆，以避免堵孔。在整个注浆过程中，操作人员要密切配合，动作迅速，保证注浆过程的连续性。

在浆液终凝之前，不得敲击、碰撞或施加任何其他荷载。

现场试验：通过室内试验筛选 2~3 组满足设计要求的砂浆配合比并编写试验大纲报批进行生产性试验；选取与锚孔参数相同的塑料管或钢管若干根，并按现场施工相同的注浆工艺进行注浆，养护一周后剖管检查杆体位置及注浆的密实度，通过试验确定注浆方法和砂浆配比。锚筋束注浆设备清洗：制浆结束后，立即清洗干净制浆机、送浆管路等，以免浆液沉积堵塞。注浆结束后，立即清洗干净注浆设备、管路等。

4）施工质量检查验收。

A. 锚筋束质量检验。锚筋束施工过程中，进行下列项目的质量检查和检验：①钢筋到货后材质检验；②锚筋束安装前，进行锚孔检查；③锚筋束制作质量检查；④锚筋束注浆浆液抽样检查。

B. 验收试验和完工抽样检查。锚筋束验收时按监理理师指示的位置对锚筋束每个验收单元总数量的 3%~5% 进行质量检测（包括锚筋束长度和注浆密实度），并将检验成果提交监理工程师作为验收依据。同时，通过监理工程师通知发包人的试验检测中心对锚筋束进行抽样检验，检查内容包括锚筋束孔位、长度、注浆密实度。

C. 完工验收。锚筋束工程施工全部结束后，按规定将每批材质抽验记录、注浆密实度试验记录和成果、钻孔记录、锚筋束质量检测记录和成果以及验收报告提交监理工程师，向监理工程师申请完工验收。

4.1.3 施工安全控制

（1）安全评估。

1）安全评估从两个方面进行。一是对静态的施工项目进行风险评估，提出技术组织措施；二是针对不同施工阶段对施工人员、机械设备的工作状态进行评估，提出技术组织措施。安全风险评估的目的在于对项目、物、人的不安全状态进行分析，提出安全组织保证、技术保证措施和应急救援预案。

2）施工前安全隐患评估包括重大危险源识别并提出预防措施。

3）地震前后复工隐患评估。2008 年“5·12”汶川特大地震后工程停工，2009 年工程全面复工前，进行现场隐患排查以及按工程部位对危险源分析与评价，LEC 法评价危险源评价及等级划分见表 4–1。

表 4–1　　LEC 法评价危险源评价及等级划分表

危险源	L	E	C	LEC 值	危险程度	风险等级
飞石（对人员）	3	3	15	135	显著危险 需立即改进	3
边坡滚石	1	6	15	90		3
边坡塌方	3	6	7	126		3
高空坠落物	1	6	15	90		3
飞石（砸坏设备）	1	6	15	90		3
运输缆索	3	6	7	90		3
金康道路	3	3	7	63	一般危险 需要注意	2
施工用电	1	3	7	21		2
山洪泥石流	0.5	0.2	40	10	稍有危险 可以接受	1
火工材料	0.2	1	40	8		1

（2）安全监测。施工安全监测措施包括施工期进行的安全巡视、检查，包含边坡变形监测、裂缝变形监测，爆破振动监测和重大危险源部位 24h 数字化视频信息监测。施工期安全巡视、检查主要是安全管理人员和作业人员在施工过程中定期对边坡、工作面进行安全巡视、检查，发现安全隐患及时处理。

边坡变形监测是在高边坡施工开口线附近埋设监测点，定期进行边坡变形监测并对边坡在施工期的稳定状态进行评价。长河坝水电站左右岸四个部位高边坡开口线部位均设置了变形监测点。

裂缝变形监测是对已经产生的裂缝使用千分尺进行缝面宽度变化监测，评价裂缝的稳定状况。

通过视频技术对重大危险源24h跟踪监测其变化。进水口生活营地上部的危岩体直接威胁生活区100余人安全，在安装被动防护网后仍采用了视频监视技术，安装摄像头进行24h跟踪监测。

（3）危岩体防治。右岸坝肩高程1685.00m施工便道上方、XPD05号平洞下游开挖开口线以外存在一危岩体，岩性为花岗岩，岩体强卸、弱风化，呈块裂结构，受裂隙切割，形成不稳定楔形体，处于临界稳定状态，在爆破或雨水冲刷等外力作用下极易产生滑塌。

现场处理措施：①在危岩体下部倒悬临空面至施工便道范围回填C15混凝土，并采用长4.5m（入岩3.5m，外露1m）的ϕ25mm锚筋锚固该回填混凝土，锚筋间排距3.0m；②危岩体下部空腔混凝土施工完成后，再对危岩体采用长6m的ϕ28mm锚杆进行锚固，锚杆间、排距3.0m，垂直于坡面布置。

（4）泥石流及预防。左岸上游侧梆梆沟是泥石流多发地段。2012年汛前，对梆梆沟内多次实地查勘，最终决定对梆梆沟采取防护措施以保证汛期安全。梆梆沟防护按“上防下疏”的原则进行。“上防”主要采取多道被动网进行防护，根据对梆梆沟内实际查勘，沟内多为裸露坡积体，但顺沟方向平均分布方量比较少，因此采取多道被动网进行防护；“下疏”主要采取开挖排水洞导排沟水，浇筑混凝土导向槽导排泥石流，对进水口施工营地形成防护。同时采取监测措施，严密监视梆梆沟的动态，以便及时启动应急预案。

泥石流防护方案：①增设3道被动防护网；②在梆梆沟与3–3号隧道间开挖排水洞导排沟水；③进水口施工营地、梆梆沟沟口处增设防护挡墙；④采用监视设施加强对沟内的动态监控。

4.1.4 边坡质量控制

（1）管理措施。

1）成立高边坡开挖施工质量小组进行专项质量攻关。对作业人员进行培训，强化质量意识，制定解决方案及措施。

2）对开挖施工过程进行分析并建立质量责任制，制定高边坡开挖爆破及安全支护工作流程和大坝开挖质量控制实施细则。

3）强化三检制及现场过程记录。规定各级人员岗位职责与规范预裂爆破孔检查记录表，定人定岗进行全过程监督控制。

（2）技术措施。

1）设备选择。针对岩石风化、节理裂隙发育等不利条件，经比对，预裂孔选择100B潜孔钻作为造孔设备。

2）钻孔角度、孔深控制。现场配备角度测量仪器对钻进过程的钻杆分段进行监测，并予以纠偏。单孔钻进前进行孔口高程的测量，根据设计爆破台阶高度及坡比，一般放大1°~2°的坡比，计算钻孔钻进深度，以此作为检查依据。孔深检查手段采用测绳或钻杆进行。

预裂孔支架采用ϕ48mm脚手架搭设，对支架进行立杆和斜杆加密，解决支架不稳固易变形而导致的预裂孔钻进过程中出现孔内角度及方向偏差的问题。

（3）爆破参数调整。

1）在预裂孔与主爆孔之间加设 1~2 排缓冲孔，目的是为减少预裂区域附近易出现大块石集中和孔底部不平出现岩埂现象。缓冲孔距预裂孔 2m，坡度与预裂孔一致，孔距为 1.2m。

2）增大孔底装药量。炮孔底部一般夹制作用大，为达到底部平整的预期效果，孔底需加强装药，装药量为线装药密度的 2~3 倍。

3）缩小孔距。预裂孔的孔距随每次爆破的岩石情况适时进行调整，在岩石较完整、坚硬的情况下，孔距一般选择 1.0m，若遇到岩石呈风化、裂隙发育情况则调整预裂孔孔距，一般选择 0.8m。

4.2 坝基开挖及处理

长河坝水电站坝区河床覆盖层结构较复杂，坝区河床覆盖层厚度 60~70m，局部达 79.3m。根据河床覆盖层成层结构特征和工程地质特性，自下而上（由老至新）可分为 3 层：第①层为漂（块）卵（碎）砾石层（$fglQ_3$），第②层为含泥漂（块）卵（碎）砂砾石层（alQ_4^1），第③层为漂（块）卵砾石层（alQ_4^2），第②层中有砂层分布。除河床覆盖层外，第四系堆积在坝址亦较为发育，成分以坡崩积为主，少量为人工堆积及泥石流堆积，多坝区各冲沟沟口及沟床内成分由近源的花岗岩、辉长岩、石英闪长岩等构成，无分选，多呈棱角状。

长河坝水电站坝址出露基岩主要以花岗岩及石英闪长岩为主，岩石致密坚硬较完整，可满足坝基承载及变形要求。右岸坝前笔架沟上、下沟之间，岩体三面临空，卸荷强烈，且有拉裂变形迹象，经前期研究成果表明为卸荷拉裂岩体，该卸荷拉裂岩体在天然状态下整体处于基本稳定至稳定状态，但局部危岩体较发育，小规模崩塌时有发生，并在坡脚形成规模较大的笔架沟倒石堆，施工中清除危岩体并加以其他的防护措施。此外，左右岸坝肩工程边坡以外天然边坡岩体卸荷强烈，沿部分山脊强卸荷表部可见厚约 10m 松动岩带，其稳定性差，多形成潜在危岩集中带，表部不稳定岩块较发育，且多形成孤立危岩，部分天然边坡表部分布有具一定规模的崩坡积松散堆积体，稳定性较差。为避免在施工发生安全事故，对工程边坡以外的天然边坡各类不稳定岩体应采取针对性处理措施。为提高地基承载力，减小坝基不均匀沉降，采用适度开挖、砂层换填、基面碾压以及固结灌浆等处理方式。

4.2.1 坝基开挖

长河坝水电站工程的坝基覆盖层土方开挖总量约 194 万 m^3，主要采用 CAT5080 正铲、PC1250–7 正铲、PC750–7 反铲开挖，SD32 推土机集料。所有覆盖层开挖料均为弃料，采用 32t、20t 自卸汽车全部运至上游响水沟渣场及牛棚子施工场地。按照测量放样开口线自上而下分层开挖，一般分层厚度按 3~4m 控制。同一层面开挖施工按照“先土方开挖，后石方开挖，再边坡支护”的顺序进行，使开挖面同步下降。

土方边坡开挖接近设计基底高程时，预留厚 0.2~0.3m 采用人工修整。人工整修边坡的控制方法是：制作一个与设计边坡相同坡比的角尺，削坡时，用角尺检查边坡的超欠情况，边检查边修整。在修整过程中，每隔 3m 高差，用测量仪器检查校核一次削坡情况，直至达到设计要求的坡度和平整度。大坝坝基开挖后不能及时回填部位，预留厚 1.2m 保护层，在填筑前挖除。雨天施工时，施工台阶略向外倾斜，以利排水。在开挖施工过程中，对边坡设计控制点、线和高程随时进行复测，并在边坡地质条件较差部位设置变形观测点，及时观测边坡变形情况，如出现异常，立即向监理工程师和业主报告，并根据其指示采取应急处理措施。

4.2.2 坝基处理

土坝对地基的要求比混凝土坝低，一般不必挖除地表透水土壤和砂砾石等。但是，为了满足渗透稳定、静力和动力稳定、允许沉降量和不均匀沉降等方面的要求，保证坝的安全经济运行，也必须根据需要对地基进行处理。

（1）砂层换填。砂层换填是地基处理的一种方法，通常用来置换地基承载力较小的局部软弱地基，以提高坝基承载力，从而满足强度和变形的要求，但应用大体积的砂层换填来进行地基处理的施工实例并不多见。原因是影响砂层换填的效果因素很多，一旦失控，就可造成质量事故，危及建筑物的安全使用。长河坝水电站的砾石土心墙堆石坝最大坝高 240m，坝基河床覆盖层厚度 60~70m，工程场地地震基本烈度为Ⅷ度。坝基覆盖层②层中上部广泛分布厚度 0.75~12.5m 的含泥（砾）粉细砂层，范围覆盖河床段心墙与下游坝壳基底，砂层与覆盖层地基间的不均匀变形及砂层液化将直接影响到坝体结构的安全，因此需对砂层处理必要性与处理方式进行研究。

1）砂层分布。砂层在覆盖层②层的中上部广泛分布，在平面上呈长条状，顺河长度大于 650m，宽度一般为 80~120m，局部呈透镜体分布。钻孔揭示砂层厚 0.75~12.5m，顶板埋深 3.30~25.70m，高程 1472.53~1459.20m，底板埋深 12.00~32.98m，高程 1466.08~1453.25m，为含泥（砾）中 ~ 粉细砂。② –c 砂层在坝基部分面积约 6.1 万 m^3，体积约 26.1 万 m^3。砂层范围覆盖河床段心墙及下游坝壳地基。坝基砂层分布范围见图 4–7。

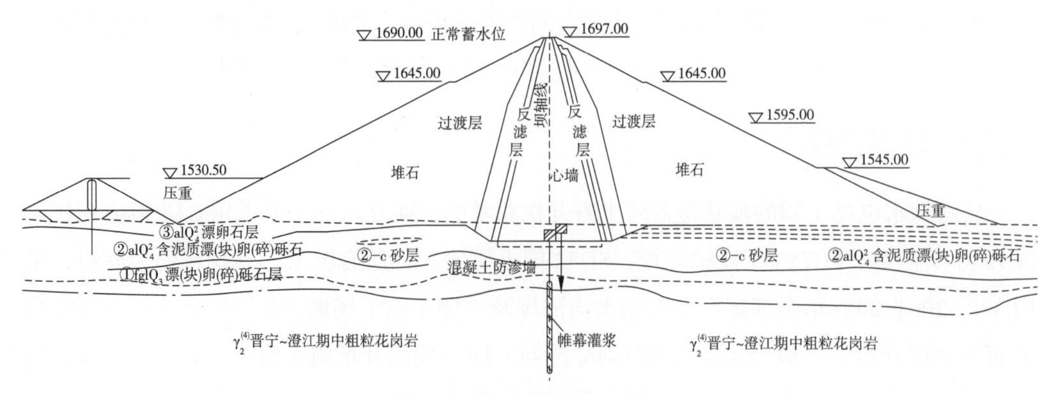

图 4–7　坝基砂层分布范围图

2）砂层处理方案。综合砂层的液化判别情况及上述砂层对大坝的影响分析，考虑到长河坝水电站工程规模及重要性，对坝基砂层进行专门的处理。长河坝水电站工程大坝心墙底部砂层埋深不一（5~20m），局部埋深较浅，且砂层发育厚度变化大。对于强震区高240m的心墙堆石坝，为防止心墙地基沉降过大及不均匀地基变形引起心墙开裂，考虑到心墙的防渗重要性及心墙底部砂层埋深较浅，首先确定挖除位于心墙下覆盖层地基中的砂层。

对于坝轴线下游广泛分布的砂层，根据长河坝水电站工程的特点、覆盖层的组成及特性、砂层本身的分布和特性，结合现场振冲试验成果，共拟定了七种处理方案：第一方案，全部挖除砂层及上覆覆盖层方案：将心墙底部及坝轴线下游坝壳底部砂层全部挖除，该方案比保留砂层方案多开挖132.81万m^3。此方式对砂层的处理最为彻底，工程的安全性最好。缺点是带来施工期基坑排水的问题和基坑边坡稳定问题，增加覆盖层开挖工程量以及坝体填筑工程量。第二方案，振冲处理方案：先采用冲击钻在上覆覆盖层③层造引孔至砂层顶部，然后对砂层进行振冲处理。振冲桩按等边三角形布置，中心距2.0m。覆盖层③层的引导孔内回填碎石，并作挤密处理。第三方案，半挖除半振冲处理方案：根据现场试验成果，先部分挖除砂层②–c上部覆盖层（保留约5m），再采用液压150振冲器对剩余砂卵石覆盖层及下部砂层进行振冲处理。第四方案，振冲与旋喷灌浆联合处理方案：自心墙下游至坝体下游坝脚的1/2区域（坝高大于10m，坝体作用覆盖层内应力较大的部分）砂层采用旋喷灌浆处理，下游1/2区域由于坝体高度较小，对砂层作用压力较小，拟采用振冲处理，具体布孔等布置同第二方案。第五方案，全部旋喷灌浆处理方案：初拟采用三重管法，按等边三角形布孔，中心距2.0m，仅在砂层内进行旋喷灌浆处理，覆盖层③层内的施工孔采用碎石回填压密，不进行旋喷灌浆。第六方案，砂井与旋喷灌浆联合处理方案：一方面依靠旋喷灌浆形成的固结桩提高砂层的承载力，减小可液化砂层的面积；另一方面依靠砂井形成的排水体，排除砂层内孔隙水，以及减小地震时在砂层内产生的超孔隙水压力，达到防止液化的目的。具体布置为，旋喷灌浆按等边三角形布孔，中心距2.0m，同第五方案；砂井孔距6.0m，直径30cm，碎石填充。第七方案，静压注浆方案：覆盖层③层漂（块）卵砾石层渗透系数$K=2.0\times10^{-2}\sim2.0\times10^{-1}$cm/s，具有强透水性，考虑到进行高压喷射灌浆时可能发生浆液大量外渗的情况，提出对砂层进行静压注浆。注浆孔初拟按等边三角形布孔，孔距2.0m。

3）处理方案比较与选择。根据工程经验，振冲碎石桩是防止砂层液化的有效措施，但由于长河坝水电站工程砂层上覆漂（块）卵（碎）砾石层部分区域厚度大于10m，局部大于20m，且颗粒组成粒径较粗，振冲器不易穿透该层。为了验证振冲法对长河坝水电站工程覆盖层基础的适用性，采用电动BJ–150振冲器进行试验，共施工8根试验桩，深度为0.5~2.5m，振冲器均未穿透表层漂（块）卵砾石层。由此可见，由于电动系列振冲器设备直径较大，振幅大，在长河坝水电站工程③层漂（块）卵砾石层造孔困难，须先采用冲击钻在上覆盖层 ③层造引孔至砂层顶部，然后对砂层进行振冲处理。第一方案处理方式最经济。长河坝水电站工程大坝为强震区深厚覆盖层上高240m的水利枢纽，从工程安全的角度考虑，第一方案将砂层全部挖除也是最可靠的。该方案带来施工期基坑排水的问题较突出，经设计计算，坝基开挖后形成的深基坑的排水问题可以得到解决。因此，对于坝轴线下游大面积分布的砂层② -c 推荐采用全部挖除处理方案。

经过地质专业初判和复判，该砂层在天然状态下均为可液化砂层；建坝后的坝体坝基三维有限元动力反应分析表明，该砂层在设计地震下也会发生液化或动力剪切破坏；刚体极限平衡法分析表明，该砂层的存在极大地影响了下游坝坡地震工况下的稳定性；砂层作为大坝地基需进行处理。对砂层处理综合挖除、振冲、旋喷灌浆与静压注浆等方式，共拟订了七种处理方案进行比选，最终推荐将下游坝壳地基中的砂层全部挖除方案。

（2）灌浆加固。根据长河坝水电站实际工程地质条件，通过系列生产试验，主要选择了三种施工工艺进行心墙区灌浆加固。覆盖层灌浆为河床坝基固结灌浆，在有覆盖层压重厚度不小于 3m 时施工，钻孔采用全液压多功能钻机配合套管钻进，风、水作为冲洗介质。钻进覆盖层 3m 后镶筑孔口管，待孔口管满足强度要求后，采用“孔口封闭、自上而下、孔内循环法”灌浆，其射浆管距孔底不大于 0.5m，灌浆分段长度为 2m。灌浆按先周围边排、后中排分序加密的原则进行，分二序进行施工。采用 BW200 型灌浆泵灌浆，中大华瑞（捷通）灌浆自动记录仪进行灌浆记录。

1）孔口封闭法。采用 XY-2 型回旋地质钻机循环钻进造孔，灌浆采用孔口封闭法，自上而下分段灌浆施工。采用 HM-70 型钻机进行非灌段造孔埋管，XY-2 型回转式钻机结合冲击回转钻进及金刚石钻头清水钻进。检查孔注水试验成果统计见表 4-2，覆盖层预埋孔口管法灌浆施工流程和工艺分别见图 4-8、图 4-9，灌浆后声波检测成果对比见表 4-3。

表 4-2　　　　检查孔注水试验成果统计表

试组	检查孔数	孔号	各段次渗透系数 K/（cm/s）		设计标准/（cm/s）	合格率/%	备注
			一段	二段			
一组	1	FSJ2-1	5.66×10^{-4}	4.79×10^{-4}	5×10^{-4}	50	2.5m × 2.5m
二组	1	FSJ2-2	1.35×10^{-4}	3.12×10^{-4}	5×10^{-4}	100	2m × 2m

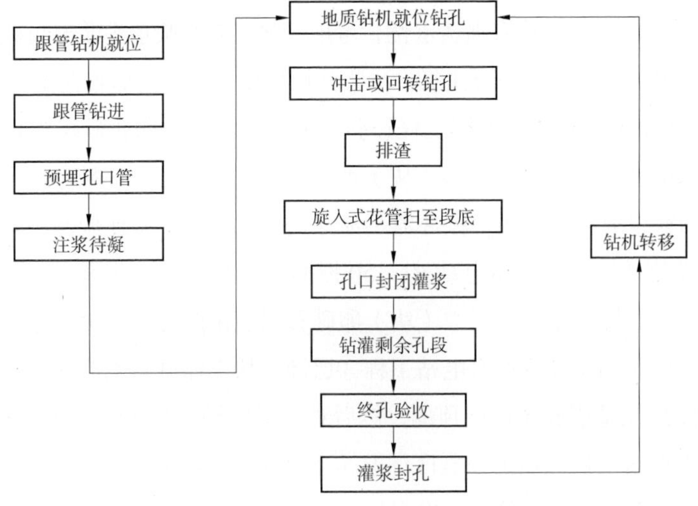

图 4-8　覆盖层预埋孔口管法灌浆施工流程图

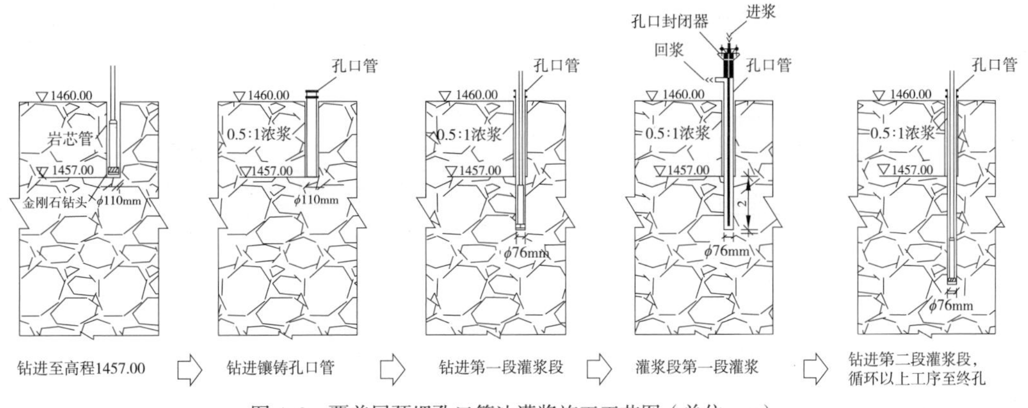

图 4-9　覆盖层预埋孔口管法灌浆施工工艺图（单位：m）

表 4-3　　灌浆后声波检测成果对比表

试组	孔号	设计指标		纵波波速 /（m/s）	横波波速 /（m/s）
		纵波波速 /（m/s）	横波波速 /（m/s）		
一组	FSJ2-1	1600	500	2188	751
二组	FSJ2-2			2220	787

分析检查孔注水试验及声波检测成果，得到以下结论：

A. 该成孔工艺在钻进覆盖层时进尺较慢且极易塌孔，为确保灌浆花管能顺利扫至段底，需反复进行风力排渣或浆液冲洗固壁，导致工效降低，进尺较慢。但总体来说，该成孔工艺基本上能满足设计钻孔的要求，但需投入较多的钻孔设备。

B. 预埋孔口管分别采用 8h、12h、24h 和 72h 共 4 个待凝时段后进行钻灌施工，得到的结论是：采用 8~12h 待凝处理后进行钻灌施工，孔口管未产生松动破坏，对灌浆质量未产生不良影响，且在最大灌浆压力条件下未出现孔口管松动或自孔口管周围冒浆的情况，说明孔口管的埋设能满足灌浆施工的要求。

C. 采用预埋孔口管自上而下分段循环灌浆法是可行的。该方法既能利用地质钻机带动花管扫至段底，又能使上一灌段得到较高压力的重复灌浆，有利于提高灌浆质量。

2）沉管法（埋管灌浆法）。采用 THCD-650C 型或阿特拉斯 A66CBT 多功能全液压钻机冲击回转套管全孔段一次性钻进成孔，套管直径为 146mm。沉管采用 ϕ90mm 聚乙烯 PVC（PE）管或薄壁钢管制作，在预埋管上每隔 30cm 钻 4~5 个直径为 12mm 的出浆孔，管节之间用套管连接并用胶带封缠牢固，管脚采用聚乙烯塑胶膜绑扎封闭，然后用胶带封缠密实。将沉管下至孔底后起拔外侧套管，在沉管外侧回填低塑性水泥黏土浆液，防止灌浆浆液回窜。灌浆采用自下而上分段卡塞灌浆施工。沉管法（埋管灌浆法）制作与埋管、灌浆施工流程、灌浆施工工艺流程分别见图 4-10~ 图 4-12。

检查孔注水试验成果见表 4-4，灌浆后声波检测成果见表 4-5。分析可知：

A. 成孔工艺在钻进覆盖层时进尺很快，由于采用了预埋管，因此不存在塌孔现象，不

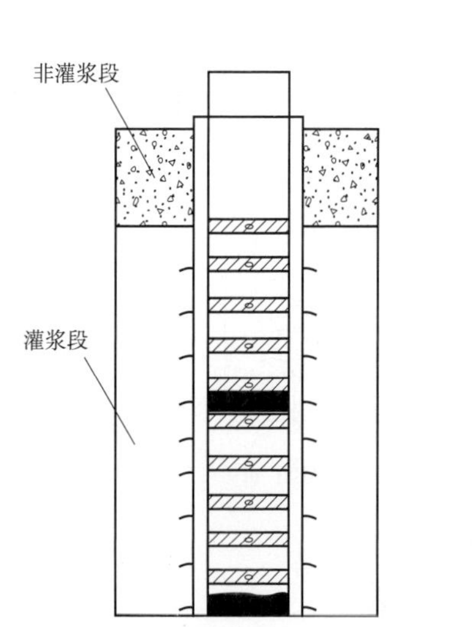

图 4-10 沉管法（埋管灌浆法）制作与埋管示意图

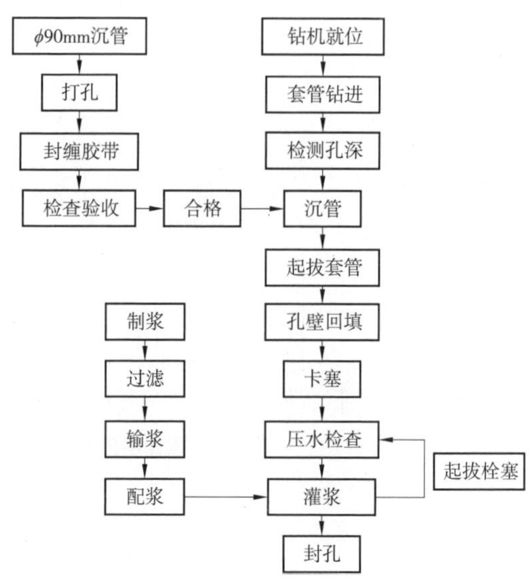

图 4-11 沉管法（埋管灌浆法）灌浆施工流程图

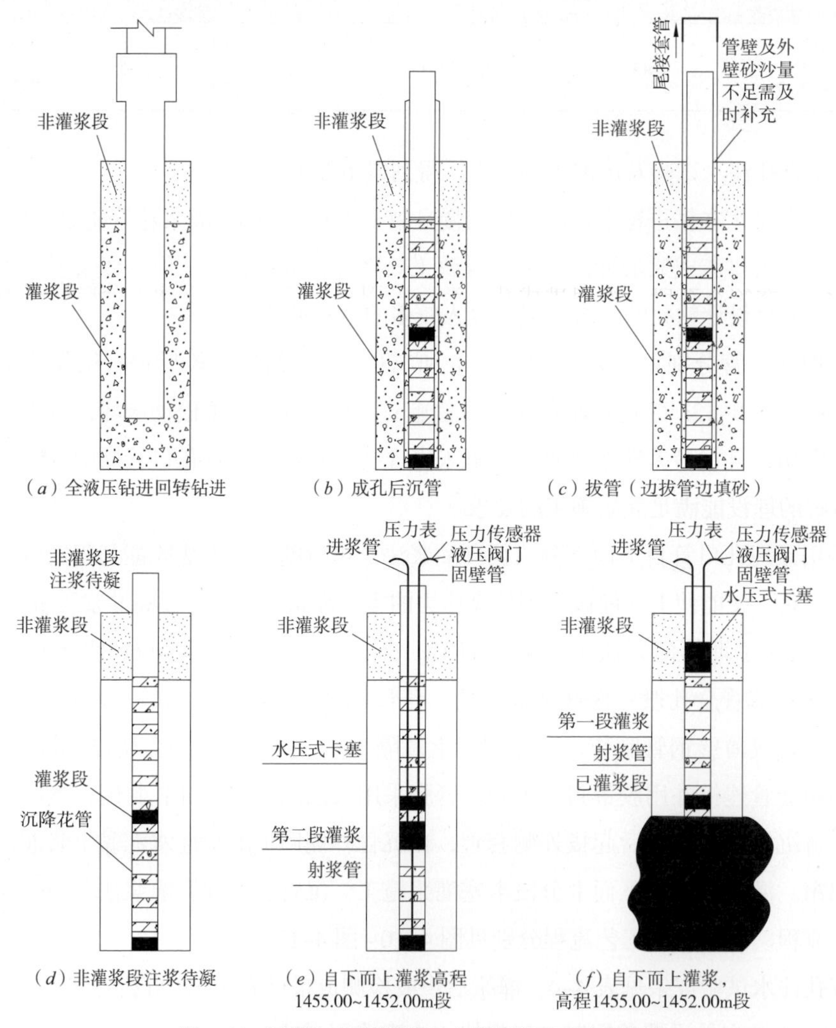

图 4-12 沉管法（埋管灌浆法）灌浆施工工艺流程图

需要采用固壁措施且不产生重复扫孔，施工功效非常高且成孔工艺满足设计成孔要求。

B. 沉管下设回填孔壁后在灌浆过程中未出现沿管壁外侧冒浆现象，但出现了与部分相邻Ⅰ序孔之间的窜浆现象。预埋管灌后无法取出，造成成本增加且中途不能采取待凝措施。

C. 采用孔内卡塞、自下而上分段灌浆工艺进行施工的区经质量检测，其结果满足设计要求。该施工工艺适应本工程地质条件，施工质量满足设计要求。

表 4-4 检查孔注水试验成果表

孔号	各段次渗透系数 K/（cm/s）		设计防渗标准 /（cm/s）	合格率 /%
	一段	二段		
FSJ-1	3.69×10^{-4}	4.35×10^{-4}	5×10^{-4}	100
FSJ-2	3.53×10^{-4}	4.6×10^{-4}	5×10^{-4}	100

表 4-5 灌浆后声波检测成果表

试组	孔号	设计指标		实际纵波波速 /（m/s）	实际横波波速 /（m/s）
		纵波波速 /（m/s）	横波波速 /（m/s）		
试验区	5FSJ-1	1600	500	2062	688
	5FSJ-2			2072	689

3）沉管法（套管灌浆法）。采用 THCD-650C 型或阿特拉斯 A66CBT 多功能全液压钻机带 ϕ146mm 套管全孔段一次跟进成孔。灌浆采用孔内卡塞，自下而上分段灌浆施工。检查孔注水试验成果见表 4-6，灌浆后声波检测成果见表 4-7。

表 4-6 检查孔注水试验成果表

试组	孔号	各段次渗透系数 K/（cm/s）		设计防渗标准 /（cm/s）	合格率 /%	备注
		一段	二段			
一组	FSJ23-1	1.49×10^{-4}	3.25×10^{-4}	5×10^{-4}	100	2m × 2m
	FSJ23-2	2.43×10^{-4}	2.95×10^{-4}	5×10^{-4}	100	
二组	FSJ11-1	1.88×10^{-4}	4.47×10^{-4}	5×10^{-4}	100	2.5m × 2.5m
	FSJ11-2	2.53×10^{-4}	4.01×10^{-4}	5×10^{-4}	100	

表 4-7 灌浆后声波检测成果表

试验区	孔号	孔段 /m	纵波波速 /（m/s）	横波波速 /（m/s）
一组	FSJ23-1	4~7.8	2131	663
	FSJ23-2	4~7.6	2091	622
二组	FSJ11-1	4~8.0	2265	722
	FSJ11-2	4~7.7	2140	672

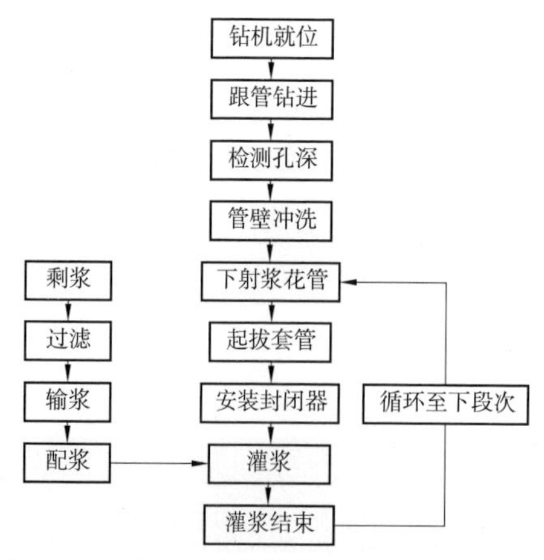

图 4–13　沉管法（套管灌浆法）灌浆施工流程图

A66CBT 多功能全液压钻机冲击回转套管全孔段一次性钻进成孔，套管 ϕ146mm。将套管下至设计深度后将套管内壁冲洗干净，起拔套管下入射浆管和栓塞进行灌浆。沉管法（套管灌浆法）灌浆施工流程、灌浆施工工艺流程分别见图 4–13、图 4–14。

通过分析得知：

1）成孔工艺满足设计成孔要求，成孔工效快，不需预埋其他材料。

2）灌浆过程中部分孔出现沿管壁外侧冒浆

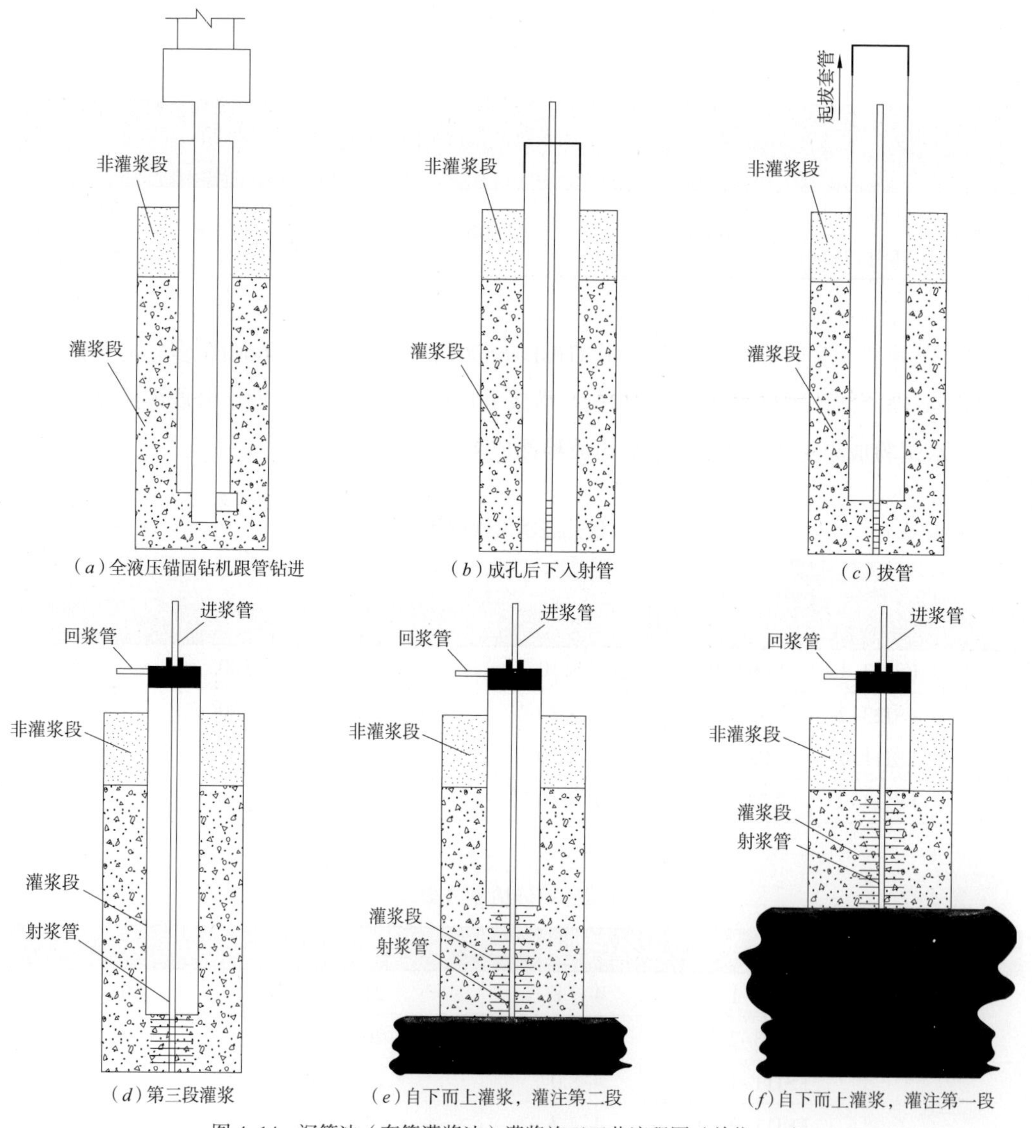

图 4–14　沉管法（套管灌浆法）灌浆施工工艺流程图（单位：m）

现象且部分相邻Ⅰ序孔之间出现窜浆现象，灌浆过程中易出现堵管现象而导致部分套管无法起拔出来。

3）灌浆过程采用单一比级进行灌浆，浆液稳定、易于控制。对于大耗浆量孔采用限量法进行灌浆，限量单耗要根据部分试验以及工程地质条件确定。

4）质量检测结果表明施工质量能满足设计要求。

4.2.3 质量检测与评定

（1）检测成果统计分析。

1）检查孔注水。检查孔注水试验共计完成48个单元，120个孔，252段注水，检查孔注水试验成果见表4–8。

表4–8 检查孔注水试验成果表

范围	设计渗透系数/（cm/s）			
	$<1\times10^{-4}$	1×10^{-4}~3×10^{-4}	3×10^{-4}~5×10^{-4}	$\geqslant5\times10^{-4}$
频次（段）	131	73	48	0

通过注水试验结果，由表4–8可以看出，均满足设计$K\leqslant5\times10^{-4}$cm/s标准要求。

2）地震波检测。各单元平均地震纵波速度为1884~2220m/s，平均地震横波速度为596~787m/s，满足灌后地震波测试要求，较灌前平均提高不低于60%，纵波波速不低于1600m/s，横波波速不低于500m/s的设计要求。

（2）质量评定统计。通过对大坝工程覆盖层固结灌浆分部工程中单元工程质量验收评定统计，共计评定47个单元工程，合格47个，合格率100%，单元工程优良41个，优良率87.23%（见表4–9）。

表4–9 覆盖层固结灌浆分部工程主要单元工程评定表

单元工程名称	单元工程数量	优良数	合格数	优良率/%	合格率/%
覆盖层固结灌浆	47	41	47	87.23	100

5 坝基防渗施工

水工建筑物的基础处理是根据建筑物对地基的要求，采用特定的技术手段来减少或消除地基的天然缺陷，改善和提高地基的物理力学性能，使地基具有足够的强度、整体性、抗渗性及稳定性，以保证工程的安全可靠和正常运行。长河坝水电站工程中的坝基防渗施工包括防渗墙施工、帷幕灌浆施工、坝基廊道与刺墙施工、盖板混凝土施工及止水施工。长河坝水电站工程设置了主、副防渗墙以加强坝基防渗效果，主、副防渗墙下及坝肩下均进行帷幕灌浆，减少渗漏。在廊道施工中，廊道外表面使用了聚脲喷涂工艺；在副防渗墙施工中，使用了特种沥青防渗膜。这两种材料的使用均克服了旧材料的缺陷，增强了防渗性能且简化了施工过程，缩短了施工时间。在岸坡盖板混凝土施工中，采用了优于常规翻模施工技术的反轨液压爬模技术进行施工，解决了高陡边坡混凝土浇筑过程中模板工程量大、常规无轨滑模牵引动力安设困难等问题。

5.1 防渗墙施工

坝基覆盖层防渗采用两道全封闭混凝土防渗墙，形成一主一副格局，墙厚分别为 1.4m 和 1.2m，两墙之间净距 14m，最大墙深约 50m。主防渗墙布置于坝轴线平面内，通过顶部设置的灌浆廊道与防渗心墙连接，防渗墙与廊道之间采用刚性连接，防渗墙底以下及两岸基岩的防渗均采用灌浆帷幕，防渗要求按透水率 $q \leqslant 3$Lu 控制。副防渗墙布置于坝轴线上游，与心墙间采用插入式连接，插入心墙内的深度为 9m。

5.1.1 防渗墙材料配合比

防渗墙墙体混凝土性能指标见表 5–1。

为解决混凝土高强低弹和后期强度增长的问题，根据围堰防渗墙经验进行统计分析，确定混凝土配合比、水胶比、砂率、粉煤灰掺量。根据各个因素分别选取 4 个水灰比和 5 个粉煤灰掺量进行试验。水灰比分别为 0.3、0.35、0.4、0.45，粉煤灰掺量分别为 20%、25%、30%、35%、40%。考虑到施工现场材料条件及混凝土施工因素，按人工骨料进行试验。

（1）成果分析。28d 龄期后的粉煤灰混凝土的强度增长仍较显著。在掺加 I 级粉煤灰 20%~40% 的情况下，混凝土 90d 与 28d、180d 与 28d、360d 与 28d 的强度比分别为 1.12~1.44、

表 5-1　防渗墙墙体混凝土性能指标表

技术指标	龄期			
	28d	90d	180d	360d
抗压强度 /MPa	30	≥ 45	≥ 50	≥ 55
弹性模量 /GPa	≤ 28	—	≤ 35	≤ 40
抗渗等级 *W*	—	W12	—	—
抗冻等级 *F*	F50	—	—	—

1.22~1.7、1.31~1.85，强度与弹性模量比分别为 1.17~1.44、1.57~1.84、1.49~1.79，混凝土 180d 与 28d、360d 与 28d 弹性模量比分别为 1.12~1.25、1.24~1.41。掺加 Ⅱ 级粉煤灰 20%~40% 的情况下，混凝土 90d 与 28d、180d 与 28d、360d 与 28d 的强度比分别为 1.06~1.33、1.01~1.38、1.18~1.56，强度与弹性模量比分别为 1.14~1.59、1.18~1.76、1.15~1.72，混凝土 180d 与 28d、360d 与 28d 弹性模量比分别为 1.13~1.26、1.22~1.5。

（2）施工配合比的选择。根据试验结果及要求，并充分考虑所用原材料的质量、现场质量控制水平与室内试验的差异，提出了施工混凝土配合比，混凝土配合比参数推荐见表 5-2。

表 5-2　混凝土配合比参数推荐表

水灰比	砂率 /%	混凝土材料用量 /（kg/m³）							
		水	水泥	Ⅰ级粉煤灰	砂子	石子粒径 /mm		减水剂	引气剂
						5~20	20~40		
0.33	41	180	436	109	687	494	494	4.360	0.0272

5.1.2　防渗墙施工工艺

（1）主防渗墙。防渗墙桩号（纵）0+195.42~（纵）0+320.52，墙身单孔最大深度 55.02m，共计成墙约 5700m^2。防渗墙施工前修筑施工平台、倒渣平台和导墙，导墙宽度 1.6m，深度 2m。导向槽底高程 1460.00m，顶高程 1462.00m，采用 C20 普通钢筋混凝土。槽孔分期建造，施工的相邻槽孔之间留有足够的安全距离，施工采用钻劈法。先打主孔后钻劈副孔，采用 CZ-6A 型冲击钻钻孔，槽孔利用膨润土及正电胶泥浆固壁。在遇到孤石或硬岩石时，采用重凿冲砸或爆破方法处理。一期槽段与二期槽段采用接头孔拔管法施工。

（2）副防渗墙。防渗墙桩号（纵）0+196.275~（纵）0+330.48，轴线全长 134.21m，墙顶高程 1462.00m，设计最大墙深 57.5m，一期、二期槽段槽长均 6.8m。墙身单孔最大深度 56.76m，共计成墙约 5800m^2。防渗墙施工前修筑施工平台、倒渣平台和导墙，导墙宽度 1.4m，深度 2m。导向槽底高程 1460.00m，顶高程 1462.00m，采用 C20 普通钢筋混凝土。槽孔分期建造，施工的相邻槽孔之间留有足够的安全距离。施工采用钻劈法，先打主孔后劈打副孔，采用 CZ-6A 型冲击钻钻孔。槽孔利用膨润土及正电胶泥浆固壁。在遇到孤石或硬岩石时，采用重凿冲砸或爆破方法处理。一期槽段与二期槽段采用接头孔拔管法施工。

（3）质量控制措施。

1）在施工前做好技术准备，研究工程地质及水文资料，制定出具有针对性的施工措施。

2）建立健全“三检制”，制定严格的质量安全奖惩制度。

3）所有设备的操作人员和记录人员，必须经过岗前教育和培训，经考试合格后持证上岗。

4）在施工之前，对施工图纸及技术质量要求进行会审。根据施工图纸及技术质量要求，制定施工技术措施和质量计划，并将施工技术措施和质量计划的要求，对施工人员进行详细的交底。

5）施工中所用材料在使用之前必须进行检验或试验，合格并经监理单位批示后方可使用。

6）在施工过程中必须严格按监理单位批示的施工技术措施进行施工。下一道工序必须在上一道工序检查合格后进行施工，关键工序和重要部位经过“三检”后，还必须经过监理单位检查验收。

7）在施工过程中各种用于检验、试验和有关质量记录的仪器、仪表必须定期进行检验和标定。

8）在施工过程中遇到特殊情况，严格按设计有关要求写出具体方案，及时报监理单位批示，并严格按监理单位批示方案执行。

5.1.3 质量检测

（1）主、副防渗墙造孔。主、副防渗墙质量造孔质量检测项目主要有深度、厚度和孔斜。根据检测结果可知，主、副防渗墙的造孔孔位偏差小于 3cm，槽孔两端主孔孔斜率均小于 0.2%，其他槽孔孔斜率均小于 0.3%，满足设计要求。

（2）混凝土物理性能检测。主、副防渗墙混凝土由磨子沟高程 120.00m 拌和站制拌。混凝土强度等级试验质量控制取样组数，在统计期内达到试验龄期的有 437 组。确保半成品质量要求，混凝土强度保证率在 99.9% 以上。实测抗压强度值均满足设计要求。混凝土物理性能坍落度共检测 603 组，含气量共检测 603 组，出机口温度共检测 603 组，合格率均在 96.0% 以上。

1）混凝土抗冻、抗渗性能检测。主、副防渗墙混凝土的抗冻试验共检测 12 组，抗渗试验共检测 17 组，检测成果资料表明混凝土抗冻和抗渗指标满足规范设计要求。

2）主、副防渗墙钻孔压水成果统计。为计算主、副防渗墙透水性，进行压水试验，主、副防渗墙钻孔压水检查统计见表 5-3。

3）性能检测结果。通过对大坝工程主、副防渗墙分部工程中单元工程质量验收评定进行的统计，共计评定 49 个单元工程，合格 49 个，合格率为 100%，单元工程优良 49 个，优良率 100%。

表 5-3　　主、副防渗墙钻孔压水检查统计表

部位	槽段号	检查孔桩号	基岩面深度 /m	墙底实际深度 /m	检查孔孔深 /m	最大透水率 /Lu	最小透水率 /Lu	备注
主防渗墙	ZQ-19-2	（纵）0+281.02	47.4	48.55	48.55	0.30	0.23	
	ZQ-8-3（ZQ-9-1）	（纵）0+229.42	51.0	52.76	52.76	0.73	0.19	接头孔
	ZQ-13-2	（纵）0+249.22	45.5	46.76	46.76	0.57	0.12	
	ZQ-5-3（ZQ-6-1）	（纵）0+213.92	44.0	45.41	37.41	0.83	0.06	接头孔
副防渗墙	FQ-3-4	（纵）0+203.87	32.6	33.89	36.09	0.40	0.27	
	FQ-22-5	（纵）0+312.0	24.0	27.80	27.80	0.69	0.05	
	FQ-4-5	（纵）0+211.47	43.9	45.56	45.56	0.46	0.26	
	FQ-12-4	（纵）0+253.72	49.8	51.23	51.23	0.72	0.03	

5.2 帷幕灌浆施工

5.2.1 墙下帷幕施工

（1）灌浆试验。

1）试验目的。通过对不同试验区、不同分组的试验效果进行对比，确定科学合理的灌浆施工孔距与排距；确定符合地质条件和施工要求的帷幕灌浆施工方法和技术参数。

2）试验区选择与布孔。根据地层情况、孔距、排距的不同，左岸基岩帷幕灌浆试验在高程 1640.00m 灌浆平洞内布置 2 个深孔帷幕灌浆试验区，每个试验区布置 3 组试验，进行排距 1.5m 和 1.2m 的比较，孔距 2m 和 1.5m 的比较。灌浆孔为两排，每排分三序施工，灌浆孔和检查孔均为斜孔，向上游方向倾斜角度为 5°。

3）试验过程。试验水泥采用 P.O42.5 普通硅酸盐水泥，分别对水泥浆液的泌水率等物理性能及抗压强度等力学性能进行检测。

根据室内浆液试验成果，在科学分析的基础上，针对坝区地层，水泥浆液可选用水灰比 5∶1、3∶1、2∶1、1∶1、0.8∶1、0.5∶1 六个重量比级。

试验用钻孔设备为 XY-2 地质钻机，采用金刚石回转钻进工艺。试验区设 0.5m 厚混凝土底板盖重，各序孔在施工时，先于孔口段进行接触段灌浆后，再埋设孔口花管待凝 24h，而后自上而下分段钻进，安设孔口封闭器进行灌浆，如此循环钻灌直至结束。

试验 I 序孔在灌浆前进行单点法压水试验，其余孔各灌浆段在灌浆前进行简易压水试验，以了解该段岩体的透水性。

在灌浆过程中，结合被灌地层岩体结构、埋深、透水性、浆液水灰比、抬动变形等情况，适当调整灌浆压力，后次序孔的灌浆压力可较前次序孔依次提高 15% 左右，灌浆应尽快达

到设计压力。

对于注入率较大或易于抬动的部位应分级升压。

按《水工建筑物水泥灌浆施工技术规范》（DL/T 5148—2012）的要求，检查孔压水试验于灌浆结束 14d 后进行，最大压力值（表压）为 2MPa。考虑到搭接帷幕施工，同时进行压力值（表压）1MPa 压水试验对比。

4）试验成果分析。

A. 孔距与排距。通过对各试验区组进行对比，并考虑到岩体特性对孔底偏差的影响及对孔底偏差的要求不同、防渗帷幕体的阻水效果、耐久性，为保证防渗帷幕体的厚度及灌浆质量，对帷幕灌浆孔孔距、排距建议如下：①将帷幕孔间、排距缩小为 1.5m × 1.5m 更利于灌浆效果满足设计报告中的防渗要求。②试验Ⅰ区、试验Ⅱ区孔间排距 2m × 1.5m，试验Ⅰ区和试验Ⅱ区均有一段大于 1Lu。经综合考虑，若需要采用孔间、排距 2m × 1.5m，则应采取有效措施加以防控，如增加检查孔数量以获得足够的效果检查数据且同时可兼作灌浆孔予以补强灌浆等。

B. 钻灌方法及施工参数。

a. 选用 XY-2 型地质钻机，采取“孔口封闭、孔内循环、自上而下、分段灌浆”的灌浆工艺。其优势为：利用钻杆作为射浆管，孔内不需下入灌浆栓塞，从而避免了起、下栓塞和堵塞不严等问题。每段灌浆结束后，一般不需待凝，即可开始下一段的钻孔，更有利于加快进度；“孔内循环”除了主要对新钻段进行灌浆以外，还可使以上各段都能得到若干次的重复灌浆，有利于提高灌浆质量。

b. 帷幕灌浆水灰比宜选用 5∶1、3∶1、2∶1、1∶1、0.8∶1、0.5∶1 六个重量比级。

（2）施工方法。

1）主防渗墙墙下帷幕孔均采用 XY-2 型地质钻机配备 ϕ60mm 合金钻头钻进（先导孔和检查孔有取芯要求的除外），钻进过程中依靠防渗墙内预安装的钢管进行导向，每段段长采用自制探针（细尼龙绳加 ϕ6.5mm 的一级钢筋）穿过钻杆中心测量，防止较大的钻孔超深或欠钻。

2）在主防渗墙墙下帷幕造孔过程中，遇到承压涌水，加之灌浆压力值高，利用水压塞分段卡塞分段灌浆时极易出现灌浆堵塞的情况，而改为孔口卡塞又存在将防渗墙混凝土击穿，形成渗漏通道的风险。经咨询和论证最终确定：先在原预安装钢管内下设钢套管，利用钻杆充当射浆管，采取“孔口封闭、孔内循环、自上而下”的灌浆方式，既消除了防渗墙被击穿的风险，又有效避免了漏灌情况的发生，使帷幕灌浆的质量得到了保证。

3）各灌浆孔段灌注前均采用压力水进行裂隙冲洗，冲洗压力为该段灌浆压力的 80%，但不大于 1MPa，冲洗时间至回水清净为止，且不大于 20min。各段灌前简易压水试验压力与裂隙冲洗压力相同。

4）灌浆水灰比分别为 5∶1、3∶1、2∶1、1∶1、0.8∶1、0.5∶1，当灌前简易压水透

水率 $q \leqslant 5\mathrm{Lu}$ 时，采用水灰比为 5∶1 的浆液；当灌前简易压水透水率 $q \geqslant 5\mathrm{Lu}$ 时，采用水灰比为 3∶1 或 2∶1 的浆液。

5）灌浆结束标准：在该灌浆段最大设计压力下，注入率不大于 1L/min，继续灌注 30min，即可结束灌浆。

6）整孔钻灌结束后，采用水压塞“自下而上，分段灌浆”的方式进行封孔，压力与对应孔段的灌浆压力相同。

（3）质量检测及防渗效果。

1）压水试验质量检查。检查孔在灌浆结束 14d 后进行分段卡塞单点压水试验，每个灌浆段均进行压力为 1MPa 的标准压水试验，除顶部两段外其他灌浆段还进行了压力为 2MPa 的压水试验。

检查孔压水成果显示：灌后检查孔透水率均不大于 1Lu，孔段压水合格率为 100% 满足设计要求，主防渗墙下帷幕灌浆总体质量满足设计要求。

2）钻孔全景图像检查。为直观探查大坝防渗墙墙下帷幕灌浆质量，在检查孔内采集了图像，并与先导孔内采集的图像进行对比分析，作为评价帷幕灌浆质量的辅助手段。通过分析检查孔内全景图像，帷幕检查孔测试深度在 134.9~170.8m 之间，岩体裂隙以缓倾角闭合—微张裂隙为主，部分张开，各检查孔裂隙均被水泥填充，帷幕灌浆效果良好。

3）大坝主防渗墙下帷幕灌浆实际防渗效果。2016 年 10 月 26 日 9 时 20 分，大坝开始下闸蓄水。大坝正常蓄水位 1690.00m。截至 2017 年 5 月 19 日，大坝上游水位 1673.10m，坝基高程 1460.00m，水位差 213.10m，水头由副防渗墙折减 25.87~31.56m，经主防渗墙再次折减 164.01~169.45m，总折减水头达 195.32~195.57m。

综上，大坝主防渗墙墙下帷幕灌浆整体质量良好。

5.2.2 坝肩帷幕施工

长河坝水电站大坝轴线及主防渗墙所在平面的大坝基岩地基采用灌浆帷幕形成坝基主防渗面，主防渗面以上以基岩透水率 $q \leqslant 3\mathrm{Lu}$ 作为相对不透水层界限，灌浆帷幕深入相对不透水层 5m，主防渗墙下基岩灌浆帷幕底部最低高程 1290.00m。主防渗帷幕左岸在控制点 A2 向上游侧弯折与厂房灌浆帷幕连接，形成一道完整的大坝防渗帷幕系统。为减少两岸绕墙渗漏，提高副防渗墙承担水头的比例，对副防渗墙所在平面内高程 1466.00m 以下的强卸荷岩体进行帷幕灌浆，副防渗墙以下基岩灌浆帷幕底部最低高程 1390.00m。主防渗墙与副防渗墙之间在高程约 1466.00m 处设置水平连接帷幕，帷幕深度约 30m。坝基防渗帷幕采用 2 排，孔距 2m，在两岸防渗帷幕排距为 1.5m，主防渗墙下通过主防渗墙内埋管灌浆的帷幕排距为 1.1m，副防渗墙下通过防渗墙内埋管灌浆的帷幕排距为 0.9m。

（1）坝肩灌浆施工。

1）抬动变形观测。为正确反映地层抬动情况，在盖板上施工帷幕灌浆时抬动观测是利用固结灌浆时安装的抬动观测孔；在基坑施工时抬动观测孔为竖直孔，抬动观测孔主孔深度为 10m，副孔深入垫层混凝土以下 20cm，在灌浆前按照施工图纸或监理工程师指示的位置安设抬动观测装置，抬动观测孔使用冲击回转钻进，孔径 ϕ75mm，钻完后安设抬动观测装置。

设有抬动变形观测装置的部位，其观测孔临近 10~20m 范围内的灌浆孔段在裂隙冲洗、压水试验及在灌浆过程中均进行观测。抬动变形观测采用千分表观测，当某段灌浆（压水）压力增大时，千分表指针指示数值将发生变化；当某一压力基本稳定后，千分表上指示的终值减去初始值即为该压力下基岩或混凝土的抬动值。当抬动值趋近 0.1mm 时，采取降压、限流等措施。在灌浆工作结束后，抬动观测孔按监理工程师的要求进行封孔处理。抬动孔安装见图 5–1。

2）灌浆方法及灌浆工艺流程。坝肩帷幕采用“孔口封闭、孔内循环、自上而下、分段灌浆”的方法进行灌注。坝肩帷幕灌浆工艺流程见图 5–2。

3）测放孔位及钻孔编号。右岸坝肩帷幕单元，灌浆孔编号 CYS4Wn–j–i–k[其中 CY—长河坝水电站右岸；S4W—坝肩帷幕（第 4 层灌浆平洞外坝肩帷幕）；n—第 n 单元；j—排号；i—孔号；k—孔序]。

4）灌浆孔分序。主防渗幕底层坝肩帷幕布置 4 排孔，为满足进度要求，从下游往上游方向第 1 排、第 3 排为先灌排，第 2 排、第 4 排为后灌排。

5）灌浆孔段长度划分。坝肩帷幕灌浆段长划分见表 5–4。

6）钻孔。

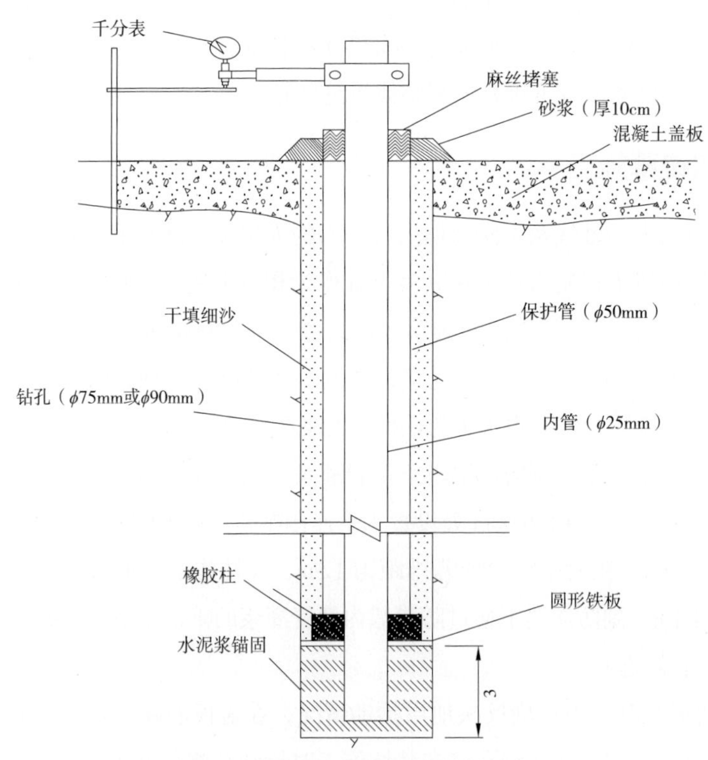

图 5–1　抬动孔安装示意图（单位：m）

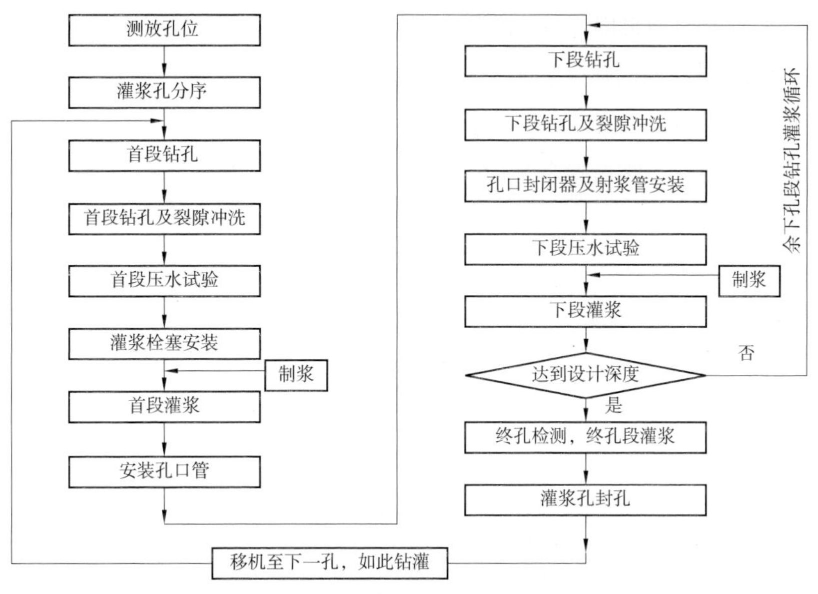

图 5-2　坝肩帷幕灌浆工艺流程图

表 5-4　　坝肩帷幕灌浆段长划分表

孔深 /m	0~2	2~5	5~10	>10	备注
段长 /m	2	3	5	5	具体段长根据实际情况确定

A. 钻孔方向。坝肩帷幕为向上游倾斜 5°，方位角与坝轴线垂直（方位角为 N8°E）。

B. 钻孔深度及直径。坝肩帷幕灌浆孔深度不小于设计孔深，终孔孔径不宜小于 ϕ56mm。

C. 钻孔孔斜及测量。灌浆孔底偏差不大于 1/40 孔底偏差。

D. 钻进方法。坝肩帷幕灌浆先导孔和检查孔采用 XY-2 地质钻机配 ϕ50mm 钻杆、ϕ75mm 金刚石钻头钻进成孔，其他不取芯灌浆孔采用地质钻机或 XZ30 锚固钻机配 ϕ70mm 冲击器、ϕ75mm 钎头钻进成孔。

7）钻孔及裂隙冲洗。所有先导孔、灌浆孔和灌后检查孔均在钻孔结束后采用水冲法冲洗钻孔。在钻孔完成后，取出岩芯，再下入钻具（或仅下入钻杆），开大水流，使孔内钻渣随循环水流悬浮带出孔外，直至回水清净、肉眼观察无岩粉、孔底沉积小于 20cm 为止。

灌浆孔或灌浆段在灌浆前应用压力水进行裂隙冲洗。采用“自上而下、分段灌浆”的方法施工时，各灌浆段在灌浆前应进裂隙冲洗；采用“自下而上、分段灌浆”的方法施工时，可在孔底段灌浆前全孔分一段进行裂隙冲洗。冲洗水压采用灌浆压力的 80%，冲洗水压值大于 1MPa 时，采用 1MPa。

8）灌前压水试验。坝肩帷幕在先灌排中布置先导孔，先导孔在 I 序孔中选取，孔数为先灌排灌浆孔数的 10%。先导孔在灌浆前应分段进行 1MPa 标准压力的单点法压水试验，其他孔各灌浆段在灌浆前进行简易压水试验。

9）制浆。灌浆浆液采用普通硅酸盐水泥浆液，水泥强度等级不低于 P.O42.5，水泥的细度为通过 80μm 方孔筛的筛余量不大于 5%。制浆方式采用集中制浆、灌浆点配浆。

（2）坝肩灌浆施工工艺。

1）灌浆方式方法。坝肩帷幕采用“孔口封闭、孔内循环、自上而下、分段灌浆”的方法进行灌注。

2）灌浆机具及连接方法。

灌浆泵：三缸高压灌浆泵。

灌浆塞：帷幕灌浆采用孔口封闭器或高压液压灌浆塞。

记录仪：三参数自动灌浆记录仪。

辅助机具：高压钢丝编织胶管、防震压力表。

灌浆自动记录仪连接见图 5–3。

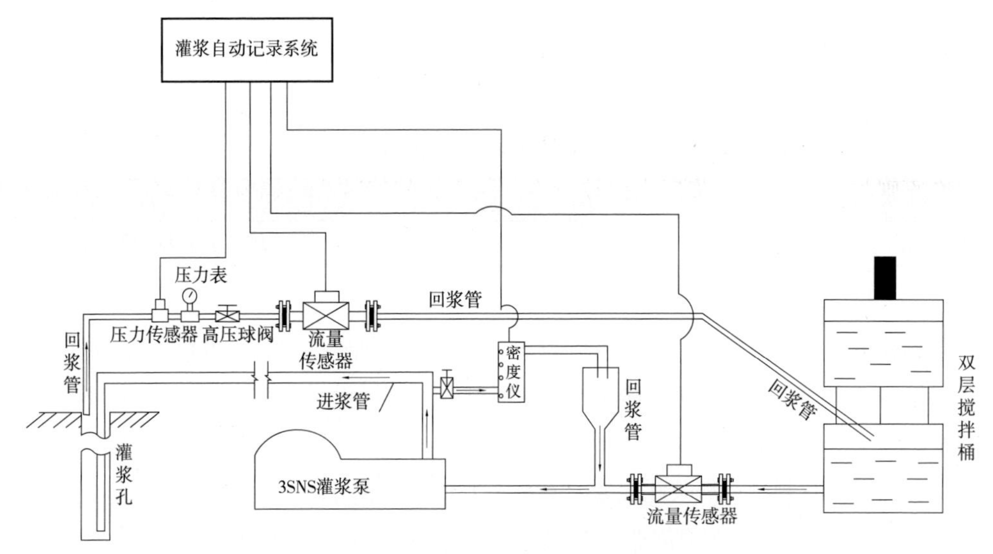

图 5–3　灌浆自动记录仪连接示意图

3）灌浆压力。坝肩帷幕的灌浆压力见表 5–5。

表 5–5　坝肩帷幕灌浆压力表

孔深 /m	0~2	2~5	5~10	10~15	>15
压力 /MPa	0.5	1.5	2.5	3.5	4.0

在灌浆过程中，应进行分级升压，并密切关注围岩情况，发现异常情况及时采取降压等措施。

4）灌浆压力与注入率的协调控制。当地层吃浆量很大，在低压或“无压”下即能顺利地注入浆液时，控制注浆率不能太大；当地层吃浆量较小，在注浆困难时，尽快将压力升到规定值，不能长时间在低压下灌浆。

在灌浆过程中，灌浆压力与注入率关系见表 5-6。

表 5-6　　灌浆压力与注入率关系表

分级升压	注入率 /（L/min）	≥ 50	50~30	30~15	< 15
	灌浆压力 /MPa	0	0.4P	0.7P	1.0P

注　P 为对应孔段的灌浆最大压力。

5）浆液比级、开罐水灰比及变换。

A. 浆液比级。坝肩帷幕的浆液水灰比采用 5：1、3：1、2：1、1：1、0.8：1、0.5：1 六个重量比级。

B. 开灌水灰比。坝肩帷幕灌浆的设计开灌水灰比为 5：1，根据灌前压水值，开灌水灰比可据情调整：①当地层 $q \leqslant$ 5Lu 时采用水灰比为 5：1 或 3：1 的浆液开灌；②当地层 5Lu<$q \leqslant$ 10Lu 时采用水灰比为 2：1 的浆液开灌；③当地层 $q \geqslant$ 10Lu 时采用水灰比为 1：1 的浆液开灌。

C. 浆液变换。合理的浆液变换，有利于提高灌浆质量。灌浆浆液由稀至浓逐级变换，其变换原则如下：①当灌浆压力保持不变，注入率持续减少时，或注入率不变而压力持续升高时，不得改变水灰比；②当某一比级浆液注入量已达 300L 以上，或灌浆时间已达 30min，而灌浆压力和注入率均无改变或改变不显著时，改浓一级水灰比；③当注入率大于 30L/min 时，可根据具体情况越级变浓。

6）回浆返浓。灌浆过程中如回浆变浓，可选用下列措施进行处理：①适当加大灌浆压力；②换用相同水灰比的新浆灌注，若效果不明显，则连续灌注 30min 后结束。

7）回浆量控制。灌浆过程应控制好泵量以及灌浆压力，且保持回浆量大于 15L/min，防止灌浆管被水泥凝住，造成灌浆中断。

8）灌浆结束标准。①一般情况下，在最大设计压力下，注入率不大于 1L/min 后，继续灌注 30min，可结束灌浆；②若灌注过程中出现抬动情况，可视具体情况报监理工程师后采用较低压力结束。

（3）坝肩灌浆效果检查。帷幕灌浆质量检查以孔压水成果为主，结合钻孔取芯资料、钻孔全景图像、灌浆记录和测试成果等进行综合评定。

1）检查孔数量。帷幕灌浆检查孔的数量为灌浆孔总数的 10%。

2）检查孔钻孔。

A. 取芯检查孔采用金刚石钻具回转钻进，终孔孔径 ϕ75mm。不取芯检查孔采用 XZ30 锚固钻机冲击回转钻进，终孔孔径 ϕ75mm。

B. 为冷却钻头并将钻粉或钻屑携出孔口，进行钻孔冲洗，冲洗介质为清水。

C. 严格按《水利水电工程钻探规程》（SL 291—2003）的要求施工，钻取岩芯并编录，拍摄岩芯照片，绘制钻孔柱状图。

3）检查孔压水试验。

A. 帷幕灌浆检查孔在该部位灌浆结束 14d 后进行，采用自上而下、分段卡塞进行压水试验。

B. 检查孔压水试验压力值。坝肩帷幕灌浆检查孔压水采用两个压力值分别进行压水试验，检查孔除进行压力为 1MPa 的标准压水试验，另除顶部两段外其他灌浆段还应进行压力为 2MPa 的压水试验。

C. 采用液压栓塞或顶压式压水栓塞进行卡塞。

D. 压水试验段长参照相邻灌浆孔段长。

4）检查孔封孔。

A. 检查孔检查工作结束后，采用"全孔灌浆封孔法"进行封孔灌浆，检查孔封孔纯压时间 30min，封孔压力为最大灌浆压力。

B. 灌浆封孔后孔口空余部分，直接采用水泥砂浆人工回填封实。

5）检查标准。压水试验合格标准：坝肩帷幕幕体的透水率 $q \leqslant 1$Lu。混凝土盖板与基岩接触段及其下一段的合格率为 100%；其余各段的合格率应为 90% 以上；不合格段的透水率值不超过设计规定值的 150%，且不集中。坝肩帷幕灌浆孔封孔质量应进行孔口封填外观检查和钻孔取芯抽样检查，取芯抽样检查数量为封孔数的 10%。

5.3 坝基廊道与刺墙施工

5.3.1 结构混凝土施工

（1）廊道混凝土施工。心墙内廊道混凝土沿坝轴线布置，长 161.7m，底板厚 3m，边顶拱厚 2m，混凝土工程量为 7930m^3。大坝在防渗墙上部设有基础廊道。

1）分层分块。心墙廊道按 26~30m 分仓，总计 6 段、18 个仓，每段廊道分三层浇筑。

2）施工程序。廊道混凝土在大坝心墙上游防渗墙压占部分开挖交面后进行，从下向上分层分块施工。因廊道混凝土在浇筑时，左右岸灌浆平洞正在进行排水孔、灌浆等作业，为保证灌浆平洞施工道路通畅，廊道左右岸靠岸坡处一个仓位混凝土分期浇筑，前期完成底板混凝土浇筑，待灌浆平洞内施工完毕后，再进行边墙及顶拱混凝土浇筑。

3）施工方法。

A. 模板安装。廊道混凝土浇筑外层模板及内层边墙部位以组合钢模板为主，局部异形部位和边顶拱堵头模板辅以少量木模，木模表面钉一层薄铁皮；内层顶拱采用预制混凝土模板。组合模板采取内拉外撑的方式加固，边墙模板采用钢管架支撑；外层顶拱模板与边墙预埋斜拉钢筋焊接固定。

B. 混凝土运输及进料线。混凝土在下游江咀右岸混凝土拌和系统集中拌制，用 6m^3 混凝土搅拌运输车水平运输，具体运输线路为：混凝土拌和系统→ S211 → 2 号公路→ 1 号公路→5号公路→下游围堰→大坝下游下基坑临时便道（2号-1路）→基坑开挖道路→混凝土受料面。

C. 混凝土入仓。心墙廊道河床段采用1台ZLJ5330THB混凝土泵车入仓，嵌岩段采用1台HBT60拖泵入仓，仓内采用平铺法浇筑。

（2）刺墙混凝土施工。

1）分层分块。刺墙混凝土在坝轴线上游15.3m处（副防渗墙地面部分），坝基段长128m，墙厚1.2m，高9m。刺墙混凝土分段分层浇筑，分段长度26~30m，分层厚度4~5m。

2）施工程序。刺墙混凝土施工在副防渗墙压占部分开挖交面后进行。为方便心墙廊道施工，靠右岸岸坡一段预留宽10m缺口暂停浇筑，待廊道浇筑完成，补浇预留缺口刺墙，其余分段直接分层浇筑至设计高程。

3）混凝土施工方法。

A. 模板安装。常规段刺墙混凝土采用面板厚3mm的组合钢模板，模板支撑采用“内拉外撑”的方式，即外部搭设脚手架，内部采用拉筋对拉的方式。在右岸预留缺口施工，采用多卡式悬臂模板。

B. 混凝土运输、入仓及浇筑。防渗墙明浇混凝土采用混凝土搅拌车运输，混凝土泵车入仓，振捣器振捣密实。

C. 明浇段预留缺口施工要求。为保证心墙廊道施工道路，在左岸预留宽10m缺口，缺口段混凝土施工时要求如下：①混凝土模板采用多卡悬臂模板，不中断大坝填筑；②混凝土采用ZLJ5330THB混凝土泵车，避开大坝填筑机械设备远距离灵活入仓；③混凝土清仓采用人工仓内清扫的方式，最后再高压风吹扫，防止施工污水污染高塑性黏土或碎石土填筑面；④混凝土养护采用湿麻袋覆盖并配合人工洒水，既保持混凝土表面湿润又减少了混凝土养护水对高塑性黏土填筑面的污染。

5.3.2 聚脲材料施工

为了使廊道的裂缝形成封闭外表面，对廊道外表面采用聚脲喷涂工艺（见图5-4）。长河坝水电站河床基础廊道全长160.79m，喷涂面积3500m^2，厚度不小于4mm。

图5-4　聚脲喷涂作业

（1）聚脲喷涂材料。聚脲喷涂材料通常具有以下特点。

1）不含催化剂，快速固化，可在任意曲面、斜面及垂直上喷涂成型，不产生流挂现象，5s凝固，1min即可达到步行强度。

2）对湿气、温度不敏感，在施工时不受环境温度、湿度的影响（可在-28℃下施工，可在冰面上喷涂固化）。

3）双组分，100% 固含量，不含任何挥发性有机物（VOC），对环境友好，可做到无污染施工，卫生施工，无害使用。

4）热喷涂，一次施工厚度范围可从数百微米到数厘米，克服了多次施工的弊病。

5）具有优异的理化性能，抗张抗冲击强度极高、防腐蚀、耐磨、防湿滑、耐老化等。

6）具有良好的热稳定性，可在 120℃下长期使用，可承受 350℃的短时热冲击。

7）原形再现性好，涂层连续、致密，无接缝，无针孔，美观实用。

8）使用成套设备施工，效率高，一次施工即可达到设计厚度要求，设备配有多种切换模式，既可喷涂，也可浇筑，并可通过施工工艺控制达到防滑效果。

9）具有良好的黏结力，可在钢材、木材、混凝土等底材上喷涂成型。

（2）聚脲喷涂材料性能。长河坝水电站大坝廊道聚脲喷涂材料的基本性能除满足《喷涂聚脲防水材料》（GB/T 23446—2009）喷涂聚脲防渗涂料Ⅱ型聚脲指标的要求外，还结合长河坝水电站工程实际需要进行了高水头不透水性、与高塑性黏土接触渗透性检测，完全满足长河坝水电站廊道防水的要求。聚脲喷涂材料喷涂厚度为 4mm 时，300m 水头作用下不发生渗漏，与高塑性黏土接触面渗透系数不大于 3×10^{-7}cm/s，接触面渗透破坏坡降不小于 13。混凝土廊道外包的聚脲喷涂材料主要性能指标要求（见表 5–7）。

表 5–7　　聚脲喷涂材料主要性能指标要求表

序号	项目		性能指标
1	固体含量 /%		≥ 98
2	胶凝时间 /s		≤ 45
3	干燥时间（表干）/s		≤ 35
4	拉伸强度（28d）/MPa		≥ 20
5	断裂伸长率（28d）/%		≥ 450
6	撕裂强度 /（N/mm）		≥ 50
7	低温弯折性能		–40℃无裂纹
8	加热伸缩率	伸长 /%	≤ 0.5
		收缩 /%	≤ 0.5
9	黏结强度（28d）/MPa		≥ 3.0
10	吸水率 /%		≤ 2.5
11	定伸时老化	加热老化	无裂纹及变形
		人工气候老化	
12	耐磨性（750g/500r）/mg		≤ 30
13	硬度（邵氏 A）		≥ 80
14	耐冲击性 /（kg · m）		≥ 1.0

续表

序号	项目		性能指标
15	热处理	拉伸强度保持率 /%	80~150
		断裂伸长率 /%	≥ 450
		低温弯折性 /℃	≤ -35
16	人工气候老化	拉伸强度保持率 /%	80~150
		断裂伸长率 /%	≥ 400
		低温弯折性 /℃	≤ -35
17	不透水性		喷涂聚脲厚度为 4mm 时，混凝土出现 5mm 裂缝，300m 水头作用下不渗漏
18	与高塑性黏土接触面渗透性		接触面渗透系数不大于 3×10^{-7}cm/s，接触面渗透破坏坡降不小于 13

（3）混凝土缺陷修补材料。混凝土表面的孔洞和局部不平整部位的修补材料，采用高渗透改性环氧防水与黏结双功能界面黏合剂，要求具有良好的聚脲涂层黏结性能，能在潮湿混凝土表面提供足够的附着力。高渗透改性环氧防水与黏结双功能界面黏合剂胶砂体主要性能指标见表 5-8。

表 5-8　高渗透改性环氧防水与黏结双功能界面黏合剂胶砂体主要性能指标表

序号	项目	性能指标
1	抗压强度 /MPa	≥ 60
2	抗拉强度 /MPa	≥ 10
3	抗剪强度 /MPa	≥ 25
4	黏结强度（标准状态）/MPa	≥ 4
5	黏结强度（浸湿后）/MPa	≥ 3
6	耐碱性，饱和 $Ca(OH)_2$ 溶液	168h 无异常
7	不透水性	0.3MPa，30min 不渗漏
8	低温施工性	0~5℃正常施工

（4）底漆涂料。底漆涂料有两个作用：一是封闭混凝土底材表面毛细孔中的空气和水分，避免聚脲涂层喷涂后出现鼓泡和针孔现象；二是起到胶黏剂的作用，提高聚脲涂层与混凝土底材的附着力，提高防护效果。廊道混凝土底漆涂料主要性能指标见表 5-9。

（5）施工方案。根据现场实际施工情况，廊道外侧急需进行黏土回填施工，廊道混凝土外包防渗材料的施工成为制约大坝填筑工作的关键因素，廊道外包防渗材料的施工方案如下。

1）在廊道外侧表面进行大面积聚脲喷涂材料施工前，先进行现场生产性试验，确定聚脲喷涂材料的施工参数、施工工艺及流程。

表 5-9　　廊道混凝土底漆涂料主要性能指标表

序号	项目	性能指标
1	固体含量 /%	≥ 95
2	干燥时间（表干）/h	≤ 1
3	干燥时间（实干）/h	≤ 6
4	拉伸强度 /MPa	≥ 3.0
5	耐碱性，饱和 $Ca(OH)_2$ 溶液	168h 无异常
6	不透水性	0.3MPa，30min 不渗漏
7	剥离强度（潮湿基材涂层，潮湿养护）/MPa	≥ 2.5
8	剥离强度（干基材涂层，干燥养护）/MPa	≥ 2.5
9	低温施工性	0~5℃正常施工

2）生产性试验完成后，进行现场聚脲喷涂材料施工。

3）为保证廊道混凝土与聚脲喷涂材料的有效结合，首先对廊道外表面涂刷底漆涂料，再对廊道外表面喷涂 4mm 聚脲喷涂材料。为了增加聚脲喷涂材料表面与黏土之间的附着力，达到防渗的目的，分别对喷砂加糙和喷射聚脲喷涂材料进行试验论证，最终确定采用聚脲喷涂材料进行加糙处理。

聚脲喷涂材料施工前对原材料进行进场检验，合格后运输至施工现场。

聚脲喷涂材料使用的主要设备有喷涂机、喷枪、空气压缩机、打磨机、底漆滚涂工具、电缆、防护服及防护材料等。喷涂聚脲弹性体喷射所需专业机具，必须具有平稳的物料输送系统，精确的物料计量系统，均匀的物料混合系统，良好的物料雾化系统及方便的物料清洗系统。

混凝土表面的水分、灰尘、油污、脱膜剂、疏松层、水泥浮浆及混凝土的内聚强度都会对涂层的附着力产生极大的影响，为了提高混凝土表面与聚脲喷涂材料的黏结力，必须对表层进行处理。混凝土表面的缺陷孔对喷涂后涂层的完整性有极大影响，必须进行修补。修补程序如下。

A. 清洗。

a. 清除表面污染。清除混凝土表面灰尘、油污、盐析、脱膜剂、水泥浮浆等。清洗的方法包括扫除、水洗（低压）、洗涤剂清洗和溶剂清洗。如果采用洗涤剂清洗，清洗后必须用清水将残留洗涤剂冲洗干净。表面的油污、盐析、脱膜剂等清除干净后可避免在打磨或喷砂过程中对混凝土造成再次污染。

b. 打磨、喷砂。对混凝土表面进行打磨或喷砂，除去未清洁掉的水泥浮浆、表面疏松层、毛刺等，同时可以暴露出底下的孔洞，以便修补。

B. 修补。

a. 表面缺陷处理范围。混凝土表面外露钢筋头、管件头、表面蜂窝、麻面、气泡密集区、错台、挂帘、表面缺损、表面裂缝等缺陷，均应修补和处理。

b. 裂缝修补。裂缝修补的方法取决于混凝土裂缝的极限宽度。根据《混凝土结构加固技术规定》（GB 50367）的要求，对于混凝土有防渗要求，缝宽在 0.1mm 以上的裂缝必须进行修补处理，对裂缝进行化学灌浆。

c. 阳角的处理。用角磨机把直角打磨圆滑，增加接触面积保证涂层厚度。

d. 阴角的处理。在拐角处用一道专用弹性密封胶，减少该部位应力集中，避免脱开。

C. 底层处理。

a. 混凝土强度不低于结构设计要求的强度等级。

b. 混凝土底材不能存在灰尘、油污、盐析、脱膜剂、水泥浮浆等杂质。

c. 混凝土底材的剥离强度在处理后必须达到 1.5MPa 以上。

d. 混凝土表面平整无缺陷。

e. 混凝土中水分残留不得高于 4%，一般情况下，要求在含水率低于 3% 的情况下进行施工。

为了封闭混凝土表面的毛细孔，减少喷涂后涂层的缺陷，同时增加聚脲涂层与混凝土基材的附着力，需对混凝土表面进行底层涂料的涂刷。底层涂料现配现用，在现场调配过程中严格按照使用说明书要求准确称量。底层涂料施工 12h 后 48h 内，可进行下一步喷涂施工。底层涂料喷涂见图 5-5。

D. 面层处理。喷涂面层聚脲喷涂材料必须使用专用的高压双组分 1∶1 聚氨酯 / 聚脲喷涂设备及喷枪（加热能力大于 75℃，最大压力达 3500psi ）。

a. 原料准备。①喷涂前检查 A、R 两组分的包装是否正常；②由于 R 组分含有颜料和助剂，因此喷涂前应将 R 组分进行充分搅拌 20~30min。R 组分应搅拌到颜色均匀一致，无浮色、无发花、无死沉淀为止。

b. 喷涂。①喷涂前，在非喷涂面进行试喷，观察涂层是否正常；②根据涂层厚度每道涂层采用纵横交叉喷涂；③平面喷涂下一道要覆盖上一道的 50% 以上，喷涂厚度保持一致；④喷涂时，应随时观察压力、温度等参数，并做好现场记录；⑤由于喷涂前喷枪及软管前端没有加热，物料温度低，混合及雾化效果很差，极易造成鼓泡。喷涂开枪时，应对准遮护物或非喷涂面喷涂 5~10s，再开始喷涂；⑥为避免喷射完成后表面产生鼓泡，确保喷射质量，停枪时应在非喷涂工程表面停枪。聚脲材料喷涂见图 5-6。

图 5-5　底层涂料喷涂

图 5-6　聚脲材料喷涂

c. 修补。①对于有漏点和针孔的地方需对其用手工进行修补；②小面积的涂层损坏或缺陷通过打磨等方法去除损坏和未固化的涂层，打磨范围应由涂层损坏范围向周围扩展5~10cm，清洁干净后刷涂层间黏合剂，4h后24h内采用手工修补料进行修补；③较大面积的涂层损坏或缺陷，按照小面积的涂层修补方法进行处理并刷涂层间黏合剂，4h后24h内进行喷涂修补。

为了增加聚脲喷涂材料表面与黏土之间的附着力，达到防渗的目的，分别对喷砂加糙和喷射聚脲喷涂材料进行了试验论证，最终确定采用聚脲喷涂材料进行加糙处理。具体施工方法为：将喷枪远离喷射面，使聚脲喷涂材料喷射至加糙表面时无压力存在，在空气运动中自身形成半固态的小颗粒，同时依靠自身重力作用掉落至喷射面，固化后与原聚脲喷涂材料成一个整体，达到加糙的目的。

加糙处理后应进行以下三方面的检测：①表观检测。涂层表面应光顺、无流挂、无针孔、无起泡、无开裂。②附着力检测。施工完成后72h，按照ASTM D4541标准进行附着力检测，涂层附着力应不小于1.5MPa。③厚度检测。喷涂前，在准备进行喷涂的表面非冲刷部位钉4~6个水泥钉，水泥钉略高出混凝土，喷涂后用磁性测厚仪检测水泥钉顶部的埋置厚度，埋置厚度应大于4mm，并每隔500m^{2}采用针刺发进行2个位置的厚度抽检，其检测结果均应满足要求。

（6）聚脲喷涂材料喷涂成果检测。聚脲喷涂材料喷涂完成后，按照ASTM D4541标准对廊道聚脲试块进行附着力检测（见图5-7），结果表明：当仪器仪表压力显示为2.67MPa时，1号拉拔钉脱落；当仪器仪表压力显示为2.78MPa时，2号拉拔钉脱落；当仪器仪表压力显示为2.73MPa时，3号拉拔钉脱落；当仪器仪表压力显示为2.80MPa时，4号拉拔钉脱落。各仪器仪表压力均大于2.0MPa，实测拉拔强度均满足设计强度要求。

为了测定聚脲喷涂材料与高塑性黏土的接触渗透系数，进行了接触渗透试验（见图5-8）。试验结果表明聚脲喷涂材料进行表面加糙后的破坏坡降及渗透系数明显优于喷砂加糙后的破坏坡降及渗透系数。

图5-7　廊道聚脲喷涂材料试块附着力检测

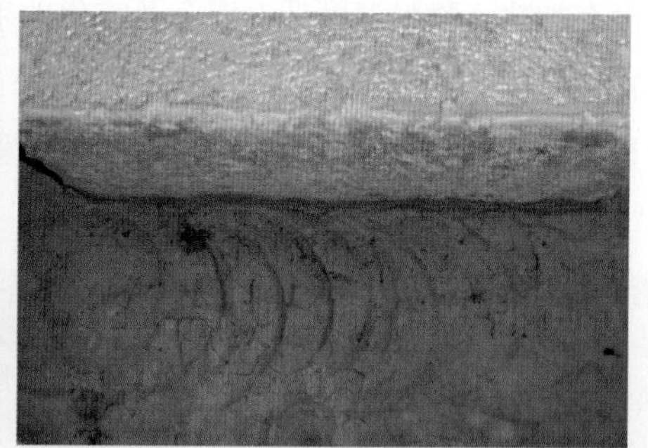

图5-8　接触黏土＋喷砂加糙渗透变形试验

（7）应用。

1）通过比较，聚脲喷涂材料的施工技术优于沥青防渗膏和塞伯斯施工，缩短了施工时间。

2）研制了 300m 水头作用下河床基础廊道混凝土喷射聚脲喷涂材料的配方。聚脲喷涂材料具有瞬间快速固化的鲜明技术特性和物理力学性能，解决了在水利工程中廊道混凝土外表面垂直边墙和拱顶均匀喷射成膜的难题，以及在潮湿基面黏结的问题。

3）形成了河床基础廊道聚脲喷涂材料的现场喷涂施工工艺、表面加糙工艺，并且验证了该工艺在河床基础廊道防水施工中的适用性。

4）聚脲喷涂材料由于具有无缝喷涂整体成膜、物理力学性能优异等特性，有效地解决目前防渗卷材防渗方式存在的一些缺陷，能广泛用于水利工程的防渗、防水及病害处理中。

5.3.3 特种防渗卷材施工

（1）特种沥青防渗膜及沥青膏设计要求。

1）特种沥青防渗膜。特种沥青防渗膜（CF-16 水工改性沥青防渗卷材）具有抗老化、抗流淌性能，施工方便及速度快，可以用来修补混凝土面板等，其已在多个水电站工程上成功应用，防渗效果良好。长河坝水电站副防渗墙明浇段采用 CF-16 水工防渗卷材，其主要性能指标见表 5-10。

表 5-10　　特种沥青防渗膜主要性能指标表

特性	参数
规格	厚 5mm，宽 1.05m，长 15m
密度	＞ 1.3g/cm^3
混凝土裂缝止水	CF-16 水工防渗卷材，厚 5mm，宽 1.5mm，水头 300m，72h 不渗漏
伸长率	＞ 20%
流淌	环境温度 90℃，坡度（1：0）不流淌
冻融循环	200 次无起泡、流淌、裂缝、起皱现象
渗透系数	＜ 1×10^{-9}cm/s
拉力	纵向 500N/50mm，横向 400N/50mm
低温性能	-5℃具有柔性，弯曲不脆裂

2）沥青膏。沥青膏应与混凝土、防渗卷材在热熔状态下结合良好，不发生化学反应，低温 -5℃具有柔性，高温 90℃工况下不会沿铅直坡度流淌，涂层厚度应控制在 6mm ± 2mm 之内。

（2）特种沥青防渗膜施工。长河坝水电站副防渗墙特种沥青铺贴施工工艺流程为：现场试验→作业平台设计→混凝土基面处理→喷涂冷底子油→防渗卷材铺贴→质量检测。

1）现场试验。为了确定施工相关参数、验证该工艺的适用性、检查铺贴效果，应进行现场试验。选择副防渗墙上游侧高程 1459.00~1462.00m，纵 0+197~ 纵 0+214 作为试验区。通过现场试验确定了如下参数。

A. 副防渗墙明浇段防水卷材铺设单块防渗卷材的尺寸为 1.05m × 2.1m，这个尺寸更能保证防渗卷材铺贴的质量。

B. 每块防渗卷材铺设用约 0.02m^3 的沥青膏即可保证沥青膏涂层厚度 6 ± 2mm 的设计要求。

C. 每块防渗卷材固定裁剪长度后，能保证搭接缝之间相互错开的技术要求。

D. 现场验证了“膜膏一体”工艺能保证防渗卷材的铺设平整度、黏结效果及沥青膏的厚度等质量且能满足进度要求。

在同类工程中防渗卷材铺设工艺一般为：先在墙体上涂抹沥青膏，然后再将防渗卷材铺贴在墙上，即“先膏后膜”铺贴方式。而在长河坝水电站副防渗墙明浇段特种沥青防渗卷材铺贴施工中，通过前期分析和现场试验确定铺设工艺为：先将防渗卷材裁剪成 1.05m × 2.1m 的单块，然后将熔化的沥青膏定量倒在防渗卷材上，快速涂抹均匀，然后将其铺贴到墙体上，即“膜膏一体”的铺贴方式。“先膏后膜”和“膜膏一体”铺贴特种防渗卷材比较见表 5-11。

表 5-11　　“先膏后膜”和“膜膏一体”铺贴特种防渗卷材比较表

项目	先膏后膜	膜膏一体
沥青膏	反复多次涂抹，厚度和平整度控制难度大，且易形成冷缝、气泡等现象；在反复涂抹过程中，沥青膏浪费严重	一次成膜，厚度和平整度易控制；能通过防渗卷材的面积推算沥青膏用量，利于控制沥青膏厚度，沥青膏浪费较小
外观质量	凹凸不平	外观平整
黏结强度	受热易脱落	粘贴紧密
低温施工性	沥青膏涂抹完成后，先涂抹好的沥青膏已经固化，需要加热，且影响黏结效果	0~5℃正常施工
安全性	掉落沥青膏易烫伤工人	防渗卷材平铺后涂抹沥青膏，不存在掉落沥青膏的情况
可操作性	对工人手法要求速度快，涂抹沥青膏厚度和平整度控制准确，操作要求高	将称量好的沥青膏均匀涂抹在裁剪好的卷材上，即可保证其厚度和平整度，操作简单

2）作业平台设计。为了方便施工，且不影响后续土工膜施工和大坝的填筑，长河坝水电站在不同施工时期不同部位选择了不同的作业平台辅助防渗卷材施工。副防渗墙明浇段在高程 1456.80~1461.00m 进行防渗卷材施工时，采用 ϕ48mm 钢管搭设排架作为作业平台。副防渗墙明浇段上游侧在高程 1461.00~1466.30m 采用移动式作业平台，移动式作业平台采用货车车厢内放置沥青炉及相关材料，在车厢外侧焊接作业平台。副防渗墙明浇段下游侧在高程 1461.00~1466.30m 采用了能及时拆解和组装、可移动的脚手架，防渗卷材施工平台布置见图 5-9。

3）混凝土基面处理。混凝土的表层状态直接决定了沥青膏在其表面的附着能力，混凝土表面的水分、灰尘、油污、脱模剂、疏松层、水泥浮浆及混凝土的内聚强度都会对防

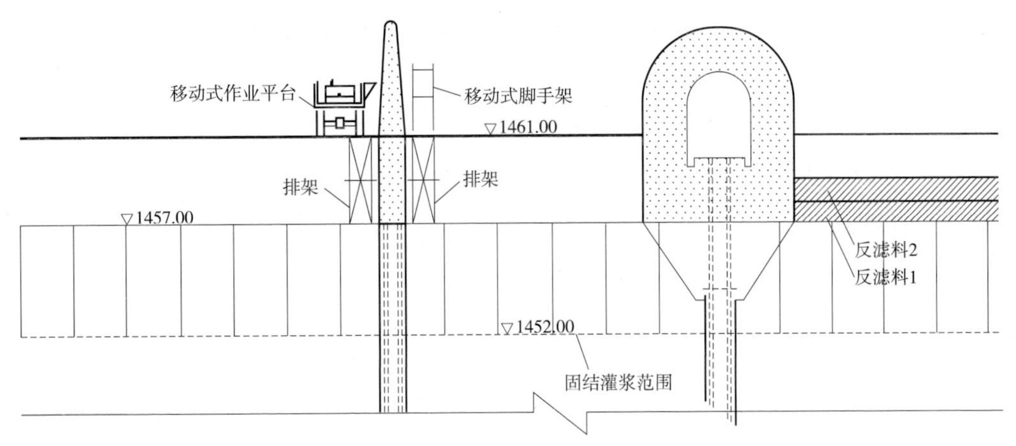

图 5-9　防渗卷材施工平台布置图

渗卷材的附着力产生极大的影响，必须对表层进行处理。新混凝土应在水化28d、完全固化、干燥后进行防渗卷材的相关施工。施工前由人工利用钢丝刷、角磨机对廊道外表面混凝土面进行打磨，要求外表面平整、干净，无浮土、浮浆，无钢筋头等尖锐凸起且无明显错台，经过验收合格后方可进行下道工序。

A. 打磨、喷砂。对混凝土表面进行打磨或喷砂，除去未清洁掉的水泥浮浆、表面疏松层、毛刺等。一方面，暴露出的空洞以便修补；另一方面，也可以打磨出坚固混凝土面，保证沥青膏的黏结强度。

B. 清洗表面污染。清除混凝土表面的灰尘、油污、盐析、脱模剂。清洗的方法包括扫除、水洗、洗涤剂清洗和溶剂清洗。如果采用洗涤剂清洗，清洗后必须用清水将残留洗涤剂冲洗干净。

C. 修补。对于混凝土表面外露钢筋头、表面的蜂窝、麻面、气泡密集区、错台、挂帘、表面缺陷、表面裂缝等缺陷，应进行切割、打磨和修补处理，以保证防渗卷材基层面平顺和致密。混凝土基面处理完毕后，应保持其表面干燥、洁净。对混凝土表面凹陷部位用砂浆填补找平，找平材料干燥后，再涂刷冷底子油。

4）喷涂冷底子油。使用毛刷或者雾化器在洁净的混凝土表面刷冷底子油，涂刷时需均匀一致，无露底，色泽呈黑褐色，操作需迅速，一次涂好。冷底子油施工前，必须保证混凝土表面干燥、清洁，局部可采用喷灯进行烤干。喷涂冷底子油的面积应与当班铺贴防渗卷材的面积相近，以防灰尘污染。

5）防渗卷材铺设。

A. 施工条件：日平均气温不低于 +5℃，日降雨量小于 5mm，风力不大于 4 级，且不宜在夜间施工，如需夜间施工，应加强照明。

B. 铺设方法：铺设采用水平方向铺设，铺设完成后可进行覆盖保护，减少卷材在阳光下暴晒而导致的老化现象，且铺设高度应高于填筑面至少 2m，避免因填筑而污染已清理好的混凝土基面。首先裁剪特种沥青防渗卷材的尺寸为 1.05m × 2.1m，人工切除条幅边缘不规则和松散的部分，然后将其平放在木板上，把卷材的隔离膜剥开撕掉，再在其上倒0.02m^{3}的沥青膏，快速用抹子均匀平铺。待温度稍微冷却后，用木板或人工将其托举，调整好搭接宽度后，将其铺压到墙体上。用橡胶锤敲击其背面，以排除卷材下面的空气、使其黏结更牢固及更加平整。相邻沥青膜之间搭接宽度为15cm，且搭接缝之间应相互错开。如接缝表面变冷，应进行加热后再摊铺相邻防渗材料。在加热接缝缝面时，应严格控制加热温度和加热时间，防止因温度过高而使防渗材料老化。

6）质量检测。混凝土基面、冷底子油和防渗卷材的外观检查采用目视检法。混凝土基面应洁净、无混凝土缺陷、平整、干净、无浮土、无浮浆、无钢筋头等尖锐凸起且无明显错台。冷底子油应均匀连续、无漏涂、色泽呈黑褐色。防渗膜表面平整，搭接宽度不小于15cm，搭接缝之间相互错开。沥青膏厚度检验可采用针测法，在防渗卷材铺设完成后，在其表面选测量点，然后用针刺的长度减去防渗卷材的厚度5mm即为沥青膏厚度。

现场试验和施工实践证明，“膜膏一体”的防渗卷材铺设工艺铺设简单、铺设速度快、成膜平整、沥青膏厚度均匀、铺设后不脱落。可在不同施工时期、不同施工部位灵活选用不同形式的作业平台，不仅能保证防渗卷材的铺设进度，而且不影响土工膜铺设和大坝填筑。

5.4 盖板混凝土施工

长河坝水电站大坝左右岸边坡坡比1：0.95~1：0.5（46.8°~63.16°），盖板混凝土浇筑工程量大，施工难度高。此外，长河坝水电站高边坡工程的施工作业条件差，存在上下同时施工、相互干扰、施工安全隐患大等问题。为此，需要找出有效的施工方法与合理的施工机械，以满足工期和施工质量的要求。反轨液压爬模技术的研究应用，成功解决了高陡边坡混凝浇筑过程中模板工程量大、常规无轨滑模牵引动力安设困难等问题，长河坝水电站工程高陡边坡见图5-10。

图5-10 长河坝水电站工程高陡边坡

5.4.1 坝基盖板施工

（1）分层分块。坝基盖板混凝土分层分块浇筑，单个仓位标准尺寸为15m×7m×2m（长×宽×高）。

（2）施工程序。坝基盖板混凝土主要分布在大坝左岸心墙填筑下游侧和右岸心墙填筑上、下游两侧坡脚和坡面处，总工程量为40105m^3。在大坝基础开挖交面后进行，各部位缺陷混凝土施工需满足同部位大坝心墙基础混凝土板施工要求。

（3）施工方法。

1）模板。坝基盖板混凝土模板主要采用定制组合钢模板、边角部位辅以木模，模板加固方式为仓内锚拉，利用仓内锚筋焊接拉筋，横向主架管用蝴蝶卡固定。模板纵横向支撑采用钢架管，间距须满足模板整体刚度要求。

模板安装须由测量放线定位和检测，模板平整度、垂直度、几何尺寸等偏差值满足规范要求，模板表面涂刷脱模剂。

2）混凝土运输及进料线。混凝土在下游右岸江咀混凝土拌和系统集中拌制，用 $6m^3$ 混凝土搅拌运输车水平运输，具体运输线路为：混凝土拌和系统→ S211 → 2 号公路→ 1 号公路→ 5 号公路→下游围堰→大坝下游下基坑临时便道（2 号 -1 路）→缺陷基坑开挖道路→混凝土受料面。

3）混凝土入仓及振捣。根据现场条件高程 1467.00m 以下采用长臂反铲入仓，高程 1467.00~1485.00m 采用混凝土泵入仓，仓内采用平铺法铺料。

仓面设备及设施：作业区域配置 2 台 EX300LC 长臂反铲或 2 台 HBT60 混凝土泵，每个浇筑仓位配备 ϕ100mm 振捣棒 5 个，ϕ80mm 振捣棒 8 个，防雨遮阳布 $120m^2$，仓内排水及保洁工具齐全，夏季配保温被及喷雾机。

5.4.2 岸坡盖板施工

（1）滑模施工。

1）有轨液压爬模设计制作。

A. 爬模结构。有轨液压爬模结构共分为两部分：分别为模体、行走装置及轨道。有轨液压爬模纵剖面、横剖面分别见图 5–11、图 5–12。

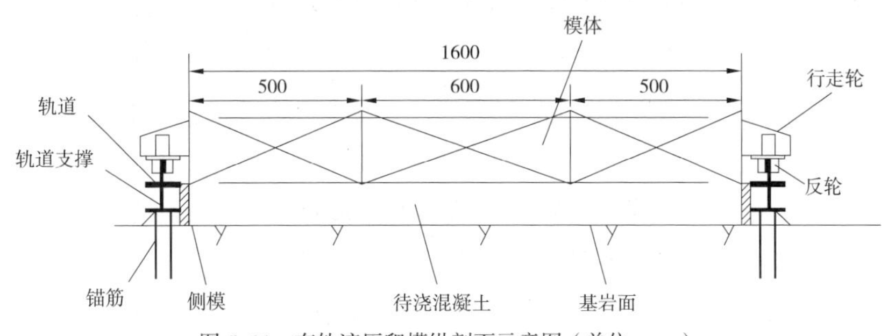

图 5–11　有轨液压爬模纵剖面示意图（单位：cm）

a. 模体结构。模体长 16m、宽 1.2m，采用型钢与钢板加工制作，按照 5m、5m、6m 共分为三段，用螺栓连接，模体重约为 6.8t。

b. 行走装置及轨道。轨道采用 H 形钢加工，安装坡度与压板一致，并用锚杆固定在基岩面上。行走装置包括行走轮（反轨结构）和爬升液压油缸，轨道与行走装置重约 7.5t（其中行走装置重 2.2t）。

有轨液压爬模行走装置见图 5–13，有轨液压爬模正视见图 5–14。

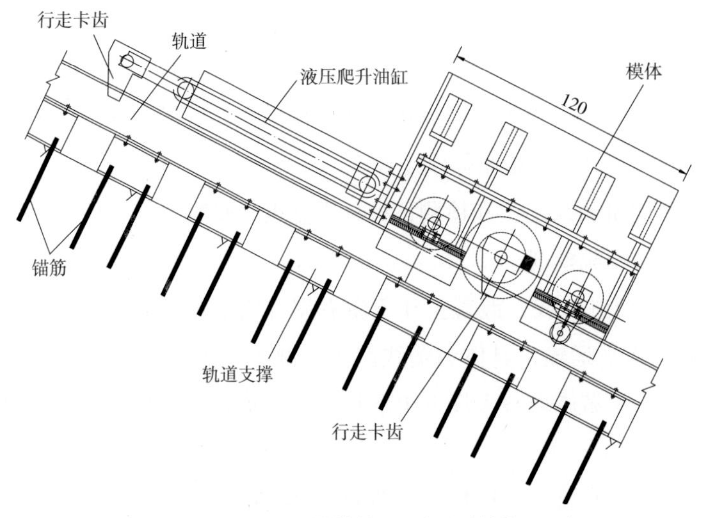

图 5-12　有轨液压爬模横剖面示意图（单位：cm）

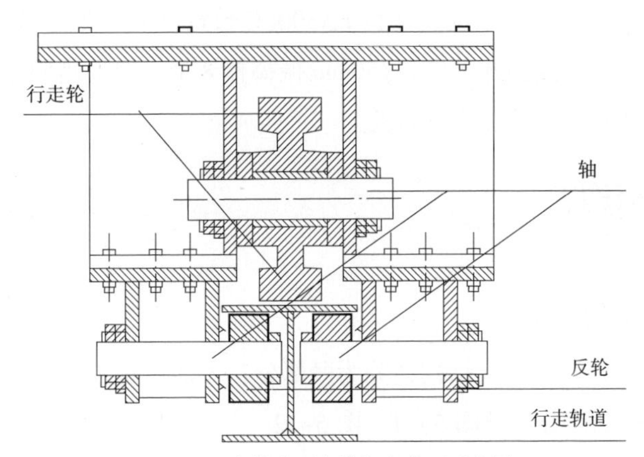

图 5-13　有轨液压爬模行走装置示意图

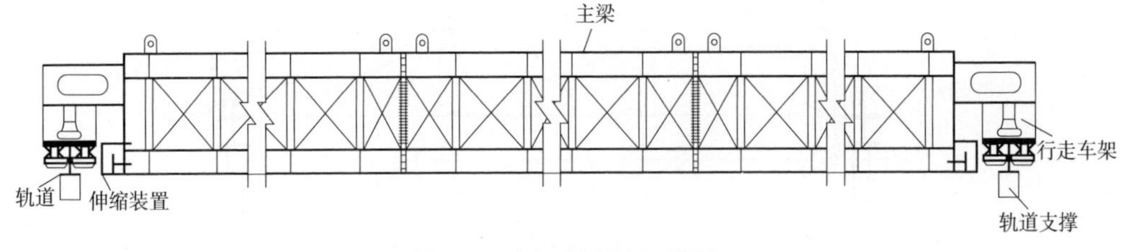

图 5-14　有轨液压爬模正视图

B. 有轨液压爬模工作原理。液压爬模通过液压油缸连接爬钩装置和液压爬模主体行走车架，通过控制液压油缸的同步伸出来推动爬钩装置向上爬升，爬钩装置锁定后再通过液压油缸的缩回带动爬模主体向上爬行。当液压油缸下伸时，爬模整体可向下缓慢移动，实现自动上下爬行浇筑功能。当一个爬行过程行走完毕后通过液压油缸再次推进爬钩装置，直至其锁定轨道，再通过液压油缸的回缩或下伸，进行下一段的爬升，直至完成整个爬升过程。

C. 爬模受力计算。根据爬模受力计算，可采用两个 30t 液压油缸，200mm 油缸，液压缸最大伸缩 1m，齿轮泵；连接螺栓按常规布置；轨道强度满足要求。

D. 轨道形式及固定方式。滑模的行走装置包括行走轮（反轨结构）和爬升液压油缸，滑模轨道采用 H 形钢，规格为 200mm × 200mm × 8mm × 12mm，轨道下部为轨道支撑，采用和轨道同型号的 H 形钢，每隔 50cm 布置一个，单个尺寸沿轨道方向长 30cm。轨道设置在混凝土分缝以外 10cm 处，在滑模安装前通仓安装完毕，坡度与压板表面坡比一致，单根轨道支撑每隔 50cm 采用 2 个 ϕ25mm 锚杆固定在基岩面上，锚杆长 3m，入岩 1.5m，锚入基岩 1.5m，两根锚杆垂直轨道方向间距 10cm。混凝土侧模采用组合钢模板立模，侧模不承受模板的重量，只承受混凝土的侧压力（见图 5–15~ 图 5–17）。

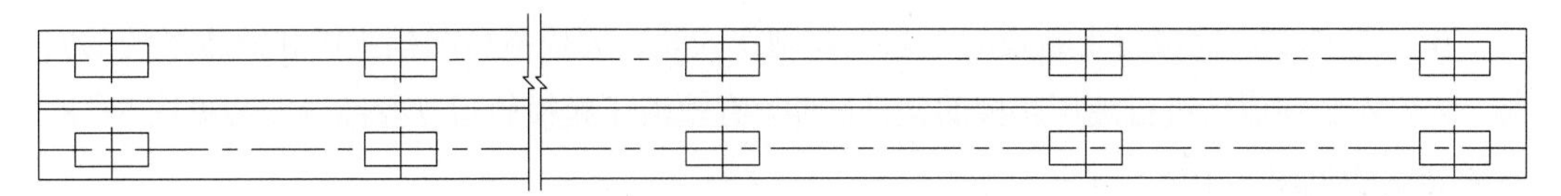

图 5–15　有轨液压模轨道俯视图

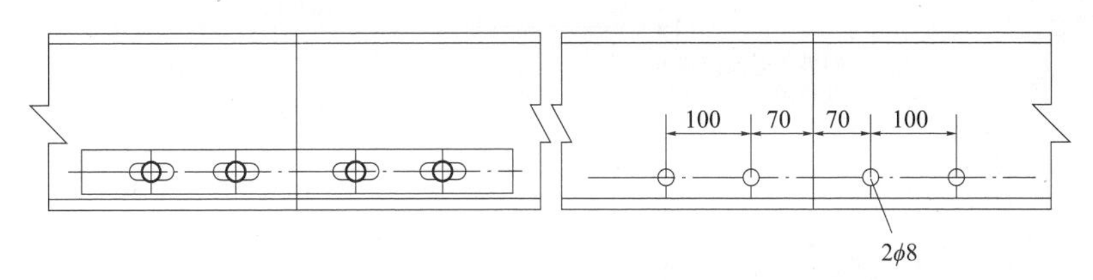

图 5–16　有轨液压爬模轨道对接示意图（单位：mm）

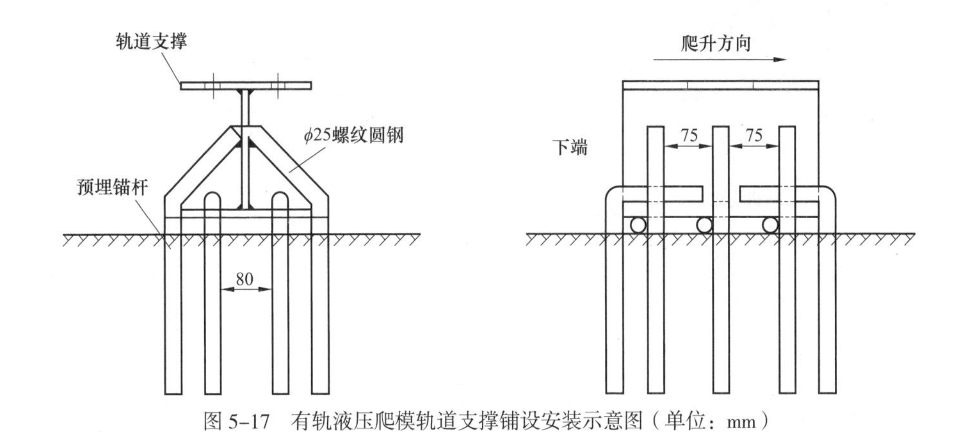

图 5–17　有轨液压爬模轨道支撑铺设安装示意图（单位：mm）

E. 爬模固定方式。在坝顶将跨河缆索上部的轨道运至仓面附近后，与下部的轨道支撑用螺栓连接固定。通仓固定完后将滑模吊至相应位置，再将滑模体吊运至仓面下部，采用人工将导链安装就位。具体做法如下。

在 H 形钢上部开孔，开孔大小 10cm × 45cm，顺轨道方向间距 50cm，垂直轨道方向 12cm，该孔为行走卡齿的位置，在油缸上下设置两个梯形锚块，混凝土浇筑时，通过上下两个锚块将滑模固定在轨道上，防止滑模偏移和上下移动。滑模需要上移时，松开下部锚块，上部锚块和轨道卡死后通过液压油缸牵引滑模上移。

F. 有轨液压爬模质量检验标准。有轨液压爬模质量检验主要标准如下：①面板表面弧度弦高 0~20mm；②高度允许公差 ±2mm；③长度允许公差 ±2mm；④单侧轨道直线度不大于 2mm；⑤两侧轨道拼装平面度不大于 2mm，平行度不大于 2mm；⑥相邻轨道拼接高低差不大于 1mm，拼接缝隙不大于 1mm。

2）有轨液压爬模厂内爬升试验。

A. 试验施工工艺流程。起始轨道工艺支撑安装→行走轨道铺设→轨道及工艺支撑加固→安装爬模主体（含液压站）→安装行走支架→安装液压缸及爬钩装置→铺设电器线路→检查所有线路、油路→进行液压爬模爬升试验→拆除。

B. 安装调试。完成行走轨道的工艺支撑制作安装，完成液压爬模主体和液压系统的安装，装置安装完成后进行液压爬模的爬升试验。有轨液压爬模轨道支撑铺设安装见图 5–18，其安装结构见图 5–19。

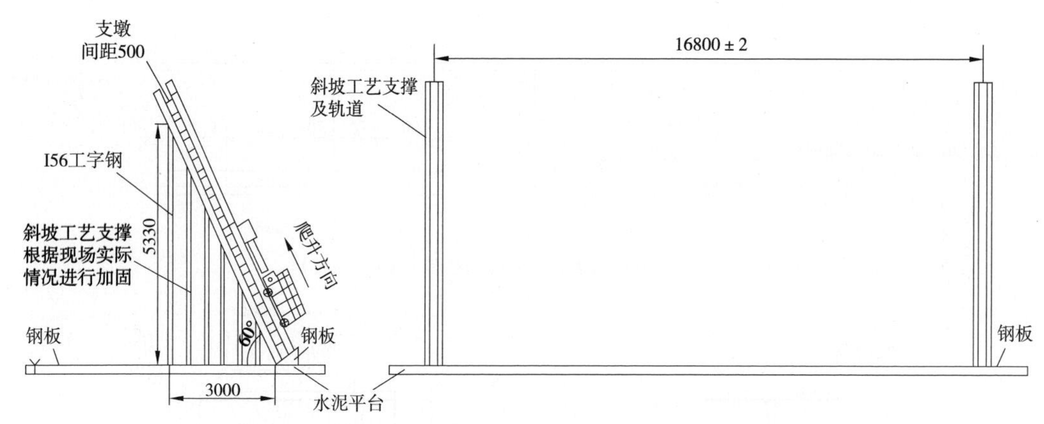

图 5–18　有轨液压爬模轨道支撑铺设安装示意图（单位：mm）

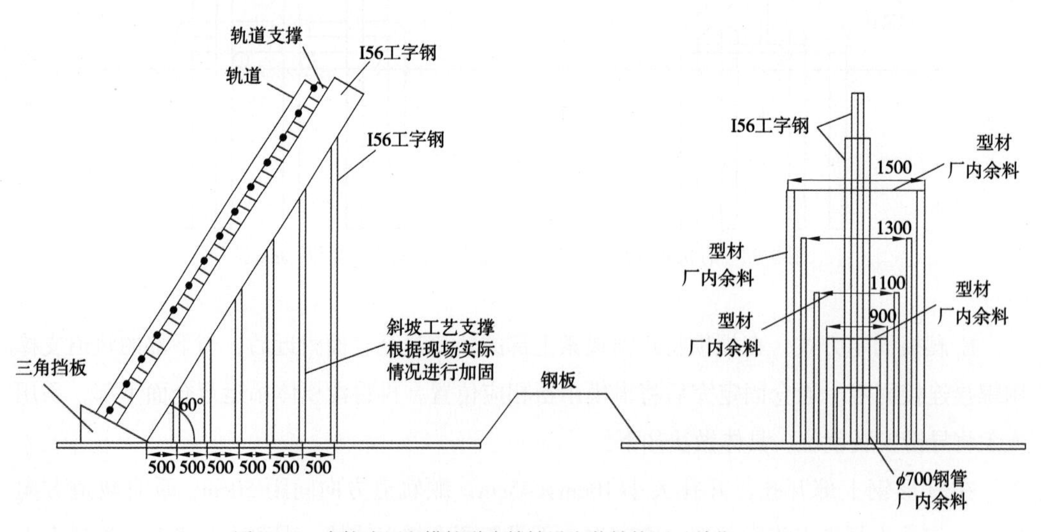

图 5–19　有轨液压爬模轨道支撑铺设安装结构图（单位：mm）

C. 试验结论。试验中液压爬模保持着较好的整体同步上升或下降。相比其他的模板形式，此液压爬模可以整体爬升下降，更能有效地保证混凝土的质量，保证施工人员的安全，其作业效率高且能大大缩短施工周期。

3）有轨液压爬模进场试验。

A. 试验准备工作。有轨液压爬模试验场地布置见图 5-20。试验之前需进行下列准备工作：①使用反铲将边坡削平顺，宽度不小于 20m，坡长不小于 10m。②在削平顺的边坡上浇筑两条间距为 16.8m 的混凝土轨道基础，规格为 50cm × 40cm（宽 × 高），并在混凝土表面埋设 10mm 厚的钢板（每块钢板底部需焊接 4 根 ϕ25mm 的 L 形螺纹钢），钢板规格为 40cm × 40cm 和 100cm × 40cm 两种。③混凝土基础埋入坡面 30cm。

B. 试验结论。通过现场试验发现，设备在使用过程中能够完成基本的动作和具备基本的使用功能。在试验过程中未见明显的变形和损坏，轨道上的挂钩连接未见变形和撕裂，刚度强度都能满足要求。电气和液压系统工作正常，未见有漏油现象，密封可靠。试验过程初步暴露出模体自重过大，导致安装过程较为困难的问题。有轨液压爬模现场试验见图 5-21。

图 5-20　有轨液压爬模试验场地布置图（单位：m）

图 5-21　有轨液压爬模现场试验

4）生产性浇筑试验。

A. 试验部位。试验部位的板块应规则，既要方便运输，也不能影响正常施工。结合两岸压板结构布置及交通情况综合考虑，确定左岸 5 号盖板作为试验块，5 号盖板位于坝轴线上，其高程 1660.078~1674.578m，轨道、模体、辅助材料和钢筋通过上坝公路运至坝顶，利用跨河缆索吊运至仓面后，人工安装。

B. 试验目的。进行液压滑模浇筑的生产性试验来优化浇筑方案有利于加快施工进度，提高施工安全性。

C. 滑模施工试验过程。

a. 安装滑模前准备工作。对人员进行培训，检查各部件规格及质量，搭设安装平台或临时施工支架。

b. 基面处理。完成测量放线、基岩面处理、清基和施工缝的处理及冲洗。

c. 钢筋安装、止水、预埋件安装。

第一，钢筋安装。钢筋在钢筋加工厂统一下料加工，内容包括：钢筋调直→除锈→划线→切断→弯曲。加工成型的每一型号的钢筋需运到现场，人工进行绑扎焊接。钢筋安装按照测量放线→架立筋布设→排筋划线→布筋→绑扎→焊接的程序进行。受力钢筋采取搭接手工电弧焊，搭接长度须满足规范要求。钢筋网平整度、保护层厚度等偏差值须满足设计要求和规范允许值。

第二，止水。铜止水采用止水成型机加工。安装好的止水片需加以固定和保护，防止在浇筑过程中发生偏移、扭曲和结合面漏浆。

第三，预埋件施工。预埋件安装严格按设计图纸要求进行，一些管路需穿过密集钢筋区域时，采用穿插作业，埋件要固定在可靠的部位，保证浇筑振捣时不变形。

d. 侧模安装。侧模采用组合钢模板立模，侧模只承受混凝土的侧压力，采用 10t 载重汽车通过上坝公路运至坝顶后，利用跨河缆索吊运至仓面，人工安装，采用内拉方式固定。

e. 滑模安装。

第一，安装步骤。轨道基面处理→打锚杆轨道孔→锚杆安装→轨道安装→油缸与行走轮安装→模体安装→调试。

第二，安装方法。轨道及辅助材料、模体采用 10t 载重汽车通过上坝公路运至坝顶后，利用跨河缆索吊运至仓面附近，人工采用导链安装。

第三，安装要求。

其一，滑模轨道的接头不允许有突变，否则会发生滚轮卡轨事故。

其二，轨道中心的偏差过大，容易使滚轮脱轨或卡轨。固定轨道支撑架的预埋件如有漏埋或位置不准时，必须采取措施补救。

其三，模板行走装置一般在工厂内组装，要控制滚轮中心距。组装模体时要控制相邻模板面的高差值，并控制模板总长以及模板整体不平整度。

其四，模板长、宽及局部平整度按《水工混凝土施工规范》（DL/T 5144）中钢模板的制作允许偏差取用。轨道中心线、轨道长度的偏差，是针对单节轨道而言。

其五，安装完毕的滑动模板，经总体检查验收合格后方可投入使用。

f. 混凝土配合比及拌制。在混凝土制拌过程中，必须严格控制配合比，需经常性地进行坍落度检测，确保混凝土黏聚性、和易性符合要求。同时，为保证滑模在提升中不因为提升太快而出现混凝土坍塌或破坏，在施工中，在混凝土内加入适量速凝剂，以提高早期强度。

混凝土由磨子沟 120 型拌和站集中制拌。

g. 混凝土运输、入仓、振捣。混凝土由 $8m^3$ 搅拌车通过左岸上坝公路运至坝顶公路出口，采用 $\phi350mm$ 溜管入仓，在距模板上口 40cm 范围内均匀布料，人工持铁铲或振捣器铺料，由两侧向中间水平分层摊铺，铺料厚度 20~30cm，使混凝土对模板的侧压力和黏结力均匀分布，以使模板受力均衡，从而使牵引机械受力均匀并使模板稳定滑升。布料后及时振捣密实。止水片周围混凝土辅以人工布料，严禁混凝土骨料分离。振捣主要采用 $\phi80mm$ 电动软轴插入式振捣器，对边角、模板周边、埋件附近等部位使用 ϕ50mm 振捣器。振捣时插入点应均匀、快插慢拔、方向一致，振捣时间以混凝土不再下沉、不冒气泡、表面开始泛浆为宜，上层混凝土振捣时，振捣器插入下层混凝土的距离应不小于 5cm，以保证不漏振。模板滑动时严禁振捣混凝土。

h. 养护。混凝土浇筑抹面后立即盖塑料薄膜，防止产生干缩裂缝。混凝土初凝后再覆盖土工布并洒水养护，以达到保温、保湿的目的。连续养护时间至少 90d，低温季节浇筑混凝土采取盖草袋和挂草帘进行保温。

i. 滑模滑升。

第一，浇筑混凝土前，需对滑模装置进行总体检查，进行试滑升。通过试滑升来全面检查滑模系统设计和安装的质量，还可以检查工程结构基面、侧壁是否满足设计要求或有无阻碍滑升的部位。当浇完首段混凝土 2~3 层后，即可进行试滑，先滑升 10cm 左右，待滑出的混凝土能自稳、不变形，达到出模强度时，即可进入正常滑升。

第二，模体滑升必须在施工指挥人员的统一指挥下进行。模板滑升时两端提升应平稳、匀速、同步，每浇完一层混凝土滑升一次，一次滑升高度约为 20~25cm，不得超过一层混凝土的浇筑高度。每次滑升间隔时间不超过 30min，滑升平均速度控制为 60cm/h，需控制混凝土出模强度不低于设计要求。

j. 出模强度及脱膜强度。

第一，为了改善混凝土的和易性，缩短混凝土的凝结时间，在混凝土中掺加早强剂和粉煤灰。外加剂的品种、掺量在使用前通过试验确定。

第二，实践证明，最为适宜的混凝土出模强度为 0.1~0.3MPa。在施工现场，当已脱模的混凝土用手指按压，有轻微的指印、砂浆不黏手、指甲划过有痕，且滑升时听到有“沙沙”的摩擦声时，即说明可以进行初升。如果混凝土表面较干，已按不出指痕，说明滑升时间已迟。如果脱模后的混凝土下坍或手指按痕很深且砂浆黏手，说明还未到滑升时间。当滑模正常滑升时，模板的滑升速度快慢直接影响混凝土的施工质量和工程进度。

第三，当模板滑升至工程结构物的顶部时，为防止混凝土终凝前黏住模板，应采取停滑措施，即每小时将模板提升 1~2 次，每次升高 1~2 个行程。待混凝土达到脱模强度后，再将模板脱开，脱开过程中应及时加固操作平台。

k. 混凝土表面处理。脱模后的混凝土表面应及时修整。在滑模下方设有吊篮进行人工收面，在混凝土浇筑完成后放下滑模时再进行一次压光。对脱模后的混凝土，应避免阳光暴晒，及时养护，养护期不少于 14d。采用喷水养护时，始终保持混凝土表面湿润。

l. 滑模的拆除。当混凝土浇筑完后，对滑模进行拆解，将液压油缸和模体分开，再由跨河缆索吊至下一仓位或吊至坝顶。模体拆除后及时进行清理，并垫平放稳。

D. 滑模施工质量控制。因滑模施工具有施工速度快和连续作业的特点，所以应在施工的全过程中加强质量检查。

a. 浇筑前质量检查。

第一，混凝土浇筑前，应根据设计对滑动模板装置安装的质量进行全面检查验收。

第二，滑动模板施工质量检查，应根据《水工建筑物滑动模板施工技术规范》（DL/T 5400）的要求和其他有关标准的规定，跟班进行。

第三，滑动模板的施工质量检查内容包括混凝土、钢筋、止水、排水、伸缩缝和预埋件等。检查依据《水工混凝土施工规范》（DL/T 5144）、《水电水利工程模板施工规范》（DL/T 5110）、《水工混凝土钢筋施工规范钢筋施工作业指导书》（DL/T 5169）、《混凝土面板堆石坝施工规范》（DL/T 5128）等要求和有关规定进行。除此之外，还应检查以下内容：①混凝土的分层浇筑厚度、滑模的滑动速度等。②脱模后的混凝土有无坍落、拉裂和蜂窝麻面。③混凝土脱模强度（每班不少于两次）。④模体的轴线、平面位置和尺寸（每班不少于1次），其控制标准按设计要求执行。当设计无要求时，按规范要求执行。⑤支撑杆接头的连接质量。

b. 浇筑过程中的质量检查。按照相应的施工规范做好混凝土施工过程和其外观上的质量控制。

第一，严格控制滑模的爬升速度，防止混凝土表面隆起鼓仓。

第二，每滑升1~3m，应对建筑物的轴线、体型尺寸及标高进行测量检查，并做好记录。

第三，滑动模板施工过程中检查发现的质量问题，应及时予以纠正和处理，并做好施工记录。

第四，滑模起滑后，一般不要中途停滑，因故停滑时，必须采取停滑措施，以防止模板与混凝土黏结。重新浇筑时，因停滑所造成的水平施工缝，按规定或设计要求妥善处理后，再继续浇筑混凝土和滑升。

c. 注意事项。滑模滑升过程中，入仓会出现轻微渗浆进入已浇混凝土面的现象，形成挂帘，影响美观。必要时需要填塞橡胶条带或塑料膜，也可在浇筑混凝土时沿滑模侧采用角钢刻出倾坡面的齿槽以便滑模滑升至下一层浇筑时候渗浆被集中或隔离处理。

E. 滑模施工安全措施。

a. 交通安全措施。①加强安全警示标识，不断强化安全意识。②及时保养车辆设备，不得带故障运行，消除安全隐患。③严禁酒后驾车。④配齐与使用的机械设备配套的操作、保养人员，确保在施工高峰人员不进行疲劳工作，杜绝因疲劳连续工作造成的安全事故。

b. 施工作业防护措施。

第一，在坝顶高程坡面上布置两束固定锚杆，水平间距20m，用钢丝绳连接滑模，用于保证滑模体在施工过程中的安全。

第二，为了防止中途停电而影响施工，需准备滑动模板施工的动力及现场照明供电的备用电源。

第三，现场根据施工的进展情况，做好施工通道的搭设和栏杆的搭设。操作盘和辅助盘要铺设密实并设防护栏，悬挂安全网，盘面保持清洁，以防坠物伤人。应对滑动模板装置、提升机具设备、施工精度控制系统进行检查、调试，对滑动模板装置部件进行预组装，并经检查合格后，方可运往现场安装。

第四，施工现场注意安全，在试验块下方设防护栏。

第五，滑模滑升过程中，在滑模底部利用 ϕ25mm 钢筋焊搭操作平台（收面平台），在滑模顶部利用 ϕ48mm 钢管搭设操作平台（混凝土入仓、振捣），上下两个平台铺设马道底板、挡板，并挂设防护网。悬吊装置要牢固可靠，并必须进行日常检查工作，确保安全无事故。

第六，提高施工人员的安全意识，对起重、运输机械操作人员进行技术培训，经考核合格后方可上岗操作。加强对信号工及起重工的培训工作。

第七，尽量避免交叉作业，交叉作业部位设置警示牌，并派专人监护。

第八，在受料平台和集料斗附近铺设严密的防护隔板，防止卸料时部分料物进入坡面，影响和威胁坡面滑模上施工人员的安全。

第九，搭设溜管或拆除溜管时施工人员必须系好安全带，并对施工的溜管做好防护措施以防不慎脱落伤人。

第十，做好电气设备管理和维护工作，防止漏电事故发生。

F. 试验结论。

a. 高陡边坡有轨液压爬模设计工作原理正确，能够很好地解决高陡边坡混凝土浇筑过程的模板工作量等问题，提高了自动化水平，降低劳动强度。

b. 爬模基础准备及安装完成后，在正式浇筑过程中未出现异常情况，爬模提升稳定，实际爬模提升速度可达 80cm/h，浇筑混凝土表面平整。

c. 在长河坝水电站工程边坡混凝土盖板浇筑试验过程中，由于试验区域边坡地质存在超欠挖情况，增加了滑模的基座施工工程量。因此，通过后续改进，将其行走系统与模体间设置为可调式结构。

d. 盖板混凝土浇筑试验过程中，由于混凝土整仓分料不均的问题，导致液压油缸在运行过程中受到的摩擦阻力不同，产生行程不同步的现象，为了保证油缸行程基本同步，已在油缸上安装行程标尺，一旦出现行程不同步的现象，可以操作油缸动作及时进行纠正，保证整个滑模平行移动。

G. 应用效果。针对高陡、薄层混凝土盖板施工困难问题，研发了边坡混凝浇筑反轨液压爬模及自动控制系统；通过研制的轨道实现液压爬模的着力与支撑；以反向托轮控制混凝土的浮托力；实现侧向模板的自动升降和模板长度方向的调节。自爬式反轨液压爬模在长河坝水电站工程左岸边坡盖板混凝土施工中，投入了生产应用，应用过程中，爬模能够实现自动爬升，速度可达 80cm/h。利用反轨系统完全能够克服混凝土浮托力，混凝土浇筑质量良好，仓面平整度控制在 ±5mm 以内。

（2）止水加工。

1）铜止水带加工。可调式铜止水成型机样机以南水北调黄河北－美河北段工程、长河坝水电站工程 W 形铜止水（见图 5–22）为基础进行设计，由机架、可调卷筒、导向定位装置、计长仪、液压剪断装置、传动机构、可调滚轮、电气控制系统八大部分组成。通过对可调滚轮结构进行设计，使其具备制造设计所有的 W 形、F 形等铜止水的能力。设计的可调式铜止水成型机样机能够制造的铜止水规格为：鼻子高度 $h \leqslant 90\text{mm}$，鼻子宽度 $d \geqslant 15\text{mm}$，铜板厚度 $0.8\text{mm} \leqslant t \leqslant 1.5\text{mm}$，铜止水展开宽度 $l \leqslant 900\text{mm}$，铜止水截面长度 $110\text{mm} \leqslant L \leqslant 300\text{mm}$。

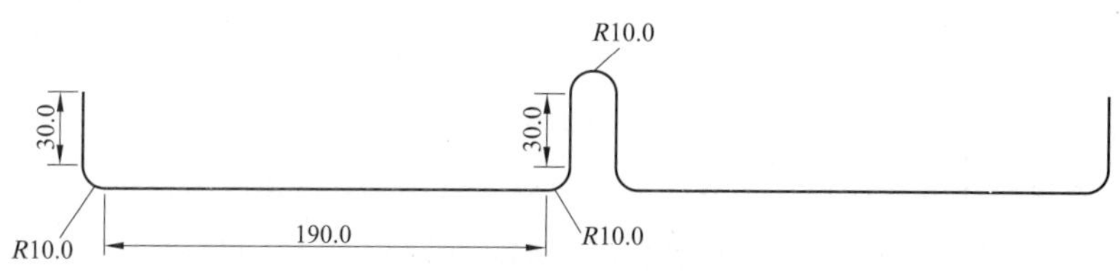

图 5–22　长河坝水电站工程铜止水截面图（单位：mm）

可调式滚压铜止水成型机（见图 5–23），解决了传统剪断装置置于出料口时，在剪断过程中，对已成型铜止水鼻尖和两翼造成破坏的问题；可调式铜止水成型机可调滚轮结构，实现了能够制造设计范围内所有规格的 W 形、F 形等铜止水的生产能力，达到一套设备重复使用的目的；通过变频电机及调速电气控制系统实现无级调速功能，解决了现有铜止水成型机成型速度不能即时调节的缺点。

2）“十”字铜止水加工模具研发及制造。“十”字铜止水的压模以 W 形铜止水为基础进行设计。“十”字铜止水压模主要由机架、凹凸模、液压系统组成。机架由槽钢和钢板焊接而成，机架底座上开有凹模（阴模）的安装定位孔，将阴模用螺栓安装在底座上。凸模（阳模）通过安装定位孔安装在上支撑板上。压制时，将待压制的铜片放在下模上，用压板压紧，防止紫铜片在压制过程中发生上翘变形。采用液压系统作为动力，自上而下压制，每次压制完后由复位弹簧复位。凹模、凸模具上的“槽”和“突”处的棱采用圆角使其平滑过渡，并在压制过程中喷上适当机油进行润滑，使紫铜片在压制时均匀变形，防止发生撕裂。“十”字铜止水加工模具见图 5–24。

图 5–23　可调式滚压铜止水成型机

图 5–24　“十”字铜止水加工模具

“十”字铜止水压模机,实现了铜止水“十”字接头整体压制成型,回避了“十”字焊接头,解决了传统“十”字焊接容易出现的质量问题。通过更换凹模、凸模，实现一套设备压制设计范围内所有的 W 形、F 形及其变形铜止水接头功能，压制成型的“十”字铜止水满足尺寸要求，外观完整无破损，真正达到了一套设备重复使用的目的。

3）铜止水焊接工艺研究及应用。铜止水接头的熔接工艺研究和应用主要涉及铜止水校正器研制、铝热焊剂试制、铜止水熔接装置研制及熔接工艺试验。首先采用铜止水校正器对铜止水端部接头部位进行校正，减小铜止水与熔接模具之间的间隙。经校正后的铜止水放入铜止水焊接装置的熔接腔内，在反应腔内加入铝热焊剂引燃，通过化学反应生成的铜液流入熔接腔内，冷却凝固后将铜止水接头两端熔接在一起，完成铜止水的熔融对接。

通过铜止水校正器结构设计，实现了一套铜止水校正器装置校正设计范围内所有的铜止水接头功能，达到了一套设备重复使用的目的；通过对不同结构型式铜止水熔接装置设计，解决了铜止水对接接头焊接质量问题；通过设计活块易损件，实现了一套熔接装置重复多次使用的功能；优化了熔接过程焊剂配方，最大化降低了成本。焊接后熔接样品见图 5-25。

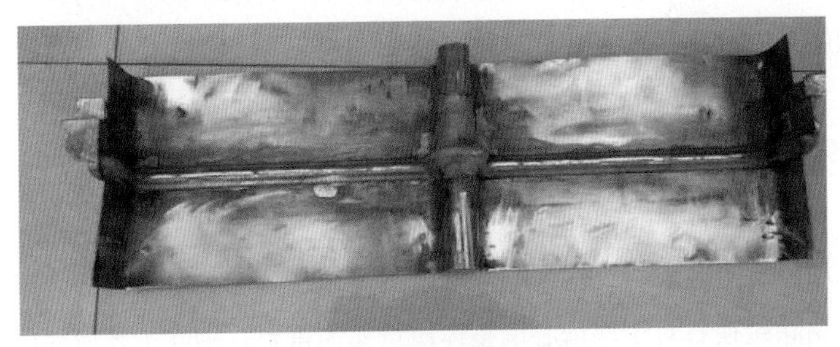

图 5-25　焊接后熔接样品

6 心墙土料改性和制备

土石坝心墙的质量决定了坝体的防渗性能。心墙土料的级配、均匀性、含水量等又是决定心墙施工质量的重要因素。长河坝水电站所用土料最大粒径 150mm，偏细料含水率偏高，达 13%~17%，局部可达 22%。偏粗料为采自汤坝砾石土料场的 P_5 含量为 50%~65% 的连续级配砾石土；偏细料为采自汤坝砾石料场的 P_5 含量小于 30% 的连续级配砾石土。为适应长河坝水电站土料特性，工程施工时进行了关于坝料生产与制备相关技术的改进，包括砾石土超径石的剔除工艺、不均匀土料掺配技术、含水率调整等方面内容，其对于保证大坝安全和施工质量具有重要意义。

6.1 超径石剔除

在高土石坝施工工艺中，为保证心墙的质量可靠，薄层铺筑已越来越被认同。对于高坝而言，严格剔除超径石对于保证心墙整体质量尤为重要。剔除工艺应能确保过程可控，防止漏剔。

长河坝水电站大坝的特点是其为深厚覆盖层上的超高坝，技术标准高，心墙料不允许含超径料；另外，受发电工期与度汛工期的限制，施工强度高于已建同类工程。因此，料场的土料必须全部过筛剔除超径；筛分系统的产能需满足进度要求，系统的流程与结构布置需适应机械化施工组织；超径石剔除工艺应工序少、流程短，防止含水量严重损失；超径石剔除设备及结构应耐久不变形，确保最大粒径（最小边尺寸不大于 150mm）控制有效；超径石剔除工艺应最大限度地降低废品率。

6.1.1 剔除工艺

（1）工艺比选。根据已建的类似工程，当心墙土料的超径含量在 3% 以内时，多采取在挖装、摊铺工序中由人工配合设备拣除。

当土料含水量较低（不结团）时，也常常采取开采时利用堆料重力分选剔除工艺，即挖料时就近堆存一次，在重力作用下粗粒集中在料堆下边沿，在堆料过程中清除粗粒。当超径含量较高时，多采用单坡条筛依靠重力滚动剔除工艺，其既可为固定式条筛，也可为移动式简易条筛，有的工程是在固定条筛下加振动电机以提高透筛率。瀑布沟工程运用条

筛 + 振动筛两级工艺剔除超径粗粒，先用条筛剔除粒径 120mm 以上的颗粒，再用振动筛剔除粒径 80mm（60mm）以上的颗粒。类似工程采用各种工艺的优缺点见表 6–1。

表 6–1　　类似工程采用各种工艺的优缺点

剔除工艺	优点	缺点
人工配合设备分拣	简单易行，发现一个清除一个，不另外增加工序，不增加专用设备，不增加临建设施	仅适用于超径含量较低的土料。对于露出的超径粗粒能剔除，但对于隐藏其中的超径粗粒则无法剔除，因此难以保证获得彻底的剔除效果。另外，需投入大量的人员挑拣超径石，从而影响到设备的高效运行，存在安全隐患
料堆重力分选	操作简单，分选效果明显，不增加专用设备，不增加临建设施	土料结团时不适用，在清除集中粗粒的同时将部分非超径颗粒也一并清除，降低了成品率；只能清除料堆边沿的粗粒，对于埋在料堆下的粗粒也无法清除，因此难以保证彻底清除；另外，清除工艺需增加一道临时堆存工序
简易条筛剔除	能有效控制超径，彻底剔除；条筛制作与安装简单，临建量小；主要依靠重力透筛，能耗低；系统运行与维修简单，不需投入专业人员	废品率高，浪费了较多有用料；产能低，不适用于高强度生产；一般工况下，汽车直接向筛面卸料，筛条易变形，进而导致最大粒径失控；筛面卡筛严重，处理较难，影响总体工效
振动筛剔除	流程化有序作业，超径剔除彻底，废品率低	受重力冲击易损坏设备，因此，振动筛不适用于含有大粒径（200mm）土料；需要修建固定系统，配置专业运行与维修人员；与其他工艺相比，电能消耗大

料场复勘成果资料表明，整个料场的超径料平均为 3.3%，超径呈集中分布，在超径集中分布区域超径平均含量 9.5% 以上。为满足长河坝水电站工程土料超径剔除工艺的综合要求，无法直接利用同类工程经验，需要针对该工程特点研究专用的剔除工艺，并修建能规模生产的固定筛分系统。结合工程工期要求，研发了棒条式超径剔除振动筛。

（2）试验设备选择。长河坝水电站工程选择自主研发的棒条式超径剔除振动筛作为超径剔除设备。系统具有如下特点：

1）将受料斗改为钢筋混凝土结构，形式调整为箱形结构，漏斗式下料。受料斗容量满足连续供料要求，具有一定的调节容量，同一受料斗上口尺寸满足两车同时卸料。受料系统设置扒料平台，堵料、黏板时采用小吨位挖掘机疏料、清板，扒料平台位置不干扰自卸汽车向料斗内正常卸料。

2）筛分楼调整为钢筋混凝土结构，整体刚性强，坚固耐久。

3）设备结构布置方案：①增大筛面倾角，将安装角度调整到最大值 10°；②棒条长度由原设计方案中的 2.4m 调整为 3.5m（设备总长度不变）；③棒条不再分节，通长布置，同时将棒条间的平面夹角减小（后端净距 120mm，前端净距 150mm）。为确保土料上坝填筑质量，应用了 5 套土料超径筛分楼，单套产能达 670t/h。

6.1.2 系统布置

（1）筛分系统布置要求。

1）系统场地位置应尽量靠近料场，避免绕运，防止超径料长距离运输，有利于降低费用。

2）系统布置应方便交通组织，形成循环线路，进料与出料线路不重合，有利于避免干扰。

3）场地面积应满足5套筛分楼布置及同时运行时容纳全部进料车辆与出料车辆装车的要求；还要有一定的成品料中转储存场地；满足超径废料永久堆存的要求。

4）根据超径剔除工艺，系统按受料、过筛、出料、堆存（有用料中转堆存及超径废料堆存）几道工序利用地形高差按台阶式布置，减少挖填工程量。

5）场地高程须满足大型临时建筑的防洪标准。

（2）筛分楼布置。筛分系统主体结构为筛分楼。经筛分后的符合要求的有用土料从筛分设备下方排出，自然摊落到出料层，再由装载机将有用土料运载到堆料场堆放或直接装车运输上坝。根据试验测算，1台条筛至少需要2台装载机同时倒料才能满足要求。结合地形条件，5座筛分楼呈“一”字形布置，筛分楼之间净距须满足2台装载机同时作业的要求。筛分平台宽度还应满足5座筛分楼同时装车的要求。筛分楼的高度决定受料平台与筛分平台高差（筛分平台即出料平台），包括受料层（即受料斗深度）、设备层（棒条筛安装层）、出料层（装载机出料装车）。

图6-1　筛分楼现场

筛分楼采用钢筋混凝土箱板式整体结构，板墙厚度、配筋量、混凝土标号等参数需满足最不利运行工况下的强度与稳定要求。同时，筛分楼体还要承担挡土墙功能，其结构还需进行稳定性验算。受料斗满足2辆车同时卸料，死容积不低于$100m^3$，活容积不低于$50m^3$，以保证连续供料。设备层高度除应满足布置设备外，还应满足设备更换、检修等操作空间要求。出料层高度满足装载机出料空间要求。另外，在受料层布置挖机平台，应留有下料口堵塞时的挖掘机扒料通道。筛分楼现场见图6-1。

6.2 不均匀土料掺配

为了提高土料的料源质量及土料利用率，保证大坝填筑“低位好料”，即在坝体较低高程部位使用质量较优土料填筑，需对土料场的偏粗、偏细料进行掺配，保证土料级配符合要求。长河坝水电站工程结合料场复查情况、相关设计要求及现场试验情况，长河坝水电站工程先后采用了平铺立采掺配工艺及机械掺配工艺进行了粗、细料的掺配。

6.2.1 平铺立采

（1）“平铺立采”掺配工艺。

1）工艺试验。由于料场内粗、细料各指标变化幅度较大，固定粗、细料铺料厚度不能有效地控制掺配后土料质量。将剔除超径石后的土料采用动态控制掺配比例的方法掺配土料。掺配试验中固定粗料铺料厚度，而当前细料铺料厚度根据粗、细料干密度及 P_5 含量动态调整细料铺料厚度。试验分为两个区，固定粗料铺料厚度 50cm 和固定粗料铺料厚度 100cm 进行不同铺料厚度、掺配设备、掺配遍数的组合试验。

2）铺粗料。掺配料过筛处理后，分区按照拟定厚度 50cm 及 100cm 进行第一层粗料铺筑。

3）计算当前层细料铺筑厚度。土料过筛处理后，试验检测人员对掺配料颗粒级配及干密度进行检测，确定第一层细料铺料厚度。每铺一层料均按照坡比为 1∶1.3 向四周放坡，在满足掺配有效区设计铺料厚度的情况下，使四周土料按照相应比例进行铺筑。铺料过程中测量人员对铺料厚度及铺料范围进行跟踪控制。现场每铺完一层掺配料，均采用试坑法对掺配料的颗粒级配及干密度进行检测，以此对比掺配前后土料级配的变化情况，同时复核其铺料厚度并计算下一层细料的铺料厚度。细料的铺料厚度计算公式为：

$$H_{细}=(H_{粗}\times P_{粗}\times\rho_{粗}-H_{粗}\times\rho_{粗}\times P_5)/(P_5\times\rho_{细}-P_{细}\times\rho_{细})$$

式中 $H_{粗}$——掺配料粗料铺料厚度，两个掺配区分别按 0.5m 和 1.0m 进行铺料；

$H_{细}$——掺配料细料铺料厚度；

$P_{粗}$——掺配料粗料 P_5 含量的加权平均值；

$P_{细}$——掺配料细料 P_5 含量的加权平均值；

$\rho_{粗}$——掺配料粗料干密度的加权平均值；

$\rho_{细}$——掺配料细料干密度的加权平均值；

P_5——掺配料掺配后 P_5 含量的加权平均值。

由于土料掺配后 P_5 含量有一定波动，为了满足土料掺配后 P_5 含量满足设计要求，计算时取中间值 40% 进行计算。

4）掺配。铺料完成后将每个铺料区分为三个小区，分别采用正铲、反铲和装载机进行掺配。掺配次数为 2~6 次，试验检测人员对掺配料进行取样检测。掺配过程中，记录不同掺配设备的掺配效率。

（2）掺配设备改进。由于掺配料与直接上坝料的击实干密度差异较大。原因是粒径小于 0.075mm 的颗粒含量过高，0.075~2mm 段的颗粒含量过少。为使小于 5mm 的颗粒掺配更均匀，将传统的掺配正铲挖掘机进行如下改进：

1）将正铲铲斗进行了改装，制作成快速掺配的可翻转的两用格栅斗。

2）格栅斗底部做成镂空的网格结构，使土料在被正铲抬起时能混合并由格栅掉落从而粗、细料能充分混合，并且结合最大粒径要求，格栅尺寸为 30cm×40cm。可翻转的两用格栅斗见图 6-2。

图 6–2　可翻转的两用格栅斗

（3）实施方案。根据掺配试验成果，土料场粗、细料掺配按最优 P_5 进行控制，掺配工艺如下。

1）固定掺配料的目标值及粗料铺料厚度，根据逐层粗、细料检测情况计算对应层次细料铺料厚度。

铺料前对原料进行颗粒级配及现场干密度检测，根据检测结果初拟粗、细料掺配比例。铺料过程中，对现场铺料的干密度、含水率及 P_5 含量进行试坑检测，并进行铺料厚度复核及计算。根据各层掺配料料源的含水率检测情况进行现场调水作业。调水作业采用翻晒或洒水车补水的方式。

2）铺料厚度。铺料顺序按照先粗后细的原则进行，固定粗料铺料厚度 50cm，推土机平料；根据掺配机械施工作业高度，铺料总高度一般为 5~7m。为利于降雨时表面排水，各铺料层面略向外倾斜，坡度为 1%~2%，并在掺配场地布置排水系统。

3）掺配料含水率的调整。根据前期粗、细料掺配试验情况，粗、细料需经过开挖、运输、过筛、铺筑、掺配、倒运、上坝等工序，含水率将减小，故掺配料调水主要为补水。补水方式如下。

A. 铺筑过程中试验检测人员检测原料（粗料或细料）的含水率，同时计算该掺配层掺配后合格料的含水率，并以此计算调水量。

B. 考虑土料铺筑过程中需经过掺配、倒运、备存及上坝几大重要工序，调整后的土料含水率应保持在 $\omega_0+1\%\omega_0 \sim \omega_0+2\%\omega_0$ 范围内。

C. 根据计算确定的调水量进行现场（各掺配层数）调水，采用洒水车接流量计控制加水量。

4）掺配方式。采用正铲挖掘机对平铺后的掺配料立采掺和，挖掘机斗举空时将料自然抛落（为防止掺配料分离，举斗高度离料堆高度应不超过 3.0m）。重复 6 次后经料源检测合格运输至坝面填筑。考虑掺配设备的有效工作高度，掺配料铺筑高度控制在 5~7m，即总铺筑层数不超过 14 层。

6.2.2 机械掺配

平铺立采的传统掺配工艺需要占用较大的掺配场地，掺配料的级配波动较大且掺配效率较低。大坝心墙砾石土料填筑强度较高，对掺配设备、辅助设备及相应的施工作业人员的需求量较多。考虑上述因素，施工中研发应用了一套土料自动掺配系统，以确保土料质量及上坝强度。

为进一步提高土料掺和的均匀程度，提高掺配工作效率，提高掺配的机械化程度，结合目前国内用于生产的稳定土搅拌设备，针对土料黏粒含量高，砾石粒径大的特性，对搅拌设备进行了系统的改进，并进行现场试验，研发出粗、细土料机械掺配的新工艺。机械掺配流程如下。

（1）土料的开挖及运输。土料开挖前首先进行料源检测，确定掺拌料取料部位，然后采用液压反铲装 20t 自卸汽车运至筛分系统分类过筛处理，剔除大于 150mm 砾石后方可运输至试验场地。运输采用 20t 自卸汽车运输至掺拌场。

（2）机械搅拌掺拌上料。土料进料采用坝面现有 TB160c、TB175c 小型反铲进行进料口给料（料斗尺寸约 75cm × 75cm），反铲上料强度应尽量与指定掺拌比例匹配（暂定粗、细比例 6：4）出料则采用装载机（$3m^3$）出料，根据搅拌出料强度进行及时出料，避免出料口因料物堆积发生堵塞，机械掺配试验见图 6–3。

图 6–3　机械掺配试验

机械掺配后土料较为均匀，各项指标波动较小，出料口无明显分离现象，出料均匀，无结块。机械掺配有利于掺配质量的控制，可用于实际生产。为得出搅拌设备的实际工作效率，需要对机械掺配强度试验，确定各项生产参数。

（3）机械掺配工艺应用。在设备选型基础上，针对长河坝水电站工程土料粒径大、黏性高、含水高的特点对成套设备进行了改进，调整了搅拌叶片间距、配料仓的仓壁坡度，并完成了一定场次的测试试验（见图 6–4），应用表明掺配生产均匀性好，可有效解决传统工艺掺配存在的掺配均匀性差、黏土结块等问题，实际产能可达 700t/h。

图 6-4　砾石土粗、细料机械搅拌掺混系统

6.3　含水率调整

土料场料源质量分布不均匀，部分区域天然含水率不满足施工要求。土料的含水率对压实效果影响较大，必须将其含水率调整至 ω_0–1%~ω_0+2% 范围内，土料才能碾压密实，从而保证获得较高的压实度和较好的防渗效果，因此土料含水率的调整是土石坝填筑的关键工序。

6.3.1　减水工艺

土料的天然含水率明显高于最优含水率时，需要采取减水工艺对土料进行处理，使含水率降低至试验得到的最优含水率附近。

（1）调水量的计算。

1）砾石土料填筑含水率的确定。天然土料的最优含水率与 P_5 的关系需经过系列的击实试验求得，不同砾石含量的土料均对应不同的最优含水率。如某土料 P_5 与最优含水率关系曲线见图 6–5。

砾石土料 P_5 与含水率在上述情况下，通过系列碾压试验能获得满足设计要求的压实度，同时获得砾石土料的填筑含水率为 $\omega_0-1\% \leqslant \omega \leqslant \omega_0+2\%$，$\omega_0$ 为最优含水率。

2）砾石土料减水量的确定。考虑砾石土料调整含水率完成后需经过装车、运输（28km）、

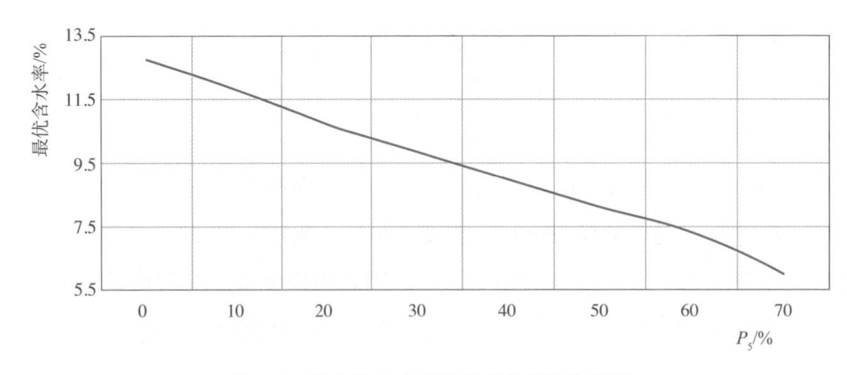

图 6–5　某土料 P_5 与最优含水率关系曲线图

摊铺、碾压几个重要工序，将损失部分水分。为此在确保砾石土料填筑含水率控制在最优含水率的 -1%~+2% 范围内，砾石土料调水完成后的含水率应按最优含水率的 +1%~+2% 范围进行控制。

一般调水过程中含水率检测消耗时间较长，导致各调水时段土料的含水率不能及时获得。为此长河坝水电站砾石土料含水率均采用快速检测方法求得，具体方法如下。

A. 测定粒径小于 5mm 砾石土料与粒径大于 5mm 砾石土料所占的百分数。

B. 大于 5mm 砾石土料的含水率采用饱和面干含水率代替，小于 5mm 砾石土料的含水率采用酒精燃烧法获得。

C. 根据两者的含水率及对应的质量按照加权法计算全料的含水率。待需调水砾石土料的含水率检测完成后，根据各砾石土料最优含水率的 +1%~+2% 确定砾石土料的调水量。

（2）土料调水工艺的选择。根据已建类似工程经验，并结合汤坝土料场砾石土料源质量分布情况及含水率的差异，拟订了三种调水工艺。

1）常规调水工艺。推土机将待调水的砾石土料按照确定的厚度（50cm）进行平面摊铺，在自然条件下进行含水调整。调水过程中试验检测人员进行含水率的跟踪检测，检测合格后运输上坝填筑。

2）四铧犁调水工艺。推土机将待调水的砾石土料按照确定的厚度（50cm）进行平面摊铺，铺筑完成后采用四铧犁进行翻土调水。调水过程中试验检测人员进行含水率的跟踪检测，检测合格后用于坝体填筑。

3）推土机松土器调水工艺。推土机将待调水的砾石土料按照确定的厚度（50cm）进行平面摊铺，铺筑完成后采用推土机松土器进行翻土调水。调水过程中试验检测人员进行含水率的跟踪检测，检测合格后用于坝体填筑。

各调水工艺均能将土料含水率调整至施工含水率范围内。但由于调水工艺的差异，土料的调水效率明显不同。现场调水过程中对各调水工艺进行了优缺点分析，各项调水工艺优缺点见表 6-2。

表 6-2　　各项调水工艺优缺点

调水工艺	优点	缺点
常规	操作简单，不另外增加工艺，不增加专用设备	调水周期较长，调水强度不易保障
四铧犁	操作简单，较常规调水工艺含水率调整效率高，土料质量易于控制	四铧犁存在动力不足，一次翻土深度不宜过深，每次翻土只能进行表层土料的翻松。由于调水场地的起伏，调水设备行走困难
推土机松土器	操作简单，较常规调水工艺含水率调整效率高，土料质量易于得到控制。由于单位宽度推土机行走的次数少，不至于将已经翻松的土料压实，特别在翻晒时能取得更好的效果	推土机带有的松土器只有三根宽度约为 10cm 的齿钩，一般解决相对强度较低的岩石刨松，作为土料的翻松时，由于齿钩间距大，只能刨开一条小沟，存在动力浪费的问题

6.3.2 加水工艺

砾石土料的天然含水率明显低于最优含水率时，需要采取加水工艺对土料进行处理，使含水率增加至最优含水率。常用的加水工艺包括：通过筑畦灌水法调整含水率、通过刨松洒水法调整含水率。在毛儿盖水电站工程大坝施工中，通过跟踪检测与计算，研发了均匀布坑、回畦灌水、渗透扩散、计时闷存的砾石土料含水量调整方法，保证了大坝心墙土料最优含水率要求。

（1）工艺流程。砾石土料加水常结合级配调整同时进行，首先对料场不同土层的含水量、P_5 含量、黏粒含量进行检测，对土料开采的不均匀性采取分层掺配措施。掺配前根据检测和填筑最优含水量、P_5 含量计算掺配分层层厚和含水量调整，根据计算结果在掺配场分层掺配和加水进行 P_5 含量及含水量的调整。

料场开采主要采用立采法，掺配场掺配和含水率调整施工工艺为：土料检测→土料分层立采→汽车运输→过磅称量→场内卸料→摊铺→挖沟筑畦→加水→闷水处理→检测上坝。

（2）掺配和加水。

1）摊铺厚度的确定。首先试验室分区测定碎石土和纯黏土的堆积密度，并按碎石土摊铺厚度为 1m，两者掺配比例为 1∶1（重量比）时，计算确定纯黏土的铺厚度。

2）单位面积加水量的确定。试验室测定碎石土和纯黏土的天然含水率及其混合料的最优含水率，并由此确定其混合料的加水率，从而计算每层料单位面积加水量，碎石土和纯黏土天然含水率测定频率定为 5d/ 次。

3）摊铺堆料。备料场内至少分为 3 个堆料区，安排掺配、贮存、混合回采三道工序将在 3 个堆料区内形成循环作业。

第一层摊铺料种不限，但顶层宜为碎石土层。摊铺黏土采用后退法，碎石土采用进占法。铺料应采用推土机或装载机，铺料厚度应严格控制，其误差不宜大于 10%。

4）加水。为准确计量现场加水量，每条水带都有水表计量。同时，测算挖沟的总长度、总深度、总宽度以及个数，然后再计算出每条沟需要的加水量。加水时应在该小区范围内实施总量控制，并尽量加水均匀。

每个料面应同时采用两条水带分区加水，两条水带加水至少应配 3 人，其中 2 人负责控制水枪，另 1 人负责协助移动水带和控制进水阀门。加水作业应避免与摊铺施工发生干扰，输水带的布置不得穿过摊铺作业面。

A. 加水方法。从施工水池接钢管（或加强 PVC 管）明铺至上料面。为便于操作，掺配场内采用装卸方便的消防水带或 PE 软管输水，人工持管加水。

B. 加水量计算。

a. 如碎石土防渗料天然含水率平均值约为 6%，最优含水率平均值约为 12%，则加水量为 8%（考虑 2% 的损失量）。

b. 如按掺配强度为 15 万 m^3 / 月（堆方）计算，则每日掺配 5000m^3（约合 7500t），须加水 600t。每天加水时间按 20h 计，则每小时平均须加水 30t。

c. 水池以下管道设计。干（支）管口径 80mm。干管水池端装 80SG35–20 管道增压泵和截止阀各一个，干管以下接两条支管至上料面，每条支管出口端接 2 × 50mm 叉管，每根叉管不宜过长（不超过 1m），每根叉管上装 LXS–50 水表和截止阀各一个，出口端装 50mm 口径消防水带接口。

土石坝砾石土畦田法补水见图 6–6。

图 6–6　土石坝砾石土畦田法补水

5）贮料堆含水率的检查。加水后每 5d 应抽样检测料堆表面两层料（碎石土料和黏土料各一层）的含水率，每个料堆抽样 5 组。同时要观察记录每个探坑内黏土料层含水率是否一致、底层是否有干土存在等情况。

依据上述检测成果，可知加水量是否准确；可判断料堆内水分扩散是否均匀，以确定最短贮存时间；还可即时了解料堆表层含水率的变化情况，以确定料堆表面是否需要补水。

6）贮料堆的养护。根据对料堆表面含水率的检测，如发现含水率明显降低时就须马上进行补水。单位面积补水量应根据失水量计算得出。

7）混合及回采。宜采用推土机斜面推料混合形成料堆液压正铲或装载机装车的方法。也可采取直接用液压正铲或装载机开挖贮料反复混合后装车的方法。

6.3.3　高塑性黏土调水

由于前期高塑性黏土备存过程中采用土工布进行覆盖，现阶段开挖过程中未检测出含水偏高土料，调水工艺主要是补水工艺。高塑性黏土料调水工艺流程见图 6–7。

为了确保高塑性黏土料上坝强度及上坝质量，需对含水偏低的土料进行调水。调水方式采用“洛阳铲造孔、人工灌水”的方式进行，具体方法为：

（1）土料挖运前，试验检测人员对料源进行指标检测，鉴定出合格料及需进行含水调整土料的范围（确定调水造孔深度）。

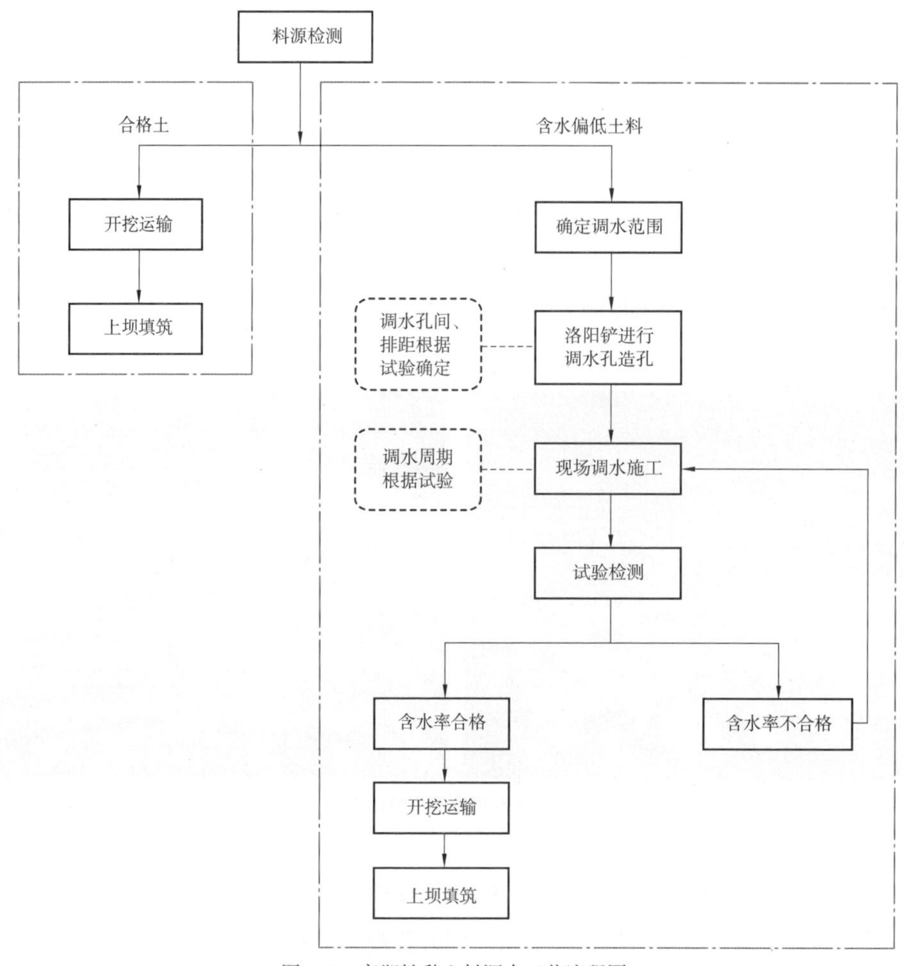

图 6-7　高塑性黏土料调水工艺流程图

（2）采用洛阳铲对含水偏低土料范围进行造孔（造孔间、排距根据试验确定）。现场洛阳铲造孔见图 6-8。

图 6-8　现场洛阳铲造孔

（3）造孔完成后接软管进行人工灌水，现场人工灌水见图 6–9，灌水过程中当孔内渗水速度较慢时采用闷灌的方式进行，使孔内长期处于满水状态，现场闷灌见图 6–10（调水周期根据试验确定）。调水用水采用人工接 ϕ30mm PVC 管进入调水区内（调水管进水端在生活营地内截取），水管长度为 400m。

图 6–9 现场人工灌水

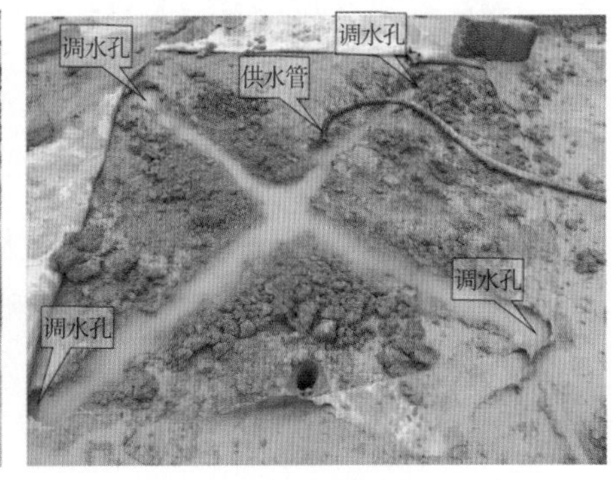

图 6–10 现场闷灌

（4）土料含水调整过程中，结合调水周期，试验检测人员对土料进行跟踪检测，含水率满足填筑含水率时进行立采装车上坝。

考虑高塑性黏土料调水合格后需进行装运、上坝、铺料等工序，含水率将损失，同时结合现阶段坝面填筑施工过程中检测出压实度超标的问题（含水率在施工含水率范围内时，根据碾压试验确定的压实参数进行现场碾压后其部分土料压实度大于设计要求的压实度），调水过程中含水率按最优含水率的（$\omega_0+3\% \leqslant \omega_0 \leqslant \omega_0+8\%$）进行控制。

7 堆石料爆破开采

堆石料是大坝的重要组成部分，对大坝的稳定性具有重要影响，具有量大、开采强度高的特点，最大粒径和级配对压实特性和变形性能影响较大。

7.1 开采规划

7.1.1 料场分布

大坝填筑共采用了 4 个料场，其中石料场有 2 个，分别是上游响水沟石料场和下游江咀石料场。

（1）上游响水沟石料场。响水沟石料场位于坝址区上游右岸响水沟沟口，距坝址约 3.5km。地形形态为一山包，三面临空，分布高程 1545.00~1885.00m，地形坡度 40°~50°。料源岩性为花岗岩，岩石呈弱风化 ~ 微风化状态，岩质致密坚硬，主要质量技术指标满足规范要求，料场勘探储量 2675 万 m^3。

（2）下游江咀石料场。江咀石料场位于坝址区下游左岸磨子沟沟口左侧，距坝址约 6km。分布高程 1500.00~1930.00m，地形坡度一般为 40°~60°，有少量地形坡度为 30°~35°。料源岩性为石英闪长岩，岩质致密坚硬，主要质量技术指标满足规范要求，料场勘探储量 3337 万 m^3。

以下主要结合响水沟石料场介绍料场开采施工规划。

7.1.2 料场道路

（1）料场外交通。根据长河坝水电站施工规划布置图，右岸通往响水沟石料场的公路为 12 号公路（大坝上游围堰右岸堰头—响水沟渣场高程 1620.00m 平台），14 号公路（12 号公路—响水沟石料场）与 12 号公路中间位置衔接；14 号公路经 1404 号隧洞至响水沟石料场上游侧与石料场相接，洞口高程 1750.00m；在 14 号公路 K1+628 处支洞（1405 号、1406 号公路）通往响水沟渣场集渣平台 1680m 处与石料场相接，14 号路通车时间为 2011 年 10 月 31 日。

（2）料场内交通。根据响水沟石料场开采条件、设计规划的上坝道路、地形地质等条件，响水沟石料场开采道路分为五期进行修筑，满足各个时期料场开采运输的条件。主要布置有响1号、响2号、响3号、响4号等主要石料运输道路，另布置1号、2号、3号共三条机械道路。

由于设计规划的14号公路全线通车时间为2011年10月31日，如从14号公路进场后再进行料场内施工道路修建，将影响到响1号施工道路修建及大坝坝料的备料时间，为尽可能早的开始料场开挖，进场后即从位于料场上游的响水沟沟水处理使用的机械道进入，并从该道路修建响水沟1号机械道路、2号机械道路，响水沟2号机械道路修建完毕后开始进行响1号道路施工、3号机械道路施工及高程1810.00m以上覆盖层剥离，在14号公路通车后即可进行料场的备料。其机械道路布置见图7-1。

图7-1 响水沟石料场机械道路布置示意图

1）Ⅰ期道路。

1号机械道路：从原有响水沟沟水处理使用的施工便道相接，修“之”字路至1404号隧洞出口部位，该道路长约600m，路宽4.5m，平均纵坡17%。

2号机械道路：从1404号隧洞出口处接1号机械道路，修“之”字路至料场高程1850.00m，该道路长约455m，路宽4.5m，平均纵坡22%。

3号机械道路：从2号机械道路的高程1850.00m顺延至高程1880.00m左右形成3号机械道路，长140m，为了能尽可能将有用料运输储存，该道路路宽控制到6m。

这三条机械道路主要是为挖掘机、钻机、推土机等设备进入响水沟石料场顶高程进行覆盖层剥离提供条件。

2）Ⅱ期道路。根据各方现场查勘，结合现场实际地形、地质情况，就通往料场顶部开采出料高程的施工道路方案，提出五种备选方案：

A. 道路路线从1404号洞口高程1750.00m处向下游侧延伸，将1850m垭口处山脊开挖掉，穿越山脊沿山体从响水沟下游侧修筑，由于山体地势陡峭，开挖工程量约 28 万 m^3，施工工期约 7 个月，在此方案下修筑道路比较困难，工程量大、工期长。

B. 从响水沟石料场上游侧高程 1750.00m 处穿越垭口山脊开挖一条交通洞，交通洞长 130m，下游侧冲沟天然缺失处架设一座长 80m 桥梁，桥梁延伸至下游侧，在将施工一条 80m 长交通洞与之连接，处洞沿山脊爬升至高程 1820.00m。此方案施工投入资源大，投资大，开挖支护隧道 300m，架设 60m 长公路桥一座，施工工期较长，可能影响料场出料工期。

C. 从响水沟石料场山体内部开挖一条交通洞至响水沟料场下游侧，洞室开挖长度约 500m，开挖方量大，开挖支护工期较长，影响料场总体进度规划。

D. 起点从 1405 号、1406 号隧洞开挖一条交通洞至料场下游侧高程 1665.00m 集渣平台延伸进入料场高程 1710.00m，隧洞长 280m，明线长 600m，隧洞开挖支护工期较长。

E. 待 1404 号交通洞贯通后，从响水沟石料场上游侧高程 1750.00m 处接 1404 号隧洞出口，按 8% 的坡比修筑响 1 号道路，沿料场冲沟外侧最高可至高程 1810.00m，该道路长约 800m，路宽 12m，泥结碎石路面；响 1 号道路跨过冲沟往料场下游延伸最低可至高程 1720.00m，路宽 12m，道路长度约 450m。此方案配备设备简单，需要人工少，道路成型工期短。

3）Ⅲ期道路。响 2 号道路：以 1405 号、1406 号公路为起点，沿响水沟渣场的高程 1680.00m 集渣平台进入料场高程 1720.00m，道路长约 1000m，路宽 12m，道路平均纵坡 7%，泥结碎石路面。

4）Ⅳ期道路。响 3 号道路：从 12 号公路隧洞出口沿高程 1665.00m 集渣平台进入石料场高程 1720.00m，道路长 505m，路宽 12m，道路纵坡 8.9%，泥结碎石路面。

5）Ⅴ期道路。响 4 号道路：拟从 S211 永久改线路沿高程 1665.00m 集渣平台修筑响 4 号道路至石料场内高程 1630.00m，改道路长约 460m，路宽 12m，道路纵坡 5.4%，泥结碎石路面。

料场在开采过程中，随着开采高程的不断下降，部分场内道路需重复修筑，以沟通各开采平台，并连接到石料运输道路上。料场内开采平台下降后，再及时修通开采平台与场外支路的联络道，每一条场外支路分别与上层开采平台、同高程开采平台、下层开采平台联络。进入新开采平台的道路采用沿采场边缘山坡修建，其他各开采平台之间的联络道路采用预留爆渣修建。道路宽度 12m，转弯半径及纵坡必须满足设备行走的要求。

7.1.3 风水电布置

（1）施工用风。响水沟石料场开采设备 ROC D7、CM351 均自带空压机，不需另外供风，仅 KSZ-100Y 支架式潜孔钻机及手风钻需另外供风。拟在响水沟石料场上游的 1404 号隧洞出口处（现有 1 号施工道路里侧）布置 1 号空压机站，站内布置 4 台 VW-30/8 空压机及 1 台 VW-20/8 电动空压机，即共 140m^3/min 的供风站。施工用风从空压站用 ϕ200mm 钢管引至料场附近，再用 ϕ150mm 钢管引支管至施工场面，用风设备从支管接用。另外布置两台 21m^3/min 的移动式中风压电动空压机专供锚索施工。

后期供风站设备全部布置于高程 1740.00m、宽 16m 的马道上。

（2）施工用水。施工用水主要为支护用水及洒水降尘用水。响水沟石料场施工用水抽取大渡河水。根据现场实际地形条件，前期在料场开口线位置高程 850.00m 处设置 XSG 1 号高位水池，水池容量 100m^3。后期供水水池全部布置于高程 1740.00m、宽 16m 的马道上。

施工供水系统供水管路采用 *DN*100mm、*DN*50mm 钢管输送至使用点。

（3）施工用电。根据招标文件，建设单位提供 10kV 电源接线点。

根据响水沟石料场用电需要，前期于 1 号施工道路外侧（高程 1750.00m 处）布置 1 台 630kVA（XSG 1 号变压器），供空压机站使用；取水位置布置 125kVA（XSG 2 号变压器）供泵站取水使用。

后期料场内供电站全部布置于高程 1740.00m、宽 16m 的马道上。

7.1.4 开采分区

根据施工总进度安排和响水沟石料场开采进度计划要求，响水沟石料场上游侧机械道路按照已报批的施工方案已经修筑至高程 1885.00m。

根据料场目前实际情况，为保证料场施工进度，根据道路布置现状，从 1040 号隧道出口修筑响 1 号道路，从洞口高程 1750.00m 开始按 8% 的坡比修筑，最高修筑到响水沟侧山脊高程 1810.00m 位置，高程 1810.00m 以上料运输难度较大，因此拟将高程 1810.00m 以上全部覆盖层和无用料剥离。根据响水沟石料场征地红线范围图及响水沟石料场储量规划，响水沟石料场背坡侧垭口处开口线高程约 1860.00m，料场内部最高高程约 1885.00m。同时，根据投标文件，并结合现场可开采运输条件，不满足设计要求的风化岩体、孤石及无开采运输条件的石料为无用料，因此响水沟石料场无用料剥离因道路因素确定高程 1810.00m 以上部分，最大剥离高差约 75m。剥离的覆盖层、石方无用料，采用推土机直接推运、翻渣至响水沟渣场，或采用液压反铲甩渣至响水沟渣场，弃渣过程中，堆积在有用料开采范围内的坡面部分弃渣，随有用料开采过程中同步推运至渣场。暂定自高程 1840.00~1830.00m 进行爆破试验并具备开采有用料条件，进行堆石料备料或直接供应上坝。

根据响水沟石料场征地红线范围图及已审批的石料场储量复核规划，并结合响水沟石料场三面临空，为一独立突出山脊，因此就石料场高程 1810.00m 以上覆盖层及无用料剥离施工作为统一独立施工作业区域，不再对料场内进行分区。

7.1.5 开采强度和资源配置

（1）料场开采强度。响水沟石料场主要供应大坝上游填筑区，高强度开采主要发生在大坝上游填筑高峰期，大坝上游填筑高峰期为 2014 年和 2015 年，月最高强度为 31.09 万 m^3（压实方），发生在 2015 年 3 月。响水沟石料场分期供应量见表 7-1。

表 7-1　　　　　　　　　　响水沟石料场分期供应量表（压实方）

项目	2012 年	2013 年	2014 年	2015 年	2016 年	备注
大坝年需要量 / 万 m^3	84.87	240.81	351.72	335.69	214.63	压实方
最高月强度 / 万 m^3	18.92	23.34	30.9	31.09	28.38	压实方
最高强度发生 / 月	12	12	2	3	1	

（2）料场开采强度分析。石料场可开采强度取决于开采设备、开采工作面的数量和道路运输能力。

工作面的布置首先要确定最小工作平台宽度和挖掘机工作线长度。石料场开采设备主要选择 ROC D7 或 CM351 高风压潜孔钻，挖装设备主要用 6.5m^3 正铲及 3.1m^3 反铲挖掘机，运输车辆用 45t、32t 自卸汽车运输。

根据《水利水电工程施工组织设计手册》计算挖掘机的生产能力，每月按 25d，每天按 2 班 20h 计。

料场开采前期共剥离覆盖层 7.18 万 m^3，主要利用 1 台 PC400 液压反铲，1 台 SD22 推土机集料。覆盖层剥离需要用 7.18/3.4=2.1，考虑覆盖清理时挖掘机利用率按 55%，需 4 个月即可完成。

料场内在两挖掘机之间距离不小于其最大卸载半径之和的两倍情况下，可允许多台挖掘机在同一爆堆作业。根据挖掘机作业长度的要求布置料场工作面及可布置挖掘台数（见表 7-2）。

表 7-2　　　　　　　　　　响水沟石料场生产能力分析表

序号	高程 /m	开挖面宽度 /m	开采面积 /m^2	可布置工作面	可布置挖掘机数量 / 台			生产能力 /（万 m^3/ 月）
					6.5m^3 正铲	3.1m^3 反铲	1.8m^3 反铲	
1	1880.00	23	1590.300	1			1	3.4
2	1870.00	35	3739.600	1			1	3.4
3	1860.00	54	7052.200	2		1	1	9.1
4	1850.00	72	10297.800	2		1	1	9.1
5	1840.00	83	15390.900	2		2	1	14.8
6	1830.00	99	20037.098	2	1	2	1	23.3
7	1820.00	142	24250.507	3	1	3	1	29.0
8	1810.00	149	28410.593	3	1	3	1	29.0
9	1800.00	152	32215.861	3	1	3	1	29.0
10	1790.00	166	37246.752	4	1	3	1	29.0
11	1780.00	209	42265.572	4	1	3	1	29.0
12	1770.00	217	46079.595	4	1	3	1	29.0
13	1760.00	220	50120.872	4	2	3	1	40.9

续表

序号	高程 /m	开挖面宽度 /m	开采面积 /m^2	可布置工作面	可布置挖掘机数量 / 台			生产能力 /（万 m^3/ 月）
					6.5m^3 正铲	3.1m^3 反铲	1.8m^3 反铲	
14	1750.00	226	52654.132	5	2	3	1	40.9
15	1740.00	230	54544.106	5	2	4	1	46.6
16	1730.00	231	59031.505	5	2	4	1	46.6
17	1720.00	232	64346.687	5	2	4	1	46.6
18	1710.00	246	67625.877	5	2	4	1	46.9
19	1700.00	252	73894.926	5	2	3	1	40.9
20	1690.00	263	79412.949	5	2	3	1	40.9
21	1680.00	266	81164.624	5	2	4	1	46.6
22	1670.00	267	84408.240	5	2	3	1	40.9
23	1660.00	269	88886.700	5	2	2	1	35.2
24	1650.00	278	91970.770	5	2	2	1	35.2
25	1640.00	279	95321.888	5	1	2	1	23.3

根据料场开挖进度和大坝施工进度，在 2012 年 8 月大坝上游堆石区开始填筑，填筑第 1 个月需要 14.15 万 m^3（压实方），折合松散方 17.11 万 m^3。此时，响水沟石料场已经开挖至高程 1830.00m，开采平台工作面宽度为 99m，开采面积为 1.72 万 m^2，可布置两个工作面开采，一个工作面长 60m；另一工作面长 39m，该层开挖配备 1 台 6.5m^3 液压正铲和 2 台 3.1m^3 液压反铲，PC750 液压反铲最大挖掘挖掘半径为 9.92m，两台反铲同时装车时距离为 20m，同一工作面长度不应低于 40m。根据机械性能在 A 工作区可以布置两台液压反铲，B 工作区可以布置 1 台正铲，3 台设备同时工作，工作能力为 23.3 万 m^3（松散方），满足大坝上游堆石填筑需求。响水沟石料场开采前期施工场面布置见图 7–2。

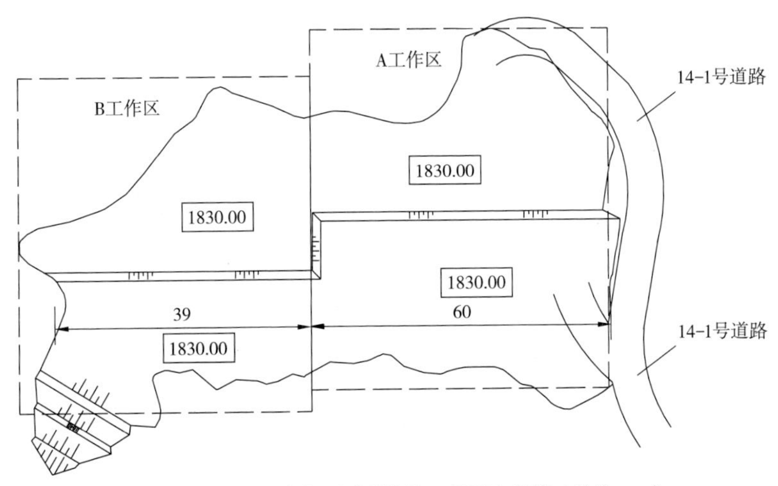

图 7–2　响水沟石料场开采前期施工场面布置图（单位：m）

大坝上游填筑高峰期为 2015 年 3 月，填筑强度 31.09 万 m^3（压实方），折合成 37.71 万 m^3（松散方），此时响水沟石料场开挖至高程 1740.00m，开采平台宽度 230m，开采面积为 5.66 万 m^2，可布置 5 个工作面，实际布置三个工作面，配置两台 PC1250 正铲、4 台 PC750 液压反铲，PC1250 正铲最大挖掘半径 10.42m，与 1 台液压反铲在同一工作区时中间距离为 21m，同一工作区长度不应低于 42m。根据机械性能，在 A、B 两个工作区各布置一台 PC1250 正铲、1 台 PC750 反铲；C 工作区布置两台 PC750 反铲。6 台挖装设备总生产能力 46.6 万 m^3（松散方），满足开采强度要求。响水沟石料场开采高峰期施工布置见图 7–3。

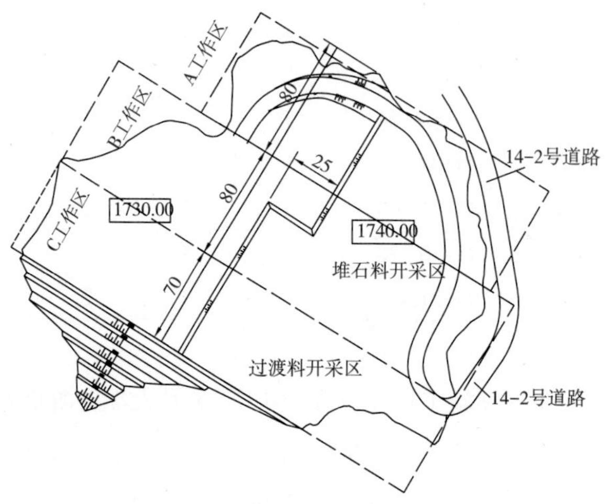

图 7–3　响水沟石料场开采高峰期施工布置图（单位：m）

（3）料场钻爆强度分析。根据大坝填筑计划，大坝上游分期填筑峰值统计见表 7–3。

根据石料场石方开采强度、土石方开挖强度以及料场开采方案，石料场分 A、B 两个单元开采，每个单元各配一组钻爆、挖、装、运设备单独施工，每单元分 1、2 两个区，

表 7–3　　大坝上游分期填筑峰值统计表

填筑分期	填筑时间 /（年 . 月）	填筑方量 / 万 m^3	需开采石料 / 万 m^3	石方开挖量 / 万 m^3
Ⅰ	2013.4	22.74	17.98	17.98
Ⅱ	2013.5	23.20	18.36	18.36
Ⅲ	2014.2	30.90	24.54	24.54
Ⅳ	2014.4	30.85	24.44	24.44
Ⅴ	2014.6	30.28	24.00	24.00
Ⅵ	2015.3	31.09	24.65	24.65
Ⅶ	2015.6	27.17	21.55	21.55
Ⅷ	2016.1	28.38	22.53	22.53
Ⅸ	2016.6	19.67	15.64	15.64
备注		压实方	自然方	自然方

按照清面→钻孔→爆破→出渣的顺序流水作业，同时施工，每个区面积约 1400m^2。取 1176m^2，钻爆方量约 11760m^3（自然方），松散方约 1.8 万 m^3。

在料场备料结束后高程 1830.00m 料场开采面积达 1.7 万 m^2，而且随高程下降进一步加大。

按照高峰期每月工作 25d，需要日钻爆和开挖方量为 24.65/25=0.99 万 m^3，松散方量为 37.71/25=1.51 万 m^3。

按照钻孔间排距 3.5m × 2.4m（堆石料参数），梯段高度 10m，考虑钻孔倾角和超深，钻孔深度 11.4m，每个区钻孔总延米为 1176/（3.5 × 2.4）× 11.4=1596m。

根据设备配置造孔钻机为 1 台 D7 液压钻和 1 台 CM351 高风压钻机，挖装设备为 1 台 PC1250、1 台 PC750，运输设备为 20 辆 45t，20 辆 32t 自卸车，推渣选用 1 台 SD–22 推土机，将以上设备按照 A、B 单元分为两组，响水沟石料场主要土石方设备单元分配见表 7–4。

表 7–4　　　　　　响水沟石料场主要土石方设备单元分配表

<table>
<tr><th>单元</th><th>钻爆设备</th><th>挖装设备</th><th>运输设备</th><th>推渣设备</th></tr>
<tr><td>A</td><td>1 台 D7，1 台 CM351</td><td>1 台 PC1250，1 台 PC750</td><td>20 辆 45t</td><td rowspan="3">1 台 SD–22 机动</td></tr>
<tr><td>B</td><td>2 台 CM351</td><td>3 台 PC750</td><td>20 辆 32t</td></tr>
<tr><td>备注</td><td>D7 造孔 19.3m
CM351 造孔 19.1m</td><td>PC1250，日挖装 4800m^3，
PC750，日挖装 3000m^3</td><td>45t 日运输 484m^3
32t 日运输 340m^3</td></tr>
</table>

每个单元配爆破工 5 名，普工 20 名进行爆破作业；组织 6 台 KSZ–100Y 预裂钻机提前进行预裂孔造孔，6 台手风钻进行二次解超径石，均不占直线工期。

前期开采作业面较小、开采强度较低，配 1 台 D7 液压钻，3 台 KSZ–100Y 预裂钻机，1 台 PC400 液压反铲，10 台 20t 自卸车运输覆盖层无用料和备料运输，在具备大面积开挖条件后，配备相应的钻爆及挖装设备。

根据每个开采单元、区开采工程量，所配设备，和设备生产能力编制工序循环周期表，高峰期开采施工工序循环见表 7–5。

从表 7–5 中可以看出，每日 A、B 两个单元开采区总挖装量为 0.78+0.9=1.68 万 m^3，满足开采需求。

综上所述，料场开采施工规划、进度计划安排合理，设备配置能够保证大坝填筑需求。

7.2 爆破试验

7.2.1 混装炸药爆破

7.2.1.1 混装炸药优势与意义

长河坝水电站砾石土心墙堆石坝为国内在建同类工程最高坝，石料场开采供应量大，在特殊的少数民族地区，为减少火工用品带来的负面影响，拟使用混装炸药，混装炸药的使用

表 7–5 高峰期开采施工工序循环表

项目			工作量	耗时/h	时段/h
A单元	A–1	清渣及准备	一项	3	
		造孔	1596m	42	19.3×42+19.1×42=1612.8m
		装药连线爆破	140 个孔	3	
		出渣	1.799 万 m^3	55	0.48+0.3=0.78 万 m^3/d
	A–2	出渣	1.799 万 m^3	55	0.48+0.3=0.78 万 m^3/d
		清渣及准备	一项	3	
		造孔	1596m	33	19.3×42+19.1×42=1612.8m
		装药连线爆破	140 个孔	3	
B单元	B–1	造孔	1596m	42	2×19.1×42=1604.4m
		装药连线爆破	140 个孔	3	
		出渣	1.799 万 m^3	48	3×0.3=0.9 万 m^3/d
		清渣及准备	一项	3	
	B–2	出渣	1.799 万 m^3	48	3×0.3=0.9 万 m^3/d
		清渣及准备	一项	3	
		造孔	1596m	42	2×19.1×42=1604.4m
		装药连线爆破	140 个孔	3	

时段/h：4, 8, 12, 16, 20, 24, 28, 32, 36, 40, 44, 48, 52, 56, 60, 64, 68, 72, 76, 80, 84, 88, 92, 96, 100, 104

在施工作业中不仅提高效率、降低成本、提升经济效益，而且降低环境污染，实现绿色、环保、清洁、安全生产。现场混装炸药系统的应用将会提高产业集中度和安全水平，建立安全高效机制，提升科技创新和自主创新能力，确保爆破装备与技术健康、协调、可持续发展。

混装炸药优势明显，具体表现在现场炸药混制通过混装车实现了装药机械化所有制作炸药的原料在车上各个料仓分装，到达爆破现场后才进行炸药的混制及装药，提高了作业安全性。剩余的混制炸药原料可返回料仓，从而避免了浪费。并且现场混制炸药可以提高炮孔装药效率，实现炸药与炮孔的全耦合装药，从而扩大爆破孔网参数，爆破效益明显提高。据统计，由于装药密度与耦合系数的提高，可以扩大孔网参数 20%~30%，减少钻孔量 25%~30%，爆破成本显著降低。而且采用现场混装炸药车及地面站设施后，在地面站贮存硝酸铵，而不再修建很大的炸药仓库，从而减少了成品炸药的运输、贮存、保管的安全风险和管理费用。

乳胶基质由康定市地面站生产后，采用专用运胶车保温运输至在长河坝水电站的贮胶站，再泵送至贮胶罐贮存。在使用时，由贮胶罐放入混装车内，驶往爆破现场进行炸药混制和装药爆破。若混装车正好在站区内并需立即使用时，也可将乳胶基质直接由运胶车泵送至混装车内，然后驶入爆破现场进行炸药混制和装药爆破。试验工艺流程见图 7-4。

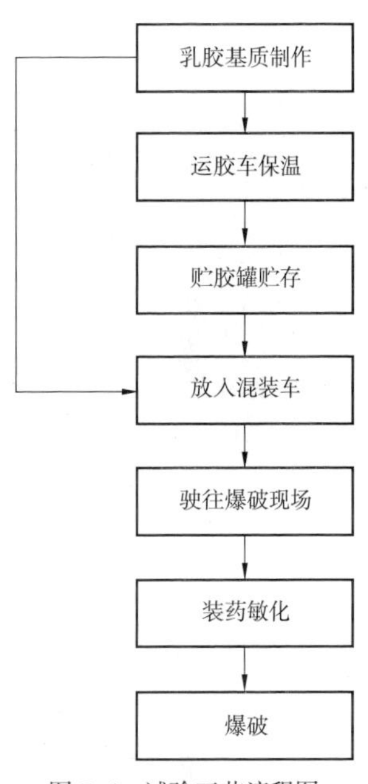

图 7-4　试验工艺流程图

引进前，向厂家方收集混装炸药主要特征参数，并对提供的特征参数与前期本工程应用的成品炸药进行对比，混装炸药与成品炸药主要特征参数对比见表 7-6。

在成品炸药爆破参数的基础上进行现场爆破试验参数设计，爆破试验参数设计见表 7-7。

表 7-6　混装炸药与成品炸药主要特征参数对比表

序号	类别	混装炸药实际检测数据	成品炸药实际检测数据
1	密度 /（g/cm^3）	1.2	1.3
2	爆速 /（m/s）	4300	5000
3	猛度 /mm	11	＞ 12
4	做功能力 /mL	245	＞ 260

表 7-7　爆破试验参数设计表

炸药	台阶高度 /m	钻孔超深 /m	钻孔深度 /m	钻孔角度 /（°）	钻孔直径 /mm	孔距 /m	排距 /m	堵塞深度 /m	线装药密度 /（kg/m）	单耗 /（kg/m^3）	单孔药量 /kg
成品	15	2	17	90	115	5	4	4.5	10~11	0.50	165
混装	15	2	17	90	115	5	4	4.5	12~13	0.55	180

7.2.1.2 第一次爆破试验

（1）试验规模见表 7–8。

（2）爆破参数见表 7–9。

表 7–8　　　　试验规模表

序号	爆破时间 /（年 . 月 . 日）	预计爆破量 /m^3	混装炸药使用量 /kg
1–1	2015.6.7	5000	2880
1–2	2015.6.11	12500	7220

表 7–9　　　　爆破参数表

项目	试验场次	
	1–1	1–2
台阶高度 /m	15.00	15.00
钻孔超深 /m	2.00	2.00
钻孔深度 /m	17.00	17.00
钻孔角度 /（°）	90.00	90.00
钻孔直径 /mm	115.00	115.00
孔距 /m	5.00	5.00
排距 /m	4.00	4.00
堵塞深度 /m	4.50	4.00
线装药密度 /（kg/m）	15.00	14.00
单孔药量 /kg	180.00	180.00
装药结构	连续、耦合	连续、耦合
起爆网路	单孔单响	单孔单响
总装药量 /kg	2952.00	7316.00
实际单耗 /（kg/m^3）	0.59	0.60

（3）试验结果。

1）两场爆破试验过程中，石料场多岩隙裂缝，地质条件不佳，个别孔混装炸药装药渗漏现象明显。

2）两场爆破试验爆破时间较晚且伴有小雨，故未能布置振动测试仪器。

3）爆破后孔口堵塞段大块明显较多，颗分试验显示爆破料整体偏粗，不能满足正常堆石料上坝填筑技术要求（见图 7–5）。

4）爆堆堆积高度降低不多，抛掷较少。爆破后冲明显，拉裂破坏范围较大。

（4）主要问题分析。在前两场爆破试验中，混装炸药表现出来的主要问题有以下几点。

1）部分区域爆破效果不理想，经分析主要原因可能为前排底盘抵抗线过大，爆破排数较少（两排）没有明显的挤压效果。

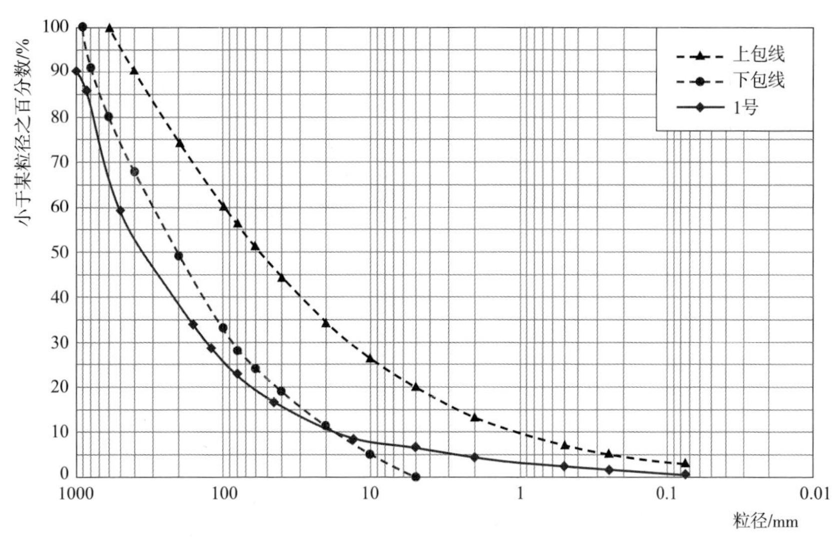

图 7-5　颗分试验检测结果图

2）试爆区装药过程存在漏药现象，成孔位置存在较大裂隙、料场部分临边区域下侧存在原用于金矿勘探的探洞。

3）试爆区装爆破后表层大块石较多，经分析主要原因可能为原设计顶部堵塞长度过大，此外，炸药发泡较慢及岩石裂隙造成炸药渗漏也导致实际孔顶堵塞长度小于设计堵塞长度。

（5）解决方案拟订。针对前两场爆破试验中混装炸药表现出来的主要问题，经过查阅大量相关资料，并进行专家咨询及技术讨论，拟订以下解决方案。

1）与厂家协商调整混装炸药配方，增加混装炸药稠度，在控制范围内削弱其流动性，从而减少狭小裂缝药体渗漏现象。

2）减少装药孔顶部堵塞长度，初步拟订为由 4.5m 调整为 3m。

3）全程跟踪钻孔，对出现金矿小巷道的孔进行记录，对炸药渗漏孔采用分段装药方式，防止炸药渗漏，岩石条件严重破碎及受矿洞影响的孔可采取塑膜装药。

4）减少最后一排孔的单孔装药量，即对最后一排孔分两段进行空气间隔装药，间隔距离 1m。

7.2.1.3　第二次爆破试验

（1）地面站乳胶基质生产配方优化调整。

1）将乳胶基质的水油相比例从初期选定的 93.5：6.5 调整为 94：6，从而加大炸药稠度，以减少不良地质岩石缝隙漏药现象。

2）更换油相配方中乳化剂厂家，选用更高标准的乳化剂产品，从而提高乳化效果，增加炸药稠度，以减少不良地质岩石缝隙漏药现象。

水相、油相配方见表 7-10。

（2）试验规模见表 7-11。

表 7-10　　水相、油相配方表

水相	水	硝酸铵	添加剂 A	添加剂 B
	15%	85%	0.2%（外加）	0.15%（外加）
油相	柴油	机械油	乳化剂 A	乳化剂 B
	45%	26%	23%	6%

表 7-11　　试验规模表

序号	爆破时间 /（年 . 月 . 日）	预计爆破量 /m^3	混装炸药使用量 /kg
2-1	2015.6.26	12600	6360
2-2	2015.7.25	14000	8000
2-3	2015.7.30	12000	7200

（3）爆破参数。本场爆破装药结构根据钻孔跟踪情况进行，爆破场次 2-1 仍采用连续耦合装药方式，爆破场次 2-2、2-3 末排采用空气间隔装药，共分两段，空气间隔 1m，岩石破碎段视情况采用间隔装药或套袋装药方式进行，以减少混装炸药渗漏现象。除装药结构外其他试验主要参数（见表 7-12）。

表 7-12　　爆破参数调整情况表

爆破场次	台阶高度 /m	钻孔超深 /m	钻孔深度 /m	钻孔角度 /（°）	钻孔直径 /mm	孔距 /m	排距 /m	堵塞深度 /m	线装药密度 /（kg/m）	单耗 /（kg/m^3）	单孔药量 /kg
2-1	15	2	17	90	115	5	4	3	13~15	0.60	180
2-2	15	2	17	90	115	5	4	3	11~12	0.55	165
2-3	15	2	17	90	115	5	4	2.5	12~14	0.58	175

（4）爆破施工关键控制环节。

1）全程跟踪钻孔过程，对异常孔进行记录，并制定应对措施。

2）第一次装药 60kg，测量初始高度，5~10min 再次测试高度，达到预定高度孔继续装药；未到达预定高度，说明岩石裂隙较多造成炸药渗漏，采用塑膜对孔套内袋，装药在塑膜内袋内（见图 7-6）。

3）保证堵塞长度，过长易造成大块过多，过短产生飞石距离过远。

4）控制爆破振动，采用单孔单响网路。

5）加强爆破警戒工作，由于涉及各施工队伍交叉作业，爆破警戒应提前告知、提前清场、提前发布警戒信号。

图 7-6　采用特制塑膜内袋解决不良地质漏药情况

7.2.1.4 试验结果

（1）爆破效果。爆破根据前期试验出现的情况进行调整采取防渗漏措施，爆破后效果取得较大改善，大块较少，满足堆石料级配要求。爆破效果分析见表7-13，第二批次3场爆破试验颗粒级配检测见图7-7。

表7-13　　爆破效果分析表

试验 项目	第二批次
爆破块度	经过对渗漏孔进行塑膜装药处理后，大块较少。通过多场次试验后，发现造成大块原因主要为：①堵塞过长；②岩石裂隙、金矿洞子造成炸药渗漏
爆堆形态	爆堆堆积高度下降明显（约2m），抛掷距离满足挖装要求，利于挖装的安全施工
爆破安全	无盲炮，人身、财产、建（构）物安全
爆破后冲	后冲减少，拉裂破坏范围变小
是否满足堆石料级配要求	基本满足堆石料级配要求

（2）爆破飞石、振动有害效应分析。

1）安全振动验算公式如下：

$$R=(K/V)^{1/a}Q^{1/3}$$

式中　Q——最大单响起爆药量，长河坝水电站工程Q=180kg；

R——爆破振动的安全允许距离，m；

V——被保护建筑的允许振动速度，cm/s；

K，a——与爆破点至计算点间的地形、地质条件有关的系数和衰减系数，参照相关工程资料，取K=100，a=1.5。

根据《爆破安全规程》（GB 6722—2014）对一般民房安全允许质点振动速度为2cm/s，$R=(K/V)^{1/a}Q^{1/3}=(100/2.0)^{1/1.5}180^{1/3}$=76.63m，施工爆破现场76.63m范围内无民房。

2）在实际爆破试验过程中：

A. 通过肉眼观测和提前架设的照相机录像的回放，个别飞石距离控制在200m范围内，人员和机械设备提前撤离，不会造成危害。

B. 在距离爆破边缘120m距离，放置振动测试仪，最大振动速度为0.95cm/s，不会对周围被保护建（构）物造成危害。振动数据见表7-14。

表7-14　　振动数据表

振动方向	总装药量/kg	最大单响药量/kg	距离/m	主振频率	最大振动速度/（cm/s）
水平切向	6504	190	120	12.2	0.84
水平径向	6504	190	120	12.2	0.95
竖直向	6504	190	120	17.1	0.68

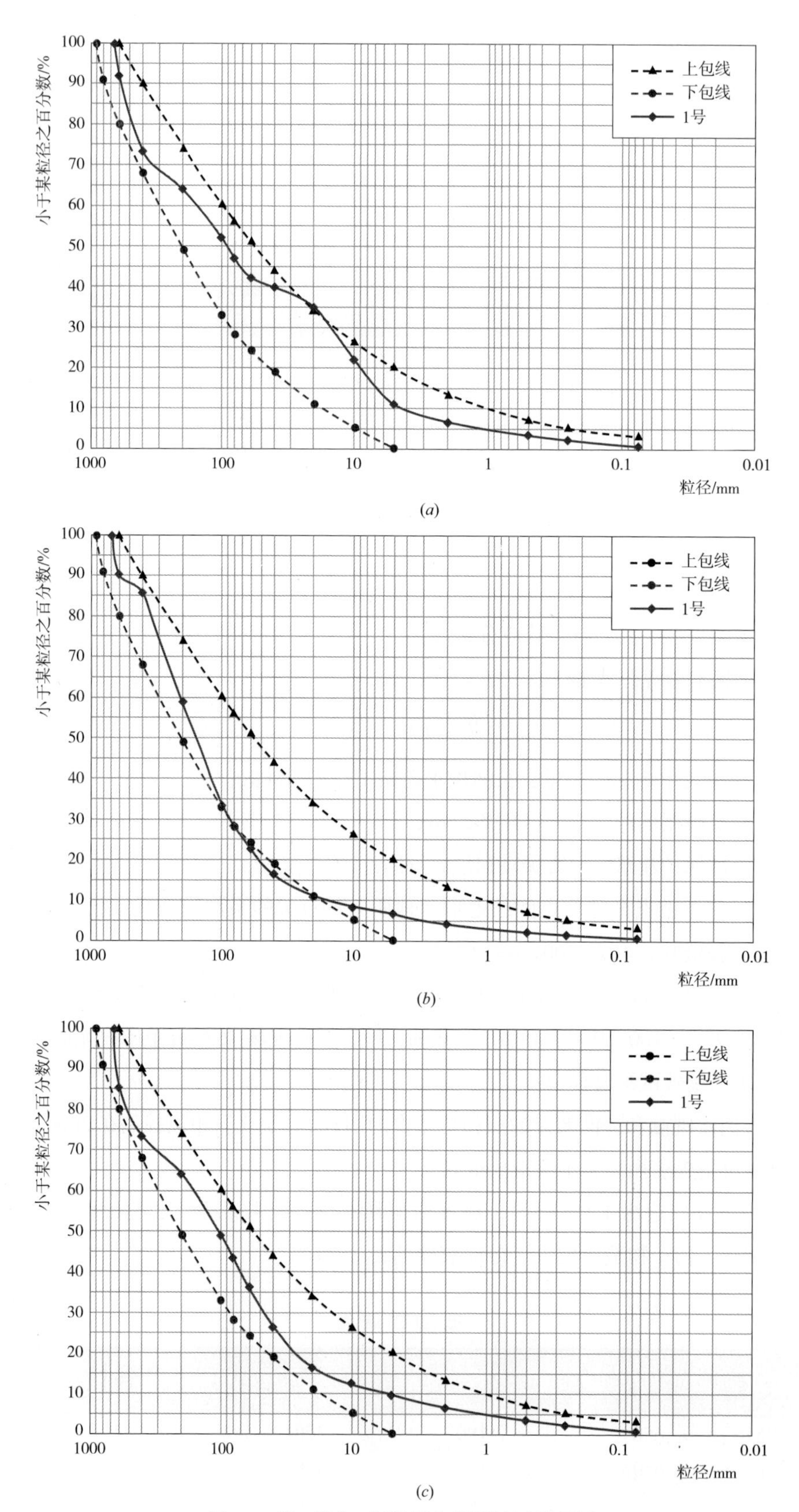

图 7-7　第二批次 3 场爆破试验颗粒级配检测图

7.2.2 普通梯段爆破

（1）爆破器材及爆破参数。石料场爆破试验主要施工机械设备见表 7–15。

表 7–15　　石料场爆破试验主要施工机械设备表

序号	设备名称	型 号	数量	生产厂家
1	潜孔钻机	CM–351	1	宣化工程机械厂
2	液压反铲	CAT336D	1	美国 CAT 公司
3	自卸汽车	20t	10	中国重型汽车集团有限公司
4	移动式空压机机	WY–12/7–d（$12m^3/min$）	3	

深孔梯段爆破台阶要素见图 7–8。

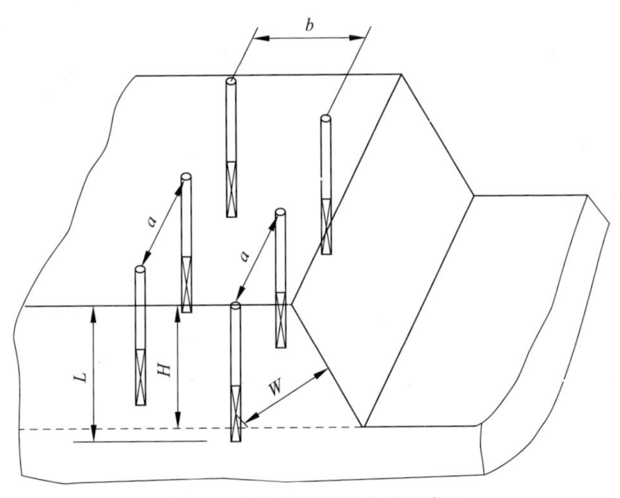

图 7–8　深孔梯段爆破台阶要素图

1）孔径、孔深。对比国内类似工程相关经验、钻机钻孔效率及响水沟料场岩石条件，在爆破试验过程中采用了孔径 90mm 和 120mm 进行对比试验，根据颗粒分析试验成果确定孔径 120mm。堆石料爆破试验的台阶高度 15m。在考虑超钻深度时，堆石料爆破实际造孔 16m。

2）最小抵抗线。台阶坡面往往时斜面，考虑最小抵抗线，结合响水沟石料场地形地质条件，并考虑钻孔设备临边作业的安全距离，确定堆石料爆破试验最小抵抗线选择为 3.5m。

3）单位耗药量。结合响水沟石料场岩石条件、爆破方式、炸药威力及岩石块度的要求，堆石料爆破试验在确定主爆孔间、排距的情况下，装药单位耗药量分别在 $0.45kg/m^3$、$0.5kg/m^3$、$0.55kg/m^3$ 三个组合下进行对比试验，从而确定最终开采爆破的单位耗药量为 $0.5kg/m^3$。

4）间排距。堆石料爆破首先对间排距分别为 3.5m × 3m、3.5m × 3.2m、4.8m × 3m 和布控方式为矩形和梅花形布孔的情况下，爆破料最能满足设计指标及实际生产的要求。

5）起爆网络。孔网连接采用 V 形起爆。该起爆方法在爆破过程中加强了岩石碰撞挤压效果，破碎质量较好，爆堆宽度较小，有利于施工过程中的装运。

确定了堆石料爆破参数见表 7-16。

表 7-16　爆破参数表

台阶高度/m	超钻深度/m	钻孔直径/mm	钻孔角度/(°)	布孔方式	堵塞长度/m	间排距/(m×m)	实际单耗/(kg/m^3)	延米药量/kg	单孔药量/kg	起爆方式	装药结构	炸药类型
15	1	120	90	梅花	2.5	5×4	0.5	11	154	台阶	连续耦合	乳化炸药

（2）装药结构。主爆孔装药采用 ϕ70mm 2 号岩石乳化炸药连续装药至堵塞段处，然后采用岩粉堵塞。主爆孔装药结构见图 7-9。

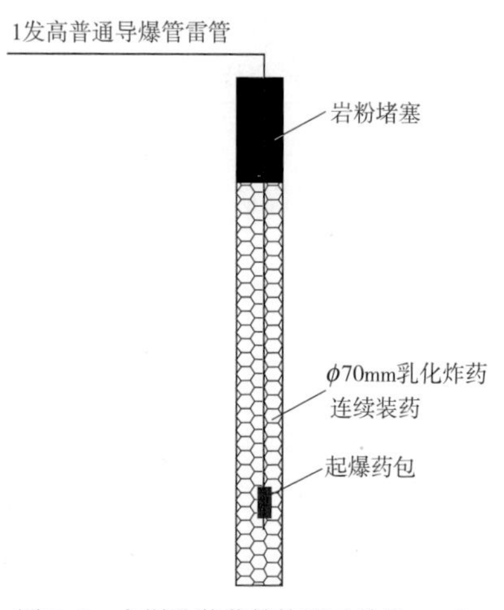

图 7-9　主爆孔装药结构图（单位：m）

总装药量控制在 15t 内，布孔 8 排 12 列。根据实际造孔总排、列数圈定爆破范围，根据图表进行网络连接；每孔均采用单孔单响方式起爆；排间采用 17ms、42ms、65ms 高精度雷管与普通雷管 ms05 进行延时；为提高堆石料爆破效果，取得较好级配，孔间采用 ms02 普通雷管连接，排间采用 42~48ms 微差雷管，为保护爆破区域外岩石完整性，最后一排孔适当增加延时。

（3）爆破后现场取样及颗粒分析。由于起爆方式为 V 形起爆，起爆过程中爆破料向前推移，爆破后爆堆整体下降约 4m。爆破后爆堆表面超径石较多（少量大于 400mm），且级配不均匀（大块石较多）。

现场爆破完成后在进行了 6 组取样检测。为确保现场筛分的精确性，试验料取样前均对筛料点采用塑料布进行覆盖，将筛分料与基础面的浮杂分隔开。

本场过渡料爆破完成后，先后进行了 6 组颗粒级配检测，其颗粒级配曲线见图 7-10，颗粒分析统计见表 7-17。

表 7-17　颗粒分析统计表

序号	技术指标	设计要求	坝面取样					
			1 号	2 号	3 号	4 号	5 号	6 号
1	D15	不大于 20mm	5.0	15.0	14.5	31.0	15.5	17.0
2	小于 5mm	不大于 17%，不小于 4%	15.1	8.4	8.2	8.0	8.7	8.9
3	小于 0.075mm	不大于 3%	1.3	0.6	0.7	0.4	0.6	0.5
4	最大粒径	不大于 400mm	240	255	215	280	340	275

由图 7-10 及表 7-17 中可以看出，本次过渡料爆破料偏粗、细颗粒含量较少，颗分曲线显示有两组样本偏离下包线。

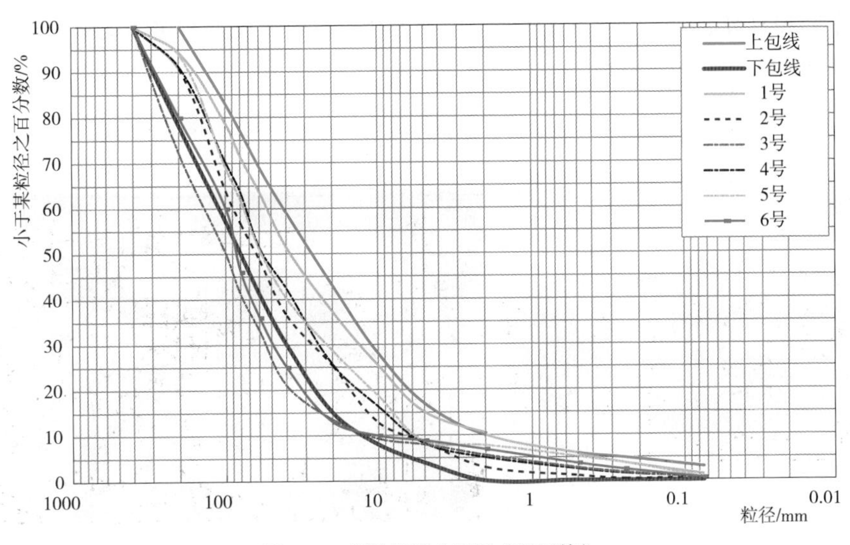

图 7-10　颗粒级配曲线图（碾压前）

7.2.3　块度预测与试验

针对水电工程堆石料爆破级配要求高、块度预测难的现状，以岩体原生节理统计和爆破裂纹模拟为切入点，采用现场调查、室内试验、数值仿真分析和工程检验等方式，对堆石料爆破块度预测方法展开了初步研究，得到了一套完整的堆石料爆破块度预测方法。首先，通过现场调查，绘制研究区域的天然节理分布网络图，建立基于原生节理统计的三维节理岩体模型；然后，通过 SHPB 试验装置获取岩体在冲击荷载作用下的动力学参数，利用 Ansys/Ls-Dyna 模拟爆破裂纹的扩展范围；综合原生节理调查信息和爆破裂纹模拟成果，建立调查区域爆后三维节理岩体模型；利用 Ansys 输出所有岩块的线 - 面 - 体数据并编制 Matlab 块度计算程序，采用基于爆破岩块第五条最长边的块度预测指标，最终得到了调查岩体的级配预测曲线。

（1）原生节理岩体模型的构建。长河坝水电站江咀石料场岩体为石英闪长岩，岩质致密坚硬，岩体多呈次块状 ~ 块状结构。地质测绘未发现有大的断裂通过，在料场下游发育一小断层，产状 N60°W/SW∠40°~50°，延伸大于 100m，带宽 30~50cm，由碎裂岩及碎粉岩组成，上、下盘影响带各 3m。主要发育的构造裂隙有 5 组：① N50°~55°W/NE∠50°~60°；② N10°~25°E/NW∠70°~75°；③近 EW/N∠45°~50°；④ N10°~20°E/SE∠15°~25°；⑤ N60°W/SW∠40°~50°。受裂隙切割，岩石块径多为 80~150cm。

1）节理信息的获取。对江咀石料场将要进行爆破的台阶面开展了取样工作。采用数码照相和地质罗盘相结合的测量方法，以Ⅲ级、Ⅳ级节理调查为主，在分布高程 1830.00~1845.00m 的范围内调查了江咀石料场待爆破岩体原生节理的迹线分布，现场采集了 SHPB 试验所需岩样，并在爆破后收集了现场爆破参数、爆后级配等相关信息。其调查区域岩体结构特征见图 7-11。

将图 7-12 采样面照片导入 CAD 中，根据参照尺将照片放大至实际尺寸，在照片中确定边界，描绘该范围内的节理。由于节理的露头多呈锯齿状，为了后续建模方便，在描绘节理迹线时将其处理成光滑的折线，并对节理进行编号，节理迹线网络见图 7-12。

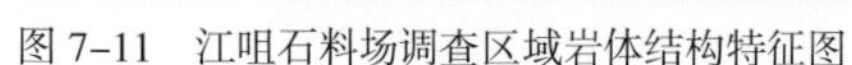
图 7-11　江咀石料场调查区域岩体结构特征图

图 7-12　节理迹线网络图

2）Kuz-Ram 模型及其主要计算参数。工程利用 Kuz-Ram 预测模型以及爆破试验的筛分结果、过渡料要求的上、下包络线就可计算出所需的炸药单耗，由此确定合理的爆破参数。这一模型依据 Kuznetsov 方程和 R-R 分布函数而提出。它从爆破参数导出 R-R 分布函数的指数，将爆破参数与块度分布联系起来。它与块度分布曲线的粗粒径部分具有良好的相关性。具体表达式如下。

模型的基本表达式由 Kuznetsov 方程和 R-R 分布函数和不均匀指数 3 部分组成：

$$\bar{X}=Aq^{-0.8}Q^{\frac{1}{6}}(115/E)^{\frac{19}{30}} \tag{7-1}$$

$$R=1-e^{-\left(\frac{X}{X_0}\right)^n} \tag{7-2}$$

$$n=(2.2-14w/d)(1-e/w)[1+(m-1)/2]L/H \tag{7-3}$$

对于式（7-2），当 $R=0.5$ 时，有

$$0.5=1-e^{-\left(\frac{X}{X_0}\right)^n} \tag{7-4}$$

此时，$X=X_{50}$：

$$X_0=X_{50}/(\ln 2)^{\frac{1}{n}} \tag{7-5}$$

上述式中　A——岩石系数，取值大小与岩石的节理、裂隙发育程度有关，节理裂隙越发育其值越小，可通过前期试验成果进行反算；

q——炸药单耗，kg/m^3；

Q——单孔装药量，kg；

E——炸药相对重量威力，铵油炸药（非散装）为 100，TNT 时为 115；

$\bar{X}$——即 d_{50}，爆破岩块的平均粒径，cm；

R——小于某粒径的石料质量百分数，%；

X——岩块颗粒直径，mm；

X_0——特征块度，cm，即筛下累积率为 63.21% 时的块度尺寸；

n——不均匀指数，表示分布曲线的陡缓；

e——钻孔精度，m；

L——不计超钻部分的装药长度；

d——炮孔直径，mm；

w——抵抗线，m；

m——间排距系数，孔距与真实排距（与起爆方式有关）之比；

H——台阶高度，m。

根据设计对过渡料的块度级配要求，可获得最大允许平均块度，利用式（7-6）可计算出爆破出合理过渡料的炸药单耗：

$$q \geqslant [AQ^{\frac{1}{6}}(115/E)^{\frac{19}{30}}/[d_{50}]]^{\frac{1}{0.8}} \tag{7-6}$$

式中 q——炸药单耗；kg/m^3；

Q——单孔装药量，kg；

E——炸药相对重量威力，同一品种炸药可取相同值，乳化炸药可取 100；

$[d_{50}]$——设计提出的下包络线平均块度，目前为 5.2cm；

A——岩石系数，取值大小与岩石的节理、裂隙发育程度有关，节理裂隙越发育其值越小，可通过前期试验成果进行反算。

3）三维节理岩体模型构建。将图 7-12 中调查得到的节理信息全部坐标化，统计所有节理两个端点的坐标值和各节理相对于台阶面的角度。以节理所在面为爆破方向面，台阶面尺寸（长 14.45m × 高 8.11m），炮孔排距 4m，建立三维岩体模型。根据坐标数据，在 Ansys 中生成所有节理，并综合考虑爆生气体的劈裂作用以及工程破坏的扰动作用，利用工作平面依次沿节理迹线延伸方向和对应角度切割岩体。由此建立的基于原生节理统计的岩体模型见图 7-13。

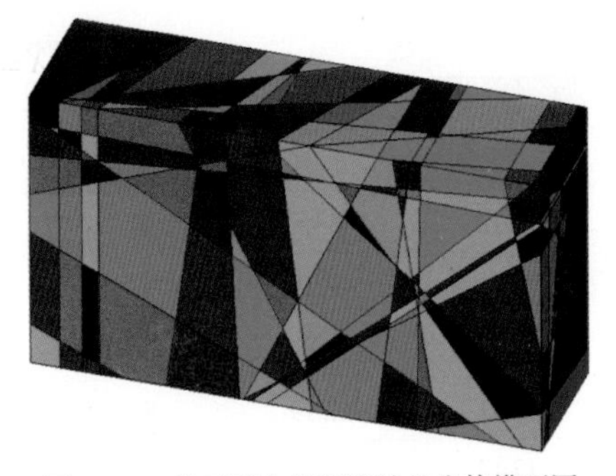

图 7-13 基于原生节理统计的岩体模型图

（2）岩体爆破裂纹扩展数值模拟。岩体在爆破冲击荷载作用下的裂纹开展属于岩石动力学问题。为了模拟岩体的动力学响应，需要先获取岩石在冲击荷载作用下的力学参数。目前岩石冲击试验效果较好的是 SHPB 试验。

1）岩石动力学试验。在节理调查区域采集岩样，按照 SHPB 试验对试件的要求，经过反复加工和筛选，最终制成了 16 个试块（见图 7-14）。采用 0.4MPa、

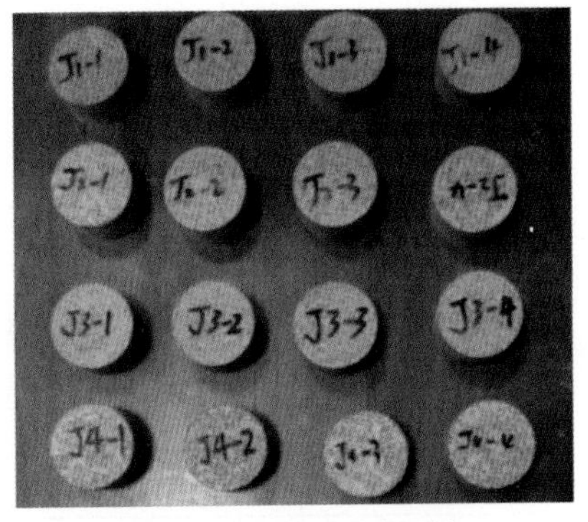

图 7-14 加工完成的试块

0.6MPa、0.8MPa 和 1.0MPa 四种冲击气压分别对试件进行冲击。

试件在冲击荷载作用下的典型破坏形态（见图 7–15）。从图 7–15 中可以看出，试件临界破坏对应的应变率在 $125s^{-1}$ 左右。当应变率为 $84.36s^{-1}$ 时，试件破坏不够完全；应变率为 $196.53s^{-1}$ 时，试件已充分破坏。所以，在后面确定爆破裂纹模拟参数时，将应变率低于 $80s^{-1}$ 的屈服应力成果视为岩石的静态屈服应力，而在确定岩石动力学参数时则应该选择应变率大于 $125s^{-1}$ 的试验数据。

(a) $\dot{\varepsilon}=84.36s^{-1}$

(b) $\dot{\varepsilon}=124.77s^{-1}$

(c) $\dot{\varepsilon}=196.53s^{-1}$

图 7–15　不同应变率下岩体的破坏形态

将试验得到的 14 个试块的应力 – 应变曲线简化成典型的弹塑性曲线后，计算相关特征参数（见表 7–18）。其中 $\dot{\varepsilon}$ 为应变率；弹性模量为应力 – 应变曲线弹性阶段的斜率；切线模量为应力 – 应变曲线塑性阶段的斜率；σ_y 为屈服强度，σ_u 为极限强度，ε_f 为失效应变。

表 7–18　　冲击荷载作用下应力应变曲线特征参数表

试件编号	应变率 $\dot{\varepsilon}$ /s^{-1}	弹性模量 E /GPa	切线模量 E_{tan}/GPa	屈服强度 σ_y /MPa	极限强度 σ_u /MPa	失效应变 ε_f
J1–2	84.36	47.91	14.03	42.15	113.69	0.007
J1–3	131.28	73.40	15.86	69.85	196.96	0.011
J1–4	151.79	79.84	17.97	112.63	242.00	0.011
J2–1	122.59	88.95	27.92	133.58	262.06	0.009
J2–2	100.44	64.08	15.16	48.49	158.38	0.009
J2–3	134.83	56.46	15.06	95.96	200.06	0.011
J2–4	196.53	65.04	12.47	139.75	245.76	0.014
J3–2	88.91	55.89	12.71	36.15	109.40	0.008
J3–3	166.26	42.61	14.56	42.60	159.79	0.012
J3–4	124.77	79.68	21.51	144.06	238.10	0.009
J4–1	124.67	64.35	19.42	67.22	200.06	0.010
J4–2	187.37	68.39	19.29	143.25	223.56	0.010
J4–3	65.73	73.60	14.67	37.62	96.51	0.006
J4–4	136.00	81.06	22.69	118.58	226.44	0.008

2）破裂纹扩展模拟。利用 Ansys/Ls-Dyna 数值仿真平台进行爆破裂纹的扩展模拟，采用共用节点模型算法。该算法的基本理念是炸药和岩石共用一个体，便于划分出形状规整的网格，然后通过更改炸药区域的单元材料来体现炸药。

岩体材料模型采用塑性随动材料模型，共需要输入的参数有如下 9 个：密度、弹性模量、泊松比、屈服强度、切线模量、硬化参数、应变率参数 C 值和 P 值、失效应变。其中密度在进行 SHPB 试验之前可进行测量；弹性模量、切线模量、屈服强度等参数分别取表 7–18 中对应各项的平均值；泊松比取为 0.28；硬化参数取为 0，表示材料仅随动硬化。应变率参数 C 值和 P 值是 Cowper–Symonds 模型中用来考虑应变率效应的，该模型通过调整 C 值、P 值来实现对极限强度的调整。其屈服应力计算公式为

$$\sigma_y=\left[1+\left(\frac{\dot{\varepsilon}}{c}\right)^{\frac{1}{p}}\right](\sigma_0+\beta E_p\varepsilon_p^{eff}) \tag{7-7}$$

将 $\beta=0$ 代入式（7–7），变形后得

$$\ln\dot{\varepsilon}=P\ln\left(\frac{\sigma_y}{\sigma_0}-1\right)+\ln C \tag{7-8}$$

式中　σ_0——岩石的初始静态屈服应力。

按照前面的分析，试件临界破坏对应的应变率在 125s^{-1} 左右，因此可采用 SHPB 试验中应变率较低的岩石动强度参数代替岩石的静力学参数作为基底。故将应变率为 65.73s^{-1} 所对应的屈服应力 37.62MPa 代替 σ_0 作为基底，而将应变率在 125s^{-1} 以上的 7 组数据所对应的屈服应力代替代入式（7–8）中进行计算，可得 7 组关于 $\ln(\sigma_y/\sigma_0-1)$ 的数据，C 值、P 值拟合求解结果见图 7–16，其斜率即为 P 值，截距等于 $\ln C$。

在数值模拟过程中，通过定义失效应变与抗拉强度来控制岩石粉碎区与裂隙区的破坏范围。由于 SHPB 试验缺乏应变率 200s^{-1} 以上的试验数据，故根据应变率 200s^{-1} 以下的其他试验数据拟合出失效应变与应变率相关性拟合曲线见图 7–17，进而推算出应变率 = 300s^{-1} 时的失效应变。

由于炮孔周围岩体的破坏一般都是拉裂破坏，所以失效判断指标采用岩石在动荷载作用下的抗拉强度，可按式（7–9）进行计算。

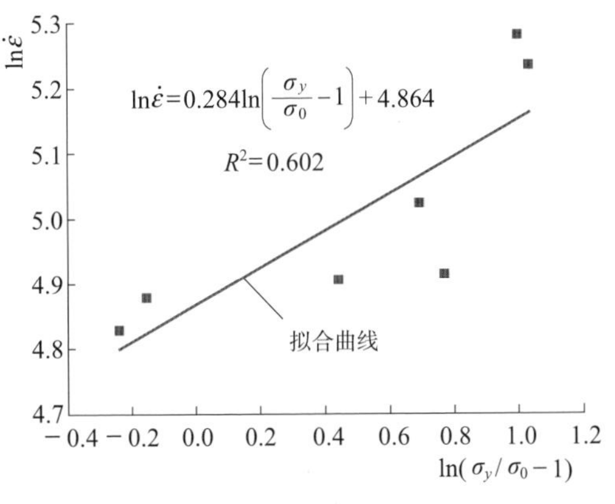

图 7–16　C 值、P 值拟合求解结果图

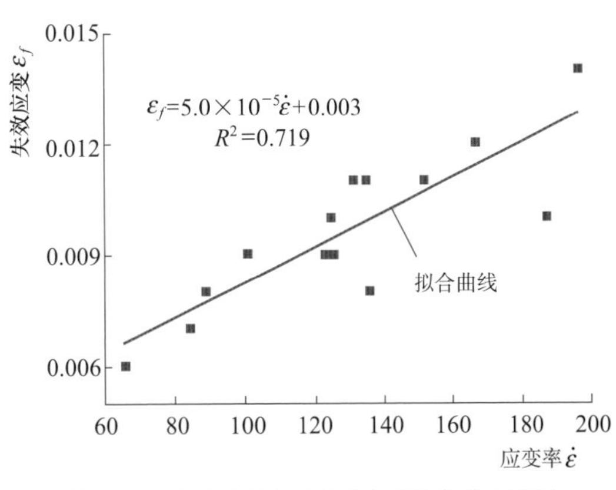

图 7–17　失效应变与应变率相关性拟合曲线图

$$\sigma_{cd}=\sigma_c\dot{\varepsilon}^{\frac{1}{3}},\quad \sigma_t=\frac{\sigma_{cd}}{K\dot{\varepsilon}^{\frac{1}{3}}} \tag{7-9}$$

式中 σ_{cd}——岩石的单轴动态抗压强度；

σ_c——岩石的单轴静态抗压强度，取 SHPB 试验中最小应变率 $65.73s^{-1}$ 对应的强度值 96.51MPa；

ε——应变率；

K——常数，取值一般在 10~15，取 12.5；

σ_t——岩石的静态抗拉强度。

综上所述，江咀石料场取样岩体参数（见表 7–19）。

表 7–19　　数值模拟中材料模型的相关参数表

ρ/（kg/m^3）	E/GPa	σ_y/MPa	E_{tan}/GPa	C/s^{-1}	P 值	$\varepsilon_f/10^{-3}$	σ_{td}/MPa
2834	67.23	87.99	17.38	130	0.284	18	7.72

炸药材料模型采用 Ansys/Ls–Dyna 程序提供的高能炸药材料模型结合一个描述爆轰产物压力 – 体积关系的 JWL 状态方程模型。江咀石料场爆破中所用炸药主要为成品乳化炸药，其具体参数见表 7–20。

表 7–20　　岩石乳化炸药参数表

Rc/（kg/m^3）	D/（m/s）	PCJ/GPa	BETA	K	G	SIGY
1150	4200	2.5	0	—	—	—

JWL 状态方程可以精确描述爆轰产物的扩散膨胀过程，其单元压力与体积关系按式（7–10）计算：

$$P=A\left(1-\frac{\omega}{R_1V}\right)e^{-R_1V}+B\left(1-\frac{\omega}{R_2V}\right)e^{-R_2V}+\frac{\omega E_0}{V} \tag{7-10}$$

式中　V——相对体积，为初始相对体积；

E_0——初始内能密度；

A、B、R_1、R_2——试验确定的参数，其具体参数见表 7–21。

表 7–21　　JWL 状态方程参数表

A/GPa	B/GPa	R_1	R_2	W	E_0/（J/m^3）	V_0
214.4	1.82	4.2	0.9	0.15	1.35×10^6	1

数值计算模型采用 1/4 爆孔和岩体模型，模型尺寸为 2.5m × 2.5m × 0.1m 的六面体；采用 SOLID164 单元，并设置炸药和岩石两种材料；采用六面体单元进行网格划分，单元尺寸设置为 0.015；计算模型中岩石单元为 195104 个，炸药单元 119 个，模型网格划分见图 7–18。

模型的下边和左边是 1/4 模型的对称边界，故在该对称边界面上施加垂直于该面的约束，使其径向方向上位移为 0。模型的正面和背面设置 UZ 方向约束。模型的右面和上面为炸药的远端，设置无反射条件边界。

数值模拟计算时间为 1s，根据计算终了时刻的裂隙模型，岩体的破坏程度分为 4 个圈层，依次为：粉碎区、过渡区、裂隙区和碎块区。爆破裂纹扩展模拟成果见图 7–19。

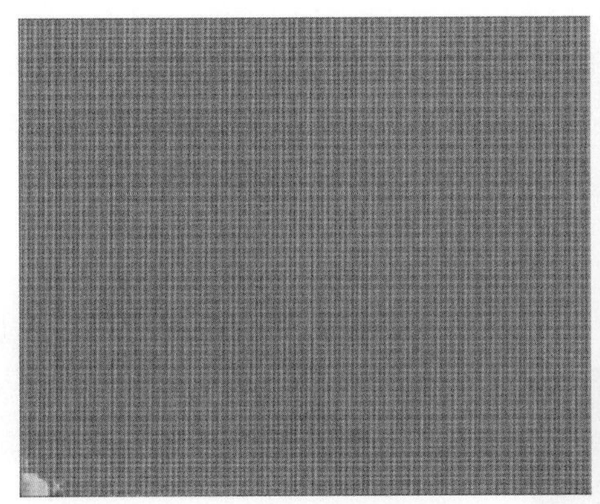

图 7–18　模型网格划分图

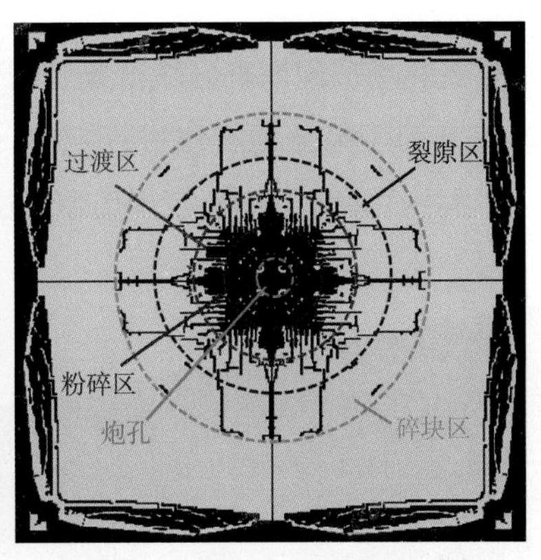

图 7–19　爆破裂纹扩展模拟成果图

在粉碎区内，爆炸产生的应力波为压缩波，爆炸的超高压力荷载远远大于岩石的动抗压强度，导致岩体发生压缩破坏而粉碎。在数值模拟中，炮孔的半径为 11.5cm，粉碎区的范围在 11.5~37.2cm，最大范围是炮孔半径的 3.23 倍。

37.2~64.7cm 为过渡区，该区内同时存在粉碎岩屑和微小裂隙岩体两种状态，原因在于岩石同时遭受了强烈的径向压缩和切向拉伸，致使岩石被部分压碎，同时在粉碎岩石的周边伴随有微裂纹的生成。

随着与爆源距离的增大，岩体的受力状态发生改变，径向的压应力作用减弱，环向的拉应力越来越大，加之后续横波的作用，使得环向的变形也越来越大，岩体发生横向拉断和径向剪切破坏，产生方向各异的裂纹，形成裂隙区。

碎块区的形成是由于高压爆生气体楔入爆破裂隙中，不断膨胀并逐渐隆起形成“鼓包”，迫使裂隙扩展，最终形成散体岩块。碎块区最长裂隙半径为 124.0cm，是炮孔半径的 10.8 倍。

（3）爆堆岩块级配预测。

1）构建爆后节理岩体三维模型。在基于原生节理统计的岩体模型基础上加入爆破裂纹扩展模拟成果，即可得到爆后节理岩体模型。从爆破裂纹的模拟结果可知，粉碎区内的岩体在模拟时单元全部失效删除，呈现出一片空白，实际情况应该是岩体完全粉碎，在爆后节理岩体模型构建中，应将该部分直接挖除，计算级配时计入模拟所得的最小块度中。由于过渡区内也有大量粉碎岩体，且裂纹密集，对岩体形成多向切割，区内岩体块度较小，为简化模型，在爆后节理岩体模型构建中将过渡区范围的一半（靠近炮孔部分）也进行挖除，计算级配时同样计入模拟所得的最小块度中。以此建立的江咀石料场取样区域爆后节理岩体模型见图 7–20。

2）建立块度评价指标。测定爆堆的块度组成是岩体爆破块度研究的一项重要内容。爆后节理岩体三维模型经 Ansys 处理后会输出所有岩块的点线面体数据资料，因而对于一个特定的岩块，其点线面体的具体数据均为已知。从岩块筛分分级的角度考虑，岩块的块度尺寸是由它能通过的最小筛孔直径（边长）确定，而爆破岩块的几何形状通常是不规则的，在计算爆堆块度时，常用的岩块几何度量指标有：最大线性直径、等体积球直径、三轴径、投影径等。

在江咀石料场节理调查区域待爆破岩体爆破完成后进行现场颗分试验，并随机选取一定数量各尺寸筛子筛余的石块进行观察。其中现场颗分试验所用筛子的筛孔直径分别为 2cm、4cm、6cm、8cm、10cm，现场颗分试验各级配组成典型岩块见图 7-21。

图 7-20　江咀石料场取样区域爆后节理岩体模型图

（*a*）2~4mm典型岩块

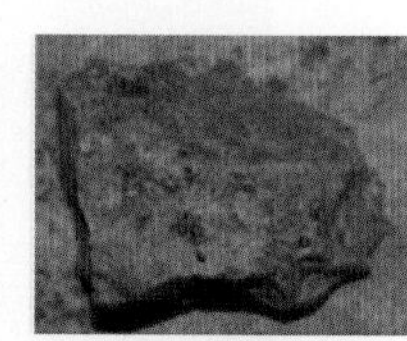

（*b*）4~6mm典型岩块

（*c*）6~8mm典型岩块

（*d*）8~10mm典型岩块

图 7-21　现场颗分试验各级配组成典型岩块

通过观察以上岩块发现，绝大部分的岩块都可看作六面体，即存在 12 条边，可分成 4 条长边、4 条短边和 4 条中长边。经检验，4 条长边并不能决定岩块能否通过筛孔，因为对于长边大于筛孔直径的情况，也存在换个方向岩块就能顺利通过的情况；显然 4 条短边也不能决定；可以猜测 4 条中长边中最长的边即岩块的第五条最长边决定了岩块能否通过筛孔。

为了进一步检验第五条最长边指标的合理性，将典型岩块加以简化后看成六面体，分前、后、侧三个方向量取 12 条边，若是三角形的面则将第四条边作为 0 处理，统计第五条最长边指标在不同块度域内与实际相符石块的占比，比较其与实际情况的吻合度，边长指标与实际吻合度情况见表 7-22。

表 7-22　　边长指标与实际吻合度情况表

块度区间 /cm	岩块统计个数 / 个	第五条最长边指标吻合度 /%
2~4	8	100.0
4~6	16	68.8
6~8	11	90.9
8~10	6	66.7
	平均	81.6

从表 7-22 中可以看出，将岩块第五条最长边作为岩块的等效尺寸用来确定爆后岩块的级配组成，结果基本符合实际块度范围，该指标在各个级配区间内的吻合度都较高，总体吻合度为 81.6%，因而可以作为爆后岩块分级的评价指标。

3）级配计算和分析。爆后节理岩体模型经 Ansys 处理后会输出所有岩块的线—面—体数据资料，采用 Matlab 来处理这些数据。根据岩块编号的对应关系，找到相应岩块的第五条最长边，然后判断该值所属的级配区间，并把该岩块相应的体积算进该区间范围。在所有岩块都判断完以后，把各级配区间内的体积值累加，然后比上岩体体积得到各区间的百分比，最后绘制级配曲线。将其与岩块的等体积球直径指标预测级配曲线和节理调查区域，待爆破岩体爆破完成之后现场颗分试验所得到的实际级配曲线进行对比，以此来分析该指标预测结果的合理性。预测级配曲线与实际级配曲线对比见图 7-22。

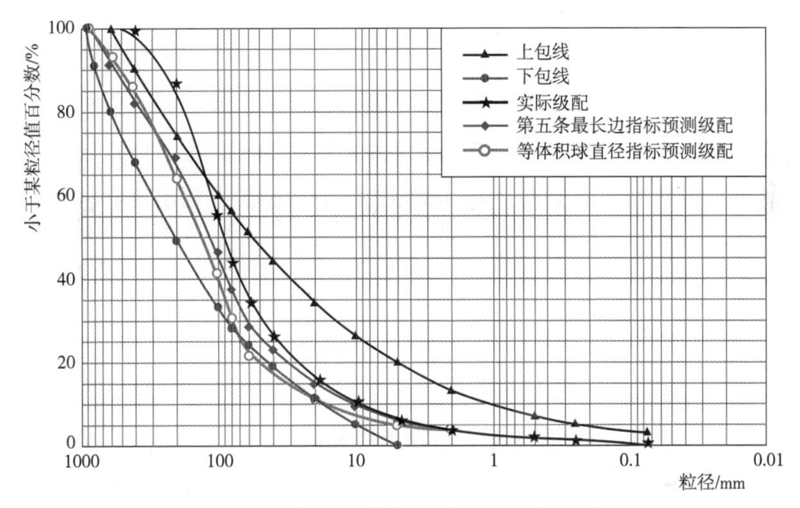

图 7-22　预测级配曲线与实际级配曲线对比图

从图 7-22 中可以看出，基于爆破岩块第五条最长边指标和等体积球直径指标的预测级配曲线均分布在上包线、下包线之间，且两条预测级配曲线的线形、不均匀系数 C_u 和曲率系数 C_c 都与实际级配曲线相近，说明级配预测方法切实可行，级配预测效果较能反映工程实际。

7.3　堆石料开采

料场开采施工中，均按“分区、分块，自上而下”的原则开采，各采场分区同步下降，每层开采厚度可根据台阶高度分层施工，但最大开采厚度不大于 10m。

7.3.1　测量放样

（1）接收测量控制网点，用全站仪和水准仪校核测量控制网点，并加密施工控制网点。

（2）根据规范要求和监理工程师审批的方案，测量原始地形图和断面图。

（3）将成果报监理工程师获得批准后，放施工开口线并进行现场控制。

（4）现场放样采用放样单进行放样交底，计算机校核测量网点。

（5）边坡钻爆前，均需进行边线检查，合格后方进行下一台阶施工。

7.3.2 覆盖层剥离

料场覆盖层包括土方、堆积体和风化岩体、孤石等，开挖总量 49.84 万 m^3。

首先将开采范围的轮廓线定位，在上开口轮廓线以上清出宽 5m 范围内的覆盖层形成平台，并将 5m 以外山坡上的危石清除。由上而下采用人工、PC400 型液压反铲、SD-22 推土机和手风钻爆破进行表土和覆盖层剥离，剥离弃渣推入响水沟弃渣场。

因地形影响暂无法剥离的局部地方，待逐层开挖到相应分层时，首先将覆盖层及破碎岩体部分采用钻爆方法进行爆破，钻爆方法同梯段爆破。

土方边坡开挖接近设计坡面时，按设计边坡预留厚 0.2~0.3m 的削坡余量，再人工修整，直至设计要求的坡度和平整度。雨天施工时，施工台阶略向外倾斜，以利排水。在开挖施工过程中，根据施工需要，经常检测边坡设计控制点、线和高程，以指导施工，并在边坡地质条件较差部位设置变形观测点，定时观测边坡变形情况，如出现异常，立即报告并采取应急处理措施。

7.3.3 石料开采

（1）深孔梯段爆破。石料开采采用“台阶法钻孔爆破分层开采”的施工方法，深孔梯段微差挤压爆破，梯段高 10m、15m，边坡采用预裂。

1）钻孔。采用孔径 110mm 的阿特拉斯 ROC D7 钻机和孔径 110mm 的英格索兰 CM351 高风压潜孔钻机钻孔，同时配备足够数量的手风钻进行超径石的二次破碎。

在开采边线进行施工预裂爆破，预裂孔与主爆孔之间增加缓冲孔。施工预裂及缓冲爆破采用 KSZ-100Y 型潜孔钻机钻孔。

为了提高爆破效率、降低成本，石料开采主要以中、大孔径（110mm）为主，采取大孔距、小抵抗线的矩形布孔方式，不耦合装药结构和孔间微差爆破，使爆破出来的主堆石料直径大于 100cm 以上的超径控制在 2%~3% 之间，过渡料直径大于 0.3m 的超径石控制在 6%~8% 之间。钻孔过程中，专人对钻孔的质量及孔网参数按照作业指导书的要求进行检查，如发现钻孔质量不合格及孔网参数不符合要求，立即进行返工，直到满足钻孔设计要求。

2）装药、联网爆破。主爆破孔采取不耦合柱状连续装药；缓冲及拉裂孔采用条形乳化炸药，采取柱状分段不耦合装药。岩石爆破单位耗药量暂按 0.4~0.55kg/m^3 考虑，最终单耗根据爆破试验确定。梯段爆破采用微差爆破网络，1~15 段非电毫秒雷管连网，电雷管起爆。分段起爆药量按招标文件和技术规范控制，梯段爆破最大一段起爆药量不大于 500kg。

（2）预裂爆破施工。料场开挖边坡最大高度达 240m，马道平台宽度一般为 3m，清扫马道宽 6m。在边坡开挖施工中采用预裂爆破技术，选用 KSZ-100Y 预裂专用钻机造孔，孔径 90mm，预裂孔间距 0.8m。钻孔深度与爆破台阶高度一致。

预裂爆破施工流程为：下达作业指导书→测量布孔→钻机就位（角度校正）→钻孔→验孔检查→装药、联网爆破→进入下一循环。

1）钻孔。首先按照设计图纸进行现场放线，标出边坡开挖线、马道平台范围，确定开挖范围轮廓和钻孔深度、角度，便于技术交底和工人操作。其次根据作业指导书要求，安排钻机设备就位，按照现场放样的孔间距依次排开钻机，拟采用 3 台 KSZ-100Y 型支架式钻机同时作业。钻机就位时，采用样架尺对钻机、钻孔角度和定位点进行校对，开孔后进行中间过程的深度和角度校对，以便及时调整偏差。

2）装药。预裂爆破的装药结构采取空气间隔不耦合装药结构，选用直径 32mm 的乳化炸药，线装药密度拟采用 540g/m。保证永久边坡不受爆破破坏，预裂孔的前排缓冲采取松动爆破方式，采用直径 60mm 的乳化炸药进行不耦合柱状装药。

现场施工时，先拟订爆破方案，经监理工程师批准后进行试验，并根据爆破的效果和不同岩石级别调整线装药密度、孔底及孔口的装药密度，以保证最佳的爆破效果。

预裂爆破起爆网络采用导爆索传爆、电力起爆方式。

（3）挖装与运输。料场的石料主要采用 PC1250 正铲（6.5m^3）和 PC750 液压反铲（3.1m^3），SD22 推土机集渣。

石料运输以 45t 自卸汽车为主，同时配一定数量 32t、20t 自卸汽车运至填筑区，或根据需要进行备料。

每次爆破后，先由人工配合反铲对坡面松动岩体和岩块进行清理，并对爆堆的泥团及无用料以反铲为主、人工配合进行分选装车运至弃料场，然后进行出渣作业。

在开采分选作业中，着重注意采取如下措施：

1）开挖过程中，凡业主及工程师指定的可利用的石渣，严格按业主及监理工程师批准的爆破设计（经爆破试验确认）进行作业。

2）有用料和弃料分开装运，运输车辆相对固定并编号，做上明显的标志，现场派专人指挥运料车辆，严格按招标文件要求分区装车或分类堆放。

3）根据出渣强度，渣场安排 1~2 台 SD-22 推土机平整渣料，各类渣料的堆渣范围和高程严格按施工图纸和监理工程师的指示实施。

4）做好堆渣体的边坡保护和排水工作，保持渣料堆体周边的边坡稳定。

5）做好渣场及备料场的照明工作，并专人指挥。

（4）地质缺陷处理。永久边坡坡面范围内，遇到断层、裂隙、夹层、破碎带等地质缺陷按技术规范设计要求或监理工程师要求进行处理。处理的方法包括喷混凝土、锚杆支护、回填混凝土或浆砌石。

需要回填的部位清除缺陷内的充填物、破碎物，可采用风镐、钢钎凿裂，必要时也可进行小规模松动爆破，顺缺陷走向逐排起爆松动，缺陷两侧岩体如需修整，宜采用光面爆破技术，两侧起爆微差时间不少于 100ms。

缺陷宽度 1m 以上的主要依靠反铲出渣，人工辅助；缺陷宽度 1m 以内，主要依靠人工出渣、反铲配合。

（5）超径石处理。根据要求，大坝填筑最大粒径为 100cm，料场爆破过程中难免出现大块石，超径石在挖装过程中剔除并集中堆积，采用手风钻钻爆方法，爆破后同堆石料一起装运上坝。

7.4 料场边坡治理

结合江咀石料场介绍料场边坡治理施工方法。江咀石料场位于坝址区下游左岸磨子沟沟口左侧，距坝址约 6km。分布高程 1500.00~1930.00m，地形坡度一般 40°~60°，少量为 30°~35°。

料源岩性为石英闪长岩，岩质致密坚硬，岩体多呈次块状 ~ 块状结构。料场内覆盖层有一定范围的分布，成因主要有崩坡积堆积、坡残积堆积、冰积堆积及人工堆积等，钻探揭示其最大铅直厚度厚超过 60m。另外，部分料场浅表部还有 0.5~1.5m 的耕植土层分布。

料场设计储量 3337 万 m^3。岩石饱和湿抗压强度 76.4~131MPa，软化系数 0.77~0.87，天然密度 2.70~2.89g/cm^3，冻融损失率 27%~43.3%，主要质量技术指标满足规范要求，岩块冻融后，虽强度损失率大，但本区为非高寒地区，对其质量无影响。

7.4.1 支护作业平台施工

（1）普通排架搭设。

1）排架搭设前先对边坡危岩进行清理，脚手架搭设完毕后应对边坡进行再次清理。脚手架搭设放线后，“一”字形脚手架应从一端开始向另一端延伸搭设；依次竖起立杆→纵横扫地杆→第一步纵横平杆，随校正立杆垂直后，继续向上搭设。在第一排连墙杆施工前，应设一定的抛撑，确保构架稳定；剪刀撑、连墙杆、斜撑、爬梯随搭升一起及时设置。

2）钢管脚手架的立杆基础要平整、结实，立于坡面上时采用插筋固定，不得出现架空现象，插筋要求施工质量可靠。

3）脚手架与建筑物墙体或边坡必须采用锚杆或钢管扣件连接，可按两步三跨或三步三跨矩形或梅花形布置，其距离不得大于表 7-23 的规定。连墙锚杆要求施工质量可靠，锚杆长度要求深入基岩不小于为 1.0m，外露 0.5m，下倾 45°，注入 M20~30 水泥砂浆。

4）剪刀撑的设置：35m 以下的脚手架除两端设剪刀撑外，中间每间隔 12~15m 设一道。剪刀撑应联系 3~4 根立杆，斜杆与地面夹角在 45°~60° 之间。35m 以上脚手架，沿脚手架两端和转角处起，每 7~9 根立杆设一道，且每片架子不少于三道。剪刀撑应沿架高连续布置，在相邻两排剪刀撑之间，每隔高 10~15m 加设一组长剪刀撑，剪刀撑的斜杆除两端用旋转扣件与脚手架的立杆或大横杆扣紧外，在中间应增加 2~4 个扣接点。每榀上、下连墙锚杆布置斜撑，排架结构见图 7-23。

表 7-23　　　　　　　　　　连墙杆布置距离表

脚手架类型	脚手架高度 /m	垂直间距 /m	水平间距 /m
三排	≤ 50	≤ 4	≤ 4
	＞ 50	≤ 3	≤ 3
双排	≤ 50	≤ 6	≤ 6
	＞ 50	≤ 4	≤ 6
单排	≤ 20	≤ 6	≤ 5

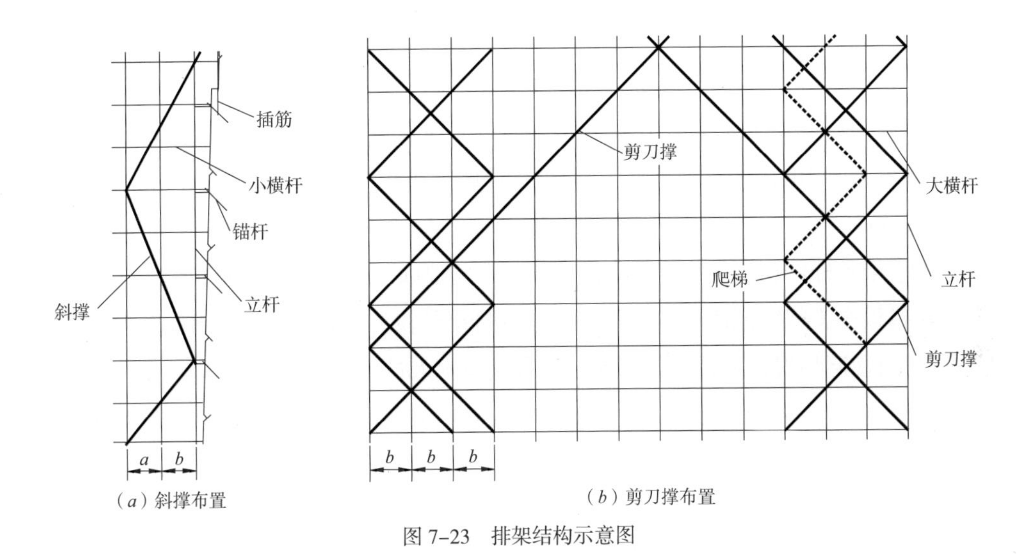

（a）斜撑布置　　（b）剪刀撑布置

图 7-23　排架结构示意图

5）钢管脚手架的杆件采用扣件搭接。大横杆、剪刀撑搭接长度不少于 80cm，且不少于 3 个扣件加固。立杆必须采用带轴心一字扣对接，相邻立杆接头不得设于同步内，立杆接头与中心节点相距不大于 50cm，杆件连接见图 7-24。立杆的垂直偏差不应大于架高的 1/300，并同时控制其绝对偏差值：

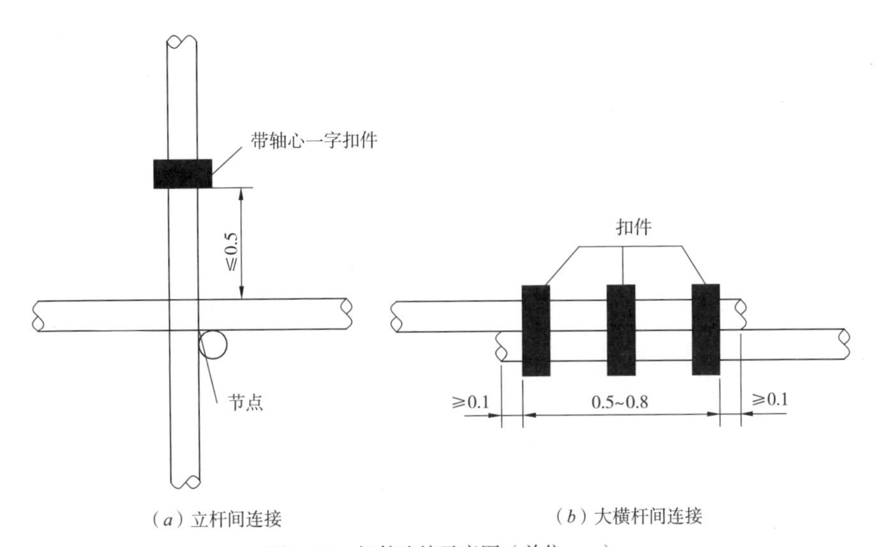

（a）立杆间连接　　（b）大横杆间连接

图 7-24　杆件连接示意图（单位：m）

架高不大于 20m 时，绝对偏差值为不大于 50mm；

架高在 20~50m 之间时，绝对偏差值为不大于 75mm；

架高大于 50m 时，绝对偏差值不大于 100mm。

6）上、下横杆的连接点应错开布置在不同立杆纵距之间，与相近立杆的距离不大于纵距的 1/3。同一排大横杆的水平偏差不大于该片脚手架总长度的 1/250，且不大于 50mm。小横杆贴近立杆布置，搭于大横杆之上并用直角扣件扣紧。在任何工作情况下，均不得拆除作为基本构架结构杆件的小横杆。

7）直角扣件和回转扣件不允许沿轴心方向承受拉力；直角扣件不允许沿十字轴方向承受扭力；对接扣件不宜承受拉力。当用于竖向节点时不允许承受压力。扣件螺栓的紧固力矩应控制在 40~50N·m 之间。使用直角和回转扣件紧固时，钢管端部应伸出扣件盖板边缘不小于 100mm，扣件夹紧钢管时，开口处最小距离不小于 5mm；回转扣件的两旋转面间隙要小于 1mm。

8）脚手架各杆件连接处相互伸出的端头长度均要大于 10cm 以防杆件滑脱。

9）在搭设中不得随意改变构架设计、减少杆配件设置和对立杆纵距作大于 10cm 的尺寸放大，确有实际情况需要进行改变时，应提交技术人员研究解决。

（2）悬空、半悬空排架搭设。悬空、半悬空排架参照《建筑施工扣件式钢管脚手架安全技术规范》（JGJ 130）中普通排架的要求，根据施工经验及现场实际情况，通过缩短排架的步、跨距及立杆的横距加密排架，同时加密连墙杆的布置，加深连墙杆的深度，增强悬空架的稳定性，使其“撑”“挂”在岩壁。

悬空、半悬空排架的重力依靠连墙杆的“撑”“拉”作用分解在岩壁上。连墙杆分刚性和柔性连墙杆，刚性连墙杆采用 ϕ48mm 架管锚杆斜撑在岩壁。施工时先在岩壁上用风钻打 ϕ65mm 钻孔，孔与岩壁的夹角为 30°~60°，孔深大于 2m，然后灌注 M20 砂浆或塞入锚固药卷，再将 ϕ48mm 架管插入孔内，钢管外露部分连接在排架立杆上，外露长度根据实际调整，悬空架同一小横杆上 3 根立杆都用刚性连墙杆固定在岩壁，半悬空架同一小横杆上外侧的两根立杆通过刚性连墙杆固定在岩壁上。柔性连墙杆采用 ϕ32mm 钢筋锚杆及 ϕ10mm 钢筋做拉筋连接排架与岩壁，施工时先用风钻造孔，入岩 1.5~2m，再灌砂浆、下锚杆，锚杆外露 0.5m，采用 ϕ10mm 钢筋焊接在立杆上，焊接时与同一小横杆连接的 3 根立杆均连接，焊接钢筋长 1~3m。刚性连墙杆见图 7-25，连墙杆大样见图 7-26。

钢性、柔性连墙杆均按一步两跨梅花形布置，间、排距为 2.4m × 1.2m，连墙标布置见图 7-27。每平方米排架所需刚性连墙杆 1.38 组（每组 2 根或 3 根钢管锚杆）、柔性连墙杆 1.38 组（每组一根插筋 3 根拉筋）。

每平方米排架所需主要材料及构建数量见表 7-24。

（3）排架的验收与使用。

1）脚手架使用前，必须由安全部牵头通知工程技术部、施工队相关人员进行内部联

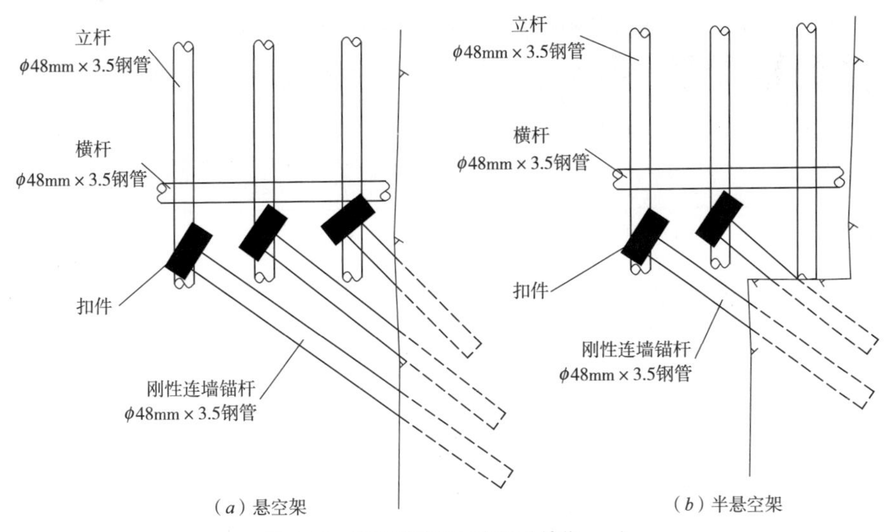

图 7–25　刚性连墙杆示意图（单位：m）

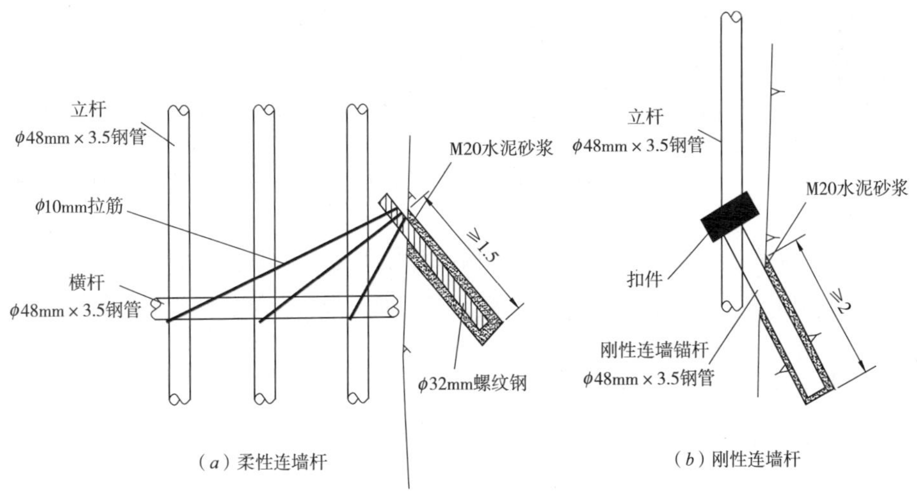

图 7–26　连墙杆大样图（单位：m）

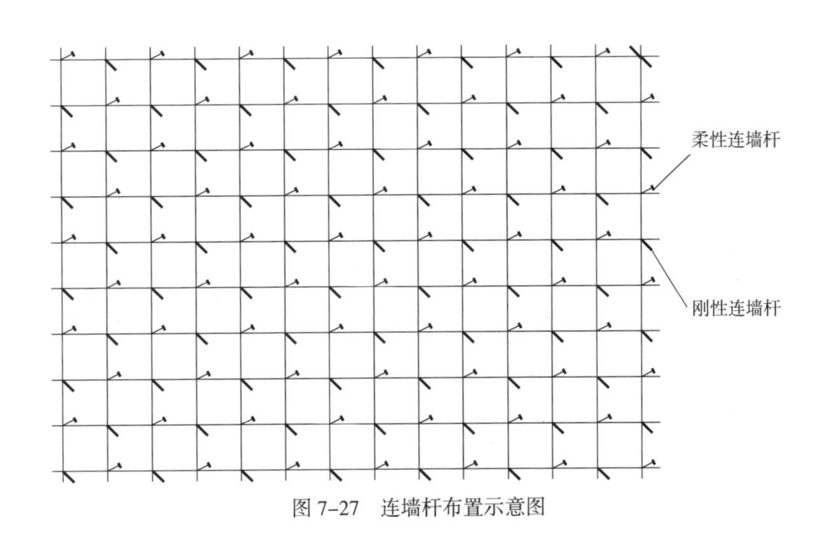

图 7–27　连墙杆布置示意图

表 7-24　　　　　　每平方米排架所需主要材料及构建数量表

名称	规格	单位	数量	备注
钢管	ϕ48mm × 3.5m	m	8.0	
扣件		个	2.5	
刚性连墙杆	ϕ48mm 钢管入岩不小于 2m	根	4.0	半悬空架为 2.7 根
柔性连墙杆	ϕ32mm 锚杆入岩不小于 1.5m	根	1.4	
拉筋	ϕ10mm，L=1~3m	根	3.0	

合验收，经理部督促验收，内部验收合格后报请监理工程师进行验收，验收合格则挂牌标识方可投入使用。未经验收排架，不得投入使用。

2）每班施工前必须对脚手架扣件、立杆及拉结点进行例行检查，确认无松动、变形、断裂后，方可进行施工，并填写检查记录表和当班记录人，作业过程中发现有不安全的情况和迹象时，应立即停止作业，进行检查，待问题解决后方能恢复正常作业，发现有异常和危险情况时，应立即通知所有架上人员撤离。

3）脚手架附近爆破作业结束后，必须对脚手架、边坡进行严格检查，确保脚手架的整体稳定性。对受爆破区影响变形过大的脚手架钢管、扣件以及被砸坏的扣件、脚手架钢管，需及时更换，并通知安全部检查合格后方可上架施工。

4）患有高血压、心脏病、贫血、精神病及其他不适应高空作业病症的人员，不得从事高空作业。架上作业人员要佩戴好安全帽、安全绳（带），穿好防滑鞋，并使用必需的劳保用品、工具。

5）2m 以上脚手架作业，施工人员必须正确佩戴并系好安全带、安全绳（即双保险措施），安全带要求遵循“高挂低用，水平双挂”原则。

（4）排架的拆除。

1）架子拆除时应划分作业区，周围设围栏或竖立警戒标志地面设有专人指挥，严禁非作业人员入内。

2）拆除的高空作业人员，必须戴安全帽、系安全带、穿软底鞋。

3）拆除顺序遵循由上而下、先搭后拆的原则。即先拆栏杆、脚手板、剪刀撑，后拆小横杆、大横杆、立杆等，并按一步一清的原则进行，严禁上下同时进行拆除作业。

4）拆立杆时，应先抱住立杆再拆开最后两个扣，拆除大横杆，斜撑、剪刀撑时，应先拆中间扣，然后托住中间，再解端头扣。

5）连墙点应随拆除进度逐层拆除。

6）拆除时要统一指挥，上下呼应，动作协调，当解开与另一个人有关的结扣时，应先通知另一方，以防坠落。

7）拆下的材料应堆放成堆，并应按指定的地点堆放。

7.4.2 锚杆（锚筋）施工

（1）施工工艺流程。水泥砂浆全长注浆锚杆施工根据锚杆孔深及现场实际情况可采用“先注浆后插杆”或者“先插杆后注浆”程序。开挖结束后，清除岩面松动岩块，搭设钢管脚手架施工平台，进行锚杆施工。锚杆采用风钻钻孔，锚杆注浆机注浆。

锚杆施工工艺流程见图 7–28。

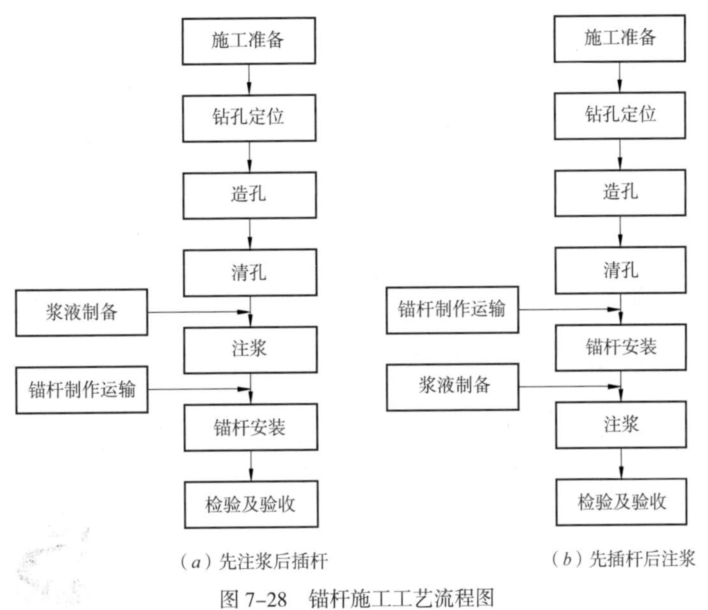

（*a*）先注浆后插杆　（*b*）先插杆后注浆

图 7–28　锚杆施工工艺流程图

（2）材料。

1）锚杆。锚杆的材料按施工图纸的要求，选用Ⅱ级螺纹钢筋或变形钢筋。钢筋 ϕ25mm、ϕ28mm 等。

2）水泥。注浆锚杆的水泥砂浆采用强度等级不低于 42.5MPa 的普通硅酸盐水泥。

3）砂。采用最大粒径小于 2.5mm 的中细砂。

4）水。符合拌制水工混凝土用水。

5）外加剂。按施工图纸要求，经批准，在注浆锚杆水泥砂浆中添加的速凝剂和其他外加剂，其品质不得含有对锚杆产生腐蚀作用的成分。

（3）锚杆孔造孔。

1）锚杆孔要求。

A. 锚杆孔定位按施工图纸布置的钻孔位置或锚杆间距进行，孔位偏差不大于 100mm。

B. 锚杆孔的孔轴方向符合施工图纸要求。施工图纸未作规定时，系统锚杆的孔轴方向垂直于开挖面；局部加固锚杆的孔轴方向与可能滑动面的倾向相反，其与滑动面的交角大于 45°。

C. 注浆锚杆的钻孔直径应大于锚杆直径，若采用“先注浆后安装锚杆”的程序施工，钻孔直径应大于锚杆直径 15mm 以上；若采用“先安装锚杆后注浆”的程序施工，孔口注浆时，钻孔直径应大于锚杆直径 25mm 以上，孔底注浆时，钻孔直径应比锚杆直径大 40mm 以上。

D. 锚杆孔的深度符合施工图纸的规定，孔深偏差不大于 50mm。

2）造孔。

A. 锚杆基本参数。根据锚杆直径、锚孔孔径要求及注浆要求等，锚杆基本技术参数见表 7-25。

表 7-25　锚杆基本技术参数表

锚杆类型	砂浆锚杆	砂浆锚杆
锚杆直径 /mm	25	28
孔径 /mm	42	70
锚固段长度 /m	—	—
孔深 /m	4.5	6
锚孔方向	执行设计要求	执行设计要求
间排距 /m	执行设计要求	执行设计要求

B. 根据锚杆直径、锚孔孔径、孔深及钎头规格，据此选择成孔机具见表 7-26。

表 7-26　设备性能参数表

名称	性能简述	备注
YT28 凿岩机	凿孔直径 34~42mm 凿孔深度 5m 耗气量 1.5m^3/min	
YG80 凿岩机	凿孔直径 50~70mm 凿孔深度 20m 耗气量 10.5m^3/min	
空气压缩机 E750HH	额定排气压力 1.2MPa 理论流量 21.2m^3/min 电动机功率 185kW	

a. ϕ42mm（L=4.5m）锚杆孔采用 YT28 凿岩机配 ϕ42mm 钎头钻进成孔。

b. ϕ70mm（L=6m）锚杆孔采用 YG80 凿岩机配 ϕ70mm 钎头钻进成孔。

c. 选用 E750HH 中风压空气压缩机。

（4）锚杆注浆。

1）先注浆后插杆时，在钻孔内注满浆后立即插杆。先插杆后注浆时，在锚杆安装后立即进行注浆。采用 5m 以上的长锚杆先插杆后注浆方式，其余采用先注浆后插杆方式。

2）水泥砂浆配合比。水泥砂浆标号按照施工图纸要求，锚杆注浆采用水泥砂浆的强度等级不低于 20MPa。锚杆注浆的水泥砂浆配合比在以下范围内通过试验确定：

A. 水泥：砂 =1：1~1：2（重量比）。

B. 水泥：水 =1：0.38~1：0.45。

3）注浆。

A. 注浆机具：锚杆注浆泵 GS40EB（自搅拌）或气压注浆机（见表 7–27）。

表 7–27　　设备性能参数表

名称	性能简述	备注
GS40EB 注（砂）浆泵	出浆量 83L/min 电机功率 10.5kW 砂粒粒径不大于 5mm 水灰比不小于 0.30 注浆压力 2.5~5.0MPa	

B. 砂浆拌和均匀，随拌随用。一次拌和的砂浆在初凝前用完，并防止石块、杂物混入。

C. 注浆时，将锚杆注浆机与 ϕ25mm 注浆管连接好，进行注浆，注浆前用水或稀水泥浆润滑管路。

a. 注浆开始或中途中断停止超过 30min 时，用水或稀水泥浆润滑注浆罐及其管路。

b. 先注浆后插杆时，注浆管须先插到孔底，然后退出 50~100mm，开始注浆，注浆管随砂浆的注入缓慢匀速拔出，直至砂浆注满孔口，保证注浆饱满、密实。

c. 先插杆后注浆时，在插杆的同时，须安装注浆管；俯角小于 30° 的锚杆还需安装排气管，并在注浆前对锚杆孔孔口进行封堵。深入孔底的注浆管或排气管的里端距孔底 50~100mm；位于孔口的注浆管插入锚杆孔内的长度不小于 200mm。注浆管的内径可为 25mm，排气管的内径可为 6~8mm，注浆须待排气管出浆或不再排气时方可停止。

（5）锚杆的质量检查。

1）锚杆材质检验。每批锚杆材料附厂家质量证明书，并按施工图纸规定的材质标准以及监理工程师指示的抽检数量检验锚杆性能。

2）注浆锚杆质量检查。

A. 注浆密实度试验。选取与现场锚杆的锚杆直径和长度、锚孔孔径和倾斜度相同的锚杆和塑料管（或钢管），采用与现场注浆相同的材料和配比拌制的砂浆，并按现场施工相同的注浆工艺进行注浆，养护 7d 后剖管检查其密实度。

不同类型和不同长度的锚杆均需进行试验，试验计划报送监理工程师审批。

B. 按监理工程师的指示，对锚杆孔的钻孔规格（孔径、深度和倾斜度）进行抽查并做好记录。

C. 砂浆锚杆质量检查以无损检测为主，拉拔力检测为辅；无损检测包括采用砂浆饱和仪器或声波物探仪进行砂浆密实度和锚杆长度检测。

边坡和地下洞室的支护锚杆，按作业分区由监理人根据现场实际情况指定抽查其砂浆密实度。

（6）锚杆的验收。将每批锚杆材质的抽验记录、每项注浆密实度试验记录和成果、锚杆孔钻孔记录和成果以及它们的验收报告报送监理工程师，经监理工程师验收并签认合格后作为支护工程完工验收的资料。

7.4.3 喷射混凝土施工

江咀石料场边坡喷射混凝土主要为钢筋网喷射混凝土，混凝土采用现场拌和（在支护面）的方式，喷射混凝土采用湿喷法施工。

（1）各部位喷射混凝土厚度和标号按设计要求确定。

（2）喷射混凝土施工工艺：网喷混凝土施工一般在该部位挂网施工完毕验收后进行。网喷混凝土施工程序为：锚杆施工→挂钢筋网→施喷至设计厚度。

（3）施工方法：石料场边坡喷射混凝土，采用湿喷工艺作业，用混凝土喷射机喷混凝土。边坡喷混凝土是在脚手架平台上人工手持喷射机头施喷。

（4）施工准备：喷射施工前，对岩面进行处理，清除受喷面上松动的岩块、岩屑、石粉等，然后用高压风水枪冲洗岩面，以保证喷混凝土与岩面紧密结合；埋设铁钉等喷层厚度控制标志；对管路及机械设备进行检查和试运行。

（5）挂网施工：钢筋网调直、截断后运至工作面后人工在脚手架平台上铺挂，编焊锚杆头点焊固定，中间用膨胀螺栓加密固定，接头用 12 号扎丝绑牢。

（6）喷射作业。

A. 喷射机安装调试后，先注水后通风，清通管路，然后用高压水冲洗受喷面。

B. 喷射顺序：按自下而上的顺序进行喷射，每层喷混凝土在前一层喷混凝土终凝后进行，若终凝后 1h 以上再喷，则需用高压水冲洗前一层喷射混凝土面。

C. 喷射作业参数通过室内试验和生产性试验确定，在保证质量前提下，尽量减少回弹量。拟采用如下喷射参数：喷嘴口与受喷面的距离为 80~100cm，喷射料与受喷面夹角不小于 75°。

取样数量为每喷 100m^3 的混合料（或工程量小于 100m^3 的独立工程）至少取 2 组试件，每组 3 块。

D. 喷层厚度控制：喷层厚度以埋设的铁钉等标志物来控制，各部位喷射混凝土施工完毕，喷射混凝土厚度须将标志物埋入混凝土内，否则，补喷至设计厚度。

实际厚度的平均值不小于设计尺寸，未合格测点的厚度不小于设计厚度的 1/2，但其绝对值不小于 5cm。

7.4.4 排水孔施工

施工时，在边坡喷锚支护结束后，借助脚手架用 100B 潜孔钻钻机按照设计图纸造孔，达到设计孔深后，用高压风吹孔，并做好孔口保护，待验收后将加工好的 PVC 管内侧用土工织物包裹后插入孔中，孔口周围用砂浆固定。

7.4.5 预应力锚索施工

（1）施工难点及对策。根据地质揭露，局部岩体卸荷强烈，发育有结构面。锚索孔施工过程中，钻遇破碎岩体时，钻具会发生跳动，钻进负荷加大，甚至会发生坍孔、卡钻、埋钻事故，给正常钻进带来不利影响。为保证成孔质量及效率，进行固结灌浆，后继续钻进。

为此，采取以下措施：

1）选用钻进能力较大的钻机。

2）锚索孔破碎段采用冲击器配套粗径长组合钻具、扶正器、防卡器、ϕ89mm 钻杆外焊螺旋片等成孔。

采用同径粗径长钻具钻穿结构面，采用钻杆体焊螺旋片及高压压缩空气解决排渣问题，辅以防卡器、反振器起钻后采用对心喷射钻具钻入塌渣进行灌浆处理。

3）对心喷射灌浆法。为有效保证固结灌浆护壁效果以及减少灌浆量，采取对心喷射钻具进行固结灌浆，待凝等强后扫孔继续钻进。

A. 对心喷射灌浆钻具可向四周进行喷射灌浆；自带钻头，可钻入塌渣内进行灌浆。因此，可有效地利用水泥浆液进行灌浆护壁，起到提高施工工效、降低水泥总耗量的作用。

B. 采用对心旋转、高压喷射灌浆方法。采用高压灌浆泵或风泵、喷灌钻具等设备机具，射浆管采用 ϕ50mm 钻杆。

C. 喷灌钻具设对中装置，防止喷射孔堵塞，影响喷灌效果。

D. 在喷灌过程中，低速旋转、前后活动喷灌钻具，确保灌浆效果。

E. 固结灌浆采用无压或 0.1~0.3MPa 压力灌注，浆液采用 0.8：1~0.5：1 水泥浆液，吸浆量大时根据实际情况可采用间歇、限流、待凝等综合措施。

（2）施工流程。工程锚索使用无黏结钢绞线时，可采用全孔一次注浆，无黏结预应力锚索施工流程见图 7-29。预应力锚索使用有黏结钢绞线时，须采用二次注浆方式（第一次注浆形成内锚固段，张拉后，第二次进行张拉段注浆）。

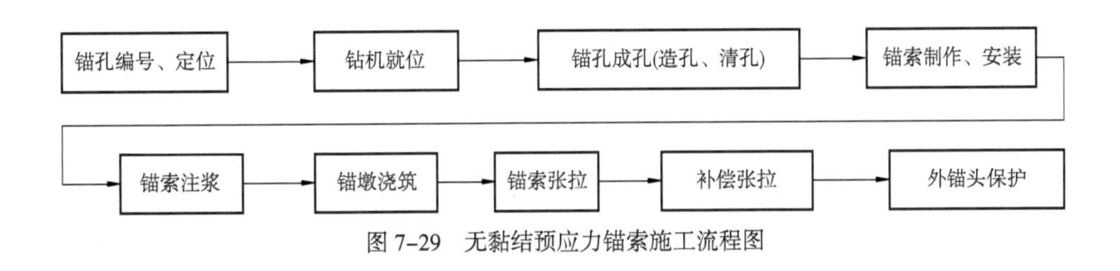

图 7-29 无黏结预应力锚索施工流程图

（3）钻机就位。为使锚孔在施工过程中及成孔后其轴线的倾角、方位角符合设计及规范要求，保证锚索孔质量，必须严格控制钻机就位的准确性、稳固性，使钻机回转器输出轴中心轴线方位角、倾角与锚孔轴线方位角、倾角一致，并可靠固定。

钻机方位角采用全站仪放样，钻机倾角采用水平仪控制。以开孔点、前方位点、后方位点三点连线控制钻机轴线和锚孔轴线相一致。

1）准确性。

A. 采用全站仪放样，调整钻机回转器输出轴中心轴线方位角与锚孔设计方位角一致。

B. 使用水平仪或地质罗盘测量，调整钻机回转器输出轴中心轴线倾角与锚孔设计倾角一致。

2）稳固性。

A. 用卡固扣件卡牢钻机，使钻机牢固固定在工作平台上。

B. 试运转钻机，再次测校开孔钻具轴线和倾角，使其与锚孔轴线和倾角一致，然后拧紧紧固螺杆。

C. 施工过程中，一直保证卡固扣件的紧固状态，并定期进行检查。

（4）锚孔成孔。

1）锚孔要求。

A. 钻孔孔径、孔深均不得小于设计值，钻孔倾角、方位角应符合设计要求。其具体要求和允许误差如下：

a. 孔位坐标误差不大于 10cm。

b. 锚孔倾角、方位角符合设计要求，终孔孔轴偏差不得大于孔深的 2%，方位角偏差不得大于 3°。有特殊要求时，按要求执行。

c. 终孔孔深宜大于设计孔深 40cm，终孔孔径不得小于设计孔径 10mm。

d. 锚固段应位于满足锚固设计要求的岩体中，若孔深已达到预定深度，而锚固段仍处于破碎带或断层等软弱岩层时，报请设计商议是否延长孔深以继续钻进至厚层块状岩体内。

B. 在钻孔过程中，如遇岩体破碎或地下水渗漏严重使钻进受阻时，应采取固结灌浆等措施。

C. 对于破碎或渗水量大的岩体，安装锚索之前应通过锚索孔对岩体进行固结灌浆处理，灌浆结束标准可参照固结灌浆标准执行，待浆液强度超过 5MPa 后，再进行扫孔。

2）成孔方法。根据锚索孔地层条件、锚索孔参数及锚索体外径，采用如下成孔方法。

A. 锚索孔均采用 YG-80 型液压锚固工程钻机配套风动潜孔锤冲击回转钻进成孔。

1000kN 级锚索孔，采用 YG-80 型液压锚固工程钻机配套 DHD340A 风动冲击器（或 CIR110 风动冲击器）及 ϕ110mm 钎头钻进成孔。使用 ϕ89mm 钻杆。

B. 锚索孔破碎段采用冲击器配套同径粗径长钻具、钻杆体焊螺旋片、扶正器、防卡器、反振器、ϕ89mm 钻杆等成孔（见图 7-30）。

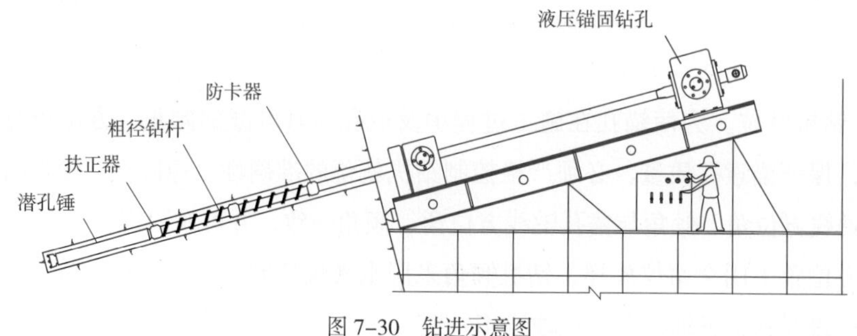

图 7-30　钻进示意图

C. 破碎孔段采用喷射灌浆钻具进行固结灌浆处理。

D. 为控制钻孔精度以满足设计规定，采用防斜钻具组合以控制孔斜和钻孔精度。防斜钻具组合为：钻头→冲击器前端周边扶正点→冲击器→扶正器→3~5 根钻杆（或根据孔径、孔深变化）→扶正器→钻杆等组合，直至终孔。

E. 采用 JJX–5 型测斜仪测量孔斜，JJX–5 型测斜仪技术性能如下。

a. 俯仰角测量范围 –60°~+60°，精度 ±0.1°。

b. 方位角测量范围 0~360°，精度 ±1.5°。

F. 在孔口采用湿式除尘器除尘。

（5）预应力锚索体制作与安装。

1）锚索体形式。自由式单孔多锚头防腐型预应力锚索采用专利技术（专利号 ZL 01256700.0），属于压力分散型预应力锚索的一种形式。

A. 自由式单孔多锚头防腐型预应力锚索结构见图 7–31。主要由导向帽、单锚头、锚板、注浆管、高强低松弛无黏结钢绞线等组成。

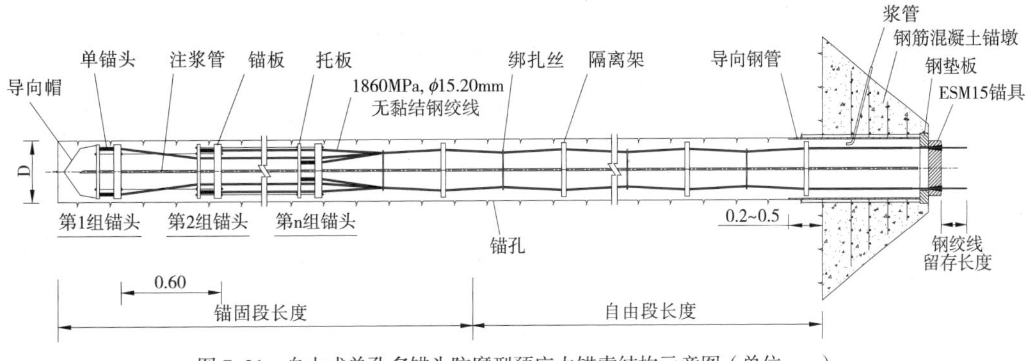

图 7–31　自由式单孔多锚头防腐型预应力锚索结构示意图（单位：m）

B. 自由式单孔多锚头防腐型预应力锚索基本结构特点。

a. 基本（防腐）单元：单锚头。单锚头由无黏结钢绞线、挤压套及其密封套组件组成（见图 7–32），具有良好的防腐性能。

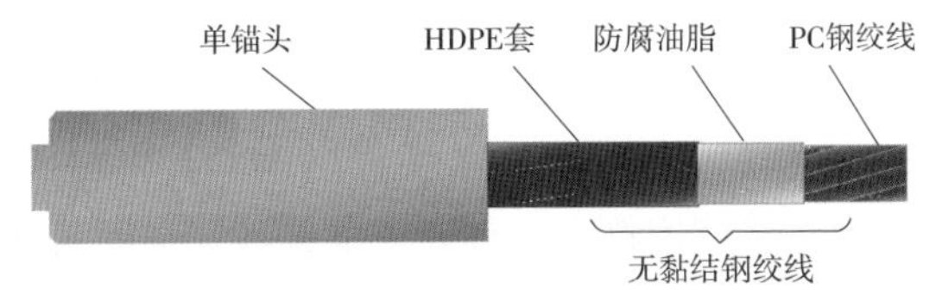

图 7–32　单锚头示意图

b. 单孔多锚头结构：一根锚索由多组锚头构成，每组锚头包括：锚板、单锚头，锚头数目及组合结构根据工程地质特性和锚索吨位大小进行选择。

c. 整体性锚头结构：各组锚头连接成为一个整体。

C. 自由式单孔多锚头防腐型预应力锚索性能特点。具有改善锚固段应力集中、有效防腐、有效减小孔径、全孔一次注浆、可进行二次补偿张拉等特点及优异性。

（6）预应力锚索体制作。

1）锚索制作在有防雨、防污染设施的加工厂完成，雷雨时不进行室外作业。

2）钢绞线备料要求。

A. 下料前检查钢丝或钢绞线的表面，没有损伤的钢丝或钢绞线才能使用。

B. 将钢绞线放在平坦干净的水泥地面上或木制工作平台上，摊开理直，根据实际钻孔深度、锚具长度、锚索结构及张拉工艺操作需要，用钢尺丈量，使用砂轮切割机下料，严禁电弧切割。

C. 单根钢绞线在全长范围内不允许有接头或连接器。

1）无黏结预应力锚索体制作（见图 7–33）。

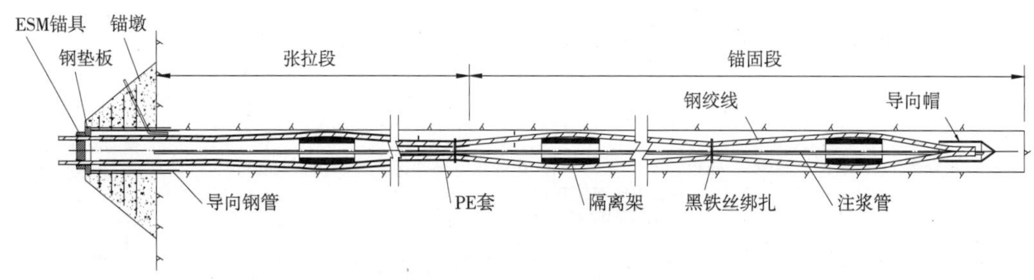

图 7–33　拉力型无黏结预应力锚索体示意图

2）全长黏结式锚索体制作（见图 7–34）。

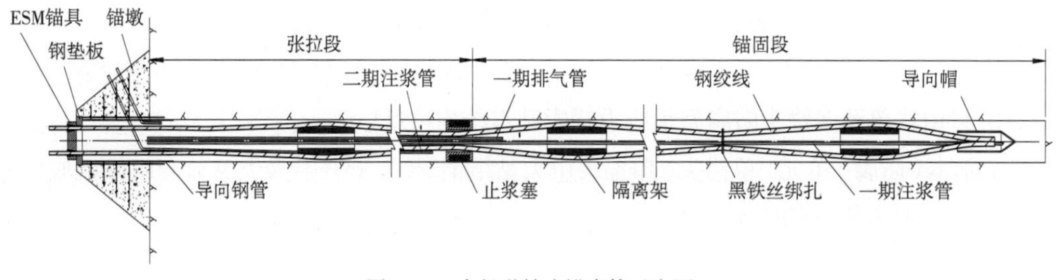

图 7–34　全长黏结式锚索体示意图

（7）锚索注浆。

1）浆液及材料。锚索注浆使用符合设计要求的浆液。锚固浆液为水泥净浆，采用浆液试验推荐的配比（可参考水灰比 0.35~0.45）。水泥结石体强度要求 $R_{7d} \leqslant 30$MPa。

A. 水泥：新鲜普通硅酸盐水泥。水泥强度等级不得低于 42.5，并宜采用早强型水泥。

B. 水：符合拌制混凝土用水。

C. 外加剂：按设计要求，经批准，在水泥浆液中掺加的速凝剂和其他外加剂不得含有对锚索产生腐蚀作用的成分。

2）制浆。

A. 设备为 ZJ-400 高速搅拌机。

B. 使用 ZJ-400 高速搅拌机，按配合比先将计量好的水加入搅拌机中，再将袋装水泥倒入搅拌机中，搅拌均匀。搅拌机搅拌时间不少于 3min。制浆时，按规定配比称量材料，控制称量误差小于 5%。水泥采用袋装标准称量法，水采用体积换算重量称量法。

C. 浆液须搅拌均匀，用比重计测定浆液密度。

D. 制备好的浆液经 40 目筛网过筛；浆液置于储浆桶，低速搅拌。

E. 将制备好的浆液泵送至灌浆工作面。

3）浆液灌注。

A. 预应力锚索注浆方法

a. 无黏结预应力锚索注浆方法。一般情况下无黏结锚索需在外锚墩混凝土浇筑并有一定强度后进行全孔一次注浆，在能确保孔口封闭及灌浆压力满足要求的情况下，也可在外锚墩混凝土浇筑前进行一次性注浆。

b. 根据工程需要，采用二次注浆方式时，第一次注浆形成内锚固段，张拉后，第二次进行张拉段注浆。

B. 锚索注浆前，检查制浆设备、灌浆泵是否正常；检查送浆及注浆管路是否畅通无阻，确保灌浆过程顺利，避免因中断情况影响锚索注浆质量。

C. 注浆作业。

a. 采用 TTB180/10 泵灌注。

b. 灌注前先压入压缩空气，检查管道畅通情况。

c. 锚索注浆采用孔口或孔内阻塞封闭灌注。浆液从注浆管向孔内灌入，气从排气管直接排出。在注浆过程中，观察出浆管的排水、排浆情况，当排浆比重与进浆比重相同时，方可进行屏浆。屏浆压力为 0.3~0.4MPa，屏浆 20~30min 即可结束。

d. 采用灌浆自动记录仪测记灌浆参数。

（8）锚墩浇筑。

1）钢筋制安。

A. 锚墩用钢筋符合国家标准、设计要求或图示，钢筋的机械性能如抗拉强度、屈服强度等指标经检验合格，钢筋平直并除锈、除油，外表面检查合格。

B. 锚墩钢筋制安时，先用风钻在锚索孔周围坡面上对称打孔 4 个，插入 ϕ25mm 骨架钢筋并固定；将钢绞线束穿入导向钢管并把导向钢管插入孔口 50cm 左右，校正导向钢管与孔轴、锚索同心，临时固定，并用水泥（砂）浆将套管外壁与孔壁之间的缝隙封填，导向钢管内径应与钢垫板孔径及工作锚具相匹配。

C. 按照图纸要求焊接钢筋网或层并固定于骨架钢筋上（见图 7-35），焊接质量符合要求。焊接过程中，不得损伤钢绞线。

2）钢垫板安装。

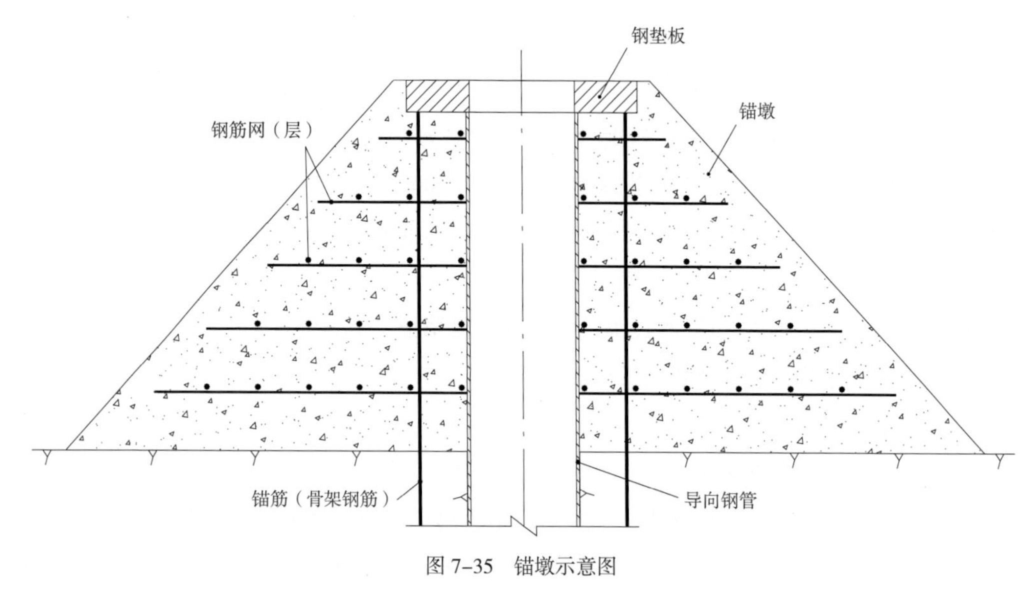

图 7-35　锚墩示意图

A. 钢垫板规格按设计要求执行。

B. 钢垫板牢固焊接在钢筋骨架或导向钢管上，其预留孔的中心位置置于锚孔轴线上，钢垫板平面与锚孔轴线正交，偏斜不得超过 0.5°。

3）锚墩立模及混凝土浇筑。在钢垫板与基岩面之间按照图示锚墩尺寸立模，验仓合格后，浇筑图示标号混凝土，边浇筑边用振捣棒振捣，充填密实。

A. 外锚墩安装、浇筑前，清理锚墩建基面上的石渣、浮土、松动石块，冲洗干净，并进行基础验收。

B. 锚墩规格按设计要求执行。

C. 锚墩模板施工使用锚墩体形标准钢模板与异形木模板相结合的模板施工方式，模板安装尺寸误差不大于 ±10cm，模板面板涂抹专用脱模剂。

D. 混凝土配合比。砂、石、水泥、水及外加剂均符合设计要求，混凝土配合比按设计要求或根据试验确定。

E. 混凝土拌和。

a. 机械搅拌法，将定量的石子、砂、水泥、外加剂依次分层倒入搅拌桶内，充分搅拌时间不少于 3min。搅拌机采用 JZC350 锥形反转出料混凝土搅拌机。

b. 混合料宜随拌随用。不掺速凝剂时，存放时间不应超过 2h；掺速凝剂时，存放时间不应超过 20min。

c. 混凝土需用量大时可考虑由混凝土拌和系统供应。

F. 混凝土输送。

a. 现场拌制混凝土时，采用斗车或溜筒输送混凝土。由混凝土拌和系统供料时，采用混凝土搅拌运输车从拌和站运输至浇筑现场。

b. 锚墩混凝土采用溜筒入仓或人工桶装入仓。

G. 浇筑。

a. 每个锚墩混凝土浇筑必须保持连续，一次性浇筑完成。

b. 混凝土的捣固采用插入式振捣器。

第一，操作人员在穿戴好胶鞋和绝缘橡皮手套后操作插入式振捣器进行作业，一般垂直插入，使振动棒自然沉入混凝土，避免将振动棒触及钢筋及预埋件，棒体插入混凝土的深度不超过棒长 2/3~3/4。

第二，振捣时，快插慢拔，振动棒各插点间距均匀，一般间距不超过振动棒有效作用半径的 1.5 倍。一般每插点振密 20~30s，以混凝土不再显著下沉、不再出现气泡、表面翻出水泥浆和外观均匀为止；在振密时将振动棒上下抽动 5~10cm，使混凝土振密均匀。

（9）预应力锚索张拉。

1）锚索张拉在锚索浆液结石体抗压强度及锚墩混凝土等的承载强度达到施工图纸规定值后进行。

2）锚索张拉用设备、仪器如电动油泵、千斤顶、压力表、测力计等符合张拉要求，在张拉前标定完毕并获得张拉力 – 压力表（测力计）读数关系曲线。锚夹具检测合格。

3）为确保锚索张拉顺利进行，锚索张拉前，确认作业平台稳固，设置安全防护设施，挂警示牌；张拉机具操作由合格人员进行，非作业人员不进入张拉作业区，千斤顶出力方向不站人。

4）根据锚索结构要求选择单根张拉或整体张拉方式。张拉时先单根调直，钢绞线调直时的伸长值不计入钢绞线实际伸长值。

5）锚索张拉采用以张拉力控制为主，伸长值校核的双控操作方法。当实际伸长值大于计算伸长值 10% 或小于 5% 时，查明原因并采取措施后继续张拉。

6）预应力的施加通过向张拉油缸加油，使油表指针读数升至张拉系统标定曲线上预应力指示的相应油表压力值来完成，测力计读数校核。

7）锚索张拉过程中，加载及卸载缓慢平稳，加载速率每分钟不宜超过设计应力的 10%，卸载速率每分钟不宜超过设计应力的 20%。

8）最大张拉力不超过预应力钢绞线强度标准值的 75%。

9）试验锚索按要求安装测力计。

10）同一批次的锚索张拉，必须先张拉试验锚索。

11）预应力锚索的张拉作业按下列施工程序进行：机具率定→分级理论值计算→外锚头混凝土强度检查→张拉机具安装→预紧→分级张拉→锁定。

（10）封孔回填灌浆。

1）封孔回填灌浆在锚索张拉锁定后以及补偿张拉工作结束后进行，封孔回填灌浆前应由监理工程师测量外露钢绞线长度检测回缩值，检查确认锚索应力已达到稳定的设计锁定值。锚索注浆封孔 7d 后，还应对孔口段的离析沉缩部分，进行补封注浆。

2）封孔回填灌浆材料与锚固段灌浆的材料相同，灌浆要求同锚索注浆。

7.4.6 防护网施工

石料场顶部开口线 3m 以外设 RX-050 柔性被动防护网。防护网采用 SNS 被动防护网，由于FSS被动防护系统具有以柔克刚的功能优势，具有非常好的荷载扩散传递功能，实现“局部受力、整体承载”的效果，因此被动柔性防护安全系统在放线时系统长度越长越好。

（1）钢柱及上侧拉锚绳安装。

1）将钢柱顺坡向向上放置并使钢柱底部置于基座处。

2）将上拉锚绳的挂环挂于钢柱顶端挂座上，然后将拉绳的另一端与对应的上拉锚杆环套连接并用绳卡暂时固定。

3）将钢柱缓慢抬起并对准基座，然后将钢柱底部插入基座中，最后插入连接螺杆并拧紧。

4）通过上拉锚绳来按设计方位调整好钢柱的方位，拉紧上拉锚绳并用绳卡固定。

（2）侧拉锚绳的安装。在上拉锚绳安装好后安装侧拉锚绳，安装方法同上拉锚绳。

（3）上支撑绳安装。

1）将第一根上撑绳的挂环端暂时固定于端柱（分段安装时为每一段的起始钢柱）的底部，然后沿平行与系统走向的方向上调支撑绳并放置于基座的下侧，并将减压环调节就位（距钢柱约 50cm，同一根支撑绳上每一跨的减压环相对于钢柱对称布置）。

2）将该支撑绳挂环于端柱的顶部挂座上。

3）第二根钢柱处，用绳卡将支撑绳固定于挂座的外侧；在第三根钢柱处，将支撑绳放在挂座的内侧，安装支撑绳在基座挂座的外侧和内侧，直到本段最后一根钢柱，并向下绕至该钢柱基座的挂座上，再用绳卡暂时固定。

4）调整减压环位置，当确定减压环全部正确就位后拉紧支撑绳并用绳卡固定。

5）第二根上支撑绳和第一根的安装方法相同，只不过是从第一根支撑绳的最后一根钢柱向第一根钢柱的方向反向安装而已，且减压环位于同一跨的另侧。

6）在距减压环的 40cm 处用一个绳卡将两根上部支撑绳相互连接（仅用 30% 标准紧固力）。

（4）下支撑绳安装。

1）将第一根下支撑绳的挂环挂于端柱基座的挂座上，然后沿平行于系统走向的方向上调直支撑绳并放置于基座的外侧，将减压环调节就位（距钢柱约 50cm，同一根支撑绳上每一跨的减压环相对于钢柱对称布置）。

2）在第二个基座处，用绳卡将支撑绳固定于挂座的外侧（仅用 30% 标准紧固力）；在第三个基座处，将支撑绳放在挂座内下侧；安装支撑绳在基座挂座的内下侧，直到本段最后一个基座并将支撑绳缠绕在该基座的挂座上，再用绳卡暂时固定。

3）检查确定减压环全部正确就位后拉紧支撑绳并用绳卡固定。

4）按上述步骤安装第二根下支撑绳，但反向安装，且减压环位于同一跨的另侧。

5）在距减压环约 40cm 处用一个绳卡将两根底部支撑绳相互连接（仅用 30% 标准紧固力），如此在同一挂座处形成内下侧和外侧两根交错的双支撑绳结构。

（5）钢绳网的安装。

1）将钢绳网按组编号，并在钢柱之间按照对应的位置展开。

2）用一根多余的起吊钢绳穿过钢绳网上缘网孔（同一跨内两张网同时起吊），一端固定在一根临近钢柱的顶端；另一端通过另一根钢柱挂座绕到其基座并暂时固定。

3）用紧绳器将起吊绳拉紧，直到钢绳网上升到上支撑绳的水平为止，再用多余的绳卡将网与上支撑绳暂时进行松动连接，同时也可将网与下支撑绳暂时连接以确保缝合时的更为安全，此后起吊绳可以松开抽出。

4）重复上述步骤直到全部钢绳网暂时挂到上支撑绳上为止，并侧向移动钢绳网使其位于正确位置。

5）将缝合绳按单张网周边长的 1.3 倍截断，并在其中点做上标记。

6）钢绳网的缝合。

8 反滤料和过渡料制备

传统的反滤料采用“平铺立采”工艺掺配，需要额外占用大面积的掺配场地，掺配效率低，骨料掺配比例控制精度低，重力分离现象突出，掺配效果不佳。长河坝水电站大坝心墙过渡料标准较高，料场岩石以花岗岩、闪长岩为主，强度高，岩石可爆性差，采用一般堆石坝级配料爆破参数难以开采出合格过渡料。本章主要介绍长河坝水电站工程坝料生产与制备相关技术内容，包括复杂条件下反滤料精确掺配技术、高标准过渡料综合制备等方面内容，其对于保证大坝安全和施工质量具有重要意义，可供同类工程参考。

8.1 反滤料制备

反滤料是保护心墙土料的关键防线，反滤料的作用为保护黏土心墙，一旦心墙发生横向裂缝，它能防止心墙土料中的细颗粒被渗流带走，并且能使心墙的裂缝自行愈合。传统的反滤料采用“平铺立采”工艺掺配，掺配需要额外占用大面积的掺配场地，掺配效率低，骨料掺配比例控制精度低，重力分离现象突出，掺配效果不佳。因此，有必要针对土石坝反滤料掺配生产工艺进行研究。

长河坝水电站工程大坝在心墙上、下游侧均设反滤层，上游为反滤层 3，宽度 8.0m；下游分别为反滤层 1 和反滤层 2 两层反滤，宽度均为 6.0m；心墙底部在坝基防渗墙下游也设反滤层 1 和反滤层 2 厚度均为 1m，与心墙下游反滤层相接；心墙下游过渡层及堆石与河床覆盖层之间设置反滤层 4，厚度为 1m。4 种反滤料填筑级配及压实指标各异，反滤料颗粒级配曲线见图 8-1。

8.1.1 精确掺配

反滤料利用磨子沟人工骨料加工系统进行生产，生产系统建于长河坝电站坝址下游约 6km 的磨子沟沟口上游侧。系统满足大坝反滤料以及工程的混凝土砂石骨料需求，成品料生产能力 800t/h，其中人工砂生产能力 300t/h，成品骨料最大粒径为 80mm。

（1）工艺设计原理。各级配要求的反滤料掺配工艺流程的主要设计原理为：砂、小石、中石、大石等反滤料掺配原料在胶带运输机上依次下料平铺（见图 8-2），根据反滤料设计级配确定各粒径骨料掺配的下料流量。首先通过调整电动弧门开口大小的方式控制下料

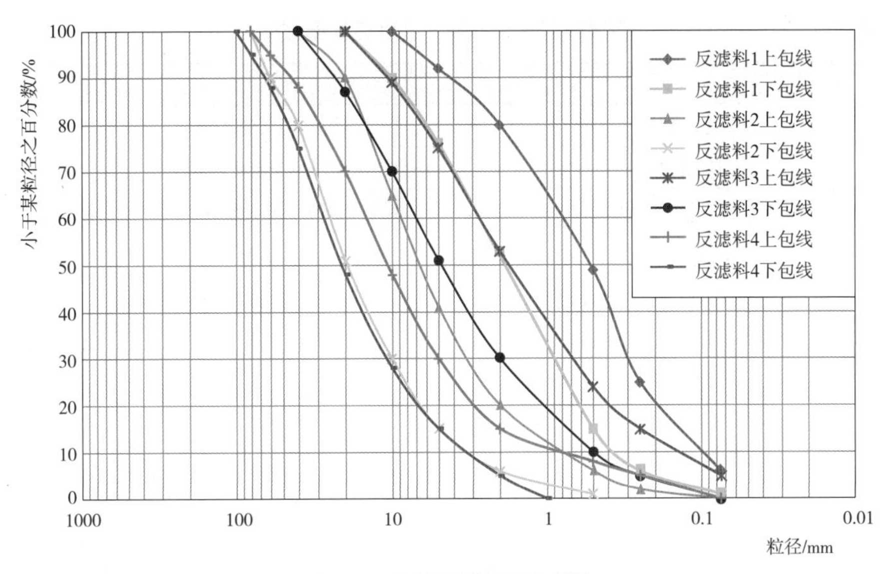

图 8-1　反滤料颗粒级配曲线图

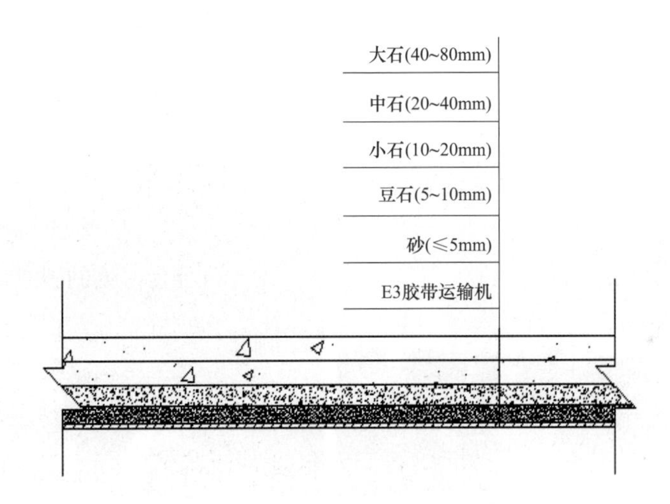

图 8-2　胶带机运输骨料平铺示意图

流量范围，再由中控室远程控制变频器振动给料机精确控制，给料机下的皮带秤在线反馈流量，通过工艺性试验现场采集参数进行自动化数据编程，从而实现反滤料自动化掺配。

（2）工艺设备配置。系统主要由半成品料堆、振动给料机、电动弧门、变频器、轴动式振捣器、电子皮带秤、胶带运输机以及相应的电气控制设备组成。反滤料工艺中涉及的主要设备参数见表 8-1。

采用计算机自动控制的反滤料皮带机掺配成型技术，通过原材料供料口自动化流量控制，进行皮带机反滤料精确顺序布料，结合附着式振捣器和缓降器等综合工艺措施，实现了反滤料精确、连续、高效生产，提高了质量。利用电子皮带秤针对反滤料在指定频率的下料速度稳定性行了测试，评价振动给料机变频精度，给料变频技术能将精度控制在 1%~3% 之间，较传统工艺控制精度提高 3%~5% 以上（见图 8-3）。

表 8-1　　　　　　反滤料工艺中涉及的主要设备参数表

序号	设备名称	型号	数量
1	给料机控制箱	1 控 3 配套 GZG50-100	1 台
2	弧门控制箱	1 控 3 配套 GHM800×800	2 台
3	电动推杆（含手轮）	配套 GHM800×800	6 台
4	电子皮带秤	ICS1400×2000	10 台
5	门架		20 只
6	称重控制箱		10 台
7	测速传感器		10 只
8	SBE04 接线盒		10 只
9	S 型传感器		40 只
10	电缆		1 卷
11	吊件		1 批
12	导料罩		20 只
13	变频器	施耐德 ATV312HU30N4，4kW	1 台
14	变频器	施耐德 SNDWF7-G-4.0T	2 台
15	轴动式振捣器	ZW-750W	2 台

图 8-3　反滤料皮带机掺配技术

（3）工艺流程。

1）反滤料 1 掺配工艺流程。反滤料 1 掺配工艺根据卸料口间隔时间的不同共分 2 种工况，其工艺流程见图 8-4。

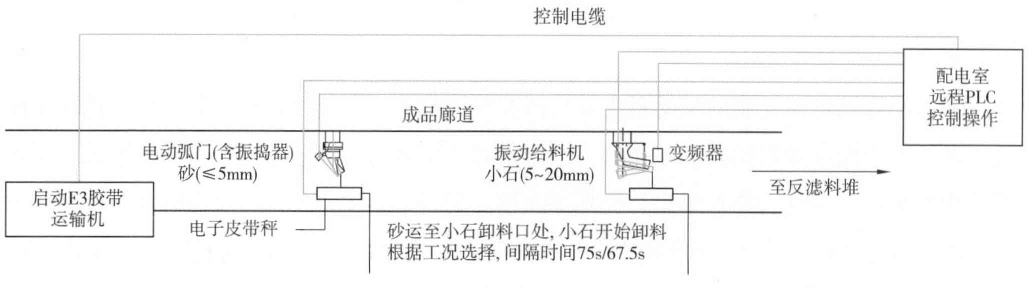

图 8-4　反滤料 1 掺配工艺流程图

2）反滤料 2、反滤料 3 掺配工艺流程。反滤料 2、反滤料 3 掺配工艺根据卸料口间隔时间的不同分别共分 4 种工况，其工艺流程见图 8–5。

3）反滤料 4 掺配工艺流程。反滤料 4 掺配工艺根据卸料口间隔时间仅有 1 种工况，其工艺流程见图 8–6。

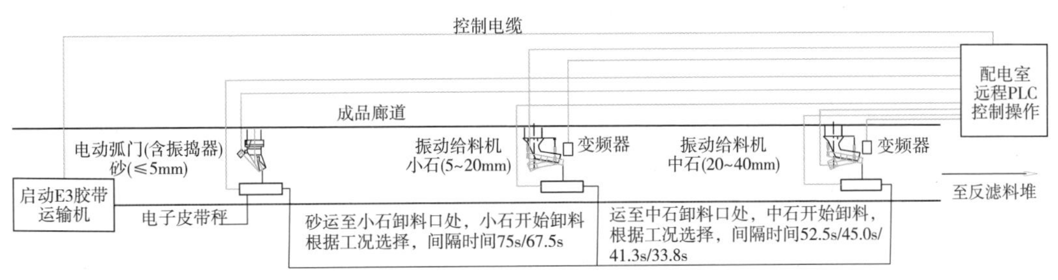

图 8–5　反滤料 2/3 掺配工艺流程图

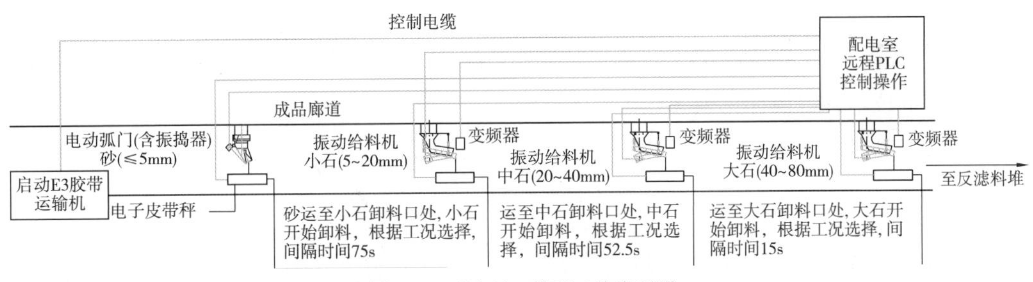

图 8–6　反滤料 4 掺配工艺流程图

以上 4 种反滤料按照不同的工况，在成品料堆廊道胶带运输机上卸料平铺，然后通过后续串接皮带机运至反滤料堆，其中皮带运输终端的卸料小车在下料过程中的跌落起到二次掺配作用（跌落过程中采用 Z 形溜槽缓降措施防止分离），反滤料堆的成品反滤料最后利用装载机装车出厂。

8.1.2　系统调试

反滤料的 PCL 控制掺配和系统设备安装完成以后，需通过工艺性试验对设备进行调试，其主要目的是确定变频器的频率和给料流量关系。通过多次工艺性试验采集实时反馈的数据并进行实时调整，最终得出相对稳定的流量－频率关系。调试过程分三步进行，包括掺配比例的确定、下料总流量及各种原料流量的确定、给料机频率及电动弧门开口的确定。

（1）骨料掺配比例的确定。为达到反滤料精确掺配的技术要求，现场进行了反滤料掺配的工艺调试试验。首先，根据设计提供的各种反滤料级配指标，采用骨料加工系统生产的骨料做室内掺配试验，确定骨料掺配比例。其次，根据反滤料设计级配指标，结合加工系统成品骨料实际级配及超、逊径等情况，试验室通过室内试验最终确定反滤料的掺配比例。

（2）下料流量。胶带运输机输送量按 300t/h 计，根据掺配比例和胶带机输送能力计算四种反滤料各掺配骨料的下料速度，以反滤料 1 的计算过程为例进行说明。

Q=300t/h，掺配反滤料 1 需要小石和砂，根据掺配比例确定小石下料量为 18t/h，即 5kg/s；砂下料量为 282t/h，即 78.3kg/s。其他反滤料相关下料速度依上述方法确定，不同骨料粒径下料速度见表 8–2。

表 8–2　　不同骨料粒径下料速度表

项目	大石下料速度/（kg/s）	中石下料速度/（kg/s）	小石下料速度/（kg/s）	砂下料速度/（kg/s）
反滤料 1			5.0	78.3
反滤料 2		23.3	43.3	16.7
反滤料 3		6.7	28.3	48.3
反滤料 4	22.2	21.6	64.0	22.2

（3）设备参数。根据实测下料流量，对主要控制设备变频器及电动弧门开口进行调试，变频器设备技术参数设计见表 8–3。

表 8–3　　变频器设备技术参数设计表

项目	大石	中石		小石		砂（含水率≤ 8%）电动弧门开 /cm	砂（含水率≤ 8%）电动弧门开 /cm
	①给料机 /Hz	②给料机 /Hz	③给料机 /Hz	④给料机 /Hz	⑤给料机 /Hz		
反滤料 1				17.0	15.5	15.5	16.5
反滤料 2		30.0	28.0	34.0	34.0	7.0	7.8
反滤料 3		19.0	17.5	29.5	28.0	12.5	14.0
反滤料 4	31.0	33.0		37.0		9.5	10.5

8.1.3　运行保障

为了保证反滤料自动化掺配生产工艺能够连续有效地运行，避免在供料高峰期因设备问题而导致无法供应，特采取如下保障措施。

（1）系统配备两条半成品料堆廊道（1 号、2 号），在生产过程中 1 号半成品廊道负责反滤料生产，2 号半成品廊道作为备用廊道。半成品廊道均装有变频器和电子皮带秤，以保证反滤料掺配的连续正常运行，同时满足大规模生产供应的需求。

（2）半成品廊道的同一粒径骨料的多个卸料口均装有变频器或者轴动式振捣器，防止因卸料口的变频器或者振捣器出现故障导致无法运行，以保证反滤料的连续生产。

（3）在半成品廊道内设置摄像头，中控室操作人员可实时对运行状况（下料情况、设备运行情况）进行监控。

（4）加强对掺配设备（胶带机、变频器以及轴动式振捣器等）的运行维护工作，保证设备的利用率。

生产实践证明，通过上述一系列的措施，反滤料自动化生产的日连续运行时间达到16h以上，远远超过设计运行指标的14h，设备利用率高，生产产能高。

8.1.4 质量控制

为提高反滤料的一次掺配合格率，施工人员利用计算机数字系统控制反滤料掺配工艺，同时根据骨料加工系统的实际情况，制定了一系列质量控制措施。由于反滤料是由砂石骨料掺配而成，因此反滤料质量很大程度上取决于砂石骨料的质量，砂石骨料的质量首先决定于砂石原料自身的质量，加工质量对其性能也有重大的影响，必须在生产过程中严格控制。影响反滤料掺配的骨料因素主要有破碎、分离、混料、污染以及砂的含水率等。对于以上可能出现的问题，除在生产过程中必须严格遵守操作规程外，还须采取以下措施。

（1）半成品质量控制措施。

1）防止骨料破碎、分离、混料的措施。

A. 骨料加工系统大、中石卸料的自由落差高度均超过10m，可以设置缓降措施，以免骨料破碎，造成超逊径超标。

B. 当料仓、料堆排空后尽量不进行装料和堆料，但经一定时间后须及时清仓，以免碎料、粉料累积。

C. 带式输送机的抛料点采用适当形状的溜筒，以保证物料从中心垂直落下。

D. 经常做好设备和堆料设施的维护工作，避免发生混料。

E. 堆料场的各级骨料隔墙高度应有足够的高度和强度，并应避开强风，以避免细骨料在自由下落过程中离析。目前，骨料加工系统成品料堆已设置彩钢瓦挡风墙。

2）防止骨料污染的措施。骨料污染的来源主要有尘土沉积、泥水污水流入、机械和人员携带污物进入堆料场，以及机械油脂泄露和排气污染等，主要采取以下防止措施：

A. 禁止无关设备和人员进入成品堆料场，装车作业应尽量避免在堆料场上进行。

B. 成品料堆地面应平整，并设置1%的坡度以及截水排水设施，地面铺40~150mm干净、压实的石料垫层做护面。

C. 成品料的堆存时间不宜过长，尽量做到及时周转使用。

D. 防止将污物带入堆料场。

E. 地弄取料时，尽可能从两个以上料口同时取料。

3）细骨料含水率控制措施。经检测，骨料加工系统生产出来的细骨料初始含水率为8%左右，因此必须采取有效措施来控制含水率。细骨料的含水率大小不仅影响着混凝土的拌制配合比，更影响着反滤料的掺配质量。成品料堆细骨料的含水率大小直接决定地弄下料速度，进而对反滤料掺配级配的稳定性造成很大影响。为控制细骨料的含水率，特采取以下措施。

A. 成品料堆细骨料仓上部设防雨棚。

B. 砂仓底部铺设厚 150mm 的石料垫层，并设 1% 纵坡排水。

C. 将成品细骨料仓采用隔墙分成 3 个仓位，反滤料掺配时选择最先入仓的成品砂进行掺配，给细骨料的自然脱水过程留充足的时间。

（2）成品质量控制。除了做好掺配所需骨料的质量控制以外，反滤料堆存过程中的质量控制也很重要。起初，反滤料主要通过胶带运输机卸料至反滤料仓堆存，胶带机距料仓地面高度达 12m。因此反滤料在卸料过程中，如措施不当，容易引起粗颗粒滚落，并在料堆底部出现严重的分离现象，为尽可能地避免颗粒分离的发生，保证反滤料的掺配质量，特采取以下措施。

A. 设置有效缓降措施。根据现场实际情况，利用反滤料仓两个双排架，装置梯形缓降器，上下两个梯台的高差为 750mm，骨料自然堆积在梯台上形成料垫。石料从坡面的一个梯台滚落到另一个梯台，通过料垫层的缓冲、阻滞、转折下落而起到缓冲的效果，达到二次掺混的目的，同时减少颗粒分离和破碎（见图 8-7）。

图 8-7　Z 形缓降措施

B. 加强装车过程中的掺和。在装车前，装载机从料堆底部自下而上装料，斗举到空中把料自然抛落，重复做 3 次。

C. 反滤料给料精度控制。操作人员可以通过 PLC 在电脑画面上实时监控频率大小，同时与给定频率做比较，以判断配料比是否正常，也可以根据给定频率与反馈频率的曲线，比较一段时间内配料比是否正常。实时进行现场跟踪检测，如果检测到由于生产出的骨料级配波动导致反滤料的级配发生变化，应及时调整频率，并在 PLC 中进行调整。为了保证砂的给料精度，在电动弧门加上轴动式振捣器的同时，砂石系统采用半干半湿法的生产工艺，以控制砂的含水率在 8% 以下，同时电动弧门的开口大小随含水率的变化亦有不同的控制方案。

检测结果显示，长河坝水电站工程反滤料 1 级配设计要求 D_{15}=0.15~0.5mm，D_{85}=2.8~7.8mm，现场实际检测平均值 D_{15}=0.23mm，标准差 0.04mm，D_{85}=5.5mm，标准差 0.67mm；反滤料 2 级配设计要求 D_{15}=1.4~5mm，D_{85}=15~46mm，现场实际检测平均值 D_{15}=2.5mm，标准差 0.84mm，D_{85}=28.9mm，标准差 3.95mm；反滤料 3 级配设计要求 D_{15}=0.25~0.75mm，D_{85}=8~19mm，现场实际检测平均值 D_{15}=0.39mm，标准差 0.05mm，D_{85}=13.4mm，标准差 1.9mm。

综合来看，反滤料自动化精确掺配工艺在长河坝工程中得到成功应用，与传统的平铺立采掺配工艺相比，新工艺具有掺配均匀、产能高、占地面积小、精度高等优点。

8.2　过渡料制备

长河坝电站大坝工程共需过渡料 417 万 m³，根据过渡料设计技术的要求，过渡料需要满足级配、相对密度和孔隙率要求。传统的过渡料生产多采用爆破直采，由于长河坝水电站大坝工程石料场的岩石坚硬（岩石饱和湿抗压强度 76.4~131MPa），过渡料设计指标偏细（$D_{15} \leqslant$ 8mm，最大粒径不超过 300mm），大量的爆破直采试验无法满足过渡料设计级配指标要求。施工前期采用爆破料掺配骨料方案制备合格过渡料，但经济性较差；中后期设计单位根据爆破试验结果对过渡料的级配指标进行了调整（$D_{15} \leqslant$ 20mm，最大粒径不超过 400mm），通过生产性验证试验，采用高单耗爆破直采生产，但超径多、级配不均匀，利用率低，经济成本高；为解决过渡料生产难题，提出了半成品骨料掺配法和爆破料机械破碎生产工艺（粗碎控制超径、中碎调整级配），确保了过渡料规模生产。

8.2.1 高单耗爆破直采法

过渡料直采技术通过研究爆破参数对所爆石料的粒径及级配的影响与设计包络线的相互关系，按照级配要求初拟出爆破参数，然后进行生产性试验，经过多次优化与调整，确定出用于指导生产的爆破参数，继而通过爆破直采生产合格的过渡料。分为以下主要工序。

第一，采区规划。采区规划主要确定过渡料的开采区域。通过分析料场的地形、地质条件、水文地质特点，以及填筑总方量、日上坝强度等综合条件，选择满足设计强度要求、可爆性好、与主采区协调、干扰少的区域。

第二，爆破参数设计。根据工程级配指标要求，通过爆破试验确定合理的爆破参数，包括孔径、孔排距、梯段高度、装药结构、装药量、起爆网络及炸药类型等。

一般情况下，爆破试验应包括以下内容：爆破质点振动监测分析，爆破破坏范围和飞石控制分析，颗分试验、软化系数及饱和抗压强度试验，以及不同爆破参数的选择性试验，最终确定最优的爆破参数。

第三，爆破开采。根据爆破参数开展现场布孔、钻孔、装药、爆破作业等工作，整个过程应严格依照爆破生产安全操作细则进行，同时做好钻孔及装药记录。

第四，装运及备存。过渡料爆破直采法施工过程中，采用反铲挖掘机剔除超出填筑要求粒径以上的大块石料后装车运输，以避免超径石上坝。剔除的超径石可根据工程需要做其他料种填筑或进行钻爆分解使用。应综合考虑过渡料供需强度，动态调整开采运输强度，并结合坝区备料手段，确保过渡料填筑施工依计划进行。

（1）爆破直采试验。2012 年 7 月 25 日至 2014 年 6 月在响水沟石料场及江咀石料场进行了 10 场次、21 区域的过渡料爆破试验。通过大量爆破试验参数的调整，爆破单耗范围 0.75 ~2.5kg/m^3，孔网面积 11.7~1.3m^2，钻孔直径 120~90mm，台阶高度 15~10m，其主要试验内容汇总见表 8-4。

1）响水沟石料场第一阶段爆破试验。前期响水沟石料场按照爆破试验大纲要求进行了三场 9 个区的过渡料爆破试验，爆破试验分布高程 1825.00~1769.00m，该高程岩石处于弱风化 ~ 微风化，以花岗岩为主，靠近料场后边坡挤压破碎带，岩石略微破碎（高程 1745.00m 以下没有后坡挤压破碎带）。

表 8-4　　过渡料爆破主要试验内容汇总表

料场	爆破场次	爆破区次 / 个	颗粒级配检测 / 组	抗压强度试验 / 组
响水沟石料场第一阶段	第一场	1	3	8
		1	6	
	第二场	1	3	
		1	3	
		1	2	
	第三场	1	3	
		1	3	
		1	2	
		1	2	
	第四场	1	6	
		1	6	
		1	4	
		1	2	
		1	6	
		1	7	
响水沟石料场第二阶段	第五场	1	6	
江咀石料场	第一场	1	3	5
	第二场	1	5	
	第三场	1	11	
	第四场	1	6	
	第五场	1	6	
合计	10	21	95	13

前期爆破试验完成后选择了爆破效果较好的爆破参数（单耗 0.9kg/m^3，间排距 3m×2.4m）进行了试生产，试验结果表明爆破料偏粗，不满足设计级配要求，主要原因是试验部位高程 1825.00~1769.00m 的岩石相对破碎，强度相对较低，而试生产部位（高程 1760.00m）的岩石完整，强度高。结合前三场过渡料爆破试验及生产性试验成果，在响水沟石料场高程 1760.00~1745.00m 进行了第四场 6 个区的过渡料爆破试验。

整个过渡料爆破试验过程均参照了国内相关工程过渡料爆破经验，根据试验结果主爆孔控制面积由 13.2m^2/ 孔调整至 2.7m^2/ 孔，爆破单耗由 0.75kg/m^3 调整至 1.8kg/m^3，同时进行了台阶高度、钻孔直径、炸药类型、起爆方式等爆破参数的对比试验。爆破试验孔网的参数水平满足国内目前过渡料孔网参数水平。

2）响水沟石料场第二阶段爆破试验。本阶段试验所选区域的岩石平均饱和抗压强度达到 125.3MPa，岩石坚硬致密。根据第一阶段的试验成果，平均块度低于 4.8cm，其单耗需达

3kg/m^3 以上，考虑到高单耗可能带来的危害以及爆破成本过高，最终确定试验用炸药单耗为 2.5kg/m^3。响水沟石料场过渡料开采爆破第五场试验基本情况见表 8–5，其起爆网络及装药结构分别见图 8–8、图 8–9。爆破后取样统计情况见表 8–6，其颗粒级配曲线见图 8–10。

表 8–5　　响水沟石料场过渡料开采爆破第五场试验基本情况表

基本情况	项目	单位	内容	布孔及装药
试验目的：爆破开采过渡料 试验场地：响水沟石料场 情况描述：高程 1760.00m 平台双侧无临空面，前有压渣	岩石类型		新鲜花岗岩	
	台阶高度	m	10	
	布孔方式		正三角形	梅花形
	钻孔直径	mm	95	
	钻孔角度	(°)	90	
	钻孔深度	m	11.0	
	钻孔超深	m	1.0	
	孔距	m	1.63	每排 12 孔或 13 孔
	排距	m	1.40	7 排孔
	前排抵抗线	m	1.7	
	炸药品种		乳化炸药	规格 ϕ70mm × 40cm × 1.5kg
	装药结构		连续、不耦合	后排孔口不耦合
	堵塞长度	m	1.5	
	装药长度	m	9.5	
	延米装药量	kg/m	平均 6，后排 3.75~6	后排下密上疏
	主爆孔单耗	kg/m^3	57/（1.63 × 1.40 × 10）=2.5	
	爆区平均单耗	kg/m^3	4938/2008=2.46	
	起爆方式		大 V 形	
	总钻孔量	m	88 × 11.0=968	
	总装药量	kg	75 × 57+13 × 51=4938	
	总方量	m^3	88 × 1.63 × 1.4 × 10=2008	
	主爆孔装药量	kg	57	平均 6kg/m
	后排孔装药量	kg	48+3	下部 7.8m 改用 ϕ70mm，上部 1.2m 改用 ϕ32mm
	导爆索	m	88 × 12=1056	
	孔内雷管	发	88 × 2=176	高精度 400ms 雷管，每孔 2 发
	孔外排间雷管	发	17 × 2+2=36	每 2 孔一个节点
	孔外孔间雷管	发	63 × 2=126（实际 138）	前排一条主传爆线
	起爆雷管	发	2	电雷管
	每 100m^3 钻孔量	m	（968/2008）× 100=48.2	
	每 100m^3 炸药量	kg	（4938/2008）× 100=245.9	
	每 100m^3 雷管量	发	（340/2008）× 100=16.9	

表 8-6　　　　　　　　　　　　　　　爆破后取样统计情况表

粒径 / mm	300	200	100	80	60	40	20	10	5	2	0.5	0.25	0.075	最大粒径 /mm	D_{15}	小于 5mm	小于 0.075 mm
上包线			100	93	85	75	58	43	30	19	10	7	5				
下包线	100	88	69	63	56	46	29	18	10								
上部 1 号		100	68.6	60.1	51.8	36.6	21.7	12.4	9.3	5.8	3.6	2.8	1.4		12.5	9.3	1.4
上部 2 号		100	73.8	63.6	54.2	38.2	23.5	14.5	11.4	7.1	4.3	3.3	1.4		10.5	11.4	1.4
中部 1 号		100	79.8	72.2	63.0	47.0	30.2	19.2	15.0	9.2	5.3	3.9	1.8		5.0	15.0	1.8
中部 2 号		100	71.3	62.9	54.6	40.7	26.5	16.9	13.9	9.0	5.5	4.1	1.8		7.0	13.9	1.8
下部 1 号		100	77.7	71.4	62.7	46.2	29.8	19.1	15.6	9.9	5.8	4.4	2.3		4.5	15.6	2.3
下部 2 号		100	77.9	70.2	61.9	47.2	31.3	20.3	16.7	10.6	6.3	4.7	2.2		4.0	16.7	2.2

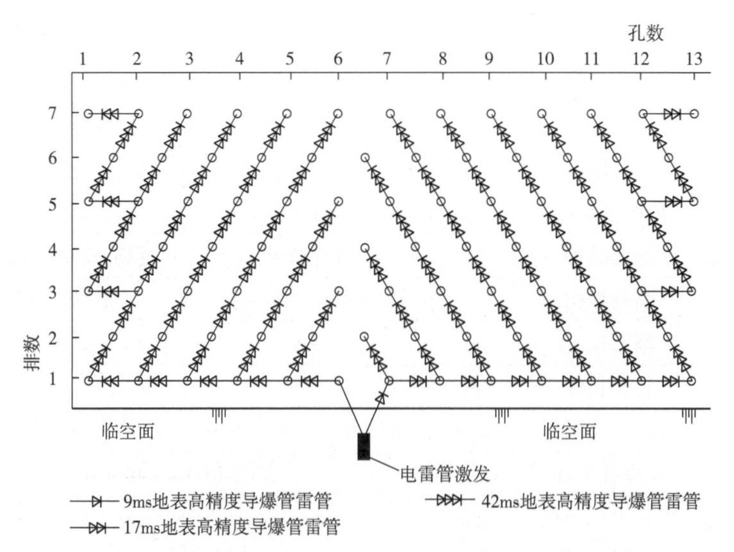

图 8-8　响水沟石料场过渡料开采爆破第五场试验起爆网络图

注：孔内统一采用 15m 脚线 MS16 段（400ms）高精度导爆管雷管作为起爆雷管。

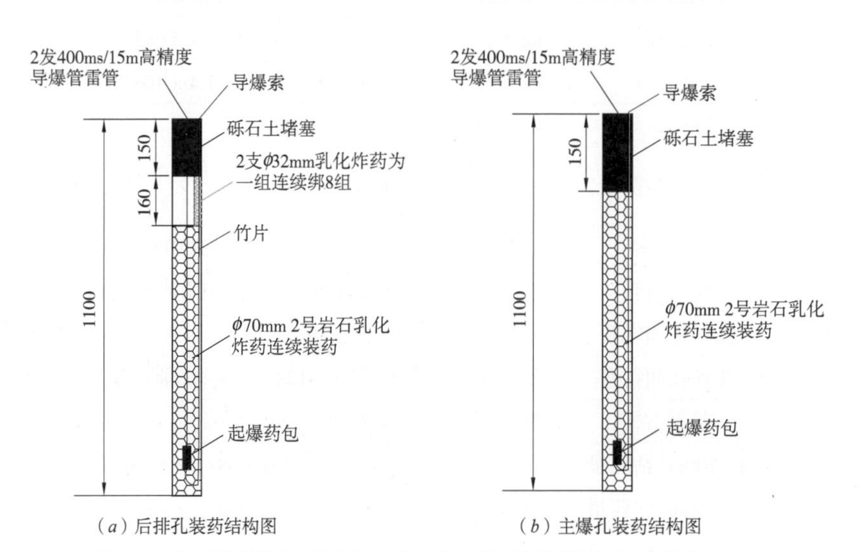

（*a*）后排孔装药结构图　　　　（*b*）主爆孔装药结构图

图 8-9　响水沟石料场过渡料开采爆破第五场试验装药结构图（单位：cm）

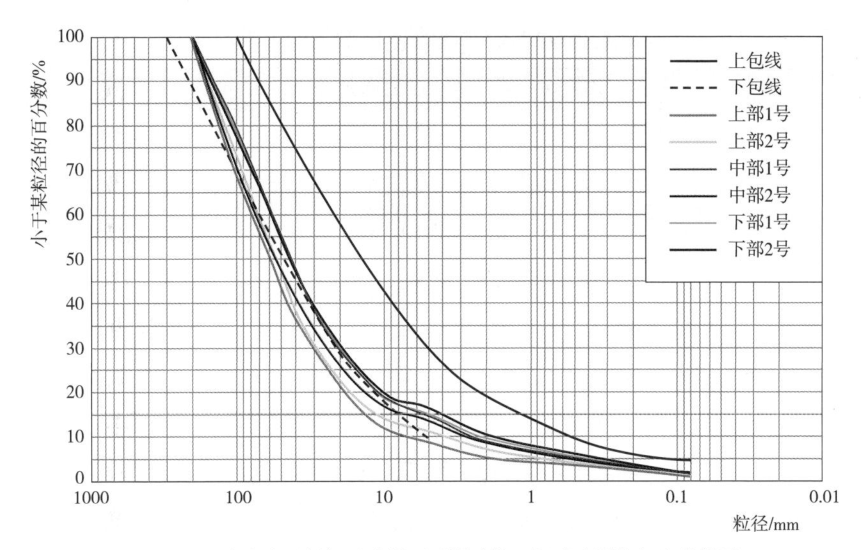

图 8–10　响水沟石料场过渡料开采爆破第五场试验颗粒级配曲线图

过渡料爆破后效果见图 8–11。

图 8–11　过渡料爆破后效果（爆后掌子面）

由于该次爆破炮孔间距小，孔内起爆雷管 2 发均放在底部，在缓倾角裂隙的部位前排炮孔起爆后可能将后排炮孔内的导爆管切断，使得上部有部分拒爆，导致上部取样的筛分结果偏离设计要求的下包线，而中下部取样筛分结果基本满足设计要求。

本阶段试验设计单耗为 2.5kg/m^3，实际单孔药量为 55kg 左右，实际单耗为 2.46kg/m^3，平均块度约为 4.8cm（不计上部拒爆而引起的块度偏大），反推该试验区的岩石系数 A 为 5.01（2.46kg/m^3）。从筛分曲线来看，中下部取样的筛分曲线也仅基本接近设计要求的下包络线，由此可见，该部位的岩体所需单耗应大于 2.5kg/m^3，而单耗过高不仅导致成本增加，更重要的是起爆安全性将难以保证，发生拒爆的风险增大。

3）江咀石料场爆破试验。江咀石料场岩体完整性相对响水沟石料场差，料源岩性为石英闪长岩，岩质致密坚硬，岩体多呈次块状 ~ 块状结构。共进行了 5 场在不同部位的爆破试验如下。

A. 第 1 次爆破试验。

a. 参数选择。江咀石料场岩体的完整性比响水沟料场差，本次试验取岩体质量较差的部位，根据前期的试验成果，决定选用炸药单耗为 2.0kg/m^3。江咀石料场过渡料开采爆破第 1 次试验基本情况见表 8–7，其起爆网络和装药结构分别见图 8–12 和图 8–13。

b. 试验成果分析。本次试验按要求将孔内雷管分别布置在孔口及孔底 1~2m 的位置，孔间排距较响水沟略偏大，爆破后未发现残留导爆索及炸药，筛分曲线全部在设计要求范围内，平均块度约为 3.8cm。

表 8-7　　江咀石料场过渡料开采爆破第 1 次试验基本情况表

基本情况	项目	单位	内容	布孔及装药
试验目的：爆破开采过渡料 试验场地：江咀石料场 情况描述：高程 1840.00m 平台三面临空无压渣	岩石类型		花岗岩	节理裂隙发育
	台阶高度	m	10	台阶没有完全形成
	布孔方式		正方形	
	钻孔直径	mm	95	
	钻孔角度	（°）	90	
	钻孔深度	m	11.0	
	钻孔超深	m	1.0	
	孔距	m	1.69	每排 15 孔
	排距	m	1.70	7 排孔加 1 排补孔
	前排抵抗线	m	3.80	
	炸药品种		乳化炸药	规格 ϕ70mm × 40cm × 1.5kg
	装药结构		连续、不耦合	后排炮孔上部不耦合
	堵塞长度	m	1.5	
	装药长度	m	9.5	
	延米装药量	kg/m	3.75~6.0	厚排，上部减弱装药
	主爆孔装药量	kg	设计 57	实际平均 5.5kg/m，孔装药 52.5kg
	后排孔装药量	kg	33+6.4	下部 7.8m 改用 ϕ70mm，上部 1.2m 改用 ϕ32mm
	起爆方式		斜线式 14	
	总钻孔量	m	111 × 11=1221	
	总装药量	kg	95 × 52.5+15 × 39.4=5578.5	
	主爆孔单耗	kg/m^3	57/（1.69 × 1.7 × 10）=1.9	
	爆区平均单耗	kg/m^3	5578.5/3030.5=1.84	
	总方量	m^3	（14 × 1.7）×（6 × 1.7+3.8 × 2/3）× 10=3030.5	
	导爆索	m	111 × 11.5=1276.5	
	孔内雷管	发	111 × 2=222	高精度 400ms 雷管，每孔 2 发
	孔外排间雷管	发	6 × 7 × 2=84	每 2 孔一个节点
	孔外孔间雷管	发	6 × 2=12	前排一条主传爆线
	起爆雷管	发	2	电雷管
	每 100m^3 钻孔量	m	（1221/3030.5）× 100=40.3	
	每 100m^3 炸药量	kg	（5578.5/3030.5）× 100=184.1	
	每 100m^3 雷管量	发	（320/3030.5）× 100=10.6	

本次试验单耗 2.0kg/m^3、主爆区实际单孔药量约为 52.5kg，平均单耗约为 1.84kg/m^3，反推该试验区的岩石系数 A 为 2.93。从筛分曲线来看，各部位的取样筛分曲线均在设计要求的上下包络线范围内。由于该部位岩体质量较差，不适合做过渡料。因此，下一步试验区选择在岩石完整性相对好一些的部位。江咀石料场过渡料开采爆破第 1 次试验指标统计情况见表 8-8，其颗粒级配情况见图 8-14。

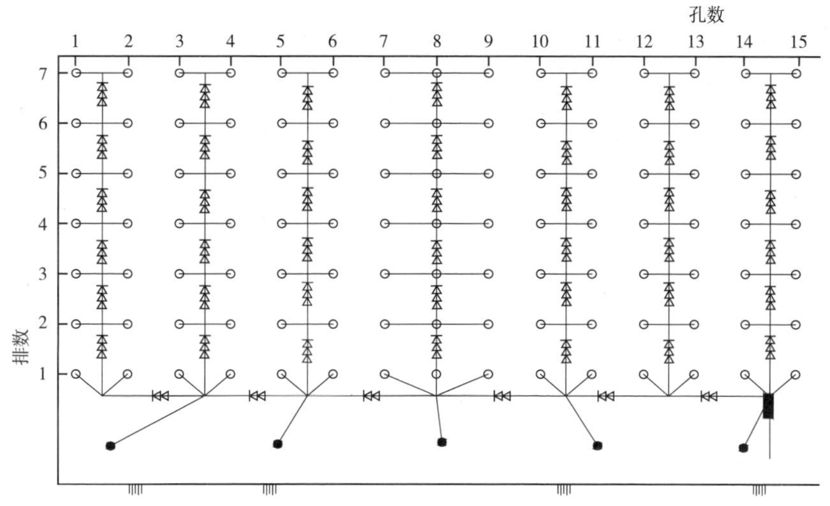

图 8-12　江咀石料场过渡料开采爆破第 1 次试验起爆网络示意图

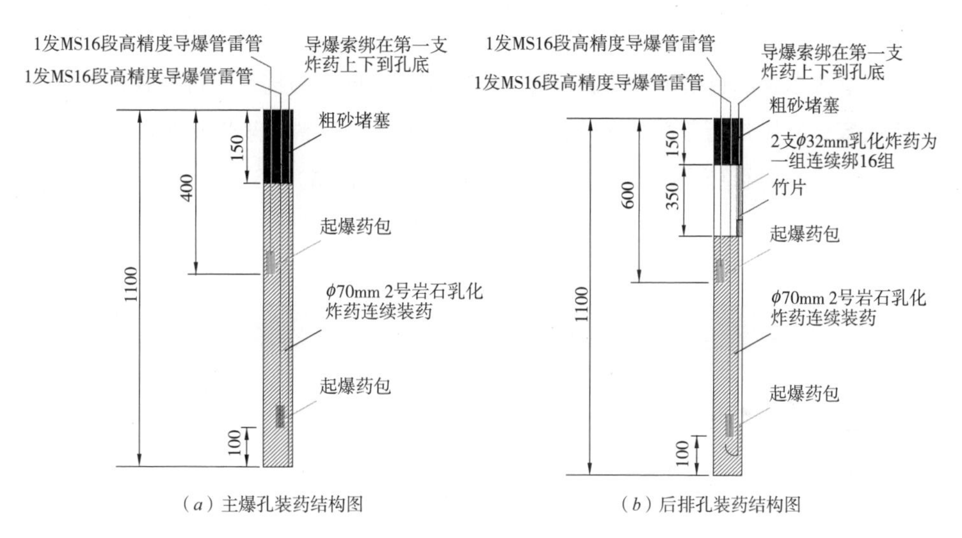

图 8-13　江咀石料场过渡料开采爆破第 1 次试验装药结构示意图（单位：cm）

B. 第 2 次爆破试验。

a. 爆破参数。江咀石料场过渡料开采爆破第 1 次试验部位岩体较破碎，岩体可爆性好，虽然仅采用 2.0kg/m^3 的单耗，爆破开采料级配曲线介于设计要求的上下包络线范围内，由于岩体本身的质量问题不适合做过渡料试验，因此，第 2 次爆破试验选择在岩体质量相对

表 8-8　　江咀石料场过渡料开采爆破第 1 次试验指标统计情况表

粒径 /mm	300	200	100	80	60	40	20	10	5	2	0.5	0.25	0.075	最大粒径 / mm	D_{15}	小于 5mm	小于 0.075 mm
上包线			100	93	85	75	58	43	30	19	10	7	5				
下包线	100	88	69	63	56	46	29	18	10								
上部平均值		100	82	75	65	48	30	21	15	10	5	4	1.4	300.0	5.2	14.6	1.4
中部平均值	100	91.2	70	63	52	40	24	17	12	8	5	3	1.2	300.0	8.0	12.2	1.2
下部平均值	100	98.1	84.3	80.8	71.8	56.0	33.1	21.4	14.8	9.7	5.6	4.1	1.5	300.0	8.0	14.8	1.5

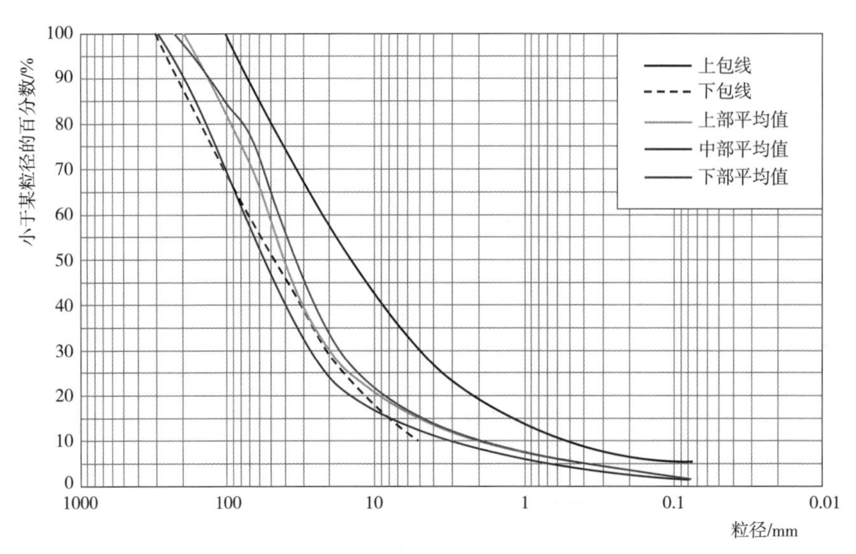

图 8-14　江咀石料场过渡料开采爆破第 1 次试验颗粒级配情况图

较好的部位。考虑到江咀第 1 次爆破试验开采料偏细，同时为核定单价寻找最低单耗，经多方研究决定试验用炸药单耗为 1.6kg/m^3。江咀石料场过渡料开采爆破第 2 次试验基本情况见表 8-9，其起爆网络和装药结构分别见图 8-15、图 8-16。

表 8-9　　　江咀石料场过渡料开采爆破第 2 次试验基本情况表

基本情况	项目	单位	内容	布孔及装药
试验目的：爆破开采过渡料 试验场地：江咀石料场 情况描述：高程 1840.00m 平台三面临空无压渣	岩石类型		新鲜花岗岩	
	台阶高度	m	10.0	台阶完全形成
	布孔方式		正方形	
	钻孔直径	mm	90	
	钻孔角度	（°）	90	
	钻孔深度	m	11.0	
	钻孔超深	m	1.0	
	孔距	m	1.9	每排 14 孔
	排距	m	1.8	6 排，局部补孔，共计 88 孔
	前排抵抗线	m	2.5	
	炸药品种		乳化炸药	规格 ϕ70mm × 40cm × 1.5kg
	装药结构		连续、不耦合	上部不耦合
	堵塞长度	m	1.2	
	装药长度	m	9.8	
	延米装药量	kg/m	3.75~6.0	下密上疏
	主爆孔装药量	kg	54	平均 5.5kg/m
	后排孔装药量	kg	34.5+6.4	下部 7.8m 改用 ϕ70mm，上部 1.2m 改用 ϕ32mm

续表

基本情况	项目	单位	内容	布孔及装药
试验目的：爆破开采过渡料 试验场地：江咀石料场 情况描述：高程 1840.00m 平台三面临空无压渣	起爆方式		斜线式	
	总钻孔量	m	88×11=968	
	总装药量	kg	4133	
	总方量	m^3	88×1.8×1.9×10=3010	
	主爆孔单耗	kg/m^3	54/（1.9×1.8×10）=1.58	
	爆区平均单耗	kg/m^3	4133/3010=1.37（总平均）	
	导爆索	m	88×11.5=1012	
	孔内雷管	发	88×2=176	MS10 雷管，每孔 2 发
	孔外排间雷管	发	70	每 2 孔一个节点
	孔外孔间雷管	发	12	前排一条主传爆线
	起爆雷管	发	2	电雷管
	每 100m^3 钻孔量	m	（1008/3010）×100=33.5	
	每 100m^3 炸药量	kg	（4133/3010）×100=137.3	
	每 100m^3 雷管量	发	（260/3010）×100=8.6	

b. 爆破试验结果。江咀石料场过渡料开采爆破第 2 次试验设计单耗为 1.58kg/m^3，孔间距 1.9m、排距 1.8m，该次爆破平均块度约为 8.6cm，反推该试验区的岩石系数 *A* 为 5.92。即使将该部位的单耗增加到 2.5kg/m^3，其爆破后的平均块度为 6.0cm，与设计要求的下包络线偏离 1.2cm。如果要达到设计要求平均块度的下限值，炸药单耗需增加到 3kg/m^3 以上。取样部位若选择在距表面以下 2m 处，爆破块度相对较大，取样的代表性不好。因此，下一步应增加单耗，或选择完整性稍差一点的部位进行试验。江咀石料场过渡料开采爆破第 2 次试验指标统计情况见表 8-10，其装药结构和颗粒级配情况分别见图 8-16、图 8-17。

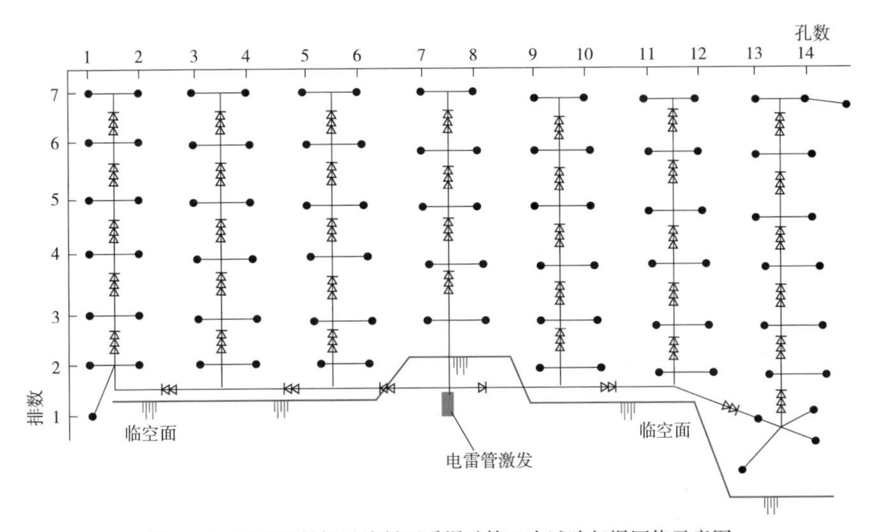

图 8-15　江咀石料场过渡料开采爆破第 2 次试验起爆网络示意图

表 8-10　　江咀石料场过渡料开采爆破第 2 次试验指标统计情况表

粒径 /mm	400	300	200	100	80	60	40	20	10	5	2	0.5	0.25	0.075	最大粒径 /mm	D_{15}	小于 5mm	小于 0.075 mm
上包线				100	93	85	75	58	43	30	19	10	7	5				
下包线		100	88	69	63	56	46	29	18	10								
距表层 2m，1 号	100.0	88.5	79.4	51.0	43.1	35.1	24.0	14.5	11.4	7.6	4.7	2.7	2.0	0.2	480.0	20.0	7.6	0.2
距表层 2m，2 号	100.0	96.8	84.0	57.4	50.9	43.0	30.8	19.6	15.0	10.7	6.6	3.3	2.2	0.3	460.0	10.0	10.7	0.3
距表层 2m，3 号	100.0	82.7	69.2	48.5	42.6	35.3	26.3	16.1	10.6	7.5	4.6	2.6	1.8	0.5	460.0	18.0	7.5	0.5
距表层 2m，4 号		100.0	77.9	53.4	45.0	39.1	29.5	20.3	14.5	10.4	9.5	3.5	2.5	0.9	320.0	11.0	10.4	0.9
距表层 2m，5 号		100.0	79.5	59.5	52.0	43.4	33.6	21.4	15.1	11.0	7.3	4.2	3.1	1.1	370.0	9.8	11.0	1.1

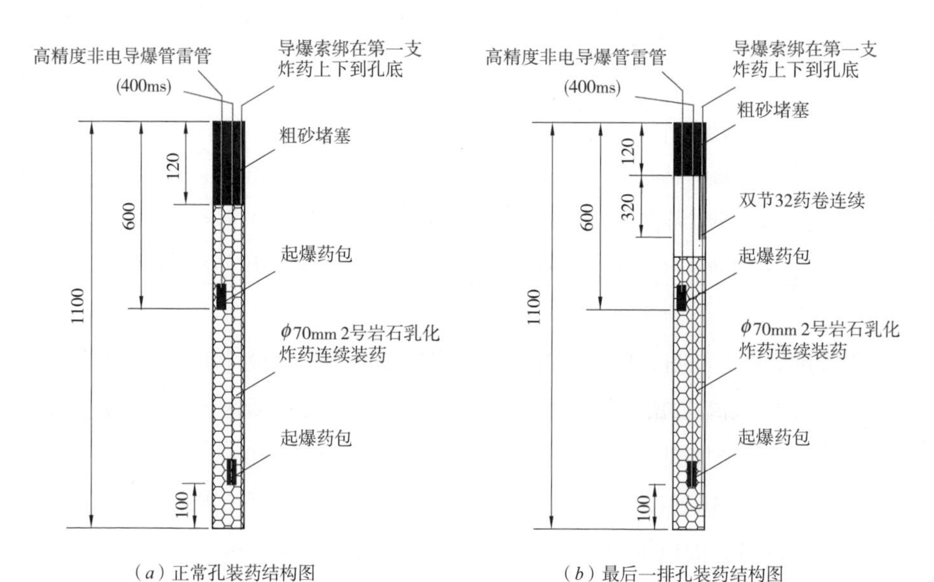

图 8-16　江咀石料场过渡料开采爆破第 2 次试验装药结构示意图（单位：cm）

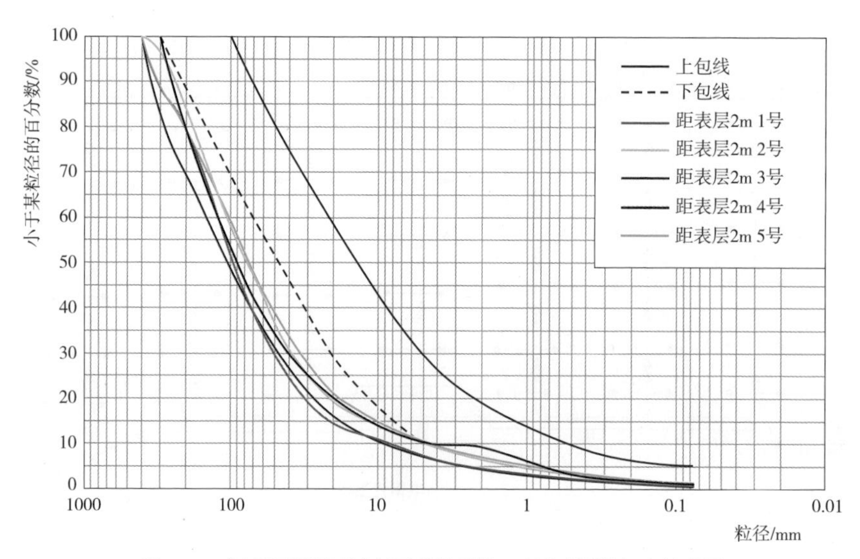

图 8-17　江咀石料场过渡料开采爆破第 2 次试验颗粒级配情况图

C. 第 3 次爆破试验。

a. 爆破参数。江咀石料场过渡料开采爆破第 3 次试验部位的岩体完整致密，岩体可爆性不好。虽然第 2 次试验时，实际单耗为 1.58kg/m^3，未爆破出合格的级配料，从最终开采成本考虑，多方研究决定试验用炸药单耗为 2.0kg/m^3。江咀石料场过渡料开采爆破第 3 次试验基本情况见表 8–11，其起爆网络和装药结构分别见图 8–18、图 8–19。

表 8–11　　江咀石料场过渡料开采爆破第 3 次试验基本情况表

<table>
<tr><th>基本情况</th><th>项目</th><th>单位</th><th>内容</th><th>布孔及装药</th></tr>
<tr><td rowspan="31">试验目的：爆破开采过渡料
试验场地：江咀石料场
情况描述：高程 1840.00m 平台三面临空无压渣</td><td>岩石类型</td><td></td><td>新鲜花岗岩</td><td></td></tr>
<tr><td>台阶高度</td><td>m</td><td>10.0</td><td></td></tr>
<tr><td>布孔方式</td><td></td><td>正方形</td><td></td></tr>
<tr><td>钻孔直径</td><td>mm</td><td>90</td><td></td></tr>
<tr><td>钻孔角度</td><td>（°）</td><td>90</td><td></td></tr>
<tr><td>钻孔深度</td><td>m</td><td>11.0</td><td></td></tr>
<tr><td>钻孔超深</td><td>m</td><td>1.0</td><td></td></tr>
<tr><td>孔距</td><td>m</td><td>1.7</td><td>每排 14 孔</td></tr>
<tr><td>排距</td><td>m</td><td>1.7</td><td>7 排孔</td></tr>
<tr><td>前排抵抗线</td><td>m</td><td>1.7</td><td></td></tr>
<tr><td>炸药品种</td><td></td><td>乳化炸药</td><td>规格 ϕ70mm × 40cm × 1.5kg</td></tr>
<tr><td>装药结构</td><td></td><td>连续、不耦合</td><td>装药时炸药须破包装局部</td></tr>
<tr><td>堵塞长度</td><td>m</td><td>1.5</td><td>实际延米装药量增加</td></tr>
<tr><td>装药长度</td><td>m</td><td>9.5</td><td></td></tr>
<tr><td>延米装药量</td><td>kg/m</td><td>3.75~6.0</td><td>下密上疏</td></tr>
<tr><td>主爆孔装药量</td><td>kg</td><td>54</td><td>平均 5.5kg/m（实际 6.75）</td></tr>
<tr><td>后排孔装药量</td><td>kg</td><td>34.5+6.4</td><td>下部 7.8m 改用 ϕ70mm，上部 1.2m 改用 ϕ32mm</td></tr>
<tr><td>主爆孔单耗</td><td>kg/m^3</td><td colspan="2">2.0</td></tr>
<tr><td>爆区平均单耗</td><td>kg/m^3</td><td colspan="2">2.0</td></tr>
<tr><td>起爆方式</td><td></td><td colspan="2">斜线式</td></tr>
<tr><td>总钻孔量</td><td>个</td><td colspan="2">98 × 11=1078</td></tr>
<tr><td>总装药量</td><td>kg</td><td colspan="2">84 × 54+14 × 40.9=4536+572.6=5108.6</td></tr>
<tr><td>总方量</td><td>m^3</td><td colspan="2">（14 × 1.7）×（7 × 1.7）× 10=2832.2</td></tr>
<tr><td>导爆索</td><td>m</td><td colspan="2">98 × 11.5=1127</td></tr>
<tr><td>孔内雷管</td><td>发</td><td>98 × 2=196</td><td>MS10 雷管，每孔 2 发</td></tr>
<tr><td>孔外排间雷管</td><td>发</td><td>6 × 7 × 2=84</td><td>每 2 孔一个节点</td></tr>
<tr><td>孔外孔间雷管</td><td>发</td><td>6 × 2=12</td><td>前排一条主传爆线</td></tr>
<tr><td>起爆雷管</td><td>发</td><td>2</td><td>电雷管</td></tr>
<tr><td>每 100m^3 钻孔量</td><td>m</td><td colspan="2">（1078/2832.2）× 100=38.1</td></tr>
<tr><td>每 100m^3 炸药量</td><td>kg</td><td colspan="2">（5108.6/2832.2）× 100=180</td></tr>
<tr><td>每 100m^3 雷管量</td><td>发</td><td colspan="2">（294/2832.2）× 100=10.4</td></tr>
</table>

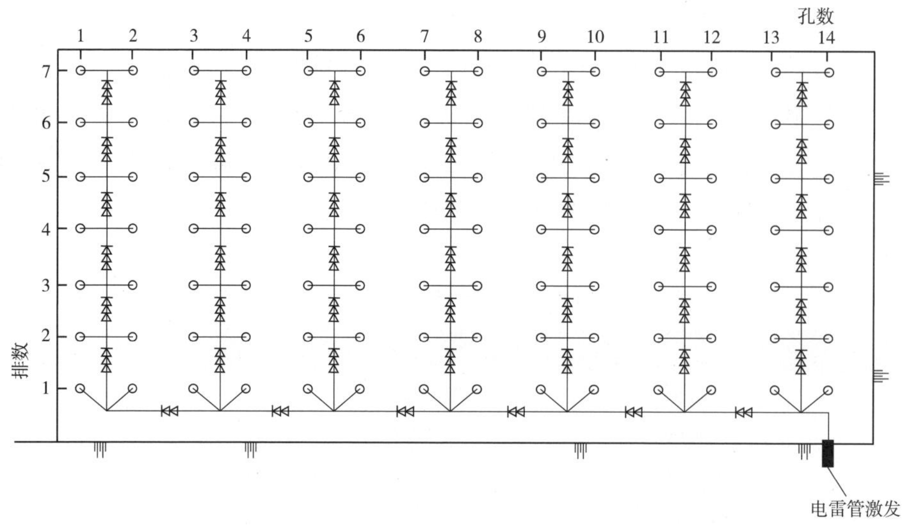

图 8-18　江咀石料场过渡料开采爆破第 3 次试验起爆网络示意图

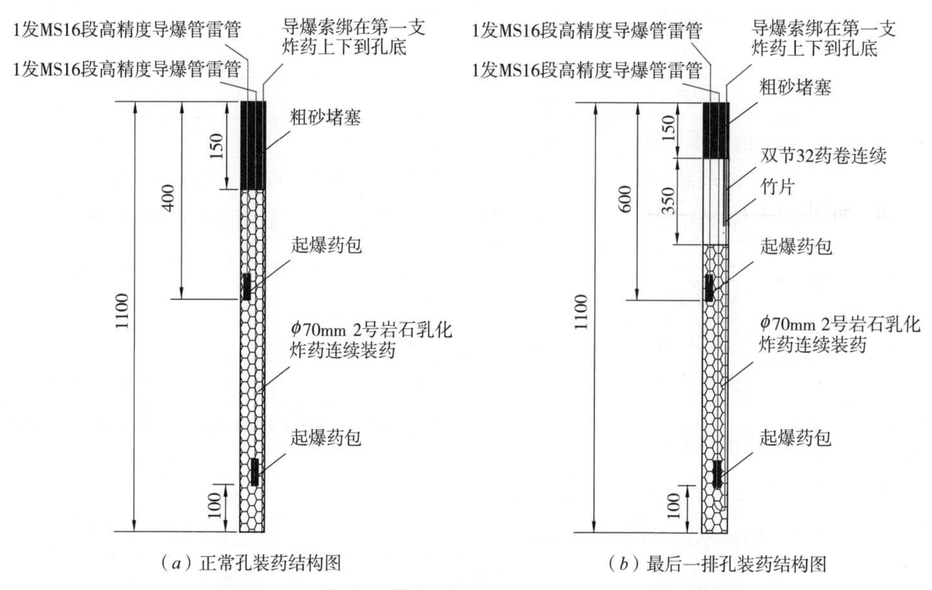

图 8-19　江咀石料场过渡料开采爆破第 3 次试验装药结构示意图（单位：cm）

b. 爆破试验结果。江咀石料场过渡料开采爆破第 3 次试验设计堵塞长度 1.5m，由于新换钻头使得钻孔直径偏大。当实际单孔装药 54kg，孔口还剩约 3m，最终实际的堵塞长度达 3m。由此，导致上部（表面以下 1.5m）爆破块度偏大。通过筛分结果可以看出下部的平均块度大约为 6.6cm，反推该试验区的岩石系数 A 为 5.44。将该部位的单耗增加到 2.5kg/m^3，其爆破后的平均块度可达 5.6cm，与设计要求的下包络线偏离 0.8cm。

从第 2、第 3 次试验结果来看在完整岩体中爆破，单耗达到 2.5kg/m^3 时，其平均块度只能接近设计允许值的下限，而上坝碾压后平均块度将有所减小。江咀石料场过渡料开采爆破第 3 次试验指标情况统计见表 8-12，其颗粒级配情况见图 8-20。

表 8-12　　江咀石料场过渡料开采爆破第 3 次试验指标统计情况表

粒径 /mm	400	300	200	100	80	60	40	20	10	5	2	0.5	0.25	0.075	最大粒径 /mm	D_{15}	小于 5mm	小于 0.075 mm
上包线				100	93	85	75	58	43	30	19	10	7	5				
下包线		100	88	69	63	56	46	29	18	10								
表层 1.5m 左部	100	91.0	72.0	41.2	36.6	29.8	21.6	12.5	8.2	5.8	3.6	2.0	1.5	0.5	400.0	24.5	5.8	0.5
表层 1.5m 中部	100	95.2	80.8	51.1	44.0	35.9	26.4	15.3	10.0	7.1	4.3	2.5	1.8	0.6	360.0	19.0	7.1	0.6
表层 1.5m 右部	100	94.2	81.6	60.6	55.6	47.7	38.0	24.4	16.1	11.2	7.0	3.9	2.6	0.8	520.0	8.7	11.2	0.8
2.5m 左部	100	96.8	84.9	58.0	50.2	42.2	30.0	18.8	15.1	11.2	6.3	3.3	2.3	0.8	360.0	10.0	11.2	0.8
2.5m 中部		100.0	91.0	61.9	52.3	43.2	29.7	17.6	11.2	7.6	4.8	2.7	2.0	0.8	280.0	16.0	7.6	0.8
2.5m 右部	100	97.3	83.0	54.5	45.9	37.1	26.2	16.8	10.7	7.3	4.8	2.8	2.1	0.8	410.0	17.0	7.3	0.8
右侧深 2.5m	100	96.8	84.9	58.0	50.2	42.2	30.0	18.8	15.1	11.2	6.6	3.3	2.3	0.8	360.0	10.0	11.2	0.8
中部深 2.5m		100.0	91.0	61.9	52.3	43.2	29.7	17.6	11.2	7.6	4.8	2.7	2.0	0.8	254.0	16.0	7.6	0.8
左侧深 2.5m	10	97.3	83.0	54.5	45.9	37.1	26.2	16.8	10.7	7.3	4.8	2.8	2.1	0.8	410.0	17.0	7.3	0.8
中部深 4m	100	96.7	93.7	71.6	59.0	46.6	34.5	21.2	17.0	12.6	8.1	4.4	3.1	0.9	350.0	7.5	12.6	0.9
中部深 4m		100.0	97.1	80.7	69.0	60.0	44.0	27.7	21.5	15.8	9.2	4.8	3.2	1.0	280.0	4.5	15.8	1.0

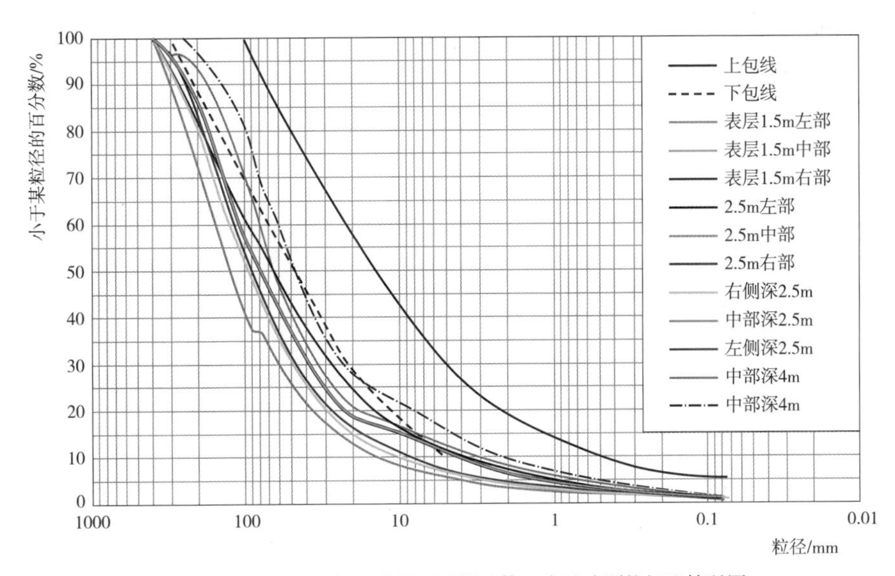

图 8-20　江咀石料场过渡料开采爆破第 3 次试验颗粒级配情况图

D. 第 4 次爆破试验。

a. 爆破参数。江咀石料场过渡料开采爆破第 4 次试验部位岩体完整致密，岩体可爆性不好，通过前面分析单耗达到 2.5kg/m^3 才可开采出接近设计允许下包络线的石料，因此本次试验炸药单耗定为 2.5kg/m^3。江咀石料场过渡料开采爆破第 4 次试验基本情况见表 8-13，其起爆网络和装药结构分别见图 8-21、图 8-22。

b. 爆破试验结果。江咀石料场过渡料开采爆破第 4 次试验由于订购的高精度雷管未到，所以采用普通导爆管雷管，孔内采用 MS13 段延时，而排间采用 MS2 段接力，导致前后排由于孔内延时误差发生前后排窜段，从爆后的爆堆现状也可以看出，有爆渣向后翻。

表 8-13　　江咀石料场过渡料开采爆破第 4 次试验基本情况表

基本情况	项目	单位	内容	布孔及装药
试验目的：爆破开采过渡料 试验场地：江咀石料场 情况描述：高程 1740.00m 平台三面临空无压渣	岩石类型		新鲜闪长岩	
	台阶高度	m	10.0	
	布孔方式		正方形	
	钻孔直径	mm	90	
	钻孔角度	(°)	90	
	钻孔深度	m	11.0	
	钻孔超深	m	1.0	
	孔距	m	1.5	每排 15 孔
	排距	m	1.5	7 排孔
	前排抵抗线	m	1.1（最小）	
	炸药品种		乳化炸药	规格 ϕ70mm × 40cm × 1.5kg
	装药结构		连续、不耦合	装药时炸药须破包装局部
	堵塞长度	m	1.2	
	装药长度	m	9.5（实际 8）	
	延米装药量	kg/m	3.75~6.0	下密上疏，主爆平均 5.8
	主爆孔装药量	kg	56/84	平均 5.5kg/m（实际 6.75）
	后排孔装药量	kg	34.5+6.4	下部 7.8m 改用 ϕ70mm，上部 1.2m 改用 ϕ32mm
	主爆孔单耗	kg/m^3	56.84/（1.5 × 1.5 × 10）=2.5	
	爆区平均单耗	kg/m^3	5459/2362.5=2.31（平均）	
	起爆方式		V 形	
	总钻孔量	m	105 × 11=1155	
	总装药量	kg	90 × 56.84+15 × 40.9=5729.1	
	总方量	m^3	（15 × 1.5）×（7 × 1.5）× 10=2362.5	
	导爆索	m	1272	
	孔内雷管	发	210	普通雷管，每孔 2 发
	孔外排间雷管	发	44	同排齐发，单段 424.94kg
	孔外孔间雷管	发		前排一条主传爆线
	起爆雷管	发	2	电雷管
	每 100m^3 钻孔量	m	（1114.5/2362.5）× 100=47.2	
	每 100m^3 炸药量	kg	（5459/2362.5）× 100=231	
	每 100m^3 雷管量	发	（256/2362.5）× 100=10.8	

本次试验共筛分了 6 组，从图 8-23 中可以看出，左侧爆渣基本满足过渡料要求。中部筛分了 4 组，有 2 组平均块度约为 6cm，与设计下包络线接近，而另 2 组有一定偏离，一组平均块度为 7cm；另一组约为 7.2cm。一般 V 形起爆有利于爆破岩块在空中碰撞二次破碎，而本次设计采用普通雷管，排间起爆时差太短，导致前后窜段，使得中部破碎效果低于两侧。

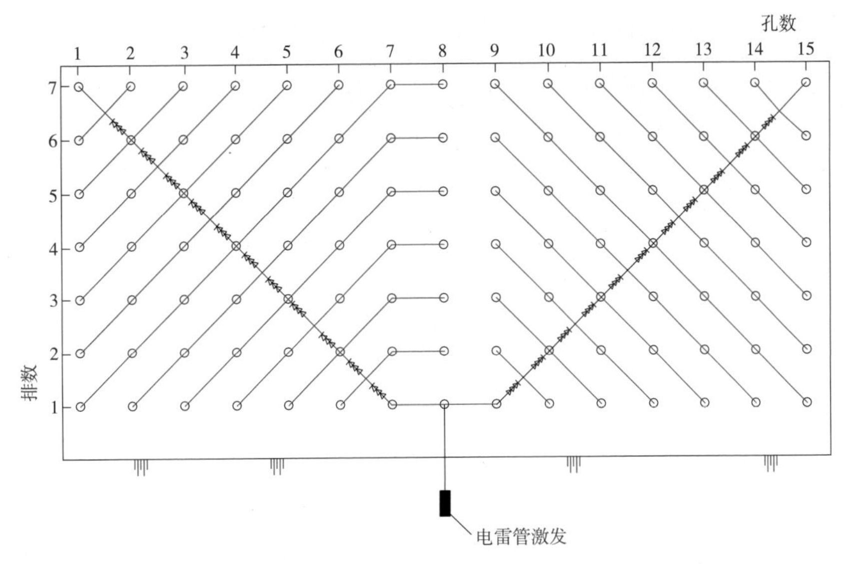

图 8–21　江咀石料场过渡料开采爆破第 4 次试验起爆网络示意图

注：孔内统一采用 18m 脚线 MS13 段（650ms）普通非电导爆管雷管作为起爆雷管。

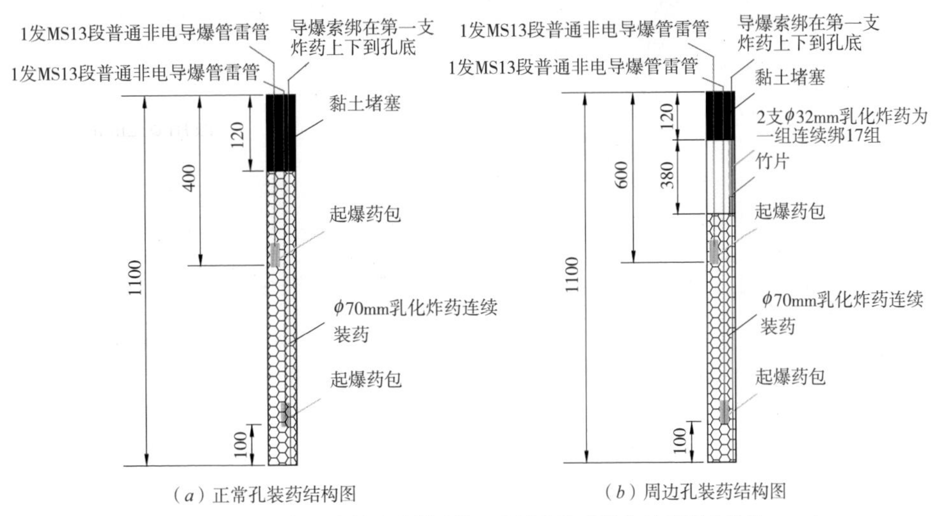

图 8–22　江咀石料场过渡料开采爆破第 4 次试验装药结构示意图（单位：cm）

当设计单耗达 2.5kg/m^3 时，在控制好堵塞长度、选择合理起爆时差、钻孔精度满足设计要求的情况下，仍然难以生产出满足设计要求的过渡料。江咀石料场过渡料开采爆破第 4 次试验指标情况统计见表 8–14，其颗粒级配情况见图 8–23。

E. 第 5 次爆破试验。

a. 爆破参数。江咀石料场过渡料开采爆破第 5 次试验部位岩体完整致密，岩体可爆性好，通过前面分析只有达到 2.5kg/m^3 才可开采出接近设计下包络线的石料，本次试验炸药单耗为 2.5kg/m^3。在炸药单耗确定后，主要加密炮孔，减小单孔装药量，以增加细颗粒含量。为了使炸药耦合装药，钻孔直径宜改为 65mm 以下，炸药直径 50mm 左右较好，但现

表 8-14　　　　江咀石料场过渡料开采爆破第 4 次试验指标情况统计表

粒径 /mm	400	300	200	100	80	60	40	20	10	5	2	0.5	0.25	0.075	最大粒径 /mm	D_{15}	小于 5mm	小于 0.075 mm
上包线				100	93	85	75	58	43	30	19	10	7	5				
下包线		100	88	69	63	56	46	29	18	10								
2.5m 左部 1 号		100.0	94.3	71.1	63.1	52.6	39.7	25.4	18.4	12.8	8.8	5.3	4.0	1.5	280.0	6.7	12.8	1.5
2.5m 左部 2 号		100.0	98.5	75.5	69.3	59.3	47.6	31.9	22.9	16.4	11.0	6.5	4.9	1.9	250.0	4.0	16.4	1.9
2.5m 中部 1 号		100.0	96.4	68.3	59.6	49.2	37.3	23.4	18.2	12.4	7.1	6.0	2.9	1.1	270.0	6.8	12.4	1.1
2.5m 中部 2 号	100.0	98.6	87.1	61.5	52.6	41.9	31.5	19.0	13.2	8.9	5.3	3.0	2.2	0.9	320.0	13.5	8.9	0.9
2.5m 中部 3 号	100.0	97.5	91.4	63.1	55.0	44.7	33.6	20.0	12.2	8.4	6.1	3.9	3.0	1.1	320.0	13.5	8.4	1.1
2.5m 中部 4 号	100.0	91.7	86.0	63.9	57.3	48.9	39.0	25.4	15.8	10.7	6.6	4.1	3.2	1.3	380.0	9.3	10.7	1.3

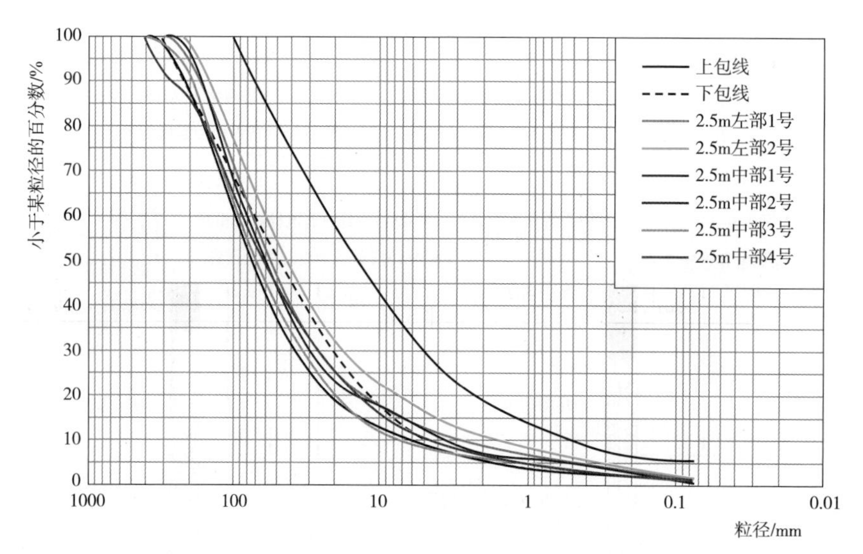

图 8-23　江咀石料场过渡料开采爆破第 4 次试验颗粒级配情况图

场并不具备条件，仍然是 90mm 的钻孔直径，70mm 的炸药直径，同时不得不采用竹片绑扎，施工麻烦。江咀石料场过渡料开采爆破第 5 次试验基本情况见表 8-15，其起爆网络和装药结构分别见图 8-24、图 8-25。

表 8-15　　　　江咀石料场过渡料开采爆破第 5 次试验基本情况表

基本情况	项目	单位	内容	布孔及装药
试验目的：爆破开采过渡料 试验场地：江咀石料场 情况描述：三面临空无压渣	岩石类型		新鲜闪长岩	
	台阶高度	m	8.0	有 3m 压渣
	布孔方式		长方形	
	钻孔直径	mm	90	
	钻孔角度	(°)	90	
	钻孔深度	m	11.0	

续表

基本情况	项目	单位	内容	布孔及装药
试验目的：爆破开采过渡料 试验场地：江咀石料场 情况描述：三面临空无压渣	孔距	m	1.3	每排 15 孔
	排距	m	1.0	7 排孔
	前排抵抗线	m	2.0~3.0	
	炸药品种		乳化炸药	规格 ϕ70mm × 40cm × 1.5kg
	装药结构		连续、不耦合	装药时炸药用竹条绑扎
	堵塞长度	m	1.0	
	装药长度	m	10.0	
	延米装药量	kg/m	3.75~6.0	
	主爆孔装药量	kg	37.5	
	后排孔装药量	kg	25.5	下部连续，上部间隔
	主爆孔单耗	kg/m^3	37.5/（1.3 × 1.0 × 11）=2.62	
	爆区平均单耗	kg/m^3	7686/3125=2.46（平均）	
	起爆方式		微差顺序	
	总钻孔量	m	204 × 11=2244	
	总装药量	kg	24 × 57+36 × 25.5+144 × 37.5=7686	
	总方量	m^3	（19 × 1.3）× 11.5 × 11=3125	
	导爆索	m	2200	
	孔内雷管	发	408	高精度雷管，每孔 2 发
	孔外排间雷管	发	36	普通雷管，中间一条主传爆线
	孔外孔间雷管	发	158	高精度雷管
	起爆雷管	发	2	电雷管
	每 100m^3 钻孔量	m	（2244/3125）× 100=72	
	每 100m^3 炸药量	kg	（7686/3125）× 100=246	
	每 100m^3 雷管量	发	[（408+36+158）/3125] × 100=19.2	

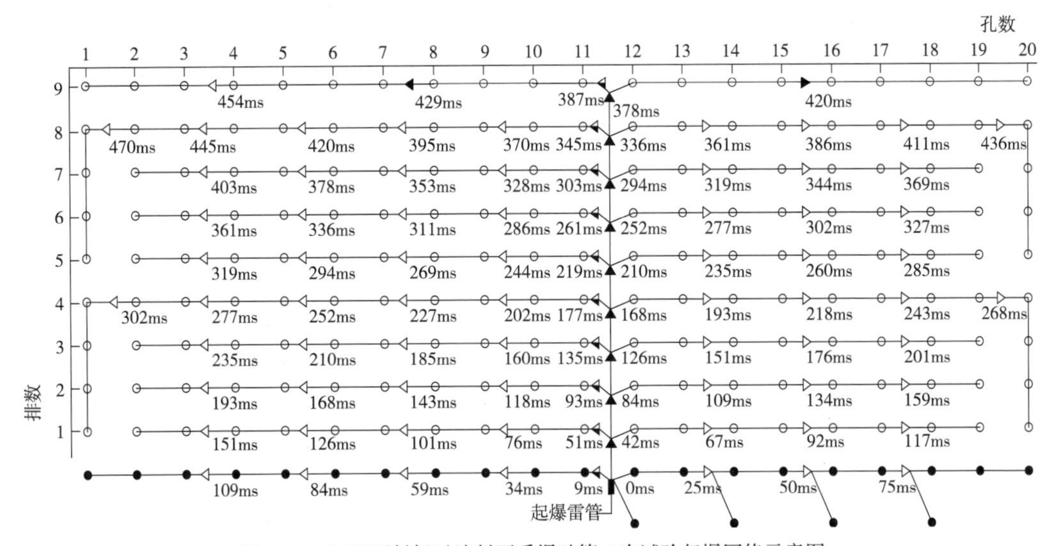

图 8-24　江咀石料场过渡料开采爆破第 5 次试验起爆网络示意图

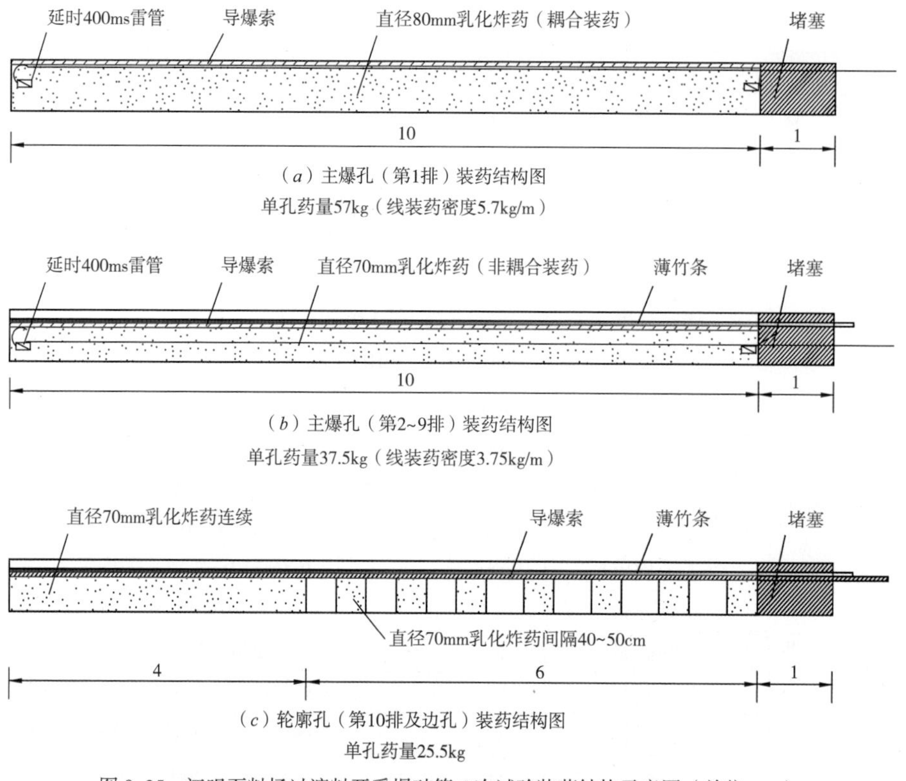

图 8-25　江咀石料场过渡料开采爆破第 5 次试验装药结构示意图（单位：m）

b. 爆破试验结果。基于爆破块度预测模型分析，爆破块度的大小不仅与岩石类别、炸药单耗有关，还与单孔装药量有关，本次试验采用减小药包直径来降低单孔装药量，同时通过降低孔间排距来保证炸药平均单耗保持在 2.5kg/m^3 之内。采用非电接力式起爆网络。为保证所有炮孔安全准爆，爆破料抛掷较远，爆渣平摊，应采用压渣爆破措施，或者调整爆破网络的起爆顺序。

本次试验共筛分了 6 组，坑下部筛分了 3 组，其爆渣靠近过渡料下包线，平均块度为 3.8~5.2cm。坑上部筛分了 3 组，平均块度为 5.3~6.1cm，与设计下包络线略有偏差。上下坑料混合略偏离过渡料级配要求。

本次试验再次说明，设计单耗达 2.5kg/m^3 时，在控制好堵塞长度、选择合理起爆时差、钻孔精度满足设计要求的情况下，爆破直采过渡料的难度仍然较大。江咀石料场过渡料开采爆破第 5 次试验指标统计情况见表 8-16，其颗粒级配情况见图 8-26。

4）爆破试验结论。通过大量过渡料爆破试验，得出以下结论。

A. 完整致密岩体的平均单耗需达 2.5kg/m^3 以上（2.5kg/m^3 的爆破单耗仍不满足设计的过渡料要求），但考虑爆破单耗的增加必定导致造孔工程量加大，现场实际施工过程中应合理控制其爆破单耗。

B. 爆破器材应选择高爆破效果的成品乳化炸药以及高精度非电导爆雷管。

C. 为增加微差挤压效果应采用爆破精度更高的高精度导爆雷管进行联网爆破，并根据

表 8-16　　江咀石料场过渡料开采爆破第 5 次试验指标统计情况表

粒径 /mm	400	300	200	100	80	60	40	20	10	5	2	0.5	0.25	0.075	最大粒径 /mm	D_{15}	小于 5mm	小于 0.075 mm
上包线				100	93	85	75	58	43	30	19	10	7	5				
下包线		100	88	69	63	56	46	29	18	10								
后部距表面 2m	100	97.0	94.0	68.9	61.7	50.9	40.1	25.6	21.4	18.1	12.6	7.8	5.8	2.3	450.0	3.1	18.1	2.3
后部距表面 3m		100.0	90.8	63.8	56.6	46.6	34.7	20.1	12.8	8.5	4.9	3.0	2.3	1.0	270.0	12.6	8.5	1.0
右侧（距表面以下 2m 处）		100	97.3	70.2	61.1	49.7	37.2	21.8	16.3	9.9	7.1	4.5	3.5	1.6	230.0	8.9	9.9	1.6
右侧（距表面以下 3m 处）		100.0	97.8	71.7	64.7	54.5	41.3	24.8	17.7	12.7	7.6	4.8	3.7	1.7	280.0	7.0	12.7	1.7
中部（距表面以下 70cm 处）	100	98.6	94.4	65.9	59.4	51.0	40.4	26.3	19.3	14.0	9.6	6.0	4.5	1.8	320.0	5.8	14.0	1.8
中部（距表面以下 2m 处）	100	98.0	94.3	78.0	69.6	58.0	44.3	27.4	19.4	13.2	8.9	5.8	4.4	1.6	360.0	6.1	13.2	1.9

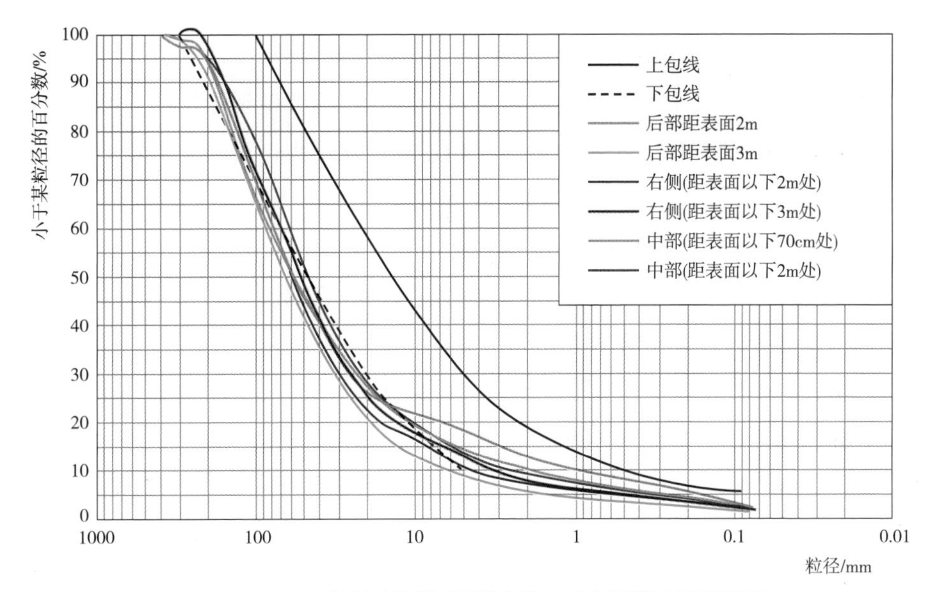

图 8-26　江咀石料场过渡料开采爆破第 5 次试验颗粒级配情况图

各孔位情况进行联网设计，避免拒爆现象发生。

D. 爆破场地应选择在岩石可爆性较好的区域进行。

E. 为增加爆破料细料含量，应尽量采用小孔径，在确保爆破单耗的情况下，减小孔网面积。

F. 堆石坝过渡料开采应采用精细爆破法施工，即定量设计、精心施工、实时监控、科学管理。每一场爆破均应根据地质、地形条件以及附近区域的爆破和筛分资料定量设计，主要包含参数及联网设计。每一炮孔均应测量放样，钻孔精度应满足设计要求。每次爆破筛分结果应及时反馈，指导下一步施工生产。科学管理，合理安排施工，在满足填筑料力学指标条件下，尽量将过渡料开采安排在岩体可爆性较好的区域进行。

（2）爆破块度影响因素分析。

1）爆破参数及炸药品种对爆破块度的影响。Kuz-Ram 模型是应用于工程比较成功的模型之一，它具有明显的优点。

A. 参数基本上是已知的。该模型建立了各种爆破参数（如：最小抵抗线 W、孔距 a、炸药单耗 q、台阶高度 H、钻孔精度 e、炮孔直径 d 等）与爆破块度分布的定量关系，而这些参数是已知的，便于进行爆破块度分布的量化分析。

B. 计算简便，形数结合。该模型所涉及的数学计算很简单，且其计算成果可直接绘制成爆破块度分布曲线，形象直观，便于推广应用。

C. 计算的修正相对容易。该模型把问题分为岩石性质描述、爆破设计参数等之间的几个简单的方程，便于对不同爆破情况计算时进行扩展和修正。

要爆破出合格过渡料，首先将爆破开采出的石料的平均块度控制在设计要求范围内，设计允许的平均块度的最大值是 52mm。从 Kuz-Ram 模型平均块度计算来看，表面上平均块度仅与岩石特性、炸药单耗、单孔药量以及炸药品种有关，实际炸药单耗及单孔药量又与其他爆破参数相关联，具体分析如下。

a. 岩体系数 A 与爆破平均块度呈线性关系，即岩体的节理裂隙发育、可爆性好其爆破平均块度就小，只要岩体结构及力学性质相近其变化不大，对某一类岩体，只要前期有爆破参数及筛分结果，不论是否爆破出合格过渡料都可反推出其相应的 A 值。从以往的面板堆石坝级配料开采爆破试验情况来看，节理裂隙发育岩体的 A 值较完整岩体小 30%~50%，也就是说岩性对平均块度影响非常大，因此，在条件允许的情况下宜选择节理裂隙发育、可爆性好的岩体开采过渡料。

b. 炸药单耗与平均块度即炸药单耗越高，平均块度越低，在炮孔直径一定的条件下，单耗越高，孔间排距越小，即增加了钻孔工作量，同时由于孔间距的减少增大了炮孔拒爆的风险。此外，由于平均块度降低与单耗增加成非线性关系，一味增加单耗也是不经济的，假定其他参数不变，单耗为 1.0kg/m^3 爆破出的平均块度为 10cm，将单耗增加到 2.5kg/m^3 时，其爆破出的平均块度为 4.8cm，将单耗增加到 3.0kg/m^3 时，其爆破出的平均块度为 4.2cm。

c. 从表面上来看，孔网参数及炸药单耗一定，单孔装药量就确定了，单孔装药量的增加将使得平均块度也适当增加。单耗一定的情况下，台阶高度的增加将使得单孔药量的增加，台阶高度增加将使钻孔深度增加，孔底偏差将增大，势必导致产生大块，影响石料级配；炮孔直径的增加也可导致单孔药量的增加，同时还导致孔间排距的增加，同样平均块度也可能增加。只要钻孔精度可以满足要求，台阶高度的增加，对爆破块度的影响是可控的。

d. 炸药的爆炸性能也对爆破块度产生一定影响，如采用散装铵油炸药，装药密度只能达到 600kg/m^3，其炸药参数 E 则从 100 将为 60，如果单耗不变，考虑其单孔装药量也降低 40%，其爆破块度将增大约 27%，由此可见，过渡料开采宜选择优质高猛度炸药。试验初期实测孔内乳化炸药的爆速达到 5100m/s，因此，建议采用成品乳化炸药进行试验，药卷直径宜为 70mm。

2）装药结构对爆破块度的影响。前面已经介绍，当粒径为 10cm 和 1.0cm 时，结构面影响占的比例从 50% 降到 10%，主要靠增加单耗、耦合装药以及减小堵塞长度来进行控制，因此，要爆破出合格的过渡料宜采用耦合装药，堵塞长度控制在 0.8~1.0 倍抵抗线。

3）起爆网络对爆破块度的影响。由于过渡料开采块度要求严，导致炸药单耗高，炮孔间排距较常规爆破小，且为耦合装药，因此，爆破产生的应力波对相邻炮孔的影响相对较大。此外，排间起爆时差与抵抗线大小成正比，小抵抗线要求排间起爆时差更小，精度更高，宜选择高精度雷管进行起爆。

短时差起爆还可增加爆渣在空中碰撞的概率，提高破碎效果。

由于前期爆破试验采用的雷管都是国产普通导爆管雷管，其延期时间误差较大，起爆时无法做到精确微差，因此爆破试验选用能做到精确微差的高精度导爆管雷管。选用规格，孔内雷管：400ms/15m；地表雷管：传爆列为 42ms/7m，主控制排为 17ms/7m。400ms/15m 表示雷管延期时间为 400ms，15m 为脚线长度；其他类推。

4）其他因素对爆破块度的影响。目前工地均采用 90° 垂直布孔，如果在地表控制炮孔至爆区前沿距离与炮孔排距相同时，将导致前排炮孔底盘抵抗线过大，前排抵抗线的大小影响着后排爆破效果；如果将炮孔向前移来改善底盘抵抗线，将可能导致上部抵抗线过小，爆破时产生大量飞石以及爆生气体大量逸出而降低爆破效果。因此，要求对前排炮孔进行逐孔复核。

采用压渣爆破可以增加爆破石渣的挤压破碎效果，同时避免爆堆过于分散而影响爆渣级配。受空气阻力的影响，一般块度越大，飞得越远，因此，爆堆前沿及表层的块度一般相对较大，2cm 以下石渣偏少。

（3）过渡料爆破直采工艺实施。在进行了一系列过渡料爆破试验后，决定对大坝心墙过渡料及岸边过渡料的设计级配进行了调整。过渡料最大粒径不大于 400mm，小于 0.075mm 的颗粒含量不宜超过 3%，小于 5mm 的颗粒含量不大于 17%、不小于 4%，$D_{15} \leqslant 20\text{mm}$。过渡料级配宜连续良好。结合前期过渡料爆破试验成果，起爆方式选择为微差顺序型起爆，进行三场次爆破生产工艺试验，爆破生产试验参数见表 8–17。

表 8–17　　爆破生产试验参数表

序号	参数	单位	爆破场次		
			第一场	第二场	第三场
1	台阶高度	m	10	10	10
2	超钻深度	m	1	1	1
3	钻孔直径	mm	90	90	90
4	钻孔角度	（°）	90	90	90
5	布孔方式		正方形	正方形	正方形
6	堵塞长度	m	1.5	1.5	1.5
7	间、排距	m × m	1.5 × 1.5	1.7 × 1.7	1.6 × 1.6

续表

序号	参数	单位	爆破场次		
			第一场	第二场	第三场
8	单耗	kg/m^3	2.2	2.0	2.2
9	起爆方式		微差顺序	微差顺序	微差顺序
10	装药结构		连续、不耦合	连续、不耦合	连续、不耦合
11	炸药类型		2 号岩石乳化	2 号岩石乳化	2 号岩石乳化
12	雷管类型		高精度导爆雷管	高精度导爆雷管	高精度导爆雷管
13	炮孔排数		10	10	10
14	炮孔列数		20	20	20

对三场次爆破生产工艺试验结果进行了简单统计，其情况统计见表 8-18，各指标统计见表 8-19，平均颗粒级配曲线见图 8-27。

表 8-18　　过渡料爆破生产试验检测情况统计表

试验场次	筛分总量 /kg	筛分组数	
		料场筛分	堆存场筛分（坝面或磨子沟备料场）
第一场	9568.6	7	2
第二场	6578.2	3	3
第三场	4123.0	3	
总计	20269.8	13	5

表 8-19　　三场过渡料爆破生产试验各指标统计表

试验场地	爆破单耗 /（kg/m^3）	D_{15} /mm	小于 5mm/%	小于 0.075mm/%	最大粒径 /mm	超径石 /%	备注
第一场	2.5	13.8	10.1	0.85	382.9	0	各取样均剔除超径石
第二场	2.0	11.9	10.8	0.71	264.7	0	各取样均剔除超径石
第三场	2.2	7.1	10.5	0.33	301.7	0	各取样均剔除超径石

注　由于表层料作为堆石料填筑，未进行表层取样统计。

从表 8-18、表 8-19、图 8-27 中可以看出，各爆破场次中各项指标的平均值均满足设计要求，且各场次平均颗粒级配曲线连续、平滑。爆破单耗为 2.0~2.5kg/m^3 时，均能生产出满足设计要求的过渡料。

由于取样及各爆区地质条件的差异（各爆区可爆性均较好、岩石裂隙有差异），爆破单耗与试验检测情况的变化关系不明显。

三场过渡料爆破后的利用率（合格过渡料占总爆破方量的比例）统计见表 8-20。

由于爆破单耗的差异，各场次过渡料爆破后利用率均有所偏差。爆破单耗与利用率呈正比关系，爆破单耗越高，利用率越大。

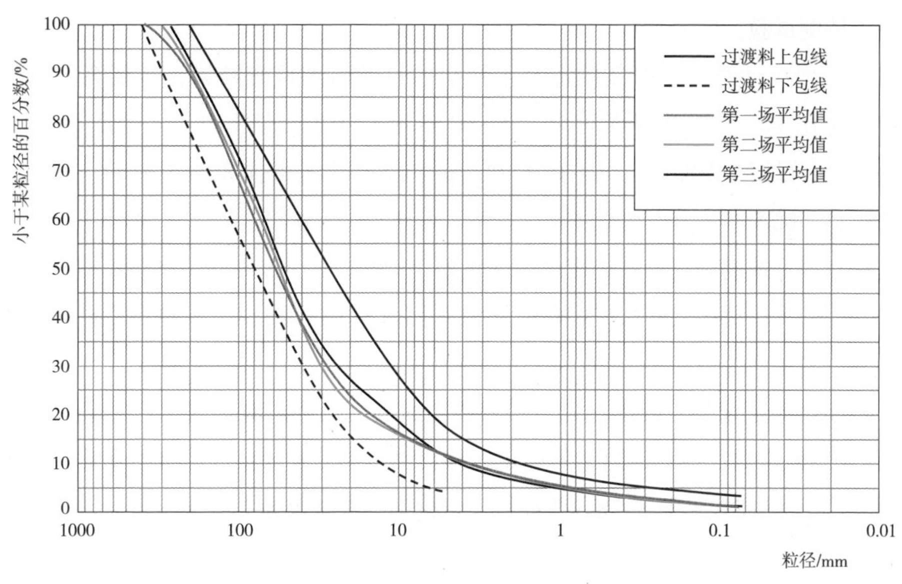

图 8-27　平均颗粒级配曲线图

注：由于表层料作为堆石料填筑，未进行表层取样统计。

表 8-20　利用率统计表

试验场地	爆破单耗 /（kg/m^3）	爆破后松方 /m^3	合格料方量 /m^3	利用率 /%
第一场	2.5	6794.10	5374.90	79.1
第二场	2.0	7533.80	5197.60	69.0
第三场	2.2	7062.63	5193.07	73.5

结合本次过渡料爆破生产试验取样检测及利用率统计的情况，为确保后续过渡料料源质量满足设计要求的同时，过渡料的钻爆强度及利用率得到较大的提高。建议后续过渡料生产单耗采用 2.2kg/m^3，过渡料爆破参数见表 8-21。

表 8-21　过渡料爆破参数表

台阶高度 /m	超钻深度 /m	钻孔直径 /mm	钻孔角度 /(°)	布孔方式	堵塞长度 /m	间排、距 /(m×m)	单耗 /(kg/m^3)	起爆方式	装药结构	炸药类型	单孔装药量 /kg
10	1.0	90	90	正方形	1.5	1.6 × 1.6	2.2	微差顺序	连续、不耦合	乳化炸药	57

注　爆破区域选择为可爆性较好的区域进行，爆区至后边坡水平距离应大于 20m。

8.2.2　半成品骨料掺配法

长河坝水电站大坝心墙过渡料标准较高，料场岩石以花岗岩、闪长岩为主，强度高，岩石可爆性差，采用一般堆石坝级配料开采爆破参数难以开采出合格过渡料。鉴于前期过渡料爆破试验情况，为了使过渡料填筑过程中上坝强度及上坝质量得到有效控制。将爆破料与成品骨料按照一定的比例掺配出满足设计要求的过渡料。

（1）掺配试验。

1）铺料厚度计算。根据试验室对生产出的过渡料的检查结果，经试算，得出本次过渡料掺配比例。掺配比例为小石：砂 =0.55~0.8：0.2（质量比）。生产的过渡料按 2045kg/m^3，小石按 1470kg/m^3，砂按 1640kg/m^3。经换算所得体积比为原料：小石：砂 = 1：0.77~1.11：0.25。

2）铺料厚度控制。现场在选定区域先铺厚 1m 用于生产过渡料的原料，铺料时应注意铺料的平整和厚度，再铺设厚 0.25m 的砂，砂由砂石骨料加工系统提供，整平后再铺设厚 0.8m 的小石。

3）过渡料掺配前颗粒级配。过渡料掺拌前试验检测人员对爆破生产完成后的过渡料进行了颗粒级配检测。根据检测结果确定掺拌比例，并了解掺拌前后级配变化情况。过渡料掺拌前颗粒级配曲线见图 8-28，其颗粒分析检测结果见表 8-22。

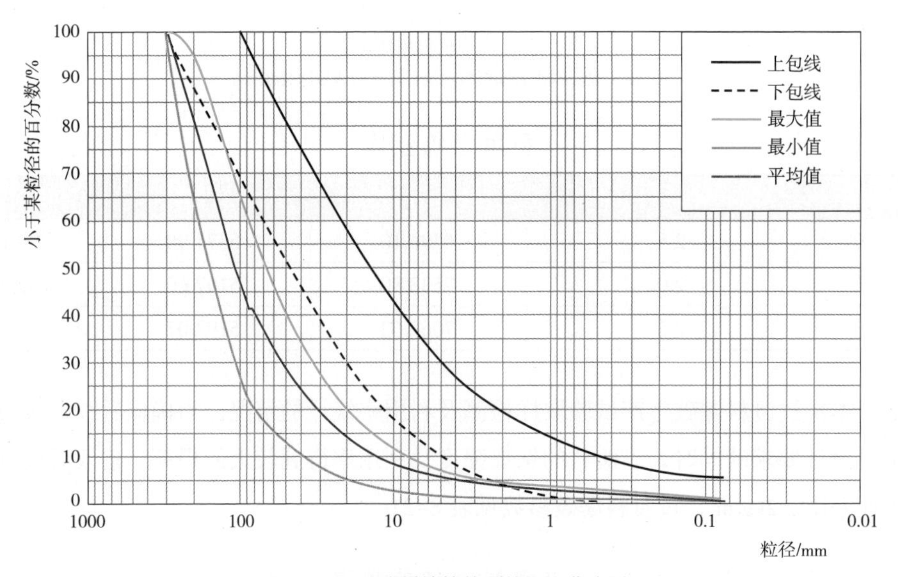

图 8-28　过渡料掺拌前颗粒级配曲线图

表 8-22　过渡料掺拌前颗粒分析检测结果表

粒径 /mm	600	400	300	200	100	80	60	40	20	10	5	2	1	0.5	0.25	0.075	D_{15}	D_{max}
上包线					100	93.0	85.0	75.0	58.0	43.0	30.0	19.0		10.0	7.0	5.0	1.2	100
下包线			100.0	88.0	69.0	63.0	56.0	46.0	29.0	18.0	10.0	3.0		0			8.0	300
最大值			100.0	65.1	25.3	19.9	15.4	9.5	5.1	2.7	1.5	1.0	0.9	0.7	0.5	0.2	16.0	235
最小值			100.0	95.0	65.4	55.9	46.5	32.8	19.5	11.0	6.3	4.5	3.6	2.6	1.7	0.8	59.0	295
平均值			100.0	80.7	46.1	40.1	33.1	23.2	13.7	8.0	4.8	3.4	2.6	1.8	1.2	0.5	25.8	272

过渡料掺拌前颗粒级配检测结果表明：料源偏粗，不满足设计要求。由于过渡料掺拌前均剔除超径石，取样检测结果表明本次掺拌料无超径，其中 D_{15} 指标均大于设计要求，小于 5mm 颗粒含量均小于设计要求。

4）掺拌次数。现场铺料完成后采用反铲对掺配料进行掺拌，掺拌次数按三次控制。

5）过渡料掺配后颗粒级配。过渡料按照相关铺料厚度及掺拌次数掺拌完成后，试验检测人员对其进行了取样检测。过渡料掺拌后颗粒级配曲线见图 8-29，其颗粒分析检测结果见表 8-23。

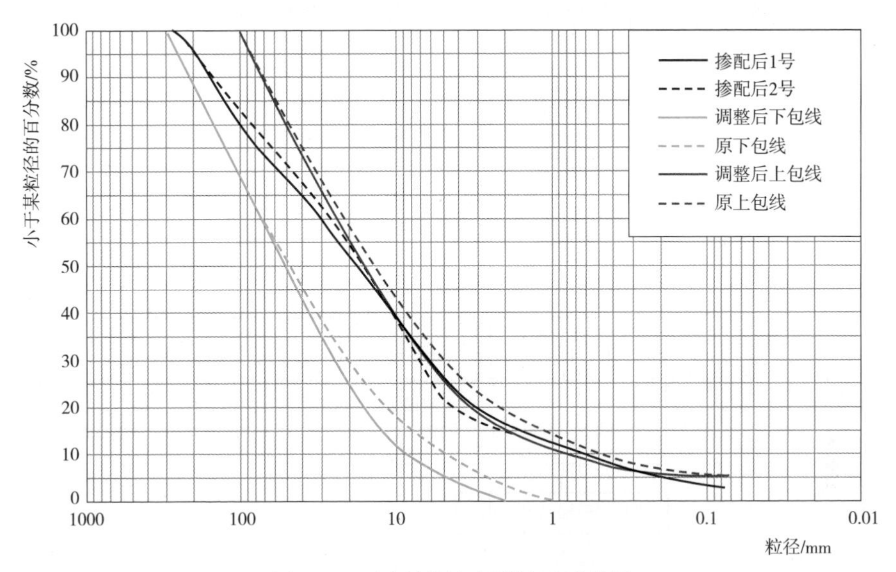

图 8-29　过渡料掺拌后颗粒级配曲线图

表 8-23　过渡料掺拌后颗粒分析检测结果表

粒径 /mm	600	400	300	200	100	80	60	40	20	10	5	2	1	0.25	0.075	D_{15}	D_{max}
调整后上包线					100.0	93.0	85.0	74.0	55.0	39.0	25.0	15.0		6.0	5.0	2.0	100
调整后下包线			100.0	88.0	69.0	63.0	54.0	42.0	24.0	12.0	5.0	0				10.3	300
原上包线					100.0	93.0	85.0	75.0	58.0	43.0	30.0	19.0		7.0	5.0	1.2	100
原下包线			100.0	88.0	69.0	63.0	56.0	46.0	29.0	18.0	10.0	3.0	0			8.0	300
掺配后 1 号			100.0	96.2	79.9	75.5	71.4	64.7	52.0	39.1	25.7	15.3	12.3	5.2	2.7	2.0	280
掺配后 2 号			100.0	95.0	82.7	79.1	74.5	67.1	54.6	37.5	21.7	14.4	12.2	5.4	2.6	2.0	250

过渡料掺拌后颗粒级配检测结果表明：各项指标均满足设计要求。由于计算掺拌比例的依据是原设计包线，掺拌完成后颗粒级配曲线与调整后包线对比，前者略偏上包线，但各项指标满足设计要求。

6）掺配试验结论。

A. 掺拌工艺选择。通过掺配工艺试验，过渡料掺拌后检测指标均能满足设计要求，因此，平铺立采的掺拌工艺完全可行，可用于正式生产。根据过渡料料源检测情况确定动态掺配比的方法可行，能将各项指标完全控制在设计规定值范围以内。

B. 铺料厚度选择。掺拌试验成果表明，过渡料铺料厚度为 1.0m，平铺立采方式混掺能使掺拌料的掺拌均匀。考虑掺拌设备的局限性，在大规模生产过程中过渡料互层铺筑应不超过三层（总高度不超过 6.0m）。

C. 掺拌设备及掺拌遍数选择。掺拌试验结果表明，采用反铲适用于掺拌料的掺拌，且均匀性较好。因此，反铲可用于后续过渡料大规模掺配。试验检测结果表明，在掺拌遍数为 3 遍时，采用反铲掺拌能使过渡料掺拌均匀。建议就地掺拌遍数取 3 遍。

（2）掺配方案实施。

1）生产工艺流程。过渡料掺配骨料生产工艺流程见图 8-30。

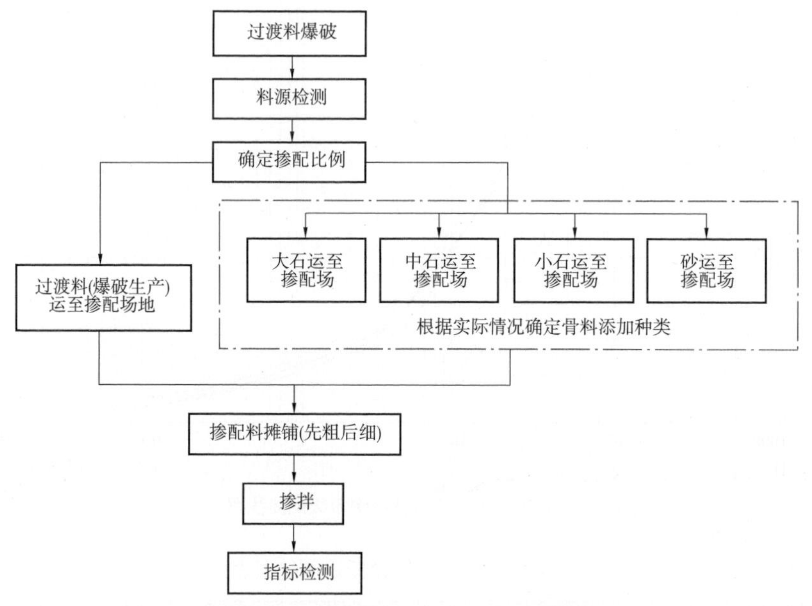

图 8-30　过渡料掺配骨料生产工艺流程图

2）生产工艺。

A. 毛料生产。过渡料掺配料料源可用石料场爆破生产或其他料源如河床料、洞挖利用料等经简单的超径剔除工艺获得。

B. 掺配比确定。过渡料掺配过程中骨料掺配量，根据过渡料爆破试验的平均颗粒级配计算确定。由于过渡料掺配后各项指标有一定波动，为了满足过渡料掺配后各项指标满足设计要求，计算骨料掺配量时，掺配后过渡料包络线按照过渡料平均包络线进行计算。

C. 现场掺配及检测。过渡料掺配采用“先粗后细、平铺立采”的方式进行，掺拌遍数根据掺配工艺试验确定。过渡料按照选定的铺料厚度及掺拌遍数掺拌完成后，试验检测人员应对每场掺配料进行取样检测。

D. 装运上坝或备存。应综合考虑过渡料供需强度，动态调整开采运输强度，并结合坝区备料条件适度备存，确保过渡料填筑施工依计划进行。

8.2.3　机械加工生产法

（1）机械加工试验。为探索较为经济的过渡料生产方式，结合现场砂石骨料系统现有的破碎设备，其设备型号见表 8-24，对江咀石料场爆破生产的堆石料进行了破碎试验。

表 8-24　　试验用破碎设备型号表

型号	美卓 C125
给料粒径 /mm	<800
出料粒径 /mm	150~320

过渡料破碎前检测了两组源料，其颗粒级配曲线见图 8-31，过渡料破碎后检测了三组试样，其平均颗粒级配曲线见图 8-32，其指标统计情况见表 8-25，其指标统计情况见表 8-26。过渡料破碎前后指标统计情况见表 8-27。

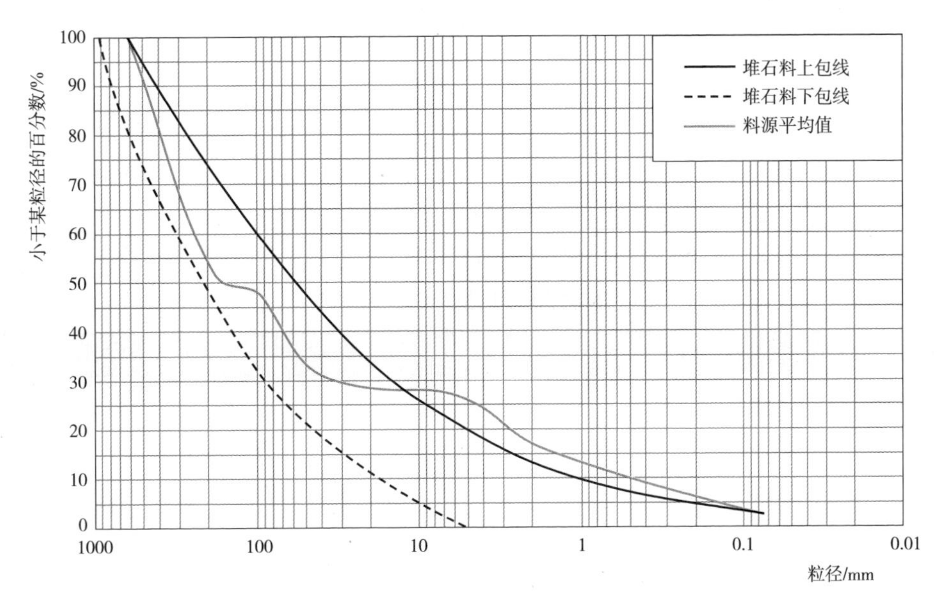

图 8-31　破碎前颗粒级配曲线图

表 8-25　　过渡料破碎前指标统计情况表

试验编号	颗粒级配组成 /%																	
	900	800	600	400	200	100	80	60	40	20	10	5	2	0.5	0.25	0.075	D_{15}	D_{max}
上包线			100	90.0	74.0	60.0	56.0	51.0	44.0	34.0	26.0	20.0	13.0	7.0	5.0	3.0	3.0	600
下包线	100.0	91.0	80.0	68.0	49.0	33.0	28.0	24.0	19.0	11.0	5.0	0					30.0	900
料源平均值			100.0	82.3	54.1	48.2	43.2	36.5	30.9	28.4	27.6	26.0	16.9	10.0	7.1	2.0	1.9	490

表 8-26　　过渡料破碎后指标统计情况表

试验编号	颗粒级配组成 /%															
	400	300	200	100	80	60	40	20	10	5	2	0.5	0.25	0.075	D_{15}	D_{max}
上包线（新）			100.0	83.0	77.0	69.0	59.0	43.0	28.0	17.0	10.0	6.0	5.0	3.0	2.0	100
下包线（新）	100.0	90.0	78.0	57.0	50.0	41.0	30.0	15.0	8.0	4.0					13.5	300
上包线（旧）			100.0	93.0	85.0	74.0	55.0	39.0	25.0	15.0	8.0	6.0	5.0		4.0	200
下包线（旧）	100.0	88.0	69.0	63.0	54.0	42.0	24.0	12.0	5.0	0					20.0	400
破碎后平均线		100.0	65.8	55.8	49.1	40.3	33.2	29.7	27.7	22.6	14.6	8.9	6.3	1.9	2.1	300

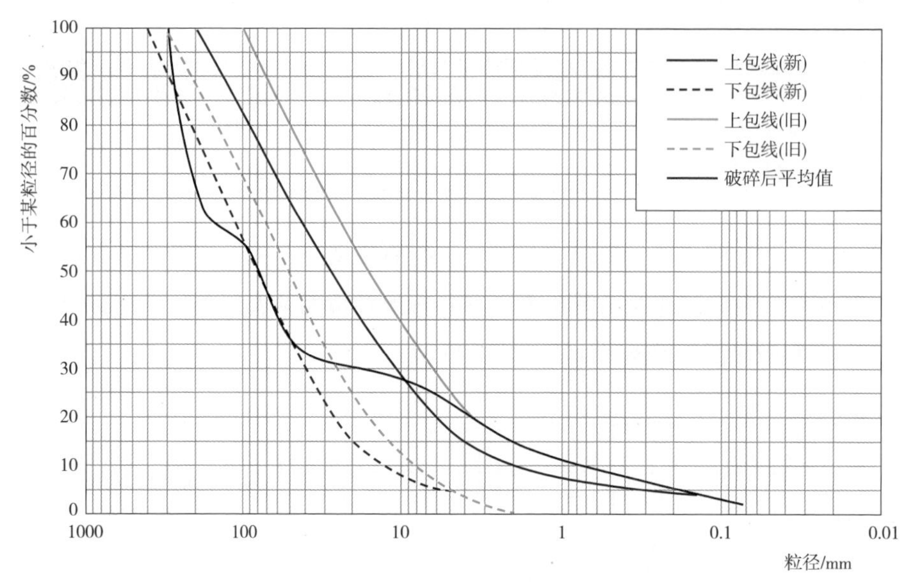

图 8-32　过渡料破碎后平均颗粒级配曲线图

表 8-27　　　　　　　　　　过渡料破碎前后指标统计情况表

指标	破碎前	破碎后
小于 5mm/%	26	23
小于 0.075mm/%	2	1.9
D_{15}/mm	1.9	2.1
最大粒径 /mm	490	222

注　由于取样的差异性，破碎前细料含量较破碎后偏多。

由于过渡料破碎前将小于 150mm 的渣料进行了筛分，进入破碎设备（粗碎）的石料粒径均大于 150mm。同时，由于粗碎不产生细料，粗碎后的石料绝大部分大于 100mm。结合上述表 8-24~ 表 8-27、图 8-31、图 8-32 可以看出，粗碎后的石料中大块石含量较多，颗粒级配曲线不满足设计要求。鉴于现场破碎试验中出现粗粒料偏多及颗粒级配不连续的现象。为破碎出满足设计要求的过渡料，并结合粗碎及中碎（理论计算）后破碎料的颗粒级配情况，进行了三种过渡料的理论计算，具体如下。

1）将粗碎后的部分粗料进行剔除。

2）将粗碎后的部分粗料进行中碎，再将粗碎料与中碎料混合。

3）将粗碎后的部分料进行中碎，再将粗碎料与中碎料混合。

根据粗碎后多次骨料剔除比例的论证，将粗碎后的石料中大于 200mm 的骨料剔除 20%（质量），其颗粒级配曲线见图 8-33，其各项指标统计情况见表 8-28。

从图 8-33、表 8-28 中可以看出，粗碎后的石料中大于 200mm 的骨料剔除 20% 进行中碎后的颗粒级配曲线较剔除前连续。细料部分（小于 5mm）略偏离上包线，可通过现场碾压试验进一步论证。

表 8-28　过渡料中大于 200mm 的骨料剔除 20% 进行中碎后的各项指标统计情况表

试验编号	颗粒级配组成 /%														
	400	300	200	100	80	60	40	20	10	5	2	0.5	0.25	0.075	D_{15}	D_{max}
上包线（新）			100.0	83.0	77.0	69.0	59.0	43.0	28.0	17.0	10.0	6.0	5.0	3.0	2.0	100
下包线（新）	100.0	90.0	78.0	57.0	50.0	41.0	30.0	15.0	8.0	4.0					13.5	300
上包线（旧）			100.0	93.0	85.0	74.0	55.0	39.0	25.0	15.0	8.0	6.0	5.0		4.0	200
下包线（旧）	100.0	88.0	69.0	63.0	54.0	42.0	24.0	12.0	5.0	0					20.0	400
粗碎后平均线		100.0	65.8	55.8	49.1	40.3	33.2	29.7	27.7	22.6	14.6	8.9	6.3	1.9	2.1	300
剔除后曲线		100.0	82.2	69.7	61.4	50.4	41.5	37.1	34.6	28.3	18.3	11.2	7.9	2.3	1.3	300

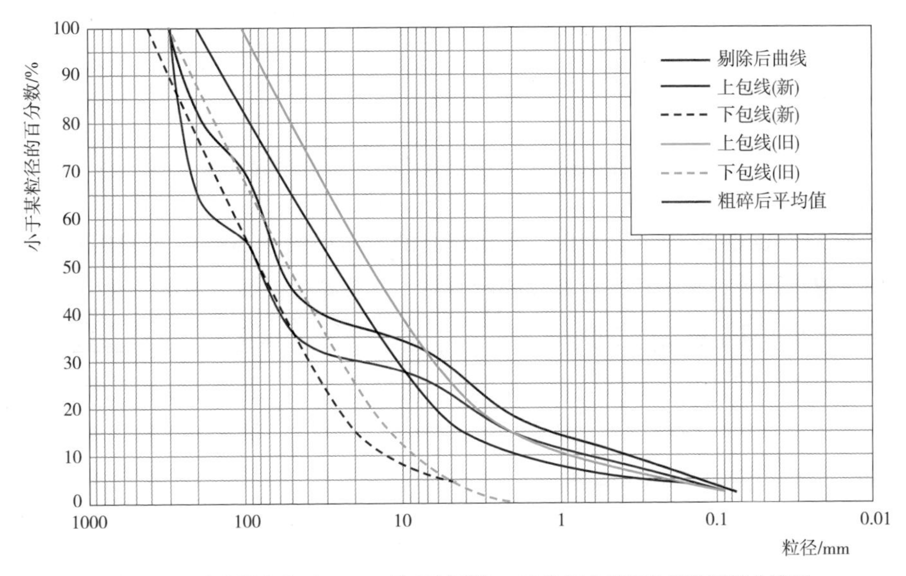

图 8-33　过渡料中大于 200mm 的骨料剔除 20% 进行中碎后的颗粒级配曲线图

将粗碎后的石料选取其中部分骨料（大于 200mm）进行中碎，经过多次剔除后用于中碎比例的论证，最终确定粗碎后的石料中大于 200mm 的骨料剔除 20% 后进行中碎，将中碎后的骨料与粗碎后的过渡料混合，其混合后的颗粒级配曲线见图 8-34，混合后的各项指标统计情况见表 8-29。

表 8-29　石料中大于 200mm 的骨料剔除 20% 进行中碎混合后的各项指标统计情况表

试验编号	颗粒级配组成 /%														
	400	300	200	100	80	60	40	20	10	5	2	0.5	0.25	0.075	D_{15}	D_{max}
上包线（新）			100.0	83.0	77.0	69.0	59.0	43.0	28.0	17.0	10.0	6.0	5.0	3.0	2.0	100
下包线（新）	100.0	90.0	78.0	57.0	50.0	41.0	30.0	15.0	8.0	4.0					13.5	300
上包线（旧）			100.0	93.0	85.0	74.0	55.0	39.0	25.0	15.0	8.0	6.0	5.0		4.0	200
下包线（旧）	100.0	88.0	69.0	63.0	54.0	42.0	24.0	12.0	5.0	0					20.0	400
破碎后平均线		100.0	65.8	55.8	49.1	40.3	33.2	29.7	27.7	22.6	14.6	8.9	6.3	1.9	2.1	300
混合后曲线		100.0	85.8	75.8	69.1	59.9	51.2	37.3	31.1	24.4	15.4	9.3	6.5	1.9	1.7	300

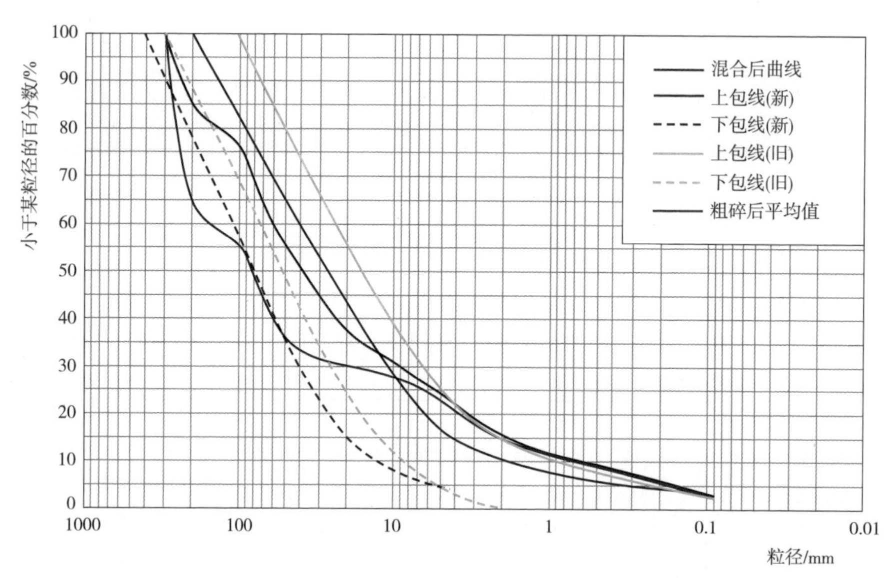

图 8-34　石料中大于 200mm 的骨料剔除 20% 进行中碎混合后的颗粒级配曲线图

从图 8-34、表 8-29 中可以看出，将粗碎后的石料中大于 200mm 的骨料剔除 20% 后进行中碎，混合后可得到满足设计要求的过渡料，且颗粒级配曲线连续。其中，细颗粒含量略偏多，但基本满足原设计要求。

将粗碎后的石料按照一定比例进行了中碎，并将粗碎后的石料与中碎的骨料混合。经过多次理论混合计算，将粗碎后的石料选取 40% 进行中碎，其混合后各项指标统计情况见表 8-30，颗粒级配曲线见图 8-35。

表 8-30　　粗碎后的 40% 石料进行中碎混合后各项指标统计情况表

试验编号	颗粒级配组成 /%															
	400	300	200	100	80	60	40	20	10	5	2	0.5	0.25	0.075	D_{15}	D_{max}
上包线（新）			100.0	83.0	77.0	69.0	59.0	43.0	28.0	17.0	10.0	6.0	5.0	3.0	2.0	100
下包线（新）	100.0	90.0	78.0	57.0	50.0	41.0	30.0	15.0	8.0	4.0					13.5	300
上包线（旧）			100.0	93.0	85.0	74.0	55.0	39.0	25.0	15.0	8.0	6.0	5.0		4.0	200
下包线（旧）	100.0	88.0	69.0	63.0	54.0	42.0	24.0	12.0	5.0	0					20.0	400
粗碎后平均线		100.0	65.8	55.8	49.1	40.3	33.2	29.7	27.7	22.6	14.6	8.9	6.3	1.9	2.1	300
混合后级配		100.0	79.6	73.6	69.4	63.2	55.8	33.2	23.6	17.4	10.6	6.2	4.0	1.2	4.0	300

由图 8-35、表 8-30 可以看出，粗碎及中碎后的石料按照质量比为 6∶4 混合后可得到满足设计要求的石料，且颗粒级配曲线连续（由于中碎料级配为原试验级配，未能进行现场实测，混合后细料含量呈减少趋势）。其中小于 5mm 的颗粒偏离上包线，但满足原石料设计包线。根据上述分析成果，以堆石料为原料经过两次破碎（颚式破碎机 + 圆锥破碎机）可生产出满足设计要求的过渡料。其中，中碎比例可根据料源情况及粗碎后的级配进行动态调整。石料机加工工艺流程见图 8-36。

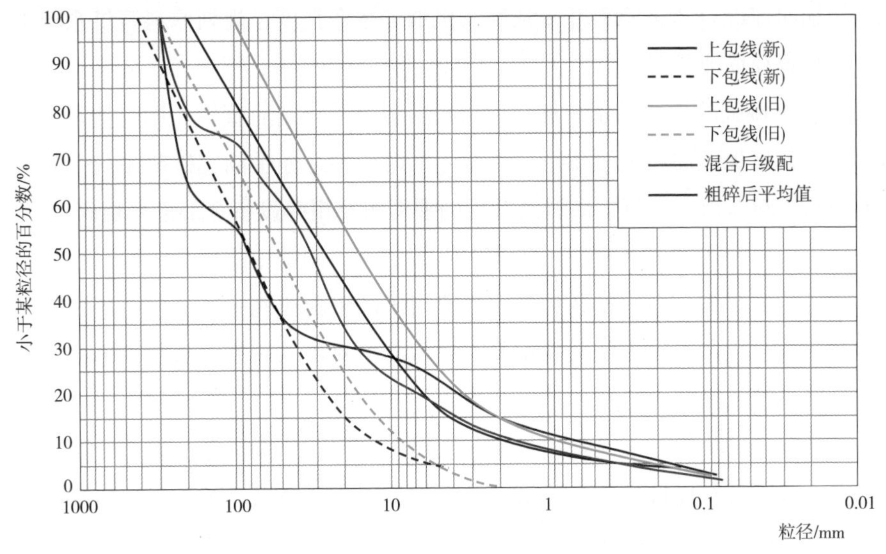

图 8-35　粗碎后的 40% 石料进行中碎混合后颗粒级配曲线图

（2）机械加工工艺实施。

1）生产工艺流程。石料机加工工艺流程见图 8-36。

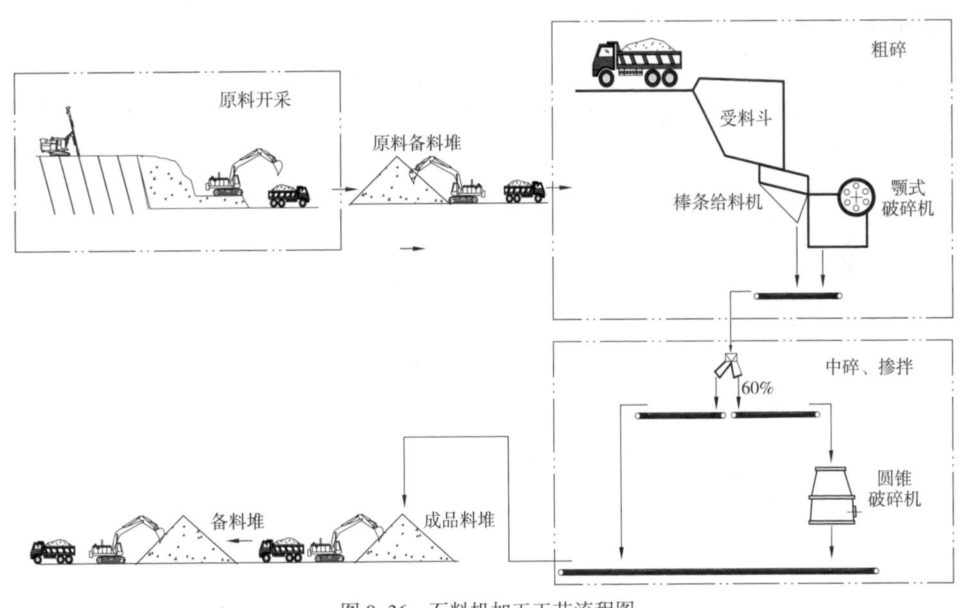

图 8-36　石料机加工工艺流程图

2）生产工艺。

A. 料源开采、选料及运输。石料机械破碎加工料源以料场爆破堆石料为宜，也可根据工程周边可利用条件选择合适质地和级配的隧洞路桥开挖料、河滩料或山岩坡积体石料。

料场需要专门配置反铲对原料进行分选，剔除超出粗碎设备（一般为颚式破碎机）进料要求粒径以上的大块石料后装车运输，以防止粗碎过程中颚式破碎机进料堵塞。

原料运输时应综合考虑原料开采强度及机加工生产强度，规划原料直供系统生产或运输至系统原料备存场地备存。

B. 过渡料机械破碎生产。系统加工原料由料源开采分选后直供，同时辅以加工系统备料区备料供给，以保证原料连续供应。系统生产时原料运输至固定破碎系统受料斗卸料，应尽可能保持受料斗满仓运行，卸料经适配的喂料机至粗碎设备全部进行粗碎。

粗碎后的破碎料通过皮带机经 Y 形分料口输送至不同的中间料仓，中间料仓下设振动给料机，粗碎后的半成品料根据料源情况计算得出的掺配比例分别进入中碎设备和成品料皮带。控制室通过控制不同中间料仓出料口处振动给料机的振动给料频率来控制进入中碎设备及成品料皮带的比例。

经中碎作业后的料物于成品料皮带上与未经中碎作业的料物充分混合后输送至成品料堆。保证混合段成品料皮带长度大于 10m 为宜，同时应注意成品料皮带出口高度，以减小成品料堆积过程中骨料分离程度。

C. 过渡料备料与供应。系统加工生产的成品过渡料初步堆存于加工场内成品料堆，出料时宜采用反铲进行装车运至备存场地或直接上坝，装车过程也应加强料物的二次掺配，防止过渡料出现骨料分离。

通过对长河坝水电站工程硬岩条件下高标准过渡料的三种生产工艺进行综合对比得出如下结论。

a. 通过多场次的过渡料爆破及生产试验，分析影响因素，针对硬岩条件下高标准的过渡料提出适宜的微差挤压爆破技术，包括选择可爆性较好的区域及高威力、高精度爆破器材。

b. 采用爆破直采法生产过渡料，具有规模开采、生产强度易于保证等优点。长河坝水电站工程料场岩石强度高、过渡料级配指标偏细、指标要求严格，设计指标几经调整，过渡料仍只能通过高单耗爆破获得，且存在爆破直采料利用率低的问题，说明爆破直采法的生产方式一定程度上受料场地质条件等限制。

c. 在爆破直采难以满足过渡料级配要求的情况下，采用掺配半成品骨料的方法，很好地解决了工程度汛的填筑需求，制定的半成品骨料掺配工艺流程可行。

d. 综合来看：针对硬岩条件下高标准的过渡料，采用较经济的单耗爆破原料，并通过机械破碎的方式进行辅助生产工艺，工艺流程可行，且具有生产质量稳定、利用率高的优势。该方法可在同类工程中广泛推广。

e. 对硬岩条件下高标准过渡料的生产工艺研究，总结出该条件下过渡料的主要制备工艺有：爆破直采法、半成品骨料掺配法、机械破碎辅助生产法。各种方法优缺点各异，施工时，应充分考虑其具体的生产条件及经济合理性，选择合适的生产工艺。

9 坝料运输与堆存

坝料运输主要涉及开采面与卸料面作业条件，运输设备、运输方式、运输线路等要素，是制约大坝工程施工强度的主要因素。推土机、装载机、铲运机和自卸汽车是常用的运输设备；运输方式常见的有公路运输、水路运输和轨道，特殊条件下可采用皮带机、溜渣井、架空索道运输。

土石方渣料的堆存方式分为中转堆存和弃渣场堆存。中转堆存为工程可利用料和需加工料临时性的存放，加工料的中转堆存场需具备加工场的功能。土石方工程的弃土、石弃渣应集中堆放，并采取水土保持措施。

9.1 坝料运输

坝料运输方式主要包括常规运输、辅助运输和组合运输三大种方式。

常规运输方式分道路运输、有轨运输、带式输送和水路运输四种方式；辅助运输包括架空索道、溜渣井等方式；组合运输方式分带式输送—道路运输、有轨运输—道路运输、有轨运输—带式输送三种方式。

9.1.1 汽车运输

汽车运输往往适用于采石场分散、运输路段经常变移的工程，尤指所需坝料品种众多、需要分采分运的路段，甚至有条件可与胶带运输机组成联合开拓运输模式。

汽车运输具有以下诸多优点：①具有较小的弯道半径和较陡的坡度，机动灵活，特别是对采场范围小、坝料埋藏复杂而分散更为有利。②调度灵活，可缩短挖掘机停歇时间和作业循环时间，能充分发挥挖掘机的生产能力，与铁路运输比较，可使挖掘机效率提高10%~20%。③卸料简单有利，如采用推土机辅助卸料，不但所用劳动力少，排土成本较铁路运输可降低 20%~25%。同时，汽车运输不可避免存在一些缺点：合理的经济运距小，出勤率较低；燃油量、轮胎损耗带来运输成本的增加；受天气影响较大，雨雪条件行车困难；路面结构必须与汽车重量相同步等。

坝料汽车运输常用 10~60t 规格的自卸汽车，基本分为后卸式载重汽车、底卸式汽车和汽车列车三种类型。①后卸式载重汽车。这种汽车是坝料运输普遍采用的车型，它有双轴式和三轴式两种结构形式。双轴式载重汽车虽可以四轮驱动，但通常为后桥驱动，前桥转向。三轴式汽车由两个后桥驱动，它用于特重型汽车或转向灵活的铰接式汽车。②底卸式汽车。可分为双轴式和三轴式两种结构形式。可以采用整体车架，也可采用铰接车架。③汽车列车。汽车列车主要由鞍式牵引车和单轴挂车组成，即由一人驾驶两节以上的挂车组。由于它的装卸部分可以分离，因此无需整套的备用设备。也有的列车，每个挂车上都装有独立操纵的发动机和一根驱动轴。较大运量重载运输系统多采用列车形式，其运输效率较高。

影响汽车列车选型的因素众多，最主要的有运量、运距、铲装设备规格及道路条件，此外还应考虑汽车本身的车型结构、质量与能耗等。为保证安全运输，最大车速、空载系数、可靠的顶升液压系统和爬坡耐久指标等参数，将会是制约行车选型的一大瓶颈。车辆运输时车辆应该相对固定，并经常保持车厢、轮胎的清洁，防止残留在车厢和轮胎上的泥土带入清洁的反滤料、垫层料、过渡料和堆石料的料源及填筑区。其中，反滤料的运输及卸料过程中，应采取措施防止颗粒分离。运输过程中反滤料应保持湿润，卸料高度不大于 2m。

9.1.2 LNG 环保汽车运输

坝体填筑料源主要由 2 个砾石土料场，2 个堆石料场和一个砂石骨料系统组成，其中心墙砾石土料场位于上游金汤沟内，上坝运距 23km；响水沟石料场位于上游响水沟口，上坝运距 6.3km，江咀石料场位于下游磨子沟内，上坝运距 10.4km；反滤料由下游磨子沟砂石系统生产，运距 7km。其中，隧洞运输占整个石料运输线路长度 80% 以上，占总体坝料运输线路长度 60% 以上。由此可见，长河坝水电站工程车辆运输线路中有大部分经过隧道和隧道施工作业，而隧道内运输车辆因柴油燃烧后的烟雾尾气严重影响车辆驾驶员视线和施工人员健康，极易导致事故。

LNG 属清洁燃料，燃烧后产物大部分为水和二氧化碳，解决了隧道内烟雾带来的安全隐患。同时，LNG 环保自卸汽车在运输过程中的噪声也相对较小，能够极大程度地改善隧道内施工人员的工作环境。

（1）动力性。通过坝料运输情况跟踪记录，LNG 环保自卸汽车在大河坝水电站工程中运行状况良好，能够连续运输，满足高强度运输要求，未发现动力原因造成工程坝料运输强度降低的情况。同时，对车辆满载爬坡能力进行了科学性试验校核分析，通过试验监测统计分析，并综合考虑行车及随车人员的反馈，LNG 环保自卸汽车、陕汽 350 动力性与红岩金刚 340 燃油汽车基本一致，上汽 HOWO380LNG 环保自卸汽车则优于红岩金刚 340 燃油汽车。

（2）驾驶性。在 LNG 环保自卸汽车运行 18 个月后，再次对 LNG 环保自卸汽车驾驶及行车人员进行调研，结果显示 LNG 环保自卸汽车驾驶性与原燃油汽车没有明显差异，整体表现良好。

（3）环保性。通过多次尾气检测，结果表明随车辆使用时间延长，尾气排放各项数据均值有小幅度增长，且车辆维护前后尾气排放有明显差异，在依照要求进行车辆保养的条件下，LNG 环保自卸汽车尾气排放情况优于普通燃油重卡，LNG 环保自卸汽车较普通燃油重卡 NO_x 排放量减少 30%、CO 排放量减少 43%，环保效益显著。考虑季度施工强度影响，对 LNG 环保自卸汽车引进前后各四个季度进行 TSP 值比较分析，LNG 环保自卸汽车引进后洞内总悬浮颗粒物有小幅度改善。

（4）经济性。通过统计一个较长时段内多辆 LNG 环保自卸汽车与燃油汽车的坝料运输量、运输里程、油（气）消耗情况，对 LNG 环保自卸汽车的实际运行单耗进行计算，结果表明，LNG 环保自卸汽车实际生产应用条件下，每吨每公里比燃油汽车节约直接成本 0.0111 元。

在长河坝水电站工程中，应用了 40 余辆 LNG 环保自卸汽车进行坝料运输，并完成加气系统的配套建设。实践证明，LNG 环保自卸汽车完全能够适应水电站工程大坝填筑运输条件。通过对尾气排放的检测结果表明：LNG 环保自卸汽车较普通燃油重卡 NO_x 排放量减少 30%、CO 排放量减少 43%，环保效益显著。同时，LNG 环保自卸汽车的推广应用，保障了能源供给，避免“柴油荒”对施工运输作业进度的影响。

9.2 坝料堆存

9.2.1 高塑性黏土

坝料堆存包括中转料场堆存和弃渣场堆存，是土石方动态调配中一个重要的过程，涉及建筑物开挖、料场开采、物料运输、坝体填筑、中转场运输、废弃料弃渣等多个环节。中转料场一般为可利用料物堆存，弃渣场为永久性堆存。石料中转场宜尽量靠近筛分场地或与其结合，土料中转场尽量与含水加工场地与级配调整场地结合。中转堆存场的选择与布置应结合所施工土石料加工及其相关要求综合考虑，以达到经济和高效的施工目标。

长河坝水电站工程高塑性黏土采用海子坪料场黏土料，高塑性黏土设计需用量约 22.1 万 m^3（压实方），参考松实折算系数 1.56，考虑 1.2 的回采系数，大坝黏土堆存总量约 41.3 万 m^3。

9.2.1.1 堆存总体规划

根据长河坝水电站总体规划及现场实地勘察，确定高塑性黏土堆存场选在野坝村原 S211 公路及改线公路之间的空地。经实地测量野坝黏土堆存场地面积约 2.8 万 m^2。黏土堆存场地利用场内弃渣回填至原 S211 路面高程，经表面平整碾压后方可进行黏土堆放。

（1）堆存场场地采用石渣回填平整；堆存场地面做成单向 2% 的坡度，坡度整体从上游向下游方向放坡，且高出四周 50cm 以上。

（2）沿堆存场周边根据地形情况设置排水沟。

（3）在堆存场四周设置浆砌石（M7.5）挡墙，挡墙高 1.0m、宽 0.5m。

（4）堆存场内划分为两个区，分别为黏土料含水量调整区和合格黏土料堆存区。两个区的面积大小根据不同时段按需要设置。

9.2.1.2 堆存方案

根据实测堆存场的面积，结合需堆存总量要求，堆存场堆料高度约 14.5m。土料堆放按后退法进行分层堆料，分层高度控制在 3m 左右。在坝料堆存场配备 $3m^3$ 装载机 1 台和 SD22 型推土机 1 台维护和集料。

堆存场地具备堆存条件后，在堆存场放出黏土堆存的范围，距排水沟 0.5~1m，并派专人负责指挥堆料。采用后退法堆料，该层堆满后，由推土机进行该层的平整，并形成下层堆放的卸料道路。考虑到黏土场地内不利于重车行驶，同时确保黏土质量，因此在黏土层上堆料时由装载机或推土机随时进行辅助，并在堆料时尽量避免大面积的重车碾压，局部施工可由装载机辅助卸料。在堆存过程中，随时对进场的黏土进行质量抽检，以满足设计指标要求。

堆存场布置见图 9–1。

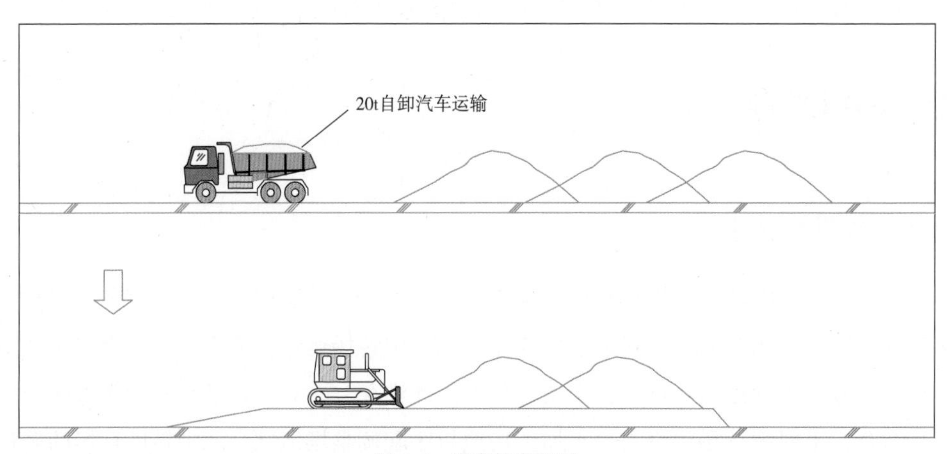

图 9–1　堆存场布置图

9.2.1.3 堆料场防护

按照黏土的堆存要求，需对场地进行防水、防雨、防盗等处理。

（1）防水。堆存场场地采用石渣回填平整；堆存场地面做成单向 2% 的坡度，以利排水，且高出四周 50cm 以上；沿堆存场周边根据地形情况设置排水沟，排水趋势整体为向下游方向，并利用周边排水集中引排至下游侧过路涵管，保证排水顺畅。排水沟内部净尺寸为 40cm × 40cm 的正方形，采用厚 30cm 的浆砌石（M7.5）砌筑。

根据设计提供的黏土击实最优含水率为 24.4%。对新进场的黏土料随时测定含水量，当含水量不满足要求时，堆存至黏土料含水量调整区进行含水量调整，合格后储备至堆存区堆存。

1）土料加水方法。备料时，当高塑性黏土的含水量小于最优含水量时，拟采用堆土牛法提高土料含水量。

堆土牛调整方法：由发包人运输来的土料，后退法卸料，推土机摊铺，按含水量差计算需洒水量装入水箱，用1寸泵抽水用专用喷头后退法喷水，控制水量。本层喷水后，再在本层以上进行铺料、洒水，最后铺成一长条形土堆（土牛）彩条布覆盖，让含水量自然扩散并尽量不蒸发。堆置期间经常查看含水量，当含水量均匀后，需要时立采装车上坝。

2）土料减水方法。备料时，当高塑性黏土的含水量大于最优含水量时，采用带松土器的推土机进行翻晒土料，待含水量符合要求时储备至堆存场内的合格料堆存区，并做好防止含水量散失和防雨措施，需要时立采装车上坝。

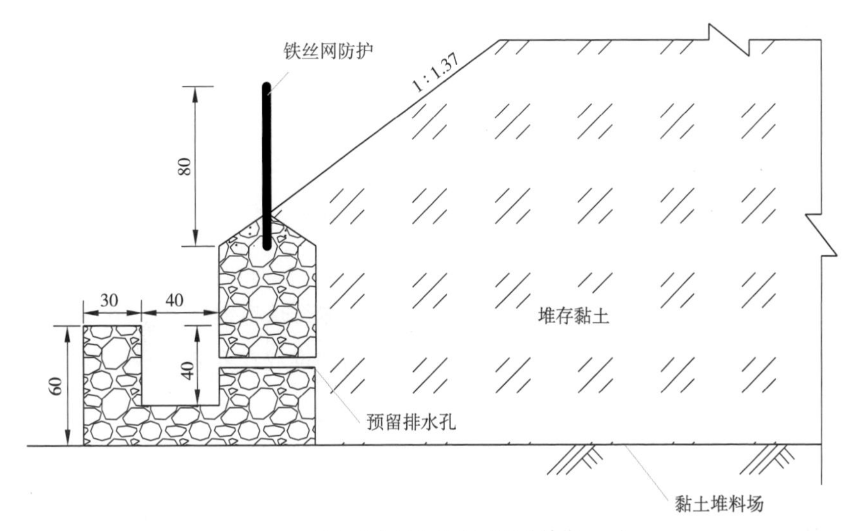

图9-2　黏土堆存场防护布置图（单位：m）

（2）防雨。对堆存黏土料表面进行碾光、压光，以利防雨。

堆存场配备足够的彩条布等防雨材料，并在雨天时及时对黏土进行遮盖。

（3）防盗。设专人24h不间断对堆存场进行值班看护。

在堆存场四周设置高1.0m浆砌石挡墙，并在挡墙上设围护铁丝网。

堆存场2011年4—8月进行土料备存，2013年1月碾压试验时检验含水率实测上部20cm为18%，20cm~3.5m含水率平均值为24%~28%，接近最优含水率，最下部3m含水率平均值为30%~31%，比备存时略高。

9.2.2　砾石土

五大寺Ⅰ区场地用于砾石土料备料及掺配场地使用。备料场地规划面积约7000m^2，掺拌场地规划面积6273m^2，植被等堆放区域310m^2。

砾石土规划堆存高度15m，坡比1∶1.5，规划堆存方量6.45万m^3。砾石土堆存时紧靠内侧陡坎，当上升高于陡坎时，坡脚收进1m，再按1∶1.5堆存至规划高度；外侧直接按1∶1.5堆存至指定高度。

砾石土备料道路采用边堆存边形成道路的方式，道路参数为：坡度 11.2%，宽 5m，堆存至高 10m 后长度为 90m。

掺配场地有约 90m 紧邻村民房屋，施工时预留 1m 边界作为保护区域。

9.2.3 堆石料、过渡料及反滤料

（1）利用磨子沟砂石生产系统原料堆存场作为大坝度汛填筑期堆石备存场。

（2）利用大坝堆石体临时填筑断面作为前期反滤料备存场，后期利用磨子沟口场地作为反滤料备料存场。

（3）过渡料备存场地，即机加工场地布置在大坝上游压重体顶面。

9.3 弃渣场

弃渣场堆存主要包括弃渣场选择原则、布置基本要求、拦渣堤、堆存管理、弃渣施工、弃渣场安全管理六个方面的内容。

（1）弃渣场选择原则。根据《生产建设项目水土保持技术标准》（GB 50433）的要求，在土石方工程实施过程中产生的弃土、弃石弃渣应集中堆放在弃渣场地，并采取水土保持措施。弃渣场选择应遵循如下原则。

1）应满足环境保护、水土保持和当地城乡建设规划要求。

2）弃渣场宜靠近开挖作业区的山沟、山坡、荒地、河滩等地段，不占或少占耕（林）地，地基承载力满足堆土要求。

3）弃渣场应布置在无天然滑坡、泥石流、岩溶、涌水等地质灾害地区。

4）堆弃渣场不得影响河道正常行洪、航运和抬高下游水位，渣料不被水流冲蚀，避免引起水土流失。

5）弃渣场位置应与场内交通、渣料来源相适应。

6）弃渣场布置应在满足弃渣容量的基础上，尽量结合场地周边地形进行设计，以减少对当地群众生产生活的影响。

7）复耕表土应在弃渣场的布置中单独规划出表层土的堆放场地，避免与开挖弃土混杂，以利于复耕使用。

（2）布置基本要求。弃渣场的布置应遵循如下基本要求。

1）根据地形地质条件、枢纽布置及施工总布置特点，渣场应就近分区合理布置并应减少施工干扰。

2）结合主体工程施工及总进度计划安排，充分利用开挖渣料，尽量减少工程弃渣量，降低工程造价。

3）渣场防护工程如拦渣坝、排水工程等工程措施，在设计时与植物措施相结合，确保渣场稳定。

4）根据渣场容量、堆渣高度、使用期限等选用适宜的工程防护措施，兼顾经济性和安全性。

5）弃渣场内无用弃渣与工程开挖料、覆盖层等需利用渣料应分开堆放，以利回采利用。

6）综合存放有需利用渣料的弃渣场地，充分考虑渣料的流向，尽量减少各工作面之间的施工干扰。

7）工程施工场地紧缺时，渣场兼作施工场地使用的应统筹安排尽早形成。

（3）拦渣堤。弃渣堆放于河岸时，应修建河岸拦渣堤。拦渣堤设计必须同时满足防洪和拦渣的要求，设计要点如下：

1）考虑防洪规划要求。弃渣场址选择的河段进行了防洪规划的，必须考虑规划中河段防洪治导线的位置，弃渣场必须在防洪治导线以外。弃渣场所在河段没有进行防洪规划的，在选址时必须联合水行政主管部门一起制订相应的防洪规划，采取防洪措施后再确定场址。

2）确定合理的埋深。拦渣堤防护对象为工程弃渣，洪水标准取10~20年一遇。根据河段常年水流形态下的平均水深，按差值计算出河道平均冲刷深度。当拦渣堤基埋深大于该差值时，堤基底不会被流水冲空。

3）设计洪水位。测量拦渣堤所在河道最窄处的横断面，根据明渠均匀流公式反求10~20年最大洪水深，即可算出设计洪水位。

4）确定拦渣堤高度。应同时满足防洪及拦渣对堤顶高程的要求。防洪堤高以设计洪水计算确定，按拦渣堤要求确定堤高的步骤如下：根据项目在基建施工或生产运行中弃土、弃石、弃渣的具体情况，确定在规定时期内拦渣堤应承担的堆渣总量；由堆渣总量和堤防长度，计算堆渣高程，再加上预留的覆土厚度，即为堤顶高程。

5）确定堤后渣体堆筑方式。弃渣堆筑方式有两种：水平堆筑和斜坡堆筑。水平堆筑时，覆土后的弃渣表面与堤顶高程齐平或稍低。斜坡堆筑，在堤后按一定坡度向上堆筑，边坡视渣体土石粒径而定。渣体每级堆筑高差不大于10m，渣体坡面上可植树种草，级间坡脚处设马道（宽1~1.5m）和排水沟。考虑边坡的稳定，当堆渣高差大于6~10m时应设置马道，根据填筑土石料性质、边坡坡率结合施工道路情况按照6~20m高度设置一级马道，马道宽度一般为2~4m，有运输通行要求时可加宽到6~9m。

（4）堆存管理。弃渣场堆存管理必须做好弃渣分期、施工道路和排水系统规划。

1）弃渣分期规划。根据渣料来源时间分布、渣场规划功能要求、道路条件、渣场地质地形条件对弃渣场分期规划。

2）施工道路规划。根据不同填筑高程从主干道规划接入路口，在具备条件部位场内形成局部循环通道；对具有使用功能要求的渣场，在成型后需上下交通顺畅，为后期相关工作提供交通条件；具备使用功能要求的道路标准除满足弃渣堆放外还需要满足使用功能标准。

3）排水系统规划。渣场须设临时排水系统，雨季施工时渣场内侧布置排水沟，集中引排到永久排水系统，汇入沟水，卸料面形成向外侧微倾的坡面以利排水。

（5）弃渣施工。弃渣施工包括内容为施工控制参数、施工技术要求、运行车辆管理和作业面管理等。

1）施工控制参数。施工控制参数包括成型边坡坡度、堆存分层厚度、马道宽度与设置高差，最终弃渣高度。

2）施工技术要求。按先挡后堆原则，以确保规范弃渣，防止土石料侵占河道或道路。采取分层卸料、分层防护的方案。卸料分层高度以坡面预留马道高程控制，卸料完成后使用推土机铺料，回填完成一层后，采用反铲削坡，然后跟进坡面护坡工作。

3）运行车辆管理。渣场来料料源复杂并需要分区堆放，应加强料别定点卸料。各卸料区从施工道路的设置、道路、堆存区标识牌等对施工信息加以明显识别。所有运输车辆须挂牌运输，标明所运土石料的类别、部位与卸料区域等信息加以明显区别，以便现场施工人员管理。

4）作业面管理。堆存面设专人指挥各部位卸料，确保车辆卸料到位及卸料安全。配备推土机及时平整堆积的土石料。堆存区施工管理人员加强与料源区的联系与沟通，及时掌握各施工区到填筑区的来料的时间、强度、数量等信息，并根据这些作业信息部署和调整好渣场的管理与维护工作。

（6）弃渣场安全管理。弃渣施工区域存在发生泥石流、坍塌、滑坡、车辆运行交通事故等安全隐患，施工安全管理需要重点抓汛期、雨季施工安全、施工期安全巡视检查和施工期安全监测等工作。

1）汛期、雨季施工安全。汛期检查渣场沟内的排水系统，特别是上游的沟水排水系统、渣场排水系统、渣场四周山坡坡脚部位等，对雨季堆积的崩坍落石、冲积泥石流及时派反铲、汽车清理后复工。对渣场、沟水系统定期检查发现障碍物，及时清理，避免因排水不畅而发生泥石流。

汛期渣场上不得布置人员居住和设备停放场地，闲置设备及时撤出渣场，避免泥石流灾害的损失。根据工程区实际情况，雨季石料开采、填筑存在停工的可能性，汛期建立现场值班制度，派安全人员 24h 对渣场进行安全巡查，并加强雨季渣场堆渣边坡的变形监测。

在雨季施工过程中，由于渣场和料场关系复杂和所处部位地形复杂，在施工过程中可能出现边坡坍塌、泥石流等意外事故，一旦出现意外，根据情况启动分级应急响应机制，积极投入险情处理。

2）施工期安全巡视检查。渣场堆存高度增大后，须随时检查堆渣体的稳定情况，一旦发现深陷、裂缝等现象要及时撤离人员与设备，及时采取补救措施，防止因坍塌引发安全事故。

3）施工期安全监测。为保证施工期间安全，根据需要布置施工期临时安全监测系统进行弃渣体变形监测。根据情况可在马道上设置沉降与水平位移观测点进行变形监测。

10 坝体填筑施工

长河坝水电站作为300m级高心墙堆石坝，具有超大工程量、高施工强度、深厚覆盖层、狭窄河谷、高地震烈度等特点，对大坝填筑规划、施工程序、填筑质量等提出了较高要求。本章围绕以上问题重点介绍长河坝水电站大坝工程坝体填筑规划、碾压试验、施工方法、雨季施工及质量控制等技术难点和解决方案。

10.1 填筑规划

10.1.1 填筑程序及分期分区

（1）填筑程序。大坝总体上按照先土石方开挖，再基础处理，最后进行坝体填筑的程序进行施工。大坝填筑总体施工程序见图10–1。

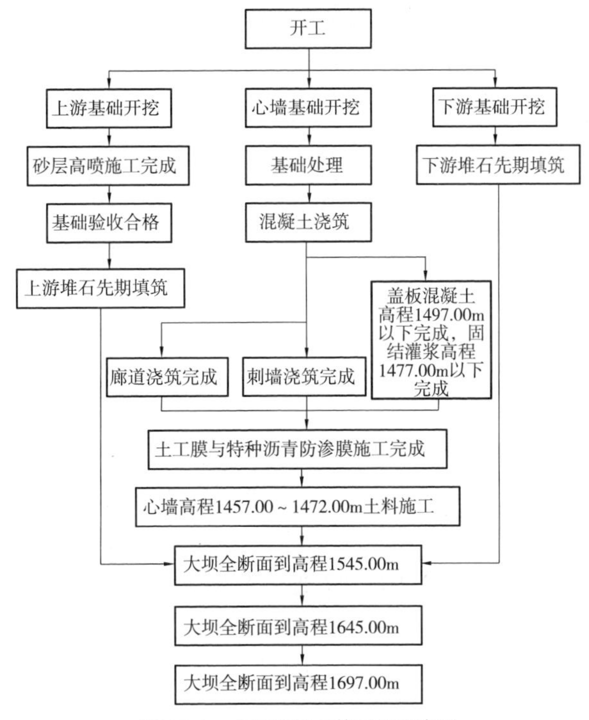

图10–1　大坝填筑总体施工程序图

（2）填筑分期。大坝坝体填筑共分为Ⅵ期，分成四个填筑阶段施工。第一填筑阶段安排Ⅰ期填筑（先期断面填筑），其中上游先期断面填筑至高程1486.00m，下游临时断面填筑至高程1510.00m，时段为2012年6月1日至2013年2月28日；第二填筑阶段安排Ⅱ期坝体填筑（高程1457.00~1549.00m），时段为2013年5月1日至2014年5月31日；第三填筑阶段安排Ⅲ～Ⅴ期坝体填筑（高程1545.00~1645.00m），时段为2014年6月1日至2015年10月31日；第四填筑阶段安排Ⅵ期坝体填筑（高程1645.00~1697.00m），时段为2015年11月1日至2016年5月31日。坝体填筑进度控制见表10–1。

表10–1　　坝体填筑进度控制表

序号	项目	时间	备注
1	下游先期断面开始填筑	2012年5月底	
2	上游先期断面具备填筑条件	2012年10月底	
3	心墙具备土料填筑条件	2013年2月底	
4	大坝填筑至高程1545.00m	2014年4月	实现度汛目标
5	坝体填筑至高程1645.00m	2015年10月底	具备初期下闸条件
6	坝体填筑到顶	2016年5月	

注　表中节点目标按推测提前一年发电拟定。

1）第一填筑阶段（Ⅰ期）：Ⅰ期填筑分为两个填筑工作面安排。2012年10月1日至2013年2月28日，安排坝体上游先期断面填筑（填筑至高程1486.00m），2012年6月1日至2013年2月28日进行坝体下游先期断面填筑（填筑至高程1510.00m）。在此时段内，采取措施避免与心墙部位基础处理施工的干扰。先期断面填筑总量3836976m^3，其中上游先期填筑断面94.74万m^3，下游先期填筑断面244.62万m^3，工期8个月，平均填筑强度48.56万m^3/月，高峰填筑强度为58.47万m^3/月，发生在2013年2月。

2）第二填筑阶段（Ⅱ期）：2013年3月1日至2014年4月30日，安排坝体高程1457.00~1549.00m全断面填筑，满足坝体拦挡200年一遇洪水（$Q=6670m^3/s$，$H=1542.40m$）的条件。填筑总量1354.65万m^3，工期14个月，平均填筑强度96.76万m^3/月，高峰填筑强度136.70万m^3/月，发生在2014年1月。

3）第三填筑阶段（Ⅲ～Ⅴ期）：安排高程1545.00~1645.00m坝体全断面填筑，时段2014年5月1日至2015年10月31日，满足2015年11月初初期导流洞下闸，中期导流洞过流，坝体具备挡200年一遇洪水（$Q=1370m^3/s$，$H=1594.50m$）的条件。填筑总量1827.31万m^3，工期18个月，高峰填筑强度123.80万m^3/月，发生在2015年10月。

在第三填筑阶段内，分成三期施工（Ⅲ～Ⅴ期）。第三填筑阶段施工进度安排见表10–2。

4）第四填筑阶段（Ⅵ期）：安排高程1645.00~1697.00m坝体填筑，时段2015年11月1日至2016年5月31日。填筑总量315.99万m^3，工期7个月，平均填筑强度45.14万m^3/月，

表 10-2　　　　　　　　第三填筑阶段施工进度安排表

序号	填筑分期	填筑时段/（年.月.日）	填筑高程/m	工程量/万 m^3	平均强度/（万 m^3/月）	高峰强度/（万 m^3/月）
1	Ⅲ	2014.6.1—2014.10.31	1549.00~1574.00	437.25	66.78	69.21
2	Ⅳ	2014.11.1—2015.5.31	1574.00~1624.00	762.26	108.89	123.80
3	Ⅴ	2015.6.1—2015.10.31	1624.00~1645.00	262.33	52.47	55.07

高峰填筑强度 93.44 万 m^3/ 月，发生在 2015 年 11 月。

大坝分期填筑量与强度统计见表 10-3。

表 10-3　　　　　　　　大坝分期填筑量与强度统计表

分期	Ⅰ	Ⅱ	Ⅲ	Ⅳ	Ⅴ	Ⅵ	分项合计
高程/m	先期断面	1457.00~1549.00	1549.00~1574.00	1574.00~1624.00	1624.00~1645.00	1645.00~1697.00	
填筑高度/m		92	25	50	21	52	240
时段/（年.月）	2012.6—2013.2	2013.3—2014.4	2014.5—2014.10	2014.11—2015.5	2015.6—2015.10	2015.11—2016.5	
工期/月	9	14	6	7	5	7	总计：48 其中心墙：39
上游堆石/万 m^3	65.97	393.25	170.01	271.97	86.73	92.25	1080.18
上游过渡/万 m^3		46.86	20.00	43.86	17.25	19.69	147.66
上游块石/万 m^3			2.27	3.97	2.83	3.97	13.04
反滤料/万 m^3	9.74	40.26	12.68	40.08	19.70	45.73	168.19
土料/万 m^3		208.12	53.41	108.63	33.45	45.16	448.77
下游过渡/万 m^3		45.58	16.03	41.05	18.16	22.49	143.31
下游堆石/万 m^3	273.93	349.02	159.08	248.30	81.08	82.30	1193.71
下游块石/万 m^3		0.63	3.77	4.40	3.14	4.40	16.34
分期合计/万 m^3	349.64	1083.72	437.25	762.26	262.33	315.99	3211.19
平均强度/（万 m^3/月）	38.85	77.41	72.88	108.89	52.47	45.14	

注　1. 本表中未统计上、下游压重料；
2. 大坝包括先期断面施工的总填筑期 48 个月，心墙填筑期 39 个月。

（3）填筑分区。合理的坝面分区流水作业是快速填筑施工的关键。长河坝水电站堆石坝坝体顺河向最大底宽约 930m，横河向最小底宽约 130m。为保证坝体填筑各个工序连续施工，将大坝填筑施工面划分成若干个工作面，形成独立施工区及施工单元，并按照不同的作业流水段进行施工，以提高坝面各类施工机械的使用效率，提高大坝填筑强度。

由于砾石土心墙堆石坝体型较大，为坝面分区流水作业提供了必要的作业面，一般将施工工序分为卸料、铺料、洒水、碾压、质检等。根据实际情况，坝体填筑将坝面作业分为若干工段与工序，保证人、机、作业面三者不闲，使流水作业正常进行。

工段及工序的划分和确定有多种方法。在填筑前，由于施工情况不明确，一般根据既有设备进行理论计算，按流水作业的要求拟定工序数目、工作段面积及工段数目，再根据前期填筑对设备及运行时间的统计进一步修正，从而确保施工有序进行。

在长河坝水电站工程施工过程中，结合现场坝面布置、材料分区、设备配置等实际情况，针对填筑分区和施工程序开展研究，并结合施工过程不断优化调整，实现了坝面流水化高强度作业。

1）填筑施工分区域、分区、工作单元划分、作业流水分段设计。根据作业性质对工作面分成几大施工区域，各个施工区域内按照坝料进行作业分区，坝料填筑时根据工作面大小、设备配置组合情况进行作业单元划分。区域划分与大坝填筑料相关特征有关，将相同特征的填筑料按照分布情况进行区域划分；分区按照设计填筑料的分布进行划分。

A. 填筑施工区域划分。根据不同作业具有相同、相似的设备、作业工序，大坝填筑在平面上分为三个大的填筑区域：上游过渡堆石填筑区域、心墙（包括上游反滤区、下游反滤区、土料区）填筑区域、下游过渡堆石填筑区域。同一填筑施工区域内，施工设备具有兼容互换性，施工方法由于坝料种类的区别可能不相同。

B. 填筑施工分区。按照填筑施工区域内坝料种类与部位进行填筑分区，平面上划分为八个填筑施工区，包括上游堆石、上游过渡料、上游反滤料、砾石土料、高塑性土、下游堆石、下游过渡料、下游反滤料（含反滤料 1、反滤料 2）。同一填筑施工分区内，施工设备和施工方法相同。

C. 填筑施工工作单元划分。按照填筑施工分区内填筑区域的面积大小，平面尺寸、设备配置和工序划分情况，在填筑施工分区内进行填筑施工工作单元的划分。同一填筑施工工作单元内，施工设备、填筑坝料、施工方法、作业工序相同，不同施工工作单元内，作业工序不同。

D. 作业流水分段设计。各个施工单元独立施工，单元内工序作业流程分铺料流水作业段（含卸料、铺料、平料工序）、碾压流水作业段、检测验收流水作业段（含现场取样、质量评定、质量验收工序）三个作业流水段循环施工，填筑时各作业流水段之间紧密衔接。

2）填筑施工作业单元的设置、布置与作业程序设计。坝体填筑作业单元设置、布置和作业程序与作业面的性状有密切关系：在不同的填筑作业分区中，作业单元的个数由来料方向、作业面宽度确定、设备类型、设备作业效率与施工强度要求共同确定；其布置与作业程序设计由来料方向、作业面宽度、施工强度要求、设备类型、相关填筑区的作业程序要求等因素共同确定。

按照土石坝施工规范对作业程序要求，施工填筑分区坝料时按照先粗后细，即先砂后土的程序进行。按照控制性工期进度可确定各分区坝料的施工强度，坝料的施工强度由各个单元工作面、施工作业流水段的施工强度来保证。

3）施工作业流水段的划分。由于填筑分区工作面较大，将各个分区依施工设备的品种、型号、数量、质量检测评定等综合条件划分成施工单元，施工单元内根据主要施工设备的功效及循环作业时间进行填筑单元的分区分块划分，形成分段流水作业面。

在坝面分区流水作业中，防渗土料的施工受到多方面因素的影响，直接制约大坝的整体上升速度。在长河坝水电站大坝施工过程中，大坝心墙施工其上、下游长度大于60m时，按照“田”字形进行分区，各区分别设置入料口，避免在填筑过程中过多的重车碾压，心墙区上、下游长度小于60m时，则沿坝轴线布置均分为3~4个分区单元，每个单元面积控制在2000~4000m^{2}之间，各分区按照摊铺、碾压、检测等工序循环施工，紧密衔接，确保层次清楚，避免施工干扰。大坝堆石料区根据填筑面积选择按坝桩号平行坝轴线分为铺料、碾压、检测3区，以保证连续作业，每个分段作业流水段面积控制在3000~5000m^{2}之间。过渡料、反滤料单元依据心墙填筑单元设置、布置与作业程序进行划分。

大坝典型平面填筑分区及单元流水作业见图10-2。

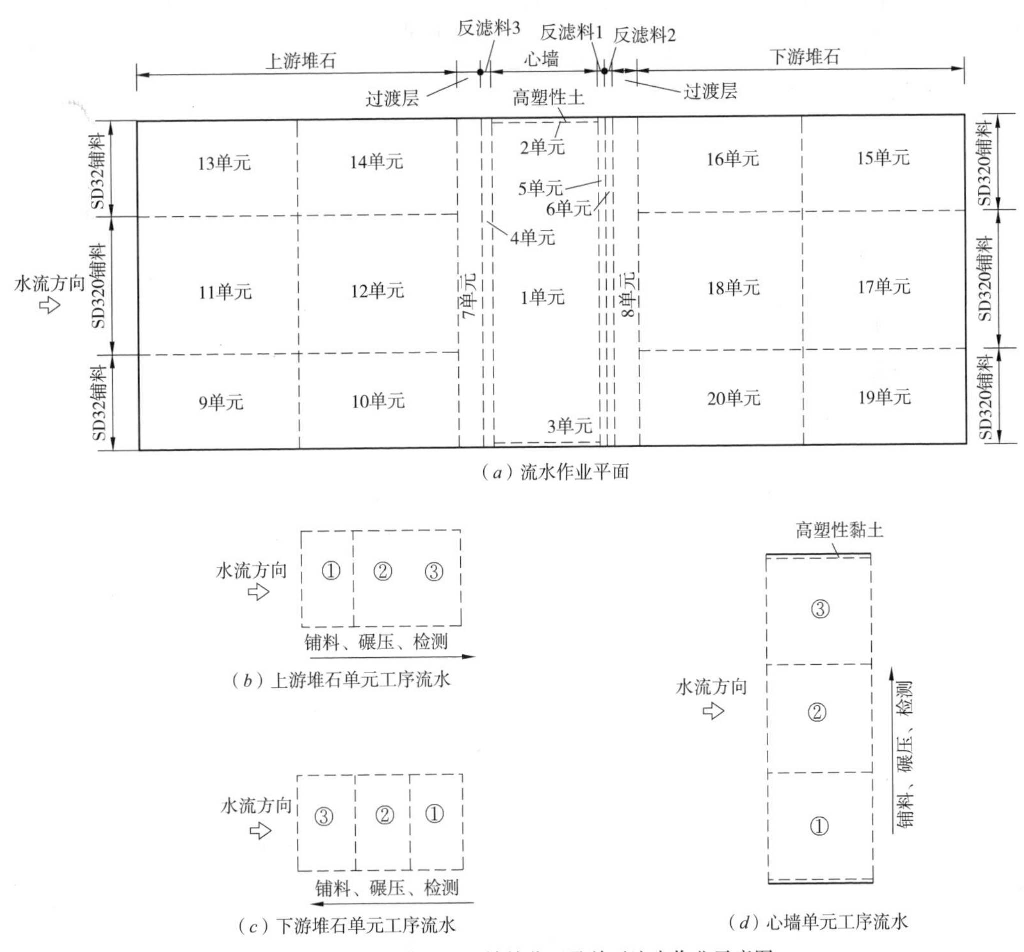

图10-2 大坝典型平面填筑分区及单元流水作业示意图

①~③—填筑流水分区编号

10.1.2 施工布置

（1）施工道路。

1）发包人提供的坝外施工道路。

A. 坝轴线上游。

13 号公路：1 号路至上游围堰左堰头，长 240m，路面宽 12m，混凝土路面。

12 号公路：响水沟渣场至上游围堰右堰头，长 2287m，路面宽度 12m，混凝土路面。

B. 坝轴线下游。

2 号公路：2 号桥至下游围堰右堰头，长 4650m，路面宽 12m，混凝土路面。

5 号公路：1 号公路至下游围堰左堰头，长 360m，路面宽 12m，混凝土路面。

901 号路：9 号公路至大坝下游左岸高程 1545.00m，长 210m，路面宽 12m，混凝土路面。

2）坝内临时施工道路。坝内临时道路以坝外道路为依托，分级布置坝坡“之”字路。为方便“之”字路预留部位坝体补填，道路预留在坝体设计轮廓线内宽度不小于 20m。坝坡“之”字路遵循“上级接通、下级补填”的原则，即坝体填筑到上一级坝外道路高程时，则立即进行下一级坝坡“之”字路补填，并跟进护坡施工，坝内临时道路布置如下。

A. 12 号 –3 路：接 12 号公路经上游压重体高程 1530.50m 平台，顺上游坝坡上行，在高程 1555.60m 回头后到达高程 1580.00m，全长 604m，纵坡 8.2%，路面宽度 12m；承担坝体高程 1530.00~1580.00m 上游坝料及心墙砾石土料运输。

B. 2 号 –3 路：接 2 号路顺坝体下游坝坡上行，经两次回头到达坝面左岸高程 1545.00m，这条路位于下游压重体内，利用压重料回填坝外道路，全长 737.5m，纵坡 8.0%，路面宽度 12m；承担坝体高程 1486.00~1545.00m 下游坝料及心墙高塑性黏土运输。

坝内临时道路参数见表 10–4。

表 10–4　　坝内临时道路参数表（高程 1545.00m）

“之”字路编号		高程 /m		长度 /m	纵坡 /%	路面宽度 /m
		起点	终点			
12 号 –3	上游坝坡道路	1530.50	1580.00	604	8.2	12
2 号 –3	下游坝坡道路	1486.00	1545.00	737.5	8.0	12

（2）施工供水。根据资料介绍和现场调查，坝区附近的棒棒沟、响水沟沟水为常年流水，水源以高原雪水、地表降水为主，施工过程中对地表流水加以合理利用。

1）左岸供水：直接引用棒棒沟沟水，在坝顶以上高程 1720.00m 平台修建 300m^3 水池，引水至各个工作面使用；不足从右岸经过坝面引水使用。棒棒沟至水池，水池至加水点主管采用 *DN*300 钢管，加水点至各工作面支管采用 *DN*80 PVC 管。

2）右岸供水：前期引用响水沟沟水为主，下游抽水为补充，在上游高程 1620.00m 修建 500m^3 水池；后期从下游抽水，在高程 1620.00m 修建 200m^3 水池、高程 1705.00m 修建

300m^3 水池。水池至各加水点主管采用 *DN*200 钢管，支管布置方式同左岸供水。

3）坝料加水：坝料的加水方式采用坝外加水和坝面洒水车补充洒水的方式。坝外加水分别在上下游围堰部位设置坝外加水系统对堆石、过渡料进行加水，反滤料在堆场加水，按照比例加水保证石料充分饱和润湿，坝面洒水采用洒水车进行洒水。

（3）坝料计量系统。在上、下游围堰设置坝料运输计量系统。

（4）照明系统。大坝施工照明在左、右岸各设两个 15kW 的照明灯塔集中照明，现场局部照明根据施工需要增加碘钨灯照明，以满足夜班施工的需要。

（5）通信与数字化管理网络。

1）施工现场通信：各工作面内采用对讲机联系，工作面间采用无线电话进行联络。

2）数字管理网络：通过配置总控中心、坝区无线网络系统、运输车辆车载 GPS 主机、碾压 GPS 差分基准站、碾压设备 GPS 机箱集成（驾驶员报警系统）、现场监控分站等具体设施、设备，建立料场料源与上坝运输监控分析系统、碾压质量 GPS 监控系统、施工信息 PDA 实时采集系统、施工进度信息化系统等大坝数字化自动控制系统，实现对大坝施工全过程的动态监控与管理。

10.2 碾压试验

碾压试验目的是检验、修正填筑坝料的设计填筑标准，确定经济合理的铺料方式、碾压程序、碾压施工参数（包括填筑层厚、碾压遍数、行车速度等），选择适宜的碾压机械设备，优化施工参数，制定填筑施工实施细则与技术要求，提出质量控制的技术标准与检验方法。长河坝水电站工程针对土料、过渡料、反滤料、堆石料、压重体开展了现场碾压试验。

10.2.1 心墙料

（1）高塑性黏土。高塑性黏土碾压机具分为 18t 振动平碾碾压和装载机轮胎碾压两种，碾压参数根据铺料厚度和碾压遍数共分 24 种试验组合。

根据现场取样试验结果，经整理计算其铺料厚度、碾压遍数及干密度、压实度成果，碾压试验结论如下。

1）高塑性黏土碾压机具应采用 18t 振动平碾，铺料厚度 30cm，碾压遍数 6 遍，振动碾行驶速度应控制在（2.5 ± 0.2）km/h 之内。

2）高塑性黏土碾压时边角部位用装载机碾压，铺料厚度 30cm，碾压遍数 8 遍，装载机行驶速度应控制在（2.5 ± 0.2）km/h 之内。

3）接触黏土最优含水率约为 24.7%，接触黏土在含水率为 23%~31% 时，压实度均能达到 92%~95%。

（2）砾石土料。

1）砾石土料碾压参数根据铺料厚度和碾压遍数一共 18 种组合。

2）根据碾压试验结果，砾石土料采用碾压机具采用26t振动凸块碾，铺料厚度为30cm，行驶速度2.5±0.2km/h，碾压遍数为2（静压）+12（振动）遍。

3）碾压后的砾石土心墙料压实度以全料压实度和细料压实度进行双控制，全料的压实度不低于0.97（击实功2688kJ/m^3），细料压实度不低于1.00（击实功592kJ/m^3），汤坝心墙防渗土料全料填筑含水率应为$\omega_0-1\% \leqslant \omega_0 \leqslant \omega_0+2\%$，$\omega_0$为最优含水率。

10.2.2 反滤料

长河坝水电站大坝心墙下游侧设水平厚度均为6m的两层反滤层（反滤层1、反滤层2），心墙底部设置厚度均为1m的反滤层1、反滤层2，心墙上游侧设置了一层水平厚度为8m的反滤层（反滤层3）。在下游坝壳基础表层设置一层厚度为2m的水平反滤层（反滤层4）。现场分别针对反滤料1、反滤料2、反滤料3、反滤料4开展碾压试验，并确定其施工参数。反滤料1、反滤料2、反滤料3、反滤料4碾压试验在天然含水率的情况下进行，每种反滤料碾压参数根据铺料厚度、碾压遍数均为9种组合。试验结论如下。

（1）现场4种反滤料施工参数：反滤料1、反滤料2、反滤料3铺料厚度30cm，采用26t自行式振动平碾机静碾2遍+振碾8遍；反滤料4的铺料厚度30cm，采用26t自行式振动平碾机静碾2遍+振碾6遍；振动碾行驶速度宜控制在（2.7±0.2）km/h之内。

（2）现场密度试验方法：反滤料现场密度试验采用挖坑灌水法测定现场密度。

（3）现场反滤料含水率控制：反滤料1、反滤料2、反滤料3现场填筑时均加水3%~6%。

10.2.3 过渡料

过渡料碾压试验在天然含水率的情况下进行，碾压参数根据铺料厚度、碾压遍数共分为9种组合，按“进退法”碾压。试验结论如下。

（1）大坝过渡料施工参数为：铺料厚度50cm，静碾2遍+振碾8遍。

（2）碾压机具采用SANY-26t自行式振动平碾，行驶速度宜控制在（2.7±0.2）km/h之间。

10.2.4 堆石料

堆石料采用爆破开采出的合格石料，现场碾压参数根据铺料厚度、碾压遍数共分为12种组合，碾压设备使用SANY-26t自行式振动平碾和用SSR330-33t振动平碾，碾压时行进速度为（2.7±0.2）km/h，错碾方式为搭接15~20cm，按“进退错距法”碾压，碾压遍数按一进一退2遍计算，试验结论如下。

（1）碾压机具采用SANY-26t自行式振动平碾施工参数为：最大粒径为90cm，铺料厚度100cm，碾压遍数8遍，行车速度控制在（2.7±0.2）km/h之内。

（2）碾压机具采用SSR330-33t自行式振动平碾施工参数为：最大粒径为90cm，控制铺料厚度100cm，碾压遍数为静压2遍+振碾6遍，行车速度控制在（2.7±0.2）km/h之内。

（3）加水对干密度影响不明显，为保证堆石料填筑过程中细粒料有一个充填过程，在填筑过程中应进行加水，加水按体积法控制在3%~5%之间。

（4）对于堆石料，施工中试坑灌水法检测所用时间较长，试验点的代表性一般，因此填筑施工质量控制可采用“双控法”，即严格控制施工参数（压实机械性能、铺料厚度、碾压遍数）的前提下，用试坑灌水法检测结果评价填筑施工质量。

10.2.5 压重体

碾压试验在回采石渣料加水的情况下进行，碾压参数根据铺料厚度、碾压遍数共2种组合，试验结论如下。

根据碾压成果分析，回采料石渣料容易压实，碾压4遍即能满足孔隙率不大于25%的要求。通过碾压试验，压重体填筑碾压施工参数为：控制铺料厚度120cm，26t振动平碾碾压振碾4遍，行车速度控制在（2.7±0.2）km/h之内。

10.3 施工方法

10.3.1 心墙土料

（1）心墙土料施工方法。心墙土料施工分高塑性黏土及砾石土施工两种土料。具体施工方法如下。

1）加水。土料含水量按设计规定的施工含水量控制。含水量不满足要求时应采取坝外翻晒降水、浇灌补水等方式调水满足最优含水率要求。高塑性土在堆料场以打孔补水的方式调节含水率。填筑面验收合格后，土料正式填筑前的结合面应采用高压洒水车坝面雾状洒水（考虑运距较远，水分损失可能超过2%），洒水随铺料超前50m左右。

2）运输卸料。

A. 运输设备：利用20t自卸汽车从料场运至施工部位卸料，边角配合人工摊铺。

B. 卸料方法：砾石土心墙料卸料采用进占法，防止重车碾压已经合格的土料面。高塑性黏土料采用进占法和后退法，大面积为进占法，接触带部位为后退法，即在未碾压的砾石土工作面上用后退法卸料。

3）摊铺。

A. 铺料方法：先用SD32推土机散料初平，后使用PY185平地机细平。推土机平料时，根据铺土厚度计算出每车土料铺开的面积，以便在填筑底面上均匀卸料，随卸随平，并用插钎法随时检查。对超厚部位采用人工配合装载机进行清理，对岸边接头及土料与反滤料交界处，则用人工铺土。

B. 铺料厚度：心墙防渗土料包括高塑性黏土料和砾石土料，高塑性黏土位于河床廊道四周和岸坡混凝土盖板、混凝土防渗墙上部周围。砾石土心料位于坝轴线上、下游侧，是坝体防渗的主要材料。铺料压实厚度为30cm，结合碾压试验确定的参数进行施工控制。

C. 注意事项。河床基础经验收合格后根据坝体填筑总体规划，分单元从最低处开始填筑高塑性黏土。在心墙与河床覆盖层、两岸岸坡或岸坡混凝土板接触部位铺设高塑性黏土接触层。填筑时，两种土料同时分层铺料填筑。在填筑混凝土防渗墙部位，墙身两侧同时进行铺料碾压，使墙身两侧平衡上升。砾石土料填筑时对砾石集中的土料采用装载机进行挖除处理。填筑工作面铺料时略向上、下游倾斜 2%~3%，以利于填筑面排水。

心墙防渗料从第二层填筑开始，其与两岸接触的高塑性黏土接触带先于同层土料进行铺筑。与心墙接触的基岩或混凝土表面，在铺填高塑性黏土前先清理干净，并采用人工涂刷一层厚 3~5mm 的浓黏土浆，以利坝体与基础之间的黏合。

雨后表层土料须晾晒至控制含水量或局部清除干净后，再铺筑上层新土，如土层因含水量大或超碾原因造成"弹簧土"与剪切破坏时，新铺土前必须清除。为便于施工期排雨水，雨前将填筑面表层松土压实，必要时采取其他保护措施，以免造成雨水泥泞。

4）碾压。土工膜上的初始填筑的前 3 层土（无论是砾石土还是高塑性黏土），采用轮胎碾压，由 $3m^3$ 满载装载机薄层碾压。铺料完成后检查达到铺料厚度后进行碾压，碾压设备主要采用 20t 凸块振动碾，平行坝轴线方向进行，对于靠近岸坡、廊道、防渗墙两侧 50cm 范围内以及建筑物附近边角部位大型设备，无法进行碾压的部位分混凝土压板和刺墙分别采用满载装载机、BS500 快速冲击夯落薄层夯实。为保证压实质量，在相临单元或填筑料接触部位每填筑 3 层，凸块振动碾补压 3 遍。

5）检测。每一填土层按规定参数施工完毕后，进行防渗土体的干密度和含水量、砾质土颗粒级配试验，经监理人检查合格后才能继续铺筑上一层。

心墙料填筑施工方法见图 10–3。

（2）基面泥浆喷涂。国内类似工程的高塑性黏土基面泥浆均为人工采用滚筒涂刷工艺，不仅施工效率低，且涂刷的均匀性也很难保障。在长河坝水电站大坝工程施工中，针对泥浆涂刷工艺开展了试验研究，提出了基面泥浆机械喷涂工艺，提高了施工效率和均匀性，保证了施工质量。

经设备选型分析后，选择德国瓦格纳尔 PC380 喷涂机为核心喷涂设备，能够满足泥浆喷涂施工要求，同时构建一台一体化泥浆喷涂车，车上布设泡土装置、浆液搅拌装置、泥浆喷涂装置、泥浆喷涂动力装置，使得泥浆机械施工更加效率便捷。

通过工艺试验确定的泥浆机械喷涂工艺流程为：取土（高塑性黏土）→泡土 8h 以上→取已泡好的土→加水配置泥浆→湿润喷射机和喷射管→倒入浆液（过筛）→试喷（调整喷嘴压力和喷射范围）→正式喷涂至设计厚度。泥浆喷涂工艺流程见图 10–4。

1）泥浆制备。泡土采用 $1.5m^3$ 的长方形铁皮桶进行，尺寸为 $1.5m \times 1m \times 1m$，灌注水量能淹住土即可，泡土时间为 8h 左右（见图 10–5），将泡好的土铲至用油桶制成的小桶内，

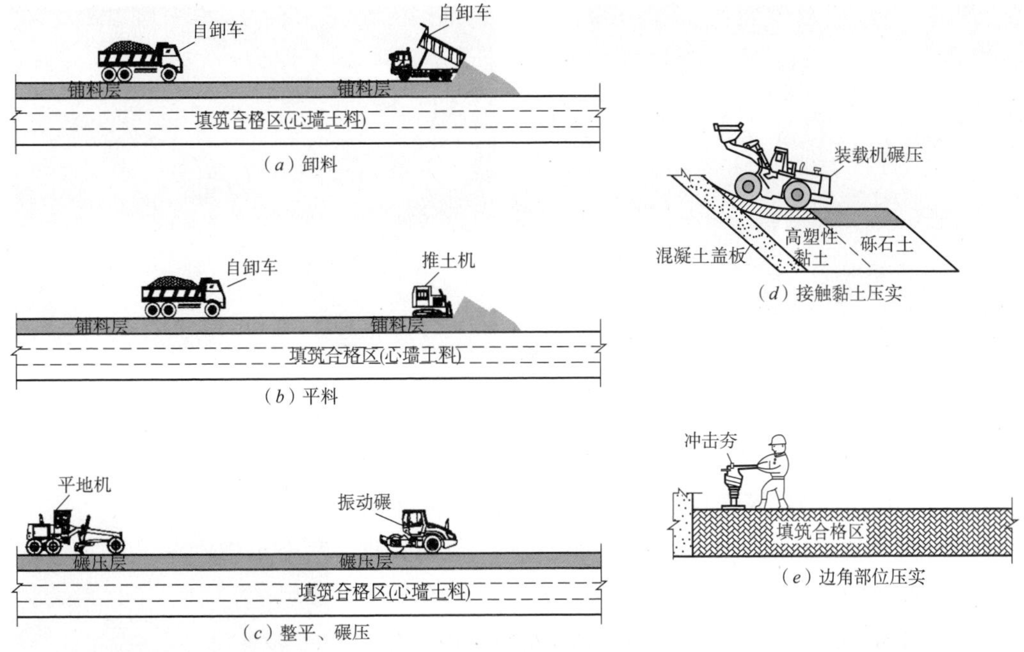

图 10–3　心墙料填筑施工方法示意图

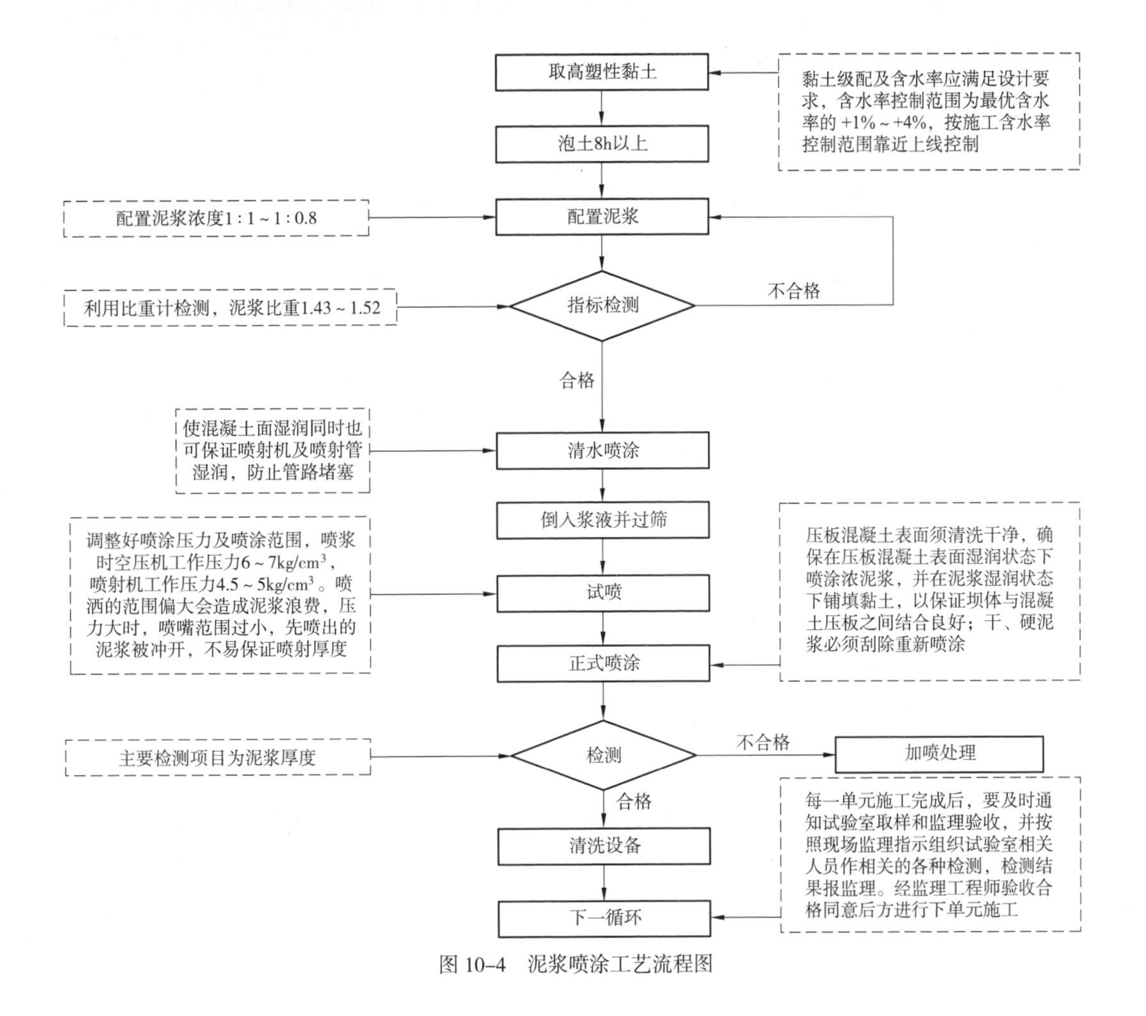

图 10–4　泥浆喷涂工艺流程图

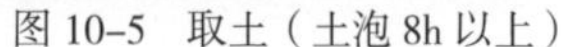

图 10-5　取土（土泡 8h 以上）

图 10-6　采用电动手持式搅拌器搅拌加水配制泥浆

加水并采用电动手持式搅拌器搅拌（见图 10-6）。配制泥浆浓度 1∶1~1∶0.8，搅拌均匀后，取少许做试样，采用比重计称量其比重，使其比重在要求的范围内。泥浆比重为 1.43~1.52 时方为合格，直至满足要求。

2）基面湿润。为保证黏土浆更好地与混凝土面结合，在进行正式泥浆喷涂施工前，施工人员采用泥浆喷涂机，将空压机、电源接好后，对即将进行喷涂的混凝土或基岩面再次进行清水喷洒，使混凝土面湿润同时也可保证喷射机及喷射管湿润，防止管路堵塞（见图 10-7）。

图 10-7　混凝土基面湿润

3）泥浆喷涂。泥浆配制完后，直观泥浆为胶结一体状态，无透明，离近观测有细小颗粒悬浮，长时间放置后表面会悬浮一层厚约 1~2cm 清水，若搁置时间超过 30min，需于使用前采用搅拌器重新搅拌均匀。然后将拌制好的浆液倒入喷射机的料斗内，在料斗外采用 0.3mm 的筛网过滤，剔除大于 0.3mm 颗粒物。

按照喷涂试验的确定的压力即喷浆时空压机工作压力 6~7kg/cm^3，喷射机工作压力 4.5~5kg/cm^3，首先试喷以调整喷嘴压力和喷射范围。调好喷头的喷嘴，不能喷洒的范围过大（范围偏大会造成泥浆浪费），也不能过小（压力大时，喷嘴范围过小，先喷出的泥浆被冲开，不易保证喷射厚度）。因正常喷射时，一次性喷射的泥浆范围上下方向大于 30cm，所以需在要喷射的范围（30cm）上部采用铁皮遮挡，以保证每次泥浆喷射的范围满足一层填土厚度。试喷完成后用喷头在需要喷射的部位匀速来回喷射 3 遍，即可达到 3~5mm，分散均匀，满足设计要求的厚度。根据试验得知，泥浆干涸时间 30~50min。在泥浆干涸前及时采用装载机或小型液压反铲进行泥浆喷涂区域的高塑性黏土回填作业（见图 10-8）。

4）质量保证措施。黏土填筑实行准填证制度，只有在与高塑性黏土结合的混凝土或基岩面验收合格、前一填筑层按规定施工参数施工完成，并经压实度检测、验收合格，结合面湿润的情况下（含水率不低于满足设计要求），方签发准填证，进行下一层高塑性黏土填筑。高塑性黏土基面泥浆喷涂与高塑性黏土填筑同时进行。通过泥浆喷涂试验提出的

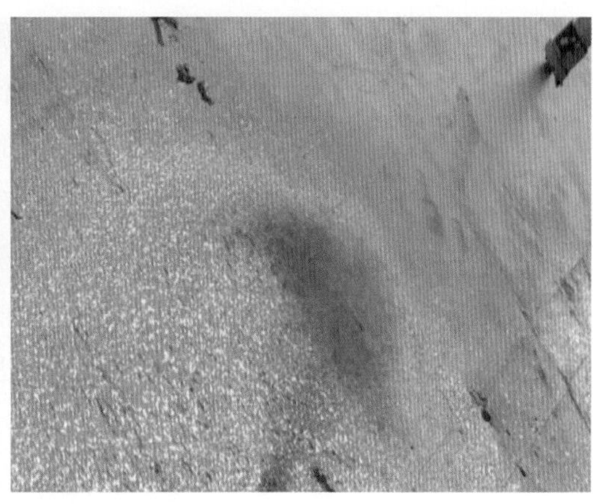

图 10-8　机械喷涂盖板混凝土现场

高塑性黏土基面泥浆喷涂主要的质量保证措施有如下几点。

A. 高塑性黏土填筑施工中，填筑基面泥浆喷涂质量应作为单独的验收工序进行验收，并填写高塑性黏土基面验收施工记录表，对基面泥浆涂刷的均匀性及厚度，按照相关要求做好记录。单元工程施工完成后，要及时通知试验室取样和监理验收，并按照现场监理指示组织试验室人员做相关的各种检测，检测结果报监理。经监理工程师验收合格同意后方进行下单元施工。

B. 机械喷涂泥浆料源应为满足填筑黏土级配及含水率要求的高塑性黏土，高塑性黏土填筑含水率控制范围为最优含水率的 +1%~+4%，含水率按施工含水率控制范围靠近上线控制。泥浆采用建设在坝区的集中泡制池泡制，泡制时间不少于 8h。加水、搅拌制备完成的泥浆应加强对其比重的检测，以保证整个施工过程中泥浆浓度比重符合工艺施工要求。

C. 泥浆喷涂前，与高塑性黏土结合的混凝土或基岩面须清洗干净，确保在基面湿润状态下喷涂浓泥浆，并在泥浆湿润状态下及时回铺填黏土，以保证坝体与基面之间结合良好；干、硬泥浆必须刮除重新喷涂。

D. 在进行正式泥浆喷涂施工前，施工人员采用泥浆喷涂机，将空压机、电源接好后，严格按照制定的施工程序施工，首先进行喷涂的混凝土或基岩基面再次进行清水喷洒，使混凝土或基岩面湿润同时也可保证喷射机及喷射管湿润，防止管路堵塞。同时，在当场施工作业结束后，应向喷涂机内注入一定量清水持续喷洒，以达到对喷涂设备内部清洗的作用。

10.3.2　反滤料

（1）反滤料施工方法。反滤料包括坝基水平反滤料和心墙上、下游侧反滤料。与心墙料类似，采用加水、运输及卸料、摊铺、碾压、检测的施工方法。

1）坝基水平反滤料。坝基反滤料厚度为 2m，分 6 层进行填筑施工。坝基反滤料施工采用 20t 自卸汽车用后退法卸料，SD32 推土机平整，26t 自行式振动碾平行坝轴线方向碾压。岸坡自行式振动碾碾压不到的部位，采用 HS22000 型液压夯板夯实。

2）心墙上、下游侧反滤料。心墙上游侧设一层反滤料 3，水平宽度 8m，下游侧设反滤料 1、反滤料 2 两层反滤料，水平宽度各 6m，共 12m 宽。心墙上、下游侧反滤料与心墙料同步填筑，采用先铺反滤料后铺土料的施工方法施工，以保持心墙料的铺筑宽度，反滤料铺料压实厚度为 30cm。由 20t 自卸汽车从磨子沟加工系统运输上坝卸料，铺料时采用摊铺器先铺与心墙料结合部位宽 1m 条带，确保土料与反滤料结合部位界线清楚。大面其他部位采用 SD32 推土机铺料平整，铺料方向与砾石土心墙料铺料方向一致，碾压设备平行坝轴线方向采用 26t 自行式振动碾进行碾压，行驶速度 2~3km，碾压遍数为 6~8 遍（具体参数结合碾压试验确定）。

反滤层与相临层次之间材料界面分明，分段填筑时必须处理好接缝部位，防止产生层间错动或折断现象。反滤区与心墙和过渡区交接部位采用锯齿状填筑时，必须确保心墙土料、反滤料设计厚度。

反滤料填筑施工方法见图 10–9。

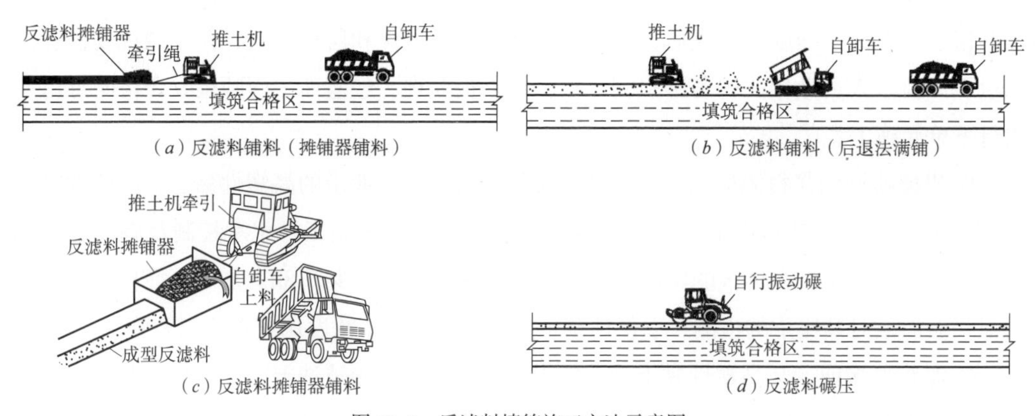

图 10–9　反滤料填筑施工方法示意图

（2）双料摊铺器。填筑料界面处理是大坝填筑工程的关键环节，主要内容包括填筑材料界面处理，填筑材料与其他结构物之间界面处理。填筑材料界面处理包括不同材料间界面处理和同种材料不同施工期间界面处理。

为解决常规土石坝土砂分界面“先砂后土”法施工存在的料种相互侵占，填筑尺寸不规范、施工效率低等问题，长河坝水电站工程研发了双料摊铺器进行砾石土料及反滤料的摊铺作业。双料摊铺器的设计及工作原理是施工时首先按要求制作双料摊铺器，施工时以推土机作为动力，牵引摊铺器沿土石坝心墙区土砂分界面分界线前行，液压反铲或装载机跟进向双料摊铺的料箱内补充上料，从而完成心墙区土砂分界面土、砂各一定宽度范围的料物一次性平齐同步摊铺，通过平齐同步施工解决原施工工艺存在不足。

双料摊铺器采用型钢和钢板加工而成的无底箱式结构。设计尺寸为高 1m、宽 3m、长 4m。摊铺器中间设置料仓分隔钢板，且料仓分隔板在出料口以下的倾角与心墙设计坡比一致。为保障碾压施工质量，在制作两侧料仓出料口高度时参考了对应料种生产性碾压试验确定的沉降率。出料口高度即为两种料的摊铺成型厚度。同时，考虑分隔钢板部位脱空造成分界部位料物坍陷，在摊铺器料仓分隔板两侧料仓出料口顶部各留有梯形缺口（补偿料口）以保证料种分缝部位碾压效果。双料摊铺器结构及三维效果见图 10-10。

采用双料摊铺器进行心墙区土砂、砂砂分界面的施工可有效避免常规土砂、砂砂分界面填筑施工存在的料种分界面相互侵占、混染，避免了浪费，有效减少土砂、砂砂分界面施工返工处理。经测算仅节约返工处理及施工材料可降低 10%~15% 的边界施工费用。通过减少返工处理可有效减少了设备燃油消耗、降低了材料混染消耗，有利节能减排，具有明显的环保效益。双料摊铺技术成功应用实现土砂、砂砂平起同步填筑，并完全满足设计坡比，是对传统“先砂后土”工艺的一次革新。提高了反滤料与心墙土料、砂砂结合面摊铺精度，避免了料种相互侵占、混染，提高了填筑施工质量。

双料摊铺器摊铺土砂分界面施工见图 10-11。

图 10-10　双料摊铺器结构及三维效果图

图 10-11　双料摊铺器摊铺土砂分界面施工

10.3.3　过渡料

过渡料同样采用加水、卸料、摊铺、碾压、检测的施工方法，具体如下。

（1）过渡料水平宽度 20m，在反滤料 3 上游侧和反滤料 2 下游侧对称设置。

（2）过渡料铺料压实厚度为 60cm，待心墙料、反滤料施工 2 层，再铺筑 1 层过渡料，保证反滤料的铺填宽度，并做跨缝碾压，依次循环填筑上升。

（3）过渡料由 20t、32t、45t 自卸汽车从上、下游料场运输上坝采用后退法卸料，D9T、SD32 推土机铺料平整，26t 自行式平面振动碾平行坝轴线进行碾压，碾压遍数为 6~8 遍（具体遍数结合碾压试验确定）。

过渡料填筑施工方法见图 10-12。

10.3.4　堆石料

堆石料采用加水、卸料、摊铺、碾压、检测的施工工艺方法，具体如下。

（1）堆石料铺料压实厚度为 120cm，靠近过渡料的堆石料（宽度在 15~20m 范围内）与过渡料保持平起上升。

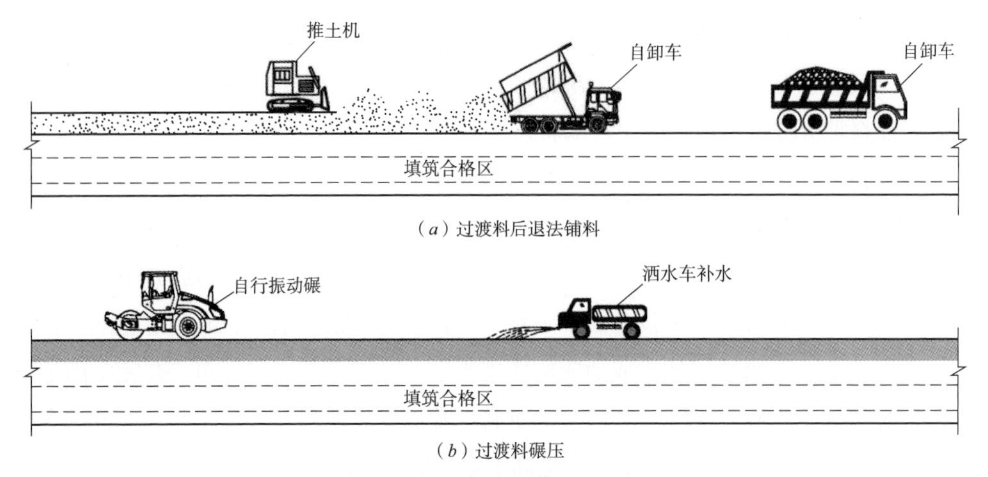

图 10-12　过渡料填筑施工方法示意图

（2）堆石料取自上、下游的石料场和备料场，分单元进行填筑，单元面积 3000~5000m^2，由 20t、32t、45t 自卸汽车运输上坝，采用进占法铺料，D9T、SD32 推土机铺料平整，26t 自行式平面振动平碾平行坝轴线方向进行碾压，与岸坡的接坡部位垂直坝轴线方向进行碾压。

过渡料填筑施工方法见图 10-13。

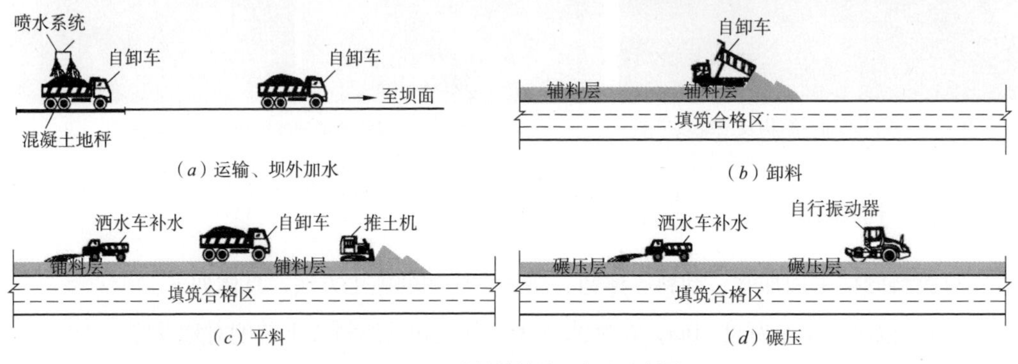

图 10-13　过渡料填筑施工方法示意图

10.3.5　压重体

压重体由 20t、32t、45t 自卸汽车运输上坝，采用进占法铺料，铺料厚度 60cm，采用 SD32 推土机铺料平整，26t 自行式平面振动平碾平行坝轴线方向进行碾压。

10.3.6　护坡砌石

（1）材料要求。坝体高程 1679.00m 以下的上游干砌块石护坡石料由响水沟石料场供应，全部的下游干砌块石护坡石料由江咀石料场供应。2015 年 11 月初期导流洞下闸之后，上游道路中断，此时坝体填筑至高程约 1679.00m，高程 1679.00m 以上的上游干砌块石护坡石料从下游江咀石料场开采。

干砌块石料应采用新鲜或微风化的硬质岩块，石料的饱和抗压强度应大于60MPa，粒径为400~600mm，块石重量应大于30kg。

（2）施工方法。

1）护坡石料由20t自卸汽车从石料场开采运输，堆至填筑面上，靠坝坡堆成带状，推土机推至坝坡边缘。

2）坡面块石护坡随坝体上升滞后坝体填筑1~2m逐层砌筑。

3）为确保坡面的填筑密度，在放线时上、下游边坡富裕50cm，碾压时靠边线碾压。每填筑1~2层左右，用反铲削坡一次；削坡前先进行测量放线，后按边线进行削坡；削坡后护坡工作跟进，在坡面打桩放线后，开始护坡施工。

4）砌筑前按设计边坡放线，每隔5m用ϕ8mm钢筋垂直大坝纵轴线按设计坡比固定，水平采用尼龙绳拉线。砌筑石料由反铲、推土机辅以人工就位，大面朝外，分层砌筑。干砌石就位后，选择适宜的石料嵌填缝隙，夯实。

10.3.7 土工合成材料

工程采用土工格栅和复合土工膜，土工格栅为加固材料，在大坝上部高程1645.00m以上每2m设一层土工格栅，铺设最大宽度50m。土工膜为防渗材料，在大坝廊道上游侧30m范围内坝基，廊道与防渗墙之间坝基设有土工膜，土工膜与廊道和防渗墙混凝土结构之间采用螺栓连接。

（1）材料要求。坝基铺设的聚乙烯（PE）复合土工膜应为二布一膜形式，二布一膜的土工膜规格为500g/1mm/500g，有关技术指标应满足《聚乙烯（PE）土工膜防渗工程技术规范》（SL/T 231—98）的要求，其中防渗薄膜破坏拉应力不小于12MPa，断裂伸长率大于300%，渗透系数$k<1\times10^{-11}$cm/s。

（2）工艺试验。土工膜施工前需要进行焊接设备的比较、焊接温度、速度及施工工艺试验选择合适的施工参数。根据类似工作施工经验，焊接设备选用土工膜焊接专用的“双缝热合焊机”，又称土工膜自动爬行焊接机。通过试验主要确定焊机工作电压、焊机爬行速度、焊接温度以及外界环境对焊接参数的影响。

（3）连接方式。复合土工膜之间的连接采用焊接方式，焊接采用双缝热合焊机。焊接时，光膜搭接，搭接长度满足规范要求，应将低处的膜搭接在高处的膜面上。发现有损坏穿孔撕裂等必须修补，经监理工程师现场检测验收后，用打包机缝住膜两边的土工布覆盖住光膜。

（4）铺设布置。铺设时，按要求“之”字形铺设，褶皱高度及角度按要求执行。上游防渗土工膜铺设应形成褶皱，保持松弛，以适应变形。同时，土工膜与基础之间应平贴紧，避免架空，以保证安全。锚固土工膜螺栓采用预埋的方式在廊道和防渗墙混凝土浇筑时进行埋设，螺栓埋设位置精度应满足要求。

（5）铺设方法。铺设时，在与左右岸混凝土盖板、河床廊道、明浇混凝土防渗墙结合部位按设计要求需要设置褶皱、刷SR底胶、填SR塑性填料、盖SR防渗盖片；土工膜褶皱高度及次数严格按设计要求施工；底胶涂刷、塑性填料厚度、均匀程度均按设计要求并请设计现场指导。上、下游防渗土工膜铺设形成褶皱，保持松弛，以适应变形。土工膜与基础之间填筑了一层砾石垫层并碾压密实从而保证土工膜的平贴紧，避免了因架空损坏土工膜，以保证安全。

（6）质量控制：土工膜拼接和铺设验收后，及时填筑砾石土，当铺土厚度大于60cm，才允许轻型碾压实。30cm以内铺土厚度一次达到30cm，用轻型装载机轮胎压实；30~60cm用载重汽车压实。

10.4 雨季施工

土石坝施工特点之一是大面积的露天作业，直接受外界气候环境的影响，尤其是对作为心墙防渗土料的砾石土以及高塑性黏土影响更大，降雨会增大土料的含水率，直接导致土料含水率大于施工含水率上限，致使心墙无法填筑。长河坝水电站工程由于工期较紧，雨季基本正常施工，因此制定了相应的防雨及雨后处理措施。

（1）加强天气预测及雨量监测。根据雨季施工要求，在土料场、掺和场、大坝心墙分别安装了气象监测仪器，同时对坝区及料场范围气候进行监控，统计时将分钟降雨信息均转换为小时降雨信息进行分析。气象监测仪基本情况见表10-5。

表10-5　　气象监测仪基本情况表　　单位：min

序号	仪器名称	仪器型号	安装部位	各监测项目对应的监测频率							备注
				风速	雨量	大气温度	风向	大气湿度	蒸发	含氧量	
1	农业环境气象站	LSS	大坝心墙	10	—	10	10	10	10	—	掺配场共用
2			土料场	10	—	10	10	10	10	—	

同时成立了专门的雨季天气预判小组，针对天气状况进行监控，引进甘孜藏族自治州气象雷达结合ACCU等天气预报工具，加强心墙和土料场区域的短期天气预报，及时向心墙填筑区下达施工（刨毛、快速压光、恢复施工等）指令。由专人负责，每30min发布1次实时气象云图，降雨前加密云图发布频次（见图10-14）。

（2）缩小心墙填筑分区分块面积形成快速流水施工。根据长河坝水电站砾石土心墙填筑特点，缩小单个填筑面的面积，将砾石土心墙区分为按摊铺碾压、质检等进行分区分块，分区分块面积控制在3000m^{2}左右，通过合理的资源配置，形成流水作业面，既能有效地提高施工效率，又能加快雨前防雨处理和提高雨后的砾石土填筑复工的速度。

（3）横向留坡+表面封闭。为防止雨季降雨心墙面积水，雨季施工中心墙砾石土填筑应预留2%的横坡，其中在心墙横向长度大于60m时采用“龟背形”双向放坡，横向长

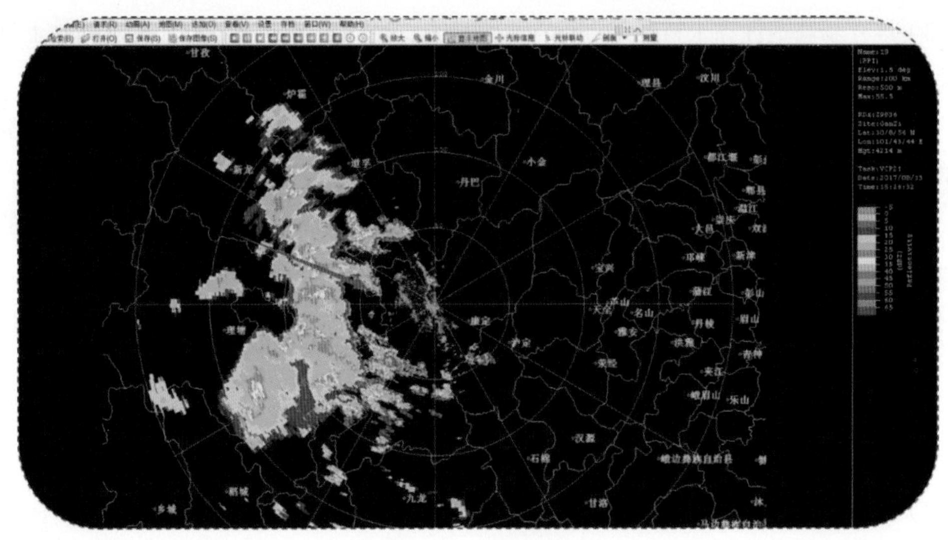

图 10–14　气象云图

度小于 60m 时，采取横向单侧放坡方式。在施工过程中，根据天气变化情况及时对填筑面，采用平碾进行表面封闭，封闭碾压控制 2 遍，首遍碾压为振动碾压，碾平心墙毛面，防止坑洼积水，第 2 遍碾压采取封闭静压，便于保证整体排水效果。

（4）雨后快速清理复工。采用雨后快速清理复工，根据天气预报情况和高原地区的降雨特点（具有降雨时间短、雨量大的特性），也根据降水情况现场确定在雨后，采用推土机或平地机分单元快速清理砾石土受雨表层土 5~10cm，清除出场。并采用凸块碾快速刨毛土料结合面，处理完成的区域经试验检测合格后恢复填筑施工。

（5）其他措施。

1）备料措施。砾石土料场道路泥泞，雨后出料不畅，雨后可采用备用料施工，分别在上、下游压重区进行土料备料。

2）左、右岸盖板截雨措施。两岸盖板各准备两套截水槽（交替使用），用以汇集降雨时从盖板流入心墙的雨水。

10.5　质量控制

长河坝水电站大坝填筑料主要来源于响水沟石料场、江咀石料场、汤坝土料场、新莲土料场和磨子沟砂石加工厂，大坝填筑主要从以下几个方面进行质量控制。

10.5.1　心墙土料填筑质量控制

（1）高塑性黏土。

1）按照碾压试验确定的铺料厚度铺料。

2）填筑含水率宜为 $\omega_0+1\% \leqslant \omega_0 \leqslant \omega_0+4\%$，$\omega_0$ 为最优含水率。

3）堆存场高塑性黏土料经常进行含水率检查，对含水率不满足设计要求的黏土料进行含水率的调整，直至满足设计要求方可采用。

4）距廊道及副防渗墙插入段混凝土面宽 1m 范围内与岸坡混凝土板接触的 1m 范围内及岸坡边角的高塑性黏土采用电动夯板等小型机具碾压。

5）在廊道、副防渗墙插入段、两岸贴坡混凝土板接触的高塑性黏土填筑前，对接触的混凝土表面洒水湿润，并涂刷浓高塑性黏土浆，高塑性黏土在泥浆刷完的半小时内填筑碾压。

6）两岸接触的高塑性黏土先于同层土料进行铺筑。

7）及时对碾压完毕的接触黏土覆盖。

（2）砾石土。

1）填筑前做好建基面排水，避免水流进入心墙填筑面。

2）在临铺填土料前，心墙基础混凝土垫层表面清洗干净，并涂刷浓黏土浆，保证心墙与基础之间结合良好。

3）填筑前在土料场对防渗土料的含水量和颗粒级配进行检查，不符合要求的土料不准上坝。

4）铺料时采用定点测量方式，严格控制铺土厚度，不得超厚。

5）严格按碾压试验确定的压实标准和碾压施工参数进行心墙土料的碾压，对局部难以碾压的部位配备适合料种和场地特征的小型碾压机具。

6）每一填土层按规定参数施工完毕后，进行防渗土体的干密度和含水量、砾质土颗粒级配试验，经监理人检查合格后才能继续铺筑上一层。

7）禁止汽车在已压实土料面上行驶。

8）雨天不得进行心墙的施工。雨后复工时，清除含水率超标和被泥土混杂和污染的反滤料。

10.5.2 反滤料填筑质量控制

（1）填筑前严格控制反滤层的位置、尺寸。

（2）反滤层采用后退法卸料，反滤层的填筑与心墙填筑面平起。

（3）反滤层与心墙连接时采用锯齿状填筑，严禁心墙的设计厚度受到侵占。

（4）用机械或人工清除反滤料与细堆石料交界处大于 100mm 的石料。

（5）严格按碾压试验确定的压实标准和参数进行反滤料的碾压，碾压的行驶方向平行于坝轴线，防止心墙土被带至反滤层面发生污染。

（6）为保证特殊部位碾压质量，反滤层与岸边接触处采用平碾顺岸边进行压实。

（7）反滤层内避免设置纵缝。反滤层横向接坡必须清至合格面，使接坡反滤料层次清楚，严禁发生层间错位、中断和混杂。

（8）每一层反滤料施工完毕后，对防渗土体的干密度、孔隙率和颗粒级配等压实指标进行抽样检查，经监理人评定合格后才能继续铺筑上一层。

10.5.3 堆石料及反滤料填筑质量控制

（1）上坝前在石料场对石料质量和尺寸外形以及堆石料的级配进行检查，不允许夹杂黏土、草、木等有害物质，保证其满足施工图纸的要求。

（2）对各种上坝料做好标记，不同部位的堆石不得混淆。

（3）堆石料根据区域采用进占法或后退法卸料，推土机及时平料，铺料厚度符合设计要求，厚度不超过层厚的10%。

（4）超径石全部在料场爆破解小，避免填筑面上存在超径块石。

（5）严格控制堆石料装卸方式和高度，不允许从高坡向下卸料，靠近岸边地带以较细石料铺筑，严防块石集中、架空现象。

（6）铺料时控制好堆石料边界，不得侵占反滤层的设计厚度。

（7）按批准的方案向堆石料洒水，做到洒水均匀充足。

（8）各分区堆石料严格按碾压试验确定的压实标准和参数进行碾压。

（9）每一层堆石料施工完毕后，对堆石体的干密度、孔隙率和颗粒级配等压实指标进行抽样检查，经监理人评定合格后才能继续铺筑上一层。

10.5.4 施工机械设备保证

机械化机群作业是土石坝工程的施工优势之一。对于高心墙堆石坝来说，土石方填筑具有规模大、工期紧，质量要求高和安全环保等特点，对施工机械设备的高效运行管理提出了更高的要求。

（1）投入满足施工强度要求的主导机械设备数量，并有必要的配套机械设备数量及备用量，配备一定的辅助机械设备。

（2）主要施工机械设备在现场准备充足的配件。

（3）保证碾压设备的功率，当某些设备不能正常工作影响工程进度时，及时补充。

（4）加强设备的维修保养，保证机械设备的完好率、生产率。

10.5.5 数字化大坝监控系统

应用全球卫星定位技术、无线数据通信技术，计算机技术和数据处理与分析技术等，结合大坝三维设计、碾压机械进行集成，建成一套基于GPS实时数字化大坝监控系统，用于填筑工程碾压施工质量的实时监控。

（1）现场分控站。实时监控施工全过程、坝面碾压等施工参数，反馈指导现场施工。

（2）PDA信息采集与警报接收。实现上坝车辆及时动态调配；出现超速、错误卸料实时报警。

（3）总控中心远程监控施工过程。

（4）单元质量验收资料。数字大坝单元填筑图形报告包括：碾压遍数图、碾压轨迹图、碾压高程图、压实厚度图。

11 数字化与智能化施工

随着现代科技的高速发展，利用信息通信技术以及互联网平台，让互联网与传统行业进行深度融合，代表了一种新的发展形态。以长河坝水电站工程为例，结合工程施工及现有信息技术基础，建立了土石方机械智能化施工体系，开发了数字大坝系统、无人驾驶智能碾压技术、施工作业可视化系统、基于 BIM 的施工辅助管理系统以及施工信息管理系统等一系列高度融合的施工技术、施工管理及项目管理系统，取得了良好的应用效果，可供类似工程借鉴和参考。

11.1 数字大坝

数字大坝是基于卫星定位导航技术、现代网络技术、实时监控技术、存储技术，实现大坝全寿命周期的信息实时、在线、全天候的管理与分析，并实施对大坝性能动态分析与控制的集成系统。

数字大坝系统在长河坝水电站工程建设中经过持续改进优化并得到了全面应用，可实现高心墙堆石坝碾压质量实时监控、坝料上坝运输实时监控、坝料加水信息自动采集与控制、PDA 施工信息实时采集、土石方动态调配和进度实时控制及工程信息的可视化管理。

11.1.1 系统架构

数字大坝系统主要由 GPS 监控系统、施工现场信息 PDA 采集系统、土石料运输车辆自动加水与监控系统、坝区气象数据采集与分析系统和实时视频监控系统组成。

数字大坝在长河坝水电站工程建设中的应用实现了坝体碾压质量实时监控、坝料上坝运输实时监控、坝料加水信息自动采集与控制、PDA 施工信息实时采集、土石方动态调配和进度实时控制及工程信息的可视化管理。

11.1.2 系统运行

（1）GPS 监控系统。GPS 监控系统主要由施工设备监控终端、手持数字终端、卫星定位基准站、监控中心（总控中心和现场分控站、控制箱）、通信网络和应用软件等组成。

系统运行包括总控中心、现场分控站、机载控制箱、定位基准站、监控终端、监控结果和预警纠偏等的运行管理。应有专门的部门负责系统的运行、维护和管理，人员应经过培训考核。当系统遇到信号异常或其他原因导致系统无法正常工作时，施工时应有专人负责质量控制和过程施工参数记录。

在大坝施工过程中，监控系统可实时地监控各种坝料的运输填筑信息和各个仓面的碾压情况，对各种坝料的料源地和碾压参数进行严格控制，对提升大坝填筑质量起到了很好的监督和管控作用。

GPS 监控系统主要包括：①上坝运输过程实时监控系统；②填筑碾压过程实时监控系统（见图 11–1）。GPS 碾压监控系统精度可达 cm 级；③智能化加水系统。

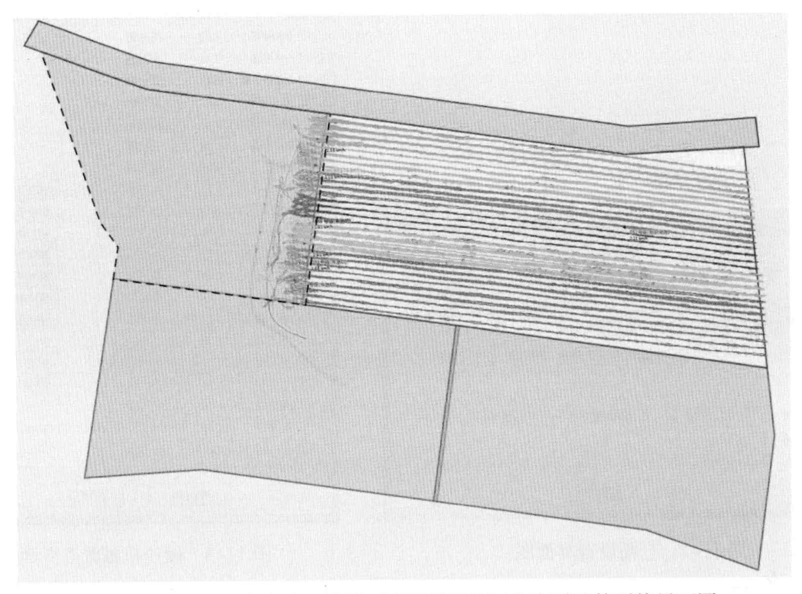

图 11–1　长河坝水电站心墙堆石坝填筑碾压过程实时监控系统界面图

1）上坝运输过程实时监控系统。所有运输上坝的车辆都安装车载 GPS 及通信装置，通过车载 GPS 实时发送车辆位置的信息，可实现料场至坝面的全过程监控。该系统可实现以下功能：①料源匹配动态监控与报警；②坝面卸料地点监控与报警；③各分区不同来源的各种坝料的上坝强度统计；④运输道路行车密度统计；⑤车辆空载、满载状态监测。

2）填筑碾压过程实时监控系统。所有使用的碾压设备均安装高精度移动终端，通过基站进行信号处理和信息传送，可实现现场分控室对碾压设备的碾压过程进行实时监控。该系统可实现以下功能：①实时监控碾压轨迹、碾压速度，当碾压速度超标时，通过监控终端显示和手机短信自动报警；②监测碾压遍数和振动状态，可随时生成碾压遍数图形报告、高振遍数图形报告、静压遍数图形报告，随时监控施工碾压仓面，指导现场碾压施工；③监测压实厚度，在仓面碾压完成后，可生成厚度报告，监控坝料铺料厚度；④保留所有仓面的碾压数据，包括碾压时间段、碾压机械配置、碾压时间、具体碾压状况，可据此分析碾压机工作效率，合理配置碾压机械，提升管理水平。

碾压监控主要包括以下步骤：建仓、车辆派遣和开仓、过程中监控、关仓。

建仓坐标由现场测量，在监控软件上输入坐标和仓面信息，包括仓面名称、碾压参数、错距宽度和设计铺料厚度等内容（见图 11–2），从而完成建仓操作。

监控员接到现场质检开仓指令后，根据现场情况派遣碾压机械（见图 11–3）。碾压机派遣完成后，就可以开仓碾压。在开仓碾压的界面中，就可看到整个仓面碾压情况和仓面所有碾子的碾压状态。在监控过程中，可随时调进或调出碾子，并根据监控的碾压状况，指导现场碾压，保证无漏压、欠压。碾压达到相应的合格率后，经监理确认，就可以关仓。

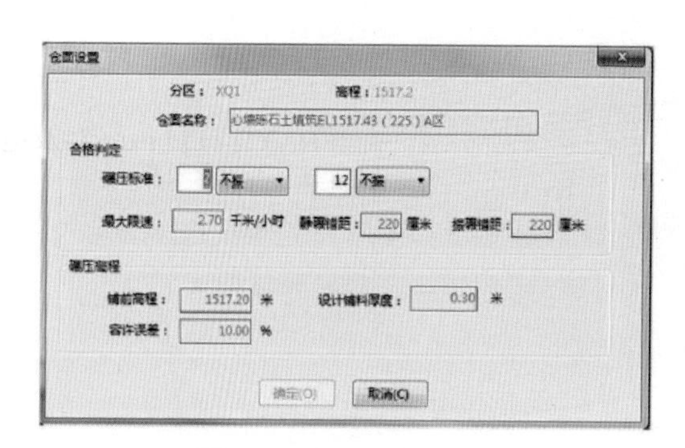

图 11–2　仓面设置界面图

图 11–3　碾压机械派遣界面图

碾压过程中出现的问题如下。

A. 碾压机所在仓位信息的增加。在前期使用过程中，大坝填筑碾压过程监控系统不支持显示碾压机所在的仓位信息，查找碾压机所在仓面只能依赖询问现场施工人员，大大降低了施工效率。针对这种情况，项目部积极与天津大学沟通并提出“添加显示碾压机所在仓位”的要求，最终系统后方开发人员改进了程序功能，在碾压机调遣对话框中显示仓位信息，极大地缩短了监控员的操作时间，提高了施工功效，为现场施工节约了时间和成本。

B. 制定严格的管理制度。在大坝数字化管理过程中不断总结经验、优化方案，先后编制了《长河坝水电站现场分控室监控人员工作职责条例》《长河坝水电站现场碾压机管理办法》，并配合业主下发的《长河坝水电站施工质量监控与数字大坝系统实施管理办法》进行大坝的数字化管理，确保了现场施工的规范性，提高了大坝填筑的压实质量。

C. 碾压方式的改变。在前期采用错距法碾压时，因搭接碾压轨迹多，不利于定位补压，一直无法满足 90%（或 95%）的碾压合格比率要求，后改用整碾搭接法碾压。实践证明碾压效果较好。同时，为防止整碾搭接碾压对砾石土造成剪切破坏，在心墙砾石土施工中要求碾压机司机每压两遍变换一次轨道，并制定相应管理办法和处罚措施进行管控。

D. 增设可视界面，实现人机对话。前期在大坝填筑碾压过程中，所有碾压信息（包括碾压轨迹、碾压遍数、碾压速度等）和报警信息（超速报警、激振力异常报警）都只有监控中心才能看到。现场施工人员只能通过对讲机间接获取这些信息，存在一定的滞后性、不准确性。针对这一问题，增设机内可视平板，实现监控信息与现场机械操作手同步共享，达到及时纠正的效果。

E. 断网、断电等异常情况的处理。因施工环境复杂多变，分控室会出现断网、断电现象。断网、断电以后，所有与监控相关的操作都无法进行，包括开关仓、调配碾压机、过程监控等，也无法显示报警信息，且有时轨迹无法恢复，给碾压过程管控带来不便。针对这个问题采取如下措施。

a. 在监控室配置备用电源，以便紧急断电情况下，仍能继续进行相关操作。

b. 建设施工区域全覆盖的无线局域网，断网时用来传输监控数据。

c. 当轨迹无法恢复时，可经现场监理确认后，以现场实际碾压及试验取样检测结果为准。

3）智能化加水系统。坝料的补水采用坝外式加水现场研究设计了一种坝料自动加水系统（见图 11-4）。该系统与坝料计量称重系统绑定使用，通过车载无线射频卡（RFID）自动识别地磅系统测得的车载坝料重量，计算出标准加水量，并利用液体流量传感器及电磁阀控制水流开关，实现智能化加水。

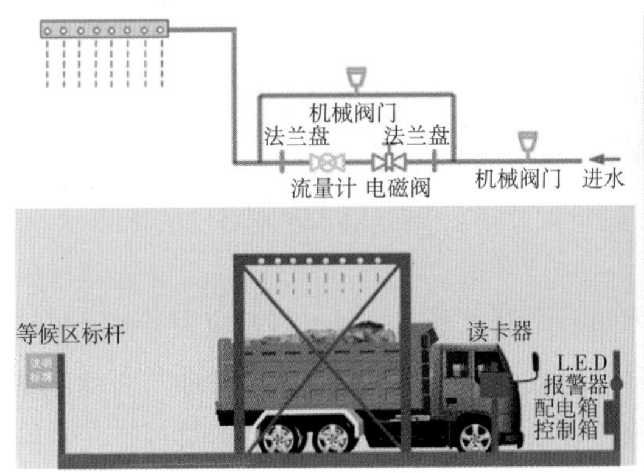

图 11-4　筑坝料自动加水装置示意图及实景

（2）施工现场信息 PDA 采集系统。PDA 是 Personal Digital Assistant 的缩写，字面意思是个人数字助理。这种手持设备在早期应用中主要集中了计算、电话、传真和网络等功能，可用来管理个人信息（如通信录、计划等）、上网浏览、收发 E-mail、发传真、通话等。

该系统通过手持 PDA，可实现现场试验数据与现场照片的实时采集，运输车辆调度信息的实时更新。现场采集与分析的数据传输至中心数据库内，可以进行相关的统计和分析。

（3）土石料运输车辆自动加水与监控系统。在土石坝填筑过程中，上坝堆石料往往需要加水。该系统通过在车辆上安装射频卡，可读取车辆编号、载重等数据，自动计算加水量，在电子显示牌上显示需加水量、加水状态等信息，并将数据收集至中心数据库内。

通过在加水管路上安装电磁阀门，可实现上坝堆石车辆自动加水与监控，并统计加水系统过车次数以及加满水次数，计算加水合格率，保证施工质量。

（4）坝区气象数据采集与分析系统。本系统主要是采集坝区降雨量数据，可分析出受降雨影响的砾石土仓面和相应降雨量的大小。

（5）实时视频监控系统。通过在坝区各个作业面安装高清摄像头，实现了整个施工区域的施工动态实时监控。该系统建立有视频存储服务器，可对 3 个月内的视频数据进行下载和回放。该系统应用 GPS 全球定位系统监控上料、碾压等施工过程，能够按设定的参数对大坝的施工进度和质量进行全天候的监控，从而为后期的工程验收、安全鉴定和施工期、运行期的安全评价提供强大的信息服务平台。

11.1.3 系统运行成果

长河坝水电站的碾压合格率为心墙料超过设计碾压遍数的合格率达 95% 以上，其他坝料的合格率达 90% 以上。实践表明，以仓面内“达到规定碾压遍数的面积大于 90%，且达到小于规定遍数 2 遍的面积大于 95%”作为压实遍数合格标准是合理可行的。

11.2 无人驾驶智能碾压

长河坝水电站工程研究开发了碾压机机身电气及液压控制系统，集成应用卫星导航定位、状态监测与反馈控制、超声波环境感知等技术，首次实现了碾压机的无人驾驶作业，精确控制碾压作业提高了碾压质量和施工效率。

11.2.1 系统构成

长河坝水电站工程对碾压机械及作业技术进行了深入系统研究，研究应用了碾压机械无人驾驶技术。研究开发了电控液压转向系统、行驶速度控制系统、GPS 导航与自动作业控制系统、触屏监控系统、障碍物检测等技术，首次实现了碾压机的无人驾驶作业，精确控制碾压作业，提高了碾压质量和施工效率。

由电气主控制器完成碾压机机身电气及液压控制系统的参数设定，就地控制器控制行走、转向、振动等状态，实现碾压机工作状态的自动控制。利用卫星定位导航技术实现机身位置、方向定位和路径控制。利用角度编码器、倾斜传感器等监测碾压机的行驶状态和姿态，实现了机身自动控制系统的补偿控制，提高了作业精度。研发了碾压机显示控制器，设定碾压参数，实时显示作业区域、作业环境、施工参数及行驶状态等。采用超声波传感器，实现自动避让障碍物，开发了低频段无线遥控应急装置，进一步提高了碾压机应急制动的可靠性。

11.2.2 系统运行

（1）电控液压转向系统。碾压机的液压转向系统包括转向（左转 / 右转）和转向速度的控制。碾压机原车采用全液压转向器转向，需通过操作方向盘实现车身的转向，无法实现碾压机的无人自动转向控制，需将原来的手动操控方式改为电控操作方式。电控液压转向系统与原有全液压转向器并联使用且可相互切换，这样人工驾驶转向与自动驾驶转向就互不影响，为碾压机无人驾驶的实现提供了驱动系统的支持。电控液压转向系统见图 11-5。

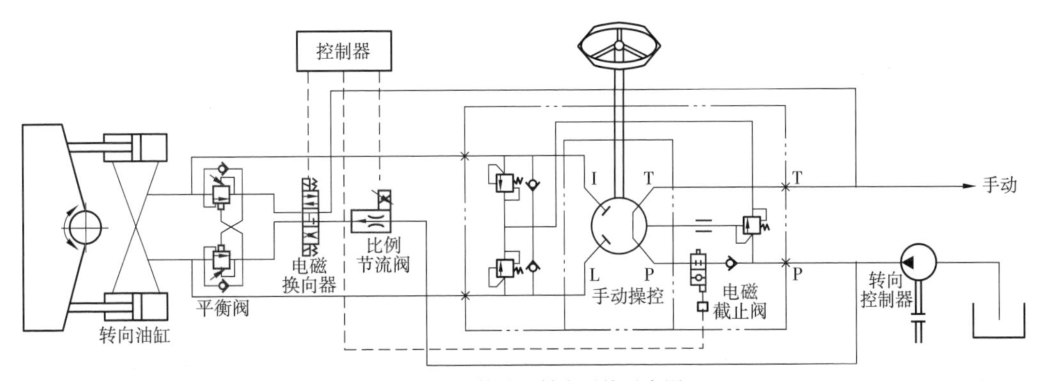

图 11-5　电控液压转向系统示意图

（2）电控液压行驶系统。碾压机的液压行驶系统包括行驶方向（前进 / 后退）和行驶速度的控制器（见图 11-6），电控手柄在不同位置输出不同的模拟量值，控制器通过采集手柄输出的模拟量值来判断碾压机的前进或后退以及控制碾压机的行驶速度。控制器通过两个 PWM 输出端口来控制比例阀两端线圈的电流，从而改变比例阀的开度，以改变泵的斜盘角度和泵的输出排量，实现碾压机自动行驶速度的控制。通过控制比例阀两端不同的线圈得电，改变泵的液流输出方向，从而实现碾压机行驶方向的控制。当比例阀阀芯在中位时，行驶驱动泵供给行驶发动机的流量为零，从而实现碾压机的行驶制动。

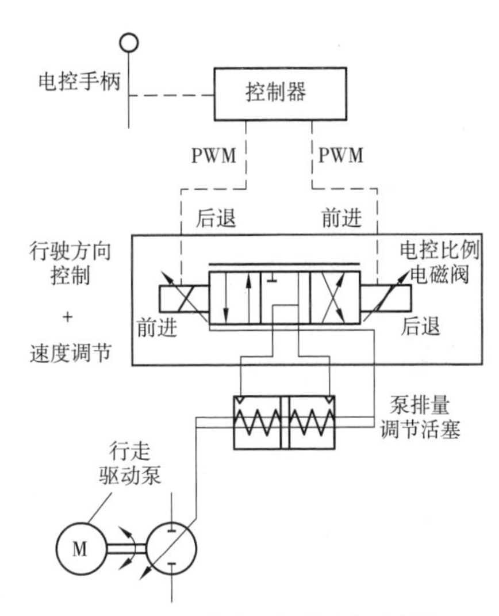

图 11-6　电控液压行驶系统示意图

（3）GPS 导航与自动作业控制。碾压机自动驾驶控制系统由 GPS 基准站和 GPS 流动站、RS232 转 CAN、角度编码器、倾角传感器、超声波传感器、操作手柄、工控机、遥控器（带主收发器与分收发器）和自动操作系统控制器组成（见图 11-7）。

（4）触屏监控系统。碾压机工作状态的实时监测和系统工作参数的设定，主要由带触屏功能的工控机实现。工控机的状态监测界面见图 11-8。

工控机的监测界面主要监测以下内容：

1）位置信息。显示碾压机当前的大地坐标信息（包括东向坐标和北向坐标）。

2）航向信息。显示碾压机当前的行驶航向角。

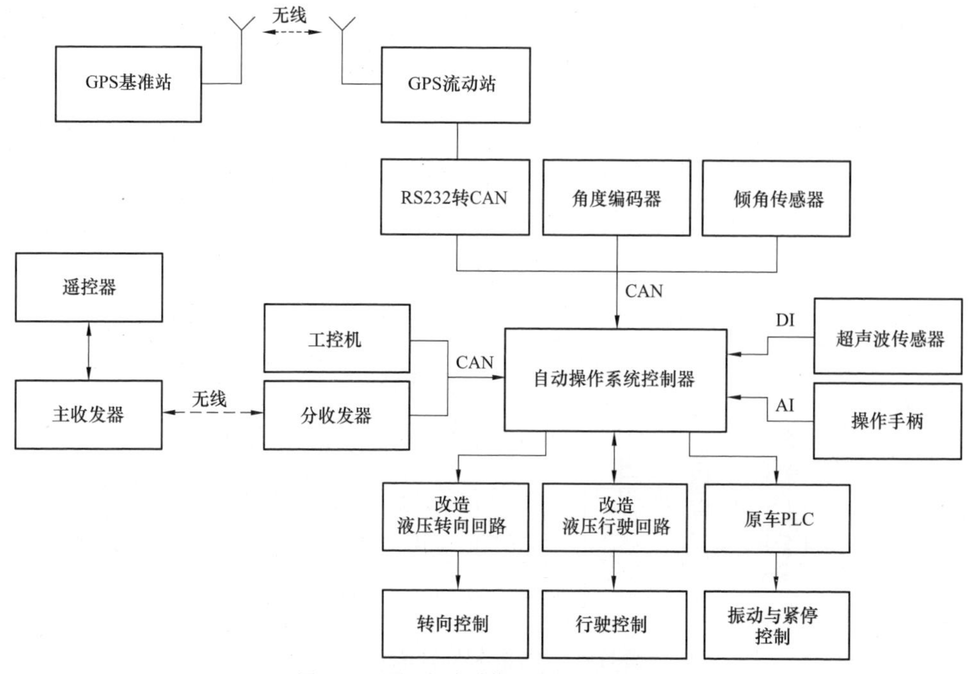

图 11-7 碾压机自动作业控制系统结构图

3）速度信息。显示碾压机当前的作业行驶速度。

4）车身转角信息。显示由角度编码器所测得的车身当前转角值。

5）GPS 信号状态信息。显示当前 GPS 设备的状态信息（包括卫星数量与 RTK 状态）。

6）碾压参数信息。显示需要完成的碾压机平碾次数和振动次数以及已经完成的平碾次数和振动次数。

7）超声波传感器信息。显示碾压机上所有超声波传感器的检测状态，绿色表示在超声波检测范围内没有障碍物，红色表示在超声波检测范围内有障碍物。

8）压力传感器信息。显示碾压机行驶液压系统的压力值。

9）遥控器状态信息。显示遥控器信号的状态（包括遥控器信号的无线状态及信号强度），同时显示遥控器上的动作指令（碾压模式、振动模式、振动频率和行进指令）。

10）控制指令信息。显示碾压机的工作模式，并设有自动启动和紧急停止按钮。当碾压机的工作模式设为自动模式时，自动启动按钮被激活，按下自动启动按钮后，碾压机开始自动作业。在自动作业过程中可以在必要时按下紧急停止按钮，使碾压机紧急停止，从而进行避险。

此外，为了完成不同区域，不同路面的碾压要求，需要设置碾压机的碾压参数。碾压机的参数设置界面见图 11-9。

（5）障碍物检测技术。在碾压机自动操作系统中采用超声波传感器检测障碍物。当检测到作业前方区域内有障碍物时，碾压机停车制动；当障碍物离开后，碾压机继续完成碾压作业。

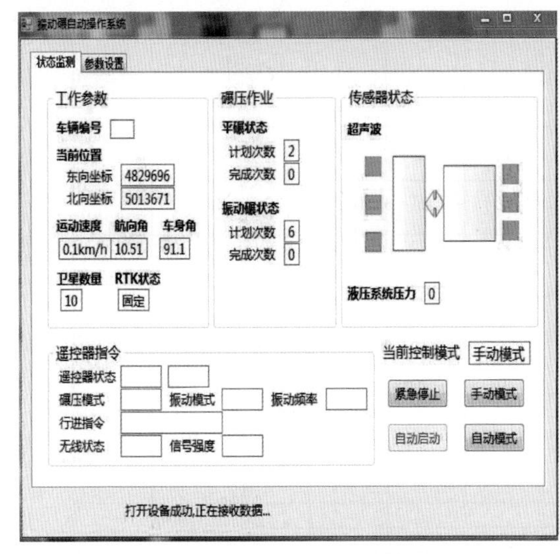

图 11-8　工控机的状态监测界面

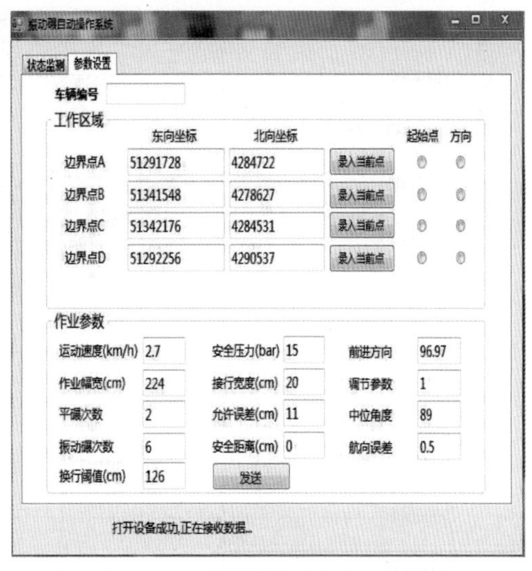

图 11-9　碾压机的参数设置界面

超声波传感器总的测量距离范围 0.3~2m 内。在左端检测距离 0.3m 处时，传感器的检测直径为 0.14m；在 0.3~1.2m 的检测距离内，传感器检测直径基本在 0.2m 左右；在 1.2~1.5m 的检测距离内，检测直径有所增大，最大检测直径为 0.4m；在 1.5~2m 的检测距离内，传感器检测直径不断减小，在 2m 处的检测直径为 0.1m。

在碾压机现场自动操作试验中，考虑超声波传感器的检测范围和检测对象（人、堆石或土料），在碾压机前方和后方各布置了三个超声波传感器。

（6）现场自动碾压试验及技术调整。

1）不同定位设备的对比测试。为了研究无人驾驶碾压机在实际工程中的应用，需要对碾压机自动作业的控制精度进行试验测试。考虑到定位设备的精度会影响自动作业的控制精度，分别测试了先后采用的两套 GPS 定位设备（天宝 GPS 定位设备和华测 GPS 定位设备）。

在大坝下游堆石区选取一块较为空旷的场地作为试验区，划出 50m × 8m 的碾压区域，并分成四条 50m × 2m 的碾压轨迹。为便于观察，试验轨迹用白线标出（见图 11–10）。为了测试两套 GPS 定位设备的定位精度，首先人工驾驶碾压机沿着所标记的白线行驶，并采用工控机记录碾压机行驶过程中两套 GPS 定位设备输出的坐标，并绘制出两套定位设备的输出坐标曲线（见图 11–11 和图 11–12）。

图 11–10　试验场地

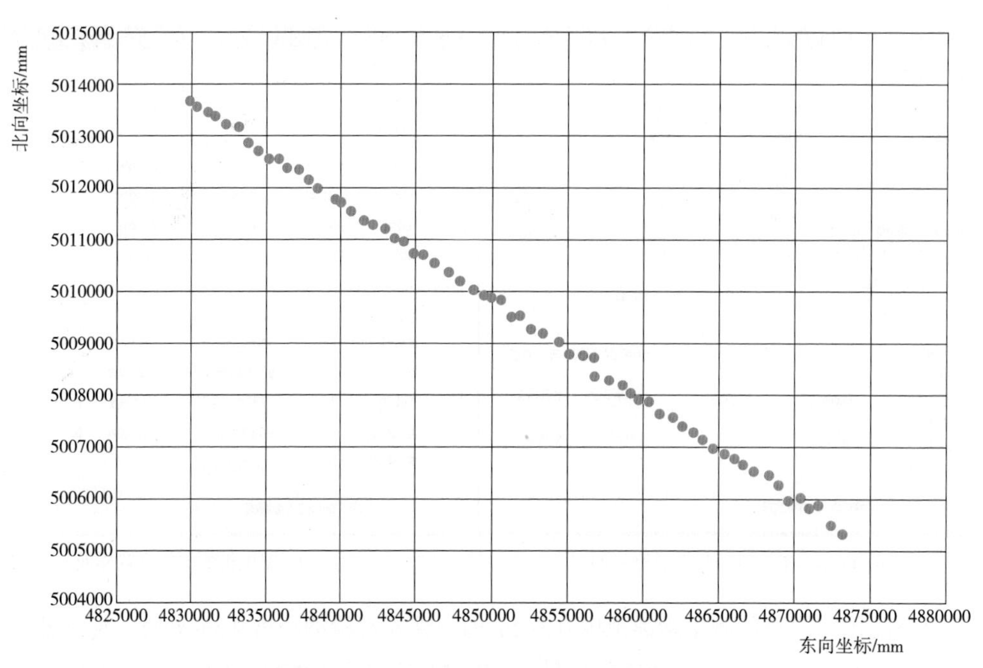

图 11-11　天宝 GPS 定位设备输出坐标曲线图

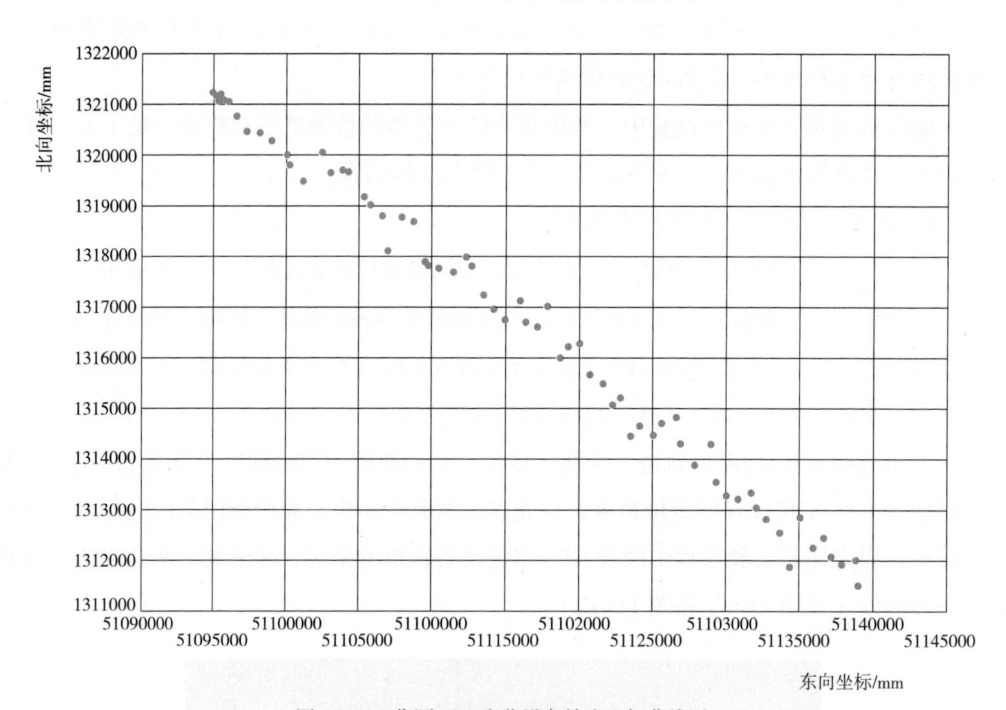

图 11-12　华测 GPS 定位设备输出坐标曲线图

从图 11-11 和图 11-12 中可以看出，虽然两套定位设备输出坐标都趋近于线性，但是天宝 GPS 定位设备输出坐标的线性度明显比华测 GPS 定位设备输出坐标的线性度好。与天宝 GPS 定位设备输出坐标相比，华测 GPS 定位设备输出的坐标与其拟合直线之间存在较大偏移，故实际自动作业中华测 GPS 定位设备的定位控制精度会劣于天宝设备。

由试验结果可知，在平碾作业时，使用华测 GPS 定位设备试验的直线作业偏差可以控制在 30cm 以内，使用天宝 GPS 定位设备试验的直线作业偏差可以控制在 20cm 以内。在振动作业时，使用华测 GPS 定位设备试验的直线作业偏差达到了 40~50cm，而使用天宝 GPS 定位设备试验的直线作业偏差可以控制在 30cm 以内。可见天宝 GPS 定位设备具有更高的作业精度，同时可以看到在开启振动后，两套设备的作业横向偏差都相应增大。造成偏差增大的主要原因为振动时车身转向的稳定性降低，在与平碾相同的调整角度下，无法达到平碾下的转向控制效果。此外，由于起步时行驶速度与偏心轮转速都不稳定，在振动的情况下会产生侧向滑移，同时在有斜面或石块凸起的情况下，车身行驶稳定性下降，也会产生侧向滑移，导致横向偏差增大。

2）不同路面自动作业试验对比。为了研究无人驾驶碾压机在实际工程中的应用，需要试验测试碾压机在不同路面上自动作业的控制精度。分别在大坝下游堆石区和上游反滤料区开展碾压机自动作业试验。

A. 下游堆石区自动作业试验。试验场地选择在大坝下游堆石区一块较为空旷的地方，划出 50m × 8m 的碾压区域，并分成四条 50m × 2m 的碾压路线作为试验区（见图 11-13）。从图 11-14 中可以看出，碾压合格率为 91.21%。

B. 反滤料区自动作业试验。试验场地选择在大坝上游反滤料区一块较为空旷的地方，划出 50m × 8m 的碾压区域，并分成四条 50m × 2m 的碾压轨迹。

图 11-13　下游堆石区自动作业试验

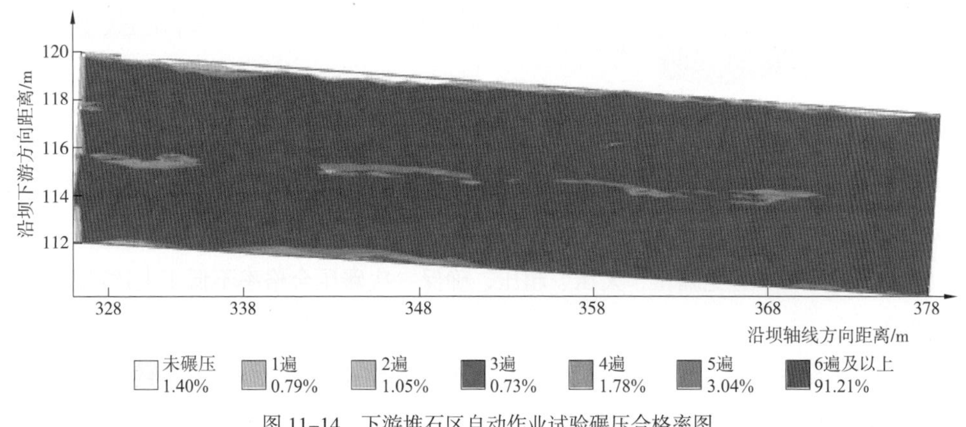

图 11-14　下游堆石区自动作业试验碾压合格率图

上游反滤料区自动作业试验碾压合格率见图 11–15，从图 11–15 中可以看出，碾压合格率为 93.07%。

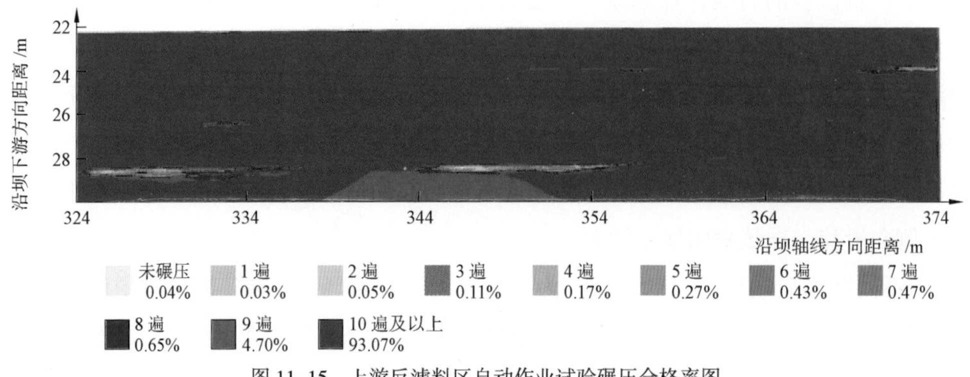

图 11–15　上游反滤料区自动作业试验碾压合格率图

由试验结果可知，碾压机在反滤料区的碾压合格率要高于下游堆石区。其主要原因是反滤料区的路面较堆石区平坦，且反滤料区没有堆石区突出的尖石（会造成车身的不稳定），所以碾压机在反滤料区的误差比在堆石区小。同时，可以推测出碾压机自动作业的精度随着路面平坦程度的改善而提高，路面较为平坦试验场地的行驶精度比路面不平坦场地的精度高。

11.2.3　系统运行成果

2016 年 5 月 17 日，首批 5 台高性能无人驾驶碾压机正式投入长河坝水电站高坝建设，并实现了国内首批高性能无人驾驶碾压机机群化作业，这标志着土石方碾压作业正式进入“无人驾驶”时代（见图 11–16）。

图 11–16　无人驾驶的碾压机在长河坝工程的应用

结合数字化的 GPS 碾压监控系统并通过运行过程的数据分析无人驾驶碾压机其主要应用成效如下。

（1）质量控制。避免漏压、欠压、超压，确保一次碾压合格率不低于上述试验值（均值 97.1%）。

（2）施工效率。无人驾驶碾压机作业比人工驾驶作业的施工效率提高约 10.6%，同时可缩短间歇时间，延长工作时间约 20%。

（3）安全风险。可降低人为影响和夜间施工安全风险。

（4）劳动保护。可有效减少振动环境对人体的损伤，减少人力资源的浪费。

11.3 施工作业可视化

近年来，随着 PC 功能的提高、各种图形显卡以及可视化软件的发展，可视化技术已扩展到科学研究、工程、军事、医学、经济等各个领域。可视化系统的应用在长河坝工程中极大地提高工程施工质量，加快了施工进度。

11.3.1 系统架构

长河坝水电站施工作业面的可视化系统建设主要包含的关键技术有：①无线传输网络的构建；②视频智能监控技术；③数据实时传输处理技术。

11.3.2 系统运行

（1）无线传输网络。长河坝电站位于大渡河上游 V 形河谷地带，信息的技术实施没有城市的信息基础设施，网络建设是所有系统正常运行的基础。长河坝水电站选用了无线微波技术作为数据传输系统的链路媒介。

长河坝水电站根据需要建设完成了主干链路实施，整个链路共 4 个中转点，4 个监控发送点、1 个汇集点。合计使用 15 组传输设备，联通全线 8km（按河道计算）、16km（按隧道内道路计算），每条主链路可搭载 100m/s 的传输流量，并选用 5.8GHz 频段进行传输，保证图像和其他数据传输的稳定性（见图 11-17）。

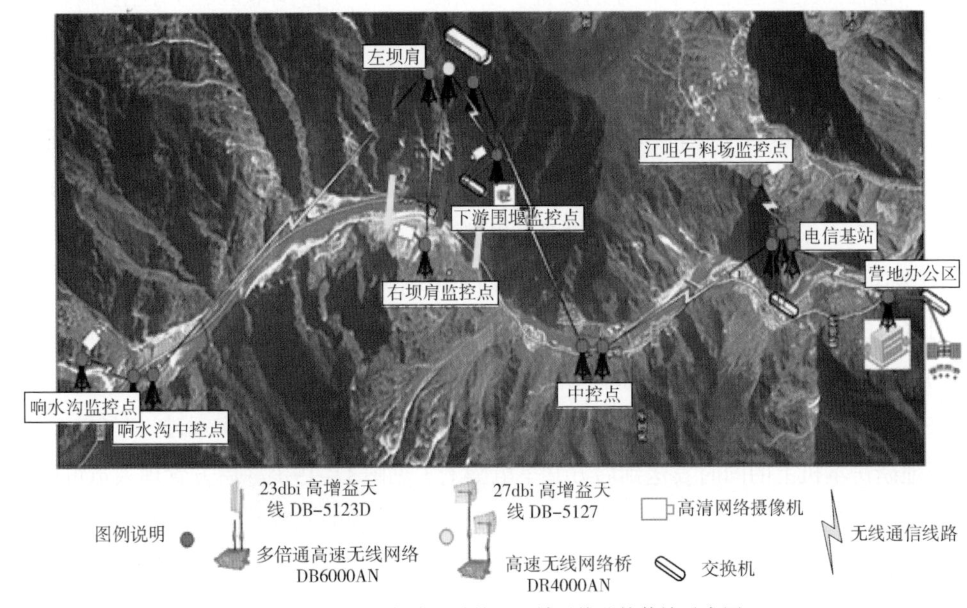

图 11-17　长河坝水电站施工区域无线监控传输示意图

（2）视频智能监控。道路监控系统完成超速抓拍点 12 个，关键路口监控 10 个；防汛及危险山体监控完成导流洞进出口的实时监控、磨子沟和响水沟危险山体的实时监控，并在此基础上研发了移动物体监测和警戒水位监测报警。

视频实时监控系统采用前端网络视频编码器将摄像机输出的模拟视频信号、云台和镜头的控制信号打包并编码成网络传输的 TCP/IP 数据包，再通过无线网桥将信号发回监控中心，监控中心通过视频解码器解码后还原成模拟视频信号和 RS485 控制线，再通过矩阵就可以对所有摄像点进行监看、录像、回放。前端网络连接见图 11–18。

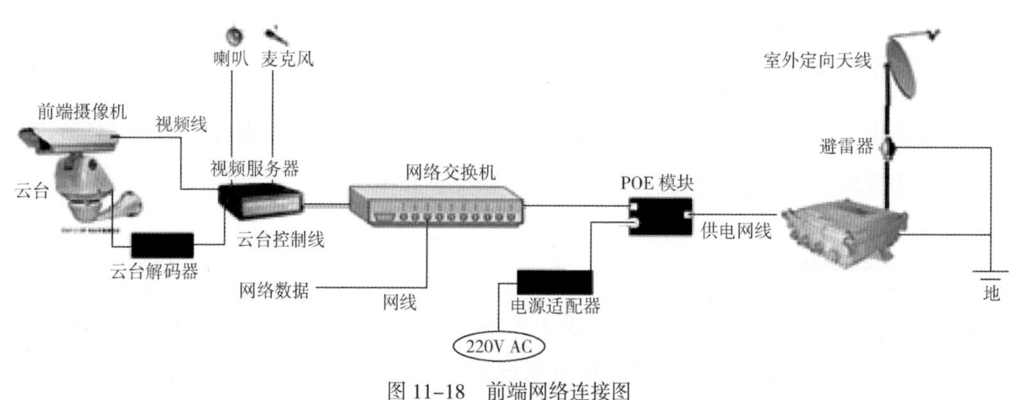

图 11–18　前端网络连接图

长河坝水电站施工区域的监控主要包括大坝主体工程上、下游围堰 1km 的填筑施工范围、响水沟石料场、磨子沟石料场近 200m 的开挖支护，同时需要对垂直高度达到近 300m 或是水平距离在 500m 左右进行监控，这就要求选用现阶段高清 1080p 的视频监控摄像设备。选用 20 倍光学变焦，360° 远程控制，以满足施工进度监控要求。

大坝监控点主要选定四个，分别设置于主坝区（上、下游围堰区域）、主石料场（响水沟石料场）、备用石料场（江咀石料场）。

（3）数据实时传输处理。通过对无线传输技术研究，进行实时的数据收集及自动化传输，方便管理人员对与施工作业有关的数据及时整理归存，并结合视频影像辅助指导完成有关调度施工决策等。在施工期间相继建成了称量数据、车辆加油消耗数据的实时远程无线传输，施工作业面数据的实时传输对辅助施工生产调度决策发挥了积极的作用。

1）称重数据实时传输。砾石土心墙坝填筑具有料种多、填筑量大的特点，所以地磅房要面对繁多的运输车辆、不同地点的料源和不同位置的卸料地点，从而产生大量的过磅数据。以往的过磅数据全部依靠地磅员统计整理，下班后交给后方管理人员，造成数据分析的延后。为解决这一问题，在传统过磅方式的基础上，增加了信息传输：地磅房每过一车料，信息在存储至地磅房本机上的同时发送到后方共享电脑上（见图 11–19）。后方管理人员可以第一时间看到过磅数据，随时进行数据分析和整理，从而对出现的问题及时做出处理。

2）加油信息实时传输。在加油设备上增加了加油系统软件，该软件可以识别每辆车的信息，存储加油时间、加油量等一系列的数据。在这个软件加装上无线传输器，对加油

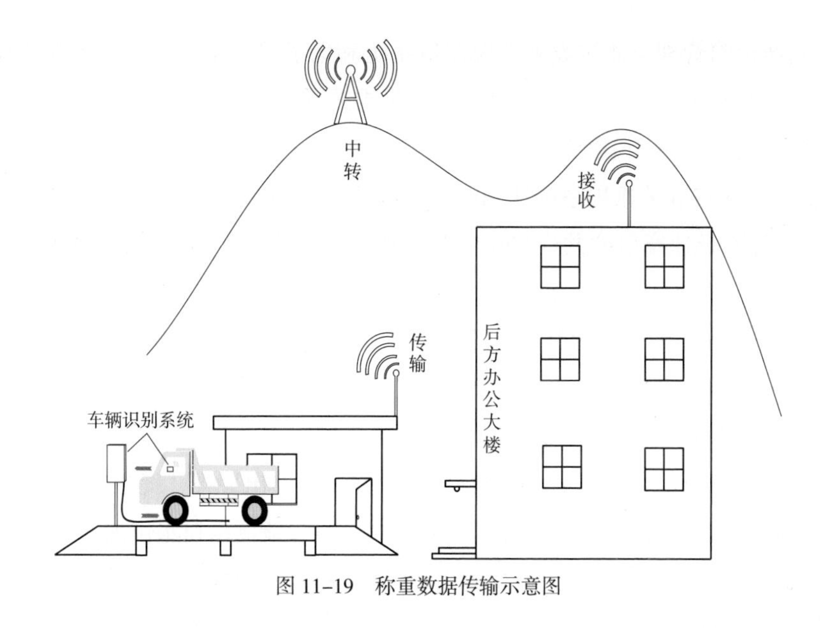

图 11-19　称重数据传输示意图

机上存储的信息共享到后方物资部计算机上。材料会计可以提取任意时间段或是车辆的加油信息，极大地提高了工作效率。在加油信息传输的基础上，对加油车也进行了相应的改造。

3）施工作业面管理。长河坝水电站地处峡谷地带、作业面分散，给现场规划、质量管理和施工调度带来不小的管理压力。从 2013 年 1 月开始至今，通过不断地探讨、研究和实施，完成大坝施工面、江咀石料场、响水沟石料场和砂石骨料系统的实时监控。通过监控系统将分散的作业面信息收集到一起，管理人员不用亲临现场，在监控室中通过计算机就能同时对多处生产现场实时察看，大大提高了工作效率。同时，视频监控可以在多个方面发挥作用。

11.3.3　系统运行成果

（1）施工规划。视频监控可以不间断的对现场施工情况进行监控，管理人员可以在监控中心同时查看多个工作面的实时情况。通过截图等手段，直接在图像上规划，减少了施工规划的周期。

（2）质量管理。视频监控的优点在于可以实时进行监控，可以保存长时间的影像资料。管理人员可以在计算机前操作监控系统，随时查看关键点上的质量情况。当与监理工程师存在争议时，可以调阅视频记录进行诊断，解决争议。

（3）工程影像资料收集。视频监控在辅助管理的同时，在收集资料上也有着极大的优势。监控系统具有录制视频，抓拍图像的功能，具有实时性、连续性、高分辨率、多倍变焦、多角度调整等优势。

（4）远程访问。当工程上遇到疑难杂症需要专家帮助时，可以通过外网远程连接，将视频监控图像发送至计算机前，专家就可以足不出户为工程中遇到的疑难问题进行诊断，加快了解决问题的实效性。

（5）交通运输管理。通过设立视频监控系统和电子抓拍系统可以有效地监控关键路线上运输车辆的行驶速度、运行线路等。对超速或逆行等违规情况进行高清抓拍，保留影像资料，作为安全教育和处罚的依据。

视频监控系统和电子抓拍系统从 2014 年 5 月开始正式并入整个监控系统中。在运行的第 1 个月累计发现违章事故共计 576 车次，通过组织安全教育和一定的经济处罚，第 2 个月违章行为下降到 214 车次，截至 2015 年 7 月，平均违章控制在 10 车次左右，有效地控制了安全事故的发生，保证道路运输的安全。

（6）防汛及危险山体监控。在历年防汛监控的重点区域（响水沟石料场、磨子沟石料场、导流洞进出口）安装了智能化监控系统。系统可以通过软件设立警戒线，对超过警戒线或在其范围内异常活动的物体进行检测，并及时发出警报，提醒值班监控人员。

在导流洞出口监控上，设立一条水位警戒线，一旦导流洞出口水位进入到警戒区域内，系统将立即提示监控人员。监控人员得到提示可立即向防汛值班室发出信息，防汛中心可作出及时的应急处置。

11.4 基于 BIM 的施工辅助管理

长河坝水电站工程基于 BIM 技术，采用计算机模拟方法、运筹学和系统仿真学的基本理论，建立了土石坝工程施工仿真 BIM 模型，研究土石坝施工中的有关问题。本系统把料场开采子系统、交通运输子系统和大坝填筑子系统三者联合仿真，适用于不同土石坝工程施工动态仿真。系统开发的目的包括以下几个方面。

（1）根据数字大坝和数字料场，确定筑坝材料的供需总平衡。

（2）根据各工序施工强度、施工资源配置和施工交通复核施工方案的可行性。

（3）根据现场情况动态优化调整施工资源配置、施工强度和施工工期。

11.4.1 系统功能

（1）快速精准构建施工 BIM 模型。根据工程施工图纸，通过系统对三维参数化设计软件集成的参数化设计模板和施工规划模板，可快速、精准构建施工部位的 BIM 模型，以及结合工程实际情况快速进行施工规划设计。

（2）施工信息库。通过对施工现场施工道路、施工设备信息采集，建立水电工程可修改的施工道路信息库和完善的设备信息库。

（3）施工数据管理。系统对工程施工规划设计、施工道路信息库、设备信息库等数据进行统一的数据库管理。

（4）施工工艺仿真。根据施工规划设计数据，利用运筹算法仿真，通过对工程施工过程中各环节施工工艺的动态控制，实现工程施工进度计划、材料运输进度计划等的输出。

（5）施工组织计划。施工组织计划方便用户查看整个填筑工程的开始时间和结束时间，并方便计算填筑工期，为施工方案可行性判别提供可靠的依据，还可以进行多种方案的对比分析，确定最优施工设计方案。

（6）施工形象进度。通过查看施工形象进度和施工资源配置，可以判断某些关键节点是否达到填筑要求，比如汛期来临之前能否填筑到要求的挡水高程，未达到要求可调整施工方案，包括施工道路的选择及施工资源配置等。

（7）施工设备统计。基于施工工艺仿真结果，查询工程的施工里程节点或工期节点，实现对各种施工设备（如挖载设备、运输设备等）的投入数量及台班的统计。

（8）交通流量统计。基于施工工艺仿真实现对材料运输的动态控制，对运输道路各路段交通流量的监控，并对运输设备的投入提供决策依据。

（9）坝体填筑强度。基于施工工艺仿真结果，查询工程的施工里程节点或工期节点，直观展示各填筑料的月填筑强度及坝体整体月填筑强度，并且动态地输出当前施工强度下工程施工需求的材料总量。

（10）施工方案可行性分析及优化。综合施工进度计划、物料运输计划、交通运输监控、施工资源统计等情况，实现对工程施工方案的可行性判断。结合工程情况，调整施工规划、施工设备投入等，实现施工方案的优化，达到合理的施工方案进度，进而指导工程现场施工，在保证施工质量的前提下加快施工进度。

11.4.2 系统架构

根据系统开发目的，参考工程施工整个流程，施工仿真模拟通过建立工程数字 BIM 模型，模拟工程实际施工过程，分析模拟结果，增加对工程施工方案设计中的各主要因素之间的相互作用关系，发现施工方案中的不合理之处，寻找最优的资源配置、施工强度、施工工期的施工方案。

系统采用 C/S 模式，利用与设计工具的集成，实现系统基于工程 BIM 数据的仿真计划和统计分析能力，包括施工工班引擎、工程 BIM 数据管理引擎、施工工序引擎、仿真模拟计算引擎、三维轻量化可视引擎、施工资源库引擎等。在此基础上，根据工程模拟仿真的目标和土石坝施工特点，定义相关施工参数和计算规则，最终实现对土石坝施工生产调度指挥辅助的目标。系统设计包括工程设置、施工设计、施工组织设计、施工仿真和施工模拟仿真分析 5 个模块，系统设计架构见图 11–20。

11.4.3 系统应用

（1）施工设计。

1）数字大坝设计。基于 CATIA 三维建模软件及建模参数，建立的长河坝水电站数字大坝模型见图 11–21。

2）数字料场设计。除了堆石料和过渡料，其他料源默认为来料充足。因此，建立的数字料场主要为石料场，包括响水沟石料场和江咀石料场。

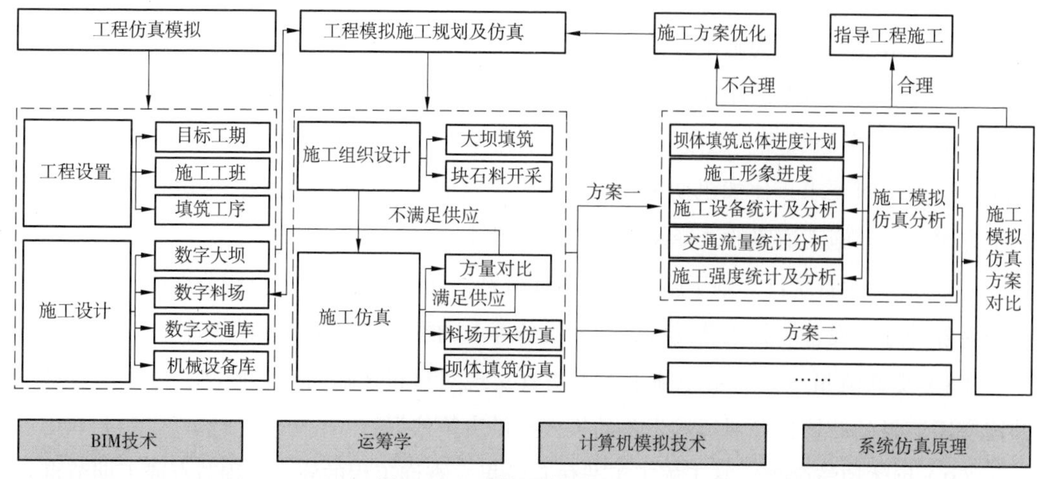

图 11-20　系统设计架构图

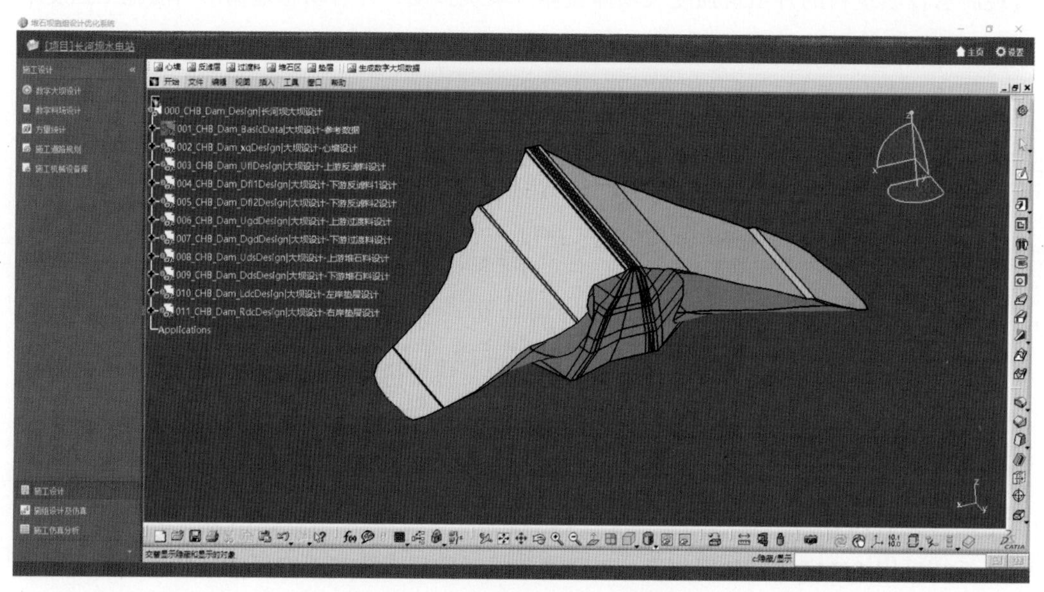

图 11-21　长河坝水电站数字大坝模型

响水沟石料场和江咀石料场的 BIM 数字模型见图 11-22 和图 11-23。

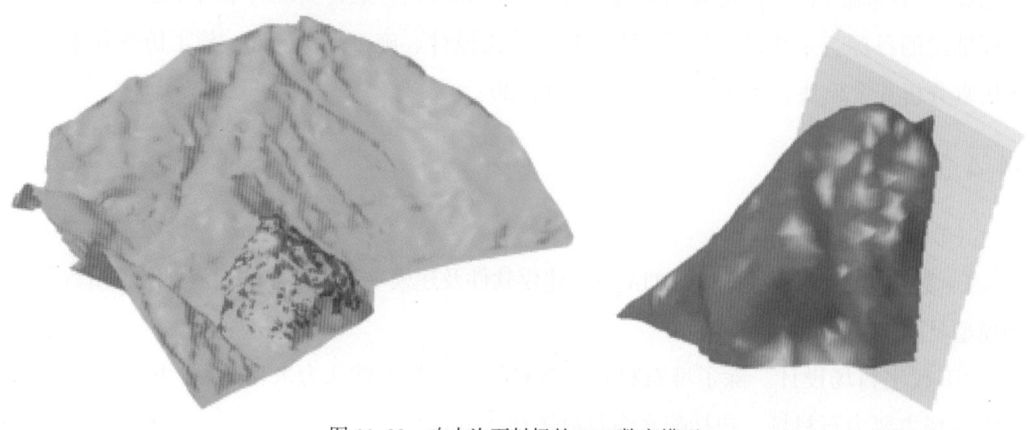

图 11-22　响水沟石料场的 BIM 数字模型

图 11-23　江咀石料场的 BIM 数字模型

3）施工道路规划。系统需输入长河坝水电站每条施工道路的参数进行施工道路规划。

4）施工机械设备信息库。系统操作人员分别输入长河坝水电站工程施工钻孔机械设备、挖装运输设备和铺料碾压设备，施工机械设备信息库见图 11-24，设备信息库中的各项均可添加或者删除。

序号	设备		斗容量 /m^3	单斗装载任务耗时 /min	台班费 / 元	多台联合工作工效
	名称	型号				
1	液压挖掘机	CAT336D	1.6	3	212.99	0.9
2	液压挖掘机	EX750	1	3	0	0.9
3	液压挖掘机	竹内 TB160C	0.22	3	0	0.9
4	液压挖掘机	成工 50G	3	3	192.77	0.9
5	液压挖掘机	小松 PC360-7	1.6	3	212.99	0.9
6	液压挖掘机	CAT360	1.6	3	212.99	0.9
7	液压挖掘机	CAT336D2-GC	1.6	3	212.99	0.9
8	液压挖掘机	成工 CG955	3	3	192.77	0.9
9	液压挖掘机	ZX210LC	0.45	3	0	0.9
10	液压挖掘机	三一重工 SY330C	1.4	3	212.99	0.9
11	液压挖掘机	神钢 SK250	1.2	3	203.57	0.9
12	液压挖掘机	小松 PC240	1.2	3	203.57	0.9
13	液压挖掘机	ZX670LCH-5G	3.8	3	0	0.9
14	装载机	WA380	3	3	192.77	0.9
15	液压挖掘机	CAT329D	1.5	3	0	0.9
16	液压挖掘机	CAT325D	1.4	3	0	0.9
17	液压挖掘机	XE75C	0.3	3	0	0.9
18	液压挖掘机	日立 ZX470H-3	1.9	3	192.77	0.9
19	装载机	ZL50D-3	3	3	0	0.9
20	液压挖掘机	ZX450H	1.9	3	0	0.9
21	液压挖掘机	CAT336D	1.6	3	212.99	0.9
22	装载机	成工 50D-3	3	3	192.77	0.9
23	液压挖掘机	沃尔沃 EC460	2.1	3	0	0.9
24	液压挖掘机	CAT336D2	1.9	3	212.99	0.9
25	液压挖掘机	神钢 SK350LC-8	1.6	3	192.77	0.9
26	液压挖掘机	JYL621E	0.9	3	0	0.9
27	装载机	柳工 50C	3	3	192.77	0.9
28	液压挖掘机	CAT336D2	2	3	252.43	0.9
29	装载机	柳工 655	3	3	192.77	0.9
30	液压挖掘机	ZX360H-3	1.6	3	212.99	0.9
31	装载机	山工 SEM652	3	3	192.77	0.9

图 11-24　施工机械设备信息库

（2）施工组织设计。

1）块石料开采。

A. 选择块石料场。建立的数字料场包括响水沟石料场和江咀石料场，分别选择响水沟石料场和江咀石料场进行后续的操作。

B. 料场分层分块。利用参数化设计工具处理完成的江咀石料场分层分块模型（见图 11–25），分层结果的 BIM 模型数据会存储到系统数据库中。

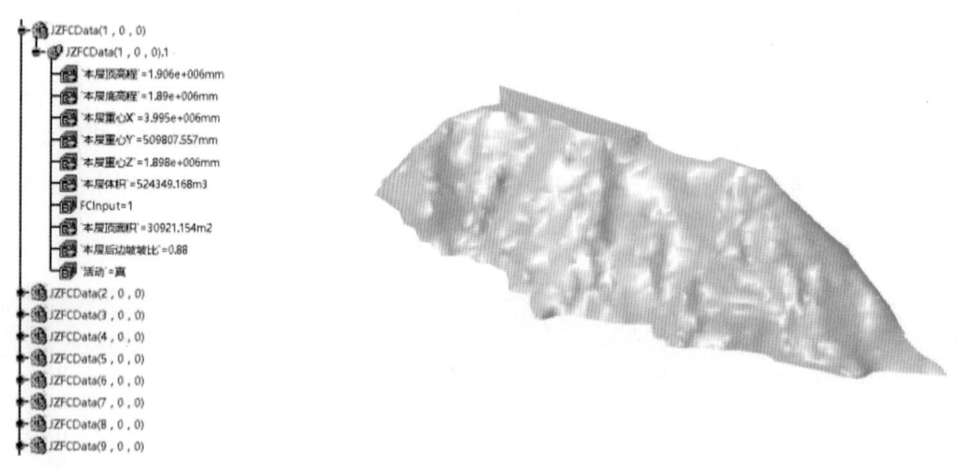

图 11–25　江咀石料场分层分块模型

C. 料场开采规划。江咀石料场分层分块后可以进行料场开采规划，分层分块后会自动生成采块面积、体积及预裂线长度等参数，此参数不能修改（见图 11–26）。

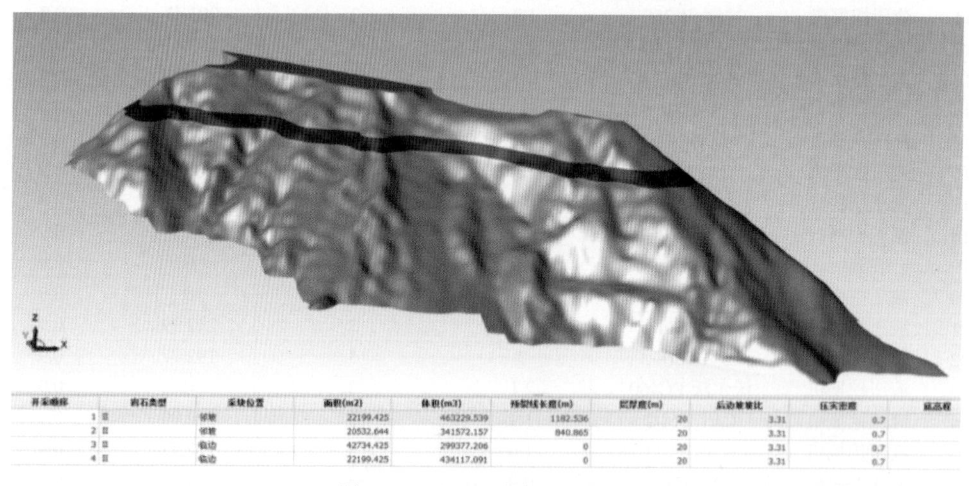

开采顺序	岩石类型	采块位置	面积(m2)	体积(m3)	预裂线长度(m)	层厚度(m)	后边坡坡比	压实密度	底高程
1	II	邻坡	22199.425	463229.539	1182.536	20	3.31	0.7	
2	II	邻坡	20532.644	341572.157	840.865	20	3.31	0.7	
3	II	临边	42734.425	299377.206	0	20	3.31	0.7	
4	II	临边	22199.425	434117.091	0	20	3.31	0.7	

图 11–26　江咀石料场开采规划

2）大坝填筑。

A. 大坝整体概览。大坝整体概览可以展示堆石坝各填筑区的 BIM 轻量化模型，该模型为一次仿真后的结果。

B. 大坝分层分幅。此模块类似料场分层分块，分别对堆石坝心墙区、反滤料区、过渡料区及堆石区进行分层分幅处理，然后把分层和分幅数据写入并保存到数据库中以供后续仿真使用（见图 11-27）。同样需对分层分幅数据模型进行轻量化处理，减小文件存储大小，保证系统运行速度。

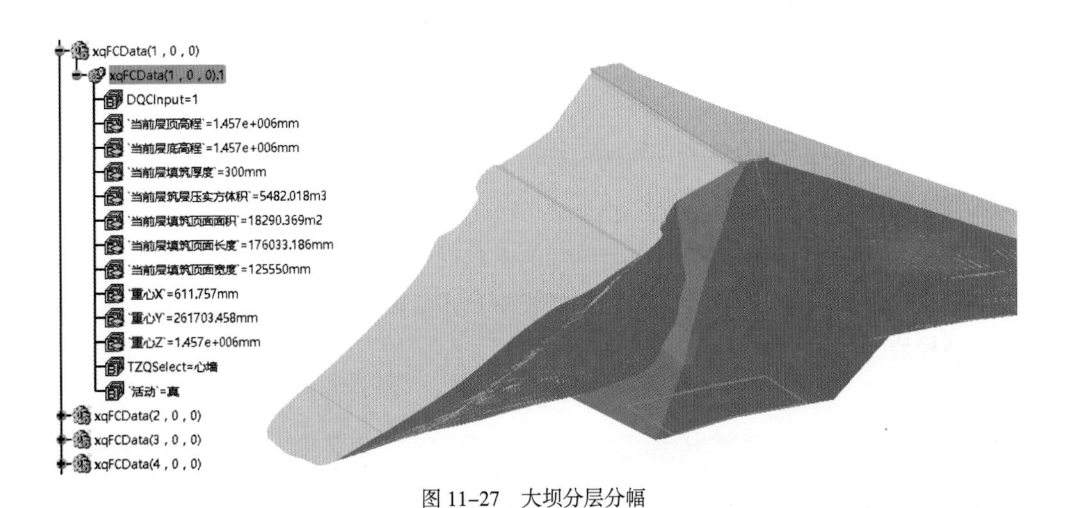

图 11-27　大坝分层分幅

C. 填筑规划。填筑规划可查看和调整大坝各填筑区各层、各条、各幅的属性信息，可查看幅属性、体积、层底面积、层底长度及层底宽度等参数，可调整条序号、幅序号及幅属性（见图 11-28）。其余参数为系统自动生成，不能随便调整。

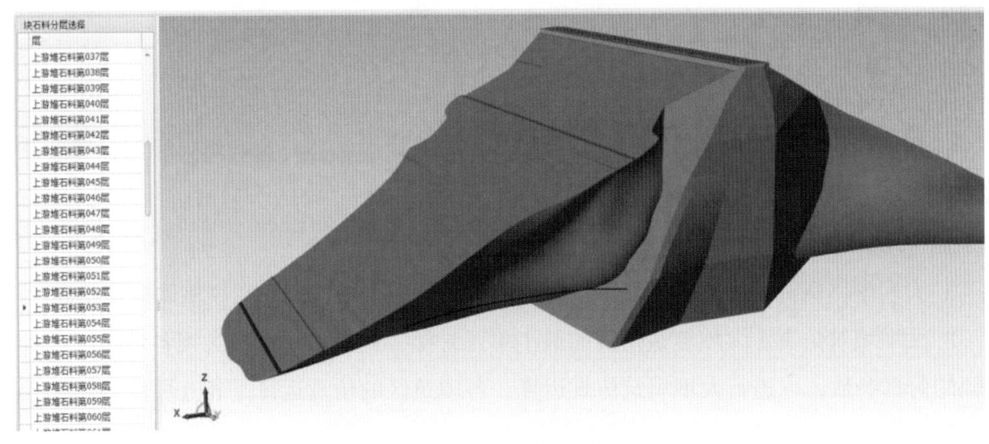

图 11-28　大坝填筑规划

D. 填筑规划数据。此模块整体查看大坝各填筑区各层各条各幅的填筑规划数据，以检查大坝填筑规划的合理性，方便调整大坝填筑规划。

（3）施工仿真。

1）方量统计。数字大坝和数字料场的方量数据存入数据库以供查看，可以确定筑坝材料的供需总平衡，包含大坝方量统计和料场方量统计两个模块。

A. 大坝方量统计。大坝方量统计模块输入大坝填筑目标高程（坝体填筑仿真范围内），即可计算得到各填筑区填筑到目标高程的统计方量及各填筑区的总方量。

B. 料场方量统计。料场方量统计模块选择料场，输入目标高程（料场开采仿真范围内），即可计算得到该料场目标高程方量及总方量。同时，可以进行供需总平衡对比分析。由统计得出，块石料需要 3612 万 m^3，响水沟石料场及江咀石料场块石料总储量为 5551 万 m^3，供大于求，筑坝材料的供需总平衡满足要求。

2）块石料开采与运输。

A. 选择块石料场。建立的数字料场包括响水沟石料场和江咀石料场，分别选择响水沟石料场和江咀石料场进行后续的操作。

B. 料场开采仿真。输入料场单孔开采仿真参数进行仿真计算（见图 11–29），得到炮孔计算结果、爆破耗材、采块工艺时耗、爆破施工时间及石料运输时间等结果，可在系统中查看该模块。

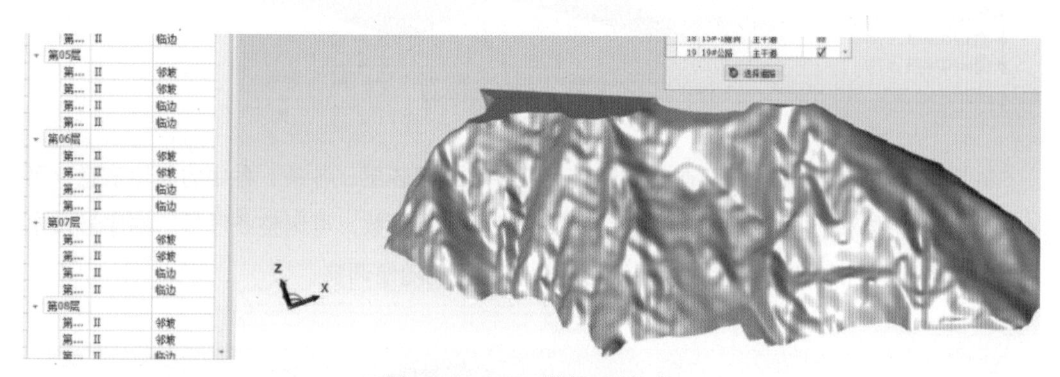

图 11–29　江咀石料场开采仿真

C. 开采计划查看。开采计划可查看料场各层各采块的钻孔开始和结束时间，爆破开始和结束时间，运料开始和结束时间。

3）大坝填筑。

A. 大坝整体概览。大坝整体概览与施工组织设计中大坝填筑的大坝整体概览相同。

B. 大坝填筑仿真。大坝填筑仿真的最小单元是幅，此模块是选择大坝各填筑区、各填筑幅的仿真参数，以进行大坝填筑仿真运算，各填筑区的仿真运算是相互关联的。输入开始填筑时间、仿真高程及填筑碾压参数即可进行大坝填筑仿真计算（见图 11–30）。

施工仿真系统在大坝填筑仿真过程中，默认心墙料、反滤料的供应是充足的，而施工设计中建立的数字料场均为块石料，仅供应堆石和过渡两个填筑区，因此心墙和反滤区的仿真参数与堆石、过渡区的仿真参数略有不同。心墙、反滤区的仿真参数包括设备选择、运输道路选择、碾压遍数、叠碾宽度、质检工效、单层填筑后置时间及单层碾压开工时间；堆石和过渡区的仿真参数增加了料源选择。其中设备和道路是在系统已建施工路网及施工机械设备库中选择，其余参数根据手动输入，仅需定义大坝各填筑区第一

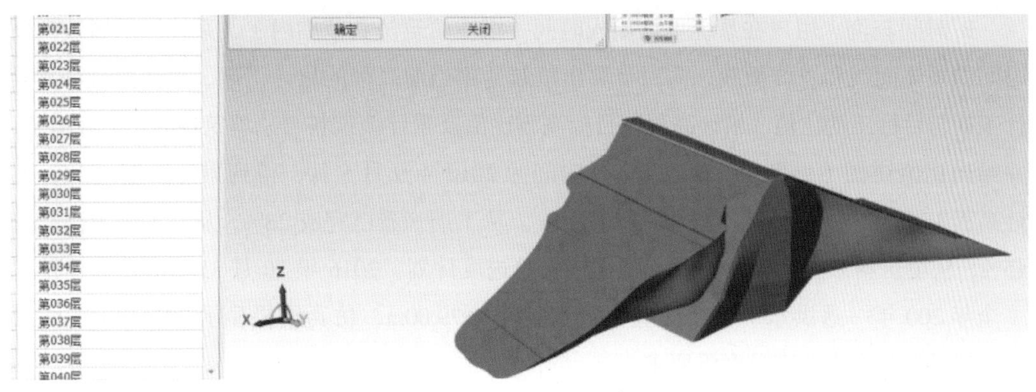

图 11-30　大坝填筑仿真

层的仿真参数即可进行仿真计算。在仿真计算过程中，各填筑区的其他填筑层会自动选择上一填筑层的仿真参数进行仿真计算。若需要改变其他填筑层的仿真参数，需在上一次仿真计算结束后重新选择仿真参数，然后再进行仿真计算，最后得到仿真计算结果。

C. 填筑计划查看。完成大坝填筑仿真计算后可查看整个大坝各填筑区的填筑施工进度计划，同样以横道图的形式显示，可查看各填筑区各层各幅运料开始和结束时间，碾压开始和结束时间，质检开始时间和结束时间。

（4）仿真分析。

1）施工组织计划。施工组织计划是衡量施工方案可行性的重要因素之一。施工仿真系统以横道图的形式显示大坝各填筑区各层填筑开始时间和结束时间，可以很容易计算大坝填筑的施工工期，从整体上复核施工方案的合理性。

2）施工形象进度。当需要查看某个阶段的施工进度时，用户只输入查询参数，系统会根据查询条件展示相应的坝体面貌，包括高程查询和时间查询。

A. 高程查询。用户在系统里面输入查询的高程值（坝体填筑仿真范围内），系统展示填筑到该高程的坝体面貌和总体面貌，同时计算出填筑达到当前高程的累计工期、累计填筑料及累计工期与目标工期比值、累计高程与目标高程比值及累计填筑料与总填筑料的比值等信息，并给出比值饼图，可直观了解工程进度（见图 11–31），例如输入高程值 1590.00m，得到累计工期 568d，累计填筑料 1568.44 万 m^3。从工期来看已完成 34%，从高程来看已完成 55%，从填筑料来看已完成 63%。

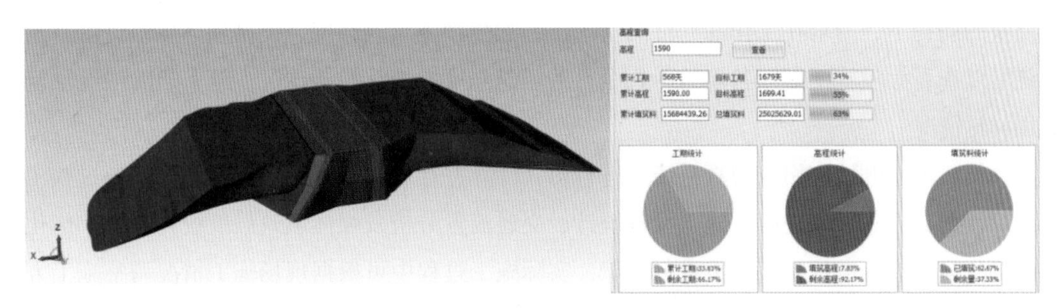

图 11–31　高程 1590.00m 大坝仿真进度

B. 时间查询。用户在系统里面输入时间（坝体填筑仿真范围内），系统展示填筑到该时间的坝体面貌和总体面貌，同时计算出填筑达到当前高程的累计工期、累计填筑料及累计工期与目标工期比值、累计高程与目标高程比值及累计填筑料与总填筑料的比值等信息，并给出比值饼图（见图 11-32），选择时间为 2013 年 9 月 5 日，得到累计工期 465d，累计高程 1565.90m，累计填筑料 1197.17 万 m^3。从工期来看已完成 28%，从高程来看已完成 45%，从填筑料来看已完成 48%。根据施工总进度计划，2016 年 10 月 31 日利用坝体挡水（全年 200 年一遇洪水），坝体应填筑至高程 1679.00m，仿真结果显示 2016 年 10 月 31 日大坝已填筑完成，满足度汛要求。

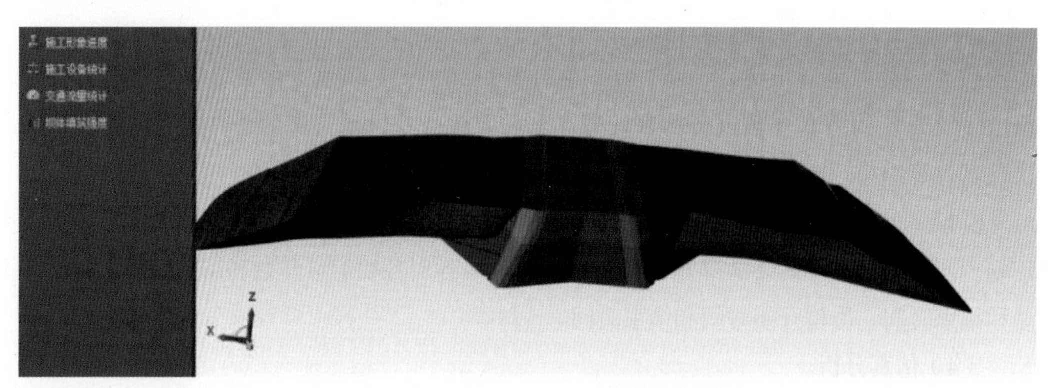

图 11-32　2013 年 9 月 5 日大坝填筑仿真进度

3）施工设备统计。施工设备使用量也是工程关心的重要问题。系统提供两种统计方式：一种是输入某个具体的时间（坝体填筑仿真范围内），计算得到各类设备的累计需求量；另一种是输入时间区间（坝体填筑仿真范围内），计算得到该区间内各类设备的累计需求量。

4）交通流量分析。运输道路的选择影响运料时间的长短，从而影响施工总进度，交通流量是衡量运输道路选择合理性的一个重要指标。应用该系统仿真可计算出用户输入的每一条施工道路，即施工设计模块中施工道路规划的交通流量情况，包括车流量，最短路段长度、最慢速度、单车通过时间、同时通过车辆数及平均车间距，并自动生成交通流量统计条形图。

5）坝体填筑强度。坝体填筑强度是衡量大坝施工进度的一个重要指标，在保证施工质量的前提下，力求在工作面允许的情况下，加强坝体填筑强度，提高坝体填筑进度。系统可以查看大坝施工期间各填筑料每个月的填筑强度，统计设备情况、施工道路情况及筑坝材料情况。

长河坝水电站应用该仿真系统，进行仿真计算并存储施工方案及施工结果，通过施工组织计划、施工形象进度、施工设备统计、交通流量分析及坝体填筑强度统计分析，优化施工分案，选定最优施工方案进行施工，实际施工过程中可根据现场施工情况调整施工方案，调整施工资源配置、施工强度和工期，并对最新施工方案进行仿真模拟。

11.5 施工信息管理

施工信息管理系统是施工管理需求为索引，为确保施工管理系统的成功实施和有效应用，充分考虑施工现场的信息化规划和施工管理特点，采用总体规划、分步实施的原则，兼顾实用性、经济性和兼容性，提高信息化水平，更有效地辅助施工质量管理。

11.5.1 系统架构

（1）系统构成。针对长河坝水电站工程项目信息化系统布设情况，信息管理系统包括坝体填筑料计量称重的地磅计量系统、质量系统、进度系统、文件系统、施工机械燃油加油信息打卡系统，重要交通路段交通抓拍系统等。

经研究，集成项目管理系统采用 J2PEE（Java 2 Platform Enterprise Edition）技术架构，底层技术平台封装工作流、权限、报表等各种必要的基础技术组件，以最大限度地利用软件复用技术，提高系统的可靠性及运行效率。集成项目管理系统的所有功能均为模块化设计，其具有良好的扩展性和再造性，同时可在现有系统的基础上不断扩展，以满足今后不断变化或增长的需求。施工信息集成管理系统总体构架见图 11-33。

（2）运行平台。系统实现采用 B/S 结构，工作界面是通过 IE 浏览器来展现，主要业务逻辑在服务器端（Server）实现。系统所用功能通过统一的管理平台进行管理，包括统一的任务管理、统一的权限管理、统一的角色管理和公共数据管理等。用户登录系统后，可直接

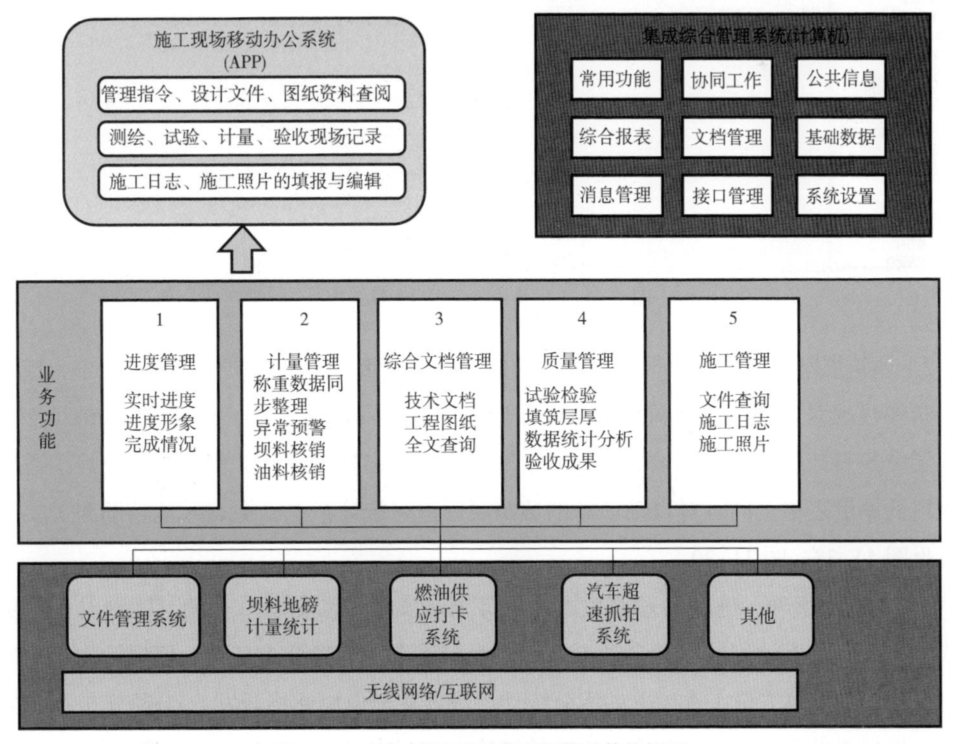

图 11-33 施工信息集成管理系统总体构架图

进入综合管理平台，进行业务处理。综合管理平台与各子系统连接，方便用户管理和使用。

（3）软硬件配置。软硬件配置包括数据库软件、操作系统软件、服务器中间件JBOSS，并协助安装。为保障系统响应速度并考虑到后期扩展，需配备两台服务器：一台作为应用服务器；另一台作为数据库服务器。

11.5.2 系统运行

（1）质量管理。质量管理模块是有针对性的开发出质量控制的关键控制点，包括填筑质量试验检测数据、施工质量验收情况统计表、填筑层厚等的填报与数据整理功能。

1）填筑质量试验检测数据的统计分析。坝体的填筑质量试验检测是反应坝体填筑质量的关键，为此施工信息管理系统设计了坝料填筑试验检测填报与数据统计功能。填报实现了与原有试验检测报告及时填报的功能，相关数据信息第一时间共享，便于施工调度人员及时安排施工。试验报告可通过 Excel 批量上传及单个试坑录入两种形式。

同时试验检测结构设计有关键数据指标的统计窗口，通过窗口可查询自动统计的填筑试验检测关键指标的均值、最大值、最小值及趋势曲线，可有效查看填筑质量的波动情况（见图 11-34~ 图 11-37）。

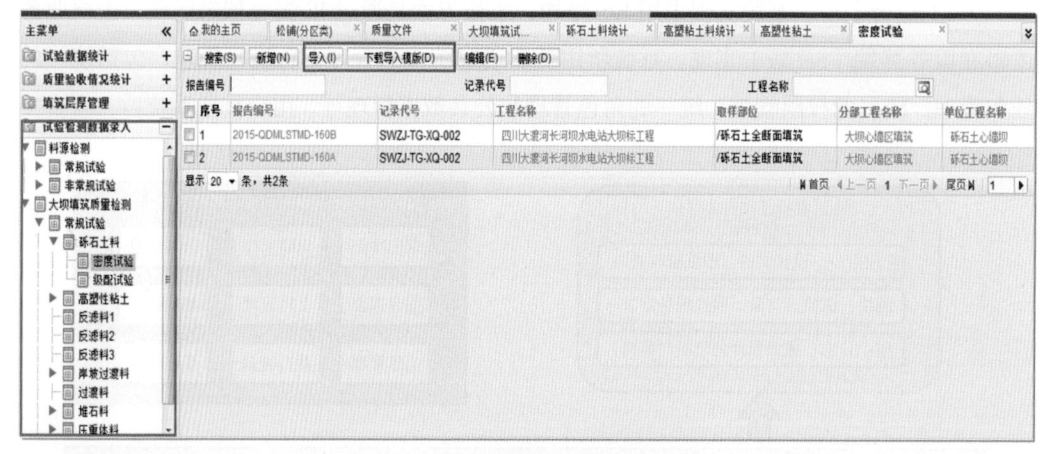

图 11-34 试验检测报告导入显示窗口

2）填筑层厚控制数据填报与统计。为控制大坝填筑质量，在坝料铺筑过程中，控制坝料铺筑厚度也是质量控制的关键。摊铺层厚采用测量网格法测定，测定密度 20m × 20m，在本层填筑料铺筑前测定其地面高程，松铺完成后测定松铺高程。信息系统设计了适用不同坝料的厚度表格，同时对自动计算的填筑层厚进行统计汇总，更有效地辅助施工质量管理（见图 11-38、图 11-39）。

（2）进度管理。进度管理模块由进度计划、实时自动更新、查询、计划对比等功能组成。其中，进度计划的实时自动更新是以地磅称重系统换算为基础，根据运输车辆的情况进行各料种填筑方量（进度）的实时统计。进度管理模块还将开发 CAD 填筑矢量化处理功能，根据测量收方高程自动形成每月的填筑 CAD 图。

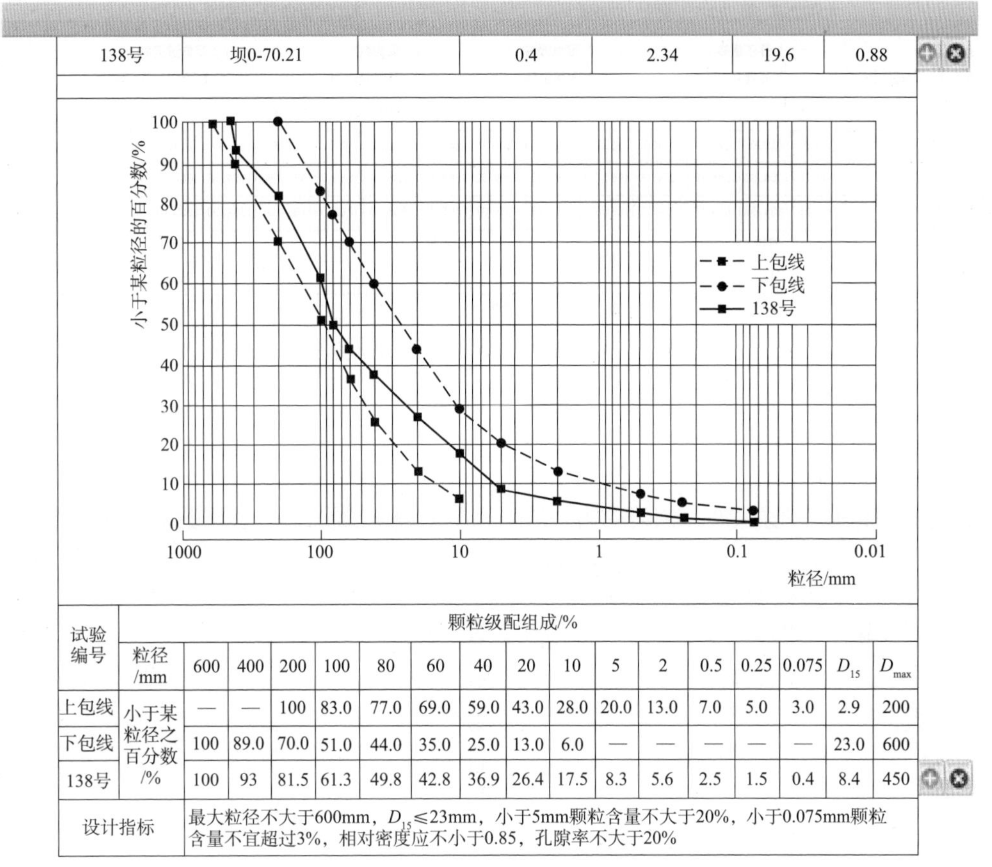

138号	坝0-70.21		0.4	2.34	19.6	0.88

试验编号	颗粒级配组成/%																
	粒径/mm	600	400	200	100	80	60	40	20	10	5	2	0.5	0.25	0.075	D_{15}	D_{max}
上包线	小于某粒径之百分数/%	—	—	100	83.0	77.0	69.0	59.0	43.0	28.0	20.0	13.0	7.0	5.0	3.0	2.9	200
下包线		100	89.0	70.0	51.0	44.0	35.0	25.0	13.0	6.0	—	—	—	—	—	23.0	600
138号		100	93	81.5	61.3	49.8	42.8	36.9	26.4	17.5	8.3	5.6	2.5	1.5	0.4	8.4	450
设计指标	最大粒径不大于600mm，D_{15}≤23mm，小于5mm颗粒含量不大于20%，小于0.075mm颗粒含量不宜超过3%，相对密度应不小于0.85，孔隙率不大于20%																

图 11–35　试验检测报告结果显示窗口

我的主页　大坝填筑统计

返回(S)　查看图表(S)

统计参数	全料含水率(%)	全料干密度(g/cm³)	P_5含量/%	全料压实度/%	<5mm压实度/%	最大粒径/mm	P_5含量对应最优含水率
统计指标	-	-	-	大于等于97	大于等于100	小于等于150	-
组数	744	744	744	744	744	744	744
最大值	9.90	2.20	48.00	100.90	102.30	148.00	9.20
最小值	8.10	2.10	36.80	97.20	100.00	62.00	8.30
平均值	8.85	2.15	42.38	99.05	100.66	101.81	8.74

砾石土心墙料-密度	2016-QDMLSTMD-001C	2016/01/01	查看	修改
砾石土心墙料-密度	2016-QDMLSTMD-001D	2016/01/01	查看	修改
砾石土心墙料-密度	2016-QDMLSTMD-001E	2016-01-01	查看	修改
砾石土心墙料-密度	2016-QDMLSTMD-012B	2016/01/14	查看	修改
砾石土心墙料-密度	2016-QDMLSTMD-012C	2016/01/14	查看	修改
砾石土心墙料-密度	2016-QDMLSTMD-012D	2016/01/14	查看	修改
砾石土心墙料-密度	2016-QDMLSTMD-012E	2016/01/14	查看	修改
砾石土心墙料-密度	2016-QDMLSTMD-013A	2016/01/15	查看	修改

显示 10 条，共356条　首页 上一页 1 2 3 4 5 6 … 35 36 下一页 尾页

图 11–36　试验检测统计结果显示窗口

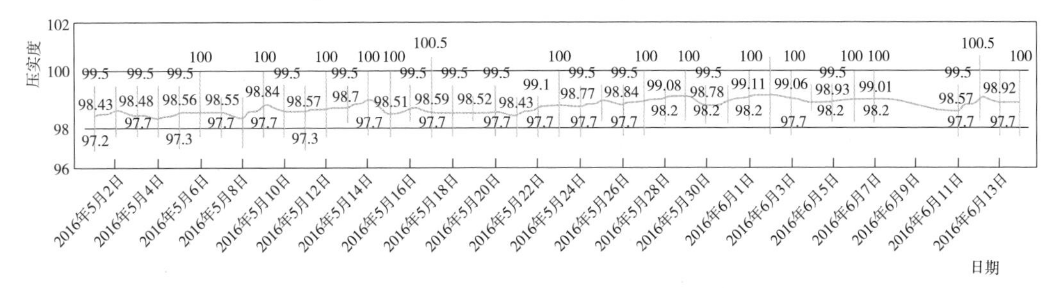

图 11–37　管理系统生成的土料全料压实度波动曲线图

大坝填筑 第 221 层（ ◉松铺 ）高程测量记录表

◉上游堆石　○上游压重体　○上游过渡料　○反滤料3　○岸坡过渡料

○砾石土、高塑性粘土　○下游堆石　○下游压重体　○下游过渡料　○反滤料1、反滤料2

日期：2016-05-29 01时

纵桩号 / 坝桩号	纵030	纵060	纵090	纵120	纵150	纵180	纵210	纵240	纵270	纵300	纵330	纵360	纵390	纵420	纵450	纵480	增	删
坝0-030		1664.79	1664.86	1664.85	1664.00	1664.78	1664.84	1664.80	1664.96	1665.04	1664.78	1664.88	1664.56	1664.75	1664.82			
坝0-060		1664.50	1664.64	1664.59	1664.59	1664.68	1664.76	1665.07	1665.12	1664.76	1665.39	1664.96	1664.99	1665.07	1664.56			

上层	测量平均高程/m	松铺		本层	测量平均高程/m	松铺	1664.80	高差/m	松铺	107
		压实	1663.73			压实			压实	

测量：	卢亮伟	记录：	张义龙	监理：		日期：	2016-05-29

图 11-38　管理系统中填筑层厚录入界面

材料名称	层数	高差(单位:厘米)	日期
砾石土,高塑性粘土	865	30	2016-06-24 23时
砾石土,高塑性粘土	862	32	2016-06-22 19时
砾石土,高塑性粘土	861	28	2016-06-21 21时
砾石土,高塑性粘土	859	28	2016-06-19 19时
砾石土,高塑性粘土	856	26	2016-06-14 14时
砾石土,高塑性粘土	855	28	2016-06-13 14时
砾石土,高塑性粘土	854	29	2016-06-02 12时
砾石土,高塑性粘土	853	31	2016-06-08 16时
砾石土,高塑性粘土	852	29	2016-06-07 22时
砾石土,高塑性粘土	851	27	2016-06-06 02时

最大值: 33　最小值: 23　平均值: 29.11

显示 10 条，共61条　首页 上一页 1 2 3 4 5 6 7 下一页

图 11-39　管理系统中砾石土料层厚统计窗口

1）实时进度曲线。通过建立无线传输网络，坝区各过磅计量称重系统的称重数据无线实时地传输至后方管理平台，信息管理系统对传回的数据即时分类整理和统计，并结合试验检测给定的坝料堆积方与压实方的换算系数，将汇总的数据分类汇总，并以实时进度曲线的形式展现。实时进度数据根据施工计划分为每小时、天、周、月等，可细化到每小时的填筑方量。每天、周、月实时进度完成统计情况（见图 11-40）。通过与计划值进行对比，及时调整设备资源情况，有效地提高进度过程管理水平。

序号	计划名称（折线图查看）	总和	计划开始时间	计划结束时间	负责人
1	2016年周计划（2016-6-6~2016-6-12）	146,600.00	2016-06-06	2016-06-12	
2	周计划（2016-5-30~2016-6-5）	146,600.00	2016-05-30	2016-06-05	
3	2016-4-18~2016-4-24（周计划）	156,900.00	2016-04-18	2016-04-24	
4	2016.4.11-2016.4.17（周计划）	158,200.00	2016-04-11	2016-04-17	
5	2016-4-4~2016-4-10（周计划）	179,300.00	2016-04-04	2016-04-10	

显示 20 条，共5条　首页 上一页 1 下一页 尾页

图 11-40　进度管理模块计划填报窗口

2）形象进度CAD图的开发。形象进度CAD系统实现的主要功能是对填筑形象高程等数据与CAD大坝填筑形象图进行矢量化对比。系统的台账页面（CAD写入状态）能确认当前录入的数据，对应的CAD形象图能自动写入由不同料种、不同高程连接而成的填筑形象图中。填筑形象图每月填报和更新1次，具有保存历史数据的功能，以便于直观反映坝体施工进度（见图11–41、图11–42）。

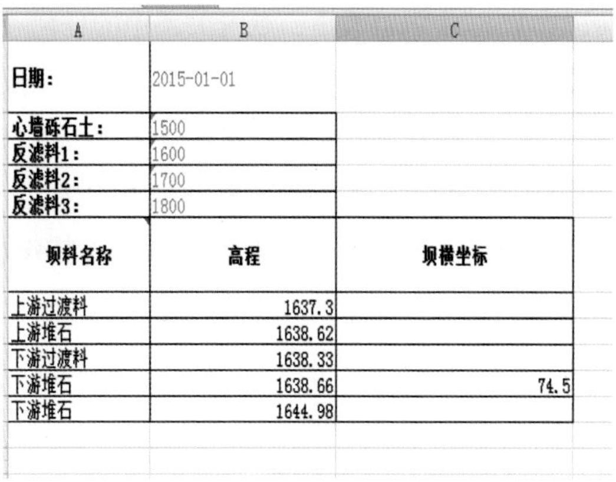

A	B	C
日期：	2015-01-01	
心墙砾石土：	1500	
反滤料1：	1600	
反滤料2：	1700	
反滤料3：	1800	
坝料名称	高程	坝横坐标
上游过渡料	1637.3	
上游堆石	1638.62	
下游过渡料	1638.33	
下游堆石	1638.66	74.5
下游堆石	1644.98	

图11–41　信息管理系统填筑形象高程录入窗口

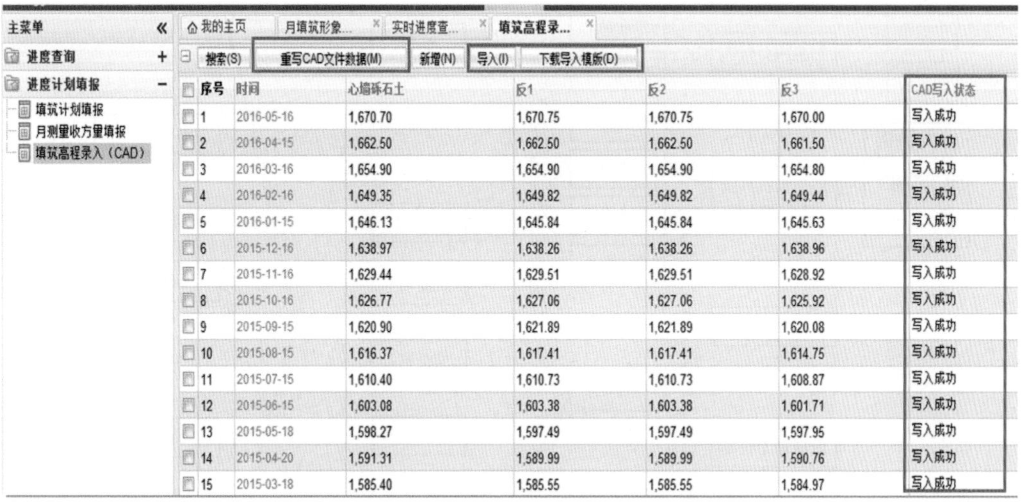

主菜单 «
进度查询 +
进度计划填报 −
填筑计划填报
月测量收方量填报
填筑高程录入（CAD）

我的主页 | 月填筑形象... | 实时进度查... | 填筑高程录...

搜索(S) | 重写CAD文件数据(M) | 新增(N) | 导入(I) | 下载导入模版(D)

序号	时间	心墙砾石土	反1	反2	反3	CAD写入状态
1	2016-05-16	1,670.70	1,670.75	1,670.75	1,670.00	写入成功
2	2016-04-15	1,662.50	1,662.50	1,662.50	1,661.50	写入成功
3	2016-03-16	1,654.90	1,654.90	1,654.90	1,654.80	写入成功
4	2016-02-16	1,649.35	1,649.82	1,649.82	1,649.44	写入成功
5	2016-01-15	1,646.13	1,645.84	1,645.84	1,645.63	写入成功
6	2015-12-16	1,638.97	1,638.26	1,638.26	1,638.96	写入成功
7	2015-11-16	1,629.44	1,629.51	1,629.51	1,628.92	写入成功
8	2015-10-16	1,626.77	1,627.06	1,627.06	1,625.92	写入成功
9	2015-09-15	1,620.90	1,621.89	1,621.89	1,620.08	写入成功
10	2015-08-15	1,616.37	1,617.41	1,617.41	1,614.75	写入成功
11	2015-07-15	1,610.40	1,610.73	1,610.73	1,608.87	写入成功
12	2015-06-15	1,603.08	1,603.38	1,603.38	1,601.71	写入成功
13	2015-05-18	1,598.27	1,597.49	1,597.49	1,597.95	写入成功
14	2015-04-20	1,591.31	1,589.99	1,589.99	1,590.76	写入成功
15	2015-03-18	1,585.40	1,585.55	1,585.55	1,584.97	写入成功

图11–42　信息管理系统填筑形象高程数据统计窗口

3）计划填报与完成情况统计。在进度管理系统模块中还提供了测量数据月度实际收方数据填写功能。测量仪器实际测得的填筑方量可与过磅计量换算数据进行分月统计对比，从而可核销筑坝材料。通过完成情况与计划值的对比，可有效分析影响因素，便于施工进度的管控。

（3）计量管理。计量管理模块主要针对目前大坝填筑的坝料称重计量系统数据的同步整理与异常数据信息的预警，同时结合现场实际添加了零星工程量确认单填报功能。

在使用此系统前，过磅称量系统近似地对填筑坝料的称重数据进行记录，计量人员每班打印相应的过磅数据，并根据数据计量各运输单位。计量员每次需要进行大量的分类筛选工作，施工效率低，且相关数据也仅是作为计量依据，不能有效地进行分类汇总和辅助项目管理。

1）称重计量系统数据的同步与整理。系统开发前技术人员首先对计量称重涉及的运输单位、发货地点、收货地点、坝料品名的逻辑关系进行了梳理，其逻辑关系见图11–43，从图 11-43 中可以看出，点击关系中的任何一个点，系统会罗列出这个点上的关联信息。比如操作者点击了过渡料，并选取一个时间段，系统会自动罗列出该料在哪个发货地点供应了多少，在哪个收货地点接收了多少，哪家运输单位运送了多少吨和多少车。为确保称重数据的完整性，系统预留手动输入的接口，手动数据以 Excel 表格的形式导入软件中，数据导入后，软件自动整合收集数据（特殊情况下需要采用手工记录的称量数据）。数据查询的条件有发货地点、收货地点、运输单位和品名。查询的要求是能按照条件查询到每天、周、月的称量车数和过磅吨位的总和。运输单位信息的录入编辑具有可修改性，可在基础数据界面进行编辑。

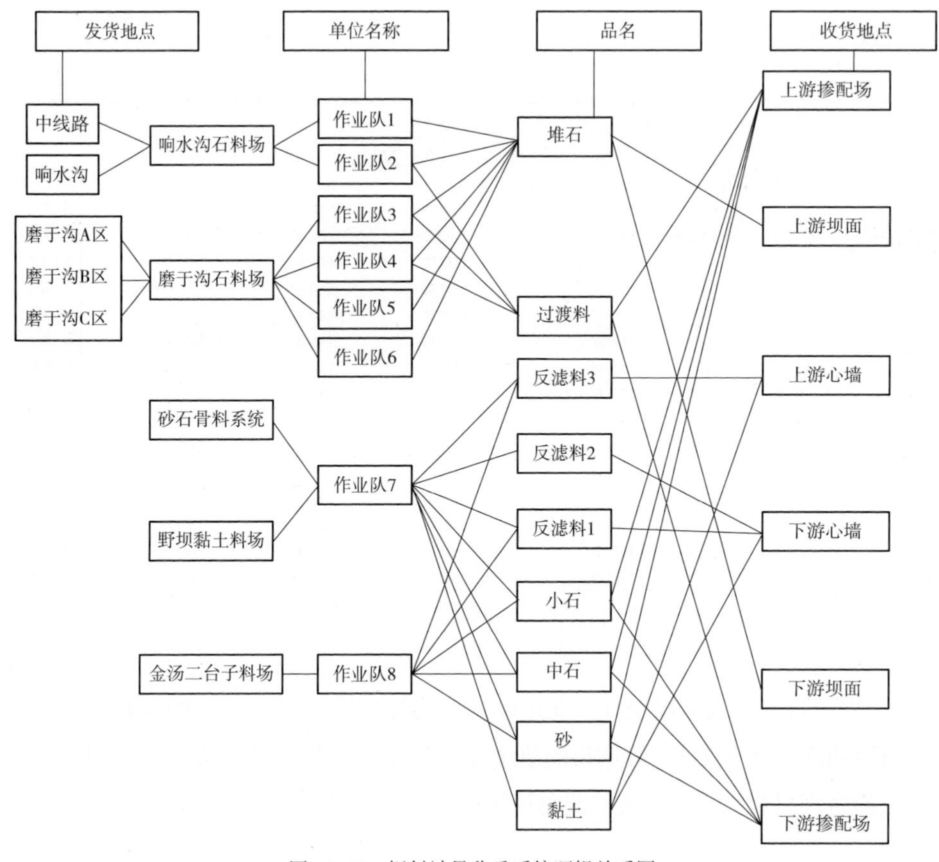

图 11-43　坝料计量称重系统逻辑关系图

2）异常数据预警。原计量称重系统由于系统本身设计还存在一些缺陷。例如：系统识别车辆身份是通过安装在自卸汽车驾驶室玻璃上的无线射频卡实现的。实际操作中若一辆车同时装有 2 张不同的射频卡，称重系统将识别为两辆车的运输重量。此外，部分路段施工中检查发现过驾驶员采取循环过磅骗取计量成果的现象。

通过将称重数据采用软件的统计分析，计量管理人员可以直观地对违规称重的数据进行自动提取、识别和判定，有效地避免了车辆一车多卡、循环过磅等问题，确保了称重信息的准确性。

异常数据分析的目的是使用者在软件上设定标准运输时间和标准运输吨位后，软件可以自动判断收集到的过磅数据是否在正常范围内，并对地磅的车辆运行状态进行动态监控。异常数据的分析主要是指单车运输称量数据异常的判断。使用者在输入标准值后，系统会根据标准值自动提取过磅数据的异常信息。软件对异常数据自动识别的同时，还能够将这些异常数据进行标识和保存（形成一个独立的窗口展示）软件要有异常数据的提示功能，计量人员通过窗口识别异常数据并进行最终的闭合管理。如果数据确为异常，计量员对异常数据进行删除（见图 11–44、图 11–45）。

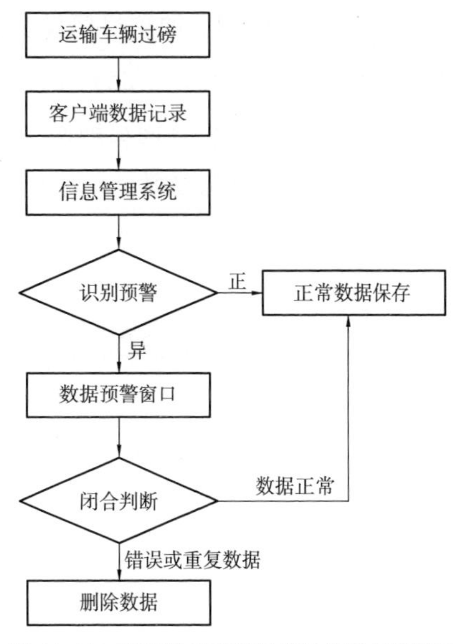

图 11–44　称重计量系统异常数据分析原理图

3）零星工程量计量。结合施工现场可能存在的临时零星工程量，计量管理系统设计有工程量确认填筑窗口（见图 11–46）。

搜索(S)　删除(D)　编辑备注(R)

车号　修改状态 未修改

序号	车号	品名	净重	发货地点	收货地点	日期2	时间2	备注	修改日期
1	Y006	堆石（Y）	43.25	江咀料场	下游堆石	2016-05-11	08:23:38		
2	Y006	堆石（Y）	42.57	江咀料场	下游堆石	2016-05-11	08:23:25		
3	Y003	堆石（Y）	34.79	江咀料场	下游堆石	2016-05-07	09:15:23	Y003号车称重识别卡位置变化，在正常称重时未能读出信息，司磅员在手动记录后通知车辆离开时又能刷上，导致信息重复，重复信息已删除。	2016-05-10 08:06:45
4	Y003	堆石（Y）	45.69	江咀料场	下游堆石	2016-05-07	09:15:10	Y003号车称重识别卡位置变化，在正常称重时未能读出信息，司磅员在手动记录后通知车辆离开时又能刷上，导致信息重复，重复信息已删除。	2016-05-10 08:06:51
5	S-053	堆石（S）	44.36	响水沟料场	上游堆石	2016-05-05	21:19:27	s053抢卡e-20，已更正。	2016-05-06 08:29:03
6	S-053	堆石（S）	39.22	响水沟料场	上游堆石	2016-05-05	21:06:51	s053抢卡e-20，已更正。	2016-05-06 08:28:57
7	S-008	堆石（S）	46.12	响水沟料场	上游堆石	2016-05-04	16:53:04	经调取监控核实，s008号车空车返回时抢卡，已删除。	2016-05-05 15:57:04
8	S-008	堆石（S）	48.24	响水沟料场	上游堆石	2016-05-04	16:25:51	经调取监控核实，s008号车空车返回时抢卡，已删除。	2016-05-05 15:56:55
9	YT-12	反滤料2（校核）	47.93	五分局骨料场	下游心墙	2016-05-01	10:39:07	现场施工员通知不清楚，导致品名记录错误。	2016-05-05 15:58:22
10	YT-12	反滤料1（校核）	48.21	五分局骨料场	下游心墙	2016-05-01	10:39:02	现场施工员通知不清楚，导致品名记录错误。	2016-05-05 15:58:16
11	A-302	反滤料2（校核）	53.42	五分局骨料场	下游心墙	2016-05-01	09:40:32	司磅员操作失误，已对当值人员进行教育，并在5月考核中扣去相应分数。	2016-05-07 21:55:41
12	A-302	反滤料2（校核）	53.4	五分局骨料场	下游心墙	2016-05-01	09:40:30	司磅员操作失误，已对当值人员进行教育，并在5月考核中扣去相应分数。	2016-05-07 21:55:33
13	E-28	反滤料1（校核）	42.56	五分局骨料场	下游心墙	2016-05-01	08:44:30	与现场施工人员沟通不足，导致品名录入有误	2016-05-05 15:48:00
14	E-28	反滤料3（校核）	42.61	五分局骨料场	下游心墙	2016-05-01	08:44:11	与现场施工人员沟通不足，导致品名录入有误	2016-05-05 15:47:52
15	E-35	反滤料2（校核）	44.24	五分局骨料场	下游心墙	2016-05-01	08:40:49	与现场施工人员沟通不足，导致品名录入有误	2016-05-05 15:48:15
16	E-35	反滤料3（校核）	44.26	五分局骨料场	上游心墙	2016-05-01	08:40:24	与现场施工人员沟通不足，导致品名录入有误	2016-05-05 15:48:10
17	A-309	反滤料2（校核）	53.14	五分局骨料场	上游心墙	2016-04-30	15:13:14	司磅员操作失误，已对当值人员进行教育，并在5月考核中扣去相应分数。	2016-05-05 15:59:45

图 11–45　异常数据显示窗口

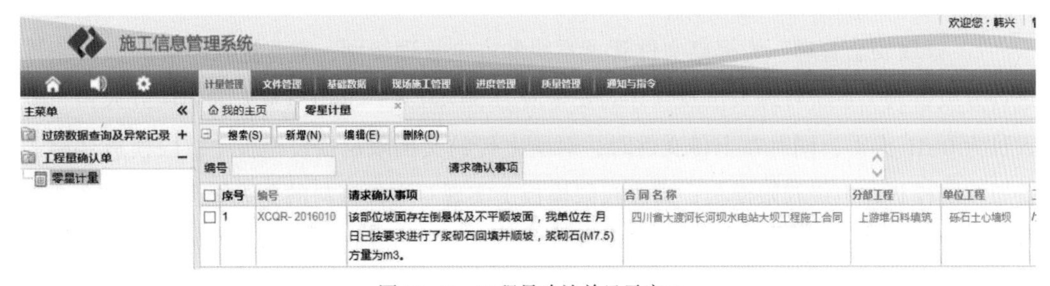

图 11–46　工程量确认单显示窗口

（4）文档管理。原项目建设有文档管理系统，但系统的便捷性和实用性不强，仅提供了上传与查询功能，不能满足快捷的查询、分类及安全管理功能。为此，新开发的文档管理模块是以便于查询及确保与业主、监理的往来文件、设计通知、会议纪要等施工相关文档安全设计为原则，实现内容检索、重要信息摘要、管理账号分级权限等功能（见图 11–47）。

图 11–47　文件管理系统分级归档

1）文件分类和梯级菜单管理。为便于后续查找，新开发的文件管理系统充分结合文件类型特点，按照项目发文、监理往来文件、技术通知、设计文件、业主文件等进行分类，同时文件按照合同标段分类存档。为便于现场施工人员快速查找常用的技术文件、规范、图纸等，在文件归档设计时，还添加了独立显示现场技术文件的功能。分级菜单的形式大大加快了文档查询效率。

为提高后续文件检索效率，文档管理系统在设计时，除增加了全文内容检索功能外，还增加了文件摘要检索功能，在录入例如会议纪要等通过文件名称不能直观反映会议内容、主题或重要事件等内容，为此，在文件上传时，直接在摘要中填写文件的关键内容，后续通过查找摘要可快速查找获得。

2）分级安全管理。为提高文件管理系统的安全管理级别，对于进入系统的人员账号进行分级管理（系统管理人员及领导的安全值为 50~80 人；部门负责人为 10~50 人；一般人员为 0~10 人），同时在上传文件时，对所上传的文档限定预设模板（权限模板名称：普通权限模板；中级权限模板；高级权限模板）实现对文件资料的分级管理，当文件选择好对应的权限模板后，只有对应权限的管理账户才能进行文件的查询、修改、编辑等操作（见图 11–48）。

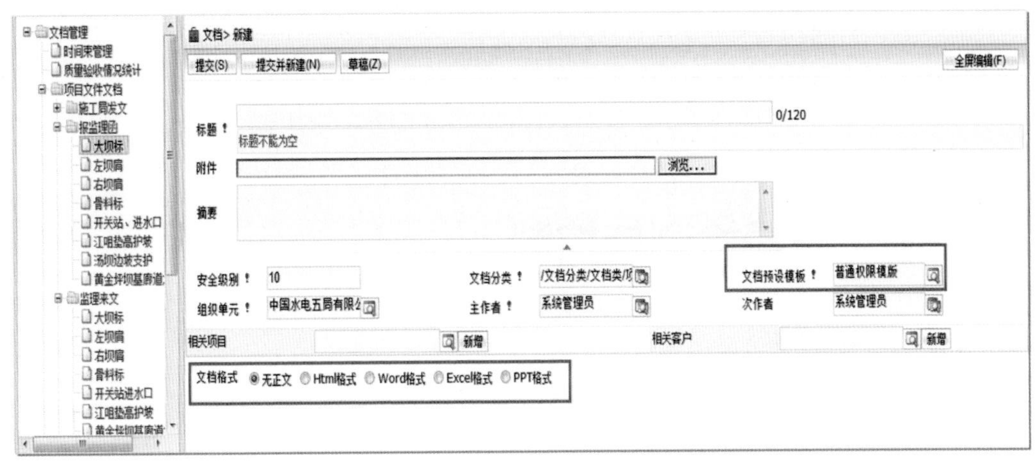

图 11–48　文件管理系统分级安全管理操作

11.5.3　系统运行成果

施工信息管理系统的研发及工程应用是针对目前水利水电工程施工现状开发的适用于快节奏、高强度的施工过程管理系统的集成与专属研制。系统运行取得如下成果。

（1）搭建了文件管理系统、质量、安全、进度、计量称重管理系统等的集成平台，协同处理各施工业务，同时开发了移动办公 APP，提高了工作效率。

（2）集成了全文检索、重要信息摘要、管理账号分级权限等功能，实现了文件的分类、分级归档与快速查找。

（3）通过对坝料称重计量、油料等系统数据的同步采集、整理与异常数据信息的预警功能的深层开发，实现了数据的实时收集与智能分析，缩短了管理路径，提高了过程管理响应速度。

（4）依托计量称重系统反算压实方的填筑施工进度，实现了施工进度的实时过程跟踪，加强了过程管控。开发 CAD 填筑形象图矢量化处理功能，实现了填筑形象图的自动写入与展示。

（5）开发的新型施工日志以文字、图片、视频、录音等多种记录形式进行填报，丰富了施工日志记录内容。施工照片可实现信息编辑、标示、印制等功能，有效加强了过程记录形式，确保过程记录的可视化水平。

（6）开发包括填筑质量试验检测数据、施工质量验收情况统计表、填筑层厚等的填报与数据整理功能的质量管理系统，实现了关键数据的智能分析，更有效地辅助质量管理。

12 施工质量检测与控制

施工质量的检测与控制贯穿于土石坝施工的全部环节之中，为了确保土石坝的安全，必须要高度重视施工质量检测与控制。

首先是料源的质量检测与控制，土料和石料应满足现行规范的要求。

对于土料场应经常检测所取土样的土质情况、土块的大小、杂质的含量以及含水量是否符合现行规范的要求。其中最重要的是含水量检测与控制。

土料的含水量控制措施有以下几个方面。

（1）若土料的含水量偏高，一方面要考虑改善土料场的排水条件和防雨措施；另一方面要考虑对土料进行烘干处理。在将土料的含水量降低到符合规范要求的情况下，才能进行开挖。

（2）若土料的含水量偏低，需要进行加水处理，加水的方法可以采用分块筑畦埂、灌水浸渍、轮换取土、地形高差大也可以采用喷灌机喷洒。直到土料含水量升高到符合规范要求再进行开挖。

（3）若土料的含水量不均衡，需要考虑将土料开挖以后堆积成大土堆，等待大土堆的含水量均匀以后才能向外输送。首先，对于石料场应经常检测所取料量的质量情况、风化的程度、块料的大小和形状、石料的粒径级配等是否满足现行规范的要求。

其次，坝面的质量检测与控制，在对坝面作业时，应该考虑铺土厚度、填土块度、含水量的多少、压实的方法、压实后的干密度等是否符合现行规范的要求。

对于黏性土，坝面检测的重点在于对其含水量的检测，检测采用的方法有目测“手检”、取样烘干法。采用核子水分密度仪能够迅速准确地测定压实土料的含水量以及压实后的干密度。

根据地形地质条件以及筑坝材料的特性等因素，需要在施工的特征部位以及防渗体之中选定一些固定的取样断面，一般选择沿坝高 5~10m 处，选取代表性试样进行室内物理力学性结试验，选取的试样总数一般不小于 30 块。此外，还要重视对于坝面、坝基、削坡、坝肩结合部、与刚性建筑物连接处以及各种土料的过渡带进行检测。对于施工之中发现的可疑问题，例如含水量不符合规范标准、碾压次数不够、碾压次数过多、铺土厚度不均匀以及坑洼等部位应该重点进行抽查检测。

对于反滤层、过渡层、坝壳等非黏性土的填筑也应该按照规范进行检测。在填筑排水反滤层过程中，每层在 25m × 25m 的面积内取样 1~2 个；对条形反滤层，每隔 50m 设置一取样断面，每个取样断面每层取样不得少于 4 个，均匀分布在断面的不同部位，且层间取样的位置应该彼此对应。

综上所述，可以看出对于土石坝施工质量的检测与控制在确保大坝安全方面是必不可少的，随着科技的不断发展，土石坝施工质量检测与控制技术也在不断进步，检测的方法更加简洁，检测的数据更加准确。

12.1 填筑检测与评价标准

12.1.1 心墙砾石土料

（1）填筑料最大粒径宜不大于 150mm 和铺土厚度的 2/3；粒径大于 5mm 的颗粒含量不宜超过 50%、不宜低于 30%；小于 0.075mm 的颗粒含量不应小于 15%；小于 0.005mm 的颗粒含量不小于 8%。

（2）颗粒级配应连续，并防止粗料集中架空现象。

（3）碾压后的砾石土心墙料渗透系数不大于 1×10^{-5}cm/s，抗渗透变形的破坏坡降应大于 5，其渗透破坏形式应为流土。

（4）砾石土心墙料塑性指数宜大于 10 并小于 20。

（5）碾压后的砾石土心墙料压实度以全料压实度和细料压实度进行双控制，全料的压实度应不低于 0.97（击实功 2688kJ/m^3），土料 P_5 含量分别为 30%、40%、50% 时压实后干密度分别不小于 2.07g/cm^3、2.10g/cm^3、2.14g/cm^3，其他 P_5 含量土料控制干密度可根据上述控制干密度内插；细料压实度不低于 1.00 （击实功 592kJ/m^3），压实后干密度不小于 1.82g/cm^3。全料压实度 = 挖坑灌水法得到的全料干密度 / 室内大型击实试验所得全料最大干密度；细料（<5mm 料）压实度检测宜采用三点击实法。

12.1.2 高塑性黏土料

（1）最大粒径宜小于 5mm，超径含量不超过 5%，小于 0.005mm 的黏粒含量应大于 25%。

（2）塑性指数应大于 15。

（3）渗透系数应小于 1×10^{-6}cm/s，渗透破坏坡降应大于 12。

（4）水溶盐含量应不大于 1.5%，有机质含量应不大于 1%。

（5）高塑性黏土料的压实度宜为 92%~95%（相应击实功 592kJ/m^3）。

12.1.3 反滤料

（1）石料的饱和抗压强度应大于 45MPa。

（2）反滤料 1 的渗透系数不宜小于 1×10^{-3}cm/s，反滤料 2 的渗透系数不宜小于 1 ×

10^{-2}cm/s，反滤料 3 的渗透系数不宜小于 2×10^{-3}cm/s，反滤料 4 的渗透系数不宜小于 1×10^{-2}cm/s。

（3）反滤料压实后的相对密度不应低于 0.85，反滤料 1、反滤料 2、反滤料 3、反滤料 4 相应的压实干密度分别不小于 2.08g/cm^3、2.14g/cm^3、2.20g/cm^3、2.25g/cm^3。

12.1.4 过渡料

（1）过渡料分为反滤与堆石之间的过渡料（以下称过渡料）及堆石与岸坡之间的过渡料（以下称岸边过渡料）。

（2）过渡料及岸边过渡料均为石料场开采料，应避免采用软弱、片状、针状颗粒，要求耐风化并不易为水溶解，石料的饱和抗压强度应大于 45MPa。

（3）过渡料及岸边过渡料压实后的渗透系数不小于 5×10^{-2}cm/s。

（4）过渡料压实标准：过渡料压实应采用相对密度和孔隙率控制，相对密度应不小于 0.9，孔隙率不大于 20%，压实后干密度不小于 2.33g/cm^3。

（5）岸边过渡料压实标准：过渡料压实应采用相对密度和孔隙率控制，室内相对密度应不小于 0.85，孔隙率不大于 20%，压实后干密度不小于 2.25g/cm^3。

12.1.5 堆石料

（1）堆石料采用上游响水沟料场开采的微、弱风化或新鲜的花岗岩和下游江咀石料场开采的微、弱风化或新鲜的石英闪长岩。

（2）开采堆石料的饱和抗压强度应大于 45MPa，软化系数大于 0.8，冻融损失率小于 1%。

（3）堆石料压实后的渗透系数应大于 1×10^{-1}cm/s。

（4）压实后的孔隙率应不大于 21%，压实后干密度不小于 2.22g/cm^3。

12.2 心墙土料含水率检测

12.2.1 砾石饱和面干含水率测定

在砾石土料的含水率检测中，小于 5mm 的细料含水率可通过酒精燃烧法快速检测，对大于 5mm 的砾石而言，由于其表面黏附着的泥土很难用烘干法擦净，其吸着含水率需通过水洗测出，难以保证检测精度，且操作费时费工。经比较分析可取系列试验的砾石饱和面干吸水率平均值代替砾石土料的含水率，对全料含水率计算结果影响较小。因此，砾石土全料含水率快速测定技术的研究思路为：事先取具有足够代表性试验的土样，通过酒精燃烧法测定细料含水率，粗料含水率取系列试验的砾石饱和面干吸水率平均值代替，并将粗料含水率固定，通过筛分，算得粗料和细料所占的比例，采用加权法计算砾石土全料的含水率。

12.2.2 细料含水率快速测定

酒精燃烧法为规范所推荐的快速检测方法，其使用条件是现场无烘干箱或者是需要快速得到含水率所使用的方法，酒精燃烧法仅仅适用于小于 5mm 的细粒土，酒精燃烧法与烘干法对比试验见表 12–1。

表 12–1　酒精燃烧法与烘干法对比试验表

试验编号	酒精燃烧法 /%	烘干法 /%	误差值 /%	允许误差 /%
1	11.4	11.5	0.1	0.5
2	11.8	11.8	0	1.0
3	12.4	12.0	0.4	1.0
4	12.0	12.0	0	1.0
5	10.0	10.0	0	1.0
6	12.4	12.4	0	1.0
7	14.3	13.7	0.6	1.0
8	11.6	11.2	0.4	1.0
9	10.7	10.6	0.1	1.0

从表 12–1 可以看出，酒精燃烧法的结果与烘干法的结果误差非常小，完全可以作为细粒土含水率的检测手段，在 30min 内可以得到细粒土的含水率。

12.2.3 砾石土全料含水率快速测定

根据土料含水率的定义可推导出砾石土全料含水率的理论计算公式：

$$\omega=(1-P_5)\omega_1+\omega_2 p_5$$

式中　ω——砾石土全料含水率；

P_5——大于 5mm 的砾石含量；

ω_1——小于 5mm 的细料含水率；

ω_2——大于 5mm 的砾石吸着含水率。

共进行了 35 组样品试验，根据资料统计，35 组试验数据中，最大误差为 3.2%，最小为 0.01%，总共有 2 组样品偏出试验允许偏差，第 7 组和第 32 组。经过分析，误差是由于试验过程中的人为偏差造成，因此该 2 组试验数据不纳入统计。通过统计剩下的 33 组试验资料，其砾石吸着含水率平均值为 1.075%。将砾石的吸着含水率取为 1.075%。采用砾石吸着水率法的试验结果见表 12–2。

通过对上述资料的分析，在实际检测过程中可以将砾石吸着含水率取一个固定值，只需测定小于 5mm 土的含水率，小于 5mm 的含水率采用移动试验室中的微波干燥机烘烤得到，这样就可以大大缩短含水率的检测时间。

表 12-2　　　　　　　　　　采用砾石吸着水率法的试验结果表

编号	全料含水率 /%	P_5 含量 /%	砾石吸水率 /%	细料含水率 /%	加权含水率 /%	与全料含水率差值 /%
1	6.10	56.7	1.075	13.81	6.59	0.4900
2	7.71	47.9	1.075	12.49	7.02	–0.6900
3	5.99	48.2	1.075	10.71	6.07	0.0800
4	10.50	40.4	1.075	16.20	10.09	–0.4100
5	12.12	26.6	1.075	15.53	11.69	–0.4300
6	8.42	40.8	1.075	12.78	8.00	–0.4200
7	7.11	48.8	1.075	13.03	7.20	0.0900
8	13.69	17.2	1.075	15.69	13.18	–0.5100
9	12.13	25.0	1.075	15.56	11.94	–0.1900
10	12.43	27.6	1.075	15.58	11.58	–0.8500
11	8.90	41.1	1.075	13.61	8.46	–0.4400
12	7.50	58.4	1.075	15.80	7.20	–0.3000
13	5.90	67.5	1.075	14.50	5.44	–0.4600
14	4.20	63.9	1.075	10.80	4.59	0.3900
15	13.00	34.7	1.075	18.70	12.58	–0.4200
16	13.80	20.2	1.075	16.80	13.62	–0.1800
17	12.10	25.7	1.075	16.90	12.83	0.7300
18	10.70	31.3	1.075	14.40	10.23	–0.4700
19	9.20	39.9	1.075	14.10	8.90	–0.3000
20	8.20	41.5	1.075	14.10	8.69	0.4900
21	11.50	33.3	1.075	16.40	11.30	–0.2000
22	10.90	31.2	1.075	14.60	10.38	–0.5200
23	9.00	36.4	1.075	13.30	8.85	–0.1500
24	9.10	37.2	1.075	13.50	8.88	–0.2200
25	11.50	34.1	1.075	16.60	11.31	–0.1900
26	8.60	42.1	1.075	14.00	8.56	–0.0400
27	4.90	65.5	1.075	12.80	5.12	0.2200
28	4.70	65.7	1.075	11.20	4.55	–0.1500
29	6.30	58.9	1.075	13.70	6.26	–0.0400
30	6.20	61.5	1.075	13.70	5.94	–0.2600
31	13.30	22.1	1.075	16.90	13.40	0.1000
32	14.00	17.6	1.075	17.20	14.36	0.3620
33	12.20	30.4	1.075	17.00	12.16	–0.0412

在长河坝水电站砾石土心墙料的碾压试验中，就运用了砾石土含水率快速测定技术，从应用的结果分析，试验结果与常规试验方法相比可以满足误差要求，在试验时间上可以缩短 6 个小时。含水率快速检测技术应用情况统计见表 12–3。

表 12–3　　含水率快速检测技术应用情况统计表

试验编号	含水率 /%	P_5 含量 /%	干密度 /（g/cm）	最大干密度 /（g/cm）	压实度 /%	含水率差值 /%	压实度差值 /%
1	8.5	31.4	2.075	2.130	97.4	0.2	–0.3
1–1 ×	8.3	31.7	2.082	2.131	97.7		
2	9.2	35.2	2.105	2.146	98.1	–0.1	0.4
2–1 ×	9.3	35.4	2.098	2.147	97.7		
3	9.8	40.5	2.115	2.169	97.5	0.2	0.4
3–1 ×	9.6	40.7	2.108	2.170	97.1		
4	8.2	44.7	2.134	2.187	97.6	0.3	0.3
4–1 ×	7.9	44.4	2.126	2.186	97.3		
5	7.4	49.1	2.135	2.206	96.8	–0.1	0.4
5–1 ×	7.5	49.4	2.146	2.207	97.2		
6	8.8	27.6	2.076	2.113	98.2	0.2	–0.4
6–1 ×	8.6	27.8	2.084	2.114	98.6		
7	9.2	37.5	2.068	2.156	95.9	–0.2	–0.3
7–1 ×	9.4	37.8	2.076	2.157	96.2		
8	9.7	42.6	2.096	2.178	96.2	0.1	–0.4
8–1 ×	9.6	42.3	2.103	2.176	96.6		
9	7.8	47.8	2.134	2.200	97.0	0.2	–0.4
9–1 ×	7.6	47.5	2.142	2.199	97.4		
10	8.3	52.3	2.168	2.219	97.7	0.2	0.2
10–1 ×	8.1	52.0	2.163	2.218	97.5		

注　标 × 试验为快速检测方法。

从表 12–3 中可以看出，全料中砾石含水率采用固定含水率替代，细料采用酒精燃烧法和含水率快速测定仪测定，均可以满足规范的要求，因此该方法完全可以作为填筑过程中的快速检测方法，在 2h 内可以得到试坑的压实度值，可以节约试验时间 6~8h。

12.3 心墙土料级配检测

12.3.1 级配特征参数（P_5 及 P_{20}）

随着土质心墙坝和混凝土面板堆石坝蓬勃兴起，国内修建的堆石坝工程逐渐增多，尤其是砾石土心墙堆石坝更是取得了突飞猛进的发展。土质心墙堆石坝投资省、施工简单、可就地取材，具有对坝基条件适应性好、能充分利用施工开挖料等优点，在国内外水能水资源开发中占有重要的地位，成为目前世界各国广泛采用的土石坝坝型。质量是水利工程的生命，有效地控制填筑施工质量是保证大坝安全运行的关键，而坝料质量则是大坝质量的基础也是施工质量控制的重中之重。坝料的粗细粒含量即级配直接影响砾质土的压实性、渗透性、压缩性、应力应变关系，是保证坝体在施工期、运营期稳定安全运行的重要标准。现有堆石坝施工规范，如《混凝土面板堆石坝设计规范》（SL 228—98）、《碾压式土石坝设计规范》（SL 274—2001）等，都对坝料质量做出了明确要求，其中要求 P_5（以 5mm 为限分为粗细料）在 30%~50%。

然而目前测量坝料粗细粒径含量（大于 0.075mm）的方法主要采用筛分法和更加复杂的方法，该方法虽简单、实用，但施工效率低下、误差较大，且主要通过取样测量，只能代表某点的粒径，代表性不强，具有很大的局限。因此，针对目前检测方法的局限性，基于先进的无损检测思想，结合智能算法和大数据等先进的手段，创新性地探索出一套方便快捷且能够满足工程精度要求的土石坝坝料粒径分布的快速检测技术极其必要。

长河坝坝体填筑料种类繁多，级配控制难度大，坝体各部位坝料粒径要求见表 12-4。从表 12-4 中可以看出，不同填筑区坝料的级配要求完全不同。

表 12-4　　坝体各部位坝料粒径要求

部位	粒　径
砾石土心墙	最大粒径不大于 200mm；20% ≤ P（> 5mm）≤ 50 %；P（< 0.075mm）> 15%；P（< 0.005mm）> 5%
高塑性黏土料	最大粒径应小于 5mm；P（< 0.005mm）> 25%
反滤料 1	最大粒径不大于 20mm；D_{15}=0.18~0.57mm；D_{85}=4~10mm；P（< 0.075mm）< 5%
反滤料 2	最大粒径不大于 60mm；最小粒径不小于 0.1mm；D_{15}=1.5~5mm；D_{85}=17~45mm
反滤料 3	最大粒径不大于 40mm；D_{15}=0.25~0.8mm；D_{85}=8~17mm；P（< 0.075mm）< 5%
反滤料 4	最大粒径不大于 100mm；D_{15}=1.7~4mm；D_{85}=20~43mm；P（< 0. 5mm）< 5%
过渡料	最大粒径不大于 300mm；P（< 0.075mm）< 5%；P（< 5mm）≤ 30%；D_{15} ≤ 10mm
堆石料	最大粒径不大于 1000mm；D_{15} ≤ 30mm；P（< 5mm）≤ 20%；P（< 0.075mm）< 3%
护坡块石料	干砌块石料为 400~600mm；块石重量大于 30kg；护坡石料为 400~800mm
护坡垫层料	最大粒径不大于 20mm；P（< 0.075mm）< 5%
压重石渣料	最大粒径不大于 1200mm；P（< 5mm）≤ 40%；P（< 0.075mm）< 8%

注　D_{15}、D_{85} 分别代表的含义是 15%、85% 的颗粒所测得的尺寸值。

12.3.2　数字图像筛级配检测

利用 DIP 技术和人工智能及大数据理论，突破性的建立一套坝料颗粒级配识别系统，系统的技术流程见图 12-1，同时结合长河坝水电站坝料的特有属性，有针对性地优化了数字图像识别算法，提高程序运算速度和精度，从而保证施工质量和工期。

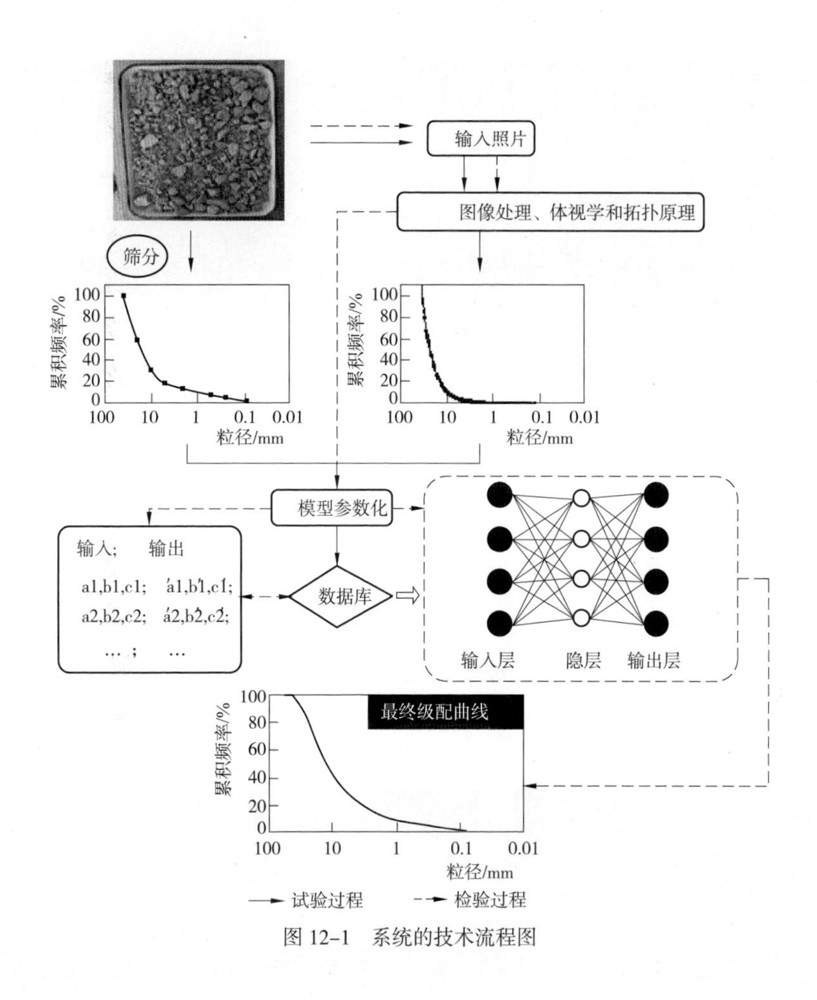

图 12-1　系统的技术流程图

获取高质量的颗粒照片是成功提取颗粒边界信息的前提，而在拍照取样过程中，图片的质量受到拍照取样设备、光线、拍照距离以及拍照取样量等的影响，在个体上存在很大的差异性，这将严重影响后续的处理过程。同时，将该技术运用到施工现场，不确定因素非常多。因此，开发简单、适用的设备，采用标准化的采样措施以及制定规程是非常必要的。

由于坝料颗粒粒径的分布特征，直接通过图像识别的方法对其进行处理得到的结果误差往往很大，不能够满足精度要求，并且若仅从数字图像处理技术这一个角度上来修正往往是事倍功半的，不仅需要更多的处理时间而且对计算机硬件的要求很高。因此，最好的方法就是规范取样标准，使得误差系统化，再利用其他的方法对其修正。同时，由于一些技术问题导致的难题对规范化操作也有很高的期许，以长河坝水电站极具代表性的心墙料和反滤料Ⅱ为例，由于两种坝料最小的颗粒达到微米级，如此的细颗粒对计算机来说基本上是不可能识别的。除此之外，一般的拍照高度在 1.5m 左右，形成的取样框仅为 60cm × 60cm，如此小的取样框在保证图像识别尽可能精确的前提下，能够容纳坝料的质量仅仅为 0.25~0.5kg，在量级上完全不能够满足规范的要求。针对些情况，将从拍照外部条件、样本量和方式上制定标准。以长河坝水电站心墙料和反滤料Ⅱ（见图 12-2）为例，对采样操作的标准规程进行详细的阐述。

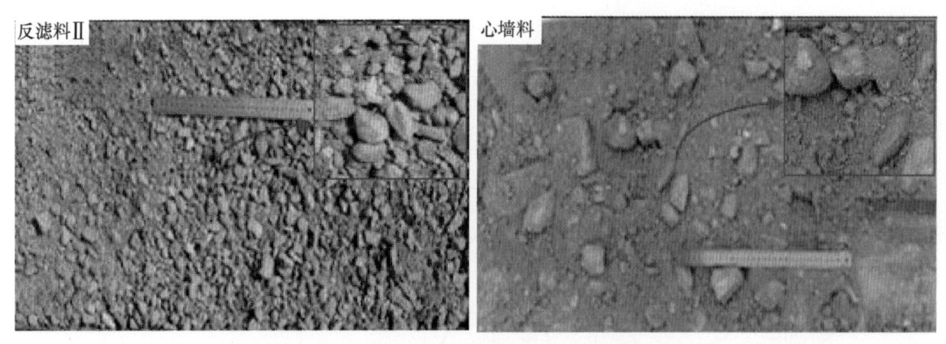

图 12-2　心墙料和反滤料Ⅱ的尺寸分布特征图

首先，调节三脚架的高度为 1.5m，在取样板上架设三脚架，并将其固定避免在拍照取样过程中跑偏。如此，在取样板上形成一个稍微大于 50cm×50cm 的有效视野样本框。经计算，1mm 能够用 6.5 个像素代替，完全满足要求。对上述两种代表性较强的坝料完成常规检验后，将不小于 0.5mm 的颗粒混合均匀，数次（5~10 次）随机的取样拍照，形成照片样本库（见图 12–3）。图 12–3 是对图 12–2 取样得到的样本库，用这五张照片叠加的结果代表总体的分布特征。

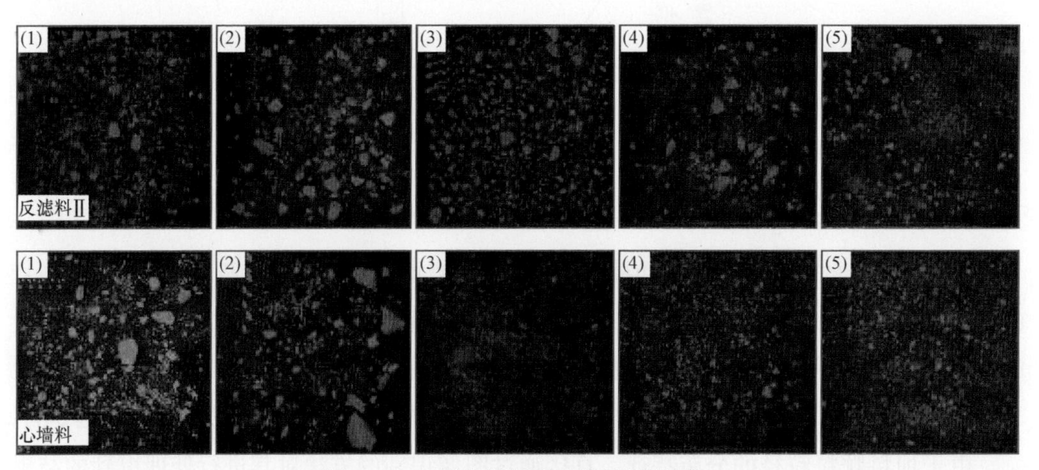

图 12–3　一组反滤料Ⅱ和心墙料的图片集

（1）数字图像预处理技术。图像预处理就是指在对图像进行分析和处理前，对图像进行操作以使其更适于接下来的处理，主要是通过去噪声和增强这两步完成对图像噪声的去除以及使颗粒轮廓更加突出锐化。

首先，采用小波去噪去除图像噪声。相比常规的均值滤波去噪声等方法而言，小波去噪能够保持某些去噪方法的渐进特性，在去噪过程中阈值不会过度偏离理想阈值，从而保证了去噪的效果。同时，对比了对比度增强技术和修正直方图增强技术对图像增强的效果，最终选择了相对简单而效果较好的对比度增强技术。对比度增强技术是按一定的规则逐点修改，输入图像每一像素的灰度，从而改变图像灰度的动态范围。基于小波变换和对比度增强的预处理效果见图 12–4。其中图 12–4（*a*）和图 12–4（*b*）是反滤料Ⅱ及其处理结果，

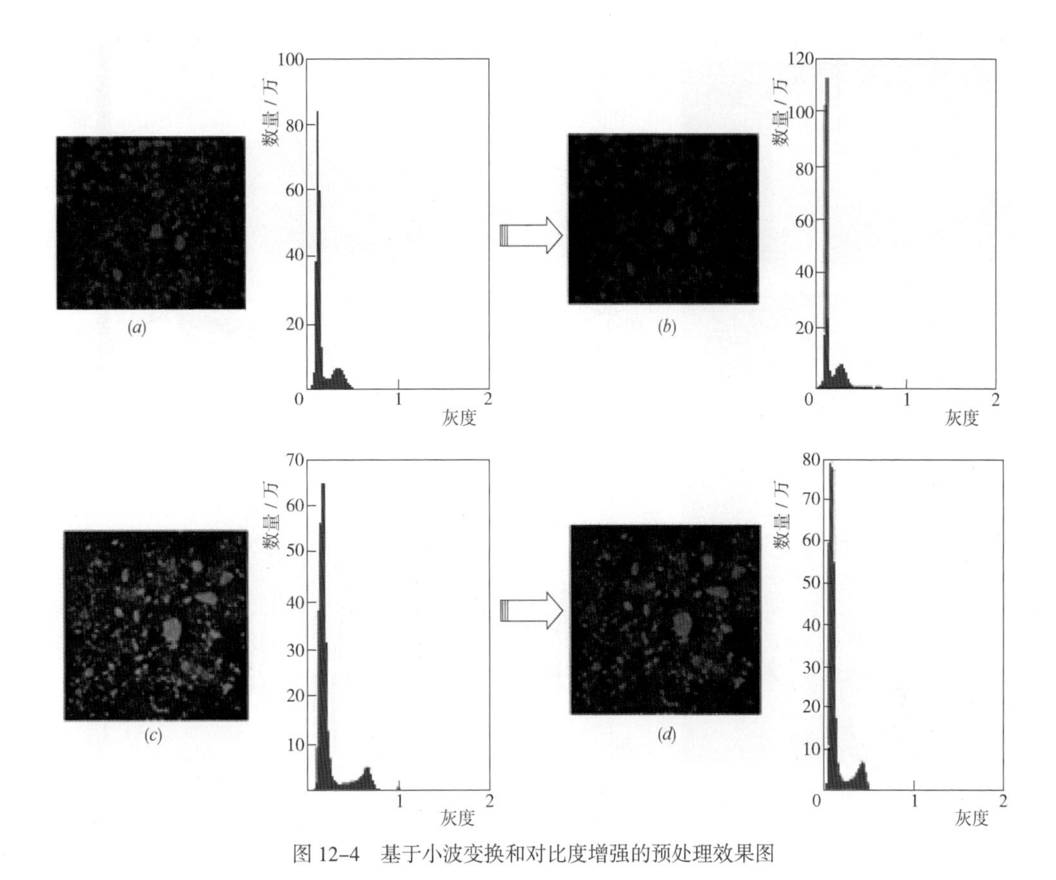

图 12–4　基于小波变换和对比度增强的预处理效果图

图 12–4（*c*）和图 12–4（*b*）是心墙料及其处理结果。从图 12–4 可以看出，经过处理后的图片的灰度范围更加集中、更加均匀。

（2）基于局部处理的数字图像处理技术。数字图像预处理完成后，便要提取图像中坝料颗粒的几何信息。综合坝料的分布特征、计算机硬件配置的限制以及处理时间，选择基于局部处理的颗粒边界提取方法，其基本原理是基于颗粒与颗粒或者颗粒与背景之间的灰度差异进行识别（见图 12–5）。

1）图像分割。图像分割是指先将图像划分成若干个与目标相对应的区域，根据目标和背景的先验知识，对图像中的目标与背景进行标识、定位，将目标从背景或其他伪目标中分离出来。阈值分割法是一种简单的基于区域的分割技术，是一种广泛使用的图像分割技术，它利用图像中要提取的目标和背景在灰度特性上的差异，把图像视为具有不同灰度级的两类区域的组合，选取一个合适的阈值，以确定图像中每个像素点是属于目标还是属于背景。一般地，设定某一阈值 T，用 T 将图像分割成大于阈值的像素群（目标）和小于阈值 T 的像素群（背景）两部分。这两类像素一般属于图像中的两类区域，所以像素根据阈值分类达到了区域分割的目的。输入图像是 $F(x, y)$，输出图像是 $g(x, y)$，则

$$g(x, y)=\begin{cases}0, & f(x, y)\ \pi T\\ 1, & f(x, y)\geqslant T\end{cases}$$

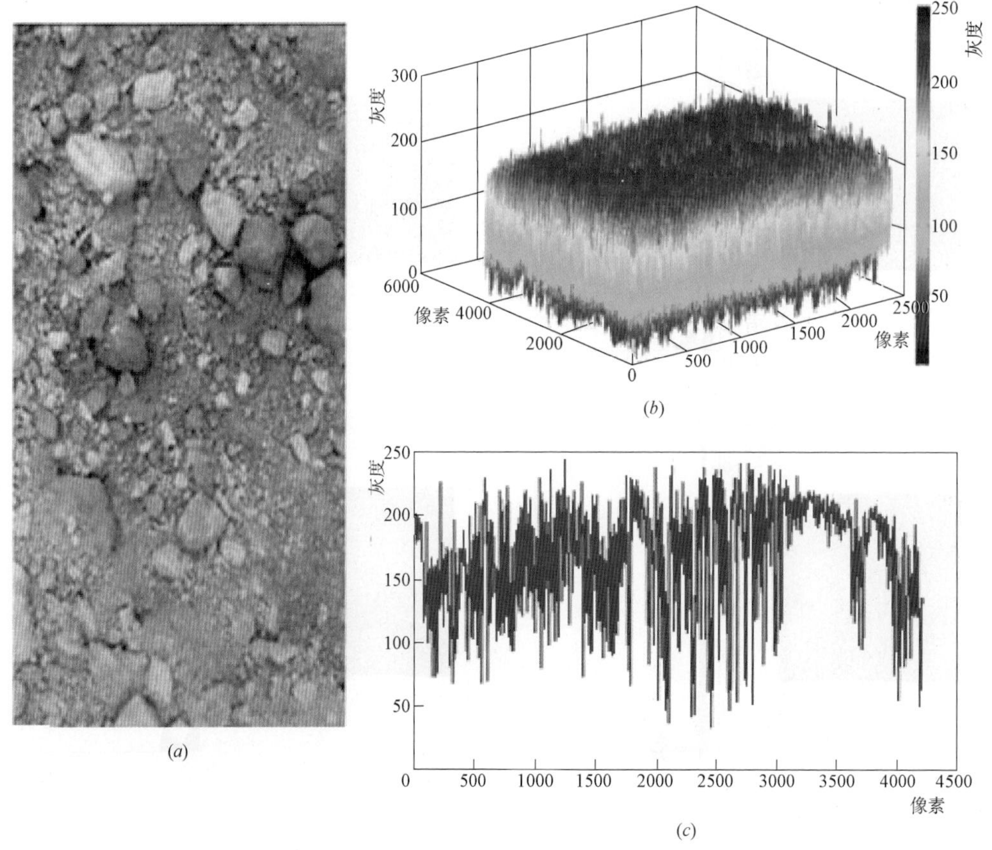

图 12-5　数字图像灰度的二维及三维分布情况图

从该方法中可以看出，确定一个最优阈值是分割的关键，同时也是阈值分割的一个难题。

Ostu 阈值分割方法是 Ostu 提出的最大类间方差法，是在最小二乘法原理的基础上推导得出的求最佳阈值的方法。假设原图像灰度等级为 L，灰度为 i 的像素个数为 n，则总的像素是 $N=\sum_{i=0}^{L-i} n_i$，各灰度出现的概率为 $P_i=\frac{n_i}{N}$，显然 $P_i \geqslant 0$，$\sum_{i=0}^{L-i} P_i=1$。设以灰度 t 为门限将图像分割成 2 个区域，灰度等级为 $1\sim t$ 像素区域 A（背景类），灰度级为 $t+1\sim L+1$ 的像素区域 B（目标类）。A、B 出现的概率分别为

$$P_A=\sum_{i=0}^{t} P_i,\ P_B=1-P_A$$

A、B 两类灰度均值分别为

$$w_A=\sum_{i=0}^{t} iP_i/P_A,\ w_B=\sum_{i=0}^{L-i} iP_i/P_B$$

图像总的灰度均值为

$$w_0=P_Aw_A+P_Bw_B=\sum_{i=0}^{L-i} iP_i$$

由此可以得到，A、B 两区域的类间方差：

$$\sigma^2=P_A(w_A-w_0)^2+P_B(w_B-w_0)^2$$

显然 P_A、P_B、w_A、w_B、w_0 和 σ^2 都是关于灰度等级 t 的函数。

为了得到最优分割阈值，Ostu 把两类的类间方差作为判别准则，认为使得 σ^2 值最大的 t^* 即为所求的最佳阈值：

$$t^*=Arg\max_{0\leq t\leq L-1}[P_A(w_A-w_0)^2+P_B(w_B-w_0)^2]$$

因为方差是灰度分布均匀性的一种度量，方差越大，说明构成图像的两部分差别越大，当部分目标错分为背景或者是部分背景错分为目标都会导致两部分差别变小。所以，使用最大类间方差意味着错分概率最小，这就是 Ostu 准则。Ostu 方法可给出满意的阈值，尤其是当两类区域点数比较接近时。基于 Ostu 完成了预处理之后图片的分割，基于 Ostu 阈值分割后的颗粒边界效果及其直方见图 12-6。

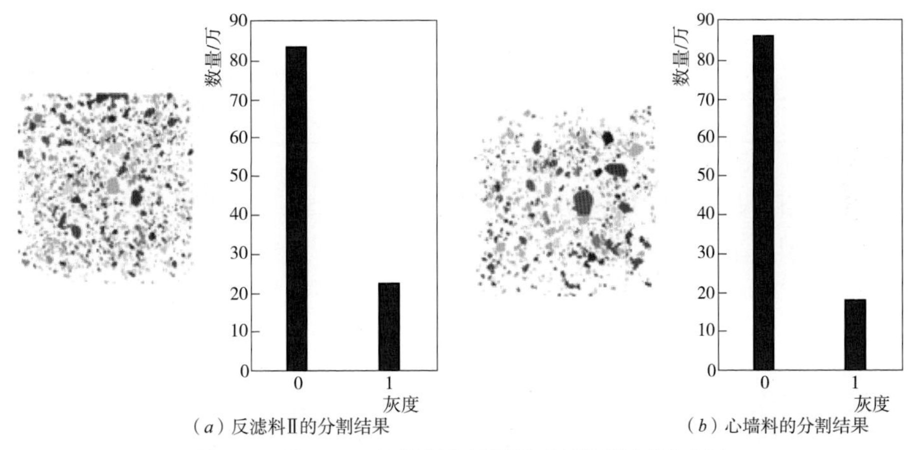

（a）反滤料Ⅱ的分割结果　　（b）心墙料的分割结果

图 12-6　基于 Ostu 阈值分割后的颗粒边界效果及其直方图

2）尺度转化。经过图像分割处理后，就能够提取各个颗粒的几何尺寸（包括面积、长轴和短轴）了，颗粒及其所提取几何参数的原理见图 12-7。坝料颗粒的面积可以表示为颗粒区域内部的像素的积分，颗粒的外接矩形主要是边长以及左上顶点的坐标等，而颗粒的长轴和短轴长度参数是基于等效椭圆来刻画的。

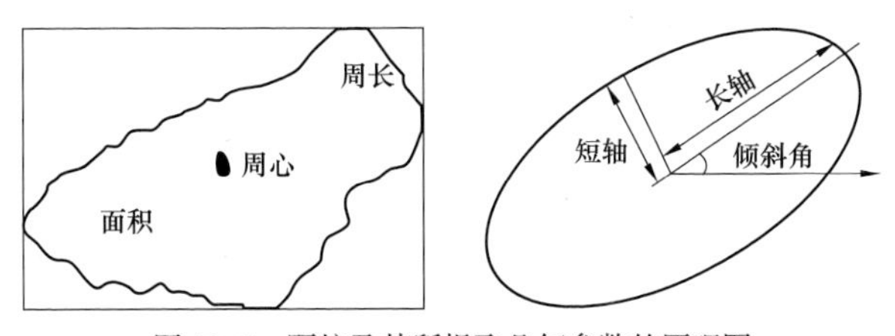

图 12-7　颗粒及其所提取几何参数的原理图

按照上述原理对分割后的坝料颗粒进行提取，便确定了坝料在像素尺度下的颗粒尺寸见表 12-5。

依照前面所述的设备并按照标准化的操作，每张照片的分辨率是 3250 × 3250，而实际的尺寸是 500mm × 500mm，因此每个像素的实际尺寸就是 3250/500=6.5mm/ 像素。为了得

表 12-5　　　　　　　　　　　像素尺度下的颗粒尺寸表

反滤料Ⅱ			心墙料		
面积/($mm^2/pixel^2$)	长轴/(mm/pixel)	短轴/(mm/pixel)	面积/($mm^2/pixel^2$)	长轴/(mm/pixel)	短轴/(mm/pixel)
232.000	40.000	7.000	13.000	3.000	3.000
564.000	37.102	19.195	237.000	24.002	11.179
17.000	5.000	3.000	458.000	33.420	16.347
155.000	14.849	12.728	70.000	12.021	6.364
229.000	20.555	13.598	14.000	3.536	2.828
66.000	9.000	7.000	11.000	2.828	2.828
364.000	25.044	21.466	913.000	34.462	33.725
31.000	7.000	4.000	21.000	4.950	3.536
⋮	⋮	⋮	⋮	⋮	⋮
48.000	8.000	6.000	38.000	6.000	5.000

到每个颗粒的实际尺度，将前期数据表中的面积都乘以 6.5^2，轴长都乘以 6.5，像素尺度下的颗粒尺寸见表 12-6。

表 12-6　　　　　　　　　　　像素尺度下的颗粒尺寸表

反滤料Ⅱ			心墙料		
面积/mm^2	长轴/mm	短轴/mm	面积/mm^2	长轴/mm	短轴/mm
5.491	6.154	1.077	14.000	3.536	2.828
13.349	5.708	2.953	11.000	2.828	2.828
0.402	0.769	0.462	13.000	3.000	3.000
3.669	2.284	1.958	21.000	4.950	3.536
5.420	3.162	2.092	38.000	6.000	5.000
1.562	1.385	1.077	70.000	12.021	6.364
8.615	3.853	3.303	237.000	24.002	11.179
0.734	1.077	0.615	458.000	33.420	16.347
⋮	⋮	⋮	⋮	⋮	⋮
1.136	1.231	0.923	913.000	34.462	33.725

3）质量转换。虽然前期数据能够得到各个颗粒的几何信息，但是坝料颗粒的级配是按质量的百分比频率分布的，故利用如下公式来估算各个颗粒的质量。

$$m=\frac{4\pi}{3}Ab$$

式中　m——各个坝料颗粒的质量；

A、b——单个颗粒的面积和短轴长度。

按照上面的方法，对两组照片都分别进行处理，并且各自叠加，便可得到各自一组坝料的级配曲线见图 12–8。图中的红线表示反滤料Ⅱ，蓝色表示心墙料，而实线和虚线分别表示图像识别和筛分。

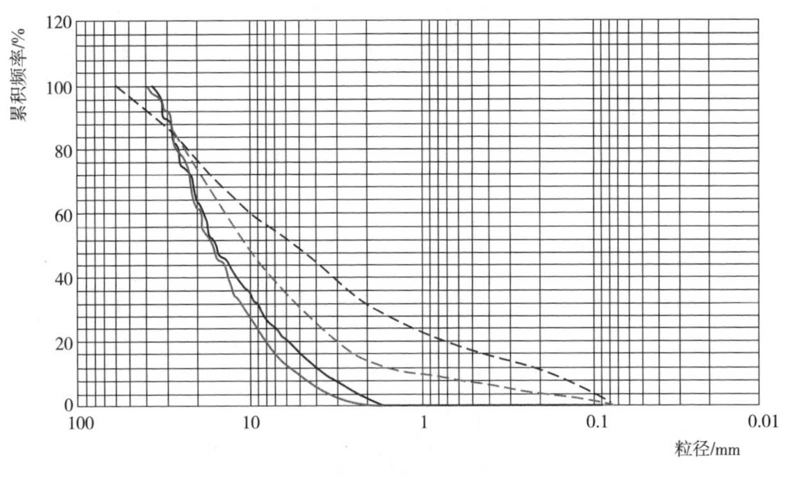

图 12–8　级配曲线图

图像处理结果与实际筛分结果存在很大的误差，经分析，是由特殊的采样方式造成的系统误差和图像识别程序造成的偶然误差所导致，而这些误差从图像处理技术上不可能被去除。因此，暂时规避这些误差，通过大量统计数据探索图像识别结果与筛分结果的内在联系，再基于内在联系将误差消除。为此，首要的是将采用数学模型的方式描述两种级配曲线，即参数化，再通过模型中的特征参数反映颗粒的级配特征。因为仅仅利用两条级配曲线根本无法寻找两者内在联系，只能看出一个趋势特征（见图 12–9）。

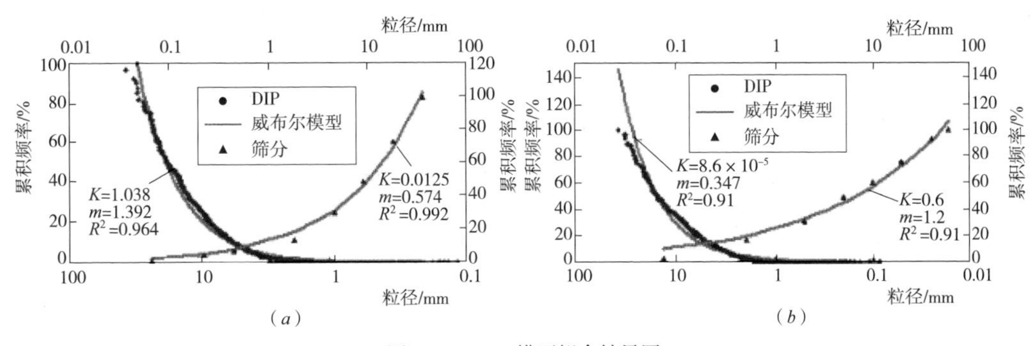

图 12–9　G–S 模型拟合结果图

首先，提出了 3 个拟合度较高的颗粒尺寸分布数学模型，基于大量随机的拟合结果，并结合评判标准，优选最能刻画坝料颗粒分析特征的模型。其次，利用优选的模型完成对两种级配曲线大量的拟合，从而建立能够反映宏观统计规律的数据库来表征图像识别和筛分之间的联系。

（3）颗粒尺度分布数学模型。

1）高登—舒曼模型（G–S 模型）。该模型经常被用来描述矿物颗粒的尺寸分布，表达式如下：

$$F(x,K,m)=\left(\frac{x}{K}\right)^m$$

式中　K——粒度分布特征值，$x=K$ 时筛下量为 100%，故 K 为最大的粒度尺寸；

m——粒度分部指数。

显然，G–S 模型通过两个特征参数（即 K 和 m）来描述颗粒的级配特征，其拟合效果见图 12–9。

2）威布尔模型（Weibull model）。威布尔模型最初被用在拟合土体的级配曲线，目前已经广泛应用于工程的可靠度分析以及失效分析，该模型的数学表达式如下：

$$F(x,m,\sigma)=1-\exp\left[-\left(\frac{x}{\sigma}\right)^m\right]$$

式中　σ——尺度参数，与平均粒径有密切的关系；

M——形状系数，决定着高阶矩，包括变异系数以及偏态系数。

威布尔模型拟合结果见图 12–10。

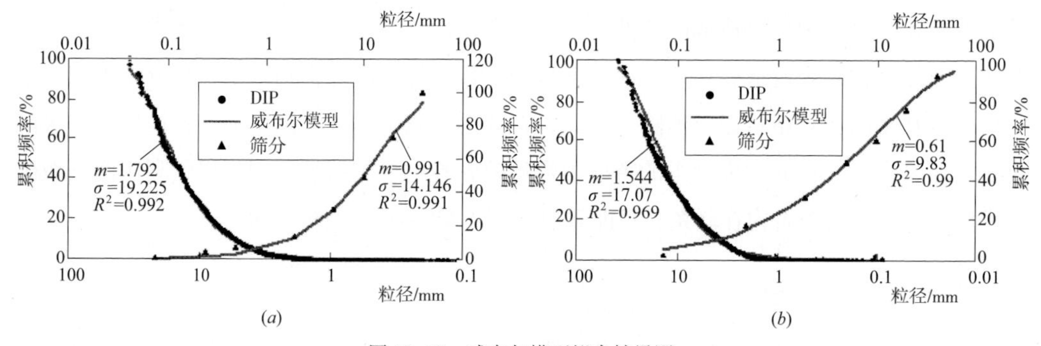

图 12–10　威布尔模型拟合结果图

3）广义极值分布模型（GEV model）。最后一个拟合模型是广义极值分布模型，该模型是由 3 个特征参数控制，其表达式如下：

$$gev(x,\sigma,\mu)=\exp\left\{-\left[1+\zeta\left(\frac{\ln x-\mu}{\sigma}\right)^{-1/\zeta}\right]\right\}$$

式中　ζ——形状参数，需要满足 $1+\zeta(x-\mu)/\sigma>0$；

σ——尺寸参数，表示的是位置参数。

通过该模型对级配曲线进行拟合，GEV 模型拟合结果见图 12–11。

4）三个模型评估。从上述的拟合结果来看，三个模拟都能够较好地对两种级配曲线进行拟合，也就是说，三个模型的参数都能够较好地反映级配特征。但是对于单个例子可能存在一定的偶然性，因此，随机地对多个样本的两种级配曲线进行拟合，计算各自的相

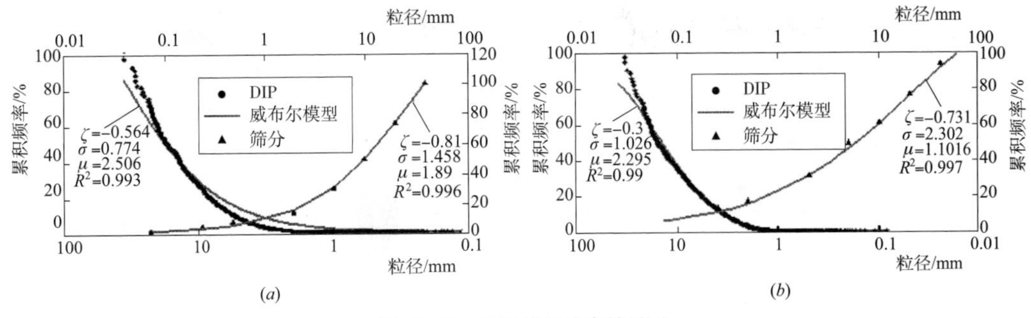

图 12–11　GEV 模型拟合结果图

关系数（R^2）和均方根误差（RMSE）。三种数学模型拟合效果参数对比见图 12–12，图中的实线表示相关系数，直方图代表的是均方根误差，图 12–12（*a*）、（*b*）分别代表反滤料Ⅱ的图像识别和筛分结果，图 12–12（*c*）、（*d*）分别代表心墙料的图像识别和筛分结果。

根据图 12–12 对比结果，可以直观的发现广义极值分布模型的拟合效果不论从相关系数还是从均方根误差来说都是最好的，并且拟合的结果很稳定，波动较小，规律性强。同时，对大量的级配曲线拟合时发现广义极值模型对细颗粒的拟合效果非常好，这更加符合坝料颗粒拟合要求。此外，从三个数学模型的物理意义来看，广义极值模型三个参数的物理意义更加地能够刻画颗粒的形状特征、尺度特征以及级配特征。因此，综合来看，选择广义极值分布模型来参数化两种级配曲线更能反映坝料颗粒的分形特征。

（4）特征参数数据库。为保证图像识别与筛分地稳定、精确，并存在统计意义上的联系，引进大数据的理论。通过广义极值分布模型参数化大量的级配曲线，对图像识别和筛分都能够确定三个特征参数，从而形成一一对应的关系（见图 12–13），图 12–13（*a*）、（*b*）分别表示反滤料Ⅱ和心墙料，进而构成一个大样本的数据库，该数据库便是用来反映两者宏观联系的枢纽。

（5）人工神经网络。虽然图像识别和筛分存在差异，但是它们之间肯定存在某种隐含的函数关系，而且是一个非常复杂的非线性模糊数学关系，几乎不能够用数学方程式来描述。为此，基于上述所建立的数据库，引入人工智能的手段，通过对样本反复训练分析，从而建立这两种自然事物之间隐含的内在联系。

人工神经网络是由大量处理单元互联组成的非线性、自适应信息处理系统，是在现代神经科学研究成果的基础上提出的，试图通过模拟大脑神经网络处理、记忆信息的方式处理信息。人工神经网络采用的是分布式系统，具有自适应性、自组织性及实时学习的特点，已经广泛运用于各行各业。采用最为常用的反向传播神经网络算法（BP 神经网络），并且针对其收敛速度慢及极易陷入局部极小等缺点，运用遗传算法对 BP 算法进行修正，人工智能算法流程见图 12–14。

综上，通过所提出的方法检验坝料颗粒级配，精度基本能满足工程要求，并且在长河坝水电站筑坝材料质量检验中也得到了很好的运用。

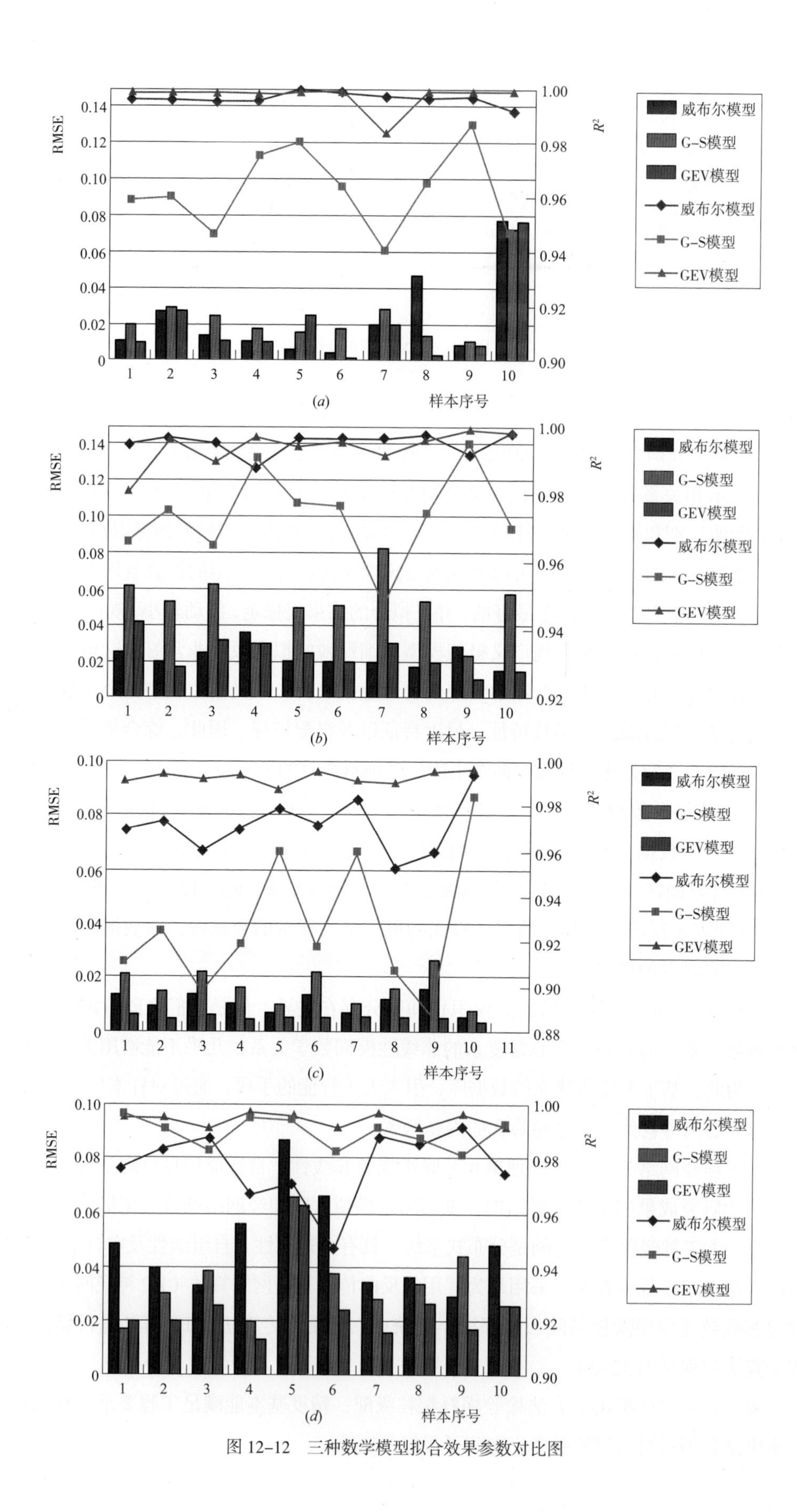

图 12–12　三种数学模型拟合效果参数对比图

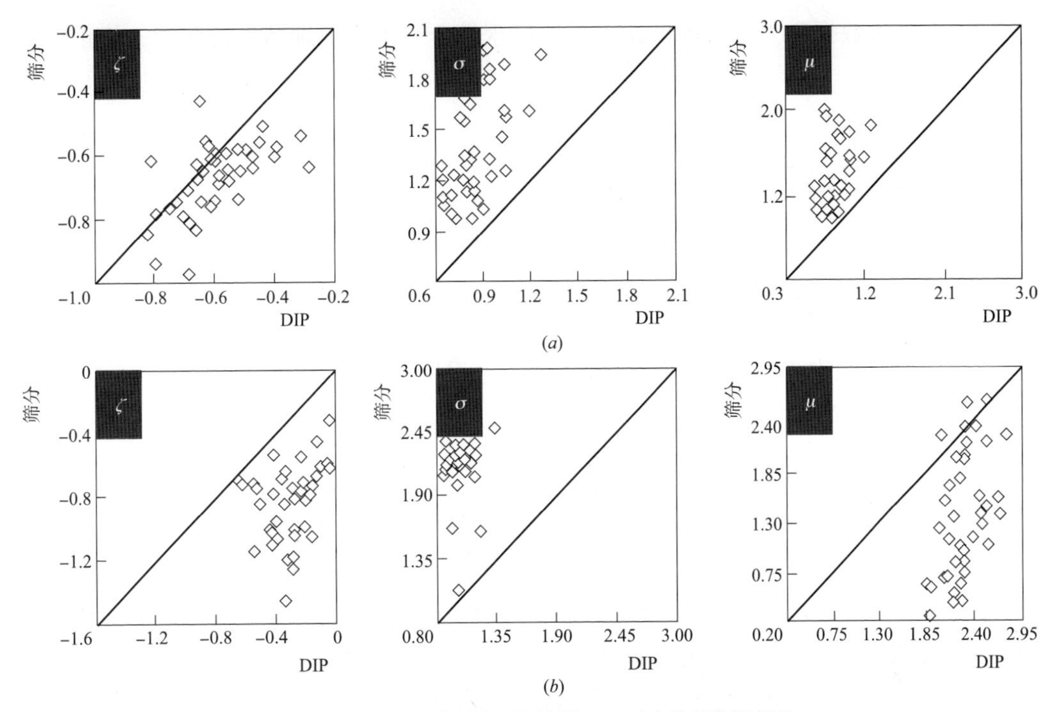

图 12-13　广义极值分布特征参数一一对应关系数据库图

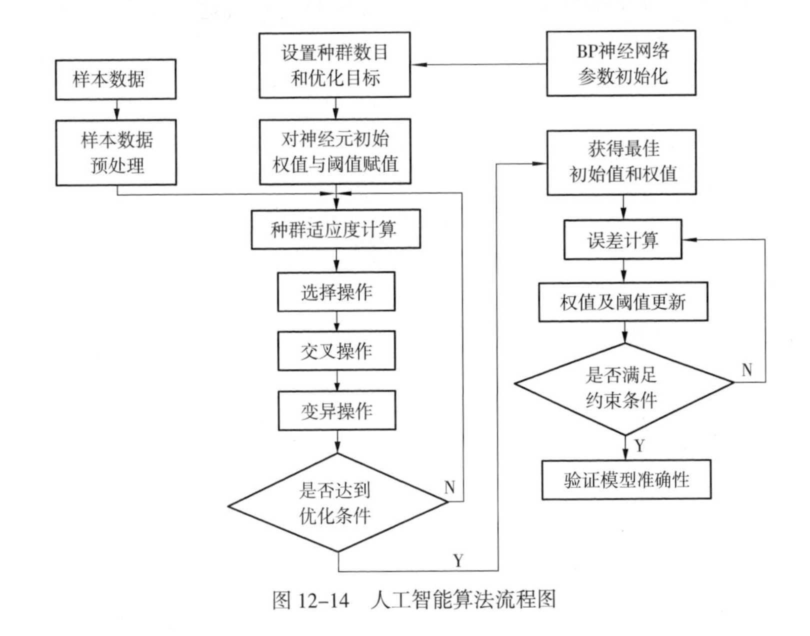

图 12-14　人工智能算法流程图

1）首次将图像处理技术运用到筑坝散粒料的级配检验之中，在处理精度和速度上，探究出了一套适用性很强的处理代码。

2）基于大数据统计思想，将大尺度的检验范围缩减到数个小尺度单位，在满足精度的基础上，大大地减少了工作量和识别的可操作性。

3）利用数学模型描述坝料颗粒的级配分布特征，通过数学模型参数刻画坝料颗粒的级配分布特点，实现了坝料级配特征的多维描述。

4）引入大数据和人工智能的技术手段实现筛分和图像识别结果的匹配，修正识别误差。

12.4 坝料压实检测

12.4.1 坑检法

坑检法即为灌水（砂）法。堆石料坑检法一般采用灌水法。

（1）灌水法操作步骤如下。

1）将测点处地面整平。

2）按照确定的试坑尺寸划出坑口轮廓线。堆石料试坑直径一般为最大粒径 2~3 倍，最大不超过 2m，试坑深度为碾压层厚。

3）在试坑处放上套环，铺上塑料薄膜，并使塑料薄膜与地面紧密相贴，往塑料薄膜里注水，至套环边沿最低处有水溢出为止，记录套环内水质量 m_1。

4）将套环内水及塑料薄膜取出，沿坑口下挖至要求的深度，开挖过程中尽量不要扰动套环。将试坑内的试样全部称量，记录其全部质量 m，取代表性试样测定含水率 ω。

5）试坑挖好后，将大于试坑容积的塑料薄膜沿坑底、坑壁铺满，并紧密相贴。

6）往开挖好的试坑内注水，至套环边沿最低处有水溢出为止，记录试坑内水质量 m_2。

（2）计算。

1）计算试坑体积：

$$V=(m_2-m_1)/\rho_w$$

式中　ρ_w——水的密度，g/cm^3。

2）计算试坑湿密度及干密度：

$$\rho=m/V$$

式中　ρ——湿密度，g/cm^3。

$$\rho_d=\rho/(1+\omega)$$

式中　ρ_d——干密度，g/cm^3。

12.4.2 三维激光扫描试验检测

三维扫描又称为实景复制技术，能够在短时间（10min）内快速获取物体表面三维几何点云信息，且精度高（3~5mm）、非接触，物体表面无需做任何处理（见图 12-15）。多次对施工区进行三维扫描分别记录坝面摊铺前、摊铺后及碾压密实后地面的三维几何点云信息，即

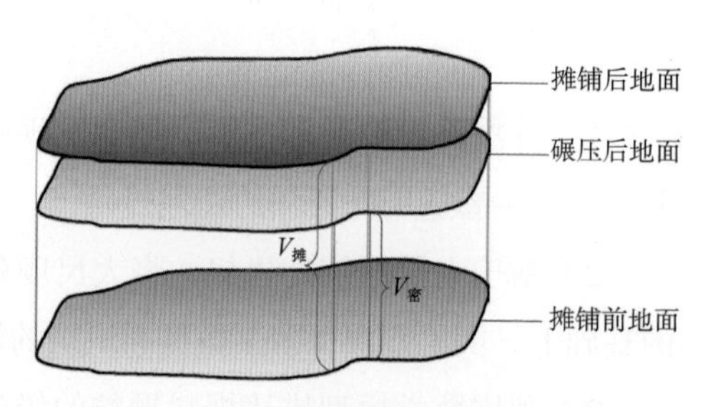

图 12-15　基于三维扫描的碾压密实度质量检测原理示意图

可测算出摊铺体积 $V_{摊}$和碾压密实后体积 $V_{密}$。有了某一时段的填筑方量以及该时段内的摊铺密度，即可计算确定坝体填筑密度。

填筑体压实中的密度通过测定试料的体积和重量而求得，由于摊铺土料的质量一定，所以只要测定体积的变化就可求出密度的变化。设某碾压层摊铺后的初始密度 ρ_0 为

$$\rho_0=\frac{W}{V_0}$$

式中 W——碾压层的总质量；

V_0——摊铺后碾压层的总体积。

随着碾压遍数的增加，松散填筑体体积逐渐减小而密度越来越大。假设碾压 n 次后填筑料的体积变为 V_n，且已压实层（碾压层的下层）的沉降可以忽略不计，则 n 次碾压后的密度 ρ_0 为

$$\rho_n=\frac{W}{V_n}=\frac{W}{V_0-\Delta V}=\frac{W}{V_0\left(1-\dfrac{\Delta V}{V_0}\right)}=\frac{\rho_0}{1-\eta_n},\quad \eta_n=\frac{\Delta V}{V_0}$$

式中 V_n——碾压 n 次后填筑体体积的减小值；

η_n——碾压 n 次后填筑体体积压缩率。

将上式按等比数列原理展开，得如下式：

$$\rho_n=\frac{\rho_0}{1-\eta_n}=\rho_0\left(1+\eta_n+\eta_n^{\ 2}+\eta_n^{\ 3}+K\right)$$

就大坝填筑碾压密实过程而言，填筑料从松散摊铺到碾压密实过程中体积压缩率不会超过 20%，因此 η_n 是一个小量，省略其高阶小量，上式可以表示为

$$\rho_n=\rho_0\left(1+\eta_n\right)$$

由上式可以看出坝体填筑碾压密度与填筑体积压缩率呈一次函数关系，因此只要测出坝体填筑碾压体积变化情况，即可计算出坝体填筑密度，也就能反映坝体填筑碾压质量。从更深层次地讲，坝体填筑体积压缩率 η_n 直接反映了坝体填筑质量的情况，而且它的量纲为 1，能够更好地反应填筑质量情况。

根据碾压密实质量检测原理，基于三维扫描的填筑体碾压密实质量检测步骤如下。

（1）点云获取。这里需要考虑使用匹配的三维扫描仪，选取适当的仪器架设点位、适当的点云精度与扫描距离。

（2）点云除噪。一方面要删除明显错误点（包括边界不稳定点）；另一方面采用点云环形分割除噪法删去噪点点云。

（3）点云配准。采用基于立面扫描点云的改进 ICP 法对点云进行配准，提高配准精度和效率。

（4）点云整体建模。用于计算整体碾压密度和整体体积压缩率，采用 Delaunay 三角网法建模。

（5）点云分块切割建模。用于计算任意局部点云碾压密实质量和体积压缩率。

（6）基于体积压缩率的碾压密实质量检测标准制定。

基于三维扫描的填筑体碾压密实质量检测流程见图 12–16。

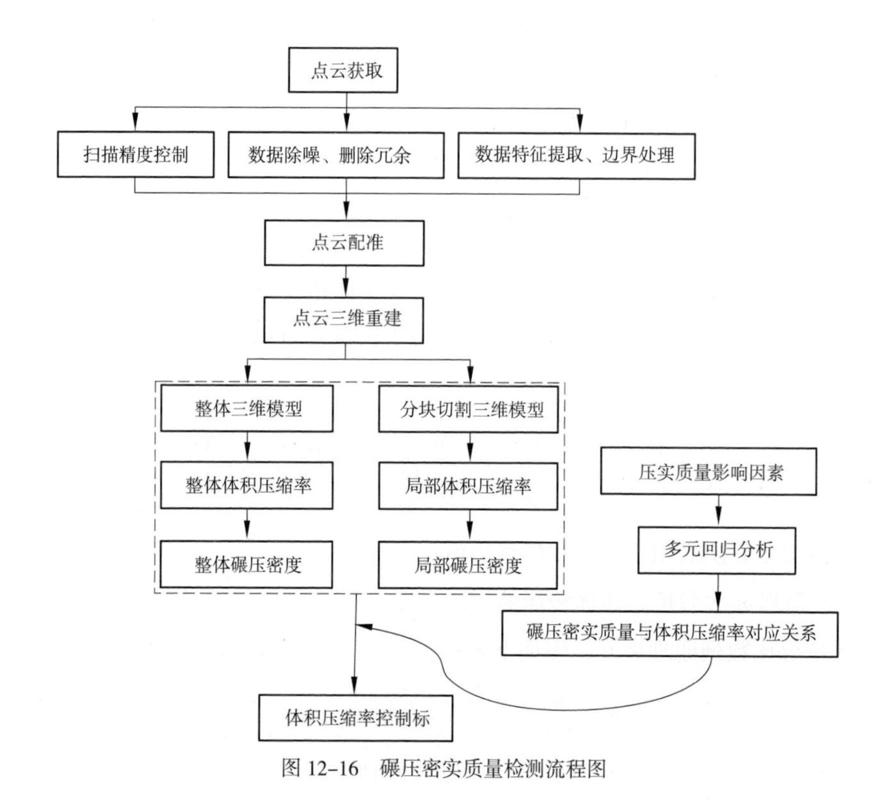

图 12–16　碾压密实质量检测流程图

12.4.3　基于地基反力的振动压实检测

坝料分层填筑压实是堆石坝施工中的关键工序，有效控制压实质量是保证大坝安全稳定运行的关键。现如今，在堆石坝工程中控制压实质量主要依靠人工控制碾压参数和现场挖坑取样检测的“双控”法。随着填筑规模的扩大，这种传统的压实质量控制方法已经无法满足现代化机械施工的要求。为实现快速、实时、准确地对坝料压实质量的检测，研发一种具有连续、自动、高精度等特点的压实质量检测方法很有必要。

为解决以上问题，在充分研究国际现有指标体系的基础上，从地基反力测试的原理和机制出发，结合信号分析中的振动加速度波形处理方法确定了 a_p、a_{rms}、CF、CMV 四个实时检测指标。通过试验共取得 340 余组试验数据，重点完成了三种类型的对比试验：不同碾压区域的对比、碾压参数的对比、实时检测指标 CF 值和 CMV 值的对比。结合统计学分析，建立了实时检测指标与碾压参数间的多元回归模型，确立了适合于堆石坝粗粒料检测的地基反力指标 CF，并分析了各个碾压参数对压实质量的影响情况。

12.4.3.1　技术原理

压实是用外力使材料压实度获得提高的作用方法。土中包含有矿物颗粒和孔隙，部分孔隙被水和空气填充。压实使颗粒发生位移，孔隙体积减小，颗粒间的水分和空气被挤压出来。在压实过程中，主要发生的物理现象是颗粒重新排列、互相靠近和小颗粒进入大颗粒的孔隙中。在压实过程中，土的塑性变形主要发生在静碾预压的前两遍，而在随后的振动压实过程中塑性变形则相对较小，土主要表现为弹性变形。直观的振动压实机理见图 12–17。

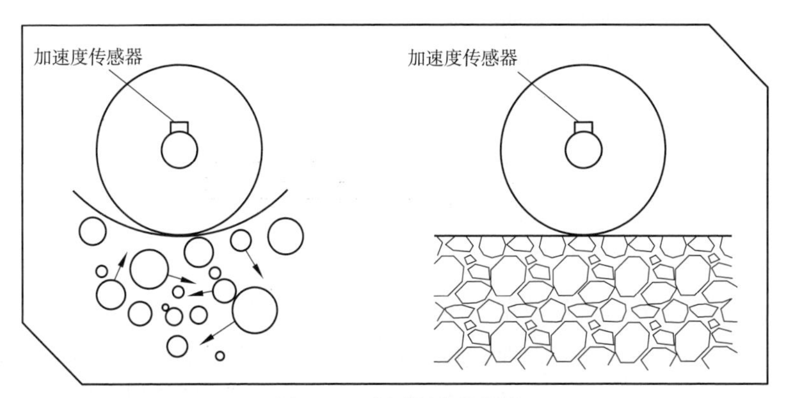

图 12–17　振动压实机理图

在长河坝水电站工程中，从能量原理角度对坝面碾压过程开展精细化研究。碾压机在振动的过程中产生压实能，这种压实能通过碾压做功的形式将压实能传递给坝料。在碾压初始阶段，坝料颗粒之间存在较大空隙，激振作用可以引起浅层坝料颗粒间产生相对运动，从而产生较大的各向的“揉搓力”，同时在碾压机自重产生的竖直向压力作用下使土石颗粒间重新排列。在碾压初期，碾压机的振动能量较多地传递给被压土体，经过多次碾压使一定厚度的土体趋于密实，土体刚度增大，阻尼变小。当碾压达到一定阶段后，碾轮振动能量无法传递给被压土体，达到一个相对平衡状态。

从压实能量的角度分析，振动碾压机内部产生的激振力是一定的，一部分转化为压实功，使被压土体内部结构发生重组；另一部分在减振系统中转化为热量耗费掉。对于指定的被压实材料，满足要求压实度的土体吸收的能量值是一定的。在压实前期，由于土体比较疏松，振动系统给予的压实能量全部被吸收，土体表现为压实不足。在压实后期，土体相对比较密实，系统施加的压实能量过剩，压实状况为过度压实，余下的能量会造成振动轮脱离地面产生跳振并与地面产生相对滑转。

根据理论分析，土体反力的幅值与振动轮加速度的幅值成正比。因此，在不考虑随振土体质量变化的情况下，振动轮的垂直振动加速度可作为表征土体反力大小的实时检测物理量，进而反映土体的连续压实状况。但由现场试验的检测结果可知，由于被碾压面上物料的差异，单一的振动加速度数据往往波动较大且存在一定的不确定性。为了确定适宜于堆石坝碾压质量监控的加速度检测指标，对碾轮振动加速度的时域信号进行分析和处理，选定以下四个加速度检测指标，通过现场碾压试验进行进一步的分析评测。

（1）加速度峰值。加速度峰值 a_p（acceleration peak value）指的是在一段振动信号中加速度数值绝对值的最大值。在国内外路基岩土材料的压实程度检测研究中，有研究人员将碾压轮的振动峰值加速度进行岩土填筑材料的压实质量检测，该方法称为加速度峰值法，但该检测指标在堆石坝填筑料上的检测效果还需要进一步检验。其数学表达式如下：

$$a_p = \mathrm{Max}\{|a_i|\} \quad (i=1, 2, \cdots, n)$$

式中 a_i——一个随机的加速度数值；

n——一段时间内加速度数据的样本量。

（2）加速度均方根值。加速度均方根值 a_{rms}（acceleration root mean square value），也称加速度方均根值或有效值，其数学表达式如下：

$$a_{rms} = \sqrt{\frac{1}{n}\sum_{i=1}^{n} a_i^2} = \sqrt{\frac{a_1^2 + a_2^2 + \cdots + a_n^2}{n}}$$

式中 a_i——一个随机的加速度数值；

n——一段时间内加速度数据的样本量。

该指标反映的是碾轮有效振动加速度，随着岩土材料的压实程度逐渐增大，土体对碾轮的反作用力也会增大，相应的碾轮振动加速度的 a_{rms} 值也逐渐增大。

（3）谐波比值。国内外对岩土材料压实过程中振动信号的变化特征研究表明，随着土体的逐渐碾压密实，土体刚度逐渐增大，碾压轮与土体之间逐渐转变为刚性接触，碾轮的振动加速度时域信号由标准的正弦波逐渐产生畸变，从波形上来看产生一些“毛刺”（见图 12-18 和图 12-19）。

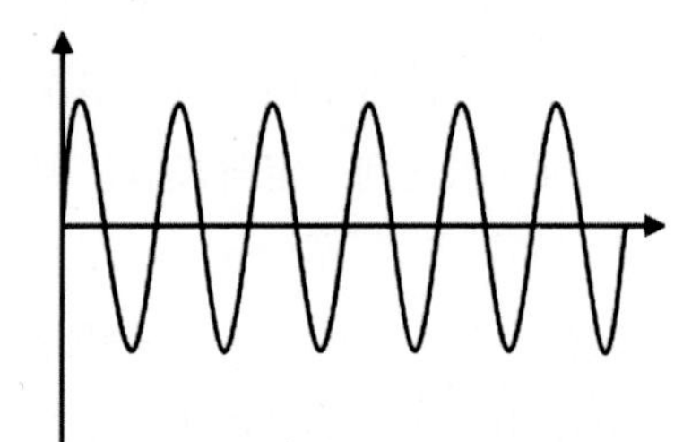

图 12-18　理论振动加速度时程曲线图

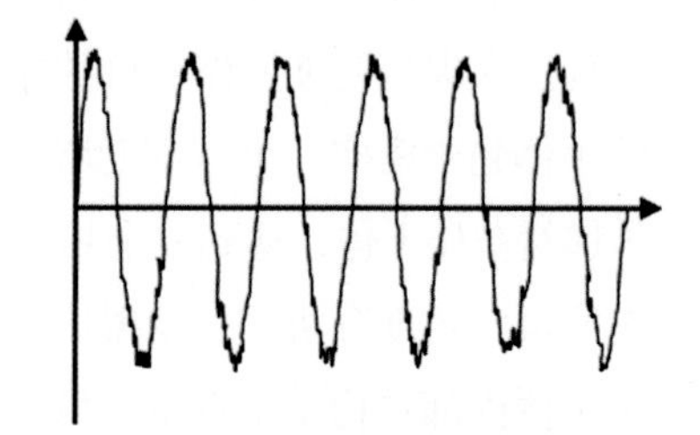

图 12-19　实测振动加速度时程曲线图

目前在岩土材料压实质量检测领域，对这种振动时域信号畸变程度和特征进行描述的主要为频域分析的谐波比值指标。研究人员指出，随着碾压的进行，岩土材料与碾压轮之间逐渐转变为刚性接触，振动信号的频率组成成分也发生了变化，由单一的碾轮主振频率成分向具有较多谐波成分进行转化，且谐波分量的幅值逐渐增大，进而影响到振动时域信号发生畸变。谐波比指标就是对振动时域信号进行频域转化，将碾轮振动加速度信号频域的二阶幅值和基频幅值的比值再乘以放大系数得到，基于此指标研发了相应的压实度检测仪，在路基压实质量检测领域进行了较大范围的推广和应用。该指标的计算表达式如下：

$$CMV = C \cdot \frac{A_1}{A_0}$$

式中 A_1 和 A_0——碾轮振动加速度信号频域的二次谐波幅值和基频幅值；

C——放大系数，一般取值为 300。

（4）振动峰值因数。振动峰值因数 CF（crest factor）是电气系统中用来评价交变电流的常用指标，是一个无量纲值，指的是周期信号波形的峰值与有效值之比，又称波峰因数。该指标的计算表达式为

$$CF = C\frac{a_p}{a_{rms}}$$

式中 a_p——加速度峰值；

a_{rms}——加速度均方根值；

C——放大系数。

在长河坝水电站工程开展的研究中取为 10。

在电学中该指标的物理意义为描述一个交流电源在不失真的条件下，输出峰值负载电流的能力，在一个标准的正弦波形中该指标的数值为 1.414，当信号波形发生畸变时，其数值会发生明显变化。在本书中引入 CF 指标从时域角度来描述非标准的碾轮机械正弦波振动信号的畸变程度，描述的是被碾压土体对碾轮输出峰值振动加速度的能力，即土体对碾轮产生最大反作用力的能力。在长河坝水电站工程中，通过现场碾压试验评估 CF 指标的检测效果，并和以上三种检测指标的数据结果进行比对。

12.4.3.2 研究思路及技术路线

依托长河坝水电站心墙堆石坝工程开展研究，借鉴路基工程建设和 RCC 筑坝相关的工程经验，针对大坝主体填筑工程开展一系列试验研究，针对堆石坝填筑压实度检测，通过试验和应用研究，探索适合的快速检测方法。检测碾压机在各种坝面填筑工况下的物理性能参数，并分析其与坝面压实度的相关关系。力求通过对坝料填筑过程的量化精细研究，在目前已有研究基础上，结合相近工程领域，深入了解并研究堆石坝振动压实机理，提出新的堆石坝压实质量检测指标。具体的技术路线如下。

（1）建立振动轮——土体动力学模型，深入研究振动碾压机振动压实机理，通过压实机理确定出可用于实际压实质量检测的实时检测指标。必要时可以借助离散元数值模拟方法从细观角度对碾压机和被碾压面的各项物理参数变化进行定性研究。

（2）确定现场碾压试验方案，协调相关人员开展现场碾压试验，测试在各种试验工况下的碾压振动速度、加速度、主振频率等波形数据，同时结合传统灌水法检测各种工况下的压实参数。

（3）借助 Matlab、Origin 等软件对获取的速度、加速度时程曲线进行数据处理，导出振动轮能量计算公式，用 SPSS 软件进行回归分析，建立碾压能量和压实质量的相关关系；结合现场压实质量检测数据，对相关关系进行修正。

（4）借助 Matlab、DHDAS 动态信号分析软件对测得的土体内部压应力数据进行处理，分析碾压过程中颗粒的运动规律、密度形成机制及压实特性，探求土体压实机理，并以此为依据从能量角度分析堆石坝碾压过程中，土体各层应力的分布与传递规律及压实能量的分布与吸收状况，为基于地基反力测试的车载压实度实时检测指标提供理论支撑。

研究思路和技术路线见图 12-20。

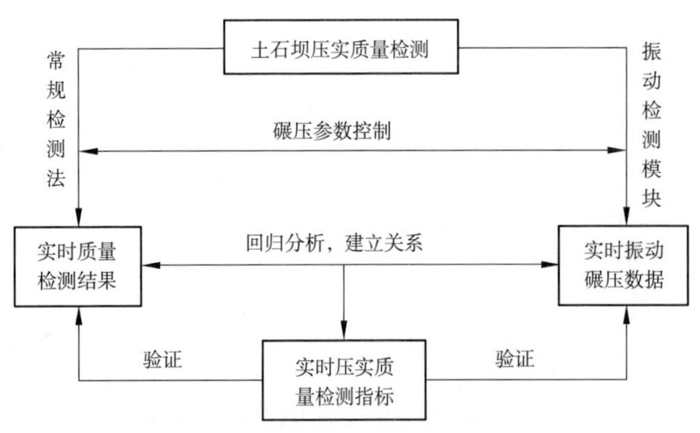

图 12-20 研究思路和技术路线示意图

12.4.3.3 试验方法

（1）基于地基反力测试的车载压实度实时检测技术和方法。首先结合不同筑坝材料的碾压施工开展试验性测试，主要结合碾压机振动频率和幅值特性，开展振动测试设备和传感器选型研究，同时初步探讨振动波形数据的幅值和频率特性。

针对堆石坝，特别是堆石料碾压施工过程中物料块度差异性大等特点，开展车载振动测试数据的分析方法研究，在频谱分析等常规方法的基础上，借助小波理论等现代信号处理方法，开展实测振动波形滤波和参数分析，并结合现场坑检法，探索振动幅值、加速度、频率等参数与压实度的关系，获取合适的评价参数和指标。通过现场试验和应用，尝试结合 GPS 定位信息，开展堆石坝施工单条带和多条带立体实时检测评价技术研究。

（2）坝料填筑碾压内部应力检测技术及测试装置。目前，通过土体内部应力检测来分析不同颗粒料压实机理及碾压过程中，土体应力分布情况已经在黄土路基工程中得到了一定的应用，但在应用过程中存在测点布设、数据处理等实际问题。利用现有资源，基于已有的细颗粒料中测量土压力的技术，开展堆石坝坝料内部应力检测技术研究，重点开展以下两方面的研究工作。

1）针对不同坝料，在不同深度、不同位置布设土压力盒，通过测试结果分析碾压过程中颗粒的运动规律、密度形成机制及压实特性，探求土体压实机理，并以此为依据从能量角度分析堆石坝碾压过程中，土体各层应力的分布与传递规律及压实能量的分布与吸收状况，为基于地基反力测试的车载压实度实时检测指标提供理论支撑。

2）在以上研究结果的基础上进一步开发出一套检测装置，从宏观和微观的角度分析实时检测指标的实用性及可靠性，进一步将检测指标已实际装置的形式表现出来，应用到实际工程中，达到坝料压实度实时自动化检测的目的。

（3）综合检测方法的相关性验证和对比研究。对堆石坝各类坝料压实度的不同检测方法进行对比试验验证，了解不同方法及检测结果的差异和相关性，总结得到合理的高堆石坝压实度检测方法和控制指标。

12.4.3.4 试验内容

堆石区坝料在级配上存在很大的不均匀性，最大粒径可达 1000mm，其他坝料的参数和心墙料、反滤料也存在较大差异。为此在下游侧堆石区进行两组碾压试验，寻求一个初步的对应关系。下游堆石区碾压试验记录见表 12–7。

表 12–7　　下游堆石区碾压试验记录表

碾压遍数	完成时间/s	平均速度/(m/s)	峰值加速度/(m/s^2)	均方根加速度/(m/s^2)	基频幅值	二次谐波幅值	n	C_v
1	82	0.610	113.681	48.697	55.167	4.123	300	22.421
2	76	0.658	116.886	46.197	57.236	7.138	300	37.414
3	79	0.633	111.515	49.024	49.248	4.960	300	30.214
4	78	0.641	112.918	46.447	48.890	8.188	300	50.243
5	77	0.649	105.502	49.250	51.825	5.953	300	34.460
6	74	0.676	120.457	46.985	41.460	10.949	300	79.226

下游堆石区碾压关系见图 12–21。

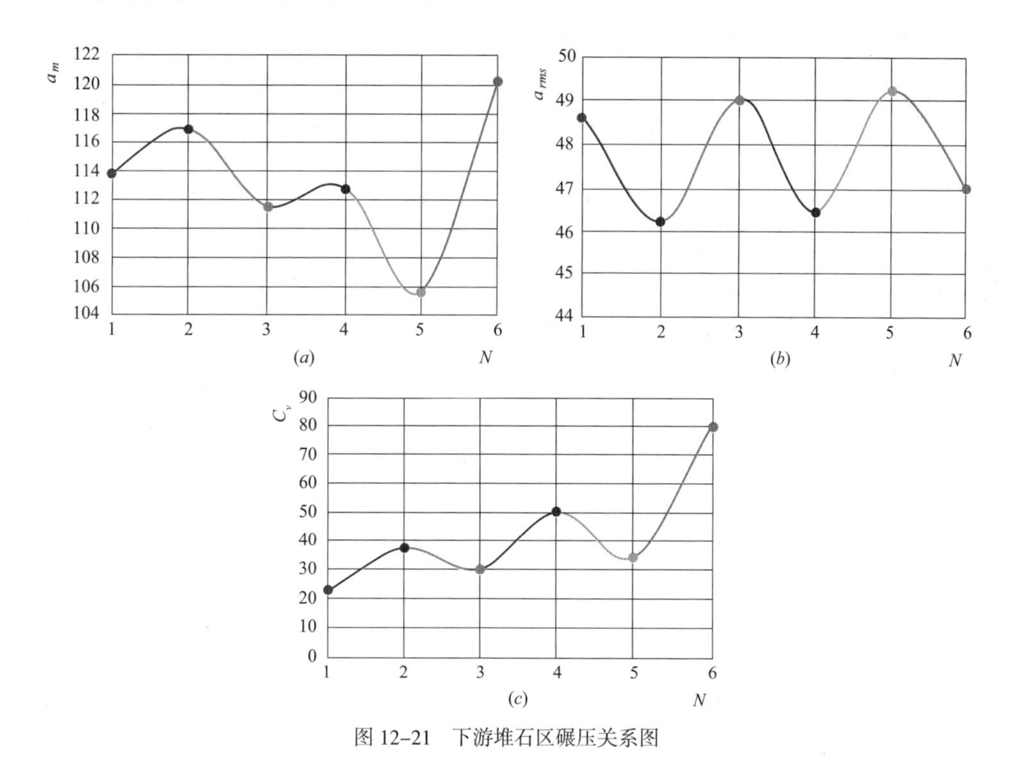

图 12–21　下游堆石区碾压关系图

从图 12–21 中可以看出，堆石区碾压关系可以总结得出以下结论。

（1）在堆石区，随着碾压变数的增加，振动峰值加速度、均方根加速度和 C_v 值均呈现波浪交替变化，但是总体关系仍然呈现峰值加速度随碾压变数增加而减小，均方根加速度随碾压变数增加而增大，C_v 值随碾压变数的增加而增大，这和心墙原地振压的规律有一定的相似性。

（2）曲线出现波浪交替变化的原因：由于在碾压过程中是连续监测的，出现交替变化反映了振动压路机在前进和后退呈现不同的工作状态，振动碾的物理参数（如激振力、振幅等）发生了细微的变化，导致在数据统计中得出不同的结果。

分别在心墙料、反滤料（反三）、过渡料、堆石料进行了 4 次共计 9 组条带的碾压试验。为了充分探究碾压遍数与振动加速度的关系，在过渡料区将每个条带的碾压遍数增加至 12 遍。

堆石料加速度峰值趋势见图 12–22，堆石区碾压 a_{rms} 变化趋势见图 12–23，堆石料 C_v 值与碾压遍数关系见图 12–24，堆石区碾压 a_{rms} 与碾压遍数关系见图 12–25，平均 a_m 和 a_{rms} 与碾压遍数的关系见图 12–26。

从图 12–22~ 图 12–26 中可以看出：

（1）根据本次试验得到的数据，可以看出在过渡料和堆石料上，碾压均方根加速度能够较好地反映坝面压实情况，随着碾压遍数的增加，a_{rms} 基本呈线性上升。

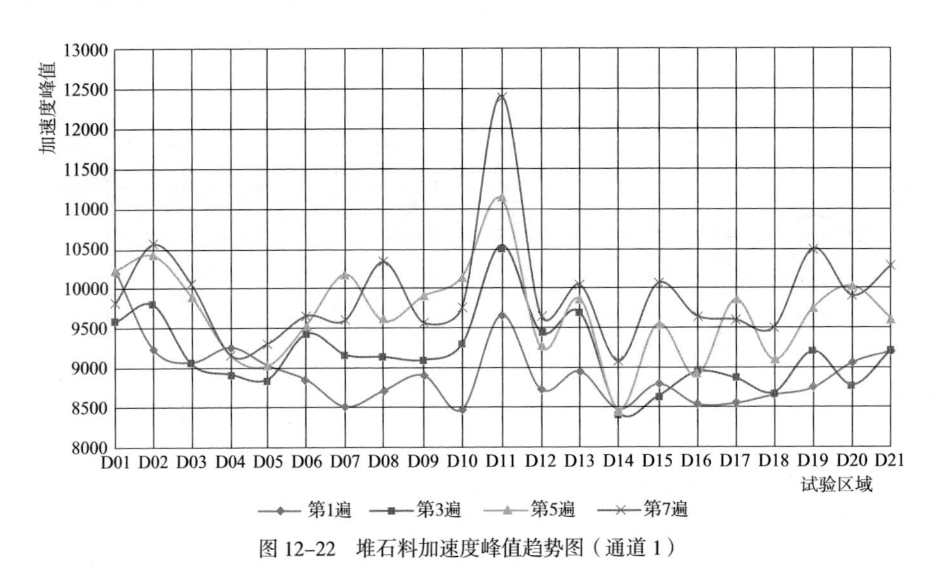

图 12–22　堆石料加速度峰值趋势图（通道 1）

图 12–23　堆石区碾压 a_{rms} 变化趋势图（通道 1）

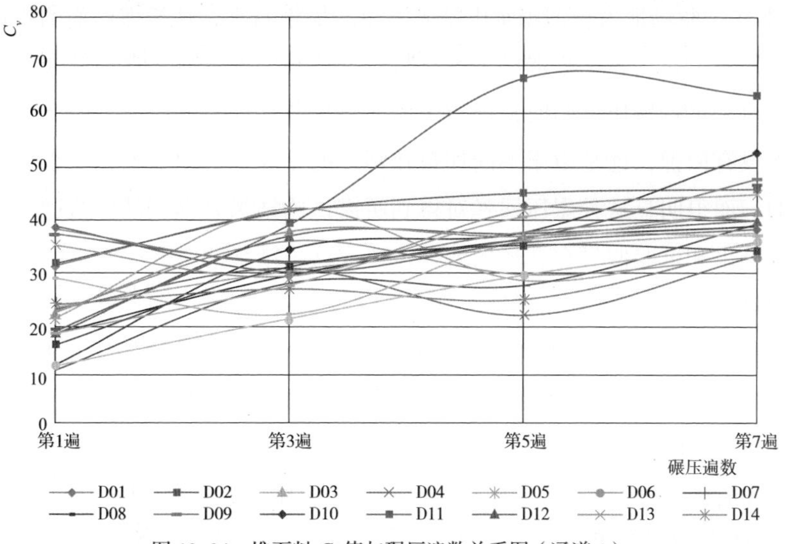

图 12-24　堆石料 C_v 值与碾压遍数关系图（通道 1）

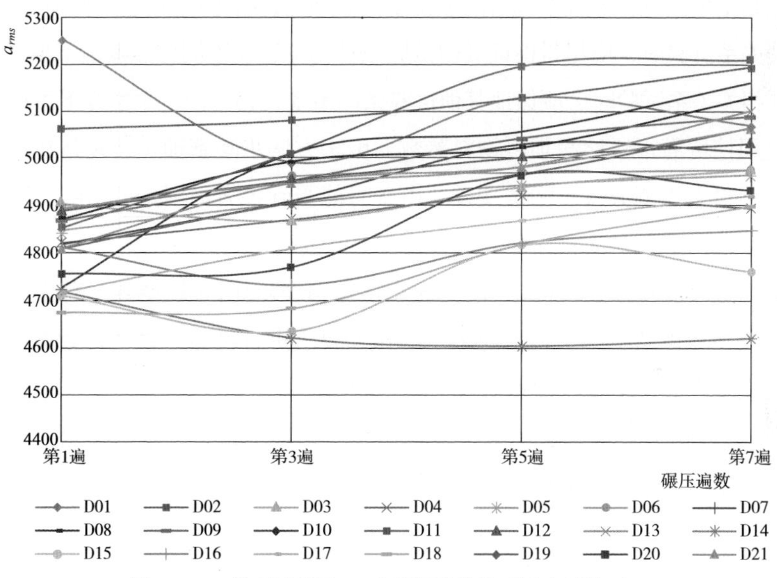

图 12-25　堆石区碾压 a_{rms} 与碾压遍数关系图（通道 1）

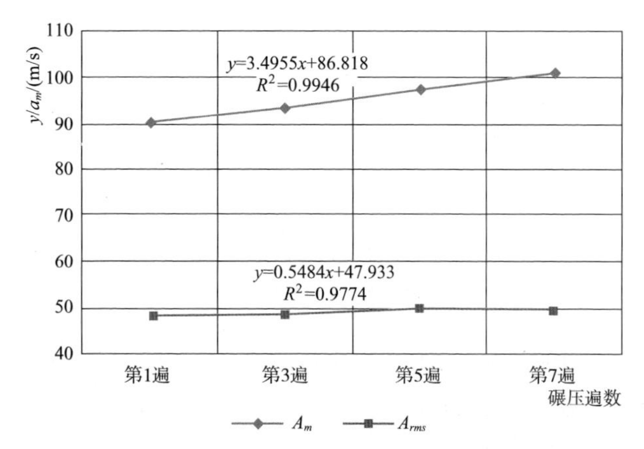

图 12-26　平均 a_m 和 a_{rms} 与碾压遍数的关系图

（2）本次试验场地为长河坝水电站砾石土心墙堆石坝，从被碾压面的物理性质上来说，试验中的各填筑坝料（心墙料、堆石料、反滤料、堆石料）存在较大的差异。在心墙料和反滤料上进行碾压试验时，被压土体在碾压时存在较大回弹，而在过渡料和堆石料上则几乎没有回弹，这是由于不同坝料弹塑性的差异，再加上超孔隙水压力的存在等因素造成的。而很明显这种碾压回弹对得到所需试验结果是不利的。通过试验发现部分区域的试验结果和试验假设存在较大偏差，造成这一结果的主要原因是因为不同坝料间物理性质的差异。

（3）在相同的试验环境和相同的测试条件下，C_v 这种谐波比值的方法并不能较好地反映压实度随碾压遍数的关系，而通过数据处理后的加速度幅值（峰值、均方根值、平均值、比值）则能在堆石料和过渡料上取得较好的效果。由其他学者研究成果和本次试验可以推断，在土料等细料上的车载压实度实时检测采用谐波比值法较好，而在堆石料等大粒径粗料上加速度幅值法试验效果较好。

采用控制变量法进行试验，选取的碾压条带必须保证各碾压区间上摊铺均匀。在进行碾压遍数相关关系试验时，应尽量保证其他试验条件不变，在不同碾压遍数下取样检测。在进行行车速度相关关系试验时，应保证其他试验条件不变，在不同行车速度下进行取样检测。

现场使用挖坑灌水法检测坝料物料参数，由于方法步骤繁琐（特别是在堆石料区），在各不同种坝料上检测方式可酌情安排。由于可能受到各方面因素的制约，本次试验的重点应放在过渡料区上。本试验方案中以过渡料为例进行说明。

按照第二阶段试验方案，将每个碾压条带分为10个碾压区域，碾压过程中，严格按照“长河坝水电站大坝坝体填筑施工技术要求”的相关要求进行试验，每个奇数遍检测 1 次。振动加速度的记录仍然使用参照传感器人工激振标记的做法。

1）碾压遍数相关关系试验。碾压试验在同一条带上进行，静碾 2 遍，振碾 9 遍。振动碾碾压路线见图 12–27，其中偶数区间为缓冲区。

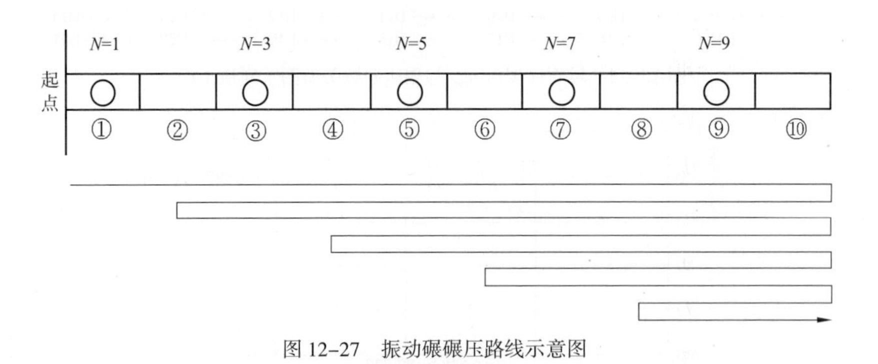

图 12–27　振动碾碾压路线示意图

①～⑩—碾压条带编号

碾压机分别在下游过渡区和下游堆石区进行两组对比试验，碾压机分别在均速、低速、高速条件下开展试验。为了尽可能减少物料差异对试验的影响，本次试验选取了三个相邻的碾压试验条带，尽可能避免坝料差异性对试验结果的影响。下游堆石区的试验中由于碾压机在试验过程中发生故障，仅有 v=2.2km/h 和 v=2.6km/h 两组试验数据，下游过渡区检测指标随行车速度变化趋势见图 12-28，下游堆石区检测指标随行车速度变化趋势见图 12-29。

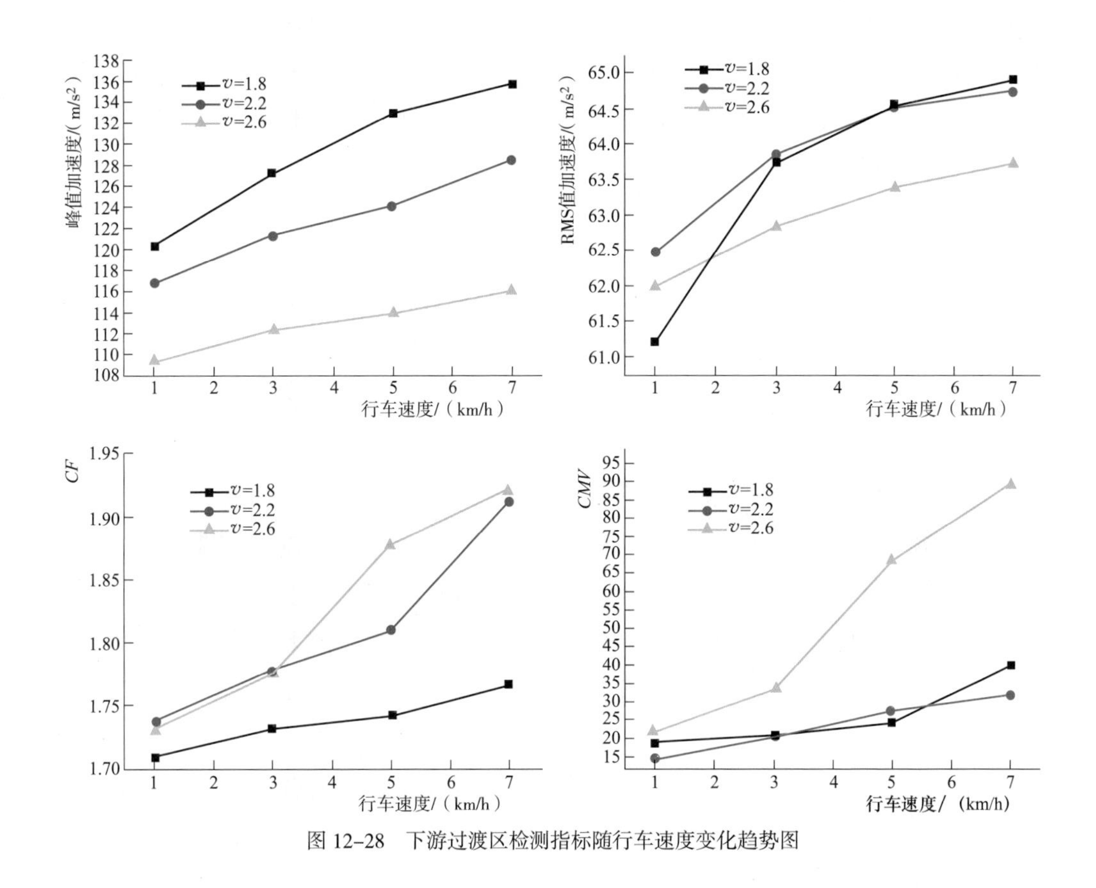

图 12-28　下游过渡区检测指标随行车速度变化趋势图

2）行车速度相关关系试验。碾压试验在相邻两个条带上进行，静压 2 遍，振压 8 遍。行车速度控制在三个挡位：正常挡位 45m/min，低速挡位 35m/min，高速挡位 55m/min。

3）铺料厚度相关关系试验。碾压试验在两个条带上进行，静压 2 遍，振压 8 遍。铺料厚度 30cm、50cm、80cm。分别在每个奇数遍记录振动加速度数据。

试验在不同的碾压参数条件下，采用控制变量的方法分别检测改变各个碾压参数对压实效果的影响，可以初步得出以下结论。

1）行车速度、碾压遍数、铺层厚度等碾压参数的改变均对压实情况产生影响。其中行车速度和铺层厚度与压实度存在明显的负相关关系，碾压遍数与压实度存在明显的正相关关系。各个碾压参数的影响力大小将在结果分析中进一步讨论。

2）结果比较符合试验预期和假设，从能量原理来看，行车速度增大，碾压机在单位面积上的停留时间减少，导致土体吸收的能量减少，压实效果较差。铺层厚度增大，土体整体刚度减小，完全压实所需的压实能量增大，需要更多的碾压遍数才能达到标准要求。

3）本阶段的试验进一步验证了 CF 值评价堆石坝粗粒料压实质量情况的科学性和实用性，a_p、a_{rms}、CF、CMV 四个由地基反力测试衍生出的检测指标均能在一定程度上反映坝

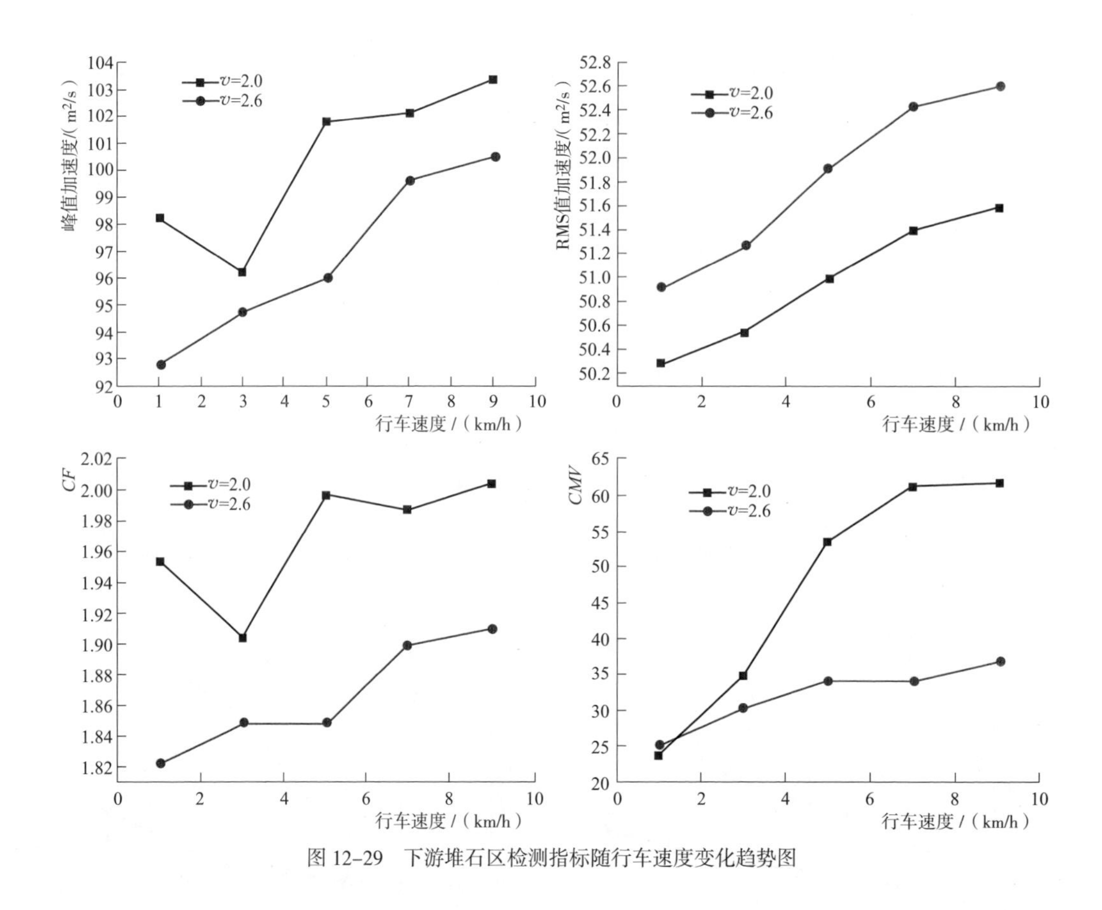

图 12-29 下游堆石区检测指标随行车速度变化趋势图

料填筑压实质量变化情况，在这四个指标中，*CF* 值在试验中数据稳定性较好，在不同碾压区域均较符合压实作业实际情况。

4）在碾压遍数相关关系试验中可以看出，在不同碾压遍数条件下压实情况的变化趋势，*CF* 值能作为压实质量检测的表征指标，*CF* 值与现场试坑检测指标也具有较好的相关性。

在压路机碾压土体的过程中，在机械能的作用下，土体内部颗粒产生重分布现象，粗细颗粒重新排列，大颗粒相互挤压原有的孔隙，细颗粒进入大颗粒的孔隙中掺杂包裹，在外部表现为土体逐渐压实，孔隙率逐渐减小，土体由松散体逐渐变为似刚体。

从能量角度来看，土体碾压密实的过程就是土体逐渐吸收碾压能量的过程，在碾压密实的过程中，土体刚度 K 逐渐增大，土体阻尼 c 逐渐减小，土体达到似刚体状态时，土体不再吸收碾压能量，表现为地基反力逐渐增大。在前三个阶段分析得出的振动加速度峰值因素指标 *CF* 值也表现出先逐渐增大，最后趋于稳定的规律。

试验过程中土压力盒应力检测结果见图 12-30。

在土体逐渐碾压密实的过程中，土体内应力 σ 会逐渐增大最后趋于稳定，每次振动碾经过时，应力 σ 会有波动。碾压刚开始时波动较大，随着碾压的进行，土体逐渐密实，应力 σ 的波动会逐渐减小，最后趋于稳定，应力 σ 的变化大小代表的就是土体吸收能量能力的大小，其变化量 $\Delta\sigma$ 的变化过程代表的就是土体吸收能量的过程。在土体逐渐碾压密实由松散体变为似刚体状态的过程中，土体吸收能量的能力逐渐变小，$\Delta\sigma$ 的变化也会

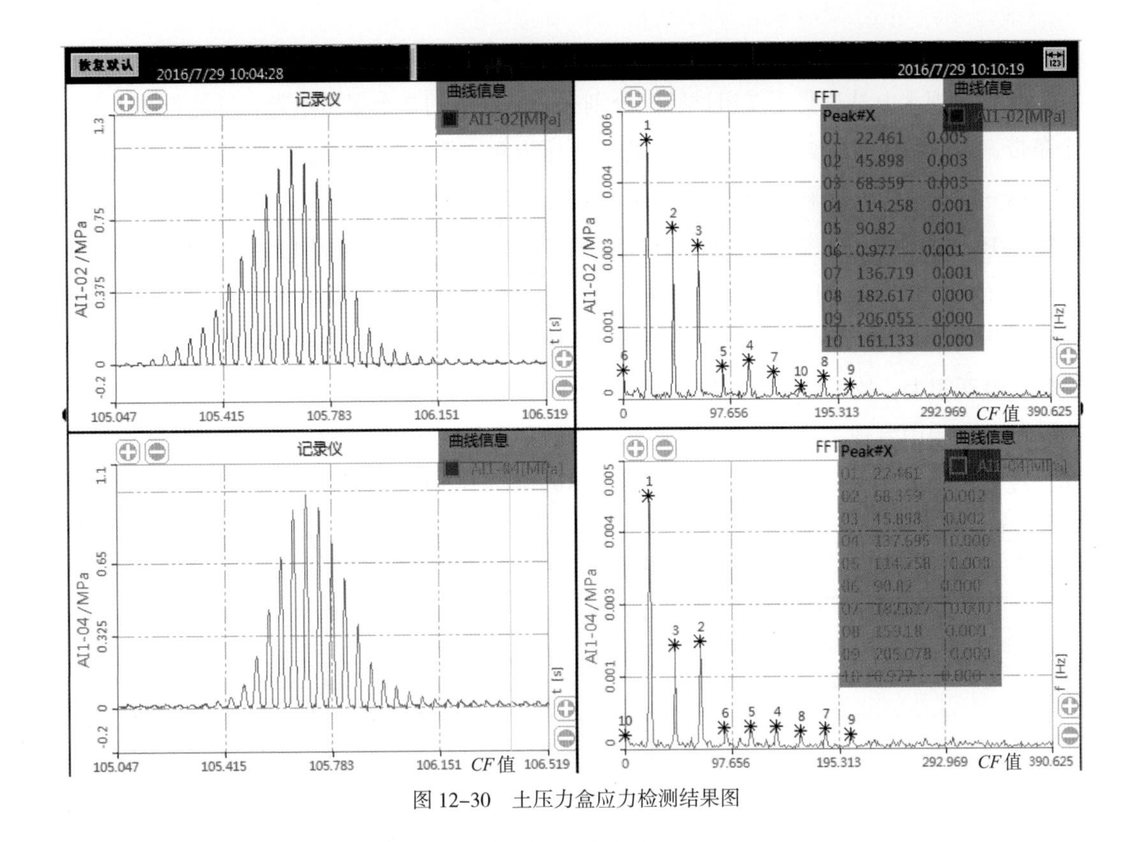

图 12–30　土压力盒应力检测结果图

逐渐减小，最后趋于 0，此时压路机再进行碾压时可能会出现跳振现象，$\Delta\sigma$ 的变化可能会突然增大。

在压路机由近及远碾压经过测点的过程中，振动轮释放的能量呈 45° 向土体内扩散传播，在压路机还没到达测点正上方时，振动能量已经传播到测点，土体应力 σ 已经开始变化，土体开始吸收能量，所以单纯的分析测点处应力峰值并不能说明能量的变化情况，在此引入应力变化量冲量 $I_{\Delta\sigma}$ 指标：

$$I_{\Delta\sigma}=\int\Delta\sigma\mathrm{d}t$$

式中　$I_{\Delta\sigma}$——应力冲量；

σ——应力，MPa；

t——时间，s。

应力变化量冲量指标表征的是应力对时间的积累效应，反应的是在压路机碾压 1 遍的整个过程中测点处应力的变化量，即所接收到的能量大小；$I_{\Delta\sigma}$ 越大，表示土体越松散，地基反力越小，传递到土压力盒的能量越多，$I_{\Delta\sigma}$ 越小，表示土体越密实，地基反力越大，传递到土压力盒的能量越少。因此，可以认为前后两遍整个碾压过程传递到土压力盒的能量差 $I_{\Delta\sigma}$ 的变化值 $I_{\Delta\sigma}=I_{\Delta\sigma1}-I_{\Delta\sigma2}$ 即为土体所吸收的能量大小。

应力 $\sigma=\dfrac{F}{A}$，振动轮的动力学方程为 $F(x)=Mx+P\sin\omega t$，则 $\sigma=\dfrac{Mx+P\sin\omega t}{A}$，当压路机振动参数 M、P、f 一定时，应力与振动轮的加速度 x 间呈线性关系，所以可根据测点处的

应力峰值分析其与振动轮加速度的相关关系。

在长河坝水电站进行了 7 组试验，分别在心墙料上的 2 个碾压条带、反滤料 2 上的 3 个条带、反滤料 3 上的 2 个碾压条带中埋设土压力盒，其中心墙料的试验情况如下。

第一组试验，心墙料铺层厚度 30cm，碾压机行进速度 2.5km/h，采用低频高振，振动频率 27Hz，静碾 2 遍、振碾 14 遍（标准碾压遍数为静碾 2 遍、振碾 12 遍）。第一次测试未在碾压机上布置加速度与速度传感器，仅在土体内中、下层埋设土压力盒。因心墙的碾压机为凸块碾，突出部分约有 10cm，若在上层埋设土压力盒，则会直接接触到凸块碾，测试数据跳跃很大，故不在上层埋设，土压力盒布置见图 12-31。

试验过程中发现土压力盒 2、土压力盒 3 数据异常，测试完毕后经检测发现传感器损坏，故土压力盒 2、土压力盒 3 数据无效。心墙料应力变化量冲量与碾压遍数关系分别见图 12-32~ 图 12-34。

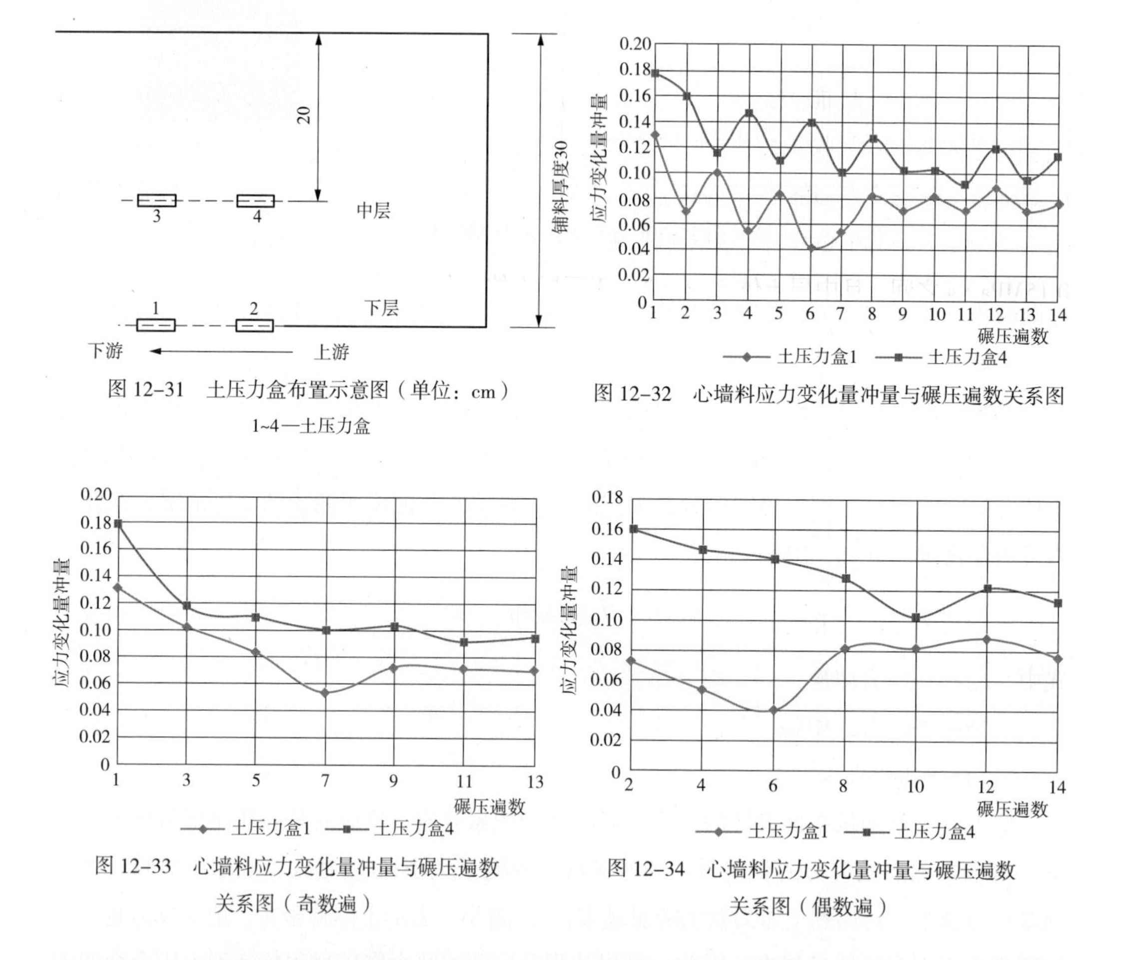

图 12-31　土压力盒布置示意图（单位：cm）

1~4—土压力盒

图 12-32　心墙料应力变化量冲量与碾压遍数关系图

图 12-33　心墙料应力变化量冲量与碾压遍数关系图（奇数遍）

图 12-34　心墙料应力变化量冲量与碾压遍数关系图（偶数遍）

经过对长河坝水电站第四阶段 7 个碾压条带的试验数据分析总结，并对前三个阶段中分析得出的 *CF* 指标进行对比分析，可得以下结论。

A. 对 5 个碾压条带试验过程中 *CF*、*CMV* 指标与碾压遍数的相关性进行分析统计（见表 12-8），从表 12-8 中可以看出，在心墙料上 *CF* 指标与碾压遍数的相关系数达到 0.693，而传统的*CMV*指标则只有0.587；在反滤料上*CF*指标与碾压遍数的相关系数均在0.78以上。由此可见前三个阶段试验中在堆石料、过渡料和反滤料上取得良好效果的*CF*检测指标在长河坝水电站心墙料和此次试验的反滤料上仍有良好的规律性。

表 12-8　各坝料上*CF*、*CMV*检测指标与碾压遍数相关性分析统计表

检测指标 / 坝料相关系数 R	*CF*		*CMV*	
	线性模型	双曲模型	线性模型	双曲模型
心墙料（02）	0.690	0.693	0.587	0.558
反滤料 2（02）	0.922	0.913	0.855	0.842
反滤料 2（03）	0.945	0.940	0.898	0.860
反滤料 3（01）	0.845	0.840	0.901	0.872
反滤料 3（02）	0.784	0.788	0.960	0.964

B. 表征测点处所能接收到的能量大小的应力变化量冲量 $I_{\Delta\sigma}$ 指标可有效反应碾压过程中土体内部传递与吸收能量的变化情况，$I_{\Delta\sigma}$ 越大，土体越松散，$I_{\Delta\sigma}$ 越小，土体越密实，随着碾压的进行，$I_{\Delta\sigma}$ 逐渐减小最后趋于稳定。综合分析比对此次长河坝 7 组碾压条带试验的 $I_{\Delta\sigma}$ 值发现，在心墙料上碾压机振碾至第 8 遍、第 9 遍、第 10 遍时，$I_{\Delta\sigma}$ 稳定在 0.1~0.15MPa · s 之间，且中层土体 $I_{\Delta\sigma}$ 值要大于下层土体；在反滤料 2 上碾压机振碾至第 5 遍、第 6 遍、第 7 遍时，$I_{\Delta\sigma}$ 稳定在 0.1~0.15MPa · s 之间，且上层土体 $I_{\Delta\sigma}$ 值大于中层土体，中层土体 $I_{\Delta\sigma}$ 值大于下层土体；在反滤料 3 上碾压机振碾至第 5 遍、第 6 遍、第 7 遍时，$I_{\Delta\sigma}$ 稳定在0.1~0.18MPa·s之间，且上层土体$I_{\Delta\sigma}$值大于中层土体，中层土体$I_{\Delta\sigma}$值大于下层土体。

C. 对 7 个碾压条带试验过程中 $I_{\Delta\sigma}$、*CF*、*CMV* 指标趋于稳定的碾压遍数进行统计（见表 12-9）。从表 12-9 可以看出，心墙料在碾压至第 10 遍时各检测指标已均达到稳定，反滤料在碾压至第 6 遍时各检测指标已均达到稳定。在心墙料和反滤料碾压完成后进行试坑检测，发现压实度和相对密度均大幅度超过碾压标准，在心墙料上还出现过碾状态，对试验中对反滤料碾压第 2 遍、第 4 遍、第 6 遍、第 8 遍后进行试坑检测相对密度，发现在振动碾碾压第 6 遍之后相对密度已达到要求的 0.85，由此可以推测心墙料在振动碾碾压至第 10 遍时已达到压实状态，反滤料在碾压至第 6 遍时已达到压实状态。

表 12-9　各检测指标趋于稳定的碾压遍数表　单位：遍

坝料 / 指标	心墙料（01）	心墙料（02）	反滤料 2（01）	反滤料 2（02）	反滤料 2（03）	反滤料 3（01）	反滤料 3（02）
$I_{\Delta\sigma}$	9、10、11	7、8、9、10	5、6、7	5、6、7	6、7、8	5、6、7	5、6、7
CF	—	7、10	—	5、6	6、7	6、7	5、6
CMV	—	7、8	—	6、7	7、8	6、7	6、7

注　心墙料（01）和反滤料 2（01）试验时没有安装加速度传感器，故没有 *CF* 和 *CMV* 指标的数据。

通过试验共取得试验数据 340 余组，试验数据均在不同工况下取得。通过现场碾压试验、信号分析、试验数据处理和统计学分析等研究工作，得出以下几点结论。

a. 试验中所用的四种基于地基反力测试的检测指标均能在一定程度上反映堆石坝填筑压实质量，综合多个碾压参数条件下各项检测指标的回归模型可以看出，*CF* 值在本阶段的现场碾压试验中取得了较好的试验效果，检测误差在工程许可的范围内，此指标可以用于堆石坝粗粒料的压实质量实时检测。

b. 分析了实时检测指标与碾压遍数和坑检法压实度的相关关系，得出了相应的单因素相关关系式，验证了用 *CF* 值来表征堆石坝粗粒料常规压实检测参数（如干密度、相对密度、孔隙率等）的适用性。

c. 建立了实时检测指标与碾压参数的多元回归模型 $CF=f(h, n, v)$，进一步反映了各个碾压参数对堆石坝压实质量的影响情况，从侧面验证了 *CF* 指标作为堆石坝粗粒料压实质量控制标准的可行性。

d. 从 *CF* 和 *CMV* 两种回归模型结果分析比较可以看出，粗粒料在同种试验条件下，*CF* 指标的平均相对误差为 2.22% 和 3.73%，而 *CMV* 指标的平均相对误差为 10.2% 和 17.9%，*CF* 指标相比 *CMV* 指标具有更好的相关性，*CMV* 指标在堆石坝粗粒料填筑上的表现情况相对一般，关于 *CMV* 指标的优化还需进一步研究和验证。

e. 抛开量纲的影响，由检测指标的多元回归模型可以看出，碾压参数中对检测结果影响最大的是碾压机的行驶速度，其次是碾压遍数，而铺层厚度的变化对压实质量的影响值相对较小，因此适当降低行驶速度是提升压实效果最直接的方法。

12.5 附加质量法检测

传统的粗粒料密实度测试方法存在费时、费工和有损被测土层等缺点， 难以满足大规模施工中压实度质量检测控制上的实际需要。而粗粒料快速无损检测方法具有检测速度快、对被测土层无损伤等优点，在工程中得到了广泛的应用。

粗粒料压实密度无损检测采用附加质量法进行。附加质量法相较于传统的灌水法具有测速快、成果分析快捷、只需在碾压面表层测试、对碾压层无损坏等优点，是很有发展前景的无损检测技术，附加质量法已在长河坝水电站施工之中得到了应用。

附加质量法以振动理论和现代电子技术为基础，一方面通过建立单自由度线弹性振动系统与测试介质振动系统等效的物理模型，求得参振介质的质量；另一方面利用集中质量的动能等于承重板下介质的动能，得出密度的解析式。附加质量法测试系统和质量－弹簧模型分别见图 12-35、图 12-36。

附加质量法将压实土体等效为单自由度的质量－弹簧系统。由质量－弹簧模型得到质量－弹簧系统的振动方程：

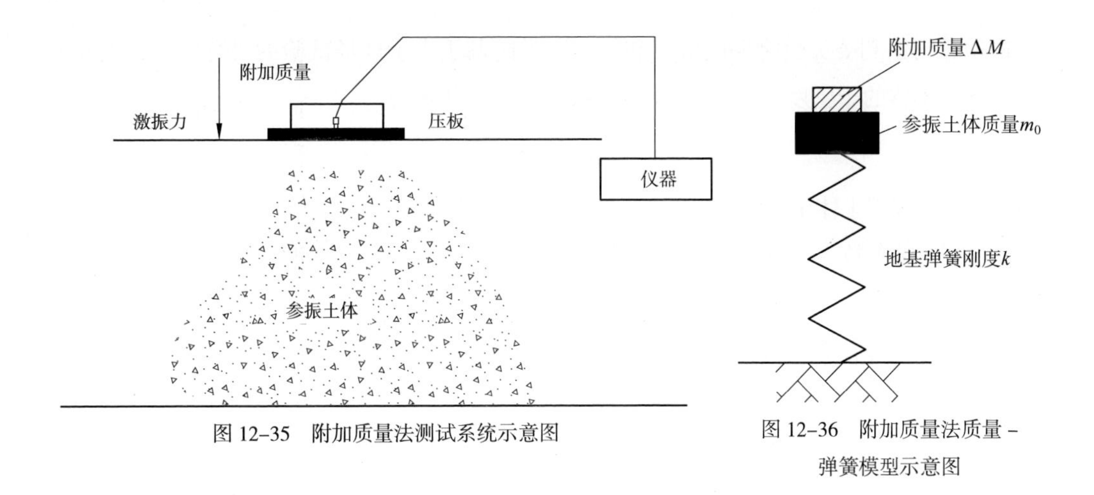

图 12-35　附加质量法测试系统示意图

图 12-36　附加质量法质量－弹簧模型示意图

$$mz''+kz=0 \tag{12-1}$$

$$k=\omega^2 m \tag{12-2}$$

$$\omega=2\pi f \tag{12-3}$$

$$z=A\sin(\omega t+\varphi) \tag{12-4}$$

式中　m——参振体质量，参振体质量 m 由附加在碾压面的质量块 ΔM 和堆石体参振土体的质量 m_0 两部分组成；

k——地基刚度；

ω、f——阻尼振动圆频率、频率；

A、φ、t——质点振动的最大位移、初相位、时间。

令，$D=\dfrac{1}{\omega^2}=\dfrac{1}{4\pi^2 f^2}$

由式（12–1）~ 式（12–4）得到：

$$m_0+\Delta M=Dk \tag{12-5}$$

即 D 与附加质量 ΔM 呈线性关系（见图 12–37）。通过调节附加质量 ΔM，可以得到不同附加质量系统的振动频率 f，由 ΔM 和 D 建立回归曲线，得到地基刚度 k。

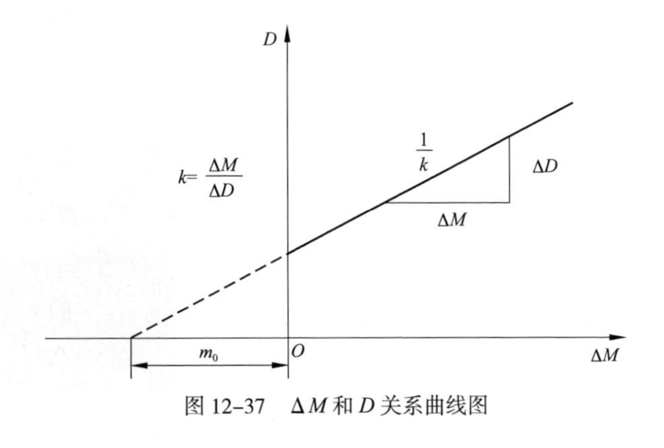

图 12–37　ΔM 和 D 关系曲线图

根据黄河水利委员会物探院资料和长江科学院基于大量现场试验的研究成果，地基刚度 k 与被测土体的干密度 ρ_d 存在着线性关系，其经验公式为

$$\rho_d=ak+b \tag{12-6}$$

式中　ρ_d——被测土体干密度；

a、b——常系数，对于特定介质其为常数。

12.6　试验检测新设备

12.6.1　超大型击实仪

目前宽级配砾石土料最大粒径已经达到 150mm 以上，根据径径比不小于 5 的原则，要对全料进行击实的，击实筒直径应大于 750mm，国内目前水电项目中尚未有击实筒直径达到此要求。由于击实仪的限制，对砾石土的击实最大只能满足粒径 60mm，针对以上问题对传统击实仪进行优化改造，研制出击实筒直径达 800mm 的超大型击实仪，取得了良好的测试效果。

（1）超大型击实仪击锤提升及落距控制研制。超大型击实仪的击锤重量达到 228kg，落距为 760mm，采取垂直气缸提升击锤，落距采取限位开关进行控制。当提升高度达到设定位置后，对卡位计压缩，卡位计向后移动，松开连杆上的丝扣，则击锤形成自由落体对土体进行击实。

1）击锤落点均匀分布技术。使用超大型击实仪击实土体时，为了使击实功能均匀分布，要求击实筒不停地旋转，以达到落点的均匀分布。为此，采用水平气缸推动击实筒，推动的角度根据需要事先在电气控制部分设定，超大型击实仪见图 12-38。

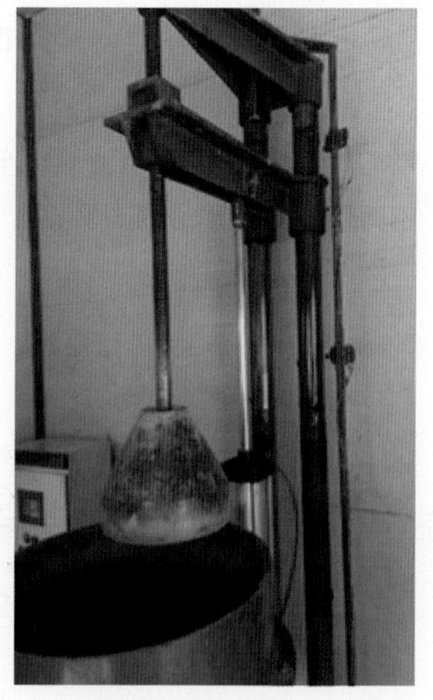

图 12-38　超大型击实仪

2）超大型击实仪电气自动化控制技术。由于超大型击实仪土料多，每层击数为 212 次，因此研究开发新型软件，实行全自动化的管理模式，实现自动计数、自动停机、自动循环工作，以防止人工错误。超大型击实仪对计数以及击实筒角度均采用事先设定的方法予以解决。

（2）超大型击实仪的应用实施。为保证试验用土料级配保持一致，需根据平均级配人工配制土料，超大型土料配制时最大粒径按 150mm 控制，大型击实按 60mm 控制，大型击实超粒径部分按等量替代法处理。

主要是对 80cm 直径击实筒击实仪与规范规定大型击实仪击实试验进行对比，确定压实标准，然后将 80cm 击实仪的击实结果应用于现场砾石防渗土料碾压压实控

制中，并分析比较两种方法压实质量控制效果，得出超大型击实仪应用的可靠性及准确性。

确定研究的土料级配，用足够样本量的筛分试验，用平均级配作为试验级配。

保持数据的准确性，击实试验需 5 个点，每个点土料需要 1000kg 以上的土料，为保证 5 个点的土料级配一致，因此需根据平均级配进行人工配制土料，超大型土料配制时最大粒径按 150mm 控制，大型击对比分析超大型击实和常规大型击实试验，其成果对比见表 12-10。

表 12-10　　超大型击实与常规大型击实试验成果对比表

超大型击实	P_5 含量 /%	20	30	40	50	60
	最大干密度 /（g/cm^3）	2.12	2.15	2.19	2.21	2.23
	最优含水率 /%	10.4	9.4	8.0	7.2	6.6
常规大型击实	P_5 含量 /%	20	30	40	50	60
	最大干密度 /（g/cm^3）	2.13	2.16	2.19	2.21	2.22
	最优含水率 /%	10.3	9.8	8.4	7.9	5.7

利用研制成功的 800mm 超大直径击实仪和常规大型击实进行对比击实试验，表明 P_5 含量与最大干密度呈线性关系，相关性较好，P_5 含量与最优含水率成反线性关系。当 P_5 含量在 50% 以下时，大型击实成果比超大型击实数据在 0.01~0.02 之间，但满足试验平行误差；当 P_5 含量超过 50% 时，两者数据接近。由此可以看出，超大型击实仪试验结果具有很好的可靠性。在长河坝水电站大坝工程中，可以将 800mm 击实仪应用到现场砾石防渗土料碾压压实质量控制标准的确定和复核中。

将超大型击实试验成果运用于长河坝水电站填筑常规压实质量控制检测，根据试验结果统计可以看出，超大型击实仪所得标准试验成果与常规大型试验等量替代法所得标准试验成果较为接近，说明超大型击实仪研制所使用的落距、锤重、单位面积冲量、击实功能等参数均能满足规范要求，可用于室内标准试验。

通过超大型击实仪的研制，击实筒直径采用目前国内最大的 800mm，采用气动作为提升和转动的动力，电气部分全部自动化，能够自动计数、自动停机、自动循环工作，具有工作可靠、操作方便、锤迹分布均匀、试块质量好等优点，能够满足目前超大粒径砾石土料的压实要求，促进了超大粒径掺砾土料在压实特性、压实标准和检测方法等领域的发展。

12.6.2 红外微波烘干设备

在砾石土料含水率的检测中，标准试验的烘干装置体型较大，并且标准烘干装置中产生的热量是从土料的表面向内部传递，这种烘干方法容易受土料不均匀的影响，土料中小团块的部分水分不能完全挥发，烘干效果不一致，严重影响试验数据的精确度。

为解决上述问题，研制了适用于砾石土加热干燥的大型红外微波干燥机，特别针对砾石土料加热后在高温状态下的土料和砾石会对微波机箱体造成破坏的问题，研究出了适宜的砾石土烘干的大型红外微波干燥机（见图 12–39）。

图 12–39 大型红外微波干燥机

在土料含水率快速检测过程中，土料通过微波干燥机烘干，由于现行试验规范没有规定微波干燥机可以作为土料烘干的试验方法，因此需对微波干燥机和普通的烘箱烘干方法进行率定后方可用于试验。

微波干燥机装满土料后，分别设置不同的烘烤时间。将烘烤后的土料称量后，再将其放入普通的烘箱，烘至规范规定的 8h，观察含水率是否还有变化，从而确定微波干燥机的烘干时间。微波干燥机不同时间烘烤与烘箱烘烤 8h 的含水率对比见表 12–11。

表 12–11 微波干燥机不同时间烘烤与烘箱烘烤 8h 的含水率对比表

试验序号	微波干燥机不同时间烘烤下土料的含水率				烘箱烘烤 8h 含水率		微波干燥机烘烤 20min 与烘箱烘烤 8h 的含水率差值 /%
	烘烤时间 /min	含水率 /%	烘烤时间 /min	含水率 /%	烘烤时间 /min	含水率 /%	
1	10	4.7	20	10.1	480	10.3	–0.2
2	10	4.3	20	9.9	480	10.0	–0.1
3	10	4.4	20	10.0	480	10.1	–0.1
4	10	3.9	20	9.7	480	9.9	–0.2
5	10	3.7	20	9.6	480	9.7	–0.1
6	10	4.1	20	9.5	480	9.6	–0.1
7	10	3.7	20	8.4	480	8.5	–0.1
8	10	3.9	20	9.0	480	9.1	–0.1
9	10	4.3	20	9.0	480	9.2	–0.2
10	10	4.4	20	10.0	480	10.1	–0.1
11	10	3.9	20	9.7	480	9.9	–0.2
12	10	3.8	20	10.0	480	9.7	–0.1
13	10	3.5	20	9.7	480	9.0	–0.2
14	10	4.2	20	10.2	480	10.4	–0.2
15	10	4.1	20	9.8	480	10.0	–0.2
16	10	3.0	20	7.8	480	7.9	–0.1
17	10	3.4	20	8.1	480	8.3	–0.2
18	10	3.5	20	8.7	480	8.9	–0.2
19	10	3.6	20	9.1	480	9.2	–0.1
20	10	3.7	20	9.7	480	9.1	0.6

续表

试验序号	微波干燥机不同时间烘烤下土料的含水率				烘箱烘烤 8h 含水率		微波干燥机烘烤 20min 与烘箱烘烤 8h 的含水率差值 /%
	烘烤时间 /min	含水率 /%	烘烤时间 /min	含水率 /%	烘烤时间 /min	含水率 /%	
21	10	3.4	20	8.7	480	8.7	0
22	10	3.5	20	8.7	480	8.9	–0.2
23	10	4.0	20	9.5	480	9.7	–0.2
24	10	4.0	20	9.7	480	9.8	–0.1
25	10	4.1	20	10.0	480	10.1	–0.1
26	10	3.9	20	9.5	480	9.6	–0.1
27	10	3.9	20	9.3	480	9.5	–0.2
28	10	3.5	20	8.7	480	8.9	–0.2
29	10	4.0	20	10.0	480	10.1	–0.1
30	10	4.1	20	9.8	480	10.0	–0.2
31	10	3.5	20	9.0	480	9.1	–0.1
32	10	3.6	20	9.7	480	9.7	0
33	10	3.9	20	10.0	480	10.1	–0.1
34	10	3.9	20	9.8	480	10.0	–0.2
35	10	4.0	20	10.1	480	10.3	–0.2
36	10	3.9	20	9.7	480	9.9	–0.2
37	10	4.0	20	9.9	480	10.0	–0.1
38	10	4.1	20	10.0	480	10.2	–0.2
39	10	4.1	20	10.1	480	10.3	–0.2
40	10	3.9	20	9.6	480	9.7	–0.1
41	10	4.2	20	9.9	480	10.1	–0.2
42	10	4.1	20	10.0	480	10.2	–0.2
43	10	4.0	20	9.8	480	9.9	–0.1
44	10	4.3	20	10.2	480	10.3	–0.1
45	10	4.0	20	9.9	480	10.0	–0.1
46	10	3.8	20	9.6	480	9.8	–0.2
47	10	3.8	20	9.7	480	9.9	–0.2
48	10	3.9	20	9.8	480	10.0	–0.2
49	10	3.9	20	9.8	480	9.9	–0.1
50	10	4.0	20	10.1	480	10.3	–0.2
51	10	3.4	20	8.6	480	8.7	–0.1
52	10	3.4	20	8.5	480	8.5	0
53	10	3.5	20	8.6	480	8.8	–0.2

续表

试验序号	微波干燥机不同时间烘烤下土料的含水率				烘箱烘烤 8h 含水率		微波干燥机烘烤 20min 与烘箱烘烤 8h 的含水率差值 /%
	烘烤时间 /min	含水率 /%	烘烤时间 /min	含水率 /%	烘烤时间 /min	含水率 /%	
54	10	3.6	20	8.8	480	8.9	–0.1
55	10	3.7	20	9.0	480	9.1	–0.1
56	10	3.7	20	8.8	480	8.9	–0.1
57	10	3.6	20	8.6	480	8.8	–0.2
58	10	4.0	20	9.1	480	9.3	–0.2
59	10	4.2	20	9.5	480	9.7	–0.2
60	10	4.5	20	9.8	480	10.0	–0.2

微波干燥机在烘烤 10min 后，通过肉眼即能看到土料仍含有大量的水分，因此继续烘烤到 20min 后再放到烘箱中。

分析表 12–11 的数据可以看出，当微波干燥机烘烤达到 20min 后，将土料再放进普通烘箱中烘烤 8h，两者之间试验数值相差最大值为 0.2%，最小值为 0，平均值为 0.1%，试验结果均在规范规定的试验误差范围内。因此，可以确定微波干燥机烘干砾石土的时间为 20min。

将土料放置于普通烘箱中，按照规范规定的方法烘烤至 8h 后，计算其含水率，然后将烘烤的土料放进微波干燥机烘烤 20min 后称量，计算其含水率，通过含水率是否有变化确定土料是否遭到了破坏。烘箱烘烤 8h 与微波干燥机烘烤 20min 的含水率对比见表 12–12。

表 12–12　　烘箱烘烤 8h 与微波干燥机烘烤 20min 的含水率对比表

试验序号	烘箱烘烤 8h 后的土料含水率		微波干燥机烘烤 20min 后土料的含水率		烘箱烘烤 8h 与微波干燥机烘烤 20min 含水率差值 /%
	烘烤时间 /min	含水率 /%	烘烤时间 /min	含水率 /%	
1	480	8.5	20	8.7	–0.2
2	480	9.1	20	9.2	–0.1
3	480	9.7	20	9.8	–0.1
4	480	8.8	20	8.9	–0.1
5	480	9.9	20	10.0	–0.1
6	480	8.5	20	8.5	0
7	480	9.1	20	9.3	–0.2
8	480	9.7	20	9.9	–0.2
9	480	9.6	20	9.7	–0.1
10	480	10.0	20	10.1	–0.1
11	480	9.2	20	9.4	–0.2

续表

试验序号	烘箱烘烤 8h 后的土料含水率		微波干燥机烘烤 20min 后土料的含水率		烘箱烘烤 8h 与微波干燥机烘烤 20min 含水率差值 /%
	烘烤时间 /min	含水率 /%	烘烤时间 /min	含水率 /%	
12	480	9.6	20	9.7	−0.1
13	480	9.1	20	9.2	−0.1
14	480	8.6	20	8.8	−0.2
15	480	9.5	20	9.6	−0.1
16	480	9.1	20	9.3	−0.2
17	480	8.7	20	8.9	−0.2
18	480	8.7	20	8.7	0
19	480	9.3	20	9.5	−0.2
20	480	9.6	20	9.8	−0.2
21	480	9.6	20	9.8	−0.2
22	480	9.8	20	10.0	−0.2
23	480	8.7	20	8.9	−0.2
24	480	10.1	20	10.2	−0.1
25	480	9.0	20	9.0	0
26	480	10.1	20	10.3	−0.2
27	480	9.0	20	9.2	−0.2
28	480	8.9	20	9.0	−0.1
29	480	9.5	20	9.7	−0.2
30	480	9.7	20	9.9	−0.2
31	480	9.6	20	9.7	−0.1
32	480	10.2	20	10.3	−0.1
33	480	9.8	20	10.0	−0.2
34	480	9.0	20	9.1	−0.1
35	480	9.5	20	9.7	−0.2
36	480	10.4	20	10.5	−0.1
37	480	9.6	20	9.8	−0.2
38	480	9.1	20	9.3	−0.2
39	480	9.1	20	9.2	−0.1
40	480	10.0	20	10.0	0
41	480	9.2	20	9.3	−0.1
42	480	9.4	20	9.6	−0.2
43	480	8.8	20	9.0	−0.2
44	480	10.1	20	10.3	−0.2
45	480	9.0	20	9.1	−0.1

续表

试验序号	烘箱烘烤 8h 后的土料含水率		微波干燥机烘烤 20min 后土料的含水率		烘箱烘烤 8h 与微波干燥机烘烤 20min 含水率差值 /%
	烘烤时间 /min	含水率 /%	烘烤时间 /min	含水率 /%	
46	480	10.3	20	10.5	–0.2
47	480	9.5	20	9.6	–0.1
48	480	8.7	20	8.9	–0.2
49	480	9.4	20	9.5	–0.1
50	480	9.5	20	9.7	–0.2
51	480	10.2	20	10.3	–0.1
52	480	9.6	20	9.7	–0.1
53	480	9.1	20	9.1	0
54	480	9.8	20	10.0	–0.2
55	480	10.2	20	10.3	–0.1
56	480	9.9	20	10.0	–0.1
57	480	9.7	20	9.9	–0.2
58	480	10.2	20	10.4	–0.2
59	480	9.5	20	9.6	–0.1
60	480	10.0	20	10.1	–0.1

分析表 12–12 的数据可以看出，当土料在普通烘箱中烘烤 8h 后，再将土料放进微波干燥机烘烤 20min，两者含水率差值最大值为 0.2%，平均值为 0.1%，试验数据均在规范规定的误差范围之内。因此，可以确定采用微波干燥机进行土料的含水率试验对土料无破坏影响。

在长河坝水电站大坝砾石土心墙填筑过程中，采用大型微波干燥机和常规烘箱两种方法检测现场填筑土料的含水率，其检测结果对比见表 12–13。

表 12–13　　微波干燥机检测结果与常规烘箱检测结果对比表

试验序号	微波干燥机检测结果		常规烘箱检测结果		含水率差值 /%	压实度差值 /%
	含水率 /%	全料压实度 /%	含水率 /%	压实度 /%		
1	7.5	101.2	7.4	101.3	0.1	–0.1
2	9.1	98.9	9.3	98.7	–0.2	0.2
3	8.8	99.6	8.6	99.8	0.2	–0.2
4	7.3	101.8	7.1	102.0	0.2	–0.2
5	7.9	100.8	8.2	100.5	–0.3	0.3
6	8.1	99.3	8.0	99.4	0.1	–0.1
7	7.9	99.5	7.7	99.7	0.2	–0.2
8	8.7	100.1	8.9	99.9	–0.2	0.2

续表

试验序号	微波干燥机检测结果		常规烘箱检测结果		含水率差值 /%	压实度差值 /%
	含水率 /%	全料压实度 /%	含水率 /%	压实度 /%		
9	8.9	99.9	9.0	99.9	−0.1	0.1
10	8.7	100.6	8.6	100.6	0.1	−0.1
11	8.7	100.0	8.4	100.3	0.3	−0.3
12	8.9	99.5	9.0	99.4	−0.1	0.1
13	8.5	100.2	8.4	100.3	0.1	−0.1
14	8.5	100.6	8.4	100.7	0.1	−0.1
15	9.0	100.8	9.2	100.6	−0.2	0.2
16	9.5	100.3	9.4	100.4	0.1	−0.1
17	9.1	99.3	9.4	99.1	−0.3	0.3
18	8.7	100.1	8.5	100.2	0.2	−0.2
19	8.9	99.5	8.8	99.6	0.1	−0.1
20	8.9	98.1	8.7	98.3	0.2	−0.2
21	9.0	100.7	9.2	100.5	−0.2	0.2
22	9.0	99.4	8.9	99.4	0.1	−0.1
23	8.9	100.4	9.1	100.2	−0.2	0.2
24	9.2	99.7	9.5	99.4	−0.3	0.3
25	9.0	101.0	9.2	100.8	−0.2	0.2
26	8.8	101.2	8.6	101.4	0.2	−0.2
27	9.0	101.1	9.2	100.9	−0.2	0.2
28	9.3	99.6	9.5	99.4	−0.2	0.2
29	8.6	98.9	8.4	99.1	0.2	−0.2
30	8.7	100.9	8.9	100.8	−0.2	0.2
31	8.6	99.8	8.7	99.7	−0.1	0.1
32	8.9	100.8	9.0	100.7	−0.1	0.1
33	9.2	98.4	9.0	98.5	0.2	−0.2
34	8.2	101.4	8.5	101.1	−0.3	0.3
35	9.0	100.7	9.1	100.6	−0.1	0.1
36	8.7	99.7	9.0	99.4	−0.3	0.3
37	8.6	100.1	8.5	100.2	0.1	−0.1
38	8.5	99.0	8.7	98.8	−0.2	0.2
39	7.9	101.2	8.1	101.0	−0.2	0.2
40	9.0	99.8	8.9	99.9	0.1	−0.1
41	8.5	98.5	8.7	98.4	−0.2	0.2
42	8.9	99.0	8.8	99.1	0.1	−0.1
43	9.6	99.3	9.5	99.4	0.1	−0.1

续表

试验序号	微波干燥机检测结果		常规烘箱检测结果		含水率差值 /%	压实度差值 /%
	含水率 /%	全料压实度 /%	含水率 /%	压实度 /%		
44	8.7	100.0	8.9	99.8	−0.2	0.2
45	9.5	99.4	9.6	99.3	−0.1	0.1
46	9.5	99.0	9.4	99.1	0.1	−0.1
47	9.2	99.6	9.5	99.3	−0.3	0.3
48	9.4	99.5	9.7	99.2	−0.3	0.3
49	8.8	99.5	8.9	99.4	−0.1	0.1
50	9.0	99.8	9.0	99.8	0.0	0.0
51	9.9	98.6	9.8	98.7	0.1	−0.1
52	8.7	99.2	8.5	99.4	0.2	−0.2
53	8.7	99.6	8.9	99.4	−0.2	0.2
54	9.6	99.3	9.5	99.4	0.1	−0.1
55	9.4	99.1	9.6	98.9	−0.2	0.2
56	8.7	100.4	9.0	100.2	−0.3	0.3
57	8.3	100.5	8.4	100.4	−0.1	0.1
58	8.9	99.5	9.0	99.4	−0.1	0.1
59	9.6	98.9	9.5	99.0	0.1	−0.1
60	9.7	98.8	9.8	98.7	−0.1	0.1
61	9.0	99.0	9.1	98.9	−0.1	0.1
62	8.4	99.4	8.5	99.4	−0.1	0.1
63	9.0	99.4	9.2	99.2	−0.2	0.2
64	9.2	99.6	9.0	99.8	0.2	−0.2
65	8.9	99.5	9.0	99.4	−0.1	0.1
66	8.4	100.3	8.5	100.2	−0.1	0.1
67	9.5	98.6	9.6	98.5	−0.1	0.1
68	8.8	99.6	8.7	99.7	0.1	−0.1
69	9.0	99.0	8.9	99.1	0.1	−0.1
70	9.0	99.0	9.1	98.9	−0.1	0.1
71	9.3	99.6	9.4	99.5	−0.1	0.1
72	8.9	100.3	9.0	100.2	−0.1	0.1
73	9.3	100.0	9.1	100.2	0.2	−0.2
74	10.0	98.5	10.1	98.4	−0.1	0.1
75	8.9	99.1	8.8	99.1	0.1	−0.1
76	9.4	99.4	9.2	99.6	0.2	−0.2
77	9.6	98.9	9.7	98.8	−0.1	0.1
78	8.7	99.6	8.6	99.7	0.1	−0.1

续表

试验序号	微波干燥机检测结果		常规烘箱检测结果		含水率差值 /%	压实度差值 /%
	含水率 /%	全料压实度 /%	含水率 /%	压实度 /%		
79	8.9	99.8	8.8	99.9	0.1	–0.1
80	9.1	99.3	9.3	99.2	–0.2	0.2
81	8.9	99.1	9.0	99.0	–0.1	0.1
82	9.3	99.5	9.2	99.6	0.1	–0.1
83	8.4	100.3	8.3	100.4	0.1	–0.1
84	10.2	98.8	10.4	98.6	–0.2	0.2
85	8.2	100.1	8.3	100.0	–0.1	0.1
86	9.8	98.7	9.7	98.8	0.1	–0.1
87	8.9	99.9	9.0	99.8	–0.1	0.1
88	9.0	99.4	9.1	99.3	–0.1	0.1
89	9.8	98.7	9.8	98.7	0.0	0.0
90	9.2	99.3	9.4	99.1	–0.2	0.2
91	9.3	99.9	9.2	100.0	0.1	–0.1
92	8.9	100.3	8.9	100.3	0.0	0.0
93	9.7	98.8	9.5	98.9	0.2	–0.2
94	9.1	100.1	9.3	99.9	–0.2	0.2
95	9.0	99.8	9.1	99.7	–0.1	0.1
96	10.2	98.8	10.1	98.9	0.1	–0.1
97	9.0	99.4	8.9	99.4	0.1	–0.1
98	8.7	100.0	8.6	100.1	0.1	–0.1
99	9.0	99.8	9.2	99.6	–0.2	0.2
100	9.3	99.5	9.1	99.6	0.2	–0.2
101	9.1	100.1	9.0	100.2	0.1	–0.1
102	9.00	99.4	9.2	99.2	–0.2	0.2
103	9.2	99.6	9.0	99.8	0.2	–0.2
104	9.7	98.9	9.8	98.8	–0.1	0.1
105	8.9	100.3	8.8	100.3	0.1	–0.1
106	9.3	99.9	9.4	99.8	–0.1	0.1
107	9.5	99.0	9.6	98.9	–0.1	0.1
108	9.0	99.4	9.2	99.2	–0.2	0.2
109	9.2	99.7	9.0	99.9	0.2	–0.2
110	9.3	100.0	9.1	100.2	0.2	–0.2
111	9.4	99.0	9.4	99.0	0.0	0.0
112	9.4	99.1	9.5	99.0	–0.1	0.1
113	9.6	99.3	9.5	99.4	0.1	–0.1

续表

试验序号	微波干燥机检测结果		常规烘箱检测结果		含水率差值 /%	压实度差值 /%
	含水率 /%	全料压实度 /%	含水率 /%	压实度 /%		
114	9.5	98.6	9.6	98.5	–0.1	0.1
115	8.9	99.8	8.7	100.0	0.2	–0.2
116	9.0	99.0	9.2	98.8	–0.2	0.2
117	8.8	100.0	9.0	99.8	–0.2	0.2
118	9.1	100.1	9.3	99.9	–0.2	0.2
119	9.7	99.3	9.6	99.3	0.1	–0.1
120	10.0	99.0	10.2	98.8	–0.2	0.2
121	9.0	99.4	9.2	99.2	–0.2	0.2
122	9.3	100.3	9.5	100.2	–0.2	0.2
123	8.6	99.3	8.4	99.4	0.2	–0.2
124	8.5	100.2	8.4	100.3	0.1	–0.1
125	9.6	98.5	9.7	98.4	–0.1	0.1
126	8.9	99.5	9.0	99.4	–0.1	0.1
127	10.6	97.1	10.5	97.2	0.1	–0.1
128	10.0	98.5	9.9	98.6	0.1	–0.1
129	8.8	99.1	9.0	98.9	–0.2	0.2
130	9.4	99.5	9.5	99.4	–0.1	0.1
131	9.1	99.7	9.3	99.5	–0.2	0.2
132	10.2	98.4	10.4	98.2	–0.2	0.2
133	9.0	100.3	9.2	100.1	–0.2	0.2
134	9.9	98.6	10.0	98.6	–0.1	0.1
135	9.2	99.6	9.5	99.3	–0.3	0.3
136	10.0	98.5	10.2	98.3	–0.2	0.2
137	9.5	98.5	9.4	98.6	0.1	–0.1
138	9.8	99.1	9.7	99.2	0.1	–0.1
139	10.5	98.5	10.7	98.4	–0.2	0.2
140	9.3	98.7	9.4	98.6	–0.1	0.1

分析表 12–13 的数据可以看出，采用微波干燥机和常规烘箱检测现场填筑土料的含水率，两者所得出的结果差值最大值为 0.3%，最小值为 0，平均值为 0。利用两种不同的方法测得的含水率计算压实度，得到压实度差值最大值为 0.3%，最小值为 0，平均值为 0，试验结果在规范规定的范围之内。

12.6.3 移动试验室

在砾石土料的含水率检测中，由于烘干设备较大无法移动，只能固定放置在试验中心，导致了土样采集后需要立即送往试验中心，在试验中心对土样进行检测。这种标准烘干法用时较长，严重影响施工进度，并且在运输过程中土样的含水率也在不断地变化，导致其检测结果不准确。因此，有必要研制一种移动的试验室，既能满足快速检测的目的，又能消除运输过程中含水率的损失，对大坝的快速上升和试验结果的准确性都能起到良好的促进作用，进而产生良好的经济效益。

在研制出适用于砾石土加热干燥的大型红外微波干燥机的基础上，进一步研发了由红外微波烘干设备、高精度流量计以及其他测试计算设备组成的车载移动试验室，移动试验室不仅使含水率的检测时间缩短了近 7h，而且提高了试验检测的准确性。

移动试验室整体是由一辆大型商务车厢改装而成，在移动试验室内配有足够长的电缆线，可以将动力电引入移动试验室，解决了大型微波炉及移动试验室内部用电的问题。随着大坝填筑面的不断上升，移动试验室可以随着大坝填筑面一起上升，从而解决了土料在烘烤前需要运输的问题，减少了土料含水率损失，提高了试验精度。移动试验室结构见图 12–40。

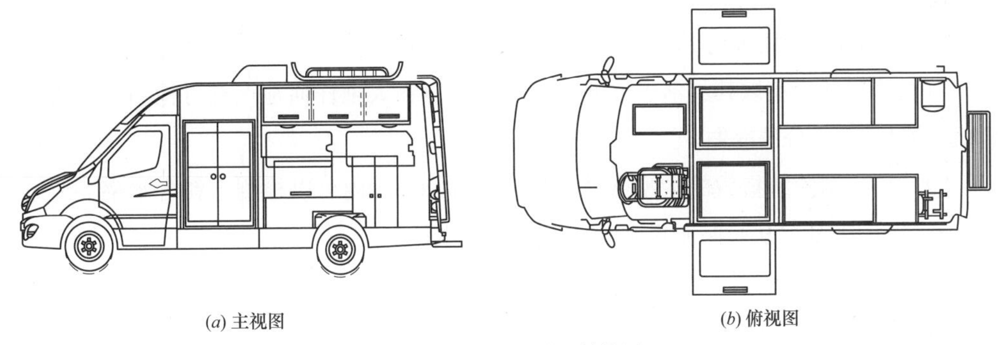

(*a*) 主视图　　(*b*) 俯视图

图 12–40　移动试验室结构图

移动试验室采用了国内自行研制的大型微波干燥机（一次性可烘干 50kg 土料），这种大型微波干燥机采用了红外、微波同时运转的方法，对土料内部和表面同时进行加热，有效防止砾石的爆裂。同时，试验室内配置有自动称量系统，可自行计算结果。

在大坝填筑过程中，对已完成的填筑面，各方需要见到检测报告后才能允许下一层的填筑。移动试验室由车载控制机柜、工具箱、工作台和办公桌形成工作室，在工作室内部配置了电脑、打印机等办公设备，在得出试验数据后，可以马上出具试验报告，极大地提高了试验检测的效率。

在满足上述主要性能的同时，移动试验室还在工作室内左右各配置了一个水箱，水箱底部有连通车室外的排水口。在工作室内放置有一套可移动式的高精度流量计（见图 12–41），对试坑用水采用流量计进行计量，省却了常规的称量计量，并且在水箱内安装了自吸式水泵，试验完成后可以将水抽回水箱内，极大地提高了工作效率。

图 12–41　高精度流量计

常规砾石土料在现场填筑后需进行现场原位密度试验，

其检测项目有湿密度、含水率、干密度、压实度等指标。在现场利用灌水法测得湿密度后，须将试坑内土料通过车辆运输回试验中心，利用试验中心的烘箱检测土料的含水率，而规范规定黏性土料的含水率检测时间必须烘烤 8h，非黏性土也要 6h，在测得含水率后才能计算得到土料的干密度和压实度等指标，然后出具试验报告。常规检测方法从现场取样到试验报告的出具，其间隔时间在 10h 左右。

移动试验室在现场填筑后取样，其检测项目不变，但利用移动试验室搭载的高精度流量计可快速地测出试坑体积，计算出现场湿密度，再将试坑内土料放入移动试验室搭载的大型微波干燥机中，仅需 20min 就可测得土样的含水率，然后计算土料的干密度、压实度等指标。最后可利用移动试验室内置的办公系统出具试验检测报告。从现场取样到现场出具试验报告，其间隔时间大约为 3h。

从移动试验室的配置来看，完全是为了在实际生产过程中加速检测环节而研制的，而在实际应用中，也正是如此。移动试验室在应用于大坝填筑土料检测过程中与常规的大坝填筑土料检测方法相比较之下，表现出以下几方面的特点。

（1）移动试验室以其灵活、方便的特点，可以在大坝任何地点进行检测，避免了土料在运输过程中水分的散失。

（2）移动试验室搭载的大型微波干燥机，在 20min 内可以检测土料含水率，节省土料检测时间长达 6h，从而保证并加快了现场施工进度。

（3）移动试验室利用内置的办公系统在含水率测算后 30min 内可以出具试验报告，从而加快试验检测效率。

在长河坝水电站大坝砾石土心墙料检测过程中，运用土料含水率快速检测技术同时搭配研制的新型移动试验室实现了砾石土心墙料含水率的快速检测，加快了施工进度。

12.7 施工质量检测与评价

砾石土料共检测 11639 组，统计含水率均值 9.3%，P_5 均值 42.7%，全料压实度均值 99.1%，细料压实度 100.9%。85 组检测数据不合格进行了返工处理。具体检测结果见图 12-42、图 12-43，砾石土颗粒级配曲线见图 12-44。

高塑性黏土共检测 4709 组，统计含水率均值 26.1%（最优 24%），压实度均值 95.6%。有 44 组不合格进行返工处理。高塑性黏土含水率与压实度关系见图 12-45，料源颗粒级配曲线见图 12-46，过渡料孔隙率分布见图 12-47。

过渡料共检测 2778 组，坝料级配满足各阶段设计要求，统计压后孔隙率 18.8%。过渡料孔隙率分布见图 12-47。

堆石料检测 733 组，坝料级配满足各阶段设计要求，统计压后孔隙率 19.2%。堆石料孔隙分布见图 12-48。

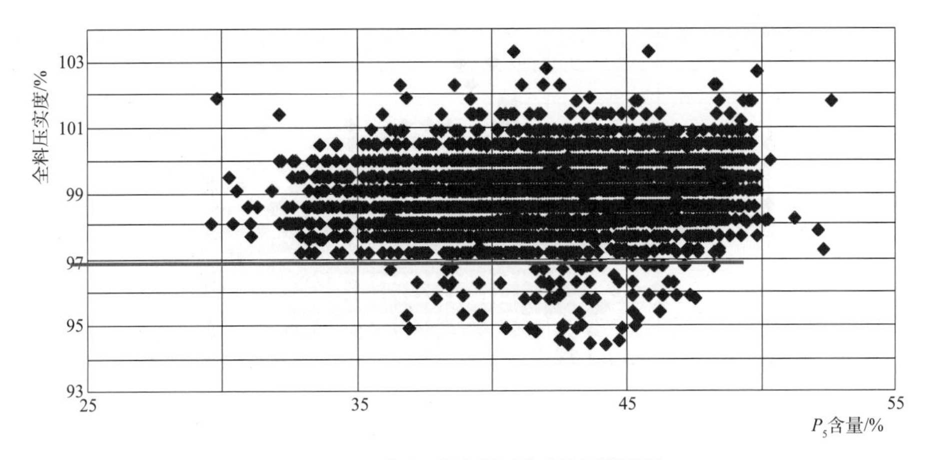

图 12-42　砾石土料全料压实度检测结果图

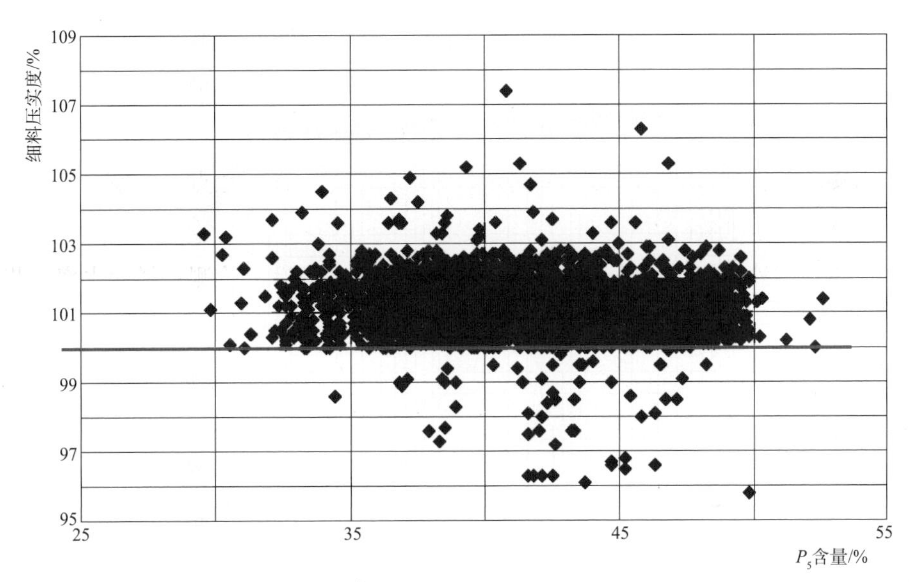

图 12-43　砾石土料细料压实度检测结果图

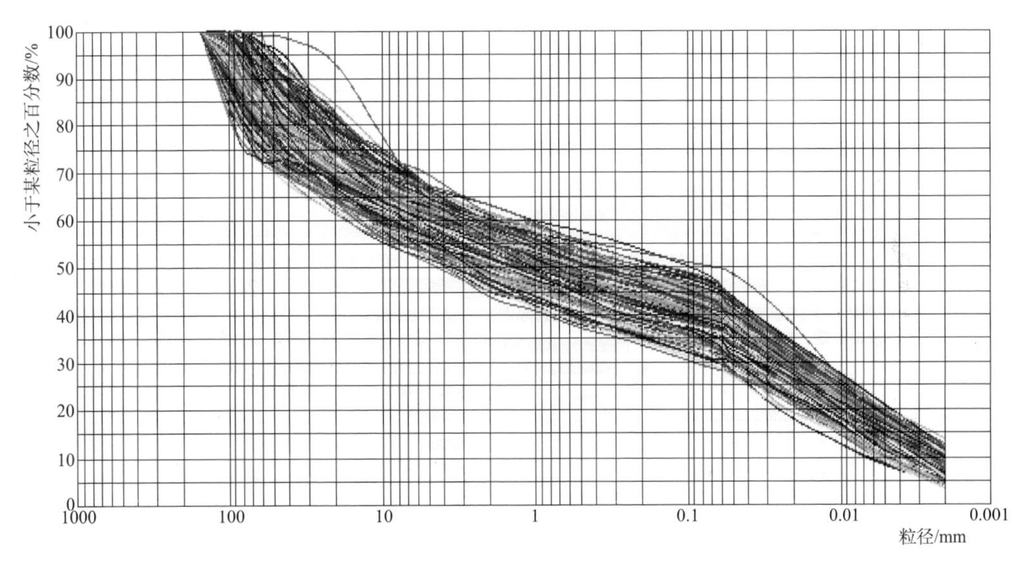

图 12-44　砾石土颗粒级配曲线图

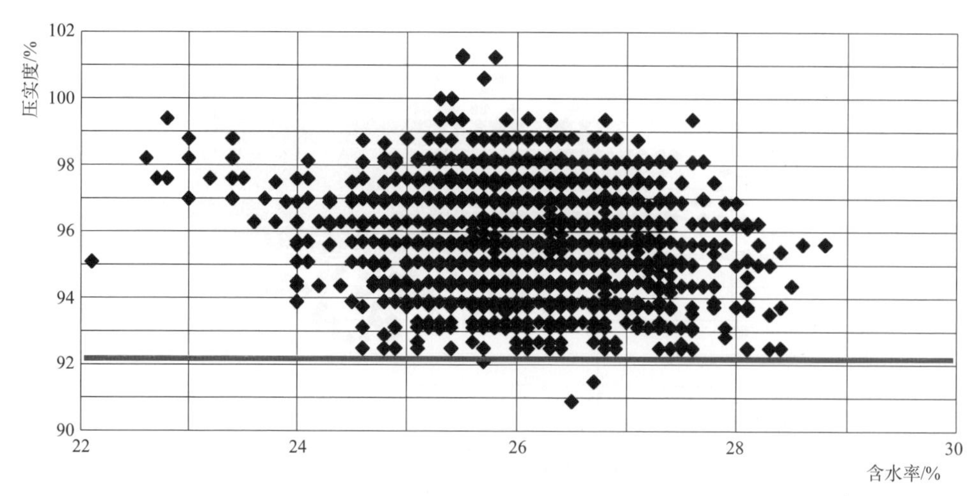

图 12-45　高塑性黏土含水率与压实度关系图

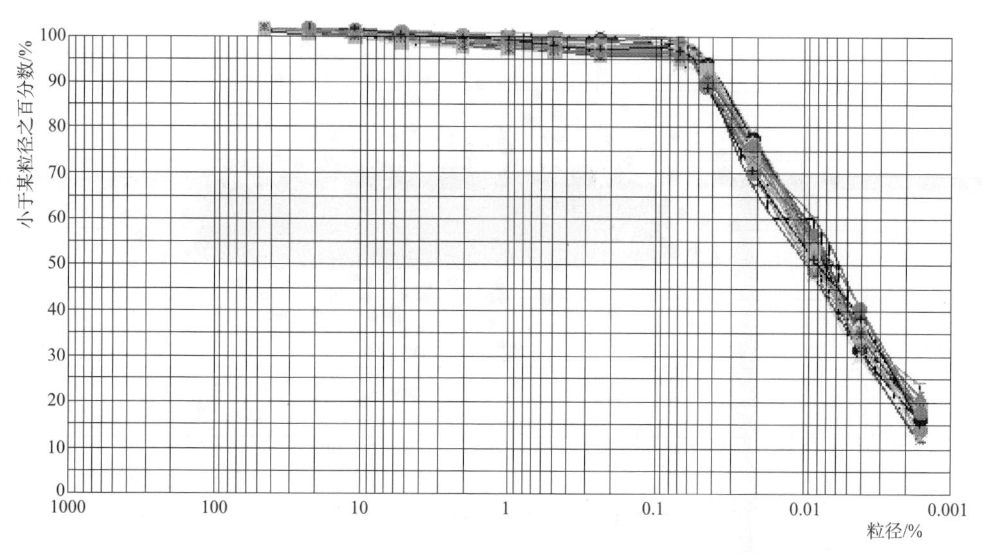

图 12-46　高塑性黏土料源颗粒级配曲线图

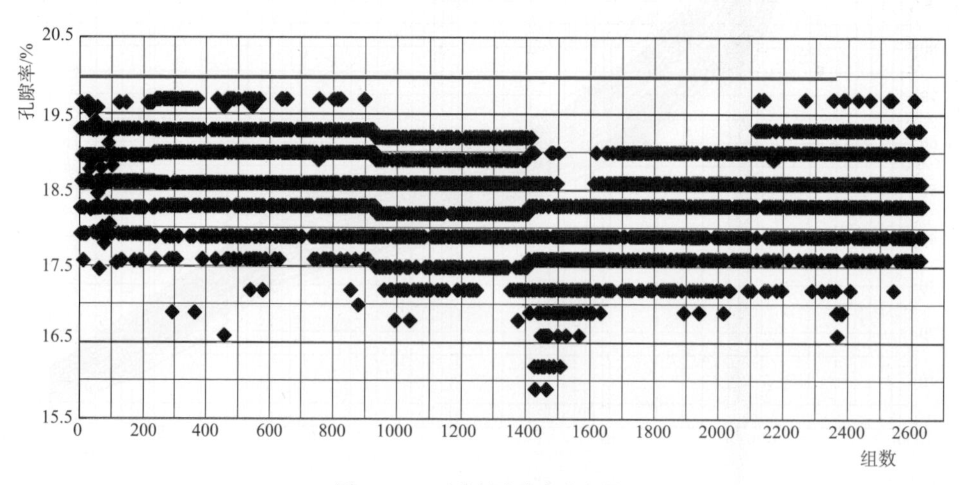

图 12-47　过渡料孔隙率分布图

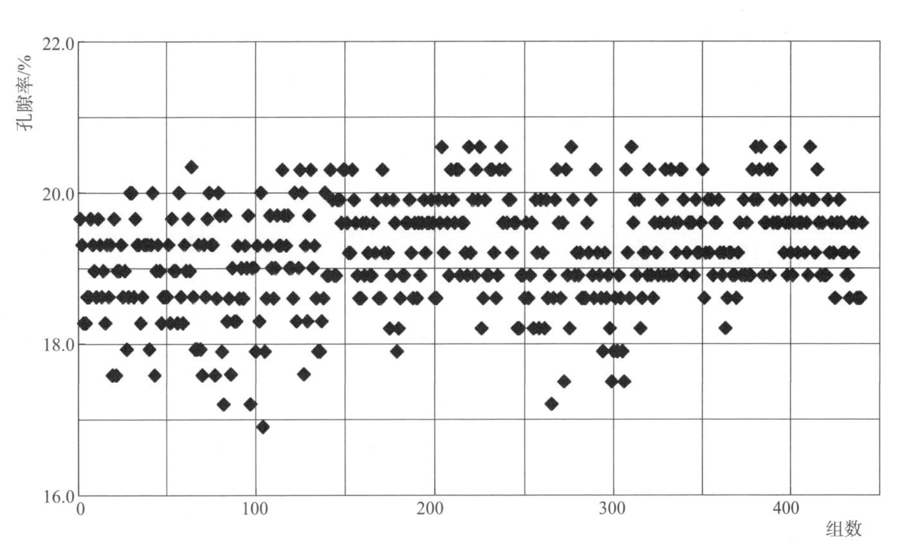

图 12-48　堆石料孔隙率分布图

13 大坝安全监测

建造在两岸高山狭窄河谷地区的高土石坝，其应力应变更为复杂，加上深厚覆盖层地基的软弱特性更容易使坝体产生不均匀沉降，因此，土石坝的结构安全和稳定问题更加突出。结合现场监测数据，分析研究填筑施工速率及地形地质条件对高土石坝施工期变形特性的影响，可以揭示狭窄河谷中深厚覆盖层上高土石坝的变形规律及变形协调特性。

13.1 监测布置

13.1.1 施工填筑过程

根据工程施工组织设计进度分析，长河坝水电站工程施工总工期为 100 个月。2013 年 7 月，坝肩开挖、坝基防渗墙施工、固结灌浆、墙顶廊道和刺墙等施工完成后，大坝心墙开始填筑，于 2016 年 9 月 11 日大坝填筑至坝顶高程。长河坝水电站施工见图 13–1。

枢纽区工程安全监测仪器、设备安装埋设进度随各建筑物施工进度而开展。

图 13–1 长河坝水电站施工

13.1.2 监测规定

心墙堆石坝监测仪器代号、监测物理量单位及方向规定见表 13–1，监测仪器正负号方向见图 13–2。

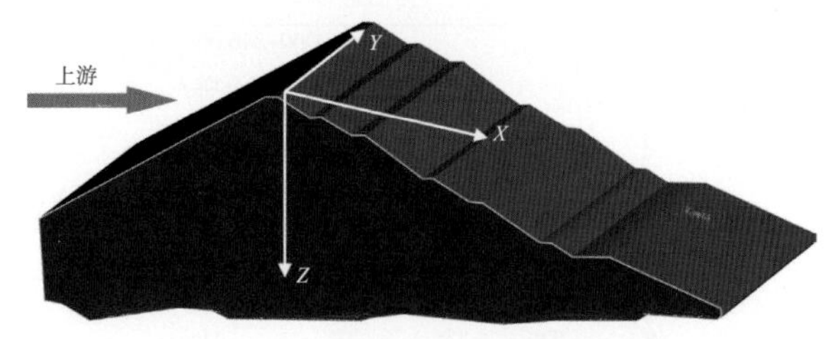

图 13–2 监测仪器正负号方向示意图

表 13–1 心墙堆石坝监测仪器代号、监测物理量单位及方向规定表

仪器名称	仪器代号	单位	方向规定
引张线	H	mm	向下游为正
水管式沉降仪	C	mm	以下沉为正
弦式沉降仪	VW	mm	以下沉为正
多点位移计	M	mm	拉伸为正，压缩为负。多点位移计围岩变形以最深测点为固定不动点计算，其他测点变形为以该点为基准的相对变化
测缝计	J	mm	张开为正，闭合为负
变形观测墩	TP	mm	*X* 向下游为正、*Y* 向左岸为正，垂直位移下沉为正
电磁沉降环	DC	mm	以下沉为正
电位器式位移计	WY	mm	以下沉为正
位错计	Z	mm	张开为正，压缩为负
土体位移计	TY	mm	拉伸为正，压缩为负
固定式测斜仪	IN	mm	向左岸、下游为正
活动式测斜仪	IN	mm	向左岸、下游为正
倾斜仪	TJ	mm	向左岸、下游为正
土压力计	E	MPa	压为正，拉为负
钢筋计	R	MPa	拉为正，压为负
应变计	S	MPa	拉为正，压为负

13.1.3 监测布置

（1）大坝表面变形监测布置。大坝上游坝坡高程 1615.00m 共布置 6 个监测点，从左岸至右岸编号依次为 TP_{91}~TP_{96}。高程 1645.00m 共布置 8 个监测点，从左岸至右岸编号依次为 TP_{83}~TP_{90}。高程 1695.00m 共布置 11 个监测点，从左岸至右岸编号依次为 TP_{72}~TP_{82}。

大坝下游坝坡高程 1510.00m 共布置 6 个监测点，从左岸到右岸编号依次为 TP_{66}~TP_{71}。高程 1545.00m 共布置 8 个监测点，从左岸到右岸编号依次为 TP_{58}~TP_{65}。高程 1580.00m 共布置 9 个监测点，从左岸到右岸编号依次为 TP_{49}~TP_{57}。高程 1610.00m 共布置 9 个监测点，从左岸到右岸编号依次为 TP_{40}~TP_{48}。高程 1645.00m 共布置 9 个监测点，从左岸到右岸编号依次为 TP_{31}~TP_{39}。高程 1672.00m 共布置 6 个监测点，从左岸到右岸编号依次为 TP_{25}~TP_{30}（见图 13–3）。

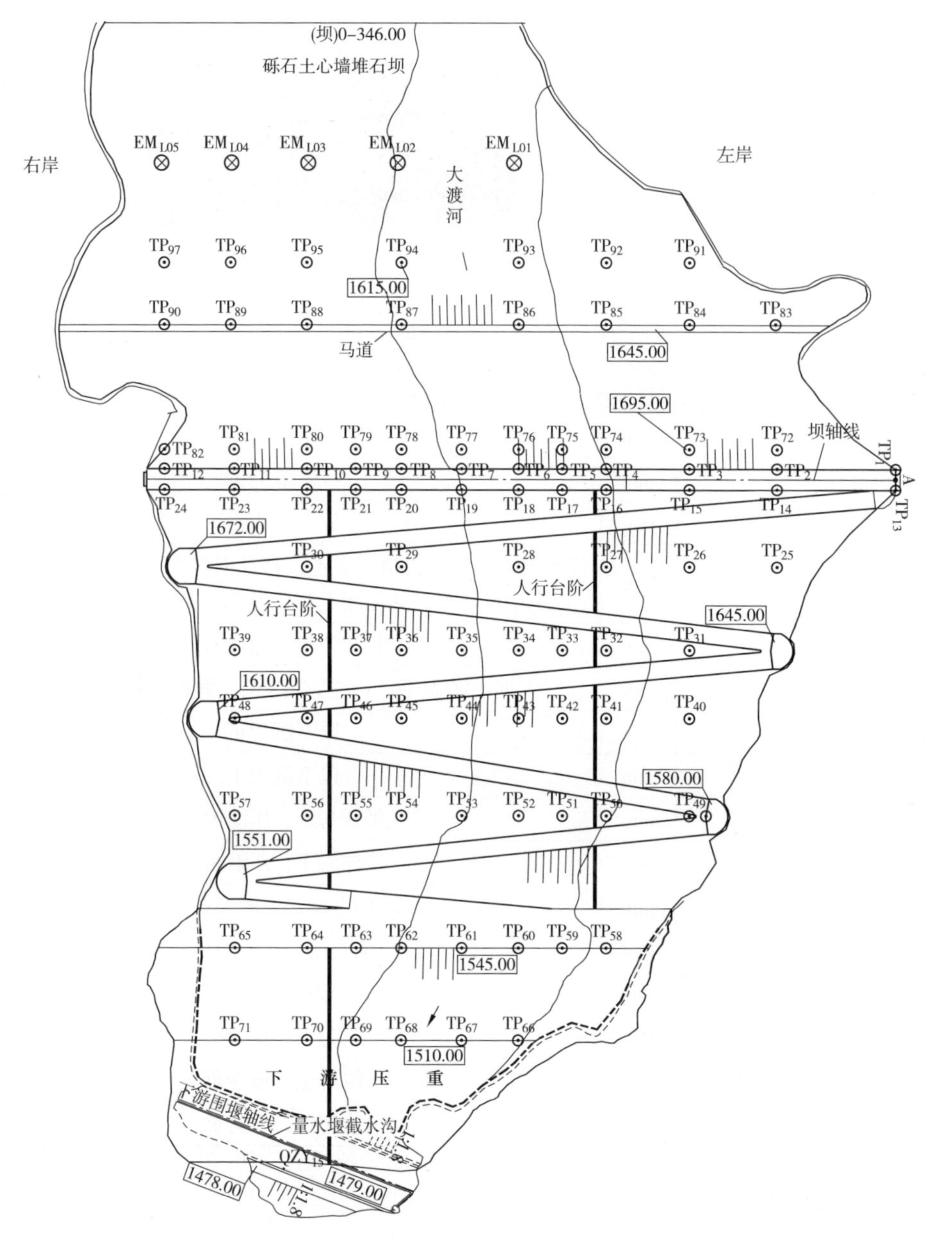

图 13-3　大坝外观变形监测平面布置图

坝顶共布置 36 个监测点，上游堆石区、心墙和下游堆石区顶部各 12 个监测点，从左岸到右岸编号依次为 TP_{L01}~TP_{L36}。

（2）堆石区监测布置。

1）堆石区沉降变形监测布置。下游堆石区安装水管式沉降仪 124 台，以监测堆石区沉降变形。其中，高程 1510.00m 共布置 20 台水管式沉降仪，条带全长约 450.6m；高程 1550.00m 共布置 24 台水管式沉降仪，条带全长约 285m；高程 1585.00m 共布置 30 台水管式沉降仪，条带全长约 222m；高程 1615.00m 共布置 30 台水管式沉降仪，条带全长约 130m；高程 1645.00m 共布置 25 台水管式沉降仪（见图 13-4）。

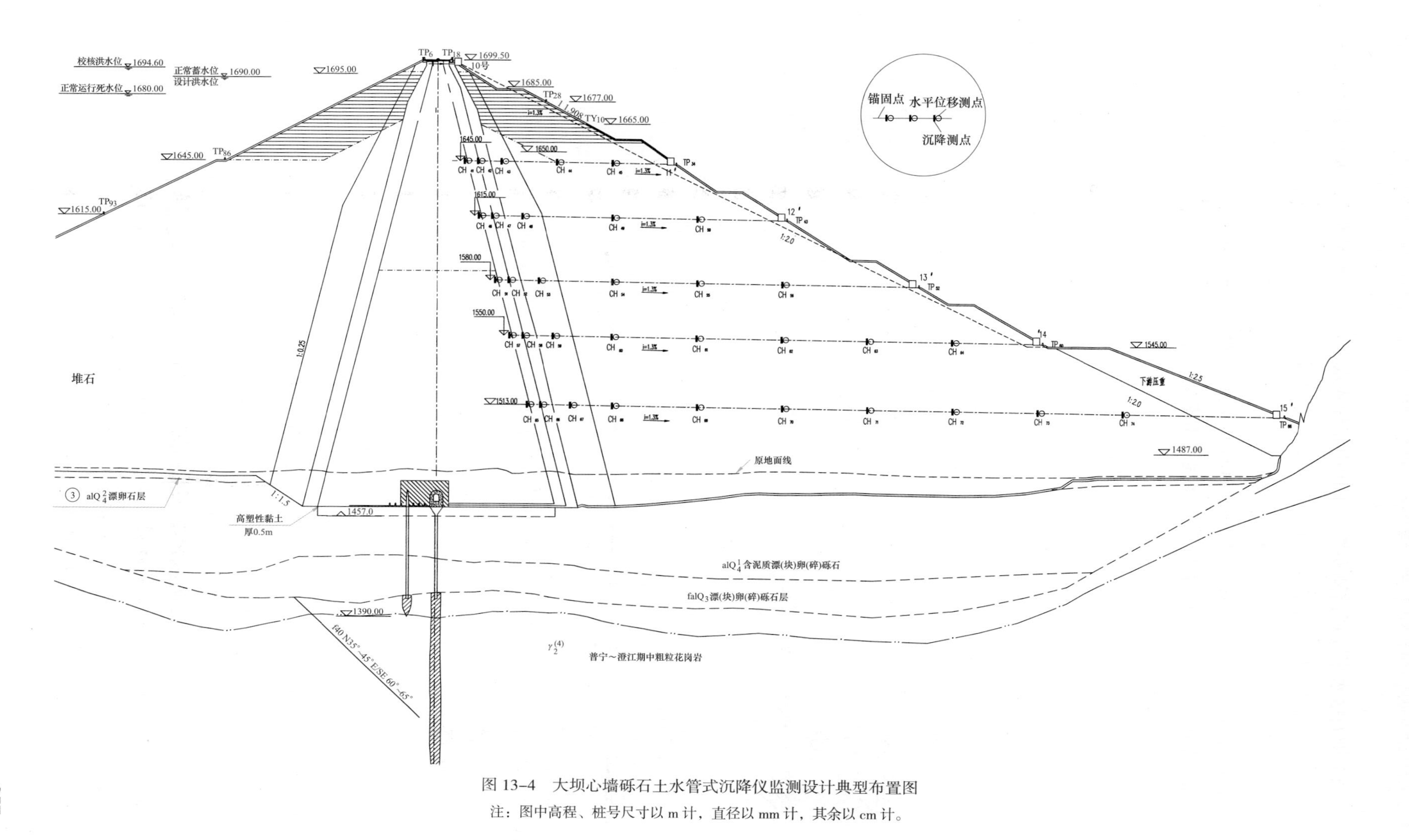

图 13-4　大坝心墙砾石土水管式沉降仪监测设计典型布置图

注：图中高程、桩号尺寸以 m 计，直径以 mm 计，其余以 cm 计。

2）堆石区水平变形监测布置。采用引张线式水平位移计监测堆石区水平变形。高程1510.00m共布置20台引张线式水平位移计，条带全长约450.6m；高程1550.00m共布置24台引张线式水平位移计，条带全长约285m；高程1585.00m共布置30台引张线式水平位移计，条带全长约222m；高程1615.00m共布置30台引张线式水平位移计，条带全长约130m；高程1645.00m共布置25台引张线式水平位移计（见图13–4）。

（3）心墙监测布置。

1）心墙纵向变形监测。砾石土心墙填筑区埋设安装了6套（30支）土体位移计串，用于监测心墙土体沿坝轴线方向的水平变形。坝体土体位移计监测设计布置见图13–5。

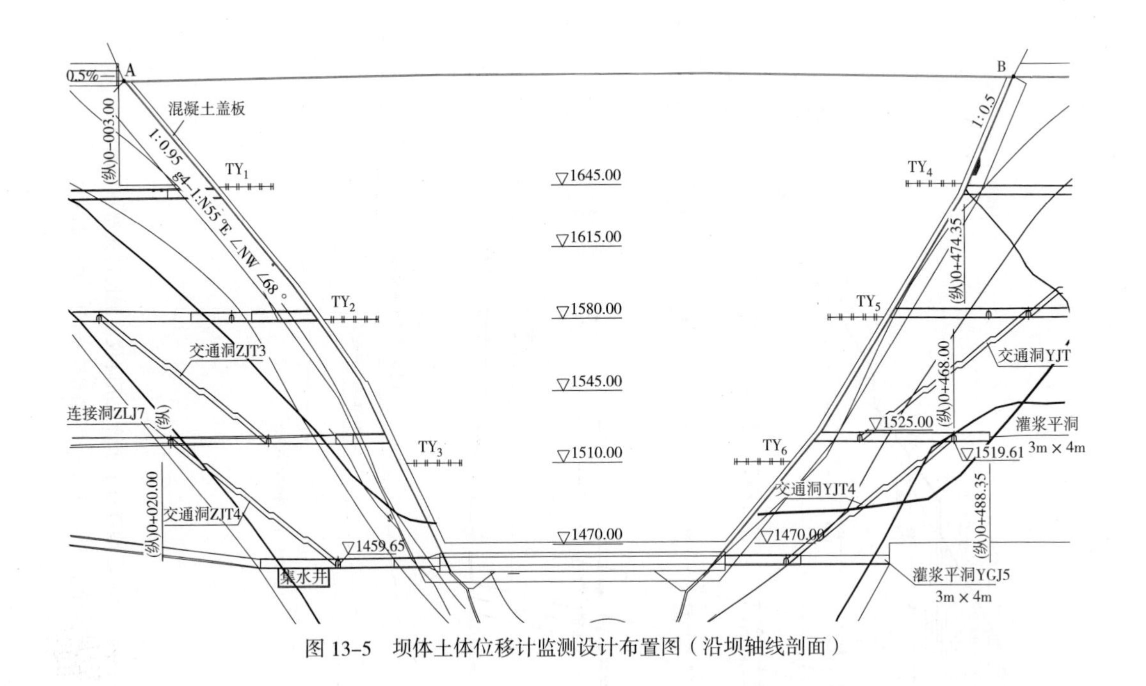

图13–5　坝体土体位移计监测设计布置图（沿坝轴线剖面）

2）心墙沉降变形监测。

A. 电位移式位移计。大坝心墙填筑区安装埋设36套电位器式位移计，用于监测砾石土心墙沉降变形。大坝心墙砾石土电位器式位移计布置见图13–6。

B. 电磁式沉降环。在心墙区活动式测斜管外安装埋设了55个电磁沉降环，间距为10m，用于监测测斜管附近黏土沉降情况。部分测斜管深部剪断，且测斜管扭曲严重，通过实测，探头只能下放100m深度。心墙区电磁式沉降环监测设计布置见图13–7。

（4）渗漏量监测布置。在基础廊道左右岸灌浆洞口布设量水堰观测坝基渗流量，在下游坝脚排水沟内设置量水堰和量水堰计，联合形成一个完整的排水观测系统，量测不同部位的渗水量和总渗流量。左、右岸灌浆廊道量水堰监测布置分别见图13–8、图13–9。

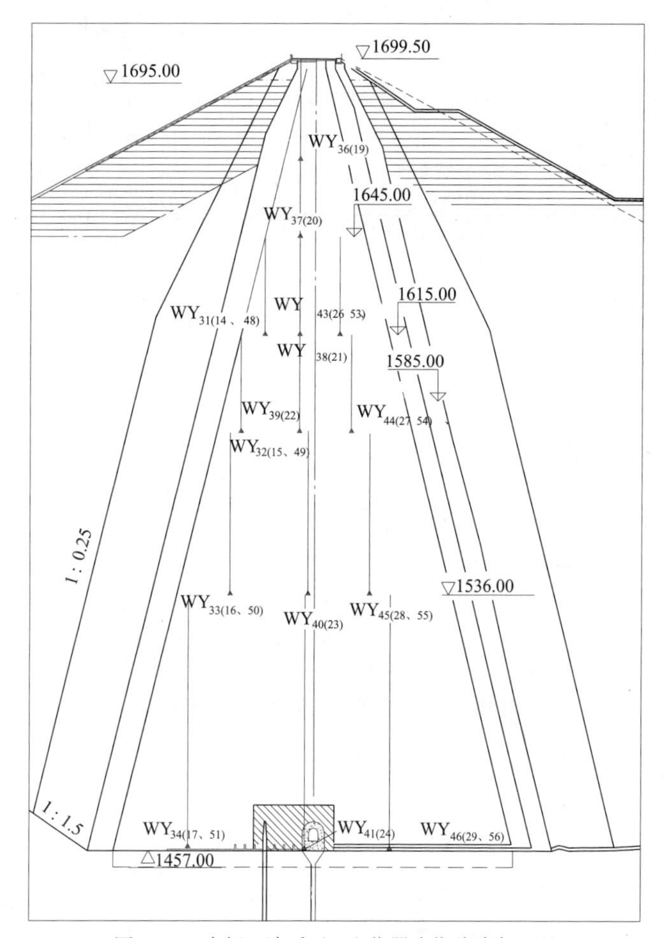

图 13-6 大坝心墙砾石土电位器式位移计布置图

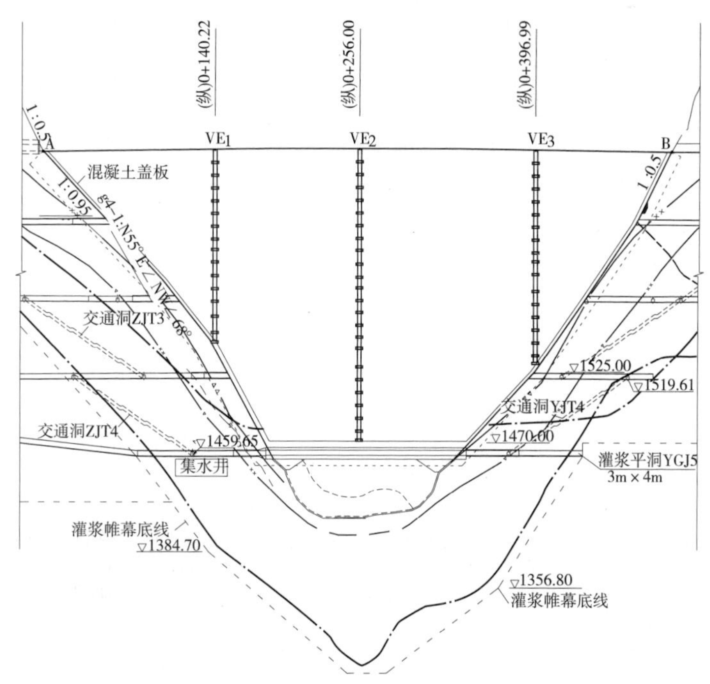

图 13-7 心墙区电磁式沉降环监测设计布置图

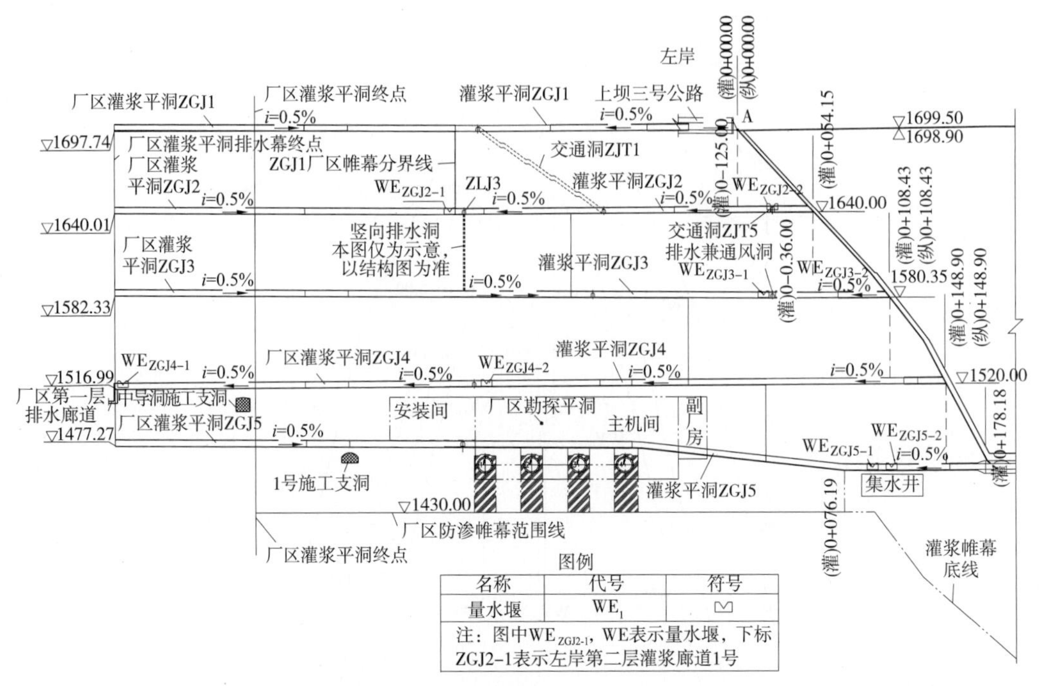

图 13-8　左岸灌浆廊道量水堰监测布置图

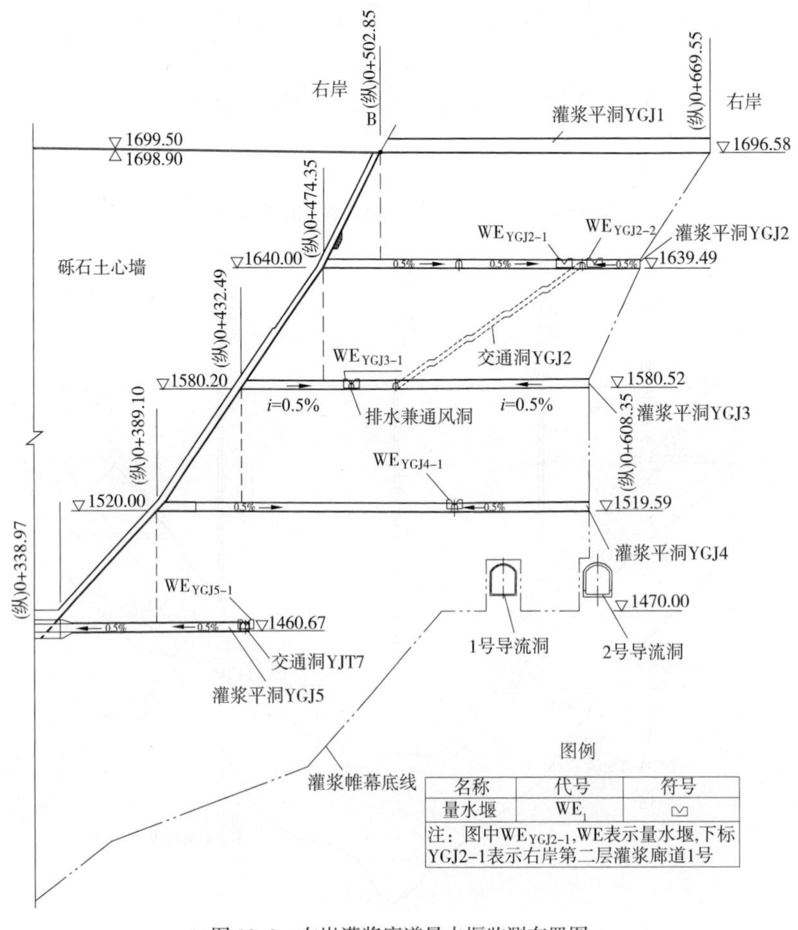

图 13-9　右岸灌浆廊道量水堰监测布置图

13.2 堆石区变形特性

13.2.1 堆石区沉降分析

截至 2017 年 9 月 23 日，各桩号下游堆石区沉降分布见图 13-10，各高程下游堆石沉降 - 填筑高程成果过程线（典型图）见图 13-11。

从成果特征值表、沉降分布图和成果过程线看出。

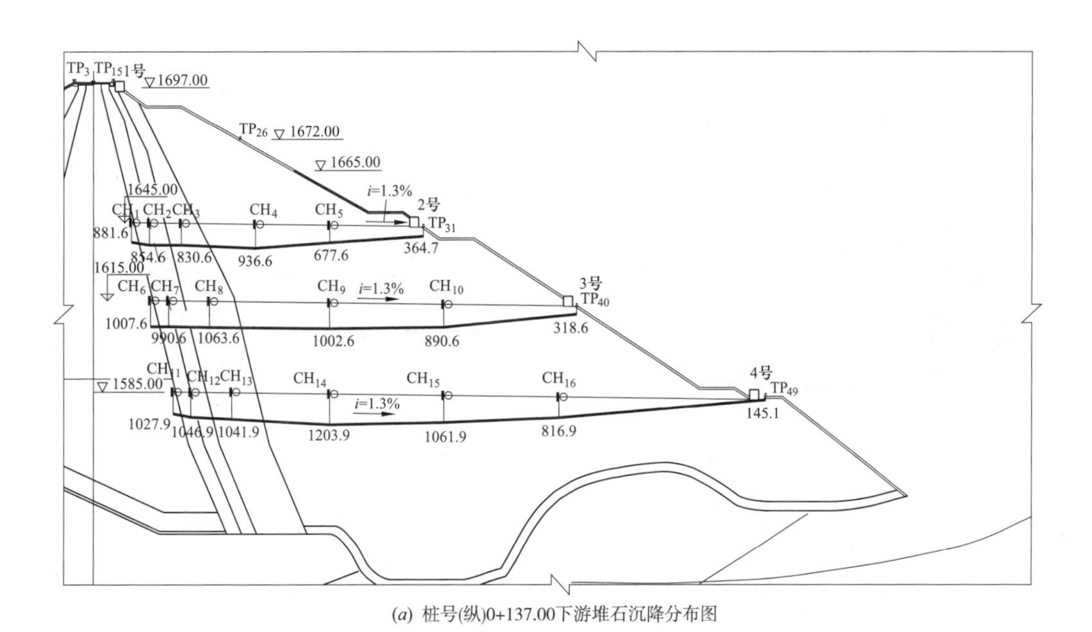

(a) 桩号(纵)0+137.00下游堆石沉降分布图

(b) 桩号(纵)0+193.00下游堆石沉降分布图

图 13-10（一） 各桩号下游堆石区沉降分布图（单位：mm）

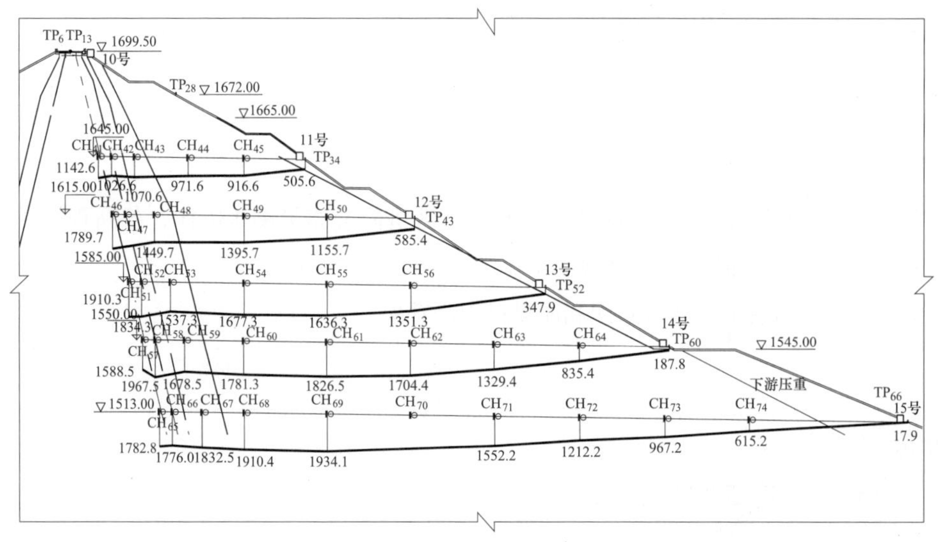

(*c*) 桩号(纵)0+253.72下游堆石沉降分布

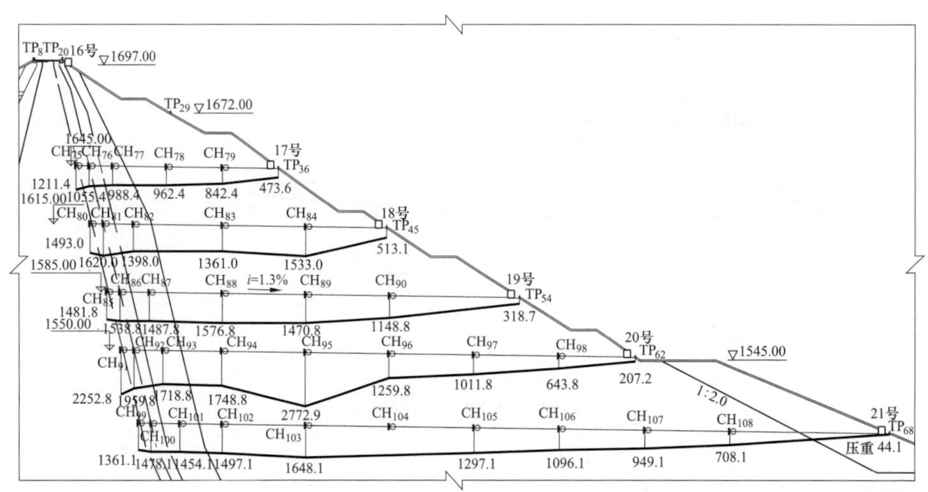

(*d*) 桩号(纵)0+330.00下游堆石沉降分布

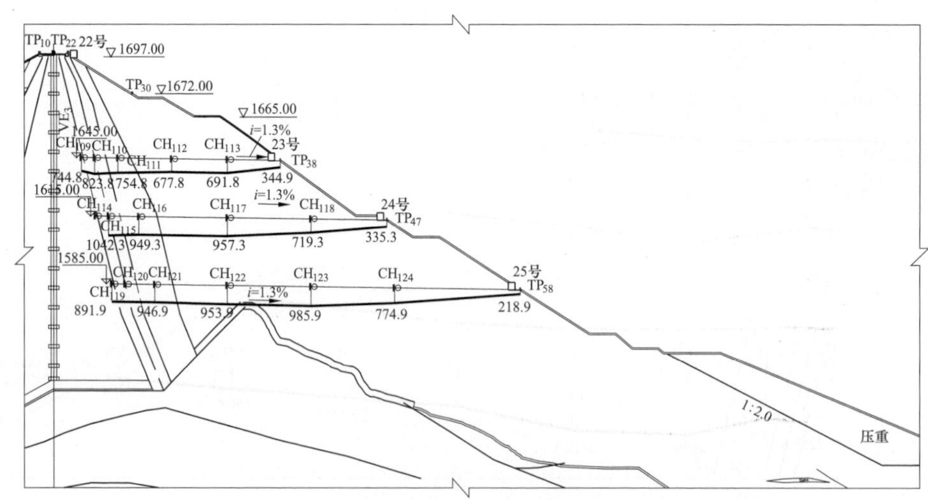

(*e*) 桩号(纵)0+394.00下游堆石沉降分布

图 13-10（二） 各桩号下游堆石区沉降分布图（单位：mm）

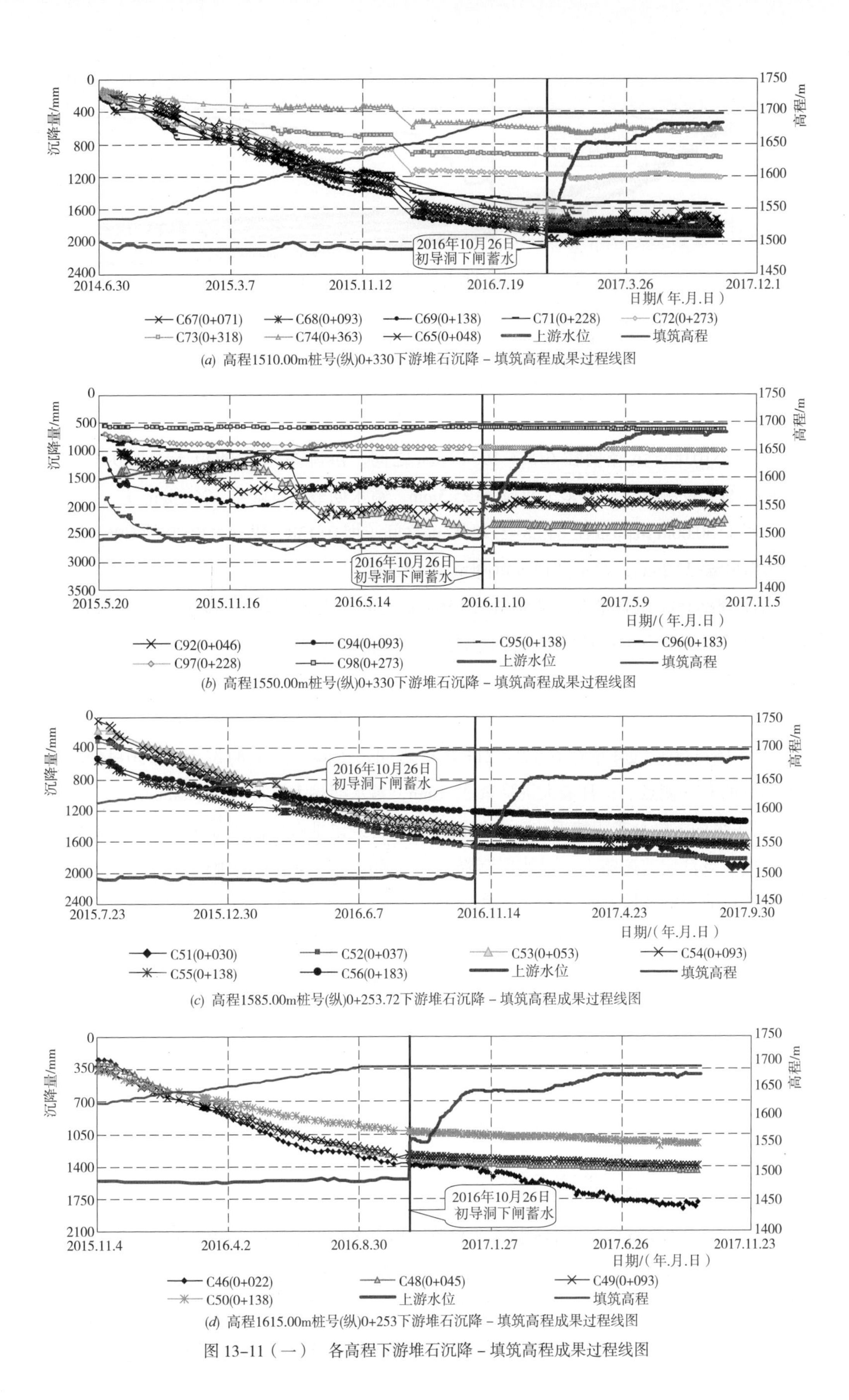

(*a*) 高程1510.00m桩号(纵)0+330下游堆石沉降－填筑高程成果过程线图

(*b*) 高程1550.00m桩号(纵)0+330下游堆石沉降－填筑高程成果过程线图

(*c*) 高程1585.00m桩号(纵)0+253.72下游堆石沉降－填筑高程成果过程线图

(*d*) 高程1615.00m桩号(纵)0+253下游堆石沉降－填筑高程成果过程线图

图 13-11（一） 各高程下游堆石沉降－填筑高程成果过程线图

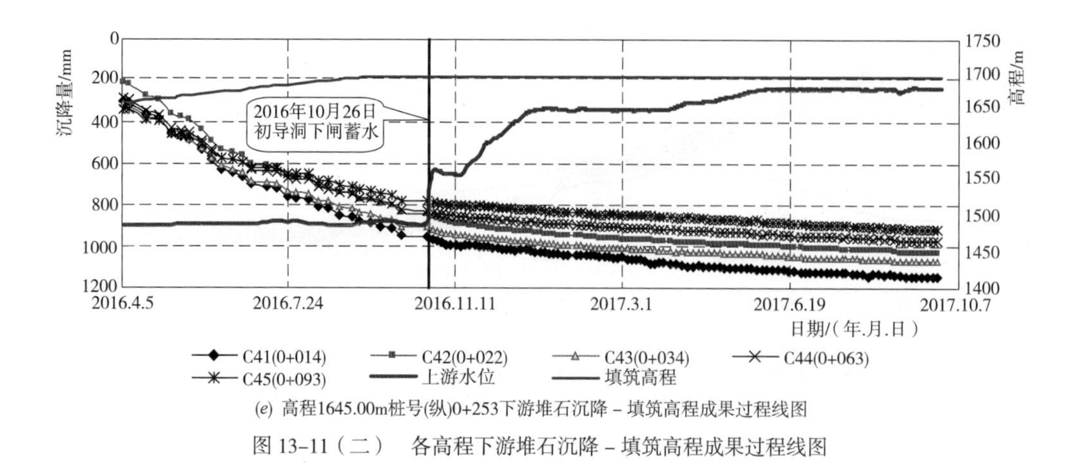

(e) 高程1645.00m桩号(纵)0+253下游堆石沉降－填筑高程成果过程线图

图 13-11（二） 各高程下游堆石沉降－填筑高程成果过程线图

高程 1510.00m 沉降量在 615.2~1934.1mm 之间，沉降量最大的位于（坝 0+138、纵 0+253.72 的 C69 测点）；月最大沉降量 25.3mm，蓄水期最大沉降量 106.3mm。

高程 1550.00m 沉降量在 643.8~2772.9mm 之间（坝 0+138、纵 0+330.00 的 C95 测点），月最大沉降量 22.2mm，蓄水期最大沉降量 124.5mm。

高程 1585.00m 沉降量在 774.96~1910.36mm 之间，沉降量最大的位于（坝 0+29.85、纵 0+253.72 的 C51 测点）；月最大沉降量 115.7mm，蓄水期最大沉降量 261.8mm。

高程 1615.00m 沉降量在 719.35~1830.9mm 之间，沉降量最大的位于（坝 0+93.00、纵 0+193.00 的 C25 测点）；月最大沉降量 12.9mm，蓄水期最大沉降量 427.9mm。

高程 1645.00m 沉降量在 677.8~1211.4mm 之间，沉降量最大的位于（坝 0+14.84、纵 0+330.00 的 C75 测点）；月最大沉降量 22.1mm，蓄水期最大沉降量 257.8mm。

（1）纵向沉降分布规律看出，各层沉降总量普遍以堆石中段（坝 0+138）为最大，上游段次之（反滤层普遍略大于过渡层沉降），下游段沉降为最小的规律分布；总体表明，反滤层、过渡层以及堆石体之间沉降协调性较好。

（2）沿垂直方向沉降规律：受填筑过程控制，沉降总量以高程 1550.00m 为最大，下游堆石最大沉降量 2772.9mm（高程 1550.00m）占堆石体填筑高度 240m 的比例为 1.16%；以上逐层减小；堆石沉降与填筑过程有紧密的相关性，测值有一定规律性。

（3）坝体填筑完成后，随着时间推移坝体低高程自身压缩变形逐步减小。成果表明，低高程逐层减小，高程沉降速率相对较大。

（4）截至目前，在蓄水过程中，蓄水期最大沉降量 427.9mm（高程 1615.00m）。

13.2.2 堆石区水平位移分析

引张线式水平位移计测量堆石区水平位移，堆石区水平位移成果过程曲线见图 13-12。

从成果特征值表、沉降分布图和成果时间过程线看出。方向规定，成果为正表示向下游位移变形，成果为负表示向上游位移变形。

高程 1510.00m 水平累计位移量在 -0.3~228.8mm（坝 0+054、纵 0+253.72、H66 测点）

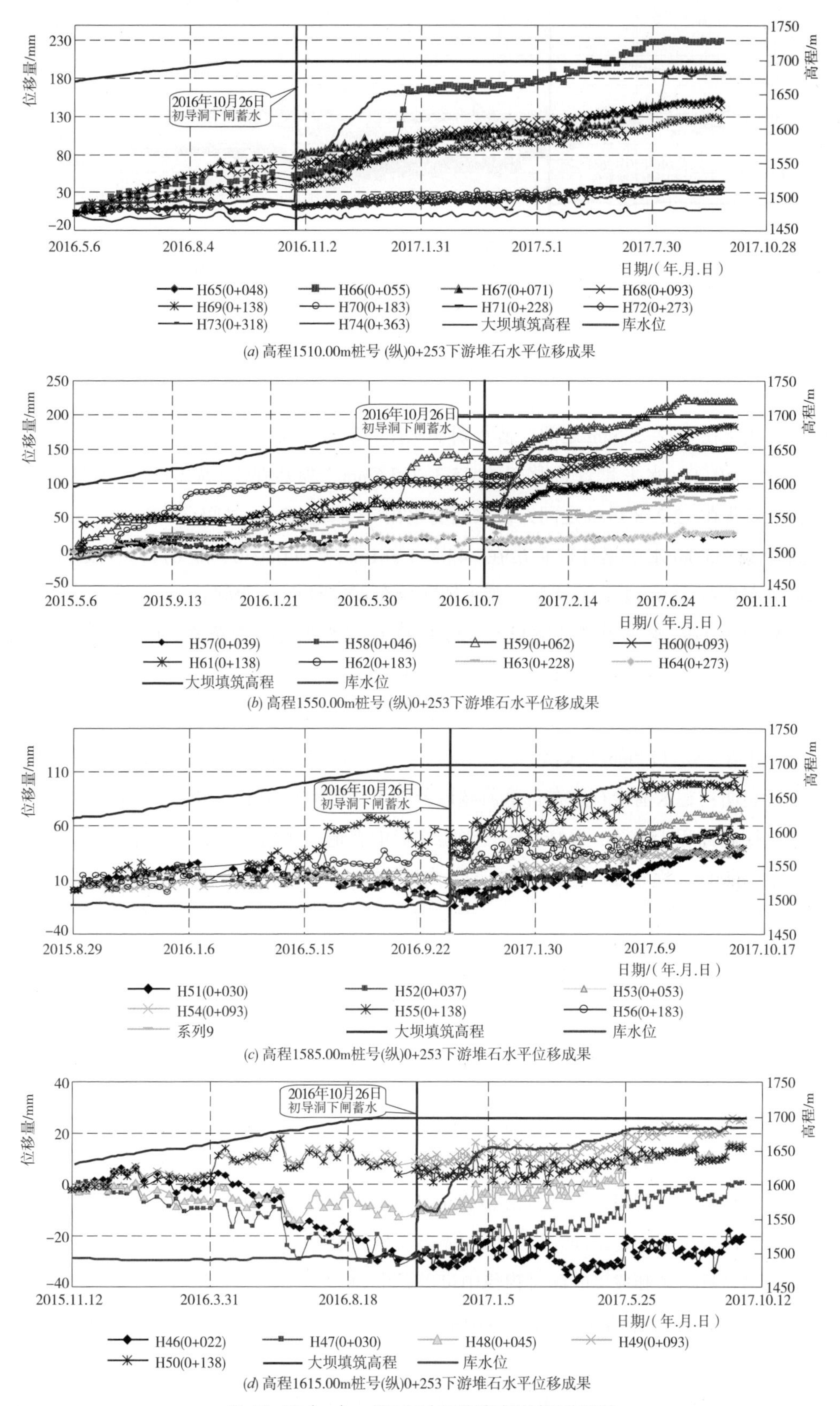

(a) 高程1510.00m桩号 (纵)0+253下游堆石水平位移成果

(b) 高程1550.00m桩号 (纵)0+253下游堆石水平位移成果

(c) 高程1585.00m桩号(纵)0+253下游堆石水平位移成果

(d) 高程1615.00m桩号(纵)0+253下游堆石水平位移成果

图 13-12（一） 堆石区水平位移成果过程曲线图

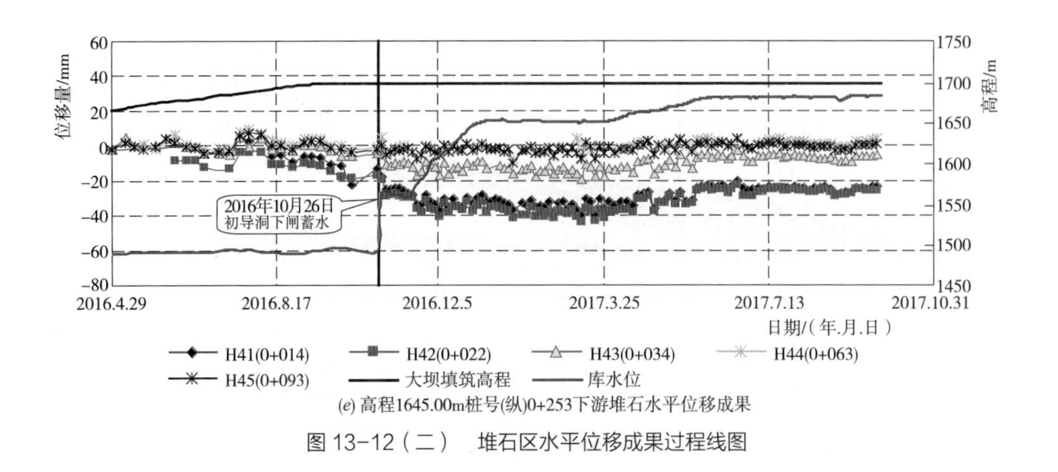

(e) 高程1645.00m桩号(纵)0+253下游堆石水平位移成果

图 13-12（二） 堆石区水平位移成果过程线图

之间。月变化在 -3.2~2.7mm 之间，蓄水期变化在 0.1~176.8mm 之间。

高程 1550.00m 水平累计位移量在 15.3~263.5mm（坝 0+093、纵 0+193、H36 测点）之间；月变化在 -2.2~8.3mm 之间，蓄水期变化在 -3.8~100.3mm 之间。

高程 1585.00m 水平累计位移量在 -43.3~129.1mm（坝 0+036、纵 0+193、H28 测点）之间；月变化在 -4.9~12.6mm 之间，蓄水期变化在 6.5~72.6mm 之间。

高程 1615.00m 水平累计位移量在 -45.5~87.3mm 之间；月变化在 -4.5~6.4mm 之间，蓄水期变化在 -9.8~45.8mm 之间。

高程 1645.00m 水平累计位移量在 -77.1~49.4mm 之间；月变化在 -7.5~3.6mm 之间，蓄水期变化在 -52~17.2mm 之间。

分析表明：蓄水前堆石体在自重荷载以及施工加载的作用下向水平方向产生的挤压变形。蓄水期间高程 1510.00~1615.00m，受蓄水影响普遍向下游变形，变形量值为 176.8mm（高程 1510.00m，坝 0+054，纵 0+253），高程 1645.00m 部分测点小量向上游变形。

13.3 心墙区变形特性

13.3.1 心墙纵向变形过程分析

心墙区采用土体位移计串监测心墙纵向变形，各高程土体位移计串成果过程线见图 13-13，土体位移计串成果柱状见图 13-14。

变形方向说明：埋设于左岸的成果为正表示向右岸变形，成果为负表示向左岸变形；埋设于右岸的成果为正表示向左岸变形，成果为负表示向右岸变形。

从成果特征值表和成果时间过程线中可以看出。

（1）左岸累计位移量在 3.51~243.61mm 之间，最大位移发生在高程 1510.00m 最深点 TY3-1（见图 13-14）。

（2）右岸累计位移量在 0.2~109.63mm 之间；最大位移发生在高程 1586.00m 最深点 TY5-1。

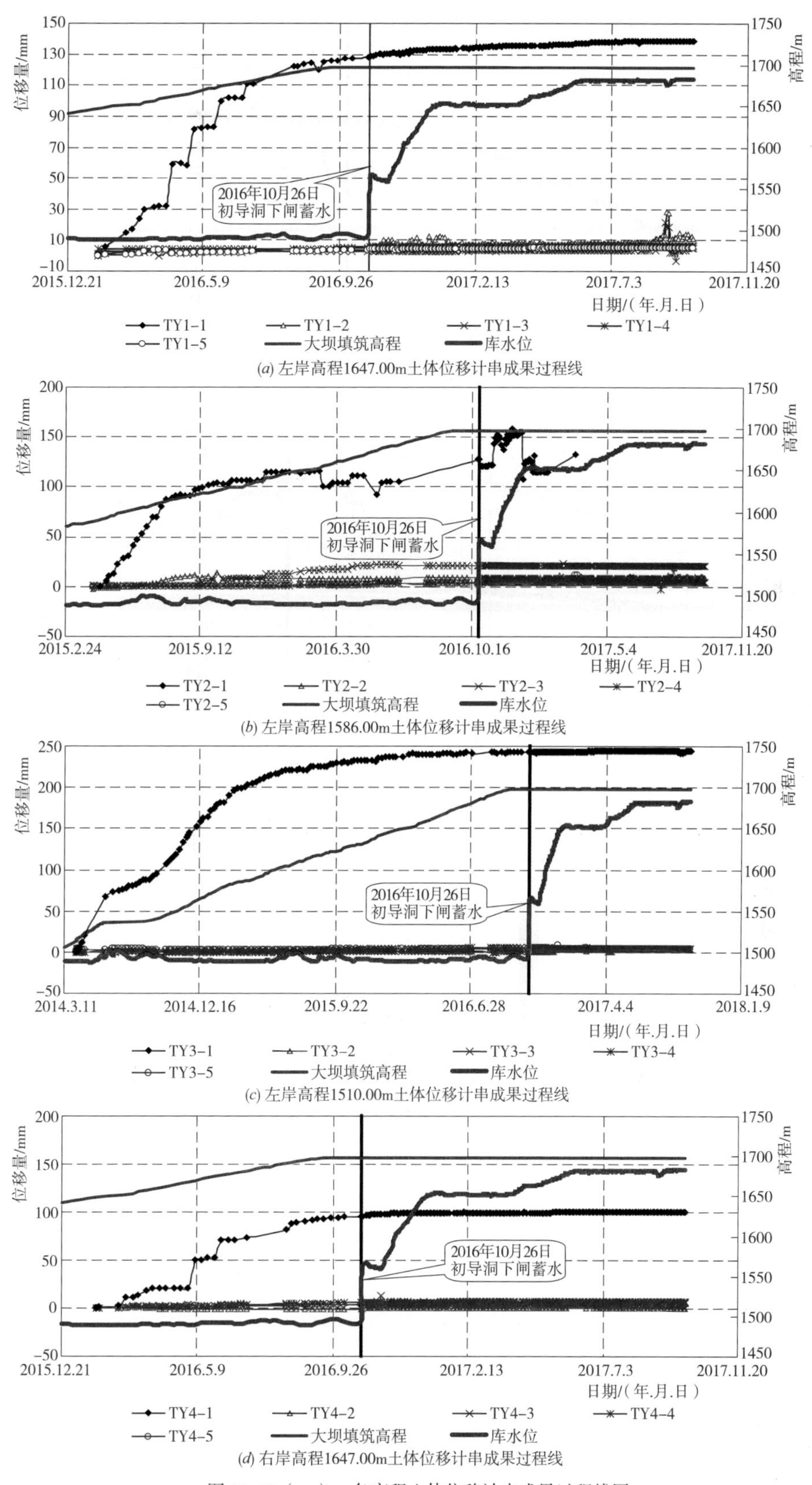

(a) 左岸高程1647.00m土体位移计串成果过程线

(b) 左岸高程1586.00m土体位移计串成果过程线

(c) 左岸高程1510.00m土体位移计串成果过程线

(d) 右岸高程1647.00m土体位移计串成果过程线

图 13-13（一）　各高程土体位移计串成果过程线图

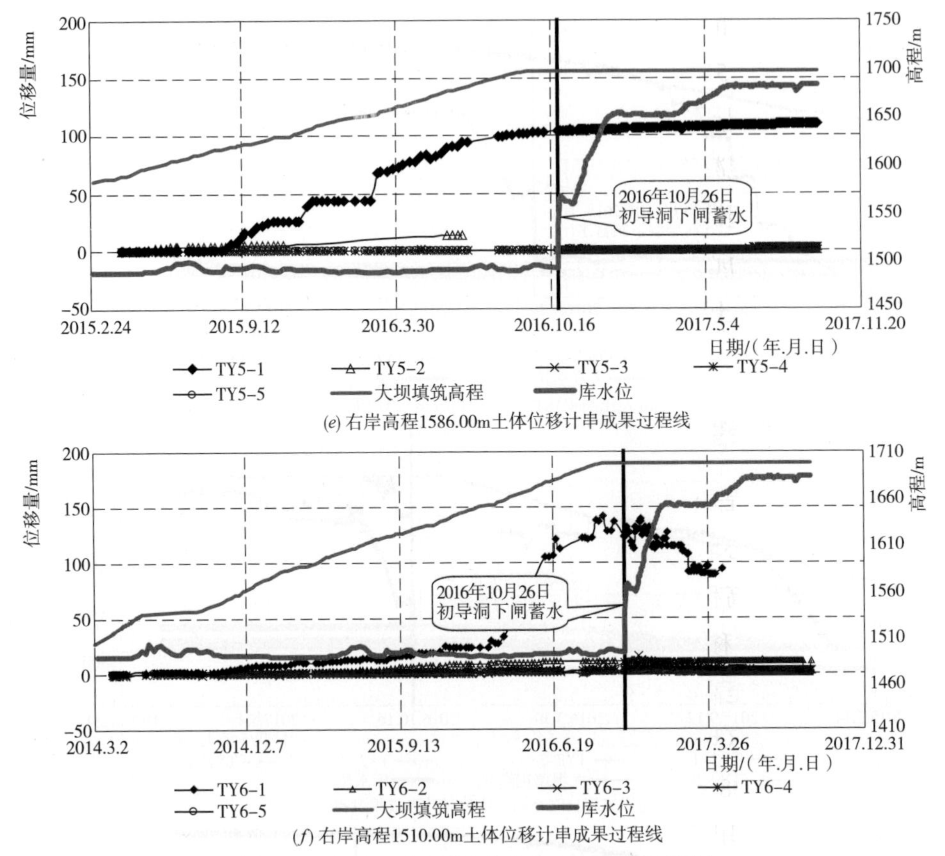

(*e*) 右岸高程1586.00m土体位移计串成果过程线

(*f*) 右岸高程1510.00m土体位移计串成果过程线

图 13-13（二） 各高程土体位移计串成果过程线图

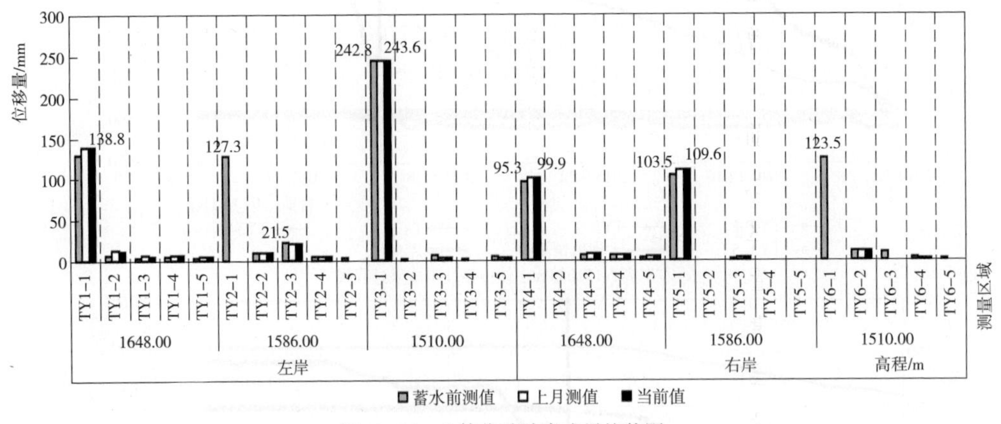

图 13-14 土体位移计串成果柱状图

（3）左岸整体位移大于右岸，且靠近岸坡部位测点明显大于坝体内测点，分析原因与左岸岸坡地形陡立，右岸岸坡地形较缓有关。

（4）心墙与岸坡接触部位位移较大，心墙内（测点 5~25m）变形很小，成果过程线基本一致，说明心墙轴向不均匀变形小，主要受心墙填筑加载和自重影响产生沉降，造成心墙与岸坡接触部位相对位移。

（5）结合左右岸混凝土垫层部位的位错计分析：在左右岸混凝土垫层高程 1647.00m、高程 1585.00m、高程 1510.00m 分别成对布置了一套土体位移计串和一组位错计，土体位移计串近混凝垫层板端测点代表心墙靠近高塑性黏土部位相对混凝土垫层的轴向位移，位错计代表高塑性黏土相对混凝土垫层的位移。两种仪器的位移量对比看出，位移量不在一个量级上；监测成果说明高塑性黏土近混凝土垫层侧变形小，近心墙侧变形大，在基本不变形的混凝土垫层与大变形量的心墙间有效地发挥了其连续适应变形的作用。

（6）蓄水期左岸土体位移量在 –1.61~10.25mm 之间，右岸土体位移量在 –0.70~6.12mm 之间。

13.3.2 心墙沉降变形过程分析

长河坝水电站工程采用了最大量程为 1200mm 的电位器式位移计进行心墙沉降监测。

电磁沉降仪由于心墙沉降挤压等因素影响，目前可测至高程 1571.47m，通过对管口高程的测量，可换算出高程 1571.47m 以上心墙沉降量。

（1）电位器式位移计监测结果分析。为了尽可能少影响坝体填筑进度，心墙电位器式位移计在大坝填筑至高程 1536.00m 时钻孔安装并开始进行测量。

砾石土心墙填筑区埋设安装了 32 套电位器式位移计，WY21、WY34、WY49、WY50、WY51 数据跳动，WY38、WY54 数据异常，WY16、WY23、WY28、WY41、WY45 无数据。通过绘制心墙各个高程内部测点在施工运行期的沉降量变化，分析其沉降的基本特征。大坝砾石土心墙各高程电位移器式位移计过程线见图 13–15。

心墙区电位器式位移计监测成果显示，坝体心墙沉降量与心墙填筑呈正相关，沉降量随着心墙填筑高程的增高不断增大，由于电位器式位移计需要钻孔安装埋设，为了尽可能少影响坝体填筑进度，心墙电位器式位移计在大坝填筑至高程 1536.00m 时钻孔安装并开始进行测量，截至目前测得心墙最大压缩量（不含覆盖层）1420.69mm，位于桩号（纵）0+330 心墙下游侧位置，占心墙填筑高度的 0.59%。

砾石土心墙填筑区埋设安装了 36 套电位器式位移计，电位器式位移计从运行以来，受黏土填筑影响变形量呈持续递增态势。

沿纵向压缩规律：上游侧单层压缩量 1314.27mm，位于高程 1535.00m，（纵）0+189.89；坝轴线单层最大压缩量为 1359.44mm，位于高程 1536.00m，（纵）0+190.06；下游侧单层最大压缩量 1420.69mm，位于高程 1536.00m，（纵）0+330.084。

沿垂直方向压缩规律：高程 1535.00m 及以下单层压缩量在 1075.59~1420.69mm 之间。高程 1535.00~1585.00m 单层压缩量在 641.86~710.05mm 之间。高程 1585.00~1615.00m 单层压缩量在 0.4~261.64mm 之间。高程 1615.00~1645.00m 单层压缩量在 0.7~213.15mm 之间。高程 1645.00~1670.00m 单层压缩量在 34.55~116.17mm 之间。高程 1670.00~1695.00m 单层压缩量在 3.92~12.24mm 之间。

（2）电磁式沉降环监测成果分析。心墙区活动式测斜管外安装埋设了电磁沉降环，

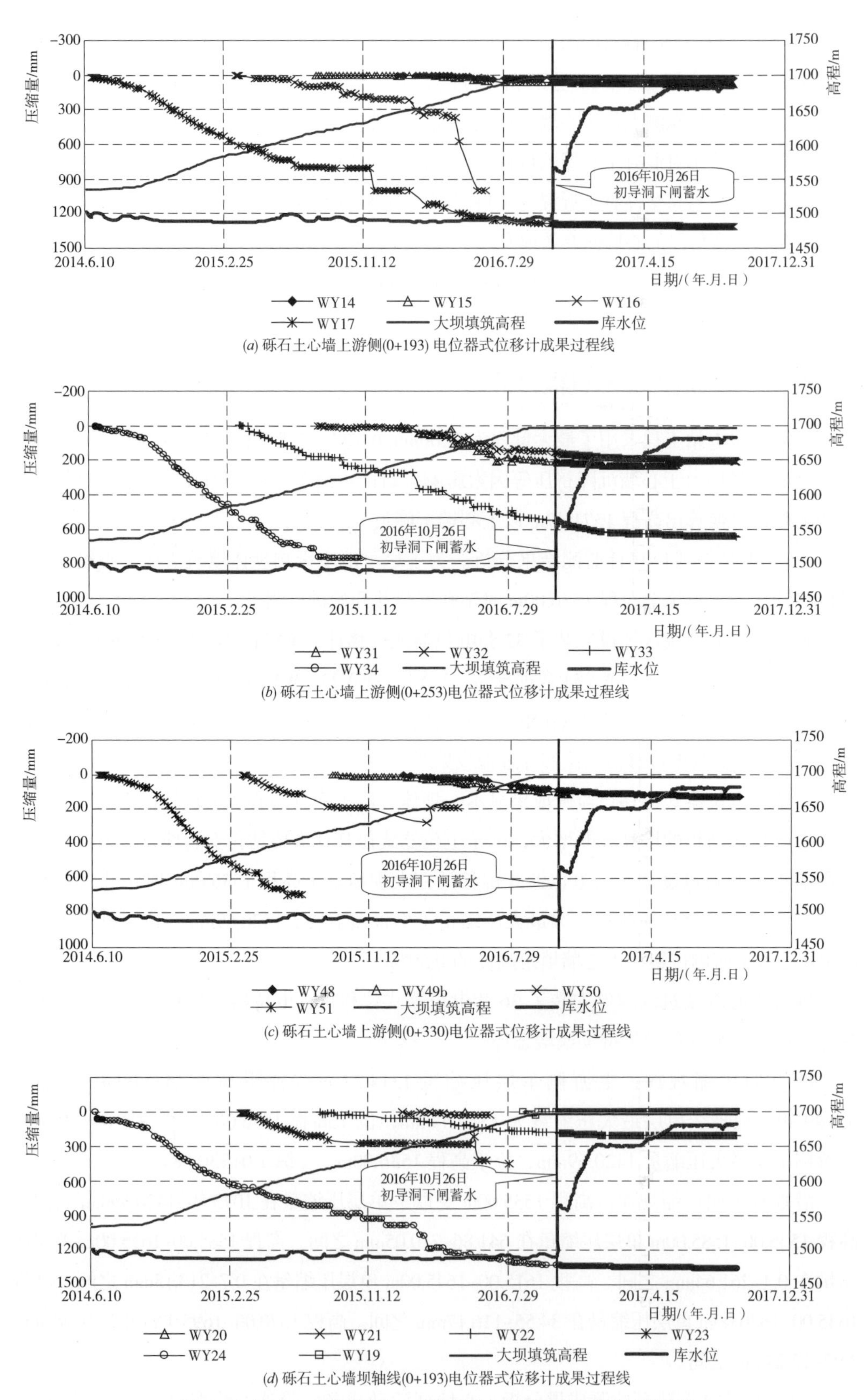

(a) 砾石土心墙上游侧(0+193) 电位器式位移计成果过程线

(b) 砾石土心墙上游侧(0+253)电位器式位移计成果过程线

(c) 砾石土心墙上游侧(0+330)电位器式位移计成果过程线

(d) 砾石土心墙坝轴线(0+193)电位器式位移计成果过程线

图 13-15（一）　大坝砾石土心墙各高程电位移器式位移计过程线图

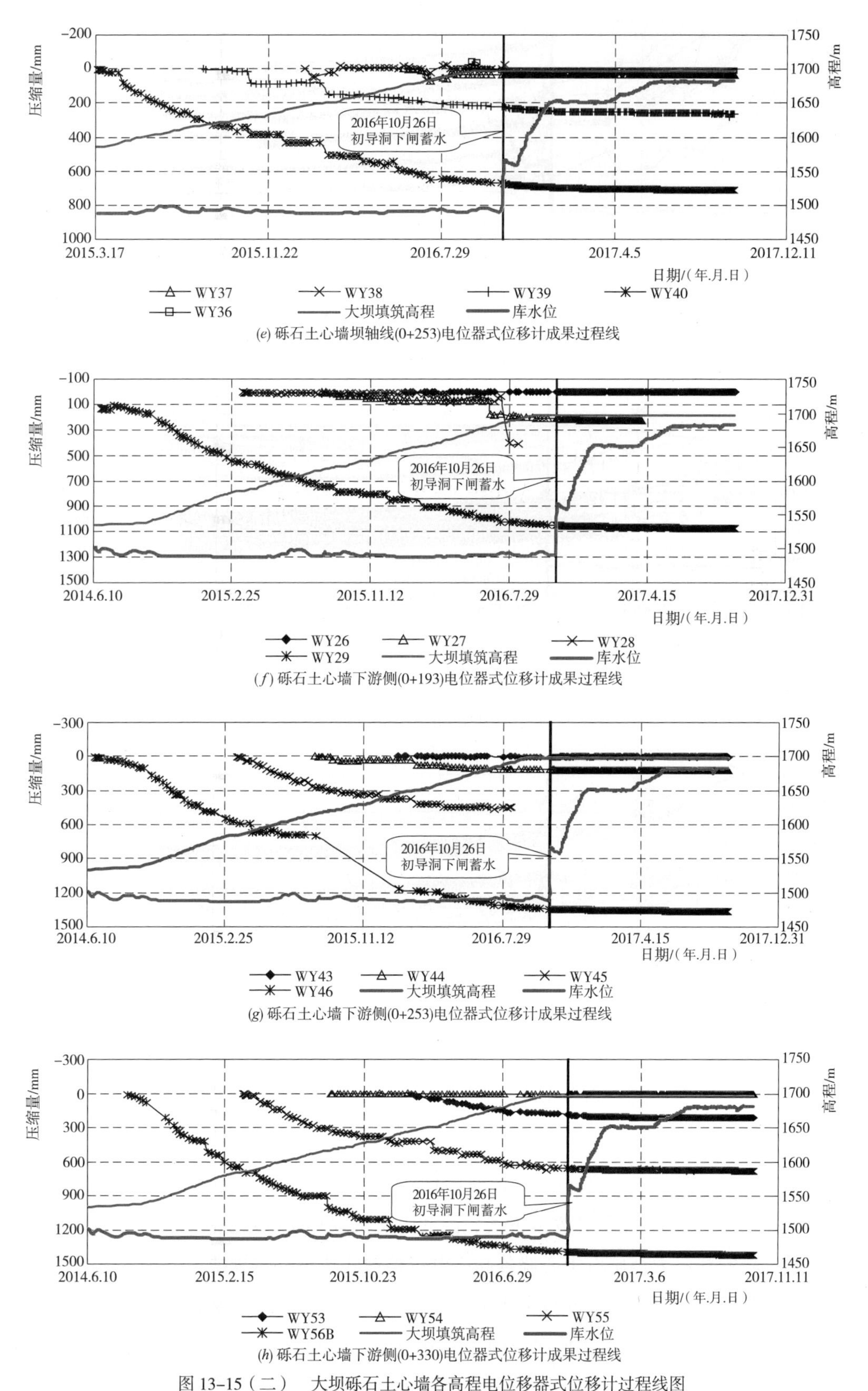

(e) 砾石土心墙坝轴线(0+253)电位器式位移计成果过程线

(f) 砾石土心墙下游侧(0+193)电位器式位移计成果过程线

(g) 砾石土心墙下游侧(0+253)电位器式位移计成果过程线

(h) 砾石土心墙下游侧(0+330)电位器式位移计成果过程线

图 13-15（二） 大坝砾石土心墙各高程电位移器式位移计过程线图

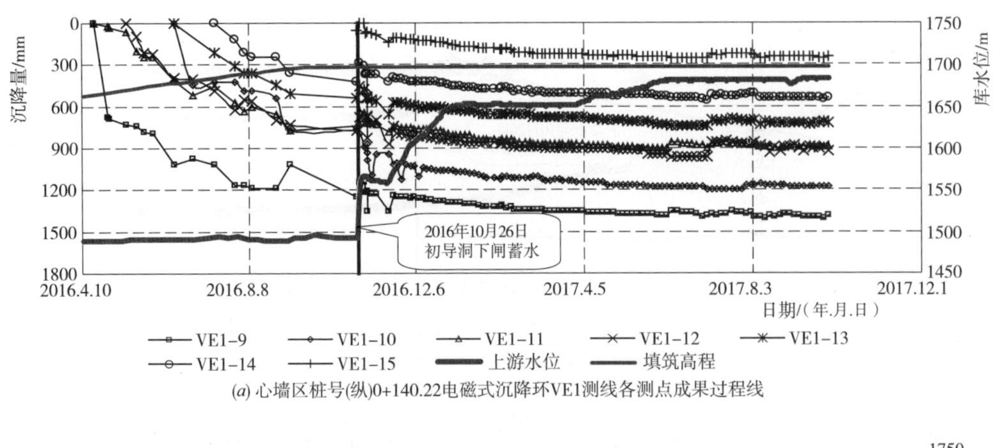

(a) 心墙区桩号(纵)0+140.22电磁式沉降环VE1测线各测点成果过程线

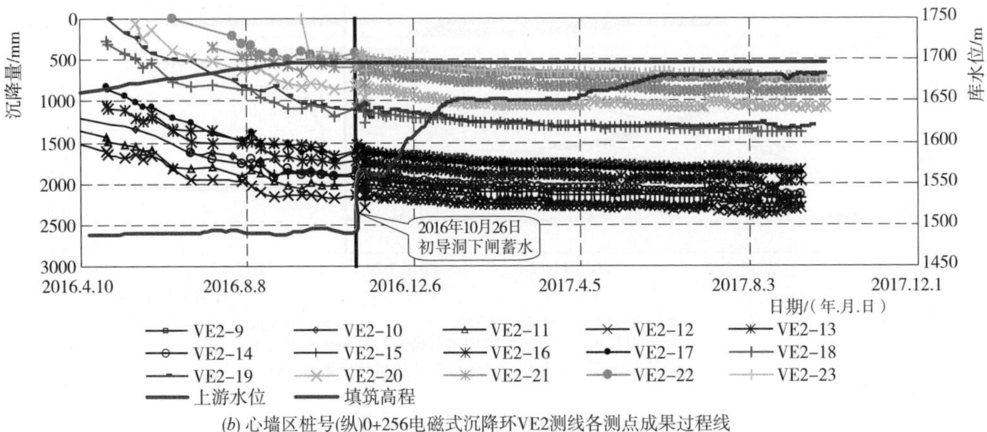

(b) 心墙区桩号(纵)0+256电磁式沉降环VE2测线各测点成果过程线

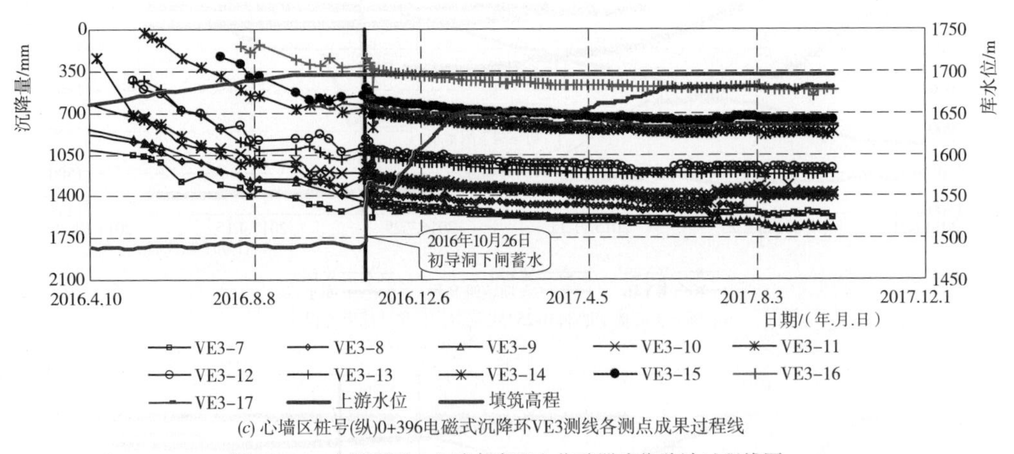

(c) 心墙区桩号(纵)0+396电磁式沉降环VE3测线各测点成果过程线

图 13-16 大坝砾石土心墙各高程电位移器式位移计过程线图

用于监测心墙沉降情况。但在坝体填筑前期，为尽量少影响坝体填筑进度，测斜管采用从高程 1543.62m 开始钻孔安装方式，因此电磁沉降环实测数据丢失了高程 1543.62m 以下的沉降资料。大坝砾石土心墙各高程电位移器式位移计过程线见图 13-16，沿心墙中心线纵断面不同时段沉降分布见图 13-17。

监测成果显示，电磁沉降环 VE1（坝 0-000、纵 0+140.22）沉降量在 242~1383mm（高程 1638.60m）之间，蓄水期沉降量在 260.2mm 以内，月沉降量在 30mm 以内。

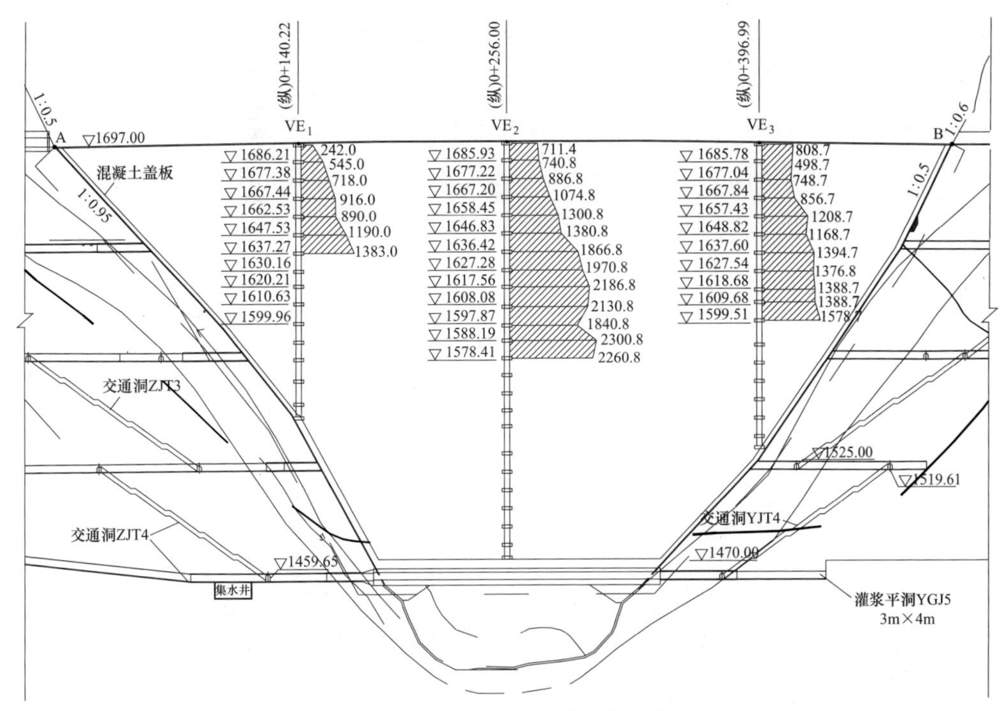

图 13-17　沿心墙中心线纵断面不同时段沉降分布图（2017 年 9 月 26 日）

电磁沉降环 VE2（坝 0–000、纵 0+256）沉降量在 711~2301mm（高程 1590.50m）之间，蓄水期沉降量在 348.1mm 以内，月沉降量在 40mm 以内。

电磁沉降环 VE3（坝 0+003、纵 0+396.9）沉降量在 499~1579mm（高程 16010.00m）之间，蓄水期沉降量在 256.3mm 以内，月沉降量在 70mm 以内。

沉降分布为：心墙位移呈河床中部大、两岸岸坡小，左右岸岸坡沉降较为接近。

13.3.3　心墙水平位移过程分析

在填筑期心墙的水平位移机理类似堆石体的水平位移，在自重作用下，心墙内砾石土颗粒的产生相对位移，颗粒之间的孔隙变小，心墙料压实度增大。初期蓄水后，库水位快速上升至高程 1650.00m，水体的水平推力作用使心墙在水平方向上发生位移。

为了研究心墙内部的水平位移变形规律，心墙水平位移监测采用了固定式测斜仪和活动式测斜管两种手段。

（1）固定式测斜仪。在（纵）0+193.00、（纵）0+253.72、（纵）0+330.00、监测断面心墙坝轴线处布置 3 根固定式测斜孔，固定式测斜仪测点间距 10m，共布置 66 支，对心墙水平位移进行监测。变形方向说明：A+ 为下游方向，A– 为上游方向，B+ 为左岸方向，B– 为右岸方向。固定式测斜仪在各测点的位移时间过程线见图 13–18。

变形方向说明：A+ 为下游方向，A– 为上游方向，B+ 为左岸方向，B– 为右岸方向。

由监测成果可知：埋设于心墙区桩号（纵）0+190 的固定式测斜仪上、下游方向水平累计变形量在 –29.69~44.63mm 之间；左、右岸方向水平累计位移在 –19.71~39.45mm 之间。

埋设于心墙区桩号（纵）0+253.00的固定式测斜仪上、下游方向水平累计变形量在 −42.42~21.73mm 之间；左、右岸方向水平累计变形量在 −42.66~64.77mm 之间。

埋设于心墙区桩号（纵）0+330.00的固定式测斜仪上、下游方向水平累计变形量在 −28.33~42.13mm 之间；左、右岸方向水平累计变形量在 −28.07~54.18mm 之间。

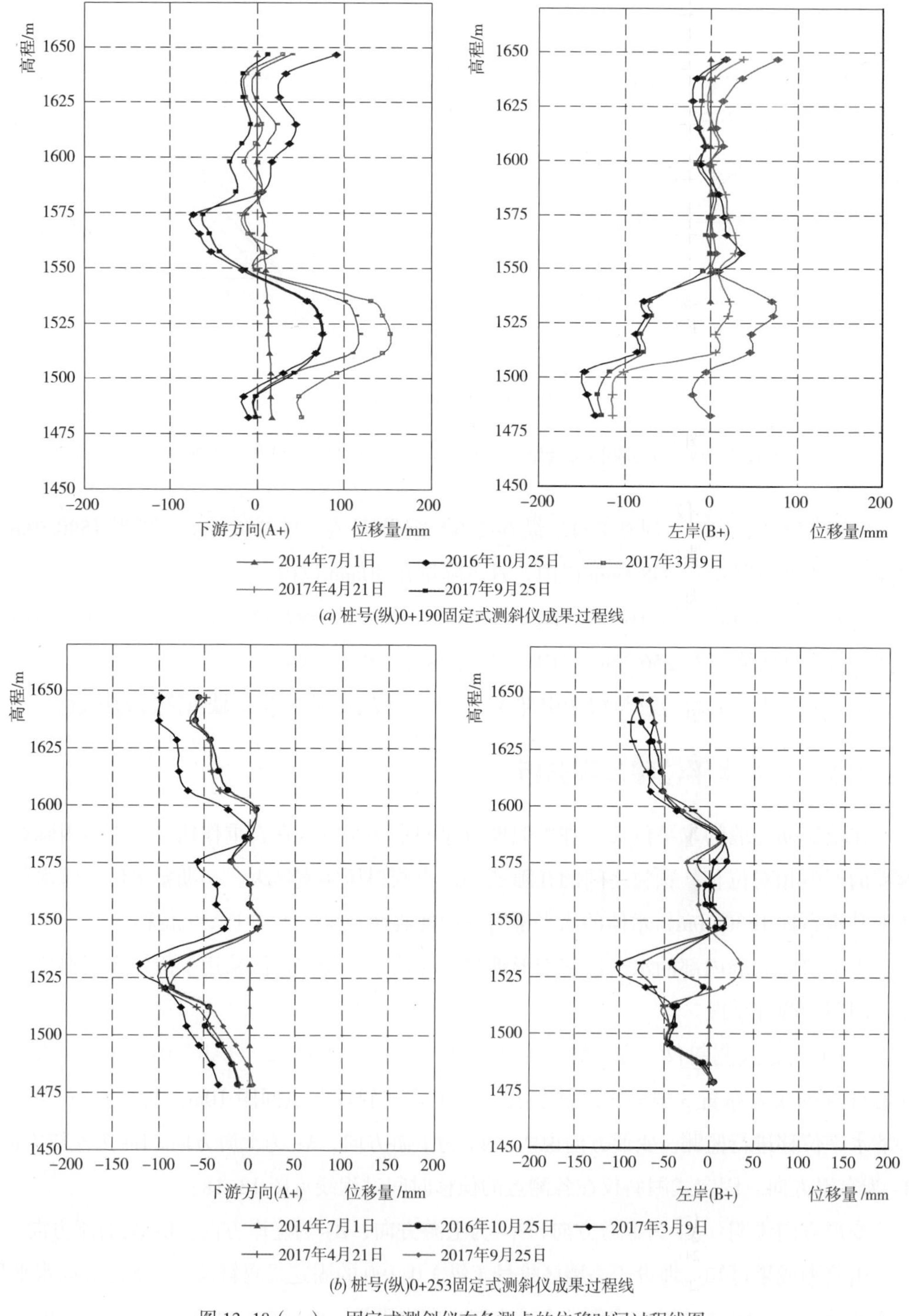

(a) 桩号(纵)0+190固定式测斜仪成果过程线

(b) 桩号(纵)0+253固定式测斜仪成果过程线

图 13-18（一） 固定式测斜仪在各测点的位移时间过程线图

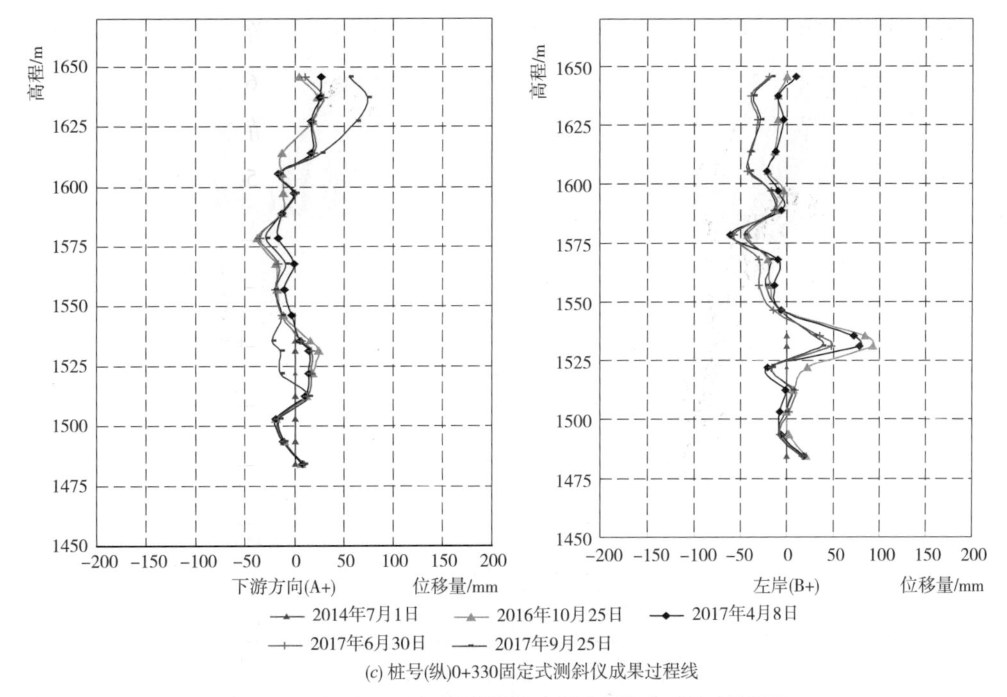

(c) 桩号(纵)0+330固定式测斜仪成果过程线

图 13-18（二） 固定式测斜仪在各测点的位移时间过程线图

（2）活动式测斜仪。活动式测斜仪与电磁式测斜仪同孔布置，布置时间为 2016 年 10 月，可监测初期蓄水后心墙内部的水平位移变化。根据现场的监测数据，通过绘制测斜管孔深位移关系图来研究心墙内部在的水平位移规律。心墙活动式测斜仪在各测点实测时间过程线见图 13-19。

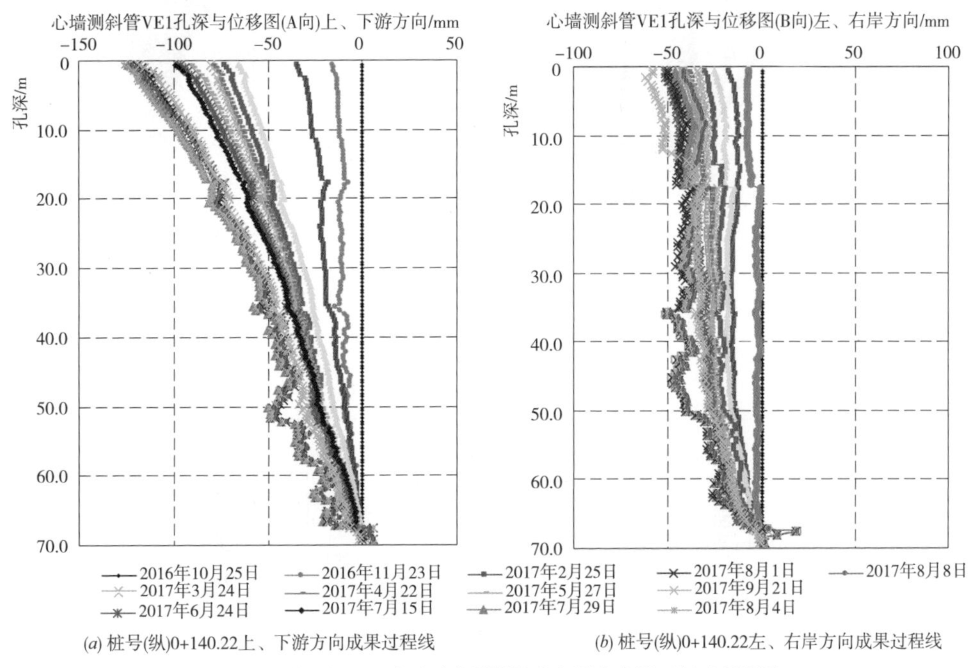

(a) 桩号(纵)0+140.22上、下游方向成果过程线　　(b) 桩号(纵)0+140.22左、右岸方向成果过程线

图 13-19（一） 心墙活动式测斜仪在各测点实测时间过程线图

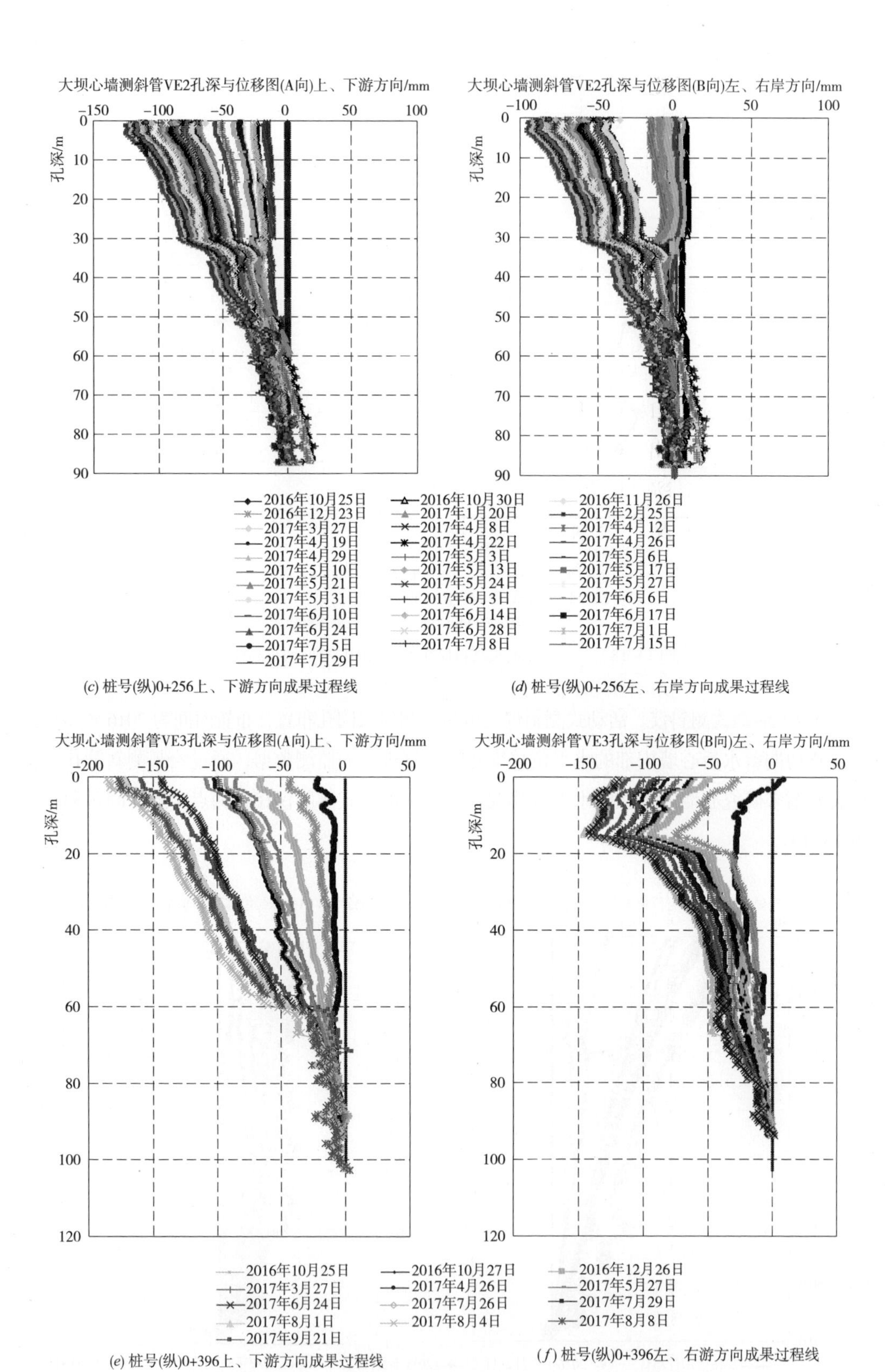

(*c*) 桩号(纵)0+256上、下游方向成果过程线

(*d*) 桩号(纵)0+256左、右岸方向成果过程线

(*e*) 桩号(纵)0+396上、下游方向成果过程线

(*f*) 桩号(纵)0+396左、右游方向成果过程线

图 13-19（二） 心墙活动式测斜仪在各测点实测时间过程线图

心墙活动式测斜仪监测成果显示，心墙顺河向水平位移表现为向上游方向，最大水平位移发生在桩号（纵）0+396 测斜孔 VE3 孔口处，最大变形值为 159.78mm。左、右岸方向水平位移表现为向左岸变形，最大位移发生在桩号（纵）0+396，高程 1684.00m，最大变形值为 92.14mm。

13.4 渗流监测成果分析

大坝渗流量监测数据见表 13-2，大坝各工程部位渗流量监测数据见表 13-3，大坝各工程部位总渗流量过程曲线见图 13-20。

从表 13-2 可以看出，WEZGJ5-2 包含 WEYGJ5-1 渗流量；WE01-CF 包含 WEZGJ4-1 渗流量。蓄水前廊道总渗流量为 5.06L/s，蓄水后廊道总渗流量为 39.19L/s，渗流量增大 34.13L/s，以右岸高程 1520.00m 及右岸交通洞 YJT7 增大最为明显。蓄水后的渗漏量仅为设计要求指标的约 1/6（见图 13-21），廊道底板干燥无积水，在国内类似工程中较为少见。

表 13-2　　大坝渗流量监测数据表（截至时间 2017 年 9 月 26 日）

设计编号	安装参数		渗流量 /（L/s）				
	桩号		蓄水前	上月测值	当前值	蓄水前与当前变化量	月变化
			2016 年 10 月 9 日	2017 年 8 月 26 日	2017 年 9 月 26 日		
WEZGJ2-1	左岸高程 1640.00m 灌浆平洞（ZGJ2）	（灌）0-206	0.67	0.62	0.57	-0.09	-0.05
WEZGJ2-2		（纵）0+020	0	0.25	0.29	0.29	0.04
WEZGJ3-1	左岸高程 1580.00m 灌浆平洞（ZGJ3）	（纵）0+023	0.32	2.67	2.84	2.51	0.16
WEZGJ3-2		（纵）0+027	0.05	0	0	-0.05	0
WEZGJ4-1	左岸高程 1520.00m 灌浆平洞（ZGJ4）	（灌）0-452	0.54	2.99	2.72	2.18	-0.26
WEZGJ4-2		（纵）0+027	0.22				
WEZGJ5-1	左岸高程 1460.00m 灌浆平洞（ZGJ5）	（灌）0+119	0.56	3.66	3.51	2.95	-0.16
WEZGJ5-2		（灌）0+123	1.81	12.46	12.73	10.92	0.27
WE01-CF	厂区一层排水廊道	（排 1）0+432	0.62	4.45	4.28	3.65	-0.17
WE02-CF	厂区二层排水廊道	（排 2）0+213	0.06	0.01	0.01	-0.05	0
WE03-CF	厂区三层排水廊道	（排 3）0+000	0.72	3.96	3.77	3.05	-0.19
WEYGJ2-1	右岸高程 1640.00m 灌浆平洞（YGJ2）	（纵）0+603	0.04	0.10	0.13	0.09	0.03
WEYGJ2-2		（纵）0+607	0	0	0	0	0
WEYGJ3-1	右岸高程 1580.00m 灌浆平洞（YGJ3）	（纵）0+488	0	7.58	7.77	7.77	0.19
WEYGJ4-1	右岸高程 1520.00m 灌浆平洞（YGJ4）	（纵）0+540	0	3.97	4.17	4.17	0.20
WEYGJ5-1	右岸高程 1460.00m 灌浆平洞（YGJ5）	（纵）0+436.47	1.67	10.23	10.95	9.28	0.72

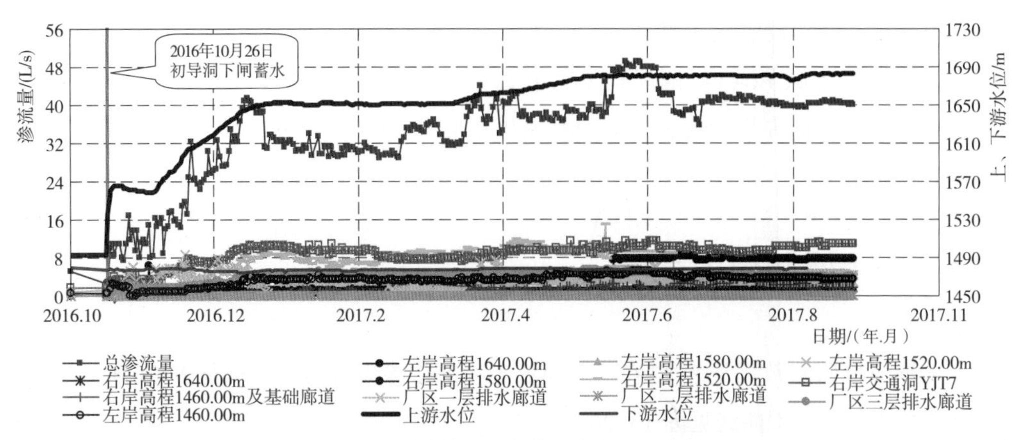

图 13-20　大坝各工程部位总渗流量过程线图

表 13-3　大坝各工程部位渗流量监测数据表（截至 2017 年 9 月 26 日）

部位	具体工程位置	渗流量 /（L/s）				
		蓄水前 2016 年 10 月 9 日	上月测值 2017 年 8 月 26 日	当前值 2017 年 9 月 26 日	蓄水前与当前变化量	月变化
左岸	高程 1640.00m 灌浆平洞（ZGJ2）	0.67	0.87	0.86	0.19	–0.01
	高程 1580.00m 灌浆平洞（ZGJ3）	0.38	1.81	1.98	1.60	0.17
	高程 1520.00m 灌浆平洞（ZGJ4）	0.76	2.99	2.72	1.96	–0.26
	高程 1460.00m 灌浆平洞（ZGJ5）	0.56	3.66	3.51	2.95	–0.16
	合计	2.37	9.33	9.07	6.70	–0.26
右岸及基础廊道	高程 1640.00m 灌浆平洞（YGJ2）	0.04	0.10	0.13	0.09	0.03
	高程 1580.00m 灌浆平洞（YGJ3）	0	7.58	7.77	7.77	0.19
	高程 1520.00m 灌浆平洞（YGJ4）	0	3.97	4.17	4.17	0.20
	交通洞 YJT7	1.67	10.23	10.95	9.28	0.72
	高程 1460.00m 灌浆平洞（YGJ5）及基础廊道	0.15	2.23	1.78	1.64	–0.45
	合计	1.86	24.11	24.80	22.95	0.69
厂区	一层排水廊道	0.08	1.46	1.56	1.47	0.09
	二层排水廊道	0.06	0.01	0.01	–0.05	0
	三层排水廊道	0.72	3.96	3.77	3.05	–0.19
	合计	0.86	5.43	5.34	4.47	–0.10
坝后量水堰		0	0	0	0	0
总计		5.09	38.87	39.21	34.12	0.32

对大坝的安全监测表明，大坝变形、渗流状况良好。截至 2018 年 7 月底，大坝心墙区最大累积沉降 2301mm，蓄水期沉降量 229nm，位于桩号（纵）0+330 心墙下游侧，占心墙填筑高度的 0.59%；堆石区沉降总量以高程 1550.00m 为最大，最大累积沉降 2784mm，扣除覆盖层沉降 691mm 后，沉降量占坝体总填筑高度的 0.87%。蓄水后廊道总渗流量为 32.91L/s。

图 13-21　蓄水后廊道

参考文献

[1] 康路明，吕清岚，杨培青．长河坝水电站深孔帷幕灌浆试验与分析．四川水力发电，2015，34（3）：31–37.

[2] 康路明，张鹏，田颖娜．长河坝水电站防渗墙下基岩帷幕灌浆施工技术．水利水电施工，2017（4）：58–60.

[3] 李忠富．现代土木工程施工新技术．北京：中国建筑工业出版社，2014.

[4] 周勇．翻模在溪洛渡水电站水垫塘混凝土施工中的应用．水电工程混凝土施工新技术．中国水力发电工程学会，2015：4.

[5] 车维斌，宋庆杰，刘登贵．长河坝水电站大坝防渗墙高强低弹混凝土配合比设计与应用．四川水力发电，2015，34（3）：43–47.

[6] 张丹，伍小玉，熊堃．长河坝砾石土心墙堆石坝坝基砂层处理研究．中国大坝协会2013学术年会暨第三届堆石坝国际研讨会论文集，2013：693–698.

[7] 张丹，何顺宾，伍小玉．长河坝水电站砾石土心墙堆石坝设计．四川水力电，2016，35（1）：11–14.

[8] 王二红．坝基土石方开挖施工关键技术研究．水利建设与管理，2017，37（10）：14–17.

[9] 夏海龙．筑畦灌水法调节含水率在罗赛雷斯大坝加高工程中的应用．四川水力发电，2016（6）：59–62.

[10] 刘勇林，李洪涛，黄鹤程，等．土石坝砾石土心墙料掺配及含水量调整技术．中国农村水利水电，2014（11）：93–97.

[11] 边晓明，刘小翠，雷敬伟．砾石土心墙堆石坝防渗料掺和工艺研究．水电与新能源，2011（3）：22–24.

[12] 熊亮，魏陈，冰凌，张维春．大坝心墙砾石土料“平铺立采法”掺配工艺试验．四川水力发电，2015，34（3）：7–10.

[13] 于红波．混凝土砂石骨料的质量控制及骨料污染措施探析．黑龙江水利科技，2015，43（12）.

[14] 张昌晶．观音岩水电站砂石加工系统工艺研究与应用．低碳世界，2016（1）：68–69.

[15] 雷美德．过渡料爆破直采的分析研究．山西建筑，2012，38（20）：235–236.

[16] 杨金平．长河坝电站硬岩条件偏细过渡料生产工艺研究．建材发展导向，2018，16（24）：37–39.

[17] 韩兴，李亚强．高土石坝反滤料精确掺配与精细施工技术．水力发电，2018，44（2）：66–70.